国家科学技术学术著作出版基金资助出版

现代物理基础丛书·典藏版

微分几何入门与广义相对论

(中册·第二版)

梁灿彬　周　彬　著

科学出版社

北　京

内 容 简 介

本书中册包含4章(第11~14章)和6个附录(附录B~G)。第11~13章依次介绍时空的整体因果结构、渐近平直时空和Kerr-Newman黑洞，第14章详细讲述与参考系有关的各种问题，包括时空的3+1分解。附录B和C分别简介量子力学的数学基础和几何相，附录D和E分别介绍能量条件和奇性定理，附录F讲述微分几何很重要的Frobenius定理，附录G则用微分几何语言比较详细地讨论了李群和李代数的知识，并专辟一节介绍对物理学特别重要的洛伦兹群和洛伦兹代数。本册仍然贯彻上册深入浅出的写作风格，为降低读者阅读难度采取了多种措施。

本书适用于物理系高年级本科生、硕博士研究生和物理工作者，特别是相对论研究者。

图书在版编目(CIP)数据

微分几何入门与广义相对论. 中册/梁灿彬，周彬著. 2版. —北京：科学出版社，2009

(现代物理基础丛书 · 典藏版)

ISBN 978-7-03-024057-6

I. 微… II. ①梁… ②周… III. ①微分几何–研究生–教材 ②广义相对论–研究生–教材 IV. ①O186.1 ②O412.1

中国版本图书馆CIP数据核字(2009)第021741号

责任编辑：胡 凯 刘凤娟/责任校对：包志虹

责任印制：赵 博/封面设计：陈 敬

科 学 出 版 社 出版

北京东黄城根北街 16 号

邮政编码：100717

http://www.sciencep.com

三河市骏杰印刷有限公司印刷

科学出版社发行 各地新华书店经销

*

2000 年 4 月北京师范大学出版社第一版

2009 年 3 月第 二 版 开本：B5 (720 × 1000)

2025 年 1 月印 刷 印张：22 3/4

字数：438 000

定价：99.00 元

(如有印装质量问题，我社负责调换)

中 册 前 言

作者在修订第一版下册过程中补充了许多内容. 考虑到页数过多不便装订及翻阅, 决定把原定的第二版下册拆分成中册和下册. 中册包含 4 章(第 11~14 章)和 6 个附录(附录 B~G), 下册包含两章(第 15 和第 16 章)和 3 个附录(附录 H~J), 两册厚度大致相当. 中、下册中的 4 成篇幅对于与广义相对论无关的理论物理工作者也同样有参考价值(例如共形变换、量子力学的数学基础、几何相、Frobenius 定理、拉氏和哈氏理论、辛几何、李群和李代数、纤维丛理论、Noether定理等), 而且阅读时只需要上册前五章的数学知识而不以学过广义相对论为前提.

第 11, 12 章是广义相对论整体理论中的两个重要专题, 其中第 11 章介绍时空的整体因果结构, 第 12 章介绍渐近平直时空. 这是专业性颇强的两个专题, 急于学习中册其他内容的读者也可考虑暂时不读, 因为中册其他章节及附录只在个别情况下用到这两章的知识. 或者, 初学者也可考虑先对第 11, 12 章进行粗读然后再学习后续章节. 所谓粗读, 是指粗略阅读这两章的非选读内容, 只求对一些基本概念和结论有所了解, 不求概念的深究和结论的证明. 其中特别值得阅读的是 §12.2(为此至少要粗略读过 §12.1), 它从零开始介绍闵氏时空的类空、类时和类光无限远(即 i^0, $i^{\pm}$, $\mathscr{I}^{\pm}$), 这些概念不但对学习第 12 章及附录 E 必不可少, 而且在 §13.1 和 §13.3 以及下册(尤其是第 16 章和附录 J)中也要用到. 对“时间机器”一类问题有兴趣的读者不妨阅读 §11.3 的前两页, 更详尽的讨论则可在该两页推荐的文献中找到. 不过, 我们还是建议时间比较充裕的读者比较仔细地学好这两章, 因为这可为学好整个中册及下册打下稳固的基础.

第 13 章介绍 Kerr-Newman(克尔-纽曼)黑洞, 这是广义相对论的一个非常基本而重要的内容. 之所以放在第 13 章, 只是因为在 §13.1 至 §13.3 的少数地方用到第 12 章的个别概念(i^0, $i^{\pm}$, $\mathscr{I}^{\pm}$)和结论(时空的总电荷和总能量的表达式). 本章较有特色的几处讲法是: §13.1 给出了 RN 时空最大延拓的十分详细的推导; §13.3 详述了穿过奇环延拓的必要性、具体做法和结果, 还介绍了 Carter 图; §13.4 证明了能层内不存在静止观者, 并导出了能层内外稳态观者的角速率的取值范围.

第 14 章比较深入细致地讲述了与参考系有关的各个方面的问题, 其中对爱因斯坦转盘以及参考系内的钟同步问题的讨论也许会引起较大范围读者(包括那些更喜欢“用物理思维”讨论相对论问题的许多同行)的兴趣. 第 14 章的另一个十分重要的内容就是时空的 $3+1$ 分解(§14.4), 它不仅对于理解时间和空间的概念有重要帮助, 而且是学习广义相对论的初值问题(§14.5)和哈氏形式(第 15 章)的不可或缺的基础. 希望 §14.4 关于 $3+1$ 分解的讲法对初学者以及广义相对论研究人员都有所帮助.

为使读者尽早进入物理内容, 本书上册前 5 章只能精选对学习相对论必不可少的最小量微分几何知识. 对学习相对论虽然重要、但可在一开始时暂且避开的其他数学内容则分别放在书中非用不可的章节之前讲授, 或者收入附录之中. 例如, 费米导数和费米移动放在 §7.3, Newman-Penrose 形式放在 §8.7 和 §8.8, 共形变换放在 §12.1, 张量密度和辛几何分别放在 §15.6 和 §15.7, Frobenius 定理以及李群李代数理论分别收入附录 F 和 G, 常曲率空间理论收入附录 J, 特别是专辟附录 I 较详细地介绍纤维丛理论及其在规范场论的应用.

附录 B(量子力学数学基础简介)也许算是与本书书名无直接关系的一个内容. 然而, 根据笔者的经验, 读过本书第 1, 2 章的物理读者对集合、映射、拓扑、矢量空间及其对偶空间、张量、度规等概念比较熟悉, 他们往往跃跃欲试地想把量子力学的内积、左右矢、线性算符以及用正交归一基底展开波函数等一系列问题同上述概念联系起来思考, 力图求得一个更为深入和清晰的理解. 他们希望有一份简明读物作参考. 本附录主要为满足这种需要而产生, 此外也为附录 C(量子力学的几何相)提供必要的基础. 所谓量子力学的数学基础, 此处是指有关泛函分析的知识. 本附录介绍其中最为基础的部分, 并尽量注意同量子力学相联系. 根据泛函分析, 物理工作者很感兴趣的 δ 函数其实是某种连续线性泛函, 我们在讲解连续线性泛函时顺便介绍 δ 函数的数学定义(选读 B-1-2).

自从 Berry 在 1984 年首次明确提出量子力学的几何相概念以来, 几何相的研究就成了国际物理界的热点之一. 笔者在《微分几何与广义相对论》课的教学经历中曾不止一次地利用已讲过的微分几何知识(相当于上册的前 5 章)向学生介绍过几何相的基本概念和某些理论发展, 受到学生欢迎. 附录 C 便是以这方面的讲稿为蓝本写成的.

Penrose 和 Hawking 联手证明的奇性定理(1965~1970)无疑是经典广义相对论的重要定理. 由于这些定理的证明涉及太多的、专业性极强的知识(本书只介绍过其中的一部分), 我们不拟给出定理的证明, 只用附录的形式(附录 E)对奇性定理以及 Penrose 于 1969 年开始提出的宇宙监督假设做一个定性介绍. 奇性定理以及正能定理(小节 12.7.4)的前提都涉及能量条件, 我们特用附录 D 对能量条件做一专题讲解.

李群和李代数的知识对物理工作者的重要性自不待言. 用几何语言表述李群李代数理论有一系列的明显优点. 鉴于本书多处用到李群李代数, 考虑到读者已具有一定的几何基础, 我们在附录 G 中用几何语言讲授这一理论. 在选材时特别注意理论物理工作者的需要, 例如, 我们专辟一节(§G.9)比较系统详尽地讲述在相对论中用得特别多的固有洛伦兹群和洛伦兹代数. 在原子物理学发展早期提出的托马斯进动是一个理论上有趣而又难懂的问题, 由于本书对它的理论基础——费米移动和洛伦兹群分别有过较为详细的讲授, 读者完全有条件对它取得一个较为透彻的理解. 为帮助读者达到这一目的, §G.9 的最后一小节不惜篇幅对托马斯进动做了比较详细的讨论.

关于选读内容以及习题的说明见上册前言.

与上册类似, 笔者在写作第一版下册时曾请了为数众多的专家、同行和学生分别阅读初稿的部分章节, 他们是(以姓氏汉语拼音为序): 敖滨, 曹周键, 戴陆如, 高长军, 高思杰, 贺晗, 黄超光, 邝志全, 刘旭峰, 马永革, 强稳朝, 田贵花, 吴小宁, 杨学军, 张红宝, 张芃, 郑驻军, 周彬, 周美柯, 笔者已在第一版下册前言中表示了谢意. 在第二版中、下册的写作过程中, 笔者又与许多同行(含前学生)做过多次讨论, 并吸收了他们许多宝贵的意见和建议, 他们主要有(以姓氏汉语拼音为序): 曹周键, 高思杰, 邝志全, 马永革, 吴小宁, 杨学军, 张昊, 张红宝, 在此再次鸣谢. 作者梁灿彬要特别感谢对写作本书有重要帮助的两位朋友, 第一位是美国国家科学院院士、芝加哥大学教授 Robert Wald 先生, 他不但是梁步入本领域的优秀启蒙导师, 而且对梁回国后的教学和写作工作不断提供无私帮助. 第二位是中国科学院数学研究所的邝志全研究员, 他不仅审阅过本书的不少章节并提出过许多十分宝贵的意见和建议, 而且在与梁的无数次讨论中以他对问题所特有的深刻思考和领悟使梁受益殊深. 北京师范大学数学系从事泛函分析教学多年的周美珂教授对附录 B 曾做过认真的审阅并提出过许多宝贵的意见和建议, 笔者在此深表谢意.

笔者还要感谢国家科学技术学术著作出版基金的资助, 正是这一资助使本书得以再版. 此外, 本书(第二版)中、下册还受到国家自然科学基金资助项目 10505004 的部分资助, 在此一并鸣谢.

考虑到许多读者非常关心下册的内容, 我们特在中册目录之后给出下册目录预告. 此处再对下册的每章和每个附录的内容做一个十分简单的介绍.

下册第 15 章首先把有限自由度系统的拉氏和哈氏理论推广到场系统(无限自由度系统), 然后讨论广义相对论的哈氏形式. 引力场是约束系统, 我们用相当篇幅介绍 Dirac-Bergmann 关于约束系统的哈氏理论, 并介绍如何将这一理论用于电磁场和引力场.

鉴于黑洞(热)力学对广义相对论以及相关交叉学科非常重要, 我们在下册中增补了第 16 章, 该章首先比较详细地讲授稳态黑洞的热力学(即传统的黑洞热力学), 然后着重介绍在非稳态黑洞力学中起关键作用的孤立视界和动力学视界及其有关定律.

Noether 定理是场论教材几乎必讲的重要基础性定理, 多数教材在讲授该定理的证明时都使用坐标语言, 许多有志于彻底弄懂这一证明的读者学习后往往感到并未真懂. 然而用几何语言可以给出清晰简洁的证明, 下册附录 H 将给出这一证明并用几何语言对与此有关的一系列问题进行讨论.

纤维丛理论对理论物理工作者的重要性与日俱增, 下册附录I将以尽量好懂的方式讲解主纤维丛和伴纤维丛的概念和性质, 特别是主丛和伴丛上的联络. 为帮助读者了解纤维丛理论在规范场论的应用, 我们还专辟两节对没有场论知识的读者介绍规范场论, 再用三节讲解规范场论的丛语言表述, 特别注重在两种理论之间的"架桥"工作.

广义相对论(特别是宇宙论)以及量子场论(特别是超弦理论)的现代发展使德西特时空和反德西特时空再度变得十分重要, 下册附录 J 将比较详细地讨论德西特时空和反德西特时空.

梁灿彬　周　彬

2008 年 4 月于北京师范大学

中册目录

中册前言

下册目录预告

第 11 章　时空的整体因果结构

§11.1　过去和未来 ······ 1

§11.2　不可延因果线 ······ 13

§11.3　因果条件 ······ 15

§11.4　依赖域 ······ 21

§11.5　柯西面、柯西视界和整体双曲时空 ······ 25

习题 ······ 31

第 12 章　渐近平直时空 ······ 32

§12.1　共形变换 ······ 32

§12.2　闵氏时空的共形无限远 ······ 36

§12.3　施瓦西时空的共形无限远 ······ 43

§12.4　孤立体系和渐近平直时空 ······ 45

§12.5　$\mathscr{I}^{\pm}$ 和 i^0 上的对称性, BMS 群和 SPI 群 ······ 57

§12.6　引力能量的非定域性 ······ 73

12.6.1　电荷与电荷守恒 ······ 73

12.6.2　闵氏时空的守恒量 ······ 79

12.6.3　引力能量的非定域性 ······ 84

§12.7　渐近平直时空的总能量和总动量 ······ 87

12.7.1　Komar 质(能)量 ······ 87

12.7.2　ADM 4 动量 ······ 89

12.7.3　Bondi 4 动量 ······ 96

12.7.4　正能定理 ······ 99

习题 ······ 101

第 13 章　Kerr-Newman(克尔-纽曼)黑洞 ······ 103

§13.1　Reissner-Nordstrom(RN)黑洞 ······ 103

§13.2　Kerr-Newman(KN)度规 ······ 111

§13.3　KN 时空的最大延拓 ······ 115

13.3.1　$M^2 < a^2 + Q^2$ 的情况 ······ 115

13.3.2　$M^2 > a^2 + Q^2$ 和 $M^2 = a^2 + Q^2$ 的情况 ······ 122

§13.4　静界、能层和其他 ······ 125

13.4.1 静界和能层 125
13.4.2 无限红移面 130
13.4.3 闭合类时线 130
13.4.4 局域非转动观者 131
§13.5 从旋转黑洞提取能量(Penrose 过程) 134
§13.6 黑洞“无毛”猜想 137
习题 140
第 14 章 参考系再认识 141
§14.1 参考系的一般讨论 141
14.1.1 类时线汇(参考系)的膨胀、剪切和扭转 141
14.1.2 类时测地线汇(测地参考系)的 Raychaudhuri 方程 149
§14.2 爱因斯坦转盘 151
14.2.1 转盘周长 151
14.2.2 转盘系是非超曲面正交的刚性参考系 154
14.2.3 刚性参考系及其空间几何 155
14.2.4 转盘系的空间几何 157
§14.3 参考系内的钟同步[选读] 158
14.3.1 惯性参考系的雷达校钟法 158
14.3.2 任意时空任意参考系的钟同步问题 159
14.3.3 超曲面正交系的钟同步 163
14.3.4 Z 类参考系 167
§14.4 时空的 3+1 分解 168
14.4.1 空间和时间 168
14.4.2 时空的 3+1 分解 169
14.4.3 空间张量场 176
14.4.4 空间张量场的空间导数 181
14.4.5 空间张量场的时间导数 182
§14.5 3+1 分解应用举例——广义相对论初值问题简介 189
习题 194
附录 B 量子力学数学基础简介 196
§B.1 Hilbert 空间初步 196
B.1.1 Hilbert 空间及其对偶空间 196
B.1.2 Hilbert 空间的正交归一基 202
B.1.3 Hilbert 空间上的线性算符 204
B.1.4 Dirac 的左右矢记号 206
B.1.5 态矢和射线 208

§B.2 无界算符及其自伴性 ……… 208
习题 ……… 220
附录 C 量子力学的几何相 ……… 222
§C.1 Berry 几何相 ……… 223
§C.2 AA 几何相 ……… 230
附录 D 能量条件 ……… 235
附录 E 奇性定理和宇宙监督假设 ……… 240
§E.1 奇性定理简介 ……… 240
§E.2 宇宙监督假设 ……… 244
§E.3 用 TIP 语言表述强宇宙监督假设[选读] ……… 247
§E.4 奇异边界 ……… 251
附录 F Frobenius 定理 ……… 255
附录 G 李群和李代数 ……… 261
§G.1 群论初步 ……… 261
§G.2 李群 ……… 262
§G.3 李代数 ……… 264
§G.4 单参子群和指数映射 ……… 267
§G.5 常用李群及其李代数 ……… 270
G.5.1 GL(*m*)群 (一般线性群, general linear group) ……… 270
G.5.2 O(*m*)群 (正交群, orthogonal group) ……… 274
G.5.3 O(1, 3)群 (洛伦兹群) ……… 277
G.5.4 U(*m*)群 (酉群) ……… 281
G.5.5 E(*m*)群 (欧氏群) ……… 286
G.5.6 Poincaré群(庞加莱群) ……… 287
§G.6 李代数的结构常数 ……… 288
§G.7 李变换群和 Killing 矢量场 ……… 295
§G.8 伴随表示和 Killing 型[选读] ……… 300
§G.9 固有洛伦兹群和洛伦兹代数 ……… 305
G.9.1 固有洛伦兹变换和固有洛伦兹群 ……… 305
G.9.2 洛伦兹代数 ……… 315
G.9.3 用 Killing 矢量场讨论洛伦兹代数 ……… 319
G.9.4 洛伦兹群的应用——托马斯进动[选读] ……… 323
习题 ……… 334
中册符号一览表 ……… 336
参考文献 ……… 337
索引 ……… 342

下册目录预告

第 15 章　广义相对论的拉氏和哈氏形式

§15.1　拉氏理论

§15.2　有限自由度系统的哈氏理论

§15.3　有限自由度拉、哈氏理论的几何表述[选读]

§15.4　经典场论的哈氏形式

§15.5　广义相对论的哈氏形式

§15.6　张量密度 [选读]

§15.7　辛几何及其在哈氏理论的应用[选读]

§15.8　从几何动力学到联络动力学——Ashtekar 新变量理论简介[选读]····· 101

习题

第16章　孤立视界、动力学视界和黑洞(热)力学

§16.1　传统黑洞热力学及其不足

§16.2　类光测地线汇及其 Raychaudhuri 方程

§16.3　类光超曲面上的 Raychaudhuri 方程

§16.4　陷俘面与表观视界

§16.5　弱孤立视界及其第零、第一定律

§16.6　弱孤立视界的进一步讨论[选读]

§16.7　动力学视界及其力学定律

习题

附录 H　时空对称性与守恒律(Noether 定理)

§H.1　用几何语言证明定理

§H.2　正则能动张量

§H.3　关于用坐标语言的证明

附录 I　纤维丛及其在规范场论的应用

§I.1　主纤维丛

§I.2　主丛上的联络

§I.3　与主丛相伴的纤维丛(伴丛)

§I.4　物理场的整体规范不变性

§I.5　物理场的局域规范不变性

§I.6　截面的物理意义

§I.7 规范势与联络
§I.8 规范场强与曲率
§I.9 矢丛上的联络和协变导数
习题
附录 J 德西特时空和反德西特时空
§J.1 常曲率空间
§J.2 德西特时空
§J.3 德西特时空的 Penrose 图
§J.4 再谈事件视界和粒子视界
§J.5 施瓦西-德西特时空
§J.6 反德西特时空

第 11 章　时空的整体因果结构

§11.1　过去和未来

在狭义相对论中，任一时空点 p 的全体类时和类光矢量(零元除外)被分为指向未来和指向过去两大类(见小节 6.1.6 末). 无论弯曲还是平直时空，一点的切空间并无区别(无非是 4 维矢量空间配以一个洛伦兹度规)，因此弯曲时空中任一点的类时和类光矢量(零元除外)的集合也可类似地分为两大部分. 若只孤立地讨论一点 p，可任意指定其中一个部分为指向未来部分(记作 $\tilde{F}_p$)，其中每一元素称为**指向未来的**(future directed)类时(或类光)矢量，另一部分(记作 $\tilde{P}_p$)的元素则称为**指向过去的**(past directed)类时(或类光)矢量(见图 11-1). 但在讨论全时空时，物理上总希望这种指定在从一个时空点到另一时空点的过渡中是连续的(闵氏时空就如此). 然而并非所有时空都能做到这一点. 考虑以 $S^1\times\mathbb{R}$ (圆柱面)为底流形的 2 维时空，为画图方便，把它沿母线剪开并画成图 11-2. 设其上度规这样给定，使各点的光锥如图 11-2 所示，便无法对指向未来部分($\tilde{F}$)作连续指定. (若按图 11-2 指定，则把左右两竖线粘合后，粘合处的 $\tilde{F}$ 有突变.) 不妨认为这样的时空没有物理意义. 能连续地指定光锥未来部分的时空叫**时间可定向时空**(time orientable spacetime). 今后谈到时空都指时间可定向时空，并认为每一时空都已作了这样的连续指定 (其实上册中早已有这样的默认). 设时空 (M,g_{ab}) 存在一个 C^0 的类时矢量场 t^a，就可把 t^a 在每点 $p\in M$ 的值 $t^a|_p$ 所在的那个部分指定为指向未来部分，这种指定自然是连续的. 因此，存在 C^0 类时矢量场的时空一定是时间可定向时空. 反之也可证明 [见

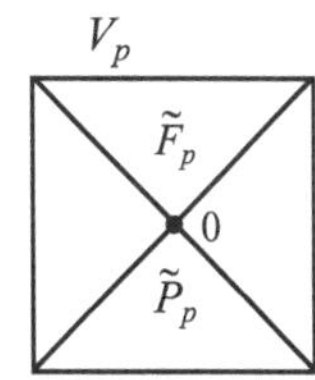

图 11-1　p 点指向过去和未来的类时(及类光)矢量组成子集 $\tilde{P}_p$ 和 $\tilde{F}_p$

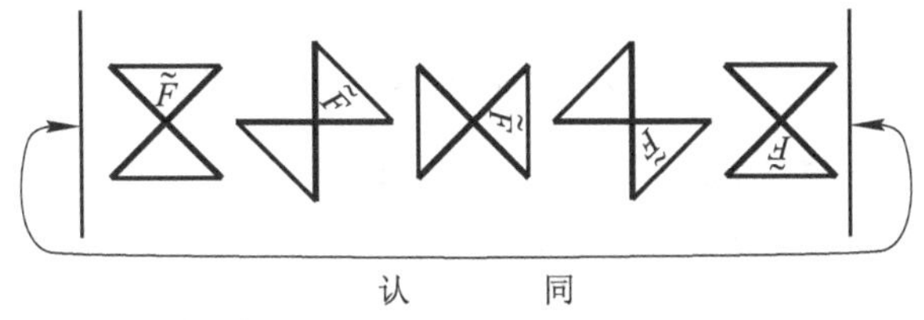

图 11-2　时间不可定向时空一例

Penrose(1972)], 若(M,g_{ab})是时间可定向时空, 则它必存在C^0的类时矢量场.

命题 11-1-1　设p是4维时空(M,g_{ab})的点, $v^a,u^a\in V_p$是指向未来或过去的类时或类光矢量, $v^a\neq 0$, $u^a\neq 0$,

(1)若v^a,u^a不都类光, 则$g_{ab}v^a u^b\begin{cases}<0 \Leftrightarrow v^a\text{与}u^a\text{有相同指向,}\\ >0 \Leftrightarrow v^a\text{与}u^a\text{有相反指向,}\end{cases}$

(2)若v^a,u^a都类光, 则$g_{ab}v^a u^b\begin{cases}=0 \Leftrightarrow \exists\beta\in\mathbb{R}\text{使 }v^a=\beta u^a, & \text{(a)}\\ <0 \Leftrightarrow v^a\text{与}u^a\text{有相同指向, 且 }v^a\neq\beta u^a, & \text{(b)}\\ >0 \Leftrightarrow v^a\text{与}u^a\text{有相反指向, 且 }v^a\neq\beta u^a. & \text{(c)}\end{cases}$

证明　因为任意时空的一点的切空间都一样, 只须对闵氏时空一点p证明本命题.

(1) 设$v^a\in V_p$类时, 则总可选惯性系$\{t,x^i\}$使v^a切于t坐标线, 亦即可选V_p的正交归一基底$\{(e_\mu)^a\}$使$v^a=\alpha(e_0)^a$, $\alpha\in\mathbb{R},\alpha\neq 0$.这表明$v^a$在该基底的分量为$v^\mu=(\alpha,0,0,0)$, 于是$g_{ab}v^a u^b=\eta_{\mu\nu}v^\mu u^\nu=-\alpha u^0$. 而由图 6-13 关于指向未来和过去的定义可知v^a与u^a有相同(相反)指向等价于α与u^0同(反)号, 故

$$g_{ab}v^a u^b<0 \Leftrightarrow \alpha u^0>0 \Leftrightarrow v^a\text{ 与 }u^a\text{ 有相同指向,}$$

$$g_{ab}v^a u^b<0 \Leftrightarrow \alpha u^0>0 \Leftrightarrow v^a\text{ 与 }u^a\text{ 有相反指向.}$$

(2) 因 $v^a\in V_p$ 类光且非零, 故总有正交归一基底$\{(e_\mu)^a\}$使$v^a=\alpha[(e_0)^a+(e_1)^a]$, $\alpha\in\mathbb{R},\alpha\neq 0$, 从而$v^\mu=(\alpha,\alpha,0,0)$, 于是

$$g_{ab}v^a u^b=-v^0u^0+v^1u^1=-\alpha(u^0-u^1),\tag{11-1-1}$$

$u^a\in V_p$的类光性则导致

$$0=g_{ab}u^a u^b=-(u^0)^2+(u^1)^2+(u^2)^2+(u^3)^2,\tag{11-1-2}$$

由此又得

$$|u^0|\geqslant|u^1|.\tag{11-1-3}$$

(a) $g_{ab}v^a u^b=0\Leftrightarrow u^0=u^1\Leftrightarrow u^\nu=(u^0,u^0,0,0)\Leftrightarrow\exists\beta\in\mathbb{R}$ 使 $v^a=\beta u^a$, 　(11-1-4)

其中第一、二步分别用到式(11-1-1)和(11-1-2).

(b) $g_{ab}v^a u^b<0\Leftrightarrow u^0-u^1\neq 0$且与$\alpha$同号

$$\Leftrightarrow u^0\text{与}\alpha\text{同号}\Leftrightarrow u^a\text{与}v^a\text{有相同指向,}\tag{11-1-5}$$

其中第一、二步分别用到式(11-1-1)和(11-1-3). 由式(11-1-4)、(11-1-5)便得

$$g_{ab}v^a u^b < 0 \Leftrightarrow v^a \neq \beta u^a \text{ 且 } v^a \text{ 与 } u^a \text{ 有相同指向}.$$

(c)证明与(b)类似. □

推论 11-1-2

(1)类光超曲面 Σ 上不存在切于 Σ 的类时矢量.

(2)类光超曲面 Σ 上每点只有一个类光方向, (就是说, $\forall q \in \Sigma$, 设 v^a, u^a 是 q 点的切于 Σ 的类光矢量, 则 $\exists \beta \in \mathbb{R}$ 使 $v^a = \beta u^a$.) 这就是类光法矢 n^a 的方向.

证明 设 v^a 是点 $q \in \Sigma$ 的切于 Σ 的矢量, n^a 是点 q 的类光法矢, 则 $g_{ab}v^a n^b = 0$. 取命题 11-1-1(1)的 u^a 为 n^b, 便知 v^a 类时会导致 $g_{ab}v^a n^b \neq 0$ 的矛盾, 故 v^a 不能类时. 若 v^a 类光, 取命题 11-1-1(2)的 u^a 为 n^b, 便知 $\exists \beta \in \mathbb{R}$ 使 $v^a = \beta u^a$. 可见 q 点只有一个类光方向, 就是该点的类光法矢的方向. □

定义 1 C^1 曲线 γ 叫**指向未来类时线**, 若 γ 上每点的切矢是指向未来类时矢量; γ 叫**指向未来因果线**(future directed causal curve), 若 γ 上每点的切矢是指向未来类时或类光矢量(后者含零元). **指向过去类时线**和**因果线**可类似地定义.

注 1 我们以前把观者定义为一条以固有时(线长)为参数的类时线, 现在应在“类时线”前加上“指向未来”.

定义 2 $p \in M$ 的切空间 V_p 的子集 $\{v^a \in V_p \mid g_{ab}v^a v^b = 0\}$ 称为 p 点的**光锥**(light cone).

定义 3 $p \in M$ 的**编时未来**(chronological future) $I^+(p)$ 定义为

$$I^+(p) := \{q \in M \mid \exists \text{从 } p \text{ 到 } q \text{ 的指向未来类时线}\}.^{①}$$

还有一个与 $I^+(p)$ 类似而又有区别的重要定义, 即

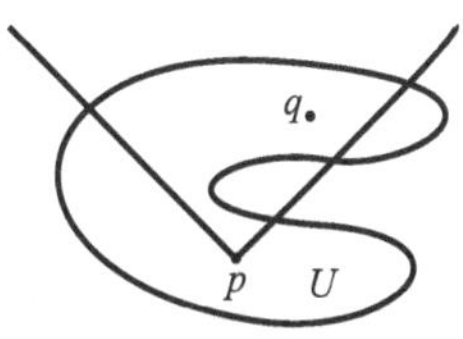

图 11-3 $q \in I^+(p) \cap U$ 但 $q \notin I^+(p, U)$

定义 4 设 U 是 $p \in M$ 的任一邻域, 则 p 的**相对于 U 的编时未来** $I^+(p,U)$ 定义为

$$I^+(p,U) := \{q \in U \mid \exists \text{从} p \text{到} q \text{ 的位于 } U \text{ 内的指向未来类时线}\}.$$

注 2 ① $I^+(p) = I^+(p, M)$. ②图 11-3 给出闵氏时空中 $I^+(p,U) \neq I^+(p) \cap U$ 的一例. ③把定义 3 和 4 的“未来”换为“过去”, 便得到 $I^-(p)$ (p 点的**编时过去**)和 $I^-(p,U)$ 的定义. 这种做法称为“对偶地定义”. ④ p 点的光锥按定义 2 是 p 点的

---

① “从 p 到 q 的曲线” γ 是指 γ : $[a,b] \to M$, 满足 $p = \gamma(a), q = \gamma(b)$. 本章的“曲线”往往是指曲线映射的像.

切空间V_p(而不是时空流形M)的子集(由p点的所有类光矢量组成), 虽然在狭义相对论中人们常把p点的光锥理解为时空流形$\mathbb{R}^4$中由$x^2+y^2+z^2-t^2=0$定义的子集, 即以p为顶点的圆锥面[亦可表为$\dot{\mathrm{I}}^+(p)\cup\dot{\mathrm{I}}^-(p)$, 顶上加点代表该子集的边界]. 本书通常按定义2使用光锥一词, 只有小节6.1.6, 8.9.2及8.9.3例外, 那里谈到的p点的"光锥面"实际是$\dot{\mathrm{I}}^+(p)$, $\dot{\mathrm{I}}^-(p)$或两者之并.

定义5 $p\in M$的**因果未来**(causal future) $\mathrm{J}^+(p)$定义为

$$\mathrm{J}^+(p):=\{q\in M\mid\exists\text{从}\ p\ \text{到}\ q\ \text{的指向未来因果线}\},$$

p点的**相对于U的因果未来**$\mathrm{J}^+(p,U)$定义为

$$\mathrm{J}^+(p,U):=\{q\in U\mid\exists\text{从}\ p\ \text{到}\ q\ \text{的位于}\ U\ \text{内的指向未来因果线}\}.$$

$\mathrm{J}^-(p)$和$\mathrm{J}^-(p,U)$可对偶地定义.

注3 p点本身可看作一条曲线(把$\mathbb{R}$的一个区间映为$\{p\}\subset M$的映射, 即独点线), 其在p点的切矢为零, 因而是类光矢量, 故p点可看作类光曲线. 虽然它既非指向过去亦非指向未来, 但还是规定$p\in\mathrm{J}^+(p)$及$p\in\mathrm{J}^-(p)$. 与此不同, p点不能看作类时曲线, 所以一般来说$p\notin\mathrm{I}^+(p)$. 然而也有例外. 例如, 只要把2维闵氏时空中的直线$t=0$和$t=1$认同(图11-4), 就存在从p经a回到p的类时曲线(是一条闭合的类时线), 从而有$p\in\mathrm{I}^+(p)$. 更有甚者, 事实上这个人造时空的任一时空点都属于$\mathrm{I}^+(p)$, 即$\mathrm{I}^+(p)=M$.

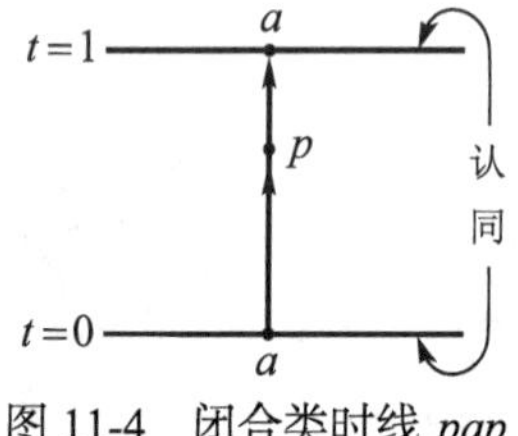

图11-4 闭合类时线 pap

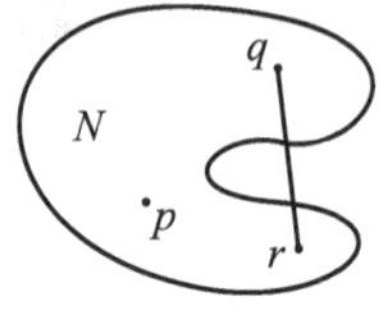

图11-5 非凸邻域示意

定义6 $p\in M$的邻域N称为**凸邻域**(convex neighborhood), 若$\forall q,r\in N$, 有N内的唯一测地线联结q与r. (注: 即使欧氏或闵氏空间, 也并非所有邻域都是凸的, 图11-5就是非凸邻域的一例.) §3.3定义3已讲过法邻域. p点的既凸又法的邻域称为p点的**凸法邻域**(convex normal neighborhood).

注4 ①由定义可知凸法邻域是开子集. ②任一时空的任一点必有凸法邻域. ③一点的法邻域未必是域内其他点的法邻域, 但一点的凸法邻域一定是域内任一点的凸法邻域. ②, ③的证明见Hicks(1965).

命题 11-1-3

(a) $p \in \mathrm{I}^+(q),\ q \in \mathrm{I}^+(r) \Rightarrow p \in \mathrm{I}^+(r)$, (不妨形象地表为"$\mathrm{I}+\mathrm{I}=\mathrm{I}$")

(b) $p \in \mathrm{J}^+(q),\ q \in \mathrm{I}^+(r) \Rightarrow p \in \mathrm{I}^+(r)$, (不妨形象地表为"$\mathrm{J}+\mathrm{I}=\mathrm{I}$")

(b′) $p \in \mathrm{I}^+(q),\ q \in \mathrm{J}^+(r) \Rightarrow p \in \mathrm{I}^+(r)$. (不妨形象地表为"$\mathrm{I}+\mathrm{J}=\mathrm{I}$")

证明　(a) $p \in \mathrm{I}^+(q),\ q \in \mathrm{I}^+(r)$ 表明存在从 q 到 p 的指向未来类时线 γ_{qp} 和从 r 到 q 的指向未来类时线 γ_{rq}. 令 $\gamma \equiv \gamma_{rq} \cup \gamma_{qp}$, 在 q 点附近可对 γ 适当"磨光"(round off)使成 C^1 类时线(图 11-6), 便有 $p \in \mathrm{I}^+(r)$. 磨光的可行性见 Penrose(1972)的 **2.23** 节第二段. (b)和(b′)的证明见 Penrose(1972)的 **2.18** 节. □

注 5[选读]　由于 γ_{rq} 和 γ_{qp} 非常任意, 即使限制在凸法邻域并使用黎曼法坐标也难以写出其具体方程, 因此磨光可行性的证明并不容易. 如果 γ_{rq} 和 γ_{qp} 是测地线, 方程就好写得多. 然而把类时线改为测地线将给出不等价的 $\mathrm{I}^+(p)$ 定义. 为了既用测地线又能得到等价定义, Penrose 想到用分段测地线代替类时线. "分段类时测地线"是由有限段指向未来类时测地线连接而成的连续曲线, 连接处可以不到 C^1. Penrose(1972)称之为一个**旅程**(trip). 用旅程代替 $\mathrm{I}^+(p)$ 定义中的"指向未来类时线"就得到 $\mathrm{I}^+(p)$ 的另一定义, 与原定义的等价性的证明见 Penrose (1972)的 **2.23** 节. 类似地, 把分段因果测地线称为一个**因果旅程**(causal trip), 用因果旅程代替 $\mathrm{J}^+(p)$ 定义中的"指向未来因果线"就得到 $\mathrm{J}^+(p)$ 的等价定义.

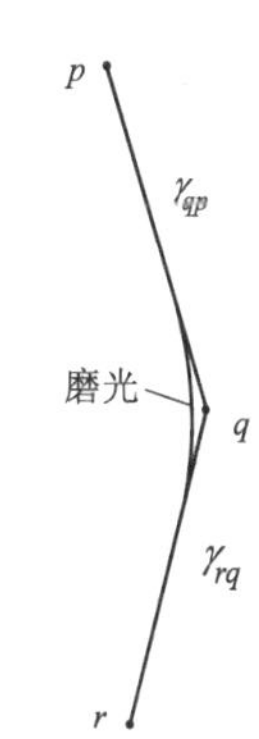

图 11-6　$\mathrm{I}+\mathrm{I}=\mathrm{I}$ 示意

一般时空的整体因果特性(结构)可以比闵氏时空复杂. 例如, 设时空点 p, q 满足 $q \in \mathrm{I}^+(p)$, 若是闵氏时空, 就有唯一的测地线从 p 到 q, 它是指向未来类时线; 若是其他时空就未必(可能没有也可能有不止一条测地线从 p 到 q). 然而, 局域地看(在凸法邻域内), 任何时空的因果特性都与闵氏时空相当类似, 具体含义见如下命题.

命题 11-1-4　任意时空 (M, g_{ab}) 的任意点都有凸法邻域 N (见注 4②), 其中任意两点 q 与 p 必有 N 内唯一的测地线相连(凸邻域定义), 而且(本命题内容)

(a) 若 $q \in \mathrm{I}^+(p, N)$, 则 N 内从 p 到 q 的唯一测地线是指向未来类时线;

(b) 若 $q \in \mathrm{J}^+(p, N) - \mathrm{I}^+(p, N),\ q \neq p$, 则 N 内从 p 到 q 的唯一测地线是指向未来类光曲线;

(b′) 若 $q \in \mathrm{J}^+(p, N) - \mathrm{I}^+(p, N),\ q \neq p$, 则 N 内从 p 到 q 的指向未来因果线必为类光测地线.

这一直观看来很好接受的命题证来颇不简单，见选读 11-1-1，建议初学者暂时免读.

[选读 11-1-1]

命题 11-1-4 的证明需要如下引理.

引理 11-1-5　设 N 是 $p\in M$ 的凸法邻域，定义 $\sigma: N\to\mathbb{R}$ 为

$$\sigma(q):=g_{ab}v^a v^b,\quad \forall q\in N\text{，其中 } v^a\equiv \exp_p{}^{-1}(q),$$

$\forall K\in\mathbb{R}$ 令 $\Sigma_K\equiv\{q\in N\,|\,\sigma(q)=K\}$，则(a) $K<0$ 时 Σ_K 是类空超曲面，$K>0$ 时 Σ_K 是类时超曲面，$\Sigma_0-\{p\}$ 是类光超曲面. (b) N 内从 p 到 q 的唯一测地线正交于过 q 的 Σ_K.

证明　借 p 点的任一正交归一基 $\{(e_\mu)^a\}$ 及其对偶基 $\{(e^\mu)_a\}$ 可在 N 上定义(黎曼)法坐标系 $\{x^\mu\}$，点 $q\in N$ 的 x^μ 定义为 $v^a(e^\mu)_a$，其中 $v^a\equiv\exp_p{}^{-1}(q)$. 于是

$$\sigma(q)\equiv g_{ab}v^a v^b=\eta_{\mu\nu}v^\mu v^\nu=\eta_{\mu\nu}x^\mu(q)\,x^\nu(q).$$

令 $t\equiv x^0,\ x\equiv x^1,\ y\equiv x^2,\ z\equiv x^3$，便有 $\sigma=-t^2+x^2+y^2+z^2$ 及

$$\mathrm{d}\sigma=2(-t\mathrm{d}t+x\mathrm{d}x+y\mathrm{d}y+z\mathrm{d}z),$$

故 σ 是 C^∞ 函数，且

$$\mathrm{d}\sigma|_{\Sigma_K(K\neq0)}\neq0,\quad \mathrm{d}\sigma|_{\Sigma_0-\{p\}}\neq0\ (\text{但 } \mathrm{d}\sigma|_p=0),$$

所以等 σ 面 $\Sigma_K(K\neq0)$ 及 $\Sigma_0-\{p\}$ 都是超曲面(图 11-7). 每一 $\hat{q}\in N$ 决定一张等 σ 面 Σ_K [其中 $K\equiv\sigma(\hat{q})$]，先讨论 $K<0$ 的情况. 令 $N_-\equiv\{q\in N\,|\,\sigma(q)<0\}$，则 $\Sigma_K(K<0)\subset N_-$. 因 N 是凸法邻域，故 $\forall q\in\Sigma_K$ 有 N 内唯一测地线 $\gamma(\rho)$ 从 p 到 q. 选仿射参数 ρ 使 $\rho(p)=0$，$\rho(q)=1$，则 $v^a\equiv\exp_p{}^{-1}(q)=(\partial/\partial\rho)^a|_p$. 令 $\alpha\in\mathbb{R}$，则 $\tau\equiv\alpha\rho$ 也是仿射参数，且 $(\partial/\partial\rho)^a=\alpha(\partial/\partial\tau)^a$. 总可选 α 使 τ 等于线长，于是

$$\sigma(q)\equiv g_{ab}v^a v^b=\alpha^2[g_{ab}(\partial/\partial\tau)^a(\partial/\partial\tau)^b]|_p=-\alpha^2=-[\tau(q)]^2,\ \forall q\in\Sigma_K.$$

可见 $\Sigma_K(K<0)$ 上每点 q 与 p 所连测地线都是类时线，线长都等于常数 $(-K)^{1/2}$. 当 $\hat{q}$ 跑遍 N_- 时给出一个类时测地线汇，其切矢 $Z^a\equiv(\partial/\partial\tau)^a$ 构成 N_- 上的一个类时矢量场. 为证明任一 $\Sigma_K(K<0)$ 为类空超曲面只须证明 Z^a 是 Σ_K 的法矢场，为此可借用 Z^a 所产生的单参微分同胚局部群 $\{\phi_\tau\}$ (见选读 2-2-4). $\forall q\in\Sigma_K$，过 q 并躺在 Σ_K 上的任一曲线 $\mu_0(s)$ 可充当 §7.6 的横向曲线，因而在上述类时测地线汇中挑出一个单参测地线族 $\{\gamma_s(\tau)\}$，所有 $\gamma_s(\tau)$ 铺出一张 2 维面 $\mathscr{S}\subset N_-$. 以 $\mu_\tau(s)$ 代表 $\mu_0(s)$ 在 ϕ_τ 映射下的像，则随着 τ 的改变，$\mu_\tau(s)$ 的切矢 $\eta^a\equiv(\partial/\partial s)^a$ 构成 $\mathscr{S}$ 上

的一个矢量场(图 11-7), 而且与 Z^a 对易, 于是 $g_{ab}\eta^a Z^b$ 沿任一 $\gamma_s(\tau)$ 为常数(见 §7.6). 此常数可借 p 点确定. 虽然 $\sigma(p)=0$ 表明 $p \notin \mathscr{S}$, 但可令 $\mathscr{S}$ 内的点沿任一 $\gamma_s(\tau)$ 无限逼近 p. 注意到 $\mu_\tau(s)$ 在 $\tau \to (-K)^{1/2}$ 时缩为 p 点, 便知 η^a (作为 $\mathscr{S}$ 上的矢量场) 在逼近 p 时趋于零(不妨补定义 $\eta^a|_p=0$), 所以常数 $g_{ab}\eta^a Z^b=0$. 由于横向曲线 $\mu_0(s)$ 的任意性, 以上讨论说明 $Z^a|_q$ 是 Σ_K 的法矢, Z^a 的类时性因而表明 $\Sigma_K(K<0)$ 为类空超曲面. 上述证明的要害是每条测地线 $\gamma_s(\tau)$ 上存在着在 p 点为零的雅可比场 η^a (见选读 7-6-3 首行). 类似手法也适用于证明 $\Sigma_K(K>0)$ 和 $\Sigma_0-\{p\}$ 分别是类时和类光超曲面. □

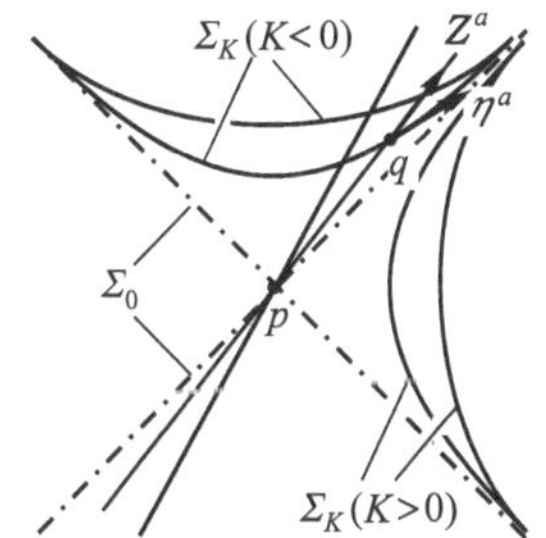

图 11-7　$K \neq 0$ 的每一 Σ_K 含两叶($K<0$ 时为上下叶, $K>0$ 时为左右叶), 图中各只示出一叶. Z^a 与 η^a 正交

命题 11-1-4 的证明[可参见 Hawking and Ellis(1973)命题 4.5.1 的证明]

(a)设 $\gamma(t)$ 是 N 内从 p 到 q 的指向未来类时线, $\gamma(0)=p$. 借 p 的正交归一基在 N 上定义法坐标 x^μ, 则 $\gamma(t)$ 的切矢 $(\partial/\partial t)^a|_p$ 类时导致 $[\eta_{\mu\nu}(\mathrm{d}x^\mu/\mathrm{d}t)(\mathrm{d}x^\nu/\mathrm{d}t)]_{t=0}<0$, 加上 $x^\mu(p)=0$, 便知 $\exists\,\varepsilon>0$ 使

$$\eta_{\mu\nu}x^\mu(s)x^\nu(s)<0, \quad \forall s\in(0,\varepsilon]. \tag{11-1-6}$$

作为点 $\gamma(s)$ 的法坐标, $x^\mu(s)$ 无非是 $u^a \equiv \exp_p{}^{-1}[\gamma(s)]$ 的分量, 故式(11-1-6)表明 u^a 类时, 因而 $\sigma[\gamma(s)]<0$. 可见 $\gamma(t)$ 至少有一段(称为初始段, 但不含 p)进入 N_-, 再由 $\sigma(p)=0$ 及中值定理便知初始段内至少有一点满足 $\mathrm{d}\sigma/\mathrm{d}t<0$, 这又导致 γ 各点都有 $\mathrm{d}\sigma/\mathrm{d}t<0$. [否则 γ 线上有 $p_1=\gamma(t_1)$ 满足 $\mathrm{d}\sigma/\mathrm{d}t|_{t=t_1}=0$, 意味着 γ 线与过 p_1 的等 σ 面 $\Sigma_{\sigma(p_1)}$ 相切, 而这不允许, 因 $\Sigma_{\sigma(p_1)}$ 是类空超曲面(见引理 11-1-5)而 γ 是类时线]. 所以 $\gamma(t)\subset N_-$, 而且线上的 σ 值随 t 增加只能越来越负("越陷越深"), 特别是有 $\sigma(q)<0$, 表明 $\exp_p{}^{-1}(q)\in V_p$ 为类时, 因而 N 内从 p 到 q 的唯一测地线(记作 ξ)是类时测地线. 再用反证法证明 ξ 指向未来. 设 ξ 竟然指向过去, 则 $p\in \mathrm{I}^+(q,N)$, 与已知条件 $q\in \mathrm{I}^+(p,N)$ 结合得 $p\in \mathrm{I}^+(p,N)$, 导致 $\sigma(p)<0$, 与 $\sigma(p)=0$ 矛盾. 可见

N 内从 p 到 q 的唯一测地线是指向未来类时线.

(b)以 η 代表 N 内从 p 到 $q \in \mathrm{J}^+(p,N) - \mathrm{I}^+(p,N)$ 的唯一测地线, 现在用反证法证明 η 类光, 即 $\sigma(q)=0$. 设 $\sigma(q) \neq 0$, 则或者 $\sigma(q)>0$ 或者 $\sigma(q)<0$. 若 $\sigma(q)>0$, 则过 q 点的等 σ 面是类时超曲面(引理 11-1-5), 故该面上存在从 q 到某点 r 的指向未来类时线, 于是有 $\sigma(r)=\sigma(q)>0$ 和 $r \in \mathrm{I}^+(q,N)$, 后者与 $q \in \mathrm{J}^+(p,N)$ 结合得 $r \in \mathrm{I}^+(p,N)$, 而这又导致 $\sigma(r)<0$ [见(a)的证明], 与 $\sigma(r)>0$ 矛盾. 又若 $\sigma(q)<0$, 则 η 是类时测地线. 注意到 $q \notin \mathrm{I}^+(p,N)$, 可知 η 只能指向过去, 导致 $p \in \mathrm{I}^+(q,N)$, 与 $q \in \mathrm{J}^+(p,N)$ 结合又推出 $p \in \mathrm{I}^+(p,N)$ 的矛盾. 以上证明了 $\sigma(q)=0$, 因而 η 是类光测地线. 还应证明它是指向未来的, 见(b′)的证明之末.

(b′)设 λ 是 N 内从 p 到 q 的指向未来因果线. 对 λ 上异于 p 的任一点 r, 有 $r \in \mathrm{J}^+(p,N)$, $q \in \mathrm{J}^+(r,N)$. 假如 $r \in \mathrm{I}^+(p,N)$, 则 $q \in \mathrm{I}^+(p,N)$, 与已知条件矛盾, 因此 $r \in \mathrm{J}^+(p,N) - \mathrm{I}^+(p,N)$, 从而 $\sigma(r)=0$, 于是 $\lambda \subset \Sigma_0$. 类光超曲面 $\Sigma_0 - \{p\}$ 上不存在切于该面的类时矢量[见推论 11-1-2(1)], 所以 λ 的切矢处处类光, 即 λ 是类光曲线. 设 n^a 是超曲面 $\Sigma_0 - \{p\}$ 的类光法矢场, 注意到类光超曲面上各点类光方向的唯一性[见推论 11-1-2(2)], 可知 λ 只能重合于 n^a 过 q 的积分曲线. 另一方面, (b)中已证明 N 内从 p 到 q 的唯一测地线 η 也是 $\Sigma_0 - \{p\}$ 上的类光测地线, 因而也重合于 n^a 过 q 的积分曲线. 于是 η 与 λ 重合, 从而证明了 λ 是类光测地线. 由此又可反过来补证(b)中尚未证明的 η 的指向未来性:把 η 和 λ 记作 $\eta(t)$ 和 $\lambda(s)$, 其中 t 和 s 是仿射参数, 满足 $\eta(0)=\lambda(0)=p$, $\eta(1)=\lambda(1)=q$. 令 $v^a \equiv (\partial/\partial t)^a|_p$, $u^a \equiv (\partial/\partial s)^a|_p$, 则 $\exp_p(v^a)=q=\exp_p(u^a)$, 故 $v^a=u^a$, 于是 u^a 的指向未来性(来自 λ 的指向未来性)保证了 v^a (因而 η)的指向未来性. □

[选读 11-1-1 完]

命题 11-1-6　把 $p \in M$ 的凸法邻域 N 看作拓扑空间 $(N,\mathscr{S})$, 其中 $\mathscr{S}$ 是由 M 的拓扑 $\mathscr{T}$ 诱导的拓扑, 则 $\mathrm{I}^+(p,N)$ 是 M 的开集, $\mathrm{J}^+(p,N)$ 是 N 的闭集.

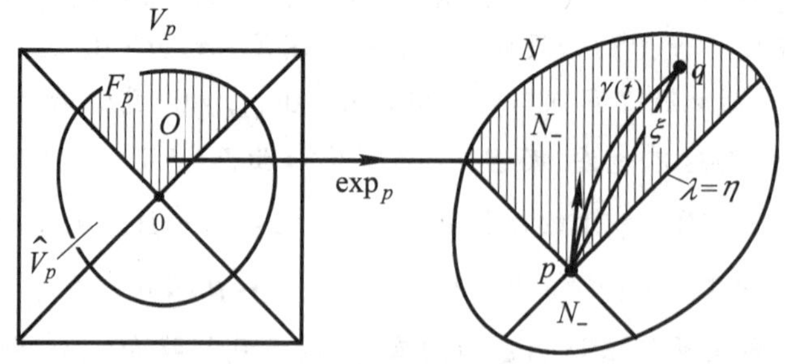

图 11-8　命题 11-1-6 证明用图. 右边的 ξ 和 η 是命题 11-1-4 证明中涉及的测地线

证明[选读]　由定理 3-3-7 可知 p 点的切空间 V_p 含开子集 $\hat{V}_p$ 使 $\exp_p: \hat{V}_p \to N$ 为微分同胚. 令 $F_p \equiv \{v^a \in V_p \mid v^a$ 为指向未来类时矢量$\}$, 则 $O \equiv F_p \cap \hat{V}_p$ 是 $\hat{V}_p$(作为拓扑空间)的开子集(图 11-8). 由命题 11-1-4 不难证明(习题) $I^+(p, N) = \exp_p[O]$ 及 $J^+(p,N) = \exp_p[\bar{O}]$, 其中 $\bar{O}$ 是把 O 看作 $\hat{V}_p$ 的子集时的闭包. 因 $O \subset \hat{V}_p$ 为开集, $\bar{O} \subset \hat{V}_p$ 为闭集, $\exp_p: \hat{V}_p \to N$ 是微分同胚, 故 $I^+(p,N)$ 和 $J^+(p,N)$ 依次是 N 的开集和闭集. 由注 4①可知 $N \in \mathscr{T}$, 不难证明这时诱导拓扑 $\mathscr{S}$ 的定义[式(1-2-2)]可简化为 $\mathscr{S} = \{V \subset N \mid V \in \mathscr{T}\}$, 所以 $I^+(p,N)$ 也是 M 的开集, 即 $I^+(p,N) \in \mathscr{T}$. □

命题 11-1-7　$\forall p \in M$ 有 $I^+(p) \in \mathscr{T}$ [即 $I^+(p)$ 是 M 的开集].

证明　设 $q \in I^+(p)$, γ 是从 p 到 q 的指向未来类时线, N 是 q 的凸法邻域, 则 $\exists r \in \gamma \cap N$ 使 $q \in I^+(r,N)$(图 11-9). 由注 4③可知 N 也是 r 点的凸法邻域, 故命题 11-1-6 保证 $I^+(r,N) \in \mathscr{T}$. 可见任一 $q \in I^+(p)$ 有开邻域 $I^+(r,N) \subset I^+(p)$, 由定理 1-2-1 便知 $I^+(p) \in \mathscr{T}$. □

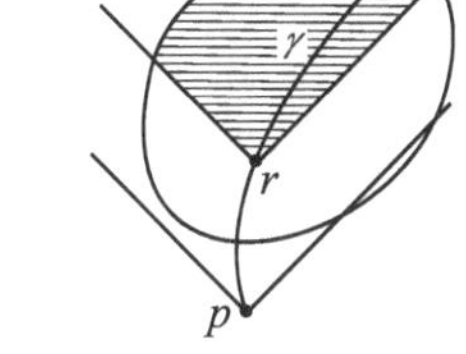

图 11-9　证明 $I^+(p)$ 为开集

命题 11-1-4 表明, 如果限制在凸法邻域以内, 任意时空的因果特性都与闵氏时空非常类似, 但越出凸法邻域就未必如此简单. 然而该命题的最后一个性质[即(b′)]却不受这一限制, 体现为如下命题.

命题 11-1-8　在任意时空中, 若 $q \in J^+(p) - I^+(p)$, 则从 p 到 q 的指向未来因果线必为类光测地线.

证明[选读]　设 λ 是从 p 到 q 的指向未来因果线. 若 λ 有一点的切矢为类时, 则它必含类时段, 于是由"$I + J = I$"会推出 $q \in I^+(p)$ 的矛盾, 故 λ 是类光曲线. 今欲证它是类光测地线. $\forall z \in \lambda$, 设 N_z 是 z 的凸法邻域, 则 $\{N_z \mid z \in \lambda\}$ 是 λ 的开覆盖. 因为 λ 是由紧致子集 $[0,1] \subset \mathbb{R}$ 到 M 的 C^1 映射的像, 所以 $\{N_z \mid z \in \lambda\}$ 存在有限子覆盖(图 11-10). 以 λ 进入的先后为序对子覆盖中的凸法邻域编号, 则子覆盖可表为 $\{N_1, N_2, \cdots, N_n\}$. 设 $x \in \lambda \cap N_1 \cap N_2$ (这样的 x 总存在), 则 $x \in J^+(p,N_1) - I^+(p,N_1)$, 于是由命题 11-1-4(b′)可知 λ_{px} 段为类光测地线. 对上述讨论作有限次重复, 便知 λ

为类光测地线.[①] □

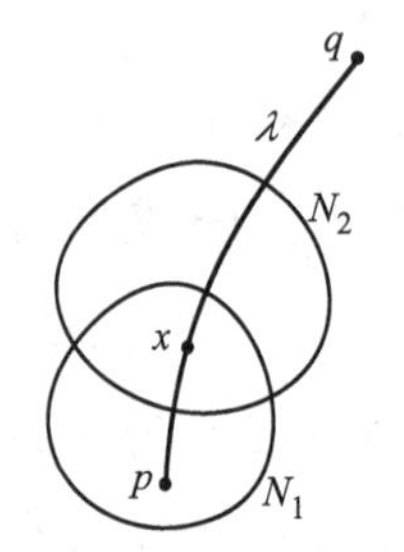

图 11-10　λ 的有限子覆盖中的两个凸法邻域

注 6　本命题等价于 Hawking and Ellis(1973)的命题 4.5.10, 该书提供了另一证明.

思考题　判断如下命题的真伪:若存在从 p 到 q 的指向未来类光测地线, 则 $q \in \mathrm{J}^+(p) - \mathrm{I}^+(p)$.

答　命题为伪. 图 11-11 便是反例:设 t, x 是 2 维闵氏时空的洛伦兹坐标, 把竖直线 $x = -1$ 和 $x = 1$ 认同, 令 $p = (0,0)$, $q = (2,0)$, 则存在从 p 到 q 的类光测地线 $\lambda_1 \cup \lambda_2$, 而 $q \in \mathrm{I}^+(p)$, 所以 $q \notin \mathrm{J}^+(p) - \mathrm{I}^+(p)$.

定义 7　M 的任一子集 S 的编时未来 $\mathrm{I}^+(S)$ 定义为

$$\mathrm{I}^+(S) := \bigcup_{p \in S} \mathrm{I}^+(p) .$$

S 的编时过去 $\mathrm{I}^-(S)$ 可对偶地定义.

注 7　由定义 7 和命题 11-1-7 可知 $\mathrm{I}^+(S)$ 为开集.

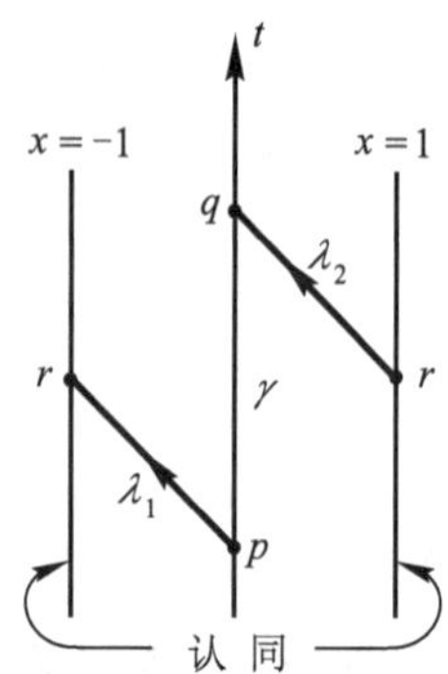
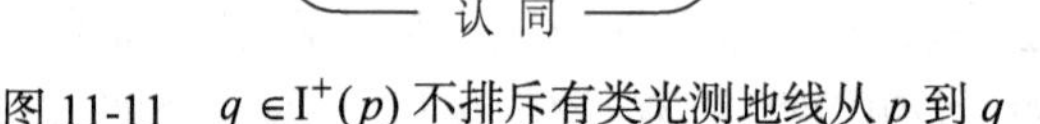

图 11-11　$q \in \mathrm{I}^+(p)$ 不排斥有类光测地线从 p 到 q

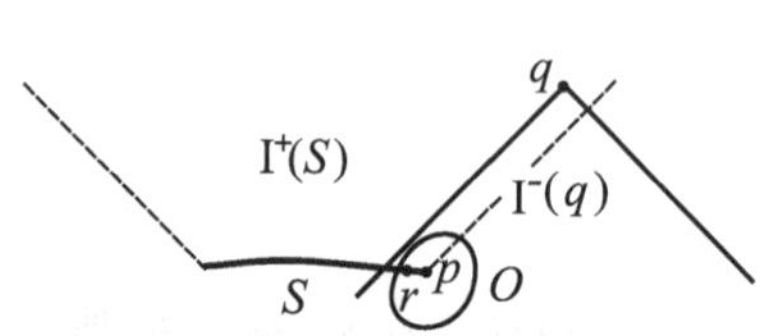

图 11-12　命题 11-1-4 证明(B)用图

命题 11-1-9　以 $\bar{S}$ 代表 $S \subset M$ 的闭包, 则 $\mathrm{I}^+(\bar{S}) = \mathrm{I}^+(S)$.

证明　(A) 设 $q \in \mathrm{I}^+(S)$, 则 $\exists\, p \in S$ 使 $q \in \mathrm{I}^+(p)$. 但 $p \in S \Rightarrow p \in \bar{S}$, 故 $q \in \mathrm{I}^+(\bar{S})$. (B)设 $q \in \mathrm{I}^+(\bar{S})$, 则 $\exists\, p \in \bar{S}$ 使 $q \in \mathrm{I}^+(p)$, 所以 $p \in \mathrm{I}^-(q)$. 因 $\mathrm{I}^-(q)$ 为开集, 故 $\exists\, p$ 的开邻域 $O \subset \mathrm{I}^-(q)$, 见图 11-12.　$p \in \bar{S} \Rightarrow O \cap S \neq \varnothing$(见第1章习题 15). 令 $r \in O \cap S$, 则 $r \in \mathrm{I}^-(q)$, 故 $q \in \mathrm{I}^+(r) \subset \mathrm{I}^+(S)$. □

---

① 不排除如下可能:某些凸法邻域 N_z 把 $\lambda \cap N_z$ 分成若干不连通的段, 导致同一凸法邻域被多次编号. 为消除这种情况可采用如下做法:①取 λ 的开覆盖 $\{U_\alpha\}$,使每一 U_α 与 λ 之交只含一个连通段;②对每一 $\lambda \cap \bar{U}_\alpha$ 取由凸法邻域组成的开覆盖 $\{N_{\alpha z} \mid z \in \lambda \cap \bar{U}_\alpha\}$; ③所有 $\{N_{\alpha z}\}$ 的集合是 λ 的一个开覆盖, 必有有限子覆盖 $\{N_1, N_2, \cdots, N_n\}$, 而且 $\lambda \cap N_i\ (i = 1, \cdots, n)$ 只含 λ 的一个连通段.

命题 11-1-10　$I^+[I^+(S)]=I^+(S)$.

证明　习题. □

由命题 11-1-6 可知闵氏时空任一点 p 的 $J^+(p)$ 是闭集. 然而一般时空未必如此. 设 p 是闵氏时空的一点, 把 $\dot{J}^+(p)$ 的一点挖去(见图 11-13), 则 $r\notin J^+(p)$, 故 $r\in\mathbb{R}^4-J^+(p)$. 但 r 的任一邻域都与 $J^+(p)$ 有交, 故由定理 1-2-1 可知 $\mathbb{R}^4-J^+(p)$ 不是开集, 因而 $J^+(p)$ 不是闭集. 后面(§11.5)将看到, 当时空满足一定条件(称为整体双曲条件)时, 任一时空点 p 的 $J^+(p)$ 都是闭集(见命题 11-5-12).

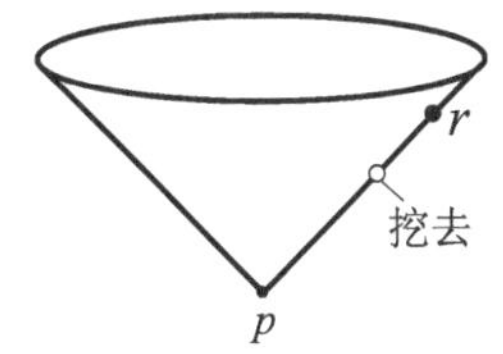

图 11-13　把 $\dot{J}^+(p)$ 的一点挖去后 $J^+(p)$ 不再是闭集

对闵氏时空作挖点和认同处理是相对论学者对许多貌似正确的伪命题举反例的惯用手法. 这种做法虽然有人为性, 但已足以证明在讨论时空因果结构时必须保持高度谨慎. 事实上, 本章讨论的时空 (M,g_{ab}) 多数并无物理意义, 例如, 我们并不在乎 g_{ab} 是否满足爱因斯坦方程. 这是因为经验表明在人为例子中出现的现象往往也出现于真实时空中(何况什么时空才算"真实时空"也是个不易讲清的问题). 况且, 理论研究本来就应该关心最一般的情况.

定义 8　M 的任一子集 S 的因果未来 $J^+(S)$ 定义为

$$J^+(S):=\bigcup_{p\in S}J^+(p).$$

S 的因果过去 $J^-(S)$ 可对偶地定义.

命题 11-1-11　$\forall S\subset M$, 以 $i[J^+(S)]$, $\overline{J^+(S)}$ 和 $\dot{J}^+(S)$ 分别代表 $J^+(S)$ 的内部、闭包和边界, 则

$$\text{(a)}\ \ J^+(S)\subset\overline{I^+(S)};\qquad \text{(b)}\ \ \overline{J^+(S)}=\overline{I^+(S)};$$

$$\text{(c)}\ \ I^+(S)=i[J^+(S)];\qquad \text{(d)}\ \ \dot{I}^+(S)=\dot{J}^+(S).$$

证明　因为(a)是(b)的结果, (d)是(b)和(c)的结果, 所以只须证明(b)和(c). 把(c)的证明留作习题, 下面仅证明(b).

由第 1 章习题 14 可知 $A\subset B\Rightarrow\bar{A}\subset\bar{B}$, 因此 $I^+(S)\subset J^+(S)\Rightarrow\overline{I^+(S)}\subset\overline{J^+(S)}$. 于是只须证 $\overline{J^+(S)}\subset\overline{I^+(S)}$. 证明的关键是拓扑学的如下定理: 若 A 为拓扑空间的任一非空子集, 则 $x\in\bar{A}\Leftrightarrow x$ 的任一邻域与 A 有交(见第 1 章习题 15). 设 $p\in\overline{J^+(S)}$, 则该定理保证 p 的任一开邻域 N 与 $J^+(S)$ 有交. 令 $q\in N\cap J^+(S)$. $q\in N$ 导致

$N\cap \mathrm{I}^+(q)\neq\varnothing$，① 即 $\exists r\in N\cap \mathrm{I}^+(q)$．另一方面，$q\in \mathrm{J}^+(S)$ 则保证 $\exists x\in S$ 使 $q\in \mathrm{J}^+(x)$．于是由"J + I = I"便得 $r\in \mathrm{I}^+(x)\subset \mathrm{I}^+(S)$．可见 $r\in N\cap \mathrm{I}^+(S)$，说明 p 的任一邻域 N 与 $\mathrm{I}^+(S)$ 有交. 再用一次第 1 章习题 15 的结论便知 $p\in\overline{\mathrm{I}^+(S)}$． □

定义 9 $S\subset M$ 称为**非编时集**(achronal set), 若不存在 $p, q\in S$ 使 $q\in \mathrm{I}^+(p)$．此条件亦可等价地表为 $\mathrm{I}^+(S)\cap S=\varnothing$．

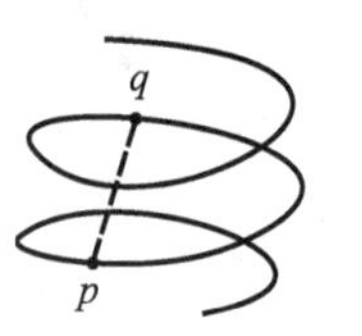

图 11-14 闵氏时空中不是非编时的类空曲线

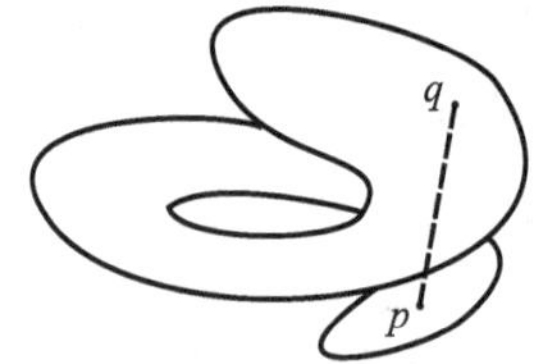

图 11-15 闵氏时空中不是非编时的类空超曲面

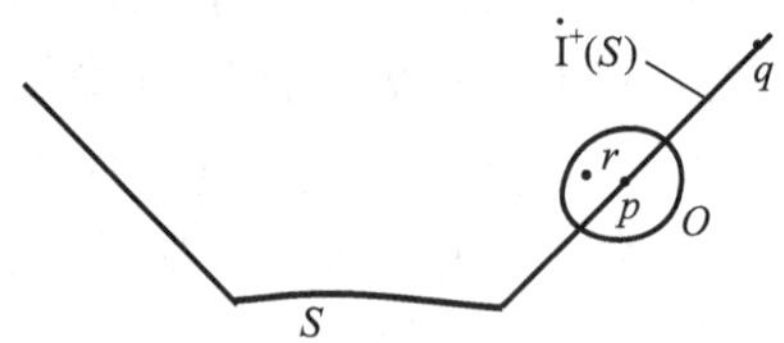

图 11-16 命题 11-1-12 证明用图

注 8 类时曲线和类时超曲面显然不是非编时的, 但类空曲线和类空超曲面也有不是非编时的, 如图 11-14 和 11-15. 不过, 大量非编时集是类空、类光的曲线和超曲面, 例如闵氏时空的类空超曲面 $t=t_0$，类光超曲面 $t=z$ 及类光超曲面 $t=\sqrt{x^2+y^2+z^2}$ 等.

命题 11-1-12 $\forall S\subset M$，$\dot{\mathrm{I}}^+(S)$(如果非空)是 3 维 C^0 非编时嵌入子流形.

证明 设 $\exists p,q\in\dot{\mathrm{I}}^+(S)$ 使 $q\in \mathrm{I}^+(p)$，则 $p\in \mathrm{I}^-(q)$(图 11-16). $\mathrm{I}^-(q)$ 为开保证存在 p 的开邻域 $O\subset \mathrm{I}^-(q)$．而 $p\in\dot{\mathrm{I}}^+(S)$ 则保证 O 与 $\mathrm{I}^+(S)$ 有交. 设 $r\in O\cap \mathrm{I}^+(S)$，则 $r\in O\Rightarrow r\in \mathrm{I}^-(q)$，同 $r\in \mathrm{I}^+(S)$ 结合得 $q\in \mathrm{I}^+(S)$，与 $q\in\dot{\mathrm{I}}^+(S)$ 矛盾[注意 $\mathrm{I}^+(S)$ 为开]. 故 $\dot{\mathrm{I}}^+(S)$ 为非编时集. $\dot{\mathrm{I}}^+(S)$ 的其他性质(3 维、C^0、嵌入子流形)的证明见 Wald(1984)P.192. □

下面给出 4 维闵氏时空中三个非编时边界面 $\dot{\mathrm{I}}^+(S)$ 的例子, t, x, y, z 是洛伦兹坐标.

例 1 $\forall p\in\mathbb{R}^4$ (把 $\{p\}$ 取作 S), $\dot{\mathrm{I}}^+(p)$ 是 3 维非编时超曲面(圆锥面), 它除 p 点外是 C^∞ 类光超曲面, 在 p 点只到 C^0 [压缩一维后如图 11-17(a)].

例 2 伪转动观者世界线 γ 由 $x=\sqrt{1+t^2}$，$y=z=0$ 定义, 把 γ 取作 S，则 $\dot{\mathrm{I}}^+(\gamma)$ 是 3 维 C^∞ 非编时类光超曲面[压缩两维后如图 11-17(b)].

---

① 这一直观上很好接受的论断的证明关键是: 过 q 的类时线是 C^1 曲线而且不是独点集.

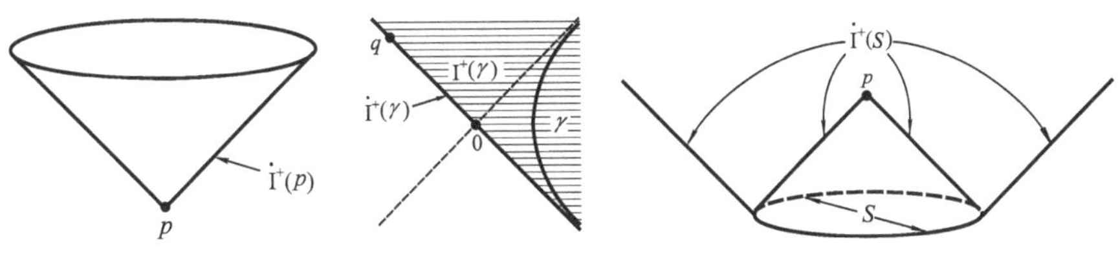

(a) $S=\{p\}$ 为一点　　(b) $S=\gamma$ 是伪转动观者世界线　　(c) S 为类空圆周

图 11-17　4 维闵氏时空的三个 3 维非编时边界面 $\dot{I}^+(S)$ (维数有压缩)

例 3　用 $t=0,\ x^2+y^2+z^2=1$ 定义类空 2 球面 S，则 $\dot{I}^+(S)$ 是 3 维非编时超曲面，除 S 及 p 点外是 C^∞ 类光超曲面，在 S 及 p 点上只到 C^0 [压缩一维后如图 11-17(c)].

§ 11.2　不可延因果线

上节定义类时线和因果线时要求它们为 C^1 曲线，从现在起放宽到 C^0 曲线. 只要(局域地说) C^0 线上任意两点可被一条类时(或因果) C^1 线相连，就叫做类时(或因果)曲线. 准确定义见 Wald(1984)P.193.

定义 1　设 I 是 $\mathbb{R}$ 的一个区间，$\lambda: I\to M$ 是指向未来的因果线. $p\in M$ 称为 λ 的**未来端点**(future endpoint)，若对 p 的任一邻域 O 有 $t_0\in I$ 使 $\lambda(t)\in O$ $\forall t\in I, t\geqslant t_0$. λ 的**过去端点**可对偶地定义.

例 1　施瓦西时空中最终掉进奇点的因果线无未来端点. (直观上的那个"未来端点"必有 $r=0$，而这已不属于时空本身.)

注 1

(1) 由时空背景流形 M 的 T_2 性(见 §1.3 定义 3)可证(习题)任一指向未来因果线最多有一个未来端点. 没学过 §1.3 的读者只须承认这一结论.

(2) 设 $\lambda: [0,1]\to M$ 为指向未来的因果线，则 $p\equiv\lambda(1)$ 是 λ 的未来端点. 考虑

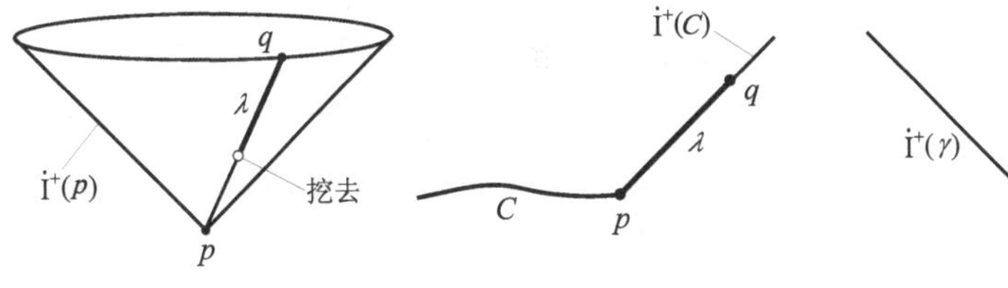

图 11-18　过 $q\in\dot{I}^+(p)$ 的过去不可延类光测地母线 λ (人为例子)

图 11-19　过 q 的类光测地母线 λ 以 $p\in C$ 为过去端点. 若在 λ 上挖去一点，则 λ 成为过去不可延的

图 11-20　2 维闵氏时空挖去一点和一段直线. 类光测地母线 $\lambda\subset\dot{I}^+(\gamma)$ 和 $\lambda'\subset\dot{I}^+(\gamma)$ 都是过去不可延的

因果线 λ' : $[0,1)\to M$，它与 λ 的唯一区别在于其定义域不含 $t=1$ 的点. 于是 $p\notin\lambda'(t)$，但由定义知 p 仍是 λ' 的未来端点. 可见未来端点可以不在因果线上.

(3) 若把上例的 p 从 M 中挖去，则 λ' 不再有未来端点. 挖前挖后有本质不同：λ' (及 λ)在挖点前的时空中是可延拓曲线，即可定义另一指向未来因果线 $\tilde{\lambda}$: $[0,b]\to M$ (其中 $b>1$)使 $\tilde{\lambda}(t)=\lambda(t)\quad \forall t\in[0,1]$. 这 $\tilde{\lambda}$ 称为 λ' (及 λ)向未来延拓的结果. 但对挖去 p 点后的时空就不能类似地定义 λ' 的延拓 $\tilde{\lambda}$，即 λ' 无法向未来延拓. 于是有以下定义：

定义 2 没有未来端点的指向未来因果线称为**未来不可延的**(future inextendible). ① **过去不可延因果线**可对偶地定义.

为了介绍下一命题，先看闵氏时空的一个简单特例. 设 $p\in\mathbb{R}^4$，则 $\dot{\mathrm{I}}^+(p)$ (但 p 点除外)为非编时类光超曲面(上节例 1)，它是以过 p 点的类光测地线为母线产生的，就是说，$\forall\, q\in\dot{\mathrm{I}}^+(p)$，必存在唯一的过 q 且躺在 $\dot{\mathrm{I}}^+(p)$ 上的类光测地线，称为过 q 的**类光测地母线**(null geodesic generator). 这母线以 p 为过去端点. 然而，如果在线上挖去一点(图 11-18)，则过 q 的类光母线就不再以 p 为过去端点而成为过去不可延类光测地线. 以下命题是这一结论的推广.

命题 11-2-1 设 $C\subset M$ 为闭子集，则 $\forall q\in\dot{\mathrm{I}}^+(C)$，$q\notin C$，有过 q 的一条类光测地母线 $\lambda\subset\dot{\mathrm{I}}^+(C)$，它或是过去不可延的，或是在 C 上有过去端点(图 11-19).

证明 见 Wald(1984)定理 8.1.6 的证明. 也可参阅 Penrose(1972) **3.20** 节. □

例 2 ①设 q 为图 11-17(c) 的 $\dot{\mathrm{I}}^+(S)$ 的任一点，则过 q 的类光测地母线 $\lambda\subset\dot{\mathrm{I}}^+(S)$ 有过去端点，而且在 S 上. ②设 q 为图 11-17(b)的 $\dot{\mathrm{I}}^+(S)$ [即 $\dot{\mathrm{I}}^+(\gamma)$]上的任一点，则过 q 的类光测地母线是过去不可延的. ③在图 11-20 的 $\dot{\mathrm{I}}^+(\gamma)$ 上取 q 和 q' 点，则过它们的类光测地母线 $\lambda\subset\dot{\mathrm{I}}^+(\gamma)$ 和 $\lambda'\subset\dot{\mathrm{I}}^+(\gamma)$ 都是过去不可延的.

[选读 11-2-1]

直观看来，从任一时空点 p 发出的任一指向未来类光测地线 λ 必躺在 $\dot{\mathrm{I}}^+(p)$ 上，其实不然. 图 11-11 就是反例：从 p 发出的 λ 在 r 点后离开 $\dot{\mathrm{I}}^+(p)$ 进入 $\mathrm{I}^+(p)$，表明从 p 发出的指向未来类光测地线 λ 与从 p 发出的指向未来类时线 γ 有可能相交. 注意到图 11-11 是相当人为的例子(通过人为认同把背景流形从 $\mathbb{R}\times\mathbb{R}$ 变为 $\mathbb{R}\times S^1$)，自然要问：这一现象是否也存在于不那么人为的时空中？(例如这样的时空，其度规是真空爱因斯坦方程的解，其流形是最简单的单连通流形 $\mathbb{R}^4$.) 答案是肯定

---

① 无未来端点(因而未来不可延)的常见情况是(a)当参数达到某值时曲线映射的"像点"是时空奇点；(本节例 1 属此情况. 挖点则是这种情况的人为实现.) (b)曲线映射的像点随参数增大而趋于无限远；(c)曲线的像点随参数增大而在有限范围内转来转去(曲线的像可能闭合也可能不闭合)，永无止境. 反之，在有未来端点的情况下，曲线之所以停在端点是因为定义映射时就没把它定义为越过该点，因而可通过重新定义而得以延拓.

的. Taub 的平面对称时空(见§8.6)就是一例, 见 Kuang et al.(1996). 应该指出, 从 p 发出的指向未来类光测地线进入 $I^+(p)$ 的现象在线上有共轭点对时必然发生. 更准确地说, 设 λ 是从 p 到 q 的指向未来类光测地线, $\tilde{p}\in\lambda$ 是 p 沿 λ 的共轭点, 则总可把 λ 稍加变形而成为一条从 p 到 q 的类时线[见 Wald(1984) P.232], 因此 $q\in I^+(p)$. 然而图 11-11 作为局域平直时空根本不存在共轭点对, Kuang et al.(1996)涉及的从 p 发出的指向未来类光测地线虽然存在与 p 共轭的点 $\tilde{p}$, 但它在到达 $\tilde{p}$ 之前就已进入 $I^+(p)$. 可见, 发自 p 的类光测地线 λ 上存在 p 的共轭点是 λ 进入 $I^+(p)$ 的充分而非必要条件. **[选读 11-2-1 完]**

§11.3　因 果 条 件

定义 1　时空叫做满足**编时条件**(chronological condition)**的**, 若它不存在闭合类时线.

把闵氏时空中某惯性系的两个同时面认同(图 11-4), 就得到一个不满足编时条件的时空. 这当然只是人为例子. 然而, 爱因斯坦方程确有存在闭合类时线的精确解, 例如 Godel 时空[Godel(1949)]、Kerr-Newman 时空的奇环附近(见小节 13.4.3)以及反德西特时空(见下册 § J .6). 当然, 爱因斯坦方程的精确解也不一定就代表真实时空.

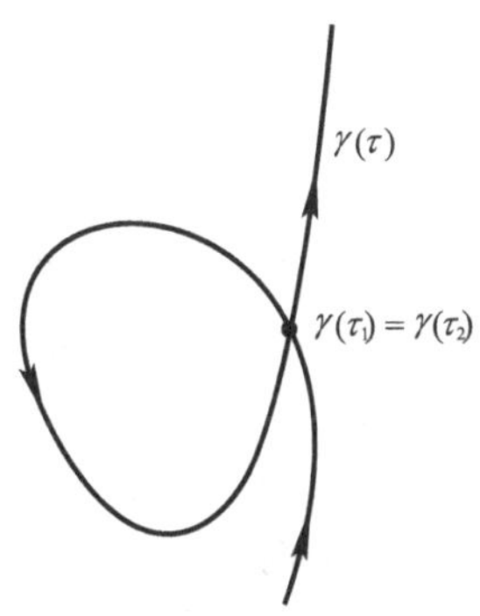

图 11-21　含有闭合段的世界线 $\gamma(\tau)$ 导致因果疑难

通常认为闭合类时线的存在会导致因果性疑难: 设观者 γ 的世界线 $\gamma(\tau)$ 含有一个闭合段(图 11-21), 则存在 $\tau_1,\tau_2\in\mathbb{R}$ 满足 $\gamma(\tau_1)=\gamma(\tau_2)$. 假定 τ_1 代表观者 γ 为 15 岁的时刻, $\tau_2-\tau_1=50$(年), 则他在 65 岁时与 15 岁时属于同一事件! (用科幻作家的话说就是 65 岁的他可同 15 岁的自己握手并互道“你好”, 由此又可编造出许多“时间机器”一类的故事.) 这虽然看来十分不可能, 但理论上(至少广义相对论)

对此还无法排除. 事实上, 通过“时空虫洞”制造时间机器的可能性从1988年起正式登入科学研究殿堂, 成为广义相对论学家的一个严肃的研究课题. [Morris and Thorne(1988); Morris, Thorne, and Yurtsever(1988).] 1985年出版的著名小说 *Contact* 描写了一个通过虫洞作快速星际旅行的故事. 与大多数科幻小说不同, 该小说对星际旅行的描写同物理学家直至写作时为止对物理定律的认识完全一致. 小说初稿描写的是穿越黑洞的旅行. 作者 Sagan 曾把书稿寄给 Thorne, 请他协助把小说中涉及引力物理的部分尽可能加以准确化. Thorne 对黑洞微扰的各种计算结果非常熟悉, 深知穿越黑洞的旅行几乎无望, 便建议把黑洞改为虫洞(wormhole). 这一事件促使 Thorne 开始认真研究并找到有可能进行星际旅行的虫洞解, 但发现要撑开虫洞必须存在违反弱能量条件(见附录 D)的奇异(exotic)物质. 通俗地说, 虫洞是连接相距遥远的两个空间点的一条捷径, 物体从一个洞口进入再从另一洞口出来, 就有可能回到过去, 因而提供一部时间机器. 关于时间机器(存在闭合类时线)的常见悖论是: “如果我通过时间隧道回到我出生之前并杀死我娘, 那么还有我吗? 既然没有我, 我又怎能回去杀死我娘?”这可称为“弑母悖论”. Thorne, Novikov 等若干学者指出: 即使存在闭合类时线也不会出现弑母现象, 因为弑母过程是一种非自洽解, 由物理定律决定的任何演化过程都应该在逻辑上自洽, 任何人(或物)都不能通过回到过去来改变自己的历史. 在摒除所有非自洽解的同时, 他们在寻求自洽解的研究中不断取得很有意义的进展(见选读 11-3-1). 另一方面, Hawking 则在考虑量子效应后于 1992 年提出如下的**时序保护猜想**(chronology protection conjecture) [Hawking(1992)]: 物理定律不允许闭合类时线存在. 这一问题的研究和争论仍在继续中.

[选读 11-3-1]

弑母悖论的提出反映这样一种信念: 闭合类时线的存在使人们可以改变过去, 从而造成因果性的严重疑难. 其实并非如此. 弑母悖论是人们想象的一个非自洽过程, 它(以及人们能想出的所有非自洽过程)的成因是没有考虑未来对过去的影响. 为了避免矛盾, 应该要求所有过程都遵守自洽性原则: 闭合类时线段上任意两个事件都以自洽的方式互相影响(自动调整到这样的方式): 每个(物理)事件只发生一次, 而且不会被改变. 下面的有趣例子有助于理解这一问题[Novikov(1992)]. 一根 Y 形管以图 11-22(a)的方式与虫洞的两个洞口相连, 管的内壁非常光滑, 使管内的活塞得以无摩擦地运动. 选择初始位置和速率使活塞沿路径 α 和 α' 到达洞口 A, 穿过虫洞后从洞口 B 出来(回到过去), 继续沿路径 β 运动并赶在“较年轻”的自己到达之前占领接头 J, 挡住“较年轻”的自己, 使之不能到达洞口 A. 这显然是一个与弑母现象类似的非自洽过程. 然而计算表明在任意给定的初始条件下的确存在自洽过程(运动方程的自洽解), 大意是[图 11-22(b)]: 活塞从与图 11-22(a)相同的初始位置和速率出发，将近到达接头 J 时恰被从洞口 B 出来的“较老”的自己轻轻一碰(“较老”的活塞的头部与“较年轻”的活塞的侧面发生摩擦)，因而速率略有减小. 它以这较小的速率走过α'，从 A 进洞再从 B 复出. 由于速率较小，它不能抢先挡住“较年轻”的自己的去路，只能对它轻轻一碰. 这显然是一个自洽的演化过程.

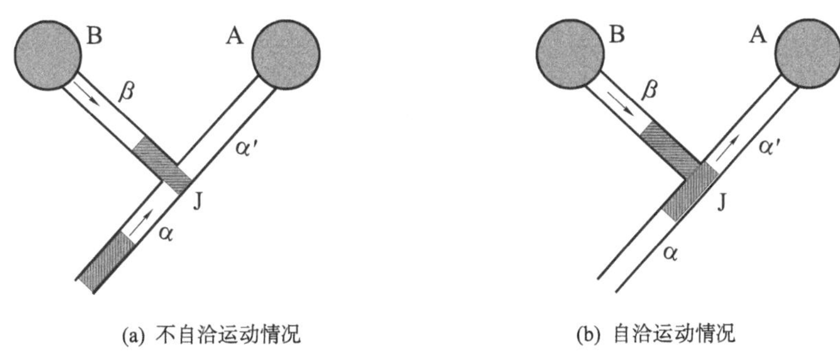

(a) 不自洽运动情况　　(b) 自洽运动情况

图 11-22　管内活塞穿过虫洞的两种运动情况(A、B 是虫洞的两个洞口)

图 11-22 只是许多类似例子中的一个. 事实上，Thorne 及其合作者研究的第一个例子是台球从洞口 A 进虫洞再从洞口 B 出来并与“较年轻”的自己相碰的情况(由 Bolchinski 首先提出的一个佯谬). 在证明给定初始条件必有自洽解的同时，他们发现对同一初始条件竟有无数自洽解. 这种怪事在无闭合类时线的情况下决不可能出现. 自然要问：给定初始条件后，台球到底按哪个自洽解运动？他们最后求助于量子力学(反正广义相对论最终必须与量子理论结合). 在量子理论中每种轨道都有一定的概率，我们无须像在经典理论中那样被迫回答“到底台球走哪条轨道？”的问题. 详见 Thorne(1994, 有中译本).　**[选读 11-3-1 完]**

不满足编时条件的时空被认为是因果性最差的时空. 满足编时条件的时空虽然没有闭合类时线，却仍可能有闭合类光曲线. 注意到光子以类光曲线为世界线，可知有闭合类光曲线的时空的因果性也很差.

定义 2　时空叫做满足**因果条件**(causality condition)**的**，若它不存在闭合因果线(独点线除外). 满足因果条件的时空叫**因果时空**.

图 11-23 为非因果时空的一例. 把图中的p点挖去，就成为因果时空. 然而挖去p点的时空仍存在从q点出发的、无限接近(要多接近有多接近)闭合的因果线(实际是类时线)，如图 11-24 所示. 对度规的任何微扰都会导致闭合因果线的出现，故这种时空的因果性仍很差. 能避免这一缺点的时空的条件如下.

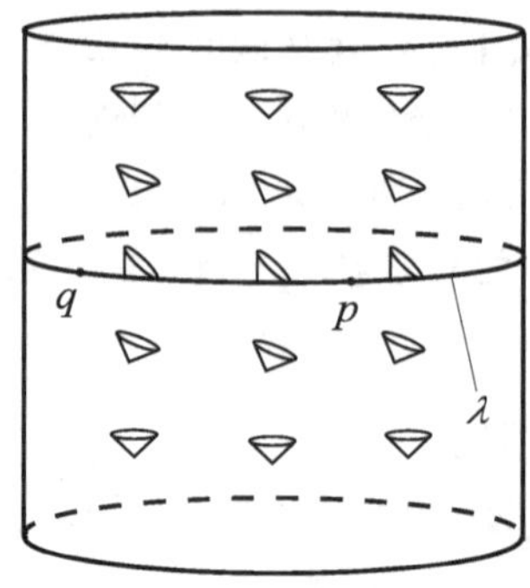

图 11-23 非因果时空一例

圆柱面是时空流形，面上各点的光锥大致反映面上的度规. 存在闭合因果线 λ

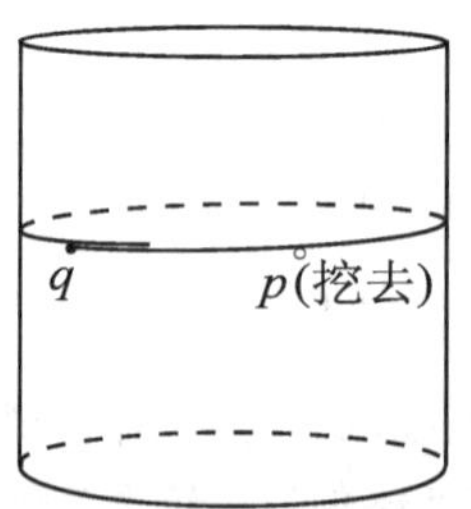

图 11-24 图 11-23 挖去 p 点所得的因果时空存在无限接近闭合的类时线

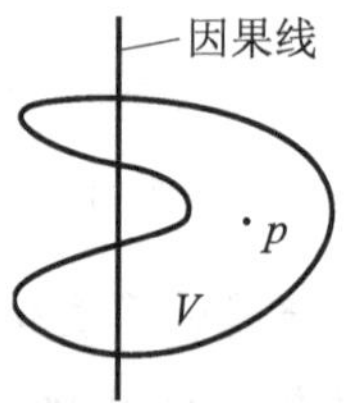

图 11-25 若用条件(2)代替定义 3 的条件，则连闵氏时空也不是强因果的

定义 3 时空 (M, g_{ab}) 叫做满足**强因果条件**(strong causality condition)**的**，若 $\forall p \in M$ 和 p 的任一邻域 O，$\exists\, p$ 的邻域 $V \subset O$ 使任何因果线与 V 相交不多于一次(即交集或者是一个连通线段或者是空集). 满足强因果条件的时空叫**强因果时空**.

注 1 对定义 3 的以下两种简化都不可取：

(1)"时空 (M, g_{ab}) 叫强因果时空，若任一 $p \in M$ 有邻域 V 使任何因果线与 V 相交不多于一次." 按此定义，任何时空都是强因果的，因为可取 $V = M$.

(2) "时空 (M, g_{ab}) 称为强因果时空，若 $\forall p \in M$ 和 p 的任一邻域 V，任何因果线与 V 相交不多于一次." 按此定义，连闵氏时空都不是强因果的，如图 11-25.

强因果时空的因果性虽然优于因果时空，但在某些情况下仍然处于因果性破坏的边缘. 图 11-26 就是一例. 这是 2 维闵氏时空经认同并挖去 3 段直线的结果. 它满足强因果条件，但若对度规作微扰，使每点的光锥都"张开一点点"，则闭合细直线 pqp 用新度规衡量就是类时线. 广义相对论很可能是某种(目前尚未有的)量子引力论的经典极限. 量子理论的不确定原理使每一时空点的度规没有确定值. 为了在物理上站得住脚，时空的任何性质都应有一定的稳定性，即经得起对度规的微扰. 因此还有必要引入因果性良好而且稳定的时空的定义.

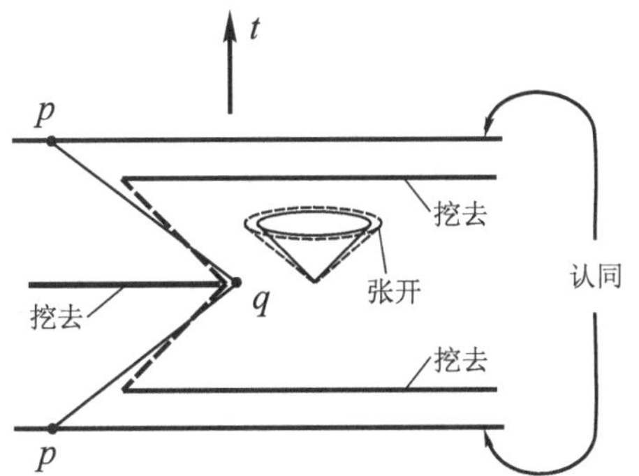

图 11-26　强因果时空一例. 若对度规微扰使每点光锥“张大一点点”，则闭合线 pqp 就是类时的

引理 11-3-1　设 (M,g_{ab}) 为时空, $p\in M$, $t^a\in V_p$ 为类时, $t_a\equiv g_{ab}t^b$, 则对 p 点而言,

$$\tilde{g}_{ab}\equiv g_{ab}-t_a t_b \tag{11-3-1}$$

是洛伦兹度规, 且其光锥“大于” g_{ab} 的光锥, 准确含义是: $\forall v^a\in V_p$, $v^a\neq 0$ 有

$$g_{ab}v^a v^b\leqslant 0\quad\Rightarrow\quad \tilde{g}_{ab}v^a v^b<0 .$$

证明　由式(11-3-1)可知 $\forall v^a\in V_p$ 有

$$\tilde{g}_{ab}v^a v^b=g_{ab}v^a v^b-(t_a v^a)(t_b v^b) . \tag{11-3-2}$$

设 $\{(e_\mu)^a\}$ 为 $(V_p,g_{ab}|_p)$ 的正交归一基底, 且 $t^a=\beta(e_0)^a$. 以 $\tilde{g}_{\mu\nu}$ 代表 $\tilde{g}_{ab}$ 在 $\{(e_\mu)^a\}$ 的分量, 则对 p 点有

$$\tilde{g}_{\mu\nu}=\tilde{g}_{ab}(e_\mu)^a(e_\nu)^b=g_{ab}(e_\mu)^a(e_\nu)^b-t_a(e_\mu)^a t_b(e_\nu)^b=\eta_{\mu\nu}-\beta^2\delta^0{}_\mu\delta^0{}_\nu ,$$

故 $\tilde{g}_{\mu\nu}$ 排成对角矩阵, 对角元三正一负($\tilde{g}_{00}=-1-\beta^2<0$, $\tilde{g}_{11}=\tilde{g}_{22}=\tilde{g}_{33}=1$), 因而 $\tilde{g}_{ab}$ 是洛伦兹度规. 若 $g_{ab}v^a v^b<0$, 则由式(11-3-2)不难看出 $\tilde{g}_{ab}v^a v^b<0$; 若 $g_{ab}v^a v^b=0$, 则命题 11-1-1(1)排除了 $t_a v^a=0$ 的可能性, 故 $(t_a v^a)(t_b v^b)>0$, 所以由式(11-3-2)仍有 $\tilde{g}_{ab}v^a v^b<0$.　□

下面介绍“ (M,g_{ab}) 的因果性经得起微扰”的数学表述. 这里的“微扰”是指每点的光锥“张开一点点”, 这个“一点点”的数学表述就是划定一个范围并要求所有扰动不得逾越. 既然 $\tilde{g}_{ab}\equiv g_{ab}-t_a t_b$ 的光锥比 g_{ab} 的大, 一个类时矢量场 t^a 就对光锥的“张开”程度划定了一个范围. 如果限于此范围内的、对 g_{ab} 的扰动不破坏因果性, (M,g_{ab}) 的良好因果性就是稳定的. 而为此只需 $(M,\tilde{g}_{ab})$ 也有良好的因

果性, 至少不能有闭合类时线. 于是有如下定义:

定义 4 (M,g_{ab}) 叫**稳定因果时空**(stably causal spacetime), 若 $\exists C^0$ 类时矢量场 t^a 使时空 $(M,\tilde{g}_{ab})$ (其中 $\tilde{g}_{ab} \equiv g_{ab} - t_a t_b$)满足编时条件.

命题 11-3-2 时空 (M,g_{ab}) 为稳定因果时空的充要条件是 M 上存在可微函数 f 使 $\nabla^a f \equiv g^{ab}\nabla_b f$ 为类时矢量场. 这样的 f 叫**整体时间函数**(global time function).

证明

(A) 条件充分性的证明: 已知 $\nabla^a f$ 为类时矢量场, 欲证 (M, g_{ab}) 是稳定因果时空. 取 $t^a \equiv \nabla^a f \equiv g^{ab}\nabla_b f$, $\tilde{g}_{ab} = g_{ab} - (\nabla_a f)\nabla_b f$, 则容易验证

$$\tilde{g}^{ab} = g^{ab} + \frac{t^a t^b}{1+\alpha^2},$$

其中

$$-\alpha^2 \equiv g_{ab}t^a t^b = g^{ab}(\nabla_a f)\nabla_b f = t^a \nabla_a f\ . \tag{11-3-3}$$

设 γ 是 $(M,\tilde{g}_{ab})$ 中的任一指向未来类时线,[①] v^a 是其切矢, 若能证明 $v^a\nabla_a f$ 恒为正(或负), 则 f 沿 γ 常增(或常减), 因此 γ 不会闭合, 这就保证 $(M,\tilde{g}_{ab})$ 的编时性, 从而保证 (M,g_{ab}) 的稳定因果性. 另一方面,

$$v^c\nabla_c f = \delta_a{}^c v^a \nabla_c f = \tilde{g}_{ab} v^a (\tilde{g}^{bc}\nabla_c f) \equiv \tilde{g}_{ab} v^a \tilde{t}^b,$$

其中 $\tilde{t}^b \equiv \tilde{g}^{bc}\nabla_c f$. 根据上式, 注意到 v^a 用 $\tilde{g}_{ab}$ 衡量为指向未来类时以及命题 11-1-1, 可知欲证 $v^a\nabla_a f$ 恒为正(或负)只须证明 $\tilde{t}^b$ 用 $\tilde{g}_{ab}$ 衡量为类时矢量场. 而这由下式显见:

$$\begin{aligned}\tilde{g}_{ab}\tilde{t}^a\tilde{t}^b &= \tilde{g}_{ab}(\tilde{g}^{ac}\nabla_c f)\,\tilde{g}^{bd}\nabla_d f = \tilde{g}^{cd}(\nabla_c f)\nabla_d f \\ &= g^{cd}(\nabla_c f)\nabla_d f + \frac{(t^c\nabla_c f)\, t^d\nabla_d f}{1+\alpha^2} = -\frac{\alpha^2}{1+\alpha^2} < 0,\end{aligned}$$

其中第四步用到式(11-3-3).

(B) 条件必要性的证明见 Hawking and Ellis(1973). 证明梗概见 Wald(1984). □

命题 11-3-3 稳定因果时空必为强因果时空.

证明 见 Wald(1984) P.199. □

命题 11-3-3 表明稳定因果条件是上述各种因果条件中之最强者. 事实上, 整体时间函数的存在本身就表明稳定因果时空是因果表现良好的时空. 因为 $\nabla^a f$ 是等 f

① 默认把 (M,g_{ab}) 在每点 p 的指向未来部分自然"延拓"作为 $(M,\tilde{g}_{ab})$ 的指向未来部分.

面的法矢, $\nabla^a f$ 类时表明等 f 面为类空超曲面. 命题 11-3-2 表明稳定因果时空可用单参类空超曲面族 $\{\Sigma_f\}$ 分层(见小节 10.1.1), 每层可解释为“时刻 f”的全空间. 所以在稳定因果时空中可以整体地定义“时间”——每一时空点(事件)的 f 值就代表它发生的“时刻”. 总可通过对 f 增减正负号使 $\nabla^a f$ 为指向未来类时, 从而保证 f 沿每一指向未来类时线(代表一个观者)严格常增. 这就排除了各种因果破坏的可能性. 关于“时间”的概念以及整体时间函数的用处, 可参阅 §14.4.

作为本节小结, 我们把讲过的时空因果性条件由强至弱排列如下(“>”号代表“强于”):

$$稳定因果 > 强因果 > 因果 > 编时.$$

上式中的某些地方还可插入某些条件, 这反映更细致的排队. 习题 5 就是一例.

§ 11.4　依　赖　域

S 的编时未来 $\mathrm{I}^+(S)$ [或因果未来 $\mathrm{J}^+(S)$]又称为 S 的**未来影响域**(future domain of influence), 因为 $\mathrm{J}^+(S)$ 中任一事件 p 都可能受到 S 上的事件的影响. [例如, 观者 G 可在同 S 交于 r 时扔出一颗手榴弹, (世界线为 γ, 见图 11-27.) 它在事件 $p\in\mathrm{I}^+(S)$ 爆炸.] 就是说, $\mathrm{J}^+(S)$ 是 S 的影响所及的全体事件的集合. 然而手榴弹也可能来自 x, 其世界线(虚线)与 S 不可能相交, 不会在 S 上留下印记, 因此在侦破 p 点的爆炸案时不能仅把 S 作为怀疑对象. 说得准确些, 设 S 是类空超曲面 Σ (代表初始时刻的全空间)的一部分, 则 S 上的数据(初值)不足以决定 $\mathrm{J}^+(S)$ 内每点会发生什么. 反之, 下面介绍的 S 的未来依赖域 $\mathrm{D}^+(S)$ 则是完全依赖于 S 的全体事件的集合, 域中任何事件都可在 S 上找到原因.

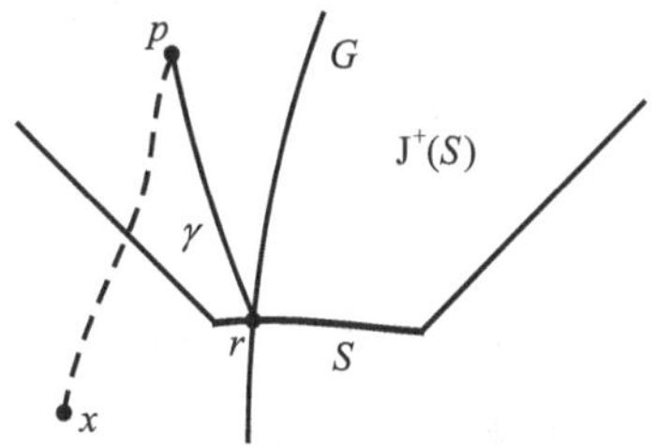

图 11-27　S 上的数据(初值)不足以决定 $\mathrm{J}^+(S)$ 内每点会发生什么

定义 1　设 S 是 M 的非编时闭子集, 则 S 的**未来依赖域**(future domain of dependence) $\mathrm{D}^+(S)$ 定义为

$$\mathrm{D}^+(S) := \{p \in M \mid \text{起于 } p \text{ 的任一过去不可延因果线与 } S \text{ 有交}\}.$$

S 的**过去依赖域** $\mathrm{D}^-(S)$ 可对偶地定义. S 的(总)**依赖域** $\mathrm{D}(S)$ 则定义为

$$\mathrm{D}(S) := \mathrm{D}^+(S) \cup \mathrm{D}^-(S).$$

注 1　①定义 1 保证对事件 $p \in \mathrm{D}^+(S)$ 有影响的一切信号都曾在 S 上作过登记. ②不难证明 $S \subset \mathrm{D}^+(S) \subset \mathrm{J}^+(S)$. ③除有重要物理意义外, $\mathrm{D}^\pm(S)$ 作为一种纯数学结构也很有用.

例 1　设 S 是 4 维闵氏时空的 x 轴, 则 $\mathrm{D}^+(S) = S$.

例 2　设 S 是 4 维闵氏时空的超平面 $t = 0$ 中的 3 维闭球体:

$$S = \{(t, x, y, z) \mid t = 0,\ x^2 + y^2 + z^2 \leqslant 1\}, \tag{11-4-1}$$

且把点 $(1/2, 0, 0, 0)$ 从时空中挖去, 则 $\mathrm{D}^+(S)$ 和 $\mathrm{D}^-(S)$ 如图 11-28 所示. 以挖去点为锥顶的圆锥体不含于 $\mathrm{D}^+(S)$.

例 3　设 S 是 4 维闵氏时空中由下式定义的类空旋转双曲面:

$$S \equiv \{(t, x, y, z) \mid t^2 - 1 = x^2 + y^2 + z^2,\ t < 0\},$$

则

$$\mathrm{D}^+(S) = \{(t, x, y, z) \mid t^2 > x^2 + y^2 + z^2 \geqslant t^2 - 1,\ t < 0\},$$

$$\mathrm{D}^-(S) = \{(t, x, y, z) \mid t^2 - 1 \geqslant x^2 + y^2 + z^2,\ t < 0\},$$

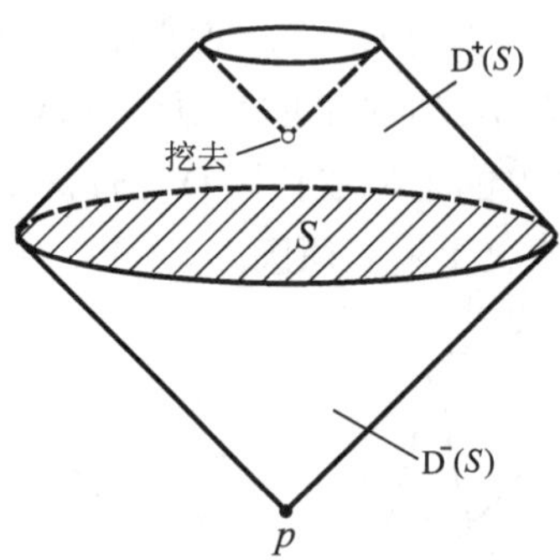

图 11-28　例 2 用图

如图 11-29 所示. 两条 45° 斜直线所代表的圆锥面不属于 $\mathrm{D}^+(S)$.

例 4　设 S 是 4 维闵氏时空的 3 维类光超曲面 $t = z$, 则 $\mathrm{D}^+(S) = S$.

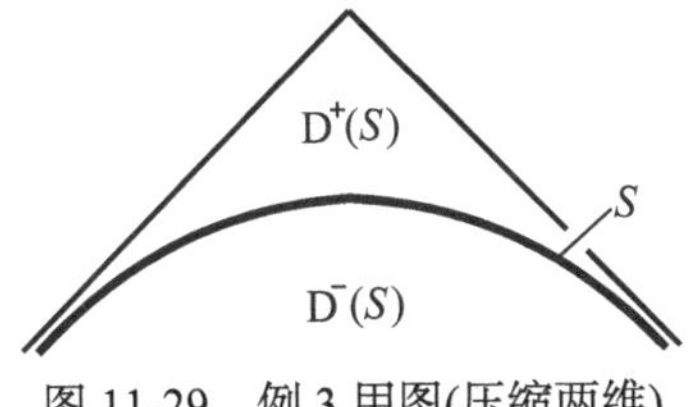

图 11-29　例 3 用图(压缩两维)

例 5　设 S 为施瓦西最大延拓时空中由 $T=0$ (T 为 Kruskal 时间坐标)定义的类空超曲面, 则 $D(S)=M$.

注 2　依赖域 $D^{\pm}(S)$ 的概念是研究广义相对论整体问题(如奇性定理和初值问题)的有力工具. 把 $D^{\pm}(S)$ 的概念推广到不是非编时的子集 S 虽然允许, 但不会带来真正好处(特别在物理方面), 却徒增不少麻烦. 把 S 限制为闭子集则主要是出自简单性考虑, 而且, 事实上只有当 S 为类空或类光 3 维面时 $D^{\pm}(S)$ 才真正有用武之地.

命题 11-4-1　$D^+(S)\cap I^-(S)=\varnothing$.

证明　设 $q\in D^+(S)\cap I^-(S)$. $q\in D^+(S)$ 表明起于 q 的任一过去不可延因果线 λ 都与 S 有交. 设 $p\in\lambda\cap S$, 则 $p\in J^-(q)$. $q\in I^-(S)$ 则表明 $\exists r\in S$ 使 $q\in I^-(r)$, 故 $p\in I^-(r)$, 与 S 的非编时性矛盾. □

引理 11-4-2　设 λ 是过 p 的过去不可延因果线, 则 $\forall p'\in I^+(p)$ $\exists$ 过 p' 的过去不可延类时线 $\gamma\subset I^+(\lambda)$ (见图 11-30).

证明　见 Wald(1984)引理 8.1.4 的证明. □

注 3　本引理很有用处. 它从过 p 的过去不可延因果线 λ 出发断定存在过 $p'\in I^+(p)$ 的过去不可延类时线 γ, 而且 $\gamma\subset I^+(\lambda)$.

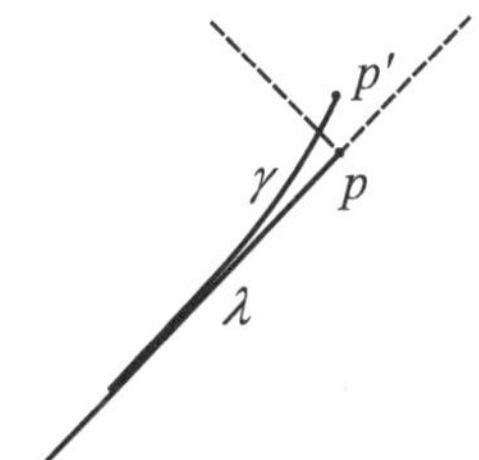

图 11-30　引理 11-4-2 图示

命题 11-4-3　$p\in\overline{D^+(S)}$ 的充要条件是起于 p 的任一过去不可延类时线与 S 有交.

证明[选读]

(A) 必要性的证明.基本思路是:设 $p\in\overline{D^+(S)}$, 则 p 有邻点 $q\in D^+(S)$.若存在起于 p 的与 S 无交的过去不可延类时线, 便可借它构造起于 q 的与 S 无交的过去不可延因果线, 从而与 $q\in D^+(S)$ 矛盾.下面落实这一思路.若 $p\in S$, 则显然起于 p 的任一过去不可延类时线与 S 有交.因此只须讨论 $p\notin S$, 即 $p\in M-S$ 的情况. S 为闭集导致 $M-S$ 为开集, 由定理 1-2-1 可知 p 有邻域 $U\subset M-S$.设存在起于 p 的与 S 无交的过去不可延类时线 γ (图 11-31).令 $r\in\gamma\cap U$ 且 $\gamma_{pr}\subset U$(γ_{pr} 代表 γ 中介于

p，r 之间的一段[①]），则 $p\in \mathrm{I}^+(r,U)$．$p\in \overline{\mathrm{D}^+(S)}$ 导致

$$\exists\ q\in \mathrm{I}^+(r,U)\cap \mathrm{D}^+(S).$$

$q\in \mathrm{I}^+(r,U)$ 则保证存在由 q 到 r 的指向过去类时线 $\alpha\subset U$．α 与 S 无交，因为 $U\subset M-S$．设 γ' 是 γ 中位于 r 点的过去的部分，则 $\alpha\cup\gamma'$ 是起于 q 的与 S 无交的过去不可延类时线，与 $q\in \mathrm{D}^+(S)$ 矛盾．可见起于 p 的任一过去不可延类时线必与 S 有交．

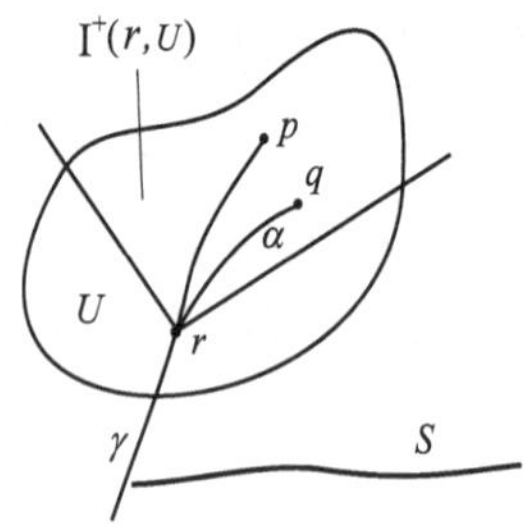

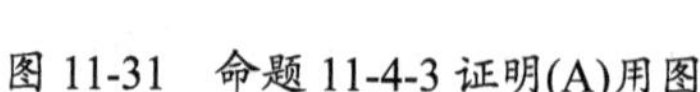
图 11-31　命题 11-4-3 证明(A)用图

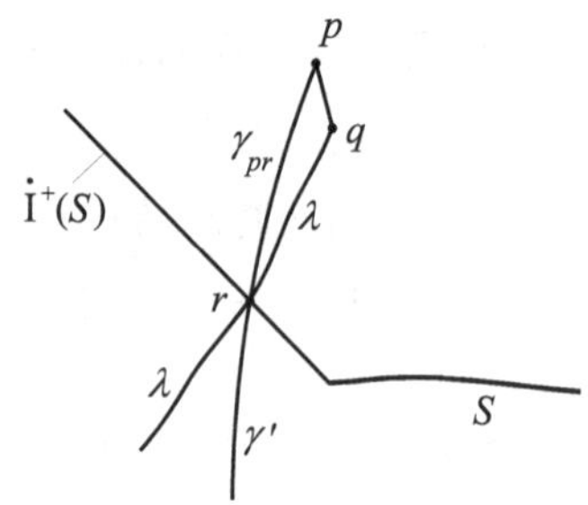

图 11-32　命题 11-4-3 证明(B)(b)用图

(B) 充分性的证明．设起于 p 的任一过去不可延类时线与 S 有交，则要么 $p\in S$，要么 $p\in \mathrm{I}^+(S)$．在 $p\in S$ 时自然有 $p\in S\subset \mathrm{D}^+(S)\subset \overline{\mathrm{D}^+(S)}$，故只须讨论 $p\in \mathrm{I}^+(S)$ 的情况．欲证 $p\in \overline{\mathrm{D}^+(S)}$，只须证 p 的任一邻域与 $\mathrm{D}^+(S)$ 有交．因 p 的任一邻域同 $\mathrm{I}^-(p)\cap \mathrm{I}^+(S)$ 有交，只须证明 $\mathrm{I}^-(p)\cap \mathrm{I}^+(S)\subset \mathrm{D}^+(S)$．用反证法．设 $\exists q\in \mathrm{I}^-(p)\cap \mathrm{I}^+(S)$ 满足 $q\notin \mathrm{D}^+(S)$，即 $\exists$ 起于 q 的与 S 无交的过去不可延因果线 λ，则只有两个可能：(a) $\lambda\subset \mathrm{I}^+(S)$；(b) λ 在某点 $r\in \dot{\mathrm{I}}^+(S)$ 处离开 $\mathrm{I}^+(S)$．两者都能推出矛盾，分别讨论如下：

(a) 根据引理 11-4-2，由 $p\in \mathrm{I}^+(q)$ 可知 $\exists$ 过 p 的过去不可延类时线 $\gamma\subset \mathrm{I}^+(\lambda)$．由 $\lambda\subset \mathrm{I}^+(S)$ 知 $\gamma\subset \mathrm{I}^+[\mathrm{I}^+(S)]=\mathrm{I}^+(S)$．若 $\gamma\cap S\neq\varnothing$，则 $\mathrm{I}^+(S)\cap S\neq\varnothing$，与 S 的非编时性矛盾．所以 $\gamma\cap S=\varnothing$，即 γ 是起于 p 的与 S 无交的过去不可延类时线，同本证明(B)的前提矛盾．

(b) λ 在点 $r\in \dot{\mathrm{I}}^+(S)$ 离开 $\mathrm{I}^+(S)$．$r\in\lambda$ 导致 $r\in \mathrm{J}^-(q)$（图 11-32）．由 $q\in \mathrm{I}^-(p)$ 和"$\mathrm{I}+\mathrm{J}=\mathrm{I}$"可知 $r\in \mathrm{I}^-(p)$，故存在由 p 到 r 的指向过去类时线 γ_{pr}．若 $\exists x\in\gamma_{pr}\cap S$，则 $x\neq r$（否则 λ 与 S 有交点 x），故

$$x\in \mathrm{I}^+(r)\subset \mathrm{I}^+[\dot{\mathrm{I}}^+(S)]\subset \mathrm{I}^+[\overline{\mathrm{I}^+(S)}]=\mathrm{I}^+[\mathrm{I}^+(S)]=\mathrm{I}^+(S),$$

① 因 γ 为 C^0 且 $p\in U$ 保证 p 有邻域含于 U，这样的 r 点必存在．

与 $x\in S$ 结合得 $\mathrm{I}^+(S)\cap S\neq\varnothing$，同 S 的非编时性矛盾. 可见 γ_{pr} 与 S 无交. 因为 r 是 γ_{pr} 的过去端点, 可将 γ_{pr} 向过去延拓(延长部分记作 γ')为过去不可延类时线 γ. 若 $\exists\, y\in\gamma'\cap S$，则 $r\in\mathrm{I}^+(y)\subset\mathrm{I}^+(S)$，同 $r\in\dot{\mathrm{I}}^+(S)$ 矛盾. 可见 γ 与 S 无交, 即 γ 是起于 p 的与 S 无交的过去不可延类时线, 同本证明(B)的前提矛盾. □

命题 11-4-4

$$\mathrm{i}[\mathrm{D}^+(S)]=\mathrm{I}^-[\mathrm{D}^+(S)]\cap\mathrm{I}^+(S),$$

$$\mathrm{i}[\mathrm{D}(S)]=\mathrm{I}^-[\mathrm{D}^+(S)]\cap\mathrm{I}^+[\mathrm{D}^-(S)].$$

证明　习题. □

§11.5　柯西面、柯西视界和整体双曲时空

定义 1　非编时闭集 $\Sigma\subset M$ 叫**柯西面**(Cauchy surface), 若 $\mathrm{D}(\Sigma)=M$.

例 1　闵氏时空中惯性坐标时 $t=t_0$(常数)的超曲面、施瓦西最大延拓时空中 $T=0$ 的超曲面以及 RW 宇宙的均匀面都是柯西面. 但上节例 3 的类空旋转双曲面不是柯西面, 因为由图 11-29 可知 $\mathrm{D}(S)\neq\mathbb{R}^4$.

一个自然的问题是:任何时空都有柯西面吗? 答案是否定的. 闵氏时空挖去一点所得时空就没有柯西面. Taub 的平面对称时空也没有柯西面, 由式(8-6-1′)可知该时空有时空奇性 $z=0$(而且是 s.p.曲率奇性), 因此坐标取值范围为 $0<z<\infty,-\infty<t,x,y<\infty$(图 11-33). 由于式(8-6-1′)的 $\mathrm{d}t^2$ 和 $\mathrm{d}z^2$ 的系数等值异号, $t\sim z$ 面内的类光测地线在图 11-33 中为 45° 斜直线, 由此可证明任一非编时闭集 S 都不满足 $\mathrm{D}(S)=M$ 的要求. 例如, 设 S 是 $t=0$ 的类空超曲面, 则 $\mathrm{D}^+(S)$ 和 $\mathrm{D}^-(S)$ 如图所示,

$$\mathrm{D}(S)\equiv\mathrm{D}^+(S)\cup\mathrm{D}^-(S)\neq M.$$

图 11-33　Taub 的平面对称时空没有柯西面

此外, Reissner-Nordstrom 时空的最大延拓(见图 13-1)也没有柯西面.

命题 11-5-1　设 Σ 为柯西面, 则

$$M=\Sigma\cup\mathrm{I}^+(\Sigma)\cup\mathrm{I}^-(\Sigma). \tag{11-5-1}$$

证明　设 $p\in M$，由柯西面定义可知 $p\in\mathrm{D}^+(\Sigma)$ 或 $p\in\mathrm{D}^-(\Sigma)$. 若 $p\in\mathrm{D}^+(\Sigma)$，则起于 p 的任一过去不可延类时线必同 Σ 有交, 因而 $p\in\Sigma$ 或 $p\in\mathrm{I}^+(\Sigma)$. 同理, 若

$p \in \mathrm{D}^-(\Sigma)$，则 $p \in \Sigma$ 或 $p \in \mathrm{I}^-(\Sigma)$，故 $p \in \Sigma \cup \mathrm{I}^+(\Sigma) \cup \mathrm{I}^-(\Sigma)$，因而式(11-5-1)成立. □

命题 11-5-2 设 Σ 为柯西面，则任一双向不可延因果线 λ 必同 Σ，$\mathrm{I}^+(\Sigma)$，$\mathrm{I}^-(\Sigma)$ 分别有交.

证明 由柯西面及 $\mathrm{D}(\Sigma)$ 的定义可知 λ 与 Σ 有交. 设 λ 与 $\mathrm{I}^-(\Sigma)$ 无交，则命题 11-5-1 表明 $\lambda \subset \Sigma \cup \mathrm{I}^+(\Sigma)$，由引理 11-4-2 可知存在过去不可延类时线

$$\gamma \subset \mathrm{I}^+(\lambda) \subset \mathrm{I}^+[\Sigma \cup \mathrm{I}^+(\Sigma)] = \mathrm{I}^+(\Sigma) \cup \mathrm{I}^+[\mathrm{I}^+(\Sigma)] = \mathrm{I}^+(\Sigma) \cup \mathrm{I}^+(\Sigma) = \mathrm{I}^+(\Sigma).$$

向未来方向延拓 γ 使成双向不可延类时线 $\tilde{\gamma}$，则

$$\tilde{\gamma} \subset \mathrm{I}^+(\gamma) \subset \mathrm{I}^+[\mathrm{I}^+(\Sigma)] = \mathrm{I}^+(\Sigma).$$

Σ 的非编时性要求 $\mathrm{I}^+(\Sigma)$ 与 Σ 无交，所以 $\tilde{\gamma}$ [作为 $\mathrm{I}^+(\Sigma)$ 的子集]也与 Σ 无交，但这同 Σ 是柯西面矛盾. 以上论述表明 λ 与 $\mathrm{I}^-(\Sigma)$ 有交. 同理可证 λ 与 $\mathrm{I}^+(\Sigma)$ 有交. □

直观地说，柯西面是“无边无岸”的. 下面先对非编时闭集的“边缘”给出精确定义，再证明柯西面的确没有边缘.

定义 2 非编时闭集 S 的**边缘**(edge)定义为

$$\mathrm{edge}(S) := \{\, p \in S \mid \text{对 } p \text{ 的任一邻域 } O \text{ 有 } q \in \mathrm{I}^+(p,O),\ r \in \mathrm{I}^-(p,O),$$
$$\exists \text{由 } r \text{ 到 } q \text{ 的指向未来类时线 } \gamma \subset O \text{ 且 } \gamma \cap S = \varnothing \,\}.$$

例 2 设 S 为闵氏时空中由式(11-4-1)定义的 3 维闭球体，C 是 S 的表面[图 11-34(a)]，则 $C = \mathrm{edge}(S)$，因 C 上任一点 p 都满足定义 2 的条件[见图 11-34(b)]，且 $S - C$ 的任一点都不满足此条件. 另一方面，S 作为 4 维流形 $\mathbb{R}^4$ 的 3 维子集，由 §1.2 定义 10 知 S 的边界 $\dot{S} = S$. 可见边缘和边界是不同概念.

例 3 设 S 是 4 维闵氏时空的 x 轴，则 $\mathrm{edge}(S) = S$.

例 4 设 S 是 4 维闵氏时空的 3 维类光超曲面 $t - z = 0$，则 $\mathrm{edge}(S) = \varnothing$.

命题 11-5-3 设 Σ 为柯西面，则 $\mathrm{edge}(\Sigma) = \varnothing$.

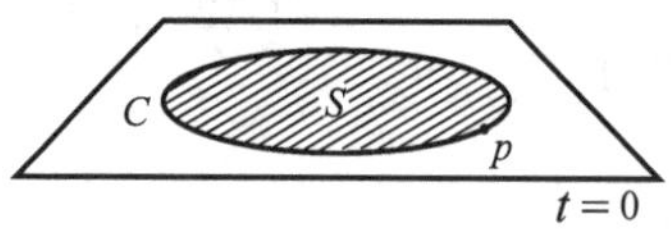

(a) S 的 2 维周边 C (图中压缩一维)按定义就是 S 的边缘

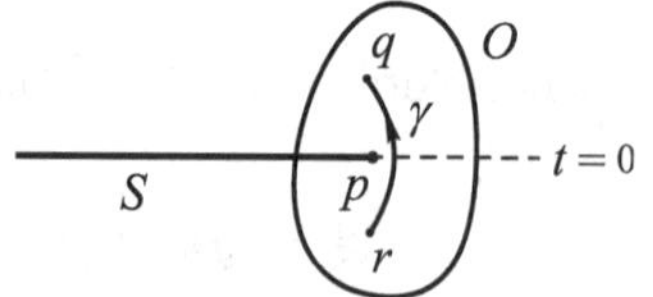

(b) 对 $p \in C$ 的任一邻域 O 确有 $q \in \mathrm{I}^+(p,O)$，$r \in \mathrm{I}^-(p,O)$ 以及由 r 到 q 的指向未来类时线 $\gamma \subset O$ 且 $\gamma \cap S = \varnothing$

图 11-34 闵氏时空中 3 维类空闭球 S 的边缘 C

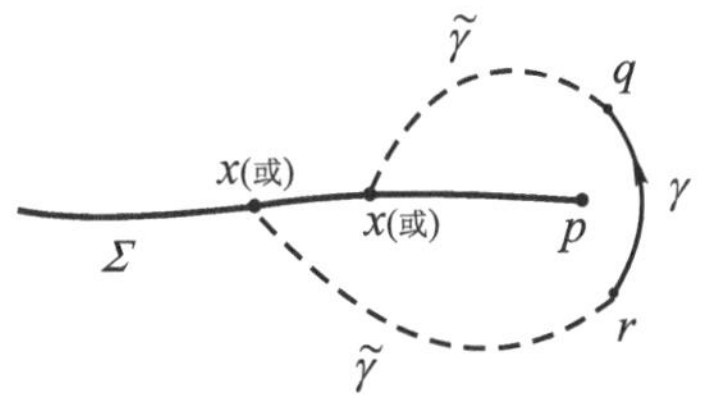

图 11-35　命题 11-5-3 证明示意

证明　设$\exists p\in \text{edge}(\Sigma)$，则$p\in\Sigma$．取$M$作为定义 2 的邻域$O$，则$\exists\, q, r\in M$，$q\in \mathrm{I}^+(p)$，$r\in \mathrm{I}^-(p)$以及指向未来类时线$\gamma$由$r$到$q$，且$\gamma\cap\Sigma=\varnothing$．把$\gamma$向过去和未来延拓成双向不可延类时线$\tilde{\gamma}$，则由命题 11-5-2 知$\tilde{\gamma}\cap\Sigma\neq\varnothing$(图 11-35)．设$x\in\tilde{\gamma}\cap\Sigma$，则$x\in \mathrm{I}^+(q)$或$x\in \mathrm{I}^-(r)$，即

$$x\in \mathrm{I}^+(q)\cup \mathrm{I}^-(r).$$

注意到$q\in \mathrm{I}^+(p)$，$r\in \mathrm{I}^-(p)$，得$x\in \mathrm{I}^+(p)\cup \mathrm{I}^-(p)$，同$\Sigma$的非编时性矛盾．　□

定义 3　非编时闭集S的**未来柯西视界**(future Cauchy horizon)定义为

$$\mathrm{H}^+(S) := \overline{\mathrm{D}^+(S)} - \mathrm{I}^-[\mathrm{D}^+(S)]. \tag{11-5-2}$$

S的**过去柯西视界**可对偶地定义．S的(总)**柯西视界**定义为

$$\mathrm{H}(S) := \mathrm{H}^+(S)\cup \mathrm{H}^-(S). \tag{11-5-3}$$

图 11-36 给出 2 维闵氏时空的几个非编时闭集S的$\mathrm{H}^+(S)$．

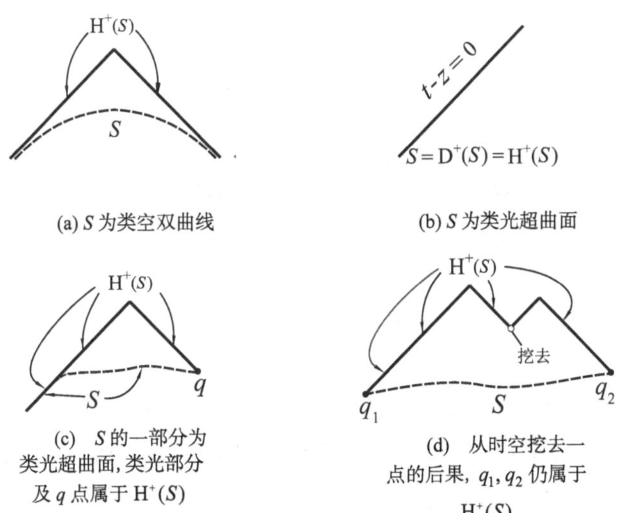

图 11-36　2 维闵氏时空中几个非编时闭集S(虚线)的$\mathrm{H}^+(S)$(实线)

注 1 不宜把 $H^+(S)$ 定义为 $\dot{D}^+(S)$，这样会把 S (不论类光与否)包含在 $H^+(S)$ 内. (这是不希望的, 见后.) 也不宜把 $H^+(S)$ 定义为 $\dot{D}^+(S)-S$，这样会把 $\text{edge}(S)$ 及 S 的类光部分排除在 $H^+(S)$ 之外.

命题 11-5-4 $H^+(S)$ 为非编时闭集.

证明 由式 (11-5-2) 得 $I^-[H^+(S)]\subset I^-[\overline{D^+(S)}]=I^-[D^+(S)]$ 及 $I^-[D^+(S)]\subset M-H^+(S)$，故 $I^-[H^+(S)]\subset M-H^+(S)$，因而 $I^-[H^+(S)]\cap H^+(S)=\varnothing$，于是 $H^+(S)$ 为非编时集. 又因 $\overline{D^+(S)}$ 为闭集(记作 C), $I^-[D^+(S)]$ 为开集(记作 O), 所以

$$H^+(S)=\overline{D^+(S)}-I^-[D^+(S)]=C-O=C\cap(M-O),$$

(其中最后一步用到第 1 章习题 1 的结论.) 因 C 和 $M-O$ 都为闭集, 故 $H^+(S)$ 为闭集. □

既然 $H^+(S)$ 为非编时闭集，$D^+[H^+(S)]$，$H^+[H^+(S)]$，$H^-[H^+(S)]$ 以及 $\text{edge}[H^+(S)]$ 就都有意义. 请读者思考它们各是什么样的集.

命题 11-5-5

$$H^+(S)=[I^+(S)\cup S]\cap\dot{I}^-[D^+(S)]. \tag{11-5-4}$$

证明 习题. □

命题 11-5-6 $\forall p\in H^+(S)$, $\exists$ 过 p 的类光测地线 $\lambda\subset H^+(S)$, 而且 λ 要么是过去不可延的, 要么其过去端点在 $\text{edge}(S)$ 上.

证明 见 Wald(1984)定理 8.3.5 的证明. □

命题 11-5-7

$$H(S)=\dot{D}(S). \tag{11-5-5}$$

证明 习题. □

命题 11-5-8 设 Σ 为非空的非编时闭集, 则 Σ 是柯西面 $\Leftrightarrow$ $H(\Sigma)=\varnothing$.

证明 由式(11-5-5)可知 $H(\Sigma)=\varnothing$ 等价于 $\dot{D}(\Sigma)=\varnothing$. 由 $\dot{D}(\Sigma)$ 的定义知 $\dot{D}(\Sigma)=\varnothing$ 等价于 $\overline{D(\Sigma)}=D(\Sigma)=i[D(\Sigma)]$，因此等价于 $D(\Sigma)$ 既开又闭. 时空流形 M 按定义是连通流形, 所以 M 的既开又闭的子集只有 M 和 $\varnothing$ 两个. 而 $\Sigma\subset D(\Sigma)$ 保证 $D(\Sigma)=\varnothing$，可见 $D(\Sigma)$ 既开又闭等价于 $D(\Sigma)=M$, 从而等价于 Σ 为柯西面. □

命题 11-5-9 无边缘非编时闭集 Σ 为柯西面的充要条件是任一双向不可延类光测地线必与 Σ, $I^+(\Sigma)$ 及 $I^-(\Sigma)$ 分别有交.

证明[选读] (A)由命题 11-5-2 知条件的必要性成立. (B)用反证法证明充分性. 设 Σ 不是柯西面, 则由命题 11-5-8 知 $H(\Sigma)\neq\varnothing$. 不失一般性, 设 $H^+(\Sigma)\neq\varnothing$，即 $\exists p\in H^+(\Sigma)$. 由命题 11-5-6 及 $\text{edge}(\Sigma)=\varnothing$ 可知存在起自 p 点的过去不可延类光测地线 $\lambda\subset H^+(\Sigma)$. 因对任意非编时闭集 Σ 有 $H^+(\Sigma)\cap I^-(\Sigma)=\varnothing$ (证明留作习题), 故

$\lambda \cap I^-(\Sigma) = \varnothing$. 把 λ 向未来延拓成为未来不可延类光测地线(以 $\tilde{\lambda}$ 代表所延出的部分). 已知条件[任一双向不可延类光测地线与 $I^-(\Sigma)$ 有交]保证 $\tilde{\lambda} \cap I^-(\Sigma) = \varnothing$. 设 $q \in \tilde{\lambda} \cap I^-(\Sigma)$，由 $q \in \tilde{\lambda}$ 可知 $p \in J^-(q)$，与 $q \in I^-(\Sigma)$ 结合得 $p \in I^-(\Sigma)$，于是 $p \in H^+(\Sigma) \cap I^-(\Sigma)$，与 $H^+(\Sigma) \cap I^-(\Sigma) = \varnothing$ 矛盾. □

定义 4　时空 (M, g_{ab}) 叫**整体双曲的**(globally hyperbolic), 若它有柯西面.

整体双曲时空在物理上有非常重要的意义. 在通常情况下, 柯西面的非编时性使它可被解释为某一时刻的全空间. 柯西面的定义表明它上面的数据决定着整个时空将发生(以及发生了)什么. 因此, 整体双曲时空中所发生的一切被某一初始时刻(由一张柯西面代表)的数据决定. 反之, 非整体双曲时空则存在“决定论的破坏”问题, 就是说, 任一时刻的全部数据都不足以决定整个时空的全部“历史”. 再者, 如果 Penrose 的强宇宙监督假设最终被证明成立, 则任何真实时空都只能是整体双曲时空(见 §E.3). 此外, 在整体双曲时空中可以建立良好的量子理论, 而在非整体双曲时空中能否这样做却还不太清楚. 因此, 整体双曲性有可能是物理学对时空提出的要求. 有理由认为物理真实的时空都是整体双曲时空. 然而对这个问题仍存在不同看法.

例 5　由例 1 及其后面的讨论可知闵氏时空、最大延拓的施瓦西时空以及 RW 宇宙都是整体双曲的, 闵氏时空挖去一点所得的时空、Taub 的平面对称时空以及最大延拓的 Reissner-Nordstrom 时空(见 § 13.1)都不是整体双曲的.

[选读 11-5-1]

相对论学者在研究整体双曲时空的过程中创造了一种巧妙的方法.由于涉及较多的点集拓扑知识以及有关讨论过于抽象和复杂, 我们只介绍其基本思想和几个重要结论.有兴趣的读者可参阅 Wald(1984) 8.3 节.

设 (M, g_{ab}) 为强因果时空, $p, q \in M$，令

$$C(p,q) := \{\lambda \mid \lambda \text{是从} p \text{到} q \text{的指向未来的} C^0 \text{因果线}\},$$

则 $C(p,q) \neq \varnothing$ 当且仅当 $q \in J^+(p)$. 对集合 $C(p,q)$ 定义适当的拓扑, 便得一个抽象的拓扑空间. 借助于对这一拓扑空间的研究可以得到许多关于 (M, g_{ab}) 的重要结论. 例如, 可以证明: 若 (M, g_{ab}) 为整体双曲时空, 则 $C(p,q)$ 为紧致 $\forall p, q \in M$，由此又可反回来证明 $J^+(p) \cap J^-(q)$ 是拓扑空间 M 的紧致子集, 即

命题 11-5-10　设 (M, g_{ab}) 为整体双曲时空, 则 $J^+(p) \cap J^-(q)$ 为紧致子集 $\forall\, p,\ q \in M$.

证明　见 Wald(1984)命题 8.3.10 的证明. □

由于 M 为 T_2 空间(见 §1.3 定义 3), 根据定理 1-3-2, 由 $J^+(p) \cap J^-(q)$ 为紧致可知

它为闭集，即

命题 11-5-11 设 (M, g_{ab}) 为整体双曲时空，则 $\mathrm{J}^+(p)\cap\mathrm{J}^-(q)$ 为闭集 $\forall p, q\in M$.

由此可得如下命题(及相应的对偶命题)：

命题 11-5-12 设 (M, g_{ab}) 为整体双曲时空，则 $\mathrm{J}^+(p)$ 为闭集 $\forall p\in M$.

证明 根据定理 1-2-3(a)，欲证 $\mathrm{J}^+(p)$ 为闭集只须证明 $\mathrm{J}^+(p)=\overline{\mathrm{J}^+(p)}$. 设 $r\in\overline{\mathrm{J}^+(p)}$. 取 $q\in\mathrm{I}^+(r)$，则 $r\in\overline{\mathrm{J}^+(p)}\cap\mathrm{I}^-(q)\subset\overline{\mathrm{J}^+(p)\cap\mathrm{I}^-(q)}\subset\overline{\mathrm{J}^+(p)\cap\mathrm{J}^-(q)}=\mathrm{J}^+(p)\cap\mathrm{J}^-(q)$. [第一个 $\subset$ 号可用 $\mathrm{I}^-(q)$ 为开集证明(习题)，最后一步(等号)用到命题 11-5-11.] 于是 $r\in\mathrm{J}^+(p)$. 这表明 $\overline{\mathrm{J}^+(p)}\subset\mathrm{J}^+(p)$，因而 $\overline{\mathrm{J}^+(p)}=\mathrm{J}^+(p)$. □

注 2 命题 11-1-10 之后曾指出 $\mathrm{J}^+(p)$ 为闭集的结论对任意时空未必成立. 现在由命题 11-5-12 看到这一结论对任意整体双曲时空都成立. 不但如此，命题 11-5-12 还可强化为如下命题：

命题 11-5-13 设 (M, g_{ab}) 为整体双曲时空，$K\subset M$ 为紧致，则 $\mathrm{J}^+(K)$ 为闭集.

证明 要用到前面不曾讲过的手法，略. □

注 3 把 $p\in M$ 看作独点子集，即 $\{p\}\subset M$，则它是紧致子集(见 §1.3 例 1). 可见命题 11-5-12 只是命题 11-5-13 的特例. [选读 **11-5-1** 完]

利用以上一系列结果还可证明一个非常重要的命题：

命题 11-5-14 整体双曲时空 (M, g_{ab}) 必为稳定因果时空. 再者，存在整体时间函数 f (见命题 11-3-2)使每个等 f 面都是柯西面. 就是说，整体双曲时空可用柯西面分层，而且 M 的拓扑为(即同胚于) $\mathbb{R}\times\Sigma$，其中 Σ 代表任一柯西面.

证明 见 Wald(1984)定理 8.3.14 的证明(梗概). □

注 4 逆命题不成立，即稳定因果时空未必是整体双曲时空. 例如，Taub 的平面对称时空虽然是稳定因果时空[因为式(8-6-1′)的 t 可用作整体时间函数]，但由于没有柯西面(见图 11-33 及其所在段)，所以不是整体双曲时空.

整体双曲性的概念是 Leray 为证明双曲方程的解的存在唯一性而最先(1952)提出的. 当时并不知道它与时空整体因果特性的联系. 在广义相对论中引入柯西面概念的第一人大概是 Penrose(1965)，对依赖域 $\mathrm{D}(S)$ 的最早研究者则有 Hawking (1966 和 1967 年)，Seifert(1967 年)，Geroch(1970 和 1971 年) 以及 Kundt, Penrose 和 Choquet- Bruhat 等. 他们的工作揭示了依赖域概念同 Leray 的整体双曲性的密切联系.

习　题

1. 试证命题 11-1-10.

~2. 试证命题 11-1-11(c). 提示:利用 $A\subset B \Rightarrow \mathrm{i}(A)\subset \mathrm{i}(B)$.

3. 由时空背景流形 M 的 T_2 性出发按 §11.2 定义 1 证明任一指向未来因果线最多有一个未来端点.

4. 下列 5 个都是貌似正确的伪命题. 试用对闵氏时空挖空和认同的手法各举一反例以否定之[见 Geroch and Horowitz(1979)].

~(a) $q\in \dot{\mathrm{I}}^-(p) \Rightarrow$ 从 q 出发的躺在 $\dot{\mathrm{I}}^-(p)$ 上的指向未来类光测地线必到达 p.

~(b) $\mathrm{I}^-(q)\subset \mathrm{I}^-(p) \Rightarrow \mathrm{I}^+(p)\subset \mathrm{I}^+(q)$. 提示:从 2 维闵氏时空挖去 x 轴的一段使 $\mathrm{I}^+(q)$ “小”到连与 $\mathrm{I}^+(p)$ 相交都不可能.

~(c) $\mathrm{I}^-(p)=\mathrm{I}^-(q) \Rightarrow p=q$. 提示:借用图 11-4.

~(d) $q\notin \mathrm{I}^-(p) \Rightarrow \exists$ 起自 q 的永不进入 $\mathrm{I}^-(p)$ 的过去不可延因果线. [提示:从 2 维闵氏时空挖去一直线段使 $q\in \dot{\mathrm{I}}^-(p)$.]

*(e) $q\in \dot{\mathrm{I}}^+(p)\cap \dot{\mathrm{I}}^-(p) \Rightarrow q=p$. 提示:见 Geroch and Horowitz(1979).

~5. 时空 (M,g_{ab}) 称为**未来可区分的**(future distinguishing), 若 $\forall p,q\in M$, $p\neq q$ 有 $\mathrm{I}^+(p)\neq \mathrm{I}^+(q)$. 试证非因果时空不是未来可区分的.

~6. 设 γ 为未来不可延类时线, λ 是 $\dot{\mathrm{I}}^-(\gamma)$ 的一条类光测地母线,

(a)试证 $\mathrm{I}^-(\lambda)\subset \mathrm{I}^-(\gamma)$.

(b) 举一反例证明命题 $\mathrm{I}^-(\lambda)=\mathrm{I}^-(\gamma)$ 为伪. 提示: 参看图 11-20.

7. 设 $\{t,x,y,z\}$ 是闵氏时空的惯性系, S 为满足 $t=z=0$ 的点的集合, 求 $\mathrm{D}^+(S)$ 和 $\mathrm{edge}(S)$.

*8. 试证命题 11-4-4.

*9. 试证命题 11-5-5 和 11-5-7.

10. 设 S 为非编时集, 试证 $\mathrm{H}^+(S)\cap \mathrm{I}^-(S)=\varnothing$ [命题 11-5-9 证明(B)中用到].

11.设 $(X,\mathscr{T})$ 是拓扑空间, $A,B\subset X$.

(a) 试证 $\overline{A\cup B}=\bar{A}\cup\bar{B}$.

(b) 举例说明命题 $\overline{A\cap B}=\bar{A}\cap\bar{B}$ 不成立.

(c) 若 B 为开, 试证 $\bar{A}\cap B\subset \overline{A\cap B}$ (命题 11-5-12 证明中用到).

第 12 章　渐近平直时空

§12.1　共 形 变 换

定义 1　设流形 M 上有(号差任意的)度规场 g_{ab} 和 $\tilde{g}_{ab}$. 若 M 上存在 C^∞ 的、处处为正的函数 Ω 使 $\tilde{g}_{ab}=\Omega^2 g_{ab}$，则称 $\tilde{g}_{ab}$ 为由 g_{ab} 经**共形变换**(conformal transformation)而得的度规场(也说 $\tilde{g}_{ab}$ 共形于 g_{ab}), Ω 称为这一变换的**共形因子**(conformal factor).

注 1　设 $\tilde{g}_{ab}=\Omega^2 g_{ab}$, 则容易验证 $\tilde{g}^{ab}=\Omega^{-2}g^{ab}$.

当问题涉及共形变换时, 同一流形 M 上有两个度规场 g_{ab} 和 $\tilde{g}_{ab}$, 因此凡与度规有关的概念和操作都要说明所用的是哪个度规. 例如, 设 v^a 是 M 上的矢量场, 则 v_a 就意义含糊, 因为它既可能代表 $g_{ab}v^b$ 又可能代表 $\tilde{g}_{ab}v^b$. 为明确起见, 可以酌情采用以下两种措施之一: ①索性不用记号 v_a 而直接写 $g_{ab}v^b$ 或 $\tilde{g}_{ab}v^b$; ②仍用记号 v_a, 但说明它是用哪个度规降指标的结果. 此外, 以 ∇_a 和 $\tilde{\nabla}_a$ 分别代表与 g_{ab} 和 $\tilde{g}_{ab}$ 适配的导数算符, 则它们的差别可用一个下标对称的张量场 $C^c{}_{ab}$ 刻画[见式(3-1-6)], 即

$$\tilde{\nabla}_a\omega_b=\nabla_a\omega_b-C^c{}_{ab}\omega_c\,,\qquad \forall\,\omega_b\in\mathscr{F}(0,\ 1).\tag{12-1-1}$$

由 $\tilde{\nabla}_a\tilde{g}_{bc}=0$ 得[参见式(3-2-10)的推导]

$$C^c{}_{ab}=\frac{1}{2}\tilde{g}^{cd}(\nabla_a\tilde{g}_{bd}+\nabla_b\tilde{g}_{ad}-\nabla_d\tilde{g}_{ab}).\tag{12-1-2}$$

此式与式(3-2-10)的微小差别源于式(12-1-1)与(3-1-6)的非本质差别(∇_a 与 $\tilde{\nabla}_a$ 互换). 另一方面,

$$\nabla_a\tilde{g}_{bd}=\nabla_a(\Omega^2 g_{bd})=2\Omega g_{bd}\nabla_a\Omega\,,\tag{12-1-3}$$

其中最后一步用到 $\nabla_a g_{bc}=0$. 把式(12-1-3)代入式(12-1-2)得

$$\begin{aligned}C^c{}_{ab}&=\Omega^{-1}g^{cd}(g_{bd}\nabla_a\Omega+g_{ad}\nabla_b\Omega-g_{ab}\nabla_d\Omega)\\&=2\delta^c{}_{(a}\nabla_{b)}\ln\Omega-g_{ab}g^{cd}\nabla_d\ln\Omega\,.\end{aligned}\tag{12-1-4}$$

设 (M,g_{ab}) 为任一时空, $\tilde{g}_{ab}$ 是与 g_{ab} 共形的度规场, v^a 是任一矢量场, 则

$\tilde{g}_{ab}v^a v^b = 0$ 当且仅当 $g_{ab}v^a v^b = 0$，而且 $\tilde{g}_{ab}v^a v^b$ 与 $g_{ab}v^a v^b$ 恒同号，故共形变换不改变矢量场的类时、类空、类光性. 若用 g_{ab} 衡量曲线 γ 为类时(类空、类光)，则用 $\tilde{g}_{ab}$ 衡量也一样. 这表明共形变换不改变因果关系. 然而，如果 γ 用 g_{ab} 衡量是测地线，用 $\tilde{g}_{ab}$ 衡量还是测地线吗? 换句话说，测地线是否有共形不变性?下述命题将给出答案.

命题 12-1-1　类光测地线是共形不变的，(但仿射参数要变，除非 Ω 为常数.) 类时和类空测地线一般没有共形不变性.

证明　设 $\gamma(\lambda)$ 用 g_{ab} 衡量是测地线，λ 是仿射参数，则其切矢 $T^a \equiv (\partial/\partial\lambda)^a$ 满足 $T^a\nabla_a T^b = 0$. 因 $\tilde{\nabla}_a T^b = \nabla_a T^b + C^b{}_{ac}T^c$，故

$$\begin{aligned}T^a\tilde{\nabla}_a T^b &= T^a\nabla_a T^b + C^b{}_{ac}T^a T^c = C^b{}_{ac}T^a T^c \\ &= 2T^a T^c \delta^b{}_{(a}\nabla_{c)} \ln\Omega - T^a T^c g_{ac} g^{bd}\nabla_d \ln\Omega \\ &= 2T^b T^c \nabla_c \ln\Omega - (g_{ac}T^a T^c) g^{bd}\nabla_d \ln\Omega\,,\end{aligned} \tag{12-1-5}$$

设 $\gamma(\lambda)$ 是类光测地线，则 $g_{ac}T^a T^c = 0$，故上式成为 $T^a\tilde{\nabla}_a T^b = 2T^b T^c\nabla_c \ln\Omega = \alpha T^b$，其中 $\alpha \equiv 2T^c\nabla_c \ln\Omega$ 是 $\gamma(\lambda)$ 上的函数. 上式表明，用 $\tilde{g}_{ab}$ 衡量，$\gamma(\lambda)$ 为非仿射参数化的测地线，总可选择适当参数 $\tilde{\lambda}$ 使其成为仿射参数化的测地线(见定理 3-3-2). 不难证明(习题) $\tilde{\lambda}$ 与 λ 满足如下关系:

$$\frac{d\tilde{\lambda}}{d\lambda} = c\Omega^2. \quad (c\ \text{为非零常数}) \tag{12-1-6}$$

类光测地线在这个意义上是共形不变的. 然而，若 $\gamma(\lambda)$ 为非类光测地线，则式(12-1-5)一般不能表为 $T^a\tilde{\nabla}_a T^b = \alpha T^b$ 的形式. 因此 $\gamma(\lambda)$ 用 $\tilde{g}_{ab}$ 衡量一般不是测地线. □

命题 12-1-2　$\tilde{\nabla}_a$ 的曲率张量 $\tilde{R}_{abc}{}^d$ 与 ∇_a 的曲率张量 $R_{abc}{}^d$ 有如下联系:

$$\begin{aligned}\tilde{R}_{abc}{}^d = R_{abc}{}^d &+ 2\delta^d{}_{[a}\nabla_{b]}\nabla_c \ln\Omega - 2g^{de}g_{c[a}\nabla_{b]}\nabla_e \ln\Omega + 2(\nabla_{[a}\ln\Omega)\delta^d{}_{b]}\nabla_c \ln\Omega \\ &- 2(\nabla_{[a}\ln\Omega)g_{b]c}g^{df}\nabla_f \ln\Omega - 2g_{c[a}\delta^d{}_{b]}g^{ef}(\nabla_e \ln\Omega)\nabla_f \ln\Omega\,.\end{aligned} \tag{12-1-7}$$

证明　把 $\tilde{\nabla}_b\omega_c$ 看作 (0, 2) 型张量场，用 $\tilde{\nabla}_a$ 作用得

$$\begin{aligned}&\tilde{\nabla}_a(\tilde{\nabla}_b\omega_c) = \nabla_a(\tilde{\nabla}_b\omega_c) - C^e{}_{ab}\tilde{\nabla}_e\omega_c - C^e{}_{ac}\tilde{\nabla}_b\omega_e \\ &= \nabla_a(\nabla_b\omega_c - C^d{}_{bc}\omega_d) - C^e{}_{ab}\tilde{\nabla}_e\omega_c - C^e{}_{ac}(\nabla_b\omega_e - C^d{}_{be}\omega_d) \\ &= (\nabla_a\nabla_b\omega_c - \omega_d\nabla_a C^d{}_{bc} - C^d{}_{bc}\nabla_a\omega_d) - C^e{}_{ab}\tilde{\nabla}_e\omega_c - C^e{}_{ac}\nabla_b\omega_e + C^e{}_{ac}C^d{}_{be}\omega_d\,.\end{aligned}$$

对 a, b 反称化, 注意到 $\tilde{\nabla}_{[a}\tilde{\nabla}_{b]}\omega_c = \tilde{R}_{abc}{}^d\omega_d/2$, $\nabla_{[a}\nabla_{b]}\omega_c = R_{abc}{}^d\omega_d/2$, $C^e{}_{[ab]} = 0$, 有

$$\begin{aligned}\tilde{R}_{abc}{}^d\omega_d &= R_{abc}{}^d\omega_d - 2\omega_d\nabla_{[a}C^d{}_{b]c} - 2C^d{}_{c[b}\nabla_{a]}\omega_d - 2C^e{}_{c[a}\nabla_{b]}\omega_e + 2C^e{}_{c[a}C^d{}_{b]e}\omega_d \\ &= R_{abc}{}^d\omega_d - 2\omega_d\nabla_{[a}C^d{}_{b]c} + 2C^e{}_{c[a}C^d{}_{b]e}\omega_d, \quad \forall\omega_d,\end{aligned}$$

故
$$\tilde{R}_{abc}{}^d = R_{abc}{}^d - 2\nabla_{[a}C^d{}_{b]c} + 2C^e{}_{c[a}C^d{}_{b]e}. \tag{12-1-8}$$

再把式(12-1-4)代入上式便得式(12-1-7). □

命题 12-1-3 $\tilde{\nabla}_a$ 与 ∇_a 的里奇张量 $\tilde{R}_{ac}$ 与 R_{ac} 有如下联系:

$$\begin{aligned}\tilde{R}_{ac} = R_{ac} &- (n-2)\nabla_a\nabla_c\ln\Omega - g_{ac}g^{de}\nabla_d\nabla_e\ln\Omega \\ &+ (n-2)(\nabla_a\ln\Omega)\nabla_c\ln\Omega - (n-2)g_{ac}g^{de}(\nabla_d\ln\Omega)\nabla_e\ln\Omega,\end{aligned} \tag{12-1-9}$$

其中 n 是流形的维数.

证明 由式(12-1-7)对指标 d, b 缩并可证. □

命题 12-1-4 $\tilde{\nabla}_a$ 与 ∇_a 的标量曲率 $\tilde{R}\,(\equiv \tilde{g}^{ab}\tilde{R}_{ab})$ 与 $R\,(\equiv g^{ab}R_{ab})$ 有如下联系:

$$\tilde{R} = \Omega^{-2}[R - 2(n-1)g^{ac}\nabla_a\nabla_c\ln\Omega - (n-2)(n-1)g^{ac}(\nabla_a\ln\Omega)\nabla_c\ln\Omega]. \tag{12-1-10}$$

证明 由式(12-1-9)与 $\tilde{g}^{ac} = \Omega^{-2}g^{ac}$ 缩并可证. □

命题 12-1-5 外尔张量 $C_{abc}{}^d$ 是共形不变的, 即

$$\tilde{C}_{abc}{}^d = C_{abc}{}^d, \tag{12-1-11}$$

其中 $C_{abc}{}^d \equiv g^{de}C_{abce}$, $\tilde{C}_{abc}{}^d \equiv \tilde{g}^{de}\tilde{C}_{abce}$, 而 C_{abce} 和 $\tilde{C}_{abce}$ 的定义见式(3-4-14).

证明 练习. □

注 2 由式(12-1-11)易得 $\tilde{C}_{abcd} = \Omega^2 C_{abcd}$, 可见 C_{abcd} 不是共形不变的. 共形不变的外尔张量是指 $C_{abc}{}^d$. 张量 $C_{abc}{}^d$ 因此也称为**共形张量**(conformal tensor).

定义 2 度规场 g_{ab} 称为**共形平直的**(conformally flat), 若 g_{ab} 共形于平直度规场 η_{ab} (此处的 η_{ab} 代表任何号差的平直度规场).

命题 12-1-6 2 维广义黎曼空间 (M, g_{ab}) 必局域共形平直.

证明 设 α 为 (M, g_{ab}) 的某开域中的一个谐和函数, 即 $\nabla^a\nabla_a\alpha = 0$ (其中 ∇_a 与 g_{ab} 适配), ε_{ab} 为与 g_{ab} 适配的体元, 则 $\omega_a \equiv \varepsilon_{ab}\nabla^b\alpha$ 是闭的(证明留作习题), 因而至少是局域恰当的, 即存在局域定义的函数 β 使 $\omega_a = (\mathrm{d}\beta)_a = \nabla_a\beta$. 此 β 满足

$$\nabla^a\nabla_a\beta = \nabla^a\omega_a = \varepsilon_{ab}\nabla^a\nabla^b\alpha = \varepsilon_{[ab]}\nabla^{(a}\nabla^{b)}\alpha = 0,$$

其中倒数第二步用到 ε_{ab} 的反称性和 ∇_a 的无挠性. 上式表明 β 也是谐和函数(称为共轭于 α 的谐和函数). 因 $\nabla_a\alpha$ 和 $\nabla_b\beta$ 分别是等 α 线和等 β 线的法余矢, 而

$$g^{ab}(\nabla_a\alpha)\nabla_b\beta = g^{ab}(\nabla_a\alpha)\varepsilon_{bc}\nabla^c\alpha = \varepsilon_{bc}(\nabla^b\alpha)\nabla^c\alpha = \varepsilon_{[bc]}(\nabla^{(b}\alpha)\nabla^{c)}\alpha = 0\ ,$$

可见等α线与等β线处处正交. 选α,β为局域坐标, 则g^{ab}在此系的分量为

$$g^{12} = g^{21} = 0\ ,$$

$$g^{22} = g^{ab}(\mathrm{d}\beta)_a(\mathrm{d}\beta)_b = g^{ab}(\varepsilon_{ac}\nabla^c\alpha)(\varepsilon_{bd}\nabla^d\alpha) = \varepsilon_{ac}\varepsilon^{ad}(\nabla^c\alpha)\nabla_d\alpha$$
$$= (-1)^s\delta^d{}_c(\nabla^c\alpha)\nabla_d\alpha = (-1)^s g^{cd}(\mathrm{d}\alpha)_c(\mathrm{d}\alpha)_d\ ,$$

故$g^{22} = (-1)^s g^{11}$. 以上结果导致$g_{12} = g_{21} = 0,\ g_{22} = (-1)^s g_{11}$, 因而

$$\mathrm{d}s^2 = g_{11}\mathrm{d}\alpha^2 + g_{22}\mathrm{d}\beta^2 = g_{11}[\mathrm{d}\alpha^2 + (-1)^s\mathrm{d}\beta^2]\ .$$

令$\Omega^2(\alpha,\beta) \equiv \pm g_{11}$, ($g_{11} > 0$时取+， 反之取−.)则$g_{ab}$在坐标系$\{\alpha,\beta\}$的线元为

$$\mathrm{d}s^2 = \pm\Omega^2[\mathrm{d}\alpha^2 + (-1)^S\mathrm{d}\beta^2]\ .$$

上式方括号内是平直线元, 可见g_{ab}至少在$\{\alpha,\beta\}$的坐标域内共形平直. ① □

命题 12-1-7　$n > 3$的n维度规场为局域共形平直的充要条件是其 Weyl 张量为零.

证明　条件的必要性是显然的(由命题 12-1-5), 充分性的证明见 Eisenhart (1997). □

注 3　上述命题不适用于$n = 3$. $n = 3$时局域共形平直的充要条件见 Eisenhart(1997).

定义 3　设(M, g_{ab})和$(\tilde{M}, \tilde{g}_{ab})$是广义黎曼空间. 微分同胚映射$\psi$: $M \to \tilde{M}$称为**等度规映射**, 若$\tilde{g}_{ab} = \psi_* g_{ab}$(其中$\psi_*$理解为$\psi^{-1*}$)； ψ称为**共形等度规映射**, 若$\tilde{M}$上存在C^∞的、处处为正的函数Ω使$\tilde{g}_{ab} = \Omega^2\psi_* g_{ab}$.

注 4　此处定义的等度规映射是§4.3 定义的同一流形上的等度规映射的自然推广.

[选读 12-1-1]

我们特别关心 4 维洛伦兹号差的共形平直度规$g_{ab} = \Omega^2\eta_{ab}$. 设$\{x^\mu\} \equiv \{t,x,y,z\}$是$\eta_{ab}$的洛伦兹坐标系, 则$g_{ab}$在该系的线元为

$$\mathrm{d}s^2 = \Omega^2(x^\mu)(-\mathrm{d}t^2 + \mathrm{d}x^2 + \mathrm{d}y^2 + \mathrm{d}z^2). \qquad (12\text{-}1\text{-}12)$$

---

① 本证明尚有疏漏: 若α为常数, 则$\nabla_a\alpha = 0 = \nabla_a\beta$, 这时$\alpha,\beta$都不能充当坐标. 此外, 若$g_{ab}$为洛伦兹度规且$\nabla^a\alpha$类光, 则$g^{ab}(\nabla_a\beta)(\nabla_b\beta) = -g^{ab}(\nabla_a\alpha)(\nabla_b\alpha) = 0$, 再由$g^{ab}(\nabla_a\alpha)(\nabla_b\beta) = 0$可知存在函数$\lambda$使$\nabla^a\beta = \lambda\nabla^a\alpha$, 因此$\{\alpha,\beta\}$也不能充当坐标系. 然而, 可以证明, $\forall p \in M\ \exists p$的邻域$U$, 其上有函数$\alpha$, 它在$U$上点点满足$g^{ab}\nabla_a\nabla_b\alpha = 0$和$g^{ab}(\nabla_a\alpha)(\nabla_b\alpha) \neq 0$. 以此$\alpha$为本证明的$\alpha$, 则证明严密.

若Ω是常数，一个简单的坐标变换$\hat{x}^\mu = \Omega x^\mu$便把上式变为

$$ds^2 = -d\hat{t}^2 + d\hat{x}^2 + d\hat{y}^2 + d\hat{z}^2,$$

可见Ω为常数的共形平直线元必平直. 然而，即使Ω是x^μ的函数，式(12-1-12)也未必不是平直线元. 下面给出共形平直线元为平直线元的充要条件.①

命题 12-1-8 洛伦兹号差的共形平直 4 维线元(12-1-12)是平直线元的充要条件是$\Omega(x^\mu)$可表为$\Omega(x^\mu) = C/Q(x^\mu)$，其中$C$为常数，函数$Q(x^\mu)$取以下三种形式中之任一:

(a) $Q(x^\mu) = -(t+\rho^0)^2 + (x+\rho^1)^2 + (y+\rho^2)^2 + (z+\rho^3)^2$,

其中$\rho^\mu (\mu = 0, 1, 2, 3)$为常数;

(b) $Q(x^\mu) = t + \gamma_1 x + \gamma_2 y + \gamma_3 z + \lambda$,

其中$\gamma_i (i = 1, 2, 3)$及λ为常数且$\gamma_1{}^2 + \gamma_2{}^2 + \gamma_3{}^2 = 1$.

(c) $Q(x^\mu) =$ 常数.

证明 见下册 §J. 1 末. □

[选读 12-1-1 完]

§ 12.2 闵氏时空的共形无限远

什么是无限远? 衡量远近的通常标准是距离，然而两个时空点之间不存在最短线(见 §3.3)，距离概念无法定义. 为了给闵氏时空的无限远赋予意义，先作如下考虑. 设r是 3 维欧氏空间的径向坐标，则一点的r等于该点与原点的距离. r也是过原点的任一测地线(直线)的仿射参数. 因此，从原点出发沿任一完备测地线前进，当仿射参数趋于无限大时就趋于无限远. 这种以测地线为“探针”来探测无限远的做法可推广到 4 维闵氏时空. 不同的是，闵氏时空的测地线分为类空、类光和类时三大类，相应地也就有类空、类光和类时无限远. 加之类光和类时测地线都有指向过去和未来之分，于是共有 5 种无限远. “远”字的含义已作了延伸: 类时无限远实际代表“无限久”. 后面将给出这 5 种无限远的准确定义.

无限远不是一个时空点，也不是一个时空区，而是描写时空点某种变动趋势的概念，因此无法指着某点或某区域说“这就是无限远”. 这使得有关无限远的讨论往往涉及极限过程，由此带来诸多不便. 考虑到共形变换可以改变度规(尺度)，Penrose 找到一个共形因子Ω，其特征是“越远”越小(趋于无限远时趋于零)，

---

① 根据 Fulton et al.(1962)所述，Haantjes 曾于 1937 年发表过对这个问题的研究结果. 他先给出共形变换保持曲率张量不变的充要条件，然后把这个条件应用于闵氏时空，见 Haantjes(1937).

用闵氏度规η_{ab}衡量是“很远”的点用共形度规$\tilde{g}_{ab} \equiv \Omega^2 \eta_{ab}$衡量就可大大“拉近”. 于是可以指着一个延拓了的流形(见后)上的某些点说“它们代表闵氏时空的无限远”, 从而大大便于讨论. 为找到这个Ω, 可先通过若干坐标变换把闵氏度规用适当线元表出. 从闵氏度规在球坐标系$\{t,r,\theta,\varphi\}$的线元

$$ds^2 = -dt^2 + dr^2 + r^2(d\theta^2 + \sin^2\theta d\varphi^2) \tag{12-2-1}$$

出发定义新坐标

$$v \equiv t + r, \quad u \equiv t - r, \tag{12-2-2}$$

则式(12-2-1)变为

$$ds^2 = -dv du + \frac{1}{4}(v-u)^2(d\theta^2 + \sin^2\theta d\varphi^2). \tag{12-2-3}$$

由式(12-2-2)知v和u的取值范围是

$$\infty < v < \infty, \ -\infty < u < \infty, \ v \geqslant u \ (\text{囚}\ r \geqslant 0). \tag{12-2-4}$$

再定义新坐标

$$T \equiv \arctan(v) + \arctan(u), \quad R \equiv \arctan(v) - \arctan(u), \tag{12-2-5}$$

其逆变换为

$$v = \tan[(T+R)/2], \quad u = \tan[(T-R)/2], \tag{12-2-6}$$

则式(12-2-3)变为

$$ds^2 = \frac{1}{4\cos^2[(T+R)/2]\cos^2[(T-R)/2]}[-dT^2 + dR^2 + \sin^2 R\,(d\theta^2 + \sin^2\theta d\varphi^2)]. \tag{12-2-7}$$

由式(12-2-6)、(12-2-4)可看出T, R的取值范围是

$$-\pi < T + R < \pi, \quad -\pi < T - R < \pi \text{ 及 } R \geqslant 0.$$

[见图 12-1 的阴影部分O, 其中每点($r=0$的点除外)代表一个 2 维球面.] 坐标变换(12-2-5)似乎已把无限远($|v|=\infty$, $|u|=\infty$)拉到有限处(斜直线$T+R=\pi$和$T-R=-\pi$), 但这只是表面现象. 这两条斜直线不属于闵氏度规η_{ab}的定义域: 由式(12-2-7)可知$T+R=\pi$和$T-R=-\pi$都使ds^2的分母为零. 因此, 它们是“可望而不可及”的. 然而式(12-2-7)为引进适当共形变换提供了线索. 令

$$d\tilde{s}^2 \equiv -dT^2 + dR^2 + \sin^2 R\,(d\theta^2 + \sin^2\theta d\varphi^2), \tag{12-2-8}$$

$$\Omega \equiv 2\cos[(T+R)/2]\cos[(T-R)/2], \qquad (12\text{-}2\text{-}9)$$

则

$$\mathrm{d}\tilde{s}^2 = \Omega^2 \mathrm{d}s^2. \qquad (12\text{-}2\text{-}10)$$

以 $\tilde{g}_{ab}$ 代表与线元 $\mathrm{d}\tilde{s}^2$ 相应的(非平直)度规，则

$$\tilde{g}_{ab} = \Omega^2 \eta_{ab}. \qquad (12\text{-}2\text{-}11)$$

由式(12-2-8)可知 $\mathrm{d}\tilde{s}^2$ (因而 $\tilde{g}_{ab}$)在两条斜直线 $T+R=\pi$ 和 $T-R=-\pi$ 上表现良好，从而可延拓 $\tilde{g}_{ab}$ 的定义域使这两条斜线也含于域内. 共形变换 $\eta_{ab} \mapsto \tilde{g}_{ab}$ 把尺度标准作了实质性改变，使两斜线用 $\tilde{g}_{ab}$ 衡量的确在有限处，[①] 它们“既可望又可及”，可以指着两线上任一点说三道四而无须借助极限过程. (例如可谈及电磁场在两线上的表现，这是研究物理场无限远行为的巧妙手法.) 因为 η_{ab} 的定义域为图 12-1 的阴影部分 O，所以式(12-2-11)只在 O 上成立. 然而 $\tilde{g}_{ab}$ 却有大得多的定义域. 事实上，把式(12-2-8)同(10-2-43)相比可知 $\tilde{g}_{ab}$ 是 $\Lambda=1$ 的爱因斯坦静态宇宙度规，其定义域是 $\mathbb{R}\times S^3$. [②] 为了图示 $\mathbb{R}\times S^3$，只能压缩维数. 先看如何图示 S^3，为此先谈 S^2. 设 S^2 的标准角度坐标为 θ 和 φ，则 S^2 在压缩一维后可用图 12-2 的半圆周表示. φ 所在的一维已被压掉，半圆周的每点($\theta=0,\pi$ 两点除外)代表原 S^2 的一条纬线(一个 S^1). 你也可把此图看作 S^3 的图示，只须认为每点(首末两点除外)代表一个 S^2. 可见爱因斯坦静态宇宙 $\mathbb{R}\times S^3$ 在压缩两个维数后成为图 12-3(a)的半圆柱面，面上一点($R=0,\pi$ 除外)代表某时刻 T 的全空间 S^3 中的某个球面(S^2). 然而，为了后面的需要，又常把半圆柱面画成整圆柱面，即图 12-3(b)，这时只好说面上一点代表时刻 T 的全空间 S^3 中的“半个”球面. 以上讨论表明式(12-2-8)代表的 $\tilde{g}_{ab}$ 的定义域不但可包含图 12-1 的两斜

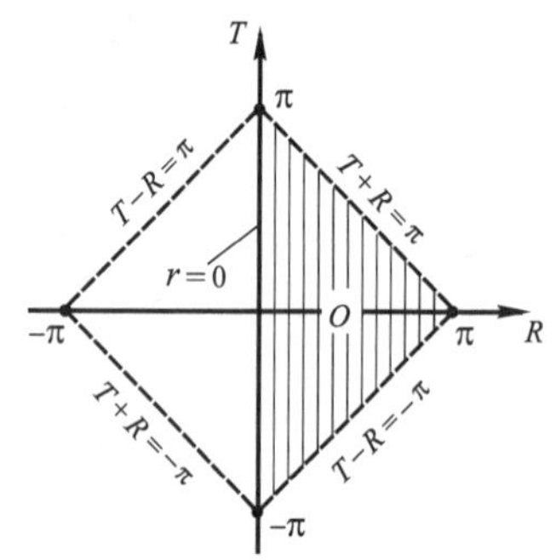

图 12-1 $\mathrm{d}s^2$ 的定义域是阴影部分 O (不含两条斜边)，每点($r=0$ 的点除外)代表一个 S^2

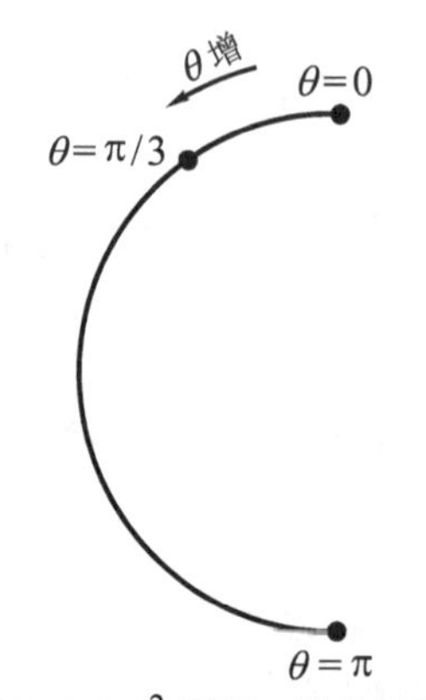

图 12-2 S^2 压缩一维的图示

① 指到达斜线的任一类时线以 $\tilde{g}_{ab}$ 衡量的线长有限.

② 2 维球面线元 $r^2(\mathrm{d}\theta^2+\sin^2\theta\,\mathrm{d}\varphi^2)$ 当然不能覆盖整个球面，但其相应的度规在整个球面上有定义. 与此类似，虽然式(12-2-8)的线元 $\mathrm{d}\tilde{s}^2$ 也有类似问题，但爱因斯坦静态度规 $\tilde{g}_{ab}$ 在图 12-3 的整个圆柱面上有定义[式(12-2-8)的 T 的取值范围是 $(-\infty,\infty)$].

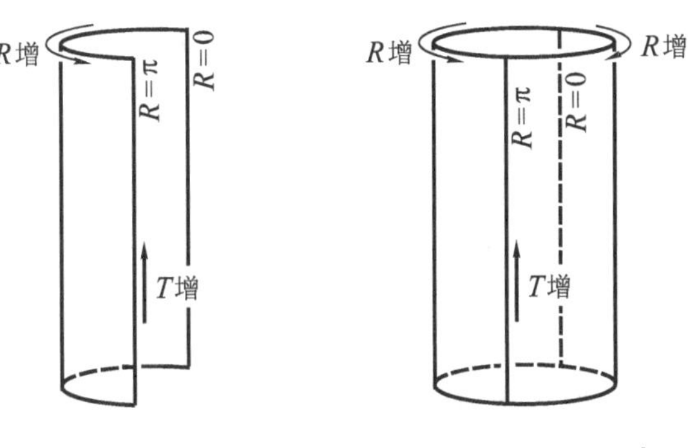

(a)用半圆柱面代表 $\mathbb{R}\times S^3$　　(b)用圆柱面代表 $\mathbb{R}\times S^3$

图 12-3　爱因斯坦静态宇宙 $\mathbb{R}\times S^3$ 压缩两维的图示

线, 而且可延拓至图 12-3(b)的整个圆柱面(见图 12-4). 由于 O 中每点($r=0$ 除外)代表一个球面而图 12-3(b)的圆柱面上每点($R=0, \pi$ 除外)代表半个球面, 图 12-1 的“等腰三角形” O 改画到图 12-4 中就成为“卷起来的正方形”. 以上是用延拓观点看问题, 即把图12-4的圆柱面看作“卷起来的正方形”的最大延拓. 也可改用镶嵌(映射)的观点看问题, 即认为存在共形等度规嵌入映射

$$\psi : \mathbb{R}^4 \to \psi[\mathbb{R}^4] \subset \mathbb{R}\times S^3,$$

其中 $\mathbb{R}^4$ 就是图 12-1 的 O, 而图 12-4 的“卷起来的正方形”则代表映射的像 $\psi[\mathbb{R}^4]$. 由此便可自然地把 $\psi[\mathbb{R}^4]$(“正方形”)的边界 $\partial(\psi[\mathbb{R}^4])$ 称为闵氏时空的**共形无限远**(conformal infinity), 从而把无限远变成一个可以被指着说三道四的点集. 它是爱因斯坦静态宇宙(而非闵氏时空)的子集. 实现这一转变的关键在于引进以 Ω 为共形因子的共形变换, 由式(12-2-9)可知 Ω 在趋于无限远时趋于零, 即“对无限远作了无限大的尺度压缩”, 所以才“把无限远拉至有限处”. $\partial(\psi[\mathbb{R}^4])$ 又可进一步分为 5 个部分(见图 12-4):

(1) **过去类时无限远** i^- (是一个点), 定义为 $T=-\pi$, $R=0$;

(2) **未来类时无限远** i^+ (是一个点), 定义为 $T=\pi$, $R=0$;

(3) **类空无限远** i^0, (亦称**空间无限远**, 是一个点.) 定义为 $T=0$, $R=\pi$;

(4) **过去类光无限远** $\mathscr{I}^-$ (是一个 3 维面), 定义为 $T-R=-\pi$, $0<R<\pi$;

(5) **未来类光无限远** $\mathscr{I}^+$ (是一个 3 维面), 定义为 $T+R=\pi$, $0<R<\pi$.

可以证明 $\mathscr{I}^-$ 和 $\mathscr{I}^+$ 用 $\tilde{g}_{ab}$ 衡量都是类光超曲面(练习).

以下命题有助于理解五种无限远的含义.

命题 12-2-1 闵氏时空的指向未来类时测地线起于i^-止于i^+；指向未来类光测地线起于$\mathscr{I}^-$止于$\mathscr{I}^+$；类空测地线起于i^0止于i^0.

注 1 严格地说，上述三种测地线前都应冠以“不可延”(或“最大延拓”)一词.

证明 设$\{t,x^i\}$为惯性坐标系，λ为测地线的仿射参数，取值范围是$-\infty<\lambda<\infty$，则测地线(直线)的参数式为

$$t=a_0\lambda+b_0,\quad x^i=a_i\lambda+b_i,\text{ 其中 }a_0,b_0,a_i,b_i\ (i=1,2,3)\text{ 为常数.} \tag{12-2-12}$$

先讨论类时测地线. 由类时要求可知${a_0}^2>\sum {a_i}^2$. 由“指向未来”要求可知$a_0>0$. 因为$i^+\Leftrightarrow T=\pi, R=0\Leftrightarrow v=u=\infty$，所以欲证类时测地线止于$i^+$只须证明$\lambda\to\infty$时$v,u\to\infty$. 由式(12-2-12)可知$\lambda\to\infty$时$t\to\infty$，故$v\equiv t+r$当然趋于无限. 另一方面，

$$u\equiv t-r=a_0\lambda+b_0-\sqrt{\sum(a_i\lambda+b_i)^2}$$

$$=\left[a_0-\sqrt{\sum(a_i+b_i\lambda^{-1})^2}\right]\lambda+b_0.$$

当$\lambda\to\infty$时方括号内趋于$a_0-\sqrt{\sum a_i^2}>0$，故$u\to\infty$. 同理可证类时测地线起于i^-. 关于类空和类光测地线的结论由读者自证. □

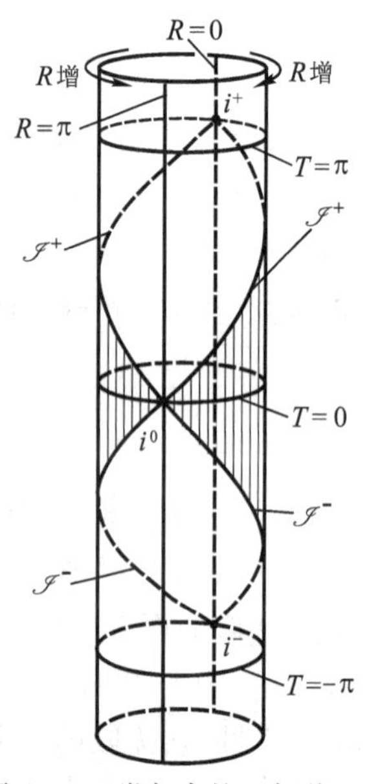

图 12-4 “卷起来的正方形”对应于图 12-1 的O，正方形内部代表闵氏时空，边界代表其共形无限远

由命题 12-2-1 可知$i^-(i^+)$, i^0和$\mathscr{I}^-(\mathscr{I}^+)$确实分别代表过去(未来)类时无限远、类空无限远和过去(未来)类光无限远. 请注意非测地线不满足命题 12-2-1，例如，类时非测地线可以起于$\mathscr{I}^-$和止于$\mathscr{I}^+$. 类光无限远$\mathscr{I}^\pm$对研究电磁波有重要帮助. 电磁波对应于大量光子，光子的世界线是类光测地线，因此传向无限远的电磁波的每一光子都奔向$\mathscr{I}^+$.

把闵氏时空的整个类空无限远压缩为一点i^0是很特别的做法. 设想时空中有一“静止”点电荷Q，① 它在某一时刻t的电场线指向四面八方(图 12-5)，任意两线彼此不断远离. 然而，根据类空测地线必起、止于i^0的命题，它们共形嵌入图 12-4

① 3 维语言物理学的“静止”、“运动”、“加速”等词都默认相对于某一惯性系而言. 例如“静止点电荷”Q就是指世界线为测地线的点电荷. 设$\mathscr{R}$是以Q为一个观者的那个惯性系，则Q相对于惯性系$\mathscr{R}$当然静止. 又如所有电动力学书都说“只有加速电荷才有辐射”，这“加速”也是相对于某惯性系而言，因此“加速电荷”就是世界线为非测地线的点电荷.

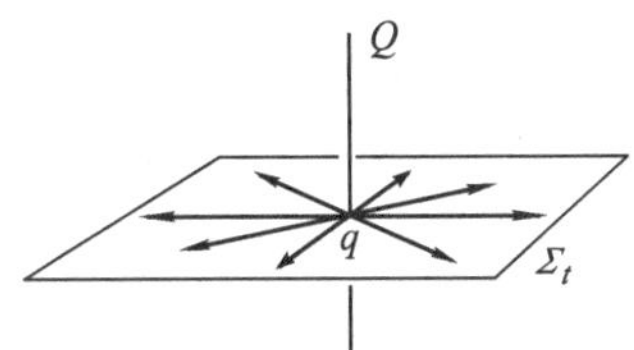

图 12-5　静止点电荷 Q 在时刻 t 的电场线指向四面八方

后“最终”竟“相会在 i^0 点”.[①] 理解这一“怪”现象的关键是注意图 12-4 描述的是闵氏时空共形嵌入的结果[无限远经“无限大压缩”后成为 $\partial(\psi[\mathbb{R}^4])$], 详见选读 12-2-1.

[选读 12-2-1]

下面的简单例子有助于理解这一问题.

2 维欧氏空间 $(\mathbb{R}^2,\delta_{ab})$ 在极坐标系的线元为

$$\mathrm{d}s^2 = \mathrm{d}r^2 + r^2\mathrm{d}\varphi^2 . \tag{12-2-13}$$

用下式定义新坐标 θ：

$$r = \tan\frac{\theta}{2}, \tag{12-2-14}$$

则由 $r \geqslant 0$ 得 $0 \leqslant \theta < \pi$. 式(12-2-13)在坐标系 $\{\theta,\varphi\}$ 中取如下形式:

$$\mathrm{d}s^2 = \frac{1}{4\cos^4(\theta/2)}(\mathrm{d}\theta^2 + \sin^2\theta\mathrm{d}\varphi^2) . \tag{12-2-15}$$

令

$$\mathrm{d}\tilde{s}^2 \equiv \mathrm{d}\theta^2 + \sin^2\theta\,\mathrm{d}\varphi^2 , \tag{12-2-16}$$

$$\Omega \equiv 2\cos^2(\theta/2) , \tag{12-2-17}$$

则

$$\mathrm{d}\tilde{s}^2 = \Omega^2\mathrm{d}s^2 . \tag{12-2-18}$$

由式(12-2-16)知 $\mathrm{d}\tilde{s}^2$ 正是球面度规(记作 $\tilde{g}_{ab}$, 是 $\mathbb{R}^3$ 的欧氏度规在其子集 S^2 上的诱导度规)在球面坐标系 $\{\theta,\varphi\}$ 的线元式, 可见 $\mathbb{R}^2$ 的欧氏度规 δ_{ab} 共形于球面度规 $\tilde{g}_{ab}$(图 12-6):

$$\delta_{ab} = \Omega^{-2}\tilde{g}_{ab} . \tag{12-2-19}$$

从 $r=0$ 点出发的射线($\varphi=$ 常数)都对应于球面上从 $\theta=0$ 点出发的经线. 然而, $\theta \to \pi$ 意味着 $r \to \infty$, 即不存在 r 值与 $\theta=\pi$ 对应, 故球面上 $\theta=\pi$ 的点不对应于

---

① 不仅从 q 出发、躺在 Σ_t 上的直线最终到达 i^0, 而且从 q 出发、躺在其他惯性系的同时面 $\Sigma_{t'}$ (图中未画出)上的直线也到达 i^0.

$(\mathbb{R}^2, \delta_{ab})$ 的任一点. 这也可从式(12-2-17)和(12-2-19)看出: 因为 $\tilde{g}_{ab}$ 在整个球面上表现良好(不为零), $\Omega|_{\theta=\pi}=0$ 表明 δ_{ab} 在 $\theta=\pi$ 点没有定义(发散). 这些都说明 $\theta=\pi$ 点代表 $(\mathbb{R}^2,\delta_{ab})$ 的"整个无限远", 是"无限远"经"无限压缩"($\Omega=0$)而得的一点(是球面 S^2 而非 $\mathbb{R}^2$ 的点). 由此不难理解闵氏时空的"整个空间无限远"被压缩为一点 i^0.

[选读 **12-2-1** 完]

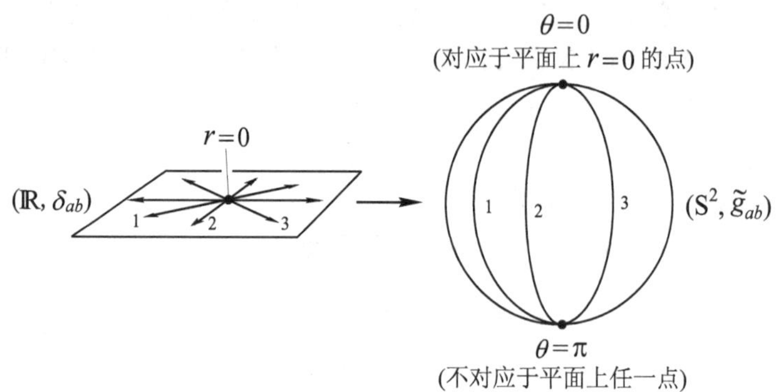

图 12-6　欧氏平面到球面的共形等度规映射

在作图表示闵氏时空的无限远时, 除图 12-4 外, 也可简单画成图 12-7 或图 12-8(a). 图 12-8(a)比图 12-7 多一维, 对某些问题的描述较为直观, 例如从 $\mathscr{I}^-$ 到 $\mathscr{I}^+$ 的类光测地线在图 12-7 中只能画成折线, 而在图 12-8(a)中则为直线. 但图 12-8(a)的一大缺点是容易误以为 i^0 是一个圆周, 其实它只是一个点. 为克服此缺点也可改用图 12-8(b), 它当然也有缺点. 细观图 12-7 发现有以下特征: ①能描述时空的共形无限远; ②45°斜直线表示类光超曲面和径向(θ, φ 为常数)类光测地线. 通常把具有这两个特征的图称为**彭罗斯图**(Penrose diagram) 或 **共形图** (conformal diagram). Penrose 图的特征①是关键特征, 特征②则使曲线和超曲面的类时、类空和类光性一目了然, 不像某些时空图那样容易使人"上当". 例如, 如果在图 9-19 的 $r<2M$ 区画一条竖直线, 则它竟然不是类时的!

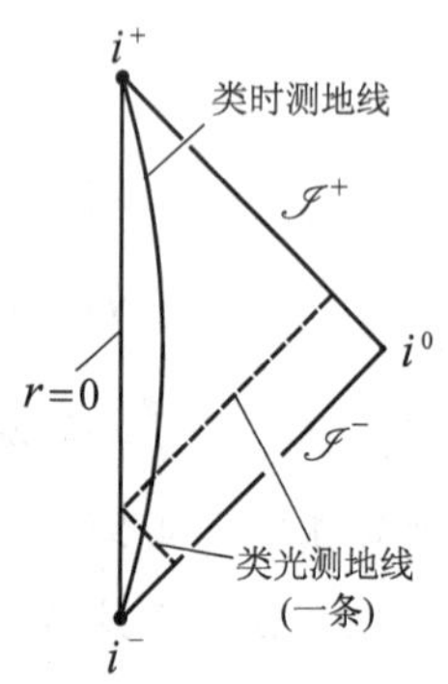

图 12-7　闵氏时空及其共形无限远. 从 $\mathscr{I}^-$ 到 $\mathscr{I}^+$ 的类光测地线只能画成折线

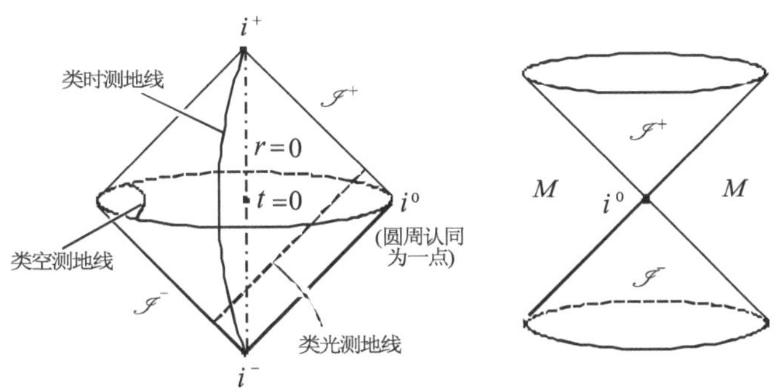

(a) 必须把整个圆周看作一点, 即 i^0　　(b) 物理时空 M 由圆锥外区域代表

图 12-8　闵氏时空及其共形无限远的另外两种表示

§ 12.3　施瓦西时空的共形无限远

施瓦西最大延拓时空在 Kruskal 坐标系中的线元为[见式(9-4-28)]

$$ds^2 = \frac{32M^3}{r}e^{-r/2M}(-dT^2 + dX^2) + r^2(d\theta^2 + \sin^2\theta d\varphi^2). \tag{12-3-1}$$

仿照式(12-2-6), 用下式定义新坐标 ξ, χ:

$$T + X = \tan(\xi + \chi), \qquad T - X = \tan(\xi - \chi), \tag{12-3-2}$$

则式(12-3-1)变为

$$ds^2 = \frac{32M^3}{r}e^{-r/2M}\frac{-d\xi^2 + d\chi^2}{\cos^2(\xi+\chi)\cos^2(\xi-\chi)} + r^2(d\theta^2 + \sin^2\theta d\varphi^2). \tag{12-3-3}$$

因为 T 和 X 的取值范围是 $-\infty < T < \infty$, $-\infty < X < \infty$, $T^2 - X^2 < 1$, 所以 ξ 和 χ 的取值范围是 $-\pi/2 < \xi + \chi < \pi/2$, $-\pi/2 < \xi - \chi < \pi/2$, $-\pi/4 < \xi < \pi/4$, 借助于坐标 ξ, χ 便可画出施瓦西最大延拓时空的 Penrose 图(图 12-9). 图中 A 和 A′ 是两个渐近平直区, 两区的 i^0, $i^\pm$, $\mathscr{I}^\pm$ 的定义由图可见($\mathscr{I}^\pm$ 不含 i^0 和 $i^\pm$). 每个 $\mathscr{I}$ 的拓扑都是 $S^2 \times \mathbb{R}$. 应该指出, 至今的唯一操作不过是坐标变换, 它虽然形式上把无限远"拉近", 但尚未进行共形压缩, 施瓦西线元在 $\mathscr{I}^\pm$, $\mathscr{I}'^\pm$, $i^\pm$, $i'^\pm$, i^0, i'^0 处没有意义. 为选择适当的共形因子, 可借用内向 Eddington 坐标系 $\{v, r, \theta, \varphi\}$, 其中 $v \equiv t + r_*$ [r_* 是由式(9-4-19)定义的乌龟坐标]. 施瓦西度规在此坐标系的线元为[参见式(9-4-51)]

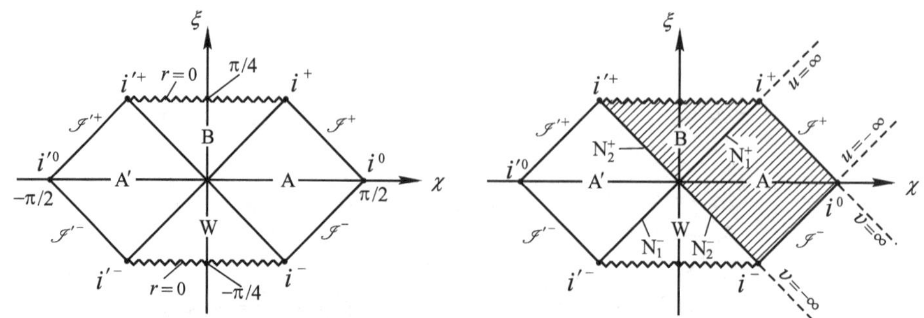

图 12-9　施瓦西最大延拓时空的 Penrose 图　　图 12-10　坐标 v，Ω 在阴影部分(含 $\mathscr{I}^-$)有定义

$$
\begin{aligned}
\mathrm{d}s^2 &= -(1-2Mr^{-1})\mathrm{d}v^2 + 2\mathrm{d}r\mathrm{d}v + r^2(\mathrm{d}\theta^2 + \sin^2\theta\,\mathrm{d}\varphi^2) \\
&= r^2[-(r^{-2}-2Mr^{-3})\mathrm{d}v^2 + 2r^{-2}\mathrm{d}r\mathrm{d}v + \mathrm{d}\theta^2 + \sin^2\theta\mathrm{d}\varphi^2]. \qquad (12\text{-}3\text{-}4)
\end{aligned}
$$

选共形因子 $\Omega = r^{-1}$，令

$$\mathrm{d}\tilde{s}^2 \equiv -(r^{-2}-2Mr^{-3})\mathrm{d}v^2 + 2r^{-2}\mathrm{d}r\,\mathrm{d}v + \mathrm{d}\theta^2 + \sin^2\theta\mathrm{d}\varphi^2, \qquad (12\text{-}3\text{-}5)$$

则

$$\mathrm{d}\tilde{s}^2 = \Omega^2\mathrm{d}s^2. \qquad (12\text{-}3\text{-}6)$$

把 Ω 看作坐标，则式(12-3-5)又可在坐标系 $\{v,\Omega,\theta,\varphi\}$ 中表为

$$\mathrm{d}\tilde{s}^2 = -(\Omega^2 - 2M\Omega^3)\mathrm{d}v^2 - 2\mathrm{d}\Omega\mathrm{d}v + \mathrm{d}\theta^2 + \sin^2\theta\mathrm{d}\varphi^2. \qquad (12\text{-}3\text{-}7)$$

上式在 $\mathscr{I}^-$(定义为 $\Omega=0,\ -\infty<v<\infty$，见图 12-10)上表现良好(为 C^∞). 事实上，$\mathrm{d}\tilde{s}^2$ 在整个 A 区，B区(黑洞区)及两区间的事件视界 N_1^+ 上都表现良好，可见坐标系 $\{v,\Omega,\theta,\varphi\}$ 能覆盖 $A\cup N_1^+\cup B\cup\mathscr{I}^-$. 为了覆盖 $\mathscr{I}^+$(那里 $v=\infty$)，可改用外向 Eddington 坐标系 $\{u,r,\theta,\varphi\}$，施瓦西度规在此系的线元为

$$
\begin{aligned}
\mathrm{d}s^2 &= -(1-2Mr^{-1})\,\mathrm{d}u^2 - 2\mathrm{d}r\mathrm{d}u + r^2(\mathrm{d}\theta^2 + \sin^2\theta\mathrm{d}\varphi^2) \\
&= r^2[-(r^{-2}-2Mr^{-3})\mathrm{d}u^2 - 2r^{-2}\mathrm{d}r\mathrm{d}u + \mathrm{d}\theta^2 + \sin^2\theta\mathrm{d}\varphi^2]. \qquad (12\text{-}3\text{-}8)
\end{aligned}
$$

仍选 $\Omega = r^{-1}$，令

$$\mathrm{d}\tilde{s}'^2 = \Omega^2\mathrm{d}s^2, \qquad (12\text{-}3\text{-}9)$$

则

$$\mathrm{d}\tilde{s}'^2 = -(\Omega^2 - 2M\Omega^3)\mathrm{d}u^2 + 2\mathrm{d}\Omega\mathrm{d}u + \mathrm{d}\theta^2 + \sin^2\theta\mathrm{d}\varphi^2. \qquad (12\text{-}3\text{-}10)$$

不难看出 $\mathrm{d}\tilde{s}'^2$ 在 $A\cup N_2^-\cup W\cup\mathscr{I}^+$ 上表现良好. 可见 $\mathrm{d}\tilde{s}'^2$ 和 $\mathrm{d}\tilde{s}^2$ 在 A 区都表现良好，且由式(12-3-6)、(12-3-9)可知在 A 区有 $\mathrm{d}\tilde{s}^2 = \mathrm{d}\tilde{s}'^2$. 对 A′ 区也可作类似讨论. 由此可知在施瓦西最大延拓时空的流形上存在共形因子 Ω，用它对施瓦西度规

g_{ab} 作共形变换所得度规 $\tilde{g}_{ab}=\Omega^2 g_{ab}$ 不但在施瓦西最大延拓时空的流形上(即图 12-10 的"菱形"内部)有定义，而且在"菱形"的部分边界(即 $\mathscr{I}^{\pm}$ 和 $\mathscr{I}'^{\pm}$)上也有定义. 把"菱形"内部记作 M，把 M 与 $\mathscr{I}^{\pm}$，$\mathscr{I}'^{\pm}$ 之并记作 $\tilde{M}$，则可认为施瓦西最大延拓时空 (M,g_{ab}) 被共形等度规地镶嵌进更大的时空 $(\tilde{M},\tilde{g}_{ab})$ 中，因而 $\mathscr{I}^{\pm}$ 及 $\mathscr{I}'^{\pm}$ 分别称为 A 及 A′ 的过去和未来共形类光无限远是恰当的. 整个做法与把闵氏时空共形等度规地镶嵌进爱因斯坦静态宇宙的做法相似.

$i^{\pm}$ 点以及 $\mathscr{I}^{\pm}$ 上的点都不是时空本身的点，但与时空有密切联系，因此称为时空的**理想点**(ideal point). 进一步还可把奇性所在点($r=0$ 的点，都在图 12-10 的两条波纹线上)称为时空的理想点，于是施瓦西时空的理想点分为**无限远理想点**(infinity ideal point)和**奇异理想点**(singular ideal point)两类. 闵氏时空只有无限远理想点而没有奇异理想点. 理想点的准确定义和详细讨论见§E.3.

§12.4　孤立体系和渐近平直时空

第 10 章曾指出宇宙是"无所不包"的最大时空. 这一时空的弯曲情况是如此复杂，以至在宇宙论中只能关心它在宇观尺度上抹匀后的几何，即 Robertson-Walker 度规. 然而，除宇宙论外，广义相对论的应用对象都只是宇宙中的一个局部区域(宇宙的一个子系统)，例如一个或数个黑洞、一颗近似孤立的恒星或一个近似孤立的双星系. 这时必须而且可以使用孤立体系的模型，其实质是把宇宙中在体系以外的物质对体系内物质的作用加以忽略. 正如 Geroch(1977)所指出的，只有学会使用孤立体系才能理解宇宙的各个子系统并把广义相对论与物理学的其他分支联系起来，否则讨论任一物理客体时都必须考虑来自所有其他客体的作用，结果只能是一事无成. 在研究引力辐射以及系统的总能量、总动量和总角动量时，孤立体系模型尤其不可或缺.

施瓦西时空是广义相对论中孤立体系的最简单例子. 任何球对称恒星在模型化语言中都可看作时空的一条世界线 L. 如果 L 周围存在一个时空区域 D，其他物质在 D 内的引力场同 L 的引力场相比较可忽略，而且 D 内离 L 足够远(半径 r 足够大)处由 L 提供的引力场也足够弱，就可认为 D 是一个施瓦西时空. 孤立体系意味着"很远处"引力场很弱，时空"越远越平直"，所以孤立体系在广义相对论中相当于渐近平直时空. 用施瓦西坐标表述的施瓦西线元在 r 越大时越接近闵氏线元，这是人们最早认识的渐近平直时空. 由此看来渐近平直时空可以这样定义：时空 (M,g_{ab}) 称为渐近平直的，若存在坐标系 $\{x^\mu\}$ 使度规分量 $g_{\mu\nu}$ 在坐标值很大时表现适当：令 $r\equiv[(x^1)^2+(x^2)^2+(x^3)^2]^{1/2}$，则当 r 沿类空或类光方向趋于无穷大时

$g_{\mu\nu}=\eta_{\mu\nu}+O(r^{-1})$. ① 然而这种借助坐标语言的定义存在一大缺点，就是对每一结论都要检查它是否具有在坐标变换下的不变性. 此外，在许多场合中要计算物理量在"很远处"的数值，这可通过求$r\to\infty$的极限得到，然而找到与坐标系无关的求极限手续并非易事，特别是求极限与求导的可交换性难以证明. 因此，人们早就开始对渐近平直时空的概念寻求一个不用坐标语言的定义. 虽然孤立体系的概念在除广义相对论外的任一物理分支中都不难定义(容易到使人在用这个概念时往往意识不到正在用它的程度)，然而在广义相对论中却困难得多. 这与许多在非广义相对论中不难而在广义相对论中很难的问题(如奇点定义)有同一起因：在广义相对论中，度规场g_{ab}既是时空背景场("舞台")又是描述物理过程的动力学场("演员"). "渐近平直时空"的一个满意定义至少要满足两个要求：①所提条件应强到使渐近平直时空具有足够丰富的结构；②所提条件应弱到使足够多的时空(特别是那些从物理考虑认为应是渐近平直的时空)可被称为渐近平直时空. 经过许多学者的努力，至今已有不止一个比较满意的定义(不完全等价). 本书介绍 Ashtekar 的定义.

渐近平直的直观含义是越远越平直，因而同无限远密切相关. 闵氏时空中趋于无限远的方式有三种，于是有类空无限远i^0、类光无限远$\mathscr{I}^{\pm}$和类时无限远$i^{\pm}$之分. 孤立体系的特征是引力场在很远处很弱，却不要求很久以前或很久以后很弱，因此渐近平直时空的定义只应涉及i^0和$\mathscr{I}^{\pm}$，两者各有其重要性，视所关心的问题而定. 例如，由于辐射问题涉及类光测地线，$\mathscr{I}^{\pm}$在讨论同辐射有关的问题时(包括电磁、引力辐射和黑洞的 Hawking 量子辐射)就非常重要. 既然把闵氏时空共形等度规地嵌入爱因斯坦静态宇宙可以定义闵氏时空的共形无限远，自然希望有待定义为渐近平直时空的(M,g_{ab})可以共形等度规地嵌入一个比它"大"(至少多出可被记作i^0和$\mathscr{I}^{\pm}$的部分)的"时空"$(\tilde{M},\tilde{g}_{ab})$中. 如果满足这一条件，便可指着$i^0$或$\mathscr{I}^{\pm}$的一点说"这是$(M,g_{ab})$的共形无限远点". 如果$(\tilde{M},\tilde{g}_{ab})$进一步满足某些条件，从而使$g_{ab}$在趋近无限远时趋于平直，就可以说$(M,g_{ab})$是渐近平直的. 以上直观思考导致 Ashtekar 的以下(专业性颇强的)定义[见 Ashtekar(1980)；Wald(1984)].

定义 1　真空时空(M,g_{ab})(指g_{ab}满足真空爱因斯坦方程$R_{ab}=0$)称为在类光和空间无限远处**渐近平直的**(asymptotically flat)，若

(a)存在时空$(\tilde{M},\tilde{g}_{ab})$，满足：

(a1) $M\subset\tilde{M}$；(a2)$\exists\, i^0\in\tilde{M}$使$\overline{J^+(i^0)}\cup\overline{J^-(i^0)}=\tilde{M}-M$；[因果符号$J^+$和$J^-$的含义见§11.1，条件(a2)表明$i^0$与$M$的任一点都无因果联系，因而可把$i^0$称为**空间**

① 之所以要求$g_{\mu\nu}$至少以r^{-1}的速率趋于$\eta_{\mu\nu}$，是为保证与下面用几何语言定义的渐近平直时空(定义 1)的表现一致.

无限远点；还表明 M 的边界 $\dot{M}=\mathscr{I}^+\cup\mathscr{I}^-\cup\{i^0\}$，其中 $\mathscr{I}^\pm\equiv\dot{\mathrm{J}}^\pm(i^0)-\{i^0\}$. 读者不妨以图 12-4(去掉 $i^\pm$)为例来找感觉.] (a3) $\tilde{g}_{ab}$ 在 $\tilde{M}-\{i^0\}$ 为 C^∞，在 i^0 为 $C^{>0}$.($C^{>0}$ 表示强于 C^0，定义及动机见选读 12-4-1.)

(b) $\tilde{M}$ 上有函数 Ω，满足：

(b1)在 M 上有 $\tilde{g}_{ab}=\Omega^2 g_{ab}$；(b2) Ω 在 $\tilde{M}-\{i^0\}$ 上为 C^∞，在 i^0 上为 C^2；(b3) $\Omega|_M>0$，$\Omega|_{\dot{M}}=0$；(b4) $\tilde{\nabla}_a\Omega|_p\neq 0,\ \forall p\in\mathscr{I}^\pm$，$\lim_{\to i^0}\tilde{\nabla}_a\Omega=0$；(其中 $\tilde{\nabla}_a$ 是与 $\tilde{g}_{ab}$ 适配的导数算符. 因为 $\tilde{g}_{ab}$ 在 i^0 可能连 C^1 也不够，$\tilde{\nabla}_a$ 在 i^0 未必有意义，所以不写 $\tilde{\nabla}_a\Omega|_{i^0}=0$.) (b5) $\lim_{\to i^0}\tilde{\nabla}_a\tilde{\nabla}_b\Omega=2\tilde{g}_{ab}(i^0)$.

(c) $\dot{M}$ 有开邻域 U 使得 $(U,\tilde{g}_{ab})$ 满足强因果条件(见 §11.3).

(d)其他. [包含(d1)和(d2)，见 Wald(1984); Ashtekar(1980).] 我们将在后面适当地方介绍这两个条件的实质性要求.

注 1　条件(a)要求 (M,g_{ab}) 可嵌入一个"比它大"的"时空" $(\tilde{M},\tilde{g}_{ab})$ 中，条件(b)则要求这种嵌入是共形等度规的(并对共形因子 Ω 提出适当要求)，如同闵氏时空可以共形等度规地嵌入爱因斯坦静态宇宙那样. 更准确地应说"存在共形等度规映射 ψ：$(M,g_{ab})\to(\psi[M]\subset\tilde{M},\ \tilde{g}_{ab})$"，但通常更愿意把 $\psi[M]$ 简写为 M，把 $\tilde{g}_{ab}=\Omega^2\psi_* g_{ab}$ 简写为 $\tilde{g}_{ab}=\Omega^2 g_{ab}$. 为便于区别，把 (M,g_{ab}) 和 $(\tilde{M},\tilde{g}_{ab})$ 分别称为**物理时空**和**非物理(unphysical)时空**.

注 2　条件(b3)表明在 M 的边界 $\dot{M}$ 处尺度受到无限压缩，因此 $\dot{M}$ 可解释为 (M,g_{ab}) 的被"拉至有限处"的共形无限远.

注 3　条件(c)要求无限远附近没有病态因果特性.

注 4　定义 1 对时空的真空要求可放宽为"在无限远附近为真空"，就是说，$\dot{M}$ 有开邻域 U 使 $U\cap M$ 中有 $T_{ab}=0$. 这一要求还可进一步放宽为：T_{ab} 虽不为零但在趋于 $\dot{M}$ 时足够快地趋于零，准确地说就是要求 $\Omega^{-2}T_{ab}$ 可以光滑地延拓到 $\mathscr{I}^\pm$ 上，并在趋于 i^0 时有足够好的极限行为.

注 5　在很多情况下只需要"时空在空间无限远为渐近平直"或"时空在类光无限远为渐近平直"的定义，这两个定义原则上可通过"拆分"定义1 而获得，详见 Wald(1984)P.282.

[选读 12-4-1]

与闵氏时空的 i^0 类似，渐近平直时空的 i^0 也是一个点(把"整个空间无限远"压缩为一点)，这就导致一些特别的结果. 例如，与 $\mathscr{I}^\pm$ 不同，如果要求 $\tilde{g}_{ab}$ 在 i^0 点为 C^∞，则大量在物理上认为是渐近平直的时空(包括施瓦西时空)都无法达到. 事实上，虽然闵氏时空的 $\tilde{g}_{ab}$ 在 i^0 是 C^∞ 的，它上面的物理场在 i^0 也远不能达到 C^∞ 的要求. 以点电荷 $q>0$ 的库仑场为例. 设 q 静止于惯性参考系 $\mathscr{R}$ 中，选 $\mathscr{R}$ 内的惯性坐

标系 $\{t,x,y,z\}$ 使 q 的世界线有 $x=y=z=0$. 令 r,θ,φ 是与 x,y,z 相应的球坐标，则 q 的电磁场张量为

$$F_{ab}=-qr^{-2}(\mathrm{d}t)_a\wedge(\mathrm{d}r)_b\,, \tag{12-4-1}$$

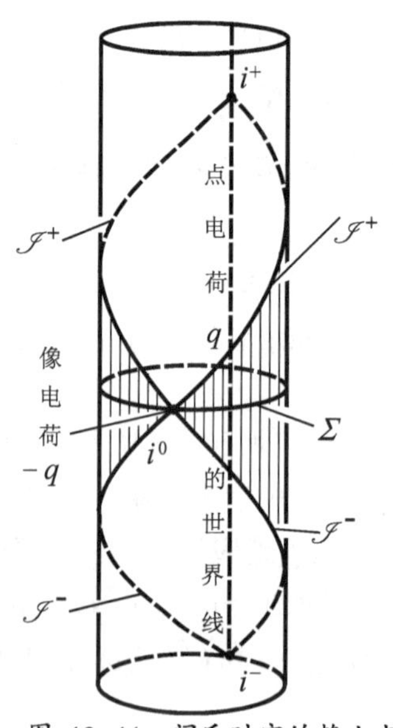

图 12-11　闵氏时空的静止点电荷 q. Σ 是 q 所在惯性系的同时面，$\Sigma\cup i^0$ 微分同胚于 3 维球面. i^0 处有像电荷 $-q$

所以当 $r\to 0$ 时 $F_{ab}\to\infty$. 为了消除发散性，可以用 r^2 乘 F_{ab}，其结果 $r^2F_{ab}=-q(\mathrm{d}t)_a\wedge(\mathrm{d}r)_b$ 在沿任一径向类空测地线趋于 $r=0$ 时都有极限. 然而极限值与所选测地线(亦即与趋于 $r=0$ 的方向)有关，所以说 r^2F_{ab} 在 $r\to 0$ 时存在方向依赖的极限. 这与如下物理图象一致：电场线(代表电场方向)从 q 所在处向四面八方发出. 再看与 $r\to 0$ 相反的另一极端，即 $r\to\infty$ 的情况. 计算表明(见下段)，与 $r\to 0$ 类似，F_{ab} 在 $r\to\infty$ 时也发散，但 ΩF_{ab} 则有方向依赖的极限. 物理直观：电场线从四面八方会聚到 i^0，因此也说 i^0 点存在“像电荷” $-q$. (见图 12-11. 请注意像电荷 $-q$ 只存在于一点 i^0，而源电荷 q 却由一条竖直线代表.) 弯曲度规(如施瓦西度规)在“空间很远处”的表现与此有类似之处，① 因此在渐近平直时空的定义中不宜对 $\tilde{g}_{ab}$ 提出在 i^0 点也为 C^∞ 的要求. 研究表明，比较适当的要求是 $\tilde{g}_{ab}$ 在 i^0 为 $C^{>0}$，其含义是：(a) $\tilde{g}_{ab}$ 在 i^0 为 C^0；(b) $\tilde{g}_{ab}$ 沿任一到达 i^0 的类空曲线的一阶导数在趋于 i^0 时有方向依赖的极限，而且这一极限对方向(角度)的依赖是 C^∞ 的. [准确含义见 Wald(1984)；Ashtekar(1980)；Ashtekar and Hansen(1978).]②

上面讲闵氏时空的电磁场时只说了“ ΩF_{ab} 在趋于 i^0 时有方向依赖极限”的结

① §12.3 的 Ω 是为把施瓦西时空的类光无限远作共形拉近而引入的，它在 i^0 处不满足本节定义 1 的要求. [顺便一提，§12.2 给闵氏时空引入的 Ω 也不满足 $\lim_{\to i^0}\tilde{\nabla}_a\tilde{\nabla}_b\Omega=2\tilde{g}_{ab}(i^0)$ 的要求. 不过，为满足此要求只须改选 $\Omega'=\Omega/2$.] 然而可以验证最大延拓施瓦西时空的 A(或 A′)区作为子时空的确是渐近平直时空，为此只须给 A (或 A′)补上适当的 i^0 和 $\mathscr{I}^\pm$ 以获得非物理时空流形 $\tilde{M}$，满足定义 1 的 Ω 则可在 Ashtekar and Hansen(1978)附录 C 中找到，其与 r 的关系为 $\Omega\sim r^{-2}$. 施瓦西解是真空解，有 $R_{ab}=0$，故 $R_{abc}{}^d=C_{abc}{}^d$，由第 9 章习题 10 结果知 $C^{abcd}C_{abcd}\sim r^{-6}$，利用 $\tilde{C}_{abcd}=\Omega^2C_{abcd}$ 得 $\tilde{C}^{abcd}\tilde{C}_{abcd}\sim r^2$，故 $\tilde{C}_{abcd}$ 在趋于 i^0 时发散，可见施瓦西时空的 $\tilde{g}_{ab}$ 在 i^0 点表现不良.

② 既然 $\tilde{g}_{ab}$ 在 i^0 的可微性只要求到 $C^{>0}$，流形 $\tilde{M}$ 在 i^0 的可微性也相应地只要求到 $C^{>1}$，详见 Ashtekar and Hansen(1978).

论，但未给出证明. 这个证明涉及冗长的计算. 为省篇幅，此处只介绍思路及若干关键公式. 思路很简单：找一个能覆盖 i^0 点的坐标系. $\{t,r,\theta,\varphi\}$ 当然不能，$\{T,R,\theta,\varphi\}$ 似乎可以，因为它是爱因斯坦静态宇宙(图 12-11 的圆柱面代表的 4 维时空)的坐标系. 不幸的是坐标 R 在 i^0 点的值为 π，所以 i^0 偏偏是该系的坐标奇点(该点的 θ,φ 无定义). 于是想到把 3 球面上的 $\{R,\theta,\varphi\}$ 转一角度以得到新的球面坐标系 $\{R',\theta',\varphi'\}$，它在 i^0 点不奇异. 然而 3 球面上 R 的变换必然导致 θ 和 φ 的相应变换("牵一发则动全身")，从而带来冗长的计算. 下面对计算和证明做一高浓缩介绍. 用下式定义新坐标 T',R',θ',φ'：

$$T'\equiv T,\qquad R'\equiv\arccos(\sin R\sin\theta\sin\varphi),$$

$$\theta'\equiv\arccos\left(\frac{\sin R\cos\theta}{\sqrt{1-\sin^2 R\,\sin^2\theta\,\sin^2\varphi}}\right),$$

$$\varphi'\equiv\arccos\left(\frac{\sin R\sin\theta\cos\varphi}{\sqrt{\cos^2 R+\sin^2 R\,\sin^2\theta\,\cos^2\varphi}}\right),\quad 若\ \frac{\pi}{2}\leqslant R<\pi,$$

$$\varphi'\equiv 2\pi-\arccos\left(\frac{\sin R\sin\theta\cos\varphi}{\sqrt{\cos^2 R+\sin^2 R\,\sin^2\theta\,\cos^2\varphi}}\right),\ 若\ 0<R<\frac{\pi}{2},\tag{12-4-2}$$

则 i^0 的新坐标为(0, π/2, π/2, π/2)，因而无奇性. 由式(12-2-9)定义的 Ω 可表为

$$\Omega=\cos T'-\Lambda,\qquad 其中\ \Lambda\equiv\sin R'\sin\theta'\sin\varphi',\tag{12-4-3}$$

F_{ab} 可表为

$$F_{ab}=q(1-\Lambda^2)^{-3/2}(\mathrm{d}T')_a\wedge(\mathrm{d}\Omega)_b.\tag{12-4-4}$$

因为① $\Omega(1-\Lambda^2)^{-1}$ 及 $(1-\Lambda^2)^{-1/2}\cos R'$, $(1-\Lambda^2)^{-1/2}\cos\theta'$, $(1-\Lambda^2)^{-1/2}\cos\varphi'$ 都有方向依赖极限；② 1 形式场 $\mathrm{d}T',\mathrm{d}R',\mathrm{d}\theta',\mathrm{d}\varphi'$ 在 i^0 附近都光滑，所以 ΩF_{ab} 在趋近 i^0 时有方向依赖的极限. **[选读 12-4-1 完]**

我们以 $\mathscr{I}^+$ 为代表讨论 $\mathscr{I}^\pm$ 的性质. 首先，$\Omega|_{\mathscr{I}^+}$ 为常数(零)及 $\tilde\nabla_a\Omega|_{\mathscr{I}^+}\neq 0$ 表明 $\mathscr{I}^+$ 是超曲面，且 $\tilde\nabla_a\Omega$ 是 $\mathscr{I}^+$ 的法余矢. Ω 及 $\tilde g_{ab}$ 在 $\tilde M-\{i^0\}$ 为 C^∞ 保证 $\tilde g^{ab}(\tilde\nabla_a\Omega)\tilde\nabla_b\Omega$ 在 $\mathscr{I}^+$ 上表现良好. 但 $\Omega|_{\mathscr{I}^+}=0$ 使 Ω^{-1} 在趋于 $\mathscr{I}^+$ 时发散，所以 M 上函数 $\Omega^{-1}\tilde g^{ab}(\tilde\nabla_a\Omega)\tilde\nabla_b\Omega$ 在趋于 $\mathscr{I}^+$ 时有无极限还成问题. 下面的命题不但对此给出肯定答案，而且结论更强.

命题 12-4-1　$\Omega^{-1}\tilde g^{ab}(\tilde\nabla_a\Omega)\tilde\nabla_b\Omega$ 是 $\mathscr{I}^+$ 上的 C^∞ 函数[准确地说就是 $\Omega^{-1}\tilde g^{ab}(\tilde\nabla_a\Omega)\tilde\nabla_b\Omega$ 可被光滑地延拓至 $\mathscr{I}^+$].

证明　设 R_{ab} 和 $\tilde R_{ab}$ 分别是 g_{ab} 和 $\tilde g_{ab}$ 的里奇张量，把式(12-1-9)的 g_{ab} 与 $\tilde g_{ab}$ 作角色互换(并相应以 Ω^{-1} 代替 Ω)，可知在 M 上有

$$R_{ab}=\tilde{R}_{ab}+2\Omega^{-1}\tilde{\nabla}_a\tilde{\nabla}_b\Omega+\tilde{g}_{ab}\tilde{g}^{cd}[\Omega^{-1}\tilde{\nabla}_c\tilde{\nabla}_d\Omega-3\Omega^{-2}(\tilde{\nabla}_c\Omega)\tilde{\nabla}_d\Omega].$$

真空爱因斯坦方程 $R_{ab}=0$(见第 7 章习题 6)以及 Ω 的非零性保证在 M 上有

$$0=\Omega\tilde{R}_{ab}+2\tilde{\nabla}_a\tilde{\nabla}_b\Omega+\tilde{g}_{ab}\tilde{g}^{cd}[\tilde{\nabla}_c\tilde{\nabla}_d\Omega-3\Omega^{-1}(\tilde{\nabla}_c\Omega)\tilde{\nabla}_d\Omega].\qquad(12\text{-}4\text{-}5)$$

$\tilde{g}_{ab}$ 在 $\mathscr{I}^+$ 为 C^∞ 导致 $\tilde{R}_{ab}$ 在 $\mathscr{I}^+$ 为 C^∞，故由 $\Omega|_{\mathscr{I}^+}=0$ 知 $\Omega\tilde{R}_{ab}|_{\mathscr{I}^+}=0$. 取式(12-4-5)趋于 $\mathscr{I}^+$ 的极限便知在 $\mathscr{I}^+$ 上有

$$2\tilde{\nabla}_a\tilde{\nabla}_b\Omega+\tilde{g}_{ab}\tilde{g}^{cd}\tilde{\nabla}_c\tilde{\nabla}_d\Omega=3\tilde{g}_{ab}[\Omega^{-1}\tilde{g}^{cd}(\tilde{\nabla}_c\Omega)\tilde{\nabla}_d\Omega].\qquad(12\text{-}4\text{-}6)$$

Ω 和 $\tilde{g}_{ab}$ 在 $\mathscr{I}^+$ 为 C^∞ 导致上式左边在 $\mathscr{I}^+$ 为 C^∞，故右边方括号内的量在 $\mathscr{I}^+$ 也为 C^∞.　□

令

$$n_b:=\tilde{\nabla}_b\Omega,\quad n^a:=\tilde{g}^{ab}\tilde{\nabla}_b\Omega,\qquad(12\text{-}4\text{-}7)$$

则 $\mathscr{I}^+$ 上的 n_b 和 n^a 分别是 $\mathscr{I}^+$ 的法余矢场和法矢场. 命题 12-4-1 表明，虽然 $\lim\limits_{\to\mathscr{I}^+}\Omega^{-1}$ 发散，但 $(\Omega^{-1}\tilde{g}^{ab}n_a n_b)|_{\mathscr{I}^+}$ 仍是光滑函数，可见 $(\tilde{g}^{ab}n_a n_b)|_{\mathscr{I}^+}=0$，即 $(\tilde{g}_{ab}n^a n^b)|_{\mathscr{I}^+}=0$，说明 $n^a|_{\mathscr{I}^+}$ 是类光矢量场，因而 $\mathscr{I}^+$ 是 $\tilde{M}$ 中的类光超曲面. 这同 $\mathscr{I}^+$ 的定义 $\mathscr{I}^+\equiv\dot{J}^+(i^0)-\{i^0\}$ 暗示的结果一致. 由于类光超曲面的法矢场也切于该超曲面，n^a 过 $\mathscr{I}^+$ 上任一点的积分曲线 $\eta(u)$ 都躺在 $\mathscr{I}^+$ 上，称为 $\mathscr{I}^+$ 的**类光母线**(null generator). 定义 1 条件(d)的(d1)对 $\mathscr{I}^+$ 的整体拓扑结构提出如下要求：$\mathscr{I}^+$ 上 n^a 的每条不可延积分曲线 $\eta(u)$ 都从 i^0 发出(因而 $\mathscr{I}^+$ 同胚于 $S^2\times\mathbb{R}$)，如图 12-12(a)或(b)所示. $\mathscr{I}^+$ 上的一个 2 维面 C 称为一个**截面**(cross section)，若它与每一类光母线相交且仅交于一点(而且任一母线都不切于 C). $\mathscr{I}^+$ 同胚于 $S^2\times\mathbb{R}$ 意味着每一截面 C 同胚于 S^2 (2 维球面).

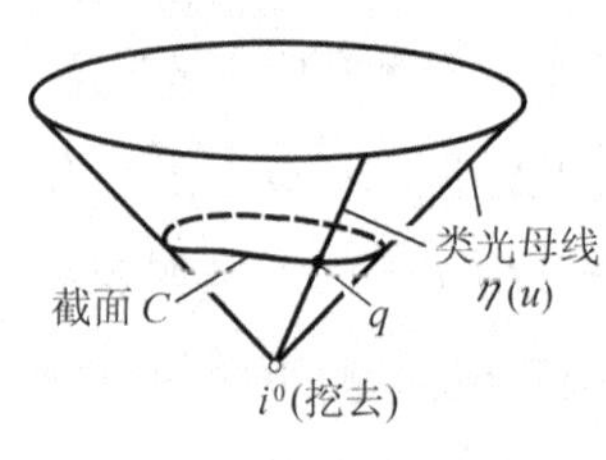

(a) 用挖去顶点的锥面代表 $\mathscr{I}^+$

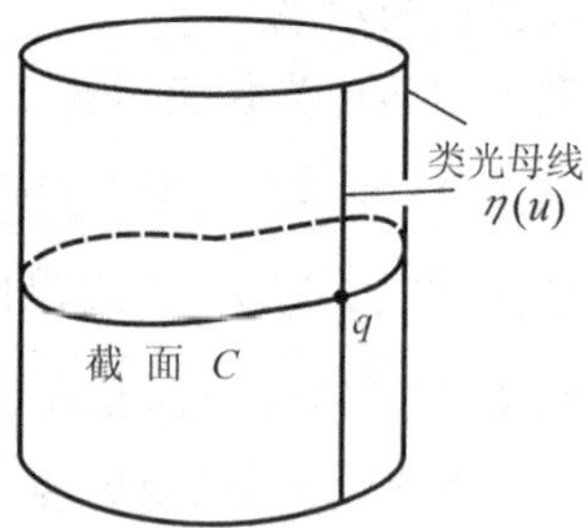

(b) 用柱面代表 $\mathscr{I}^+$

图 12-12　$\mathscr{I}^+$ 及其类光母线(压缩一维，用 $S\times\mathbb{R}$ 代表 $S^2\times\mathbb{R}$)

伴随于同一渐近平直时空 (M,g_{ab}) 的非物理时空 $(\tilde{M},\tilde{g}_{ab})$ 可以很多. 在 $\tilde{M}$ 选

定时 $\tilde{g}_{ab}$ 也还可以有无限多种选择, 因为不难证明如下命题:

命题 12-4-2　设 $(\tilde{M},\tilde{g}_{ab})$ 是 (M,g_{ab}) 的非物理时空(共形因子为 Ω), 则 $(\tilde{M},\omega^2\tilde{g}_{ab})$ 也是 (M,g_{ab}) 的非物理时空(共形因子为 $\omega\Omega$), 如果 ω 是 $\tilde{M}$ 上的正函数, 在 $\tilde{M}-\{i^0\}$ 为 C^∞, 在 i^0 为 $C^{>0}$, $\omega(i^0)=1$.

证明　练习. 提示: 令 $\Omega'\equiv\omega\Omega$, $\tilde{g}'_{ab}\equiv\omega^2\tilde{g}_{ab}=\Omega'^2 g_{ab}$, 只须验证 $\tilde{g}'_{ab}$ 和 Ω' 满足定义 1 对 $\tilde{g}_{ab}$ 和 Ω 的要求. 由于定义 1 对条件(d)并无陈述, 只要求读者验证条件(a)~(c). 条件中的 $\tilde{\nabla}_a$ 原则上应一律改为 $\tilde{\nabla}'_a$, 即与 $\tilde{g}'_{ab}$ 适配的导数算符. 利用 Ω' 的标量场性质可把 $\tilde{\nabla}'_a\Omega'$ 换为 $\tilde{\nabla}_a\Omega'$, 但 $\tilde{\nabla}'_a\tilde{\nabla}'_b\Omega'$ 至多只可换为 $\tilde{\nabla}'_a\tilde{\nabla}_b\Omega'$. □

注 6　可见共形因子 Ω 的选择存在规范任意性. 我们把每种选择称为一个**共形规范**. 选择适当规范有助于简化讨论. 下面介绍一种对讨论 $\mathscr{I}^+$ 很有用的规范(但不适用于 i^0).

命题 12-4-3　令 $\Phi\equiv\Omega^{-1}\tilde{g}^{ab}n_a n_b$ (并延拓至 $\mathscr{I}^+$ 上), 则总可选择共形规范使 $\Phi|_{\mathscr{I}^+}=0$. 满足这一条件的规范称为 **Bondi 规范**.

证明　设原规范满足 $\Phi|_{\mathscr{I}^+}\neq 0$, 只须证明存在适当 ω 使新规范 $\Omega'\equiv\omega\Omega$ 满足 $\Phi'|_{\mathscr{I}^+}\equiv(\Omega'^{-1}\tilde{g}'^{ab}n'_a n'_b)|_{\mathscr{I}^+}=0$. 由 $\tilde{g}'_{ab}=\omega^2\tilde{g}_{ab}$ 得 $\tilde{g}'^{ab}=\omega^{-2}\tilde{g}^{ab}$, 故

$$\Phi'|_{\mathscr{I}^+}=[\omega^{-1}\Phi+2\omega^{-2}n^a\tilde{\nabla}_a\omega+\omega^{-3}\Omega\,\tilde{g}^{ab}(\tilde{\nabla}_a\omega)\tilde{\nabla}_b\omega]|_{\mathscr{I}^+}\,. \tag{12-4-8}$$

上式右边第二项可化为 $2\omega^{-1}n^a\tilde{\nabla}_a\ln\omega$, 而 $\Omega|_{\mathscr{I}^+}=0$, $\omega|_{\mathscr{I}^+}>0$ 以及 ω 在 $\tilde{M}-\{i^0\}$ 为 C^∞ 则保证第三项为零, 故欲得 $\Phi'|_{\mathscr{I}^+}=0$ 只须选 ω 使在 $\mathscr{I}^+$ 上有

$$2n^a\tilde{\nabla}_a\ln\omega=-\Phi\,. \tag{12-4-9}$$

$\mathscr{I}^+$ 上的函数 Φ 和 ω 通过每条不可延积分曲线 $\eta(u)$ 分别诱导出一元函数 $\Phi(u)$ 和 $\omega(u)$. 在 $\mathscr{I}^+$ 上又有 $n^a=(\partial/\partial u)^a$, 故式(12-4-9)可改写为

$$2\,\mathrm{d}\ln\omega(u)/\mathrm{d}u=-\Phi(u)\,. \tag{12-4-10}$$

任取截面 C_0, 把每条类光母线与 C_0 的交点选为该母线的 u 的零点, 任意指定 C_0 上的光滑标量场 ω 作为初始条件, 对每条母线 $\eta(u)$ 便得方程(12-4-10)的唯一解 $\omega(u)$, 从而得到 $\mathscr{I}^+$ 上的光滑标量场 ω, ① 相应的 $\Omega'\equiv\omega\Omega$ 满足 $\Phi'|_{\mathscr{I}^+}=0$. □

命题 12-4-4　Bondi 规范 $\Phi|_{\mathscr{I}^+}=0$ 还有以下两种等价表述:

---

① 还应把所得 ω 延拓为 $\tilde{M}$ 上的函数. 然而这样求得的 ω 在趋近 i^0 时的极限表现不满足命题 12-4-2 的要求, 从而 Ω' 不满足定义 1 条件(b5), 不过在只关心 $\mathscr{I}^\pm$ 时这无关紧要.

$$\text{(a)}\ \tilde{\nabla}_a\tilde{\nabla}_b\Omega\,|_{\mathscr{I}^+}=0\,; \qquad \text{(b)}\ \mathscr{L}_n\tilde{g}_{ab}\,|_{\mathscr{I}^+}=0\,.$$

证明 用 $\tilde{g}^{ab}$ 缩并式(12-4-6)得 $2\Phi\,|_{\mathscr{I}^+}=(\tilde{g}^{ab}\tilde{\nabla}_a\tilde{\nabla}_b\Omega)\,|_{\mathscr{I}^+}$，代回式(12-4-6)给出

$$2\tilde{\nabla}_a\tilde{\nabla}_b\Omega\,|_{\mathscr{I}^+}=(\Phi\tilde{g}_{ab})\,|_{\mathscr{I}^+}\,. \qquad (12\text{-}4\text{-}11)$$

而

$$\mathscr{L}_n\tilde{g}_{ab}=2\tilde{\nabla}_{(a}n_{b)}=2\tilde{\nabla}_a\tilde{\nabla}_b\Omega\,,$$

故

$$\Phi\,|_{\mathscr{I}^+}=0 \Leftrightarrow \tilde{\nabla}_a\tilde{\nabla}_b\Omega\,|_{\mathscr{I}^+}=0 \Leftrightarrow \mathscr{L}_n\tilde{g}_{ab}\,|_{\mathscr{I}^+}=0\,.$$ □

命题 12-4-5 在 Bondi 规范下，n^a 在 $\mathscr{I}^+$ 上的积分曲线(类光母线) $\eta(u)$ 是类光测地母线，故 u 是仿射参数.

证明 在 $\mathscr{I}^+$ 上有 $n^a\tilde{\nabla}_a n_b=n^a\tilde{\nabla}_a\tilde{\nabla}_b\Omega=0$，(其中第二步用到 Bondi 规范条件 $\tilde{\nabla}_a\tilde{\nabla}_b\Omega\,|_{\mathscr{I}^+}=0$)，故 $n^a=(\partial/\partial u)^a$ 的积分曲线 $\eta(u)$ 是 $(\mathscr{I}^+,\ \tilde{g}_{ab}\,|_{\mathscr{I}^+})$ 上的(类光)测地线，u 是仿射参数. □

定义 1 条件(d)的(d2)的含义为：Bondi 规范下的 $n^a=(\partial/\partial u)^a$ 是 $\mathscr{I}^+$ 上的完备矢量场，就是说，n^a 的不可延积分曲线 $\eta(u)$ 的参数 u 的取值范围是全 $\mathbb{R}$，亦即 $\eta(u)$ 是完备的类光测地线. 现在就可论证如下结论：渐近平直时空 (M,g_{ab}) 的度规 g_{ab} 在趋近 $\mathscr{I}^+$ 时渐近闵氏，① 就是说，在 $\mathscr{I}^+$ 的一个邻域内存在"渐近洛伦兹坐标系" $\{t,x,y,z\}$ 使 g_{ab} 的线元为

$$ds^2=-dt^2+dx^2+dy^2+dz^2+\Delta_1, \qquad (12\text{-}4\text{-}12)$$

其中 Δ_1 的系数在趋于 $\mathscr{I}^+$ 时趋于零.事实上还可论证更强的结论：Δ_1 的系数在趋于 $\mathscr{I}^+$ 时以 $O(r^{-1})$ 的速率趋于零[与本节开头(第二段)的提法一致]，详见选读 12-4-2.

[选读 12-4-2]

本选读证明上述重要结论，即：在 $\mathscr{I}^+$ 的一个邻域内存在"渐近洛伦兹坐标系" $\{t,x,y,z\}$ 使 g_{ab} 的线元为

$$ds^2=-dt^2+dx^2+dy^2+dz^2+\Delta_1\,,$$

其中 Δ_1 的系数在趋于 $\mathscr{I}^+$ 时趋于零.待证结论只涉及物理度规 g_{ab}，但可借助于非物理度规 $\tilde{g}_{ab}$ 协助证明.为简便起见，约定所选的 $\tilde{g}_{ab}=\Omega^2 g_{ab}$ 满足 Bondi 规范条件.

如果 $\mathscr{I}^+$ 为类时或类空超曲面，则 $\tilde{g}_{ab}$ 在 $\mathscr{I}^+$ 上的限制 $\tilde{h}_{ab}$ (只允许作用于与

① g_{ab} 在趋近 i^0 时也是渐近平直度规，见 Ashtekar and Hansen (1978). 该文还给出了 i^0 附近渐近平直线元的具体坐标形式[式(C21)].

$\mathscr{I}^+$相切的矢量)就是$\mathscr{I}^+$上的诱导度规. 然而$\mathscr{I}^+$是类光超曲面, 这时$\tilde{h}_{ab}$的号差为$(0,+,+)$, 因而退化(见定理 4-4-4). 不过, $\tilde{h}_{ab}$在$\mathscr{I}^+$的任一截面C_0上的限制$\tilde{q}_{ab}$却可充当C_0上的(2维)诱导正定度规. 设S^2是3维欧氏空间$(\mathbb{R}^3,\delta_{ab})$中的单位球面, p_{ab}是δ_{ab}在S^2上的诱导度规, 则任一微分同胚$\psi:\mathrm{S}^2\to C_0$都给C_0赋予一个球面度规

$$j_{ab}\equiv\psi_* p_{ab}\,. \tag{12-4-13}$$

C_0是2维流形, 仿照命题 12-1-6 的证明手法可以证明(颇复杂, 略): 存在适当的ψ使C_0上有光滑非零标量场f满足

$$\tilde{q}_{ab}=f^2 j_{ab}\,. \tag{12-4-14}$$

此ψ把S^2的球面坐标诱导到C_0上(记作θ,φ), 由式(12-4-13)及p_{ab}的定义得

$$j_{ab}=(\mathrm{d}\theta)_a(\mathrm{d}\theta)_b+\sin^2\theta\,(\mathrm{d}\varphi)_a(\mathrm{d}\varphi)_b\,,\ (\text{定义在 } C_0 \text{ 上})$$

与式(12-4-14)结合便给出

$$\tilde{q}_{ab}=f^2[(\mathrm{d}\theta)_a(\mathrm{d}\theta)_b+\sin^2\theta\,(\mathrm{d}\varphi)_a(\mathrm{d}\varphi)_b]\,.\ (\text{定义在 } C_0 \text{ 上})$$

用类光测地母线把C_0上的θ,φ坐标携带到$\mathscr{I}^+$, 再选这些母线的仿射参数u为另一坐标便得$\mathscr{I}^+$上的局域坐标系$\{u,\theta,\varphi\}$. 我们首先证明, 利用选择Bondi规范的自由性, 总可重选Bondi规范$\Omega'\equiv\omega\Omega$使$\tilde{g}'_{ab}=\omega^2\tilde{g}_{ab}$在$\mathscr{I}^+$上的限制$\tilde{h}'_{ab}$取如下简单形式:

$$\tilde{h}'_{ab}=(\mathrm{d}\theta)_a(\mathrm{d}\theta)_b+\sin^2\theta\,(\mathrm{d}\varphi)_a(\mathrm{d}\varphi)_b\,.\ (\text{在 } \mathscr{I}^+ \text{ 上成立}) \tag{12-4-15}$$

重选Ω'就是选ω. 先选$\omega|_{C_0}=f^{-1}$, 再要求ω在每条类光母线上为常数就在$\mathscr{I}^+$上选了ω. 这ω显然满足方程(12-4-10)(左右边皆为零), 故由它决定的$\Omega'\equiv\omega\Omega$也是Bondi规范, 于是由命题 12-4-4(b)可知$(\mathscr{L}_{n'}\tilde{g}'_{ab})|_{\mathscr{I}^+}=0$, 其中$n'^a\equiv\tilde{g}'^{ab}\tilde{\nabla}_b\Omega'$. 为证式(12-4-15)还须先从$(\mathscr{L}_{n'}\tilde{g}'_{ab})|_{\mathscr{I}^+}=0$推出$\mathscr{L}_n\tilde{h}'_{ab}=0$, 而第一步是从$(\mathscr{L}_{n'}\tilde{g}'_{ab})|_{\mathscr{I}^+}=0$推出$(\mathscr{L}_n\tilde{g}'_{ab})|_{\mathscr{I}^+}=0$: 不难证明$n^a=\omega n'^a-\Omega m^a$, 其中$m^a\equiv\omega\tilde{g}'^{ab}\tilde{\nabla}_b\omega$, 所以

$$\mathscr{L}_n\tilde{g}'_{ab}=\mathscr{L}_{\omega n'}\tilde{g}'_{ab}-\mathscr{L}_{\Omega m}\tilde{g}'_{ab}\,.$$

上式右边的两个李导数可借如下公式计算: 设α, v^a和T_{ab}依次是任一广义黎曼空间(M,g_{ab})上的标量场、矢量场和$(0,2)$型张量场, 则易证

$$\mathscr{L}_{\alpha v}T_{ab}=\alpha\mathscr{L}_v T_{ab}+v^c T_{cb}\nabla_a\alpha+v^c T_{ac}\nabla_b\alpha\,.$$

把上式用于现在的具体情况便得

$$\mathscr{L}_{\omega n'}\tilde{g}'_{ab}=\omega\mathscr{L}_{n'}\tilde{g}'_{ab}+2n'^c\tilde{g}'_{c(b}\tilde{\nabla}_{a)}\omega=\omega\mathscr{L}_{n'}\tilde{g}'_{ab}+2(\tilde{\nabla}_{(b}\Omega')\tilde{\nabla}_{a)}\omega$$

$$=\omega\mathscr{L}_{n'}\tilde{g}'_{ab}+2\Omega(\tilde{\nabla}_b\omega)\tilde{\nabla}_a\omega+2\omega(\tilde{\nabla}_{(b}\Omega)\tilde{\nabla}_{a)}\omega,$$

$$\mathscr{L}_{\Omega m}\tilde{g}'_{ab}=\Omega\mathscr{L}_m\tilde{g}'_{ab}+2m^c\tilde{g}'_{c(b}\tilde{\nabla}_{a)}\Omega=\Omega\mathscr{L}_m\tilde{g}'_{ab}+2\omega(\tilde{\nabla}_{(b}\omega)\tilde{\nabla}_{a)}\Omega,$$

因而

$$\mathscr{L}_n\tilde{g}'_{ab}=\omega\mathscr{L}_{n'}\tilde{g}'_{ab}+2\Omega(\tilde{\nabla}_b\omega)\tilde{\nabla}_a\omega-\Omega\mathscr{L}_m\tilde{g}'_{ab}.$$

上式在 $\mathscr{I}^+$ 上取值，利用 $(\mathscr{L}_{n'}\tilde{g}'_{ab})|_{\mathscr{I}^+}=0$ 及 $\Omega|_{\mathscr{I}^+}=0$ 便得 $(\mathscr{L}_n\tilde{g}'_{ab})|_{\mathscr{I}^+}=0$.第二步就可证明 $\mathscr{L}_n\tilde{h}'_{ab}=0$：

$$\mathscr{L}_n\tilde{h}'_{ab}=\mathscr{L}_n(\tilde{g}'_{ab}\text{ 在 }\mathscr{I}^+\text{上的限制})=(\mathscr{L}_n\tilde{g}'_{ab})\text{ 在 }\mathscr{I}^+\text{上的限制}=0,$$

上式的第二步用到一个结论:对下指标张量场求限制与求李导数的操作可交换(证明见下册§16.3).

注意到坐标系 $\{x^\alpha\}=\{x^0\equiv u, x^2\equiv\theta, x^3\equiv\varphi\}$ 是矢量场 $n^a=(\partial/\partial u)^a$ 的适配系，由 $\mathscr{L}_n\tilde{h}'_{ab}=0$ 便知 $\tilde{h}'_{ab}$ 在该系的分量 $\tilde{h}'_{\alpha\beta}$ $(\alpha,\beta=0,2,3)$ 满足 $\partial\tilde{h}'_{\alpha\beta}/\partial u=0$，即 $\tilde{h}'_{\alpha\beta}$ 在母线上为常数. $\forall q\in\mathscr{I}^+$，令 q_0 为过 q 的母线同 C_0 的交点，就有

$$\tilde{h}'_{\alpha\beta}|_q=\tilde{h}'_{\alpha\beta}|_{q_0}=(\omega^2\tilde{h}_{\alpha\beta})|_{q_0},\quad \alpha,\beta=0,2,3,$$

其中第二步用到 $\tilde{g}'_{ab}=\omega^2\tilde{g}_{ab}$. 上式在 $\alpha=0$ 及 $\alpha\beta=ij$ (其中 i, j 从 2 取到 3)时依次给出

$$\tilde{h}'_{0\beta}|_q=(\omega^2\tilde{h}_{0\beta})|_{q_0}=\left[\omega^2\tilde{h}_{ab}\left(\frac{\partial}{\partial u}\right)^a\left(\frac{\partial}{\partial x^\beta}\right)^b\right]_{q_0}=0\quad [\text{因 }\tilde{h}_{ab}(\partial/\partial u)^a=\tilde{h}_{ab}n^a=0]$$

及

$$\tilde{h}'_{ij}|_q=(\omega^2\tilde{h}_{ij})|_{q_0}=\left[\omega^2\tilde{h}_{ab}\left(\frac{\partial}{\partial x^i}\right)^a\left(\frac{\partial}{\partial x^j}\right)^b\right]_{q_0}$$

$$=\left[\omega^2\tilde{q}_{ab}\left(\frac{\partial}{\partial x^i}\right)^a\left(\frac{\partial}{\partial x^j}\right)^b\right]_{q_0}=(\omega^2f^2j_{ij})|_{q_0}=j_{ij}|_{q_0},$$

其中第三步用到限制的定义以及 $(\partial/\partial x^i)^a$ 切于 C_0，第四、五步依次用到 $\tilde{q}_{ab}=f^2j_{ab}$ 及 $\omega|_{C_0}=f^{-1}$.

以上结果也可用下式表述:

$$\tilde{h}'_{uu}=\tilde{h}'_{u\theta}=\tilde{h}'_{u\varphi}=\tilde{h}'_{\theta\varphi}=0,\quad \tilde{h}'_{\theta\theta}=1,\quad \tilde{h}'_{\varphi\varphi}=\sin^2\theta\,.$$

此即待证的等式(12-4-15).以下就选此 Ω' 为共形因子并略去全部有关量的 $'$ 号,因而式(12-4-15)改写为

$$\tilde{h}_{ab}=(\mathrm{d}\theta)_a(\mathrm{d}\theta)_b+\sin^2\theta(\mathrm{d}\varphi)_a(\mathrm{d}\varphi)_b\,.\text{(在}\mathscr{I}^+\text{上成立)} \tag{12-4-15$'$}$$

因 $\tilde{\nabla}_a\Omega$ 在 $\mathscr{I}^+$ 上处处非零,故可取 Ω 为 $\mathscr{I}^+$ 的邻域的一个坐标,再按以下方法把 $u,\ \theta,\ \varphi$ 携带出 $\mathscr{I}^+$ 以构成 4 维坐标系.对 $\mathscr{I}^+$ 的任一点 q 选正交归一 4 标架 $\{(e_\mu)^a\}$ 使 $(e_2)^a, (e_3)^a$ 和 $(e_0)^a-(e_1)^a$ 分别平行于 q 点的 $(\partial/\partial\theta)^a$, $(\partial/\partial\varphi)^a$ 和 n^a,则 $l^a\equiv(e_0)^a+(e_1)^a$ 为类光矢量(图 12-13). 由 (q,l^a) 决定的类光测地线 ξ 可作为 $u,\ \theta,\ \varphi$ 的携带者,借此又可在 $\mathscr{I}^+$ 的 $\{u,\theta,\varphi\}$ 坐标域的某开邻域内定义 4 维坐标系 $\{\Omega,u,\theta,\varphi\}$. $\mathscr{I}^+$ 上任一点 q 的 $\tilde{g}_{ab}$ 在此系的分量依次为

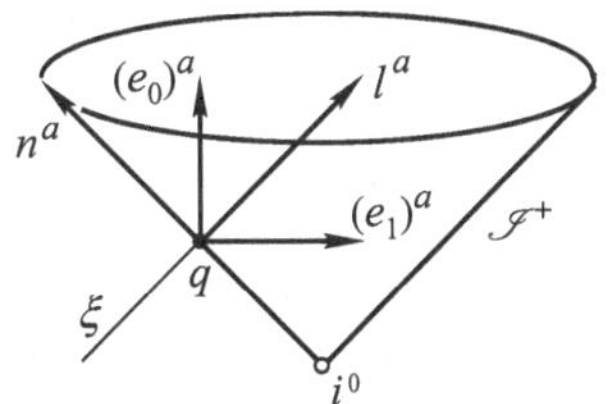

图 12-13 $\mathscr{I}^+$ 上 q 点的类光矢量 n^a 和 l^a. $(e_2)^a$ 和 $(e_3)^a$ 都同纸面垂直

$\tilde{g}_{\Omega\Omega}=\tilde{g}_{ab}(\partial/\partial\Omega)^a(\partial/\partial\Omega)^b=0$ [Ω 坐标线与 ξ 重合表明坐标基矢 $(\partial/\partial\Omega)^a$ 类光],

$\tilde{g}_{\Omega u}=\tilde{g}_{ab}(\partial/\partial\Omega)^a(\partial/\partial u)^b=\tilde{g}_{ab}n^b(\partial/\partial\Omega)^a=n_a(\partial/\partial\Omega)^a=(\partial/\partial\Omega)^a\tilde{\nabla}_a\Omega=1$,

$\tilde{g}_{\Omega\theta}=\tilde{g}_{ab}(\partial/\partial\Omega)^a(\partial/\partial\theta)^b=0$ [因 l^a 与 $(e_2)^a$ 正交], $\tilde{g}_{\Omega\varphi}=0$(理由同上),

$\tilde{g}_{uu}=\tilde{g}_{ab}(\partial/\partial u)^a(\partial/\partial u)^b=\tilde{g}_{ab}n^a n^b=0$,

$\tilde{g}_{u\theta}=\tilde{g}_{ab}(\partial/\partial u)^a(\partial/\partial\theta)^b=0$ [因 $(\partial/\partial u)^a=n^a$ 为 $\mathscr{I}^+$ 的法矢且 $(\partial/\partial\theta)^b$ 切于 $\mathscr{I}^+$],

$\tilde{g}_{u\varphi}=0$(理由同上),

$\tilde{g}_{\theta\theta}=\tilde{g}_{ab}(\partial/\partial\theta)^a(\partial/\partial\theta)^b=\tilde{h}_{ab}(\partial/\partial\theta)^a(\partial/\partial\theta)^b=1$ [末步用到式(12-4-15$'$)],

$\tilde{g}_{\theta\varphi}=\tilde{g}_{ab}(\partial/\partial\theta)^a(\partial/\partial\varphi)^b=\tilde{h}_{ab}(\partial/\partial\theta)^a(\partial/\partial\varphi)^b=0$(理由同上),

$\tilde{g}_{\varphi\varphi}=\tilde{g}_{ab}(\partial/\partial\varphi)^a(\partial/\partial\varphi)^b=\tilde{h}_{ab}(\partial/\partial\varphi)^a(\partial/\partial\varphi)^b=\sin^2\theta$(理由同上).

于是 $\tilde{g}_{ab}$ 在 $\mathscr{I}^+$ 上的线元为

$$\mathrm{d}\tilde{s}^2\big|_{\mathscr{I}^+}=2\,\mathrm{d}\Omega\mathrm{d}u+\mathrm{d}\theta^2+\sin^2\theta\,\mathrm{d}\varphi^2\,. \tag{12-4-16}$$

但在偏离 $\mathscr{I}^+$ 时上式不严格成立而应补上附加项 $\tilde{\varDelta}$:

$$\mathrm{d}\tilde{s}^2 = 2\,\mathrm{d}\varOmega\,\mathrm{d}u + \mathrm{d}\theta^2 + \sin^2\theta\mathrm{d}\varphi^2 + \tilde{\varDelta}, \tag{12-4-17}$$

所以物理度规 g_{ab} 在此坐标域内的线元为

$$\mathrm{d}s^2 = \varOmega^{-2}\mathrm{d}\tilde{s}^2 = 2\,\varOmega^{-2}\mathrm{d}\varOmega\,\mathrm{d}u + \varOmega^{-2}(\mathrm{d}\theta^2 + \sin^2\theta\,\mathrm{d}\varphi^2) + \varOmega^{-2}\tilde{\varDelta}. \tag{12-4-18}$$

令 $v \equiv 2\varOmega^{-1}$, $\varDelta \equiv \varOmega^{-2}\tilde{\varDelta}$, 则

$$\mathrm{d}s^2 = -\,\mathrm{d}v\,\mathrm{d}u + \frac{1}{4}v^2(\mathrm{d}\theta^2 + \sin^2\theta\,\mathrm{d}\varphi^2) + \varDelta\cdot \tag{12-4-19}$$

再令

$$t \equiv \frac{1}{2}(v+u), \qquad r \equiv \frac{1}{2}(v-u), \tag{12-4-20}$$

则 $$\mathrm{d}s^2 = -\,\mathrm{d}t^2 + \mathrm{d}r^2 + r^2(\mathrm{d}\theta^2 + \sin^2\theta\,\mathrm{d}\varphi^2) + \left[\frac{1}{4}(2uv - u^2)(\mathrm{d}\theta^2 + \sin^2\theta\,\mathrm{d}\varphi^2) + \varDelta\right].$$

再令 $x \equiv r\sin\theta\cos\varphi,\ \ y \equiv r\sin\theta\sin\varphi,\ \ z \equiv r\cos\theta$, 则

$$\mathrm{d}s^2 = -\,\mathrm{d}t^2 + \mathrm{d}x^2 + \mathrm{d}y^2 + \mathrm{d}z^2 + \left[\frac{1}{4}(2uv - u^2)(\mathrm{d}\theta^2 + \sin^2\theta\,\mathrm{d}\varphi^2) + \varDelta\right]. \tag{12-4-21}$$

以 $\{x^\mu\}$ 简记 $\{t,x,y,z\}$, 则方括号内可表为 $\mathrm{d}x^\mu$ 的 2 次式 $\hat{g}_{\mu\nu}\mathrm{d}x^\mu\mathrm{d}x^\nu$. 因为在趋于 $\mathscr{I}^+$ 时 $\mathrm{O}(r^{-1})$ 相当于 $\mathrm{O}(v^{-1})$, ① 所以只须证明 $\hat{g}_{\mu\nu}(\mu,\nu = 0,1,2,3)$ 按 $\mathrm{O}(v^{-1})$ 或 $\mathrm{O}(\varOmega)$ 趋于零. 方括号内第一项不构成困难. 由 $\varphi = \arctan(y/x)$ 可知 $\mathrm{d}\varphi = (x^2+y^2)^{-1}(-y\mathrm{d}x + x\mathrm{d}y) = \mathrm{O}(v^{-1})\mathrm{d}x$ 和 $\mathrm{d}\varphi^2 = \mathrm{O}(v^{-2})\mathrm{d}x^2$, 乘以方括号内第一项的因子 $(2uv - u^2)$ 后其系数为 $\mathrm{O}(v^{-1})$. 此结论对 $\mathrm{d}\theta^2$ 也适用. 麻烦来自 $\varDelta \equiv \varOmega^{-2}\tilde{\varDelta}$ 中的一项. $\tilde{\varDelta}$ 原则上应含 10 项, 即

$$\begin{aligned}\tilde{\varDelta} = {}& \tilde{k}_{uu}\mathrm{d}u^2 + 2\tilde{k}_{u\theta}\mathrm{d}u\mathrm{d}\theta + 2\tilde{k}_{u\varphi}\mathrm{d}u\mathrm{d}\varphi + \tilde{k}_{\varOmega\varOmega}\mathrm{d}\varOmega^2 + 2\tilde{k}_{\varOmega u}\mathrm{d}\varOmega\mathrm{d}u \\ & + 2\tilde{k}_{\varOmega\theta}\mathrm{d}\varOmega\mathrm{d}\theta + 2\tilde{k}_{\varOmega\varphi}\mathrm{d}\varOmega\mathrm{d}\varphi + \tilde{k}_{\theta\theta}\mathrm{d}\theta^2 + 2\tilde{k}_{\theta\varphi}\mathrm{d}\theta\mathrm{d}\varphi + \tilde{k}_{\varphi\varphi}\mathrm{d}\varphi^2.\end{aligned} \tag{12-4-22}$$

式(12-4-17)的 $\mathrm{d}\tilde{s}^2$ 要趋于(12-4-16)的 $\mathrm{d}\tilde{s}^2|_{\mathscr{I}^+}$, 故 $\tilde{k}_{\mu\nu} \sim \varOmega^\chi(\chi > 0)$. 若 $0 < \chi < 1$, 由求导可知 $\tilde{k}_{\mu\nu}$ 在 $\mathscr{I}^+$ 上不会为 C^∞, 所以 $\tilde{k}_{\mu\nu} = \mathrm{O}(\varOmega^1)$. 由规范条件 $\tilde{\nabla}_a\tilde{\nabla}_b\varOmega|_{\mathscr{I}^+} = 0$ 还可证明(提示见习题 5)其中的 4 个以更大的速率趋于零, 即 $\tilde{k}_{uu}, \tilde{k}_{u\theta}, \tilde{k}_{u\varphi}, \tilde{k}_{u\varOmega} = \mathrm{O}(\varOmega^2)$. 仿照式(12-4-22)把 $\varDelta \equiv \varOmega^{-2}\tilde{\varDelta}$ 展为 10 项, 最后一项的表现为

$$k_{\varphi\varphi}\mathrm{d}\varphi^2 = \varOmega^{-2}\tilde{k}_{\varphi\varphi}\mathrm{d}\varphi^2 \sim \varOmega^{-2}\tilde{k}_{\varphi\varphi}(v^{-1}\,\mathrm{d}x)^2 \sim \tilde{k}_{\varphi\varphi}\mathrm{d}x^2.$$

---

①“趋于 $\mathscr{I}^+$”可沿任意曲线, 只要求该线能到达 $\mathscr{I}^+$. 这意味着 u 沿线不发散, 故 r 与 v 同量级. (作为渐近平直时空的特例, 闵氏时空中 $u \to -\infty$ 的曲线到达 i^0 而非 $\mathscr{I}^+$.)

因 $\tilde{k}_{\varphi\varphi}=\mathrm{O}(\Omega)$，故 $k_{\varphi\varphi}$ 不构成麻烦. 同理[注意到 $\mathrm{d}\Omega=\mathrm{O}(v^{-2})\mathrm{d}v$]可知 $\varDelta$ 的后 7 项都无问题. 由 $\tilde{k}_{u\theta},\tilde{k}_{u\varphi}=\mathrm{O}(\Omega^2)$ 得 $k_{u\theta}\mathrm{d}\theta\mathrm{d}u\sim\Omega\mathrm{d}x^2\sim k_{u\varphi}\mathrm{d}\varphi\mathrm{d}u$，故 $\varDelta$ 的第二、三项也不成问题. 真正的麻烦来自 $\varDelta$ 的第一项，即 $k_{uu}\mathrm{d}u^2=\Omega^{-2}\tilde{k}_{uu}\mathrm{d}u^2\sim\mathrm{d}x^2$. 为克服此困难可在式 (12-4-20) 前插入一步. 令 $\bar{v}\equiv v-F(u,\theta,\varphi)$ 并选光滑函数 F 使 $F_u\equiv\partial F/\partial u=\lim_{\Omega\to 0}k_{uu}(\Omega,u,\theta,\varphi)$. 此举结果为

$$\mathrm{d}s^2=-\,\mathrm{d}\bar{v}\,\mathrm{d}u+\frac{1}{4}\bar{v}^2(\mathrm{d}\theta^2+\sin^2\theta\,\mathrm{d}\varphi^2)$$
$$+\frac{1}{4}(F^2+2F\bar{v})(\mathrm{d}\theta^2+\sin^2\theta\,\mathrm{d}\varphi^2)-F_\theta\mathrm{d}\theta\mathrm{d}u-F_\varphi\mathrm{d}\varphi\mathrm{d}u+\varDelta'\;,$$

其中 $\varDelta'\equiv\varDelta-F_u\mathrm{d}u^2=(k_{uu}-F_u)\mathrm{d}u^2+\cdots$ 中 $\mathrm{d}u^2$ 的系数 $k_{uu}-F_u$ 在 $\lim_{\Omega\to 0}$ 下为零. 虽然多出了 $F_\theta\mathrm{d}\theta\mathrm{d}u$ 和 $F_\varphi\mathrm{d}\varphi\mathrm{d}u$ 项，但不会带来麻烦. 现在再执行从式(12-4-20)开始的步骤(所有 v 换为 $\bar{v}$)，便得式(12-4-12)，其中

$$\varDelta_1\equiv\frac{1}{4}(2u\bar{v}-u^2+F^2+2F\bar{v})(\mathrm{d}\theta^2+\sin^2\theta\,\mathrm{d}\varphi^2)-F_\theta\mathrm{d}\theta\mathrm{d}u-F_\varphi\mathrm{d}\varphi\mathrm{d}u+\varDelta'$$

的所有系数以 $\mathrm{O}(r^{-1})$ 的速率趋于零.

结论：$\mathscr{I}^+$ 存在一个邻域，其上可定义“渐近洛伦兹坐标系” $\{t,x,y,z\}$ 使 g_{ab} 的线元为 $\mathrm{d}s^2=-\mathrm{d}t^2+\mathrm{d}x^2+\mathrm{d}y^2+\mathrm{d}z^2+\varDelta_1$，其中 $\varDelta_1$ 的系数在趋于 $\mathscr{I}^+$ 时以速率 $\mathrm{O}(r^{-1})$ 趋于零.　**[选读 12-4-2 完]**

§ 12.5　$\mathscr{I}^{\pm}$ 和 $\boldsymbol{i}^0$ 上的对称性，BMS 群和 SPI 群

时空 (M,g_{ab}) 在等度规映射 $\phi:M\to M$ 下满足 $\phi^*g_{ab}=g_{ab}$，即度规 g_{ab} 在映射 ϕ 下有不变性，故等度规映射称为时空的**对称性**(symmetry). 流形 M 上的一个光滑矢量场 v^a 生出 M 上的一个单参微分同胚群[①] $\phi:\mathbb{R}\times M\to M$，即每一实数 t 对应于一个微分同胚映射 $\phi_t:M\to M$. 因此也说 v^a 是单参微分同胚群 $\phi:\mathbb{R}\times M\to M$ 的**无限小生成元**. 如果流形 M 上指定了度规场 g_{ab}，则还可问及每一微分同胚 ϕ_t 是否为等度规映射. 如果是，则 $\phi:\mathbb{R}\times M\to M$ 升格为单参等度规群，而且生成此群的矢量场 v^a 称为 Killing 矢量场(改记为 ξ^a). 既然 Killing 场 ξ^a 是单参等度规群(对称性群)的无限小生成元，一个 Killing 矢量场 ξ^a 也就称为 (M,g_{ab}) 上的一个**无限小对称性**(infinitesimal symmetry). 在此基础上就可介绍 $\mathscr{I}^+$ 上的对

① 当 v^a 不是完备矢量场时只能生出单参微分同胚局部群，见选读 2-2-4.

称性概念. 渐近平直时空的定义只对时空的渐近(无限远)特性提出要求, 因此一个渐近平直时空可以根本没有Killing矢量场, 即根本没有对称性. 然而, 由于时空"越远越接近闵氏", 可以期望存在这样的矢量场 ξ^a, 它们虽非 Killing, 但"越远越接近 Killing". 就是说, 它们虽不是无限小对称性, 却是渐近的无限小对称性. 初看起来, 代表无限小渐近对称性的矢量场 ξ^a 可定义如下: $\mathscr{L}_\xi g_{ab}$ 虽不为零, 但在趋于 $\mathscr{I}^+$ 时趋于零. 然而这一要求仍然很难满足, 因此还应适当降低. 研究表明, 一个尽可能高而又可以达到(一般渐近平直时空都能满足)的要求是 $\Omega^2 \mathscr{L}_\xi g_{ab}$ 在趋于 $\mathscr{I}^+$ 时趋于零. 因此, 粗略地说, 满足 $\Omega^2 \mathscr{L}_\xi g_{ab} \to 0$ 的矢量场 ξ^a 就可称为一个无限小渐近对称性. 准确地说, 若渐近平直时空 (M, g_{ab}) 的矢量场 ξ^a 满足两个条件: (a) ξ^a 可光滑延拓至 $\mathscr{I}^+$ (并且得到 $\mathscr{I}^+$ 上的一个切于 $\mathscr{I}^+$ 的光滑矢量场 $\hat{\xi}^a$); (b) $\Omega^2 \mathscr{L}_\xi g_{ab}$ 也可光滑延拓至 $\mathscr{I}^+$, 且 $\Omega^2 \mathscr{L}_\xi g_{ab}|_{\mathscr{I}^+} = 0$, 则称 ξ^a 为 (M, g_{ab}) 的**无限小渐近对称性**, 称 $\hat{\xi}^a$ 为 $\mathscr{I}^+$ **上的无限小对称性**. 可见 (M, g_{ab}) 的任一无限小渐近对称性 ξ^a 给出 $\mathscr{I}^+$ 上的一个无限小对称性 $\hat{\xi}^a$. 然而 $\mathscr{I}^+$ 上的一个无限小对称性 $\hat{\xi}^a$ 却对应于 (M, g_{ab}) 上不止一个无限小渐近对称性, 因为 (M, g_{ab}) 上的不同矢量场 ${\xi_1}^a$ 和 ${\xi_2}^a$ 只要满足上述条件(a)和(b)而且 ${\xi_1}^a|_{\mathscr{I}^+} = {\xi_2}^a|_{\mathscr{I}^+} = \hat{\xi}^a$ 就给出 $\mathscr{I}^+$ 上的同一无限小对称性 $\hat{\xi}^a$. 满足上述要求的 ${\xi_1}^a$ 和 ${\xi_2}^a$ 称为**等价的**. 既然 $\hat{\xi}^a$ 被称为 $\mathscr{I}^+$ 上的无限小对称性, 自然要问 $\hat{\xi}^a$ 是否也能产生 $\mathscr{I}^+$ 上的类似于单参等度规群的变换群. 答案是肯定的, 但应先明确"类似于"的含义. $\mathscr{I}^+$ 是 $(\tilde{M}, \tilde{g}_{ab})$ 中的类光超曲面, $\tilde{g}_{ab}$ 在 $\mathscr{I}^+$ 上的限制 $\tilde{h}_{ab}$ (作为 3 维张量)是退化的[号差为 $(0,+,+)$], 因而不能充当 $\mathscr{I}^+$ 的诱导度规. 这使"等度规映射"一词失去意义. 然而, $\tilde{h}_{ab}$ 限制在任一截面上(作为 2 维张量)的号差为 $(+,+)$, 可以解释为 $\tilde{g}_{ab}$ 在该截面的诱导度规. $\mathscr{I}^+$ 的类光性是 $\tilde{h}_{ab}$ (作为 3 维张量)的退化性(因而不足以描写 $\mathscr{I}^+$ 的几何)的"罪魁祸首", 然而正是类光性使 $\mathscr{I}^+$ 的法矢 $n^a|_{\mathscr{I}^+}$ 切于 $\mathscr{I}^+$ (因而给 $\mathscr{I}^+$ 提供了另一几何量), 这一 $n^a|_{\mathscr{I}^+}$ 补偿了 $\tilde{h}_{ab}$ 的不足, 它们结合起来恰恰足以描写 $\mathscr{I}^+$ 的几何. 更巧妙的做法是用 $\tilde{h}_{ab}$ 和 n^a 定义 $\mathscr{I}^+$ 上的一个张量场[Geroch(1977)] $\Gamma^{ab}{}_{cd} \equiv n^a n^b \tilde{h}_{cd}$ [其中 $n^a n^b$ 实为 $(n^a n^b)|_{\mathscr{I}^+}$], 不难证明(习题), 虽然 n^a 和 $\tilde{h}_{ab}$ 都与共形规范有关, [设对共形因子 Ω 有 $(n^a, \tilde{h}_{ab})$, 对共形因子 $\Omega' = \omega\Omega$ 有 $(n'^a, \tilde{h}'_{ab})$, 则 $n'^a \neq n^a$, $\tilde{h}'_{ab} \neq \tilde{h}_{ab}$.] $\Gamma^{ab}{}_{cd}$ 却规范不变(即 $\Gamma'^{ab}_{cd} = \Gamma^{ab}{}_{cd}$). 还可证明 $\Gamma^{ab}{}_{cd}$ 对任何渐近平直时空都"一样", 含义为: 设 (M, g_{ab}) 和 $(\underline{M}, \underline{g}_{ab})$ 是任意两个渐近平直时空, $(\mathscr{I}^+, \Gamma^{ab}{}_{cd})$ 和

$(\underline{\mathscr{I}}^+, \underline{\Gamma}^{ab}{}_{cd})$ 分别是它们的未来类光无限远，则存在微分同胚 $\psi: \mathscr{I}^+ \to \underline{\mathscr{I}}^+$ 使 $\psi_* \Gamma^{ab}{}_{cd} = \underline{\Gamma}^{ab}{}_{cd}$.[①] 因此，$\Gamma^{ab}{}_{cd}$ 代表了渐近平直时空的 $\mathscr{I}^+$ 的普适(universal)几何结构，(同物理时空的结构无关，物理时空的物理学要用其他场描述.) 它虽然不是度规，但在描述 $\mathscr{I}^+$ 的几何性质方面起到与度规类似的作用. 特别是，$\mathscr{I}^+$ 上的无限小对称性 $\hat{\xi}^a$ 作为 $\mathscr{I}^+$ 上的切矢场必然满足 $\mathscr{L}_{\hat{\xi}} \Gamma^{ab}{}_{cd} = 0$ (证明见选读 12-5-1). 与 Killing 矢量场的定义 $\mathscr{L}_\xi g_{ab} = 0$ 比较，可知 $\hat{\xi}^a$ 的确无愧于"无限小对称性"的称号. 与此对应，微分同胚 $\phi: \mathscr{I}^+ \to \mathscr{I}^+$ 称为 **$\mathscr{I}^+$ 上的对称性**，若 $\phi_* \Gamma^{ab}{}_{cd} = \Gamma^{ab}{}_{cd}$. $\mathscr{I}^+$ 的所有对称性的集合是一个群. (称为对称性群，对应于时空的等度规群，可参见§8.2 定义 1 前的一段.) $\mathscr{I}^+$ 的几何结构 $\Gamma^{ab}{}_{cd}$ 的普适性保证任一渐近平直时空都有相同的对称性群，这个群称为 **BMS 群**(Bondi-Metzner-Sachs group)，在本书中记作 B. 闵氏时空的对称性群(等度规群)是一个 10 维李群(Poincaré 群). (关于李群可参阅附录 G. 不懂李群的读者不必深究，只须知道这是一个有 10 个参数的群，即要确定一个群元必须指定 10 个实数.) 相应地，闵氏时空的所有无限小对称性(即所有 Killing 矢量场)的集合是一个 10 维矢量空间(因 Killing 方程有线性性)，而且还是一个 10 维李代数. (以 Killing 矢量场的对易子运算作为李括号，见§G.3 及§G.6. 不懂李代数的读者不必深究，只须知道李代数是带有某种附加结构的矢量空间.) 既然渐近平直时空的度规是渐近平直的，看来 BMS 群也应是 10 维李群. 然而正确答案竟如此出人意料:BMS 群是个无限维李群. 相应地，$\mathscr{I}^+$ 上所有无限小对称性的集合是个无限维李代数，称为 **BMS 代数**，记作 $\mathscr{B}$. BMS 群是专业性很强的内容，选读 12-5-1 将作一定篇幅的介绍. 为了便于后面讲解时空的 4 动量，此处先给一个有关结论. 前已提到闵氏时空全体 Killing 矢量场的集合是一个 10 维矢量空间(更进一步，10 维李代数). 由于平移 Killing 场的线性组合也是平移 Killing 场，闵氏时空的全体平移 Killing 矢量场的集合是上述矢量空间的 4 维子空间(4 维李子代数)，称为**平移李子代数**. 与此类似，BMS 李代数 $\mathscr{B}$ 也自然含有一个 4 维李子代数(见选读 12-5-1)，其结构与闵氏时空的平移李子代数一样，称为 **BMS 李代数 $\mathscr{B}$ 的平移李子代数**，记作 $\mathscr{T}_{\text{BMS}}$.

前面讲过，广义相对论的许多困难都源于度规 g_{ab} 的双重角色性. 狭义相对论没有这个困难，因为闵氏度规 η_{ab} 只扮演一个角色——充当背景. 现在看到，对渐近平直时空而言，如果只关心它的 $\mathscr{I}^+$ ，问题就可简化，因为 $\mathscr{I}^+$ 上的 $\Gamma^{ab}{}_{cd}$ 只起背景作用，所有动力学场量(例如电磁场)都与 $\Gamma^{ab}{}_{cd}$ 分开，许多问题也就因而变得简单.

---

① 证:选读 12-4-2 已证明每个 $\mathscr{I}^+$ 上都有坐标系 $\{u,\theta,\varphi\}$. 定义 $\psi: \mathscr{I}^+ \to \underline{\mathscr{I}}^+$ 为 $\psi(p) := \underline{p}\ \forall p \in \mathscr{I}^+$,其中 p 和 $\underline{p} \in \underline{\mathscr{I}}^+$ 的对应坐标值相等，便有 $\psi_* \Gamma^{ab}{}_{cd} = \underline{\Gamma}^{ab}{}_{cd}$.

以上介绍的是类光无限远 $\mathscr{I}^{\pm}$ 的对称性. 空间无限远 i^0 的对称性则由 Ashtekar and Hansen(1978) 及 Ashtekar (1980)作了详细研究, 它由一个称为 **SPI 群** (SPI 是 spatial infinity 的缩写)的群描述, 这也是一个无限维李群, 结构与 BMS 群非常相似, 详见选读 12-5-2.

在 Ashtekar and Hansen(1978)发表之前, 类光和类空无限远虽都曾被研究过, 但两者并无关联, 互相分隔, 其中一个重要原因是前者的研究用 4 维语言, 后者则用"3+1分解"的语言. Ashtekar and Hansen(1978)首次指出把两者统一起来的必要性和可能性, 提出"根据美学考虑, 应该修改的自然是对空间无限远的表述"的建议, 并建立起一套关于 $\mathscr{I}^{\pm}$ 和 i^0 的 4 维语言统一表述. 本书介绍的就是这一表述.

[选读 12-5-1]

本选读对 BMS 李代数作深入一步的介绍(假定读者已学过§G.3). 更详细的讨论见 Geroch(1977). 因为只涉及物理时空 M 和未来类光无限远, 本选读中所有 $\tilde{M}$ 都应理解为 $\tilde{M}-\{i^0\}$. $\mathscr{I}^+$ 作为 $\tilde{M}$ 中的类光超曲面, 其实是从某个3维流形 I 到 $\tilde{M}$ 的嵌入映射 $\varsigma: I \to \tilde{M}$ 的像. I 是一个既代表 $\mathscr{I}^+$ 又从 $\tilde{M}$ 中剥离出来的独立流形, 其上各种张量场代表时空 (M, g_{ab}) 的渐近几何和物理结构. $\tilde{M}$ 上的张量场在 $\mathscr{I}^+$ 上的值当然是 $\mathscr{I}^+$ 上的(4 维)张量场, 但未必对应于独立流形 I 上的张量场. 拉回映射 ς^* 可把 $\tilde{M}$ 上任一下指标张量场 $T_{a\cdots}$ 变为 I 上的同型张量场 $\varsigma^*(T_{a\cdots})$ [又常把 $\varsigma^*(T_{a\cdots})$ 认同于 $T_{a\cdots}$ 在 $\mathscr{I}^+$ 上的限制(见§5.2 定义 5), 故下指标场的拉回即限制.] 然而上指标张量场却未必可拉回. 以矢量场 v^a 为例. 如果 $v^a|_{\mathscr{I}^+}$ 不切于 $\mathscr{I}^+$, 则它便不对应于 I 上的矢量场, 即 v^a 是不可拉回的. Geroch(1977)给出 $\tilde{M}$ 上张量场可拉回性(及其拉回)的数学定义, 有如下性质: (a)可拉回张量场之和(及张量积)仍可拉回, 且拉回之和(积)等于和(积)之拉回; (b)下指标场(含标量场)都可拉回(与§4.1 的拉回一样); (c) $T^{a\cdots b}{}_{c\cdots d}|_{\mathscr{I}^+}=0 \Rightarrow \varsigma^*(T^{a\cdots b}{}_{c\cdots d})=0$; (d)(可拉回充分条件) $T^{a\cdots b}{}_{c\cdots d}$ 是可拉回的, 若 $T^{a\cdots b}{}_{c\cdots d}|_{\mathscr{I}^+}$ 的每一上标(以 a 为例)与 n_a 缩并为零; (e)若 $T^{a\cdots b}{}_{c\cdots d}$ 和 v^a 可拉回, 则 $\mathscr{L}_v T^{a\cdots b}{}_{c\cdots d}$ 也可拉回, 且 ς^* 与 $\mathscr{L}_v$ 对易:

$$\varsigma^*(\mathscr{L}_v T^{a\cdots b}{}_{c\cdots d}) = \mathscr{L}_{\varsigma^*(v)}[\varsigma^*(T^{a\cdots b}{}_{c\cdots d})]. \tag{12-5-1}$$

要点: 可拉回张量场 $T^{a\cdots b}$ 的拉回 $\varsigma^*(T^{a\cdots b})$ 被认同于 $\mathscr{I}^+$ 上的、"切于" $\mathscr{I}^+$ 的张量场 $T^{a\cdots b}|_{\mathscr{I}^+}$, 可拉回张量场 $T_{c\cdots d}$ 的拉回 $\varsigma^*(T_{c\cdots d})$ 则被认同于 $T_{c\cdots d}|_{\mathscr{I}^+}$ 的限制.

例 1

(1) n^a 因为切于 $\mathscr{I}^+$ 而显然可拉回, 即 $\varsigma^*(n^a)$ 有意义, 认同于 $n^a|_{\mathscr{I}^+}$.

(2)无限小渐近对称性 ξ^a 可光滑延拓至 $\mathscr{I}^+$(且切于 $\mathscr{I}^+$), 故可拉回, 即 $\varsigma^*(\xi^a)$ 有意义, 简记为 $\hat{\xi}^a$.

(3) $\tilde{g}_{ab}$, 作为 $\tilde{M}$ 上的下指标张量场, 当然可拉回, $\varsigma^*(\tilde{g}_{ab})$ 简记为 $\tilde{h}_{ab}$, 可看作 $\tilde{g}_{ab}|_{\mathscr{I}^+}$ 的限制. 在 Bondi 规范下 $\tilde{g}_{ab}|_{\mathscr{I}^+}$ 的线元可表为式(12-4-16), 等价于

$$\tilde{g}_{ab}|_{\mathscr{I}^+}=(\mathrm{d}\Omega)_a(\mathrm{d}u)_b+(\mathrm{d}u)_a(\mathrm{d}\Omega)_b+(\mathrm{d}\theta)_a(\mathrm{d}\theta)_b+\sin^2\theta\,(\mathrm{d}\varphi)_a(\mathrm{d}\varphi)_b, \quad (12\text{-}5\text{-}2)$$

故 $\tilde{g}_{ab}$ 的拉回(即限制) $\tilde{h}_{ab}$ 为(只须验证它与 $\tilde{g}_{ab}|_{\mathscr{I}^+}$ 对切于 $\mathscr{I}^+$ 的矢量的作用结果相等)

$$\tilde{h}_{ab}=(\mathrm{d}\theta)_a(\mathrm{d}\theta)_b+\sin^2\theta\,(\mathrm{d}\varphi)_a(\mathrm{d}\varphi)_b. \quad (12\text{-}5\text{-}3)$$

(4) $n^a n^b \tilde{g}_{cd}$ 在 $\mathscr{I}^+$ 上的值分别与 n_a, n_b 的缩并为零, 故可拉回, 记 $\varsigma^*(n^a n^b \tilde{g}_{cd})$ 为 $\Gamma^{ab}{}_{cd}$.

在以上基础上就可介绍 BMS 李代数.

定义 1　$\mathscr{I}^+$ 上的光滑切矢场 $\hat{\xi}^a$ 叫 $\mathscr{I}^+$ 上的**无限小对称性**, 若 $\mathscr{L}_{\hat{\xi}}\Gamma^{ab}{}_{cd}=0$.

由李导数定理 $\mathscr{L}_{[v,u]}=\mathscr{L}_v\mathscr{L}_u-\mathscr{L}_u\mathscr{L}_v$ (见第 4 章习题 9)可知 $\mathscr{I}^+$ 上全体无限小对称性的集合以矢量场对易子为李括号构成李代数, 称为 **BMS 李代数**, 记作 $\mathscr{B}$.

注 1　此定义与正文中关于 $\mathscr{I}^+$ 上的无限小对称性的定义等价. 下面证明从正文的定义可推出 $\mathscr{L}_{\hat{\xi}}\Gamma^{ab}{}_{cd}=0$.

命题 12-5-1　设 ξ^a 是 (M,g_{ab}) 的一个按正文条件(a)和(b)定义的无限小渐近对称性, 则其在 $\mathscr{I}^+$ 上的延拓 $\hat{\xi}^a \equiv \xi^a|_{\mathscr{I}^+}$ 满足 $\mathscr{L}_{\hat{\xi}}\Gamma^{ab}{}_{cd}=0$.

证明　在 M 上有

$$\mathscr{L}_\xi\tilde{g}_{cd}=\mathscr{L}_\xi(\Omega^2 g_{cd})=\Omega^2\mathscr{L}_\xi g_{cd}+2\lambda\tilde{g}_{cd}, \text{其中 } \lambda\equiv\Omega^{-1}\xi^a n_a, \quad (12\text{-}5\text{-}4)$$

当 M 上的动点趋近 $\mathscr{I}^+$ 时 $\Omega^2\mathscr{L}_\xi g_{cd}\to 0$ [ξ^a 满足的条件(b)], 所以

$$(\mathscr{L}_\xi\tilde{g}_{cd}-2\lambda\tilde{g}_{cd})|_{\mathscr{I}^+}=0. \quad (12\text{-}5\text{-}5)$$

而 $\tilde{g}_{cd}$ 及 $\mathscr{L}_\xi\tilde{g}_{cd}$ 为 C^∞, 故 $\lambda|_{\mathscr{I}^+}\equiv(\Omega^{-1}\xi^a n_a)|_{\mathscr{I}^+}$ 为 C^∞, 加上 $\Omega|_{\mathscr{I}^+}=0$, 便知 $\xi^a n_a|_{\mathscr{I}^+}=0$, 于是 $\hat{\xi}^a\equiv\xi^a|_{\mathscr{I}^+}$ 切于 $\mathscr{I}^+$.① 注意到

① 可见无限小渐近对称性 ξ^a 的定义条件(a)只须要求 ξ^a 可光滑延拓至 $\mathscr{I}^+$ 而不必要求 $\hat{\xi}^a$ 切于 $\mathscr{I}^+$(可被推出).

$$\mathscr{L}_{\hat{\xi}}\Gamma^{ab}{}_{cd} = \mathscr{L}_{\varsigma^*(\xi)}[\varsigma^*(n^a n^b \tilde{g}_{cd})] = \varsigma^*[\mathscr{L}_\xi(n^a n^b \tilde{g}_{cd})], \tag{12-5-6}$$

[其中第二步用到式(12-5-1).] 欲证 $\mathscr{L}_{\hat{\xi}}\Gamma^{ab}{}_{cd} = 0$ 只须证 $\varsigma^*[\mathscr{L}_\xi(n^a n^b \tilde{g}_{cd})] = 0$，而由性质(c)可知为此只须证 $[\mathscr{L}_\xi(n^a n^b \tilde{g}_{cd})]_{\mathscr{I}^+} = 0$. 因为在 M 上有

$$\mathscr{L}_\xi(n^a n^b \tilde{g}_{cd}) = n^a n^b \mathscr{L}_\xi \tilde{g}_{cd} + 2\,\tilde{g}_{cd} n^{(a} \mathscr{L}_\xi n^{b)}, \tag{12-5-7}$$

所以在有了 $\mathscr{L}_\xi \tilde{g}_{cd}$ 的表达式(12-5-4)后还应在 M 上计算 $\mathscr{L}_\xi n^b$，结果为

$$\mathscr{L}_\xi n^b = -\lambda n^b + \Omega \tilde{g}^{be} \tilde{\nabla}_e \lambda - n^f \tilde{g}^{be}(\Omega^2 \mathscr{L}_\xi g_{ef}). \tag{12-5-8}$$

[证明留作练习. 提示:①用 $\tilde{\nabla}_a$ 表出 $\mathscr{L}_\xi n^b$；②写出 $\Omega \tilde{g}^{be}\tilde{\nabla}_e \lambda$ 的展开式；③两式相减并利用 $\mathscr{L}_\xi \tilde{g}_{ab} = \tilde{\nabla}_a \xi_b + \tilde{\nabla}_b \xi_a$（其中 $\xi_a \equiv \tilde{g}_{ab}\xi^b$）便得式(12-5-8).] 把式(12-5-4)和(12-5-8)代入(12-5-7), 便知在 M 上有

$$\mathscr{L}_\xi(n^a n^b \tilde{g}_{cd}) = n^a n^b (\Omega^2 \mathscr{L}_\xi g_{cd}) + 2\,\tilde{g}_{cd}[\Omega\, n^{(a}\tilde{g}^{b)e}\tilde{\nabla}_e \lambda - n^f n^{(a}\tilde{g}^{b)e}(\Omega^2 \mathscr{L}_\xi g_{ef})].$$

上式右边可光滑延拓至 $\mathscr{I}^+$ 且每项在 $\mathscr{I}^+$ 上都为零, 故 $\mathscr{L}_\xi(n^a n^b \tilde{g}_{cd})|_{\mathscr{I}^+} = 0$. □

命题 12-5-2 $\mathscr{I}^+$ 上的切矢场 $\hat{\xi}^a$ 是无限小对称性($\hat{\xi}^a \in \mathscr{B}$)的充要条件为 $\mathscr{I}^+$ 上有标量场 k 使得在 $\mathscr{I}^+$ 上有

$$\mathscr{L}_{\hat{\xi}} \tilde{h}_{ab} = 2k\tilde{h}_{ab}, \qquad \mathscr{L}_{\hat{\xi}} n^a = -kn^a. \tag{12-5-9}$$

证明

$$\mathscr{L}_{\hat{\xi}}\Gamma^{ab}{}_{cd} = n^a n^b \mathscr{L}_{\hat{\xi}} \tilde{h}_{cd} + 2\tilde{h}_{cd} n^{(a} \mathscr{L}_{\hat{\xi}} n^{b)}. \tag{12-5-10}$$

若式(12-5-9)成立, 则由(12-5-10)易见 $\mathscr{L}_{\hat{\xi}}\Gamma^{ab}{}_{cd} = 0$，即 $\hat{\xi}^a \in \mathscr{B}$. 反之, 若 $\mathscr{L}_{\hat{\xi}}\Gamma^{ab}{}_{cd} = 0$，设 ξ^a 是 M 上满足 $\hat{\xi}^a = \xi^a|_{\mathscr{I}^+}$ 的无限小渐近对称性, 则 ξ^a 满足(12-5-5)和(12-5-8). 令 $k = \lambda|_{\mathscr{I}^+}$，由式(12-5-5)[注意到式(12-5-1)]得 $\mathscr{L}_{\hat{\xi}} \tilde{h}_{ab} = 2k\tilde{h}_{ab}$. 把式(12-5-8)延拓至 $\mathscr{I}^+$ 又得 $\mathscr{L}_{\hat{\xi}} n^a = -kn^a$. □

定义 2 $\mathscr{I}^+$ 上的无限小对称性 $\hat{\xi}^a$ 称为 $\mathscr{I}^+$ 上的无限小超平移(supertranslation), 若 $\mathscr{I}^+$ 上有标量场 α 使

$$\hat{\xi}^a = \alpha n^a. \tag{12-5-11}$$

全体无限小超平移的集记作 $\mathscr{S}$ ($\mathscr{S} \subset \mathscr{B}$).

命题 12-5-3 设 ξ^a 是 (M, g_{ab}) 的无限小渐近对称性, 则它按命题 12-5-1 产生的无限小对称性 $\hat{\xi}^a$ 是无限小超平移($\hat{\xi}^a \in \mathscr{S}$)的充要条件为

$$\lim_{\to\mathscr{I}^+}\Omega^2 g_{ab}\xi^a\xi^b = 0\,. \qquad (12\text{-}5\text{-}12)$$

证明　$\lim_{\to\mathscr{I}^+}\Omega^2 g_{ab}\xi^a\xi^b = 0 \Leftrightarrow \xi^a|_{\mathscr{I}^+}$ 用 $\tilde{g}_{ab}$ 衡量为类光 $\Leftrightarrow \xi^a|_{\mathscr{I}^+} = \alpha n^a$，

最末一步是由于 3 维类光超曲面 $\mathscr{I}^+$ 上每点只有一个类光方向. □

注 2　把这一命题用于 4 维闵氏时空，请读者验证平移 Killing 场给出超平移而转动和伪转动 Killing 场则否. "超平移" 正是由此得名.

由定义可知 BMS 代数的性质与共形规范无关. 然而在讨论某些问题时借用 Bondi 规范可简化结论和证明.

命题 12-5-4　在使用 Bondi 规范的前提下，$\alpha n^a \in \mathscr{B}$ (从而 $\alpha n^a \in \mathscr{S}$)的充要条件为 $n^a\tilde{\nabla}_a\alpha = 0$ (即 α 在每条类光母线上为常数).

证明　由命题 12-5-2 知

$$\alpha n^a \in \mathscr{B} \;\Leftrightarrow \mathscr{L}_{\alpha n}\tilde{h}_{ab} = 2k\tilde{h}_{ab},\; \mathscr{L}_{\alpha n} n^a = -kn^a\,. \qquad (12\text{-}5\text{-}13)$$

为求 $\mathscr{L}_{\alpha n}\tilde{h}_{ab}$ 可先将 α 任意延拓为 $\tilde{M}$ 上的光滑函数并求 $\mathscr{L}_{\alpha n}\tilde{g}_{ab}$：

$$\mathscr{L}_{\alpha n}\tilde{g}_{ab} = \alpha\mathscr{L}_n\tilde{g}_{ab} + n^c\tilde{g}_{cb}\tilde{\nabla}_a\alpha + n^c\tilde{g}_{ac}\tilde{\nabla}_b\alpha\,,$$

在 $\mathscr{I}^+$ 上取值并取限制，注意到 $n^c = (\partial/\partial u)^c$ 和式(12-5-3)导致 $n^c\tilde{h}_{cb} = 0$，得

$$\mathscr{L}_{\alpha n}\tilde{h}_{ab} = \alpha\mathscr{L}_n\tilde{h}_{ab} = 0\,. \quad (\text{第二步用到 Bondi 规范条件 } \mathscr{L}_n\tilde{h}_{ab} = 0)$$

与式(12-5-13)右边对比得 $k = 0$，故在 Bondi 规范下 $\alpha n^a \in \mathscr{B} \;\Leftrightarrow \mathscr{L}_{\alpha n} n^a = 0$. 而

$$\mathscr{L}_{\alpha n} n^a = -\mathscr{L}_n(\alpha n^a) = -\alpha\mathscr{L}_n n^a - n^a\mathscr{L}_n\alpha = -n^a n^b\tilde{\nabla}_b\alpha\,,$$

因而在 Bondi 规范下 $\alpha n^a \in \mathscr{B} \;\Leftrightarrow n^a\tilde{\nabla}_a\alpha = 0$. □

注 3　本命题只对 Bondi 规范成立. 习题 7 将给出一个非 Bondi 规范的 $\alpha n^a \in \mathscr{S}$ 不满足 $n^a\tilde{\nabla}_a\alpha = 0$ 的简单例子.

命题 12-5-5　$\mathscr{S}$ 是 $\mathscr{B}$ 的阿贝尔李子代数, $\dim\mathscr{S} = \infty$.

证明　容易验证 $\mathscr{S}$ 是 $\mathscr{B}$ 的矢量子空间. 设 C 为 $\mathscr{I}^+$ 的一个截面，因为在 Bondi 规范下 $\alpha n^a \in \mathscr{S}$ 中的 α 在每条类光母线上为常数，所以一个无限小超平移 αn^a 对应于 C 上的一个标量场. 而 C 上的全体标量场的集合是无限维矢量空间，可见 $\dim\mathscr{S} = \infty$. 以对易子为李括号，注意到

$$[\alpha n, \beta n]^a = \mathscr{L}_{\alpha n}(\beta n^a) = \beta\mathscr{L}_{\alpha n} n^a + n^a\mathscr{L}_{\alpha n}\beta = 0 \in \mathscr{S} \;(\text{也用了 Bondi 规范}),$$

可知 $\mathscr{S}$ 是 $\mathscr{B}$ 的李子代数，而且是阿贝尔李子代数. □

注 4　本命题的结论当然与规范无关，只是为简化证明才借用 Bondi 规范. 作

为练习，请读者给出不借用任何规范的证明.

命题 12-5-6 $\mathscr{S}\subset\mathscr{B}$ 是理想(理想的定义见 § G.3 定义 4).

证明 设 $\hat{\xi}^a\in\mathscr{B}$, $\alpha n^a\in\mathscr{S}$，则

$$[\hat{\xi},\alpha n]^a=\mathscr{L}_{\hat{\xi}}(\alpha n^a)=(\mathscr{L}_{\hat{\xi}}\alpha-\alpha k)\,n^a\equiv\beta n^a,$$

其中第二步用到式(12-5-9). 由 $\hat{\xi}^a,\alpha n^a\in\mathscr{B}$ 可知 $[\hat{\xi},\alpha n]^a\in\mathscr{B}$，今又知 $[\xi,\alpha n]^a=\beta n^a$，故由定义 2 便知 $[\hat{\xi},\alpha n]^a\in\mathscr{S}$，因而 $\mathscr{S}\subset\mathscr{B}$ 是理想. □

既然 $\mathscr{S}\subset\mathscr{B}$ 是理想，就可构造商李代数 $\mathscr{B}/\mathscr{S}$ (见定理 G-3-4)，它代表了"$\mathscr{B}$ 中除 $\mathscr{S}$ 外的其余部分"，因此有必要加以研究. 略去讨论过程，我们只给出如下结论：

命题 12-5-7
$$\mathscr{B}/\mathscr{S}=\mathscr{L},\tag{12-5-14}$$

其中 $\mathscr{L}$ 是洛伦兹李代数，$\dim\mathscr{L}=6$ (详见小节 G.9.2).

注 5 本命题与 Poincaré 李代数 $\mathscr{P}$ 的下述命题有诸多类似之处：

$$\mathscr{P}/\mathscr{T}=\mathscr{L}\ \text{(其中 }\mathscr{T}\text{ 代表 }\mathscr{P}\text{ 的 4 维平移子代数)}.\tag{12-5-15}$$

式(12-5-14)和(12-5-15)可分别看作下述李群结论用李代数语言的表述(P，T 和 L 分别代表 Poincaré 群、其平移子群和洛伦兹子群)：

$$B=S\otimes_{\rm s}L\ \ (S\text{ 代表超平移子群}),\tag{12-5-14$'$}$$

$$P=T\otimes_{\rm s}L\ \ (\otimes_{\rm s}\text{ 代表半直积}).\tag{12-5-15$'$}$$

注 6 注意到 $\dim\mathscr{L}=6\neq\infty$，可知 $\dim\mathscr{S}=\infty$ 是造成 $\dim\mathscr{B}=\infty$ 的唯一原因.

BMS 代数同 Poincaré 代数的类似之处还可再深挖一步. 为此先要对 Poincaré 李代数 $\mathscr{P}$ 的 4 维平移子代数 $\mathscr{T}$ 和 6 维洛伦兹李子代数 $\mathscr{L}$ 的一个区别有所了解. 设 $\{x^\mu\}$ 是 $(\mathbb{R}^4,\eta_{ab})$ 的一个洛伦兹系，$\xi^\mu(\mu=0,1,2,3)$ 为常数，则 $\xi^a=\xi^\mu(\partial/\partial x^\mu)^a$ 是一个平移 Killing 矢量场. 全体平移 Killing 矢量场的集合

$$\mathscr{T}\equiv\{\xi^a=\xi^\mu(\partial/\partial x^\mu)^a\mid\xi^0,\xi^1,\xi^2,\xi^3\in\mathbb{R}\}$$

自然是 $\mathscr{P}$ 的平移子代数. 若改用另一洛伦兹系 $\{x'^\mu\}$，所得集合

$$\mathscr{T}'\equiv\{\xi^a=\xi^\mu(\partial/\partial x'^\mu)^a\mid\xi^0,\xi^1,\xi^2,\xi^3\in\mathbb{R}\}$$

与 $\mathscr{T}$ 是否相同?因为洛伦兹系之间的坐标变换(包括平移、转动和伪转动)是线性变换，容易证明 $\mathscr{T}'=\mathscr{T}$，可见平移子代数与人为因素无关. 就是说，$\mathscr{P}$ 有一个定义明确的 4 维子代数 $\mathscr{T}$，可以指着 $\mathscr{P}$ 的任一元素问："这是 $\mathscr{T}$ 的元素吗?"答案非是则

否，泾渭分明. 然而 $\mathscr{P}$ 的洛伦兹子代数却并不如此. 在 $(\mathbb{R}^4,\eta_{ab})$ 中任取一点 p，则子集 $\mathscr{P}_p \equiv \{\xi^a \in \mathscr{P} \mid \xi^a|_p = 0\} \subset \mathscr{P}$ 便是与 $\mathscr{L}$ 同构的一个李子代数. 直观理解：取 p 点为原点建立洛伦兹坐标系 $\{t,x,y,z\}$，则每一转动 Killing 矢量场[例如 $-y(\partial/\partial x)^a + x(\partial/\partial y)^a$]及每一伪转动 Killing 场[如 $x(\partial/\partial t)^a + t(\partial/\partial x)^a$]都在 p 点为零. 反之，任何非零的平移 Killing 场在 p 点都不为零. 但因 p 点完全任意，这样的李子代数很多(太多)，没有一个是自然的.(特殊的，与众不同的.) 因此，与 $\mathscr{T}$ 不同，$\mathscr{P}$ 可以存在许多子集，每个都有资格代表洛伦兹子代数 $\mathscr{L}$，没有一个是特殊的.

BMS 代数 $\mathscr{B}$ 的情况也相当类似. 首先，从 $\mathscr{S}$ 的定义可知它天生就是 $\mathscr{B}$ 的一个子代数(而且是由全体超平移组成的唯一子代数). 在这个意义上 $\mathscr{S} \subset \mathscr{B}$ 与 $\mathscr{T} \subset \mathscr{P}$ 对应. 前已讲过，$(\mathbb{R}^4,\eta_{ab})$ 的每一平移 Killing 场给出 $\mathscr{I}^+$ 上的一个无限小超平移. 既然前者的集合 $\mathscr{T}$ 是 4 维李代数而后者的集合 $\mathscr{S}$ 是无限维李代数，显然 $\mathscr{S}$ 含有大量不能由 $\mathscr{T}$ 的元素给出的元素. 我们希望找到一个只用渐近几何表述的自然标准，用它可在 $\mathscr{S}$ 中挑出一个 4 维阿贝尔李子代数，它就是由 $(\mathbb{R}^4,\eta_{ab})$ 的全体平移 Killing 矢量场给出的那些无限小超平移的集合，记作 $\mathscr{T}_{\text{BMS}} \subset \mathscr{S}$. 研究表明这一标准的确存在，并可用下式表出(在 Bondi 规范下)：

$$\mathscr{T}_{\text{BMS}} = \{\alpha(\theta,\varphi)\text{ 是 } l=0 \text{ 和 } l=1 \text{ 的球谐函数}$$

$$[\text{指 } Y_{0,0},\ Y_{1,0},\ Y_{1,1}+Y_{1,1}{}^*,\ \mathrm{i}(Y_{1,1}-Y_{1,1}{}^*)\,]\text{的线性组合}\}.$$

结论：虽然 $\mathscr{S}$ 有无限维，但它存在一个自然的、与众不同的 4 维阿贝尔李子代数 $\mathscr{T}_{\text{BMS}}$，称为 **BMS 平移子代数**，其元素称为**(无限小)BMS 平移**.

再讨论 $\mathscr{B}$ 中的“其余部分”，即 $\mathscr{B}/\mathscr{S} = \mathscr{L}$. 问：$\mathscr{B}$ 中是否存在与洛伦兹李代数 $\mathscr{L}$ 同构的李子代数？答：不但存在，而且太多(注意与 $\mathscr{P}$ 的类似性). 在 $\mathscr{I}^+$ 上任取一截面 C，令

$$\mathscr{B}_C \equiv \{\eta^a \in \mathscr{B} \mid \eta^a|_C \text{ 切于 } C\} \subset \mathscr{B}. \tag{12-5-16}$$

作为独立流形，C 上两个切矢场的对易子也是 C 上的切矢场(即 $\eta_1{}^a, \eta_2{}^a$ 切于 $C \Rightarrow [\eta_1,\eta_2]^a$ 切于 C)，故 $\mathscr{B}_C$ 是 $\mathscr{B}$ 的李子代数. 设 $\hat{\xi}^a \in \mathscr{B}$，则 $\forall q \in C$，有唯一的 $\alpha \in \mathbb{R}$ 使 $\eta^a|_q \equiv (\hat{\xi}^a - \alpha n^a)|_q$ 切于 C. 由此得 C 上函数 α，用类光母线携带出去便得 $\mathscr{I}^+$ 上的唯一函数 α，满足 $n^a\tilde{\nabla}_a\alpha = 0$. 于是 $\alpha n^a \in \mathscr{S} \subset \mathscr{B}$，加之 $\hat{\xi}^a \in \mathscr{B}$，所以 $\eta^a \equiv \hat{\xi}^a - \alpha n^a \in \mathscr{B}$. 又因 $\eta^a|_C$ 切于 C，便知 $\eta^a \in \mathscr{B}_C$. 可见每一 $\hat{\xi}^a \in \mathscr{B}$ 给出唯一的 $\eta^a \in \mathscr{B}_C$，且 η^a 与 $\hat{\xi}^a$ 属于同一等价类. 由 $\eta^a|_C$ 切于 C 的要求不难证明每一等价类

有且仅有一个η^a,等价类中任一元素$\hat{\xi}^a$所给出的η^a都是这个η^a.所以存在映射$\psi:\mathscr{B}\to\mathscr{B}_C$,而且$\eta^a\in\mathscr{B}_C$(看作独点子集)的“逆像”$\psi^{-1}[\eta^a]$等于$\eta^a$所在的等价类.于是可把$\psi^{-1}$看作从$\mathscr{B}_C$到$\mathscr{B}/\mathscr{S}$的一一到上映射,不难证明这是个李代数同构.可见选定一个截面C就找到$\mathscr{B}$中与$\mathscr{L}$同构的一个李子代数$\mathscr{B}_C$.然而C的选择非常任意,所以$\mathscr{B}$不存在与众不同的与$\mathscr{L}$同构的李子代数.

[选读 12-5-1 完]

[选读 12-5-2]

本选读介绍i^0上的对称性. 更深入的讨论可参阅 Ashtekar and Hansen(1978).

$\mathscr{I}^+$是 3 维超曲面, 其上有几何结构$(n^a,\tilde{h}_{ab})$, 保结构的矢量场便是无限小对称性. 但i^0只是一点, 何谈结构和矢量场? 不过, 正如$\mathscr{I}^+$上的每一点可看作(M,g_{ab})中的类光测地线的“端点”那样, i^0是(M,g_{ab})中各种类空测地线的“端点”. 把到达i^0的类空测地线分成许多等价类, 以每类作为一个元素构成的集合记作S(下面将看到它是 4 维流形), 就相当于把i^0“吹胀”为S, 这S也有内禀几何结构, 保结构的矢量场就可定义为S(代表i^0)的无限小对称性. 然而, 与类光测地线不同, 类空测地线并非共形不变. 渐近平直时空(M,g_{ab})存在无数共形规范Ω, 其中没有一个与众不同, 无法自然选定一个$\tilde{g}_{ab}$来定义类空曲线的测地性. 与众不同的度规倒也有一个, 即物理度规g_{ab}, 可惜它在i^0连定义也没有. 这个两难问题可用下法解决:先在i^0外用g_{ab}写出条件, 再用$\tilde{g}_{ab}$重新表述, 然后求极限并证明极限与共形规范无关. 具体说, 设$\gamma(\lambda)$是以i^0为端点、关于g_{ab}的类空测地线(但λ未必是仿射参数), 即$\eta^a\nabla_a\eta^b=\alpha\eta^b$ [$\eta^a\equiv(\partial/\partial\lambda)^a$, α为线上函数]. 令$A^b\equiv\eta^a\nabla_a\eta^b$ [称为$\gamma(\lambda)$相对于g_{ab}的 4 加速], 则易见$\eta^{[a}A^{b]}=0$. 反之, 以$g_{ac}\eta^c$缩并$\eta^{[a}A^{b]}=0$便得$\eta^a\nabla_a\eta^b=\alpha\eta^b$, 可见$\eta^{[a}A^{b]}=0$等价于$\gamma(\lambda)$为测地线. 利用$\nabla_a$与$\tilde{\nabla}_a$的关系可把$\eta^{[a}A^{b]}=0$改写为(推导留作练习)

$$\eta^{[a}\tilde{A}^{b]}+\Omega^{-1}\chi\eta^{[a}\tilde{\nabla}^{b]}\Omega=0, \tag{12-5-17}$$

其中$\tilde{A}^b\equiv\eta^a\tilde{\nabla}_a\eta^b$, $\chi\equiv\tilde{g}_{ab}\eta^a\eta^b$, $\tilde{\nabla}^b\Omega\equiv\tilde{g}^{bc}\tilde{\nabla}_c\Omega$. 设$p\in\gamma$, V_p是p的切空间, W_p代表与$\eta^a|_p$正交的3维子空间, 则$\tilde{h}_{ab}|_p\equiv(\tilde{g}_{ab}-\chi^{-1}\eta_a\eta_b)|_p$(其中$\eta_a\equiv\tilde{g}_{ab}\eta^b$)是$\tilde{g}_{ab}|_p$在$W_p$的诱导度规. 式(12-5-17)可用$\tilde{h}_{ab}$表为

$$\tilde{h}_{ab}(\tilde{A}^b+\chi\Omega^{-1}\tilde{\nabla}^b\Omega)=0. \tag{12-5-17$'$}$$

上式就是“$\gamma(\lambda)$是用g_{ab}衡量的类空测地线”这一要求用带～量的表述. 补充要求

$\chi|_{i^0}=1$, 再求极限便得 $\lim_{\to i^0}\tilde{h}_{ab}(\tilde{A}^b+\Omega^{-1}\tilde{\nabla}^b\Omega)=0$. 虽然 $\tilde{A}^b$ 规范依赖, 但上式作为整体是规范无关的(请读者验证). 满足上述要求的类空曲线称为**正规线**, 准确定义如下.

定义 3　$(\tilde{M},\tilde{g}_{ab})$ 上的类空曲线 $\gamma(\lambda)$ 叫**正规的**(regular), 若

(a) $\gamma(0)=i^0$, $\gamma(\lambda)$ 在 i^0 为 $C^{>1}$, 在其他点为 C^3;

(b) $\gamma(\lambda)$ 在 i^0 的切矢 $\eta^a|_{i^0}$ 为单位长(即 $\chi|_{i^0}=1$);

(c)
$$\lim_{\to i^0}\tilde{h}_{ab}(\tilde{A}^b+\Omega^{-1}\tilde{\nabla}^b\Omega)=0 \tag{12-5-18}$$

注 7　①因为任意两个规范 Ω 与 $\Omega'=\omega\Omega$ 之间的 ω 必须满足 $\omega(i^0)=1$(见命题 12-4-2), 所以条件(b)与共形规范无关. 前已说明(c)也与规范无关. ② 条件(c)完全决定了正规线的 $\tilde{A}^b$ 在 i^0 的横向(与 η^a 正交的方向)分量, 而它的纵向分量 $\tilde{g}_{ab}\eta^a\tilde{A}^b|_{i^0}$ 则完全不受约束.

定义 4　正规线 γ 和 γ' 叫**等价的**, 若 $\eta^a|_{i^0}=\eta'^a|_{i^0}$, $\tilde{A}^a|_{i^0}=\tilde{A}'^a|_{i^0}$,[①] 就是说, γ 和 γ' 等价当且仅当它们在 i^0 有相同的 4 速和 4 加速.

定义 5　$S\equiv\{$所有正规线的等价类$\}$称为 i^0 的**吹胀**(blowing up), S 是 SPI(即 Spatial Infinity)的缩写.

注 8　S 的一点由两个因素决定:①等价类的共同切矢 $\eta^a|_{i^0}$, ②等价类的共同 4 加速纵向分量 $\tilde{g}_{ab}\eta^a\tilde{A}^b|_{i^0}$.

为了找出 S 的几何结构, 还须对 $i^0\in\tilde{M}$ 的切空间 V_{i^0} 作进一步讨论. V_{i^0} 配以 $\tilde{g}_{ab}$ 在 i^0 的值(但现在略去抽象指标), 即 $(V_{i^0},\tilde{g}|_{i^0})$, 是带洛伦兹度规的 4 维矢量空间. ($\tilde{g}|_{i^0}$ 与共形规范无关, 因为 $\tilde{g}'=\omega^2\tilde{g}$ 保证 $\tilde{g}'|_{i^0}=\tilde{g}|_{i^0}$.) 任选一个正交归一基底 $\{e_\mu\}$ 后, V_{i^0} 的任一元素 x (也略去抽象指标)便有 4 个分量 x^μ, 故 V_{i^0} 可看作流形 $\mathbb{R}^4$, 其中 x^μ 充当坐标.[②] 坐标系 $\{x^\mu\}$ 在流形 V_{i^0} 上有坐标基底场 $\{(\partial/\partial x^\mu)^a\}$. x 作为流形 V_{i^0} 的一点, 有切空间 V_x, 其中有一个特别元素, 即 $[x^\mu(\partial/\partial x^\mu)^a]_x$, 可以称为 x 点(相对于 V_{i^0} 的零元)的**位矢**(position vector). 借 $\{x^\mu\}$ 系的对偶坐标基矢用下式在流形 V_{i^0} 上定义度规:

$$\eta_{ab}:=\eta_{\mu\nu}(\mathrm{d}x^\mu)_a(\mathrm{d}x^\nu)_b,$$

---

① $\tilde{A}^a|_{i^0}$ 虽依赖于规范, 但 $\eta^a|_{i^0}$ 相等的正规线的 $\tilde{A}^a|_{i^0}$ 相等与否却同规范无关, 所以等价性的定义合法.

② 可以证明以后的实质性结论都同基底 $\{e_\mu\}$ 的选择无关.

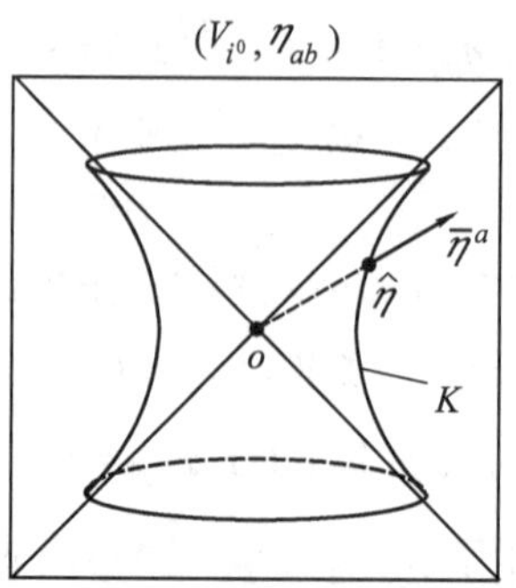

图 12-14 V_{i^0} 可看作闵氏时空. 全体单位类空矢量 $\hat{\eta}^a$ 的子集是类时超曲面 K. 位矢 $\overline{\eta}^a$ 是 K 上的单位法矢场

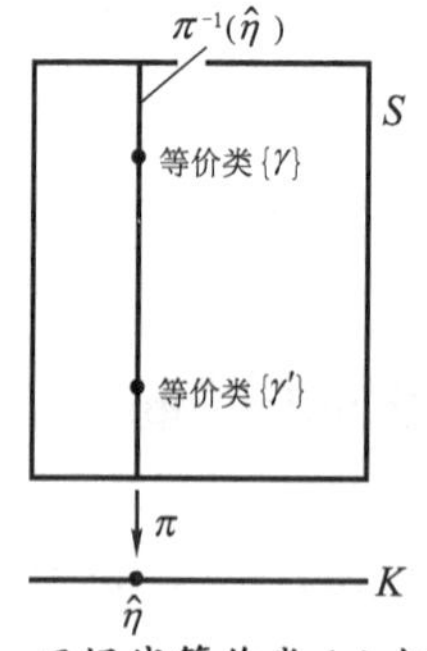

图 12-15 正规线等价类 $\{\gamma\}$ 与 $\{\gamma'\}$ 有相同的 $\eta^a|_{i^0}$ 而不同的 $\tilde{A}^a|_{i^0}$，它们是 S 的不同元素, 却对应于 K 的同一元素

则 (V_{i^0}, η_{ab}) 可看作闵氏时空. 定义 V_{i^0} 的 3 维子集(图 12-14)

$$K := \{\hat{\eta} \in V_{i^0} |\ \tilde{g}|_{i^0}(\hat{\eta}, \hat{\eta}) = 1\},$$

则每条正规线的切矢 η^a 在 i^0 的值给出一点 $\hat{\eta} \in K \subset V_{i^0}$，以 $\overline{\eta}^a$ 代表点 $\hat{\eta}$ 的位矢, 它是 K 上的一个矢量场(但不切于 K). 读者应能证明:① K 是由类时双曲线生成的 3 维类时旋转双曲面, ② $\overline{\eta}^a$ 与 K 正交[可参见第 7 章习题 5(b)], 而且是 K 的单位法矢场. S 的一个元素(正规线的一个等价类)自然对应于 K 的一点, 因此存在自然的到上映射 $\pi: S \to K$. 因为 S 的两个不同元素只要有相同的 $\eta^a|_{i^0}$ 就对应于 K 的同一点, 所以 π 是多一映射(投影映射, 见图 12-15). 由于正规线的条件(c)完全决定了 $\tilde{A}^a|_{i^0}$ 的横向分量, 图中 γ 和 γ' 的差别只能体现为一个实数(两线 $\tilde{A}^a|_{i^0}$ 的纵向分量之差); 又因为条件(c)对 $\tilde{A}^a|_{i^0}$ 的纵向分量毫无约束, 取定 $\{\gamma\}$ 后, 令 $\{\gamma'\}$ 跑遍图中竖线 $\pi^{-1}(\hat{\eta}^a)$，描述 $\{\gamma'\}$ 与 $\{\gamma\}$ 的差别的实数便可跑遍 $\mathbb{R}$. 这表明 S 是 4 维流形, 而且是 K 上的一个纤维丛, 每一 $\hat{\eta}^a \in K$ 对应于 S 的一个子集 $\pi^{-1}(\hat{\eta}^a)$，称为一条纤维. (不懂纤维丛的读者对此也不难大致理解, 不必深究. [①]) 这个 S 天生就有两个内禀结

① 虽然 $\tilde{A}^a|_{i^0}$ 的纵向分量(记作 $\tilde{a}$)依赖于规范, 但同一纤维上的任二点的 $\tilde{a}$ 之差却与规范无关. 这一性质(加上其他好性质)足以保证 S 是以 1 维李群 $\mathbb{R}$ 为结构群的主纤维丛. 下册 §I.1 对主纤维丛及其结构群有详细讲述.

构.① 首先, S 上的每一纤维是一个 1 维流形(曲线), 所有纤维上各点切于纤维的切矢 v^a (以 $\widetilde{A}^a|_{i^0}$ 的纵向分量为参数)构成 S 上的一个与众不同的、处处非零的矢量场, 称为**竖直**(vertical)**矢量场**. 下面将看到 v^a 在一定程度上类似于 $\mathscr{I}^+$ 上的 n^a. 其次, K 作为 (V_{i^0},η_{ab}) 的类时超曲面, 存在由 η_{ab} 诱导的度规场 $\bar{h}_{ab}$ (凡 K 上张量场都在顶上加"–"), 它又可被映射 π^* 拉回而成为 S 的 (0,2) 型对称张量场 $h_{ab}\equiv\pi^*\bar{h}_{ab}$. 这是 S 上的第二个内禀结构. 与 $\mathscr{I}^+$ 上的 $\widetilde{h}_{ab}$ 类似, S 上的 h_{ab} 也退化, 因为 S 上存在非零矢量场 v^a (竖直矢量场)使得对 S 上任一矢量场 u^a 有

$$(h_{ab}v^a u^b)|_p=[(\pi^*\bar{h})_{ab}v^a u^b]_p=\bar{h}_{ab}|_{\pi(p)}(\pi_*v|_p)^a(\pi_*u|_p)^b=0,\quad \forall p\in S,$$

其中最末一步是因为: 作为竖直(切于纤维)矢量场, v^a 在推前映射 π_* 作用下的像为零.

定义 6　S 上的矢量场 ξ^a 叫 **i^0 上的无限小对称性**, 若

$$\text{(a)}\ \mathscr{L}_\xi h_{ab}=0,\quad \text{(b)}\ \mathscr{L}_\xi v^a=0. \tag{12-5-19}$$

由李导数定理 $\mathscr{L}_{[v,u]}=\mathscr{L}_v\mathscr{L}_u-\mathscr{L}_u\mathscr{L}_v$ 可知 i^0 上全体无限小对称性的集合以矢量场对易子为李括号构成李代数, 称为 **SPI 李代数**, 记作 $\mathscr{G}$.

为简单起见, 下面以 $x,y,\cdots$ 代表 K 的点(不再记作 $\hat{\eta},\cdots$), 以 $p,q,\cdots$ 代表 S 的点. 设 $x\in K$, $p,q\in\pi^{-1}(x)$, ξ^a 代表 S 上任一矢量场, 则 $\pi_*(\xi^a|_p)$ 未必等于 $\pi_*(\xi^a|_q)$, 因此无法从 ξ^a 自然定义(诱导) K 上的一个矢量场. 然而, 若 $\xi^a\in\mathscr{G}$, 则有如下命题:

命题 12-5-8　每一 $\xi^a\in\mathscr{G}$ 自然诱导出 K 上的一个矢量场 $\bar{\xi}^a$.

证明　由 $\xi^a\in\mathscr{G}$ 知 $\mathscr{L}_v\xi^a=0$. $\forall x\in K$, 设 $p,q\in\pi^{-1}(x)$. 以 $\psi:\mathbb{R}\times S\to S$ 代表 v^a 对应的单参微分同胚群, 则 $\exists t\in\mathbb{R}$ 使 $q=\psi_t(p)$ (图 12-16). 由 $\mathscr{L}_v\xi^a=0$ 得 $\psi_{t*}\xi^a=\xi^a$, 故

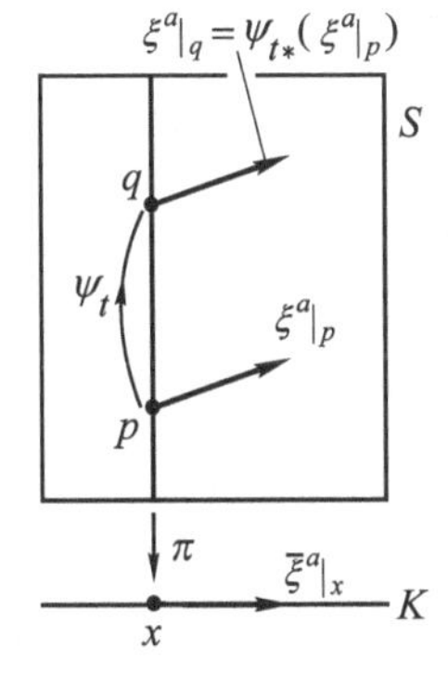

图 12-16　命题 12-5-8 证明用图

① 这是对渐近平直时空定义的内涵充分挖掘的结果. 假若把定义中关于 $\tilde{g}_{ab}$ 在 i^0 为 $C^{>0}$ 的要求减弱为 C^0, 则 $\eta^a\tilde{\nabla}_a$ 在 i^0 无意义, 正规线的条件(c)就无从提出, 正规线等价性条件的第二条(即 $\tilde{A}^a|_{i^0}=\tilde{A}'^a|_{i^0}$)就要删去, i^0 就只能被"吹胀"为 3 维流形 K. 然而渐近平直时空的定义要求 $\tilde{g}_{ab}$ 在 i^0 为 $C^{>0}$. 虽然由于未到 C^1 而不能保证 $\tilde{\nabla}_a$ 在 i^0 有意义, 但"方向依赖导数"有意义, 因此正规线条件(c)有意义. 作为结果, i^0 就被吹胀为 4 维流形 S.

$$\pi_*(\xi^a|_q) = \pi_*(\psi_{t*}(\xi^a|_p)) = (\pi \circ \psi_t)_*(\xi^a|_p) = \pi_*(\xi^a|_p).$$

于是对$\xi^a \in \mathscr{G}$可定义K上对应的矢量场$\bar{\xi}^a$如下：$\forall x \in K$，$\bar{\xi}^a|_x := \pi_*(\xi^a|_p)$，其中$p$为$\pi^{-1}(x)$上任一点. □

命题 12-5-9 若S上的矢量场ξ^a能通过π诱导出K上的矢量场$\bar{\xi}^a$，则

$$\mathscr{L}_\xi h_{ab} = 0 \Leftrightarrow \mathscr{L}_{\bar{\xi}} \bar{h}_{ab} = 0.$$

证明 练习. 提示：利用第4章习题5的结果.

定义 7 $\xi^a \in \mathscr{G}$叫**无限小SPI超平移**，若S上有光滑函数f使$\xi^a = f\upsilon^a$. 全体无限小SPI超平移的集记作$\mathscr{S}$(注意$\mathscr{S} \subset \mathscr{G}$).

命题 12-5-10 设f是S上的光滑函数，$\xi^a = f\upsilon^a$，则

$$\xi^a \in \mathscr{G}\,(\text{从而}\,\xi^a \in \mathscr{S}) \Leftrightarrow \mathscr{L}_\upsilon f = 0 .$$

证明 因为$\xi^a = f\upsilon^a \Rightarrow \bar{\xi}^a = 0 \Rightarrow \mathscr{L}_{\bar{\xi}} \bar{h}_{ab} = 0 \Rightarrow \mathscr{L}_\xi h_{ab} = 0$，所以在$\xi^a = f\upsilon^a$的前提下$\xi^a \in \mathscr{G} \Leftrightarrow \mathscr{L}_\xi \upsilon^a = 0$. 而$\mathscr{L}_\xi \upsilon^a = -\mathscr{L}_\upsilon \xi^a = -\mathscr{L}_\upsilon(f\upsilon^a) = -(\mathscr{L}_\upsilon f)\upsilon^a$，故$\mathscr{L}_\xi \upsilon^a = 0 \Leftrightarrow \mathscr{L}_\upsilon f = 0$. 结论：只要$\xi^a = f\upsilon^a$，则$\xi^a \in \mathscr{G} \Leftrightarrow \mathscr{L}_\upsilon f = 0$. □

命题 12-5-11 $\mathscr{S}$与K上全体标量场的集合有一一对应关系.

证明 $\forall \xi^a \in \mathscr{S}$，有$S$上函数$f$使$\xi^a = f\upsilon^a$，且$f$在每一纤维上为常数，故诱导出$K$上的如下函数$\bar{f}$：$\forall x \in K$，$\bar{f}|_x := f|_p$，其中$p$为$\pi^{-1}(x)$的任一点. 反之，设$\bar{f}$为$K$上任一函数，则$f \equiv \pi^* \bar{f}$是$S$上这样的函数，它在每一纤维为常数，于是对应于一个$f\upsilon^a \in \mathscr{S}$. □

命题 12-5-12 $\mathscr{S} \subset \mathscr{G}$是阿贝尔理想，$\dim \mathscr{S} = \infty$.

证明 $\mathscr{S}$显然是子空间. 下面证明它还是李子代数：

$$[f\upsilon, f'\upsilon]^a = \mathscr{L}_{f\upsilon}(f'\upsilon^a) = f\upsilon^b \nabla_b(f'\upsilon^a) - f'\upsilon^b \nabla_b(f\upsilon^a)$$

$$= ff'(\upsilon^b \nabla_b \upsilon^a - \upsilon^b \nabla_b \upsilon^a) = 0.$$

(其中∇_a是S上任一无挠导数算符.) 可见$\mathscr{S}$不但是李子代数，而且是阿贝尔李子代数. 再证$\mathscr{S}$为理想：$\forall \xi^a \in \mathscr{G}$，$f\upsilon^a \in \mathscr{S}$，有

$$[\xi, f\upsilon]^a = \mathscr{L}_\xi(f\upsilon^a) = \upsilon^a \mathscr{L}_\xi f + f\mathscr{L}_\xi \upsilon^a = (\mathscr{L}_\xi f)\upsilon^a.$$

因$[\xi, f\upsilon]^a \in \mathscr{G}$，今又知$[\xi, f\upsilon]^a = (\mathscr{L}_\xi f)\upsilon^a$，故由定义7知$[\xi, f\upsilon]^a \in \mathscr{S}$. 此外，命题12-5-11表明$\dim \mathscr{S} = \infty$. □

注 9　本命题表明 SPI 超平移理想很像 BMS 超平移理想，不同之处体现在"大小"上：SPI 超平移理想与 3 维流形 K 上的函数一一对应，而 BMS 超平移理想则与 $\mathscr{I}^+$ 的截面(2 维球面)上的函数一一对应.

命题 12-5-13　　$\mathscr{G}/\mathscr{S}=\mathscr{L}$ (洛伦兹李代数).　　(12-5-20)

证明　设 $\{\xi^a\}\in\mathscr{G}/\mathscr{S}$，则 $\{\xi^a\}$ 中任意两元素 ξ^a，ξ'^a 满足

$$\xi'^a-\xi^a=fv^a\in\mathscr{S}.$$

ξ^a 和 ξ'^a 都是 S 上的矢量场，可经 π_* 投影为 K 上矢量场 $\overline{\xi}^a$ 和 $\overline{\xi'}^a$. 下面证明 $\overline{\xi}^a=\overline{\xi'}^a$. $\forall x\in K$，令 $p\in\pi^{-1}(x)$，则

$$\overline{\xi}'^a|_x=\pi_*(\xi'^a|_p)=\pi_*(\xi^a|_p+(fv^a)|_p)=\pi_*(\xi^a|_p)=\overline{\xi}^a|_x.$$

此外，$\xi^a\in\mathscr{G}\Rightarrow\mathscr{L}_\xi h_{ab}=0\Rightarrow\mathscr{L}_{\overline{\xi}}\overline{h}_{ab}=0\Rightarrow\overline{\xi}^a$ 是 $(K,\overline{h}_{ab})$ 上的 Killing 场.

以 $\mathscr{K}$ 代表 $(K,\overline{h}_{ab})$ 上全体 Killing 矢量场的集合，则以上讨论表明存在线性映射 ν：$\mathscr{G}/\mathscr{S}\to\mathscr{K}$. 因为 $\mathscr{G}/\mathscr{S}$ 的非零元素的像必为 $\mathscr{K}$ 的非零元素，所以 ν 是一一映射. 映射 $\sigma:K\to S$ 称为 S 的一个截面(section)，若 $\pi\circ\sigma:K\to K$ 为恒等映射且 $v^a|_{\sigma[K]}$ 不与 $\sigma[K]$ 相切. $\forall\,\overline{\xi}^a\in\mathscr{K}$，令 $\xi^a|_{\sigma(K)}$ 为截面 $\sigma[K]$ 上的矢量场，满足 $\pi_*\xi^a=\overline{\xi}^a$. 以此为初值，借用竖直矢量场 v^a 可生成 S 上的矢量场 ξ^a，满足 $\mathscr{L}_\xi v^a=0$. 易见 $\xi^a\in\mathscr{G}$，它代表的等价类 $\{\xi^a\}$ 满足 $\nu(\{\xi^a\})=\overline{\xi}^a$，这就证明了 ν 的到上性，因而 $\mathscr{G}/\mathscr{S}$ 与 $\mathscr{K}$ (作为矢量空间)同构. $\mathscr{S}$ 是理想保证 ν 还保李括号，于是 $\mathscr{G}/\mathscr{S}$ 与 $\mathscr{K}$ 可视为相同的李代数. 注意到 4 维闵氏时空 (V_{i^0},η_{ab}) 的空间转动和伪转动 Killing 场过 K 的每点的积分曲线都躺在 K 上，可知这些 Killing 场在 K 上取值后就是 $(K,\overline{h}_{ab})$ 上的 Killing 场. $\dim K=3$ 保证 $(K,\overline{h}_{ab})$ 不能有其他的 Killing 矢量场. 可见

$$\mathscr{K}=\{(K,\overline{h}_{ab})\text{ 上全体空间转动和伪转动 Killing 场的线性组合}\},$$

而等号右边正是洛伦兹李代数 $\mathscr{L}$，所以 $\mathscr{G}/\mathscr{S}=\mathscr{L}$.　□

SPI 李代数同 BMS 李代数的类似性还可深挖一步.

命题 12-5-14　SPI 超平移李代数 $\mathscr{S}$ 中可挑出一个 4 维李子代数 $\mathscr{T}_{\text{SPI}}\in\mathscr{S}$，称为 **SPI 平移子代数**，它是 $\mathscr{G}$ 的理想.

证明　设 $\omega\in V_{i^0}{}^*$，$\{e_\mu\}$ 是 V_{i^0} 的、用以把 V_{i^0} 看成 4 维流形的那个基底，$\{e^\mu\}$ 是其对偶基底，ω_μ 是 ω 在 $\{e^\mu\}$ 的分量，$\{(\partial/\partial x^\mu)^a\}$ 是流形 V_{i^0} 与 $\{e^\mu\}$ 对应的坐标基底场，则 $\omega_a\equiv\omega_\mu(\mathrm{d}x^\mu)_a$ 是流形 V_{i^0} 上的常对偶矢量场，即 $\partial_a\omega_b=0$ (∂_a 与 V_{i^0} 的闵

氏度规适配). 把 K 上点的位矢 $\overline{\eta}^a \equiv x^\mu(\partial/\partial x^\mu)^a$ 自然延拓为 V_{i^0} 上点的位矢 η^a, 则 $\omega_a\eta^a$ 是 V_{i^0} 上的标量场. 以 $\overline{\omega}_a$ 代表 ω_a 在 K 上的值, 则 $\bar{f}(\omega) \equiv \overline{\omega}_a\overline{\eta}^a$ 是 K 上的标量场, 因而 $f(\omega) \equiv \pi^*\bar{f}(\omega)$ 是 S 上的标量场, 满足 $\mathscr{L}_v f(\omega) = 0$. 可见每一 $\omega \in V_{i^0}{}^*$ 对应于一个无限小超平移 $f(\omega)v^a \in \mathscr{S}$. 这种特殊的无限小超平移称为无限小 SPI 平移. 全体无限小 SPI 平移的集合 $\mathscr{T}_{\text{SPI}} \subset \mathscr{S}$ 显然是 $\mathscr{S}$ 的子空间, 而且是阿贝尔李子代数. 决定一个 $\omega \in V_{i^0}{}^*$ 要用 4 个实数, 所以 $\dim \mathscr{T}_{\text{SPI}} = 4$. $\forall \xi^a \in \mathscr{G}$, $f(\omega)v^a \in \mathscr{T}_{\text{SPI}}$, 有

$$[\xi, f(\omega)v]^a = \mathscr{L}_\xi[f(\omega)v^a] = [\mathscr{L}_\xi f(\omega)]v^a, \qquad (12\text{-}5\text{-}21)$$

所以欲证 $\mathscr{T}_{\text{SPI}}$ 是 $\mathscr{G}$ 的理想只须证 $[\mathscr{L}_\xi f(\omega)]v^a \in \mathscr{T}_{\text{SPI}}$, 为此只须证明 V_{i^0} 上存在常对偶矢量场 ω'_a, 其在 K 上的值 $\overline{\omega}'_a$ 在 S 上对应的标量场 $f(\omega')$ 满足 $\mathscr{L}_\xi f(\omega) = f(\omega')$, 或者 $\mathscr{L}_{\bar{\xi}}\bar{f}(\omega) = \bar{f}(\omega')$. $\mathscr{L}_{\bar{\xi}}\bar{f}(\omega)$ 可展开为

$$\mathscr{L}_{\bar{\xi}}\bar{f}(\omega) = \mathscr{L}_{\bar{\xi}}(\overline{\omega}_a\overline{\eta}^a) = \bar{\xi}^b\partial_b(\omega_a\eta^a) = \omega_a\bar{\xi}^b\partial_b\eta^a = \omega_a\bar{\xi}^b\delta_b{}^a = \omega_a\bar{\xi}^a = \overline{\omega}_a\bar{\xi}^a, \qquad (12\text{-}5\text{-}22)$$

其中倒数第三步用到位矢 η^a 的一个有用性质:

$$\partial_b\eta^a = \partial_b[x^\mu(\partial/\partial x^\mu)^a] = (\partial/\partial x^\mu)^a(\mathrm{d}x^\mu)_b = \delta^a{}_b. \qquad (12\text{-}5\text{-}23)$$

作为 $(K, \bar{h}_{ab})$ 上的 Killing 矢量场, $\bar{\xi}^a$ 不过是转动和伪转动的线性组合, 可自然延拓为 (V_{i^0}, η_{ab}) 上的 Killing 场, 记作 $\tilde{\xi}^a$. 令 $\omega'_b \equiv \omega_a\partial_b\tilde{\xi}^a$, 则 $\partial_c\omega'_b = \omega_a\partial_c\partial_b\tilde{\xi}^a = 0$ [其中第二步用到第 4 章习题 14(a)的结果以及 (V_{i^0}, η_{ab}) 的平直性]. 可见 ω'_b 是 (V_{i^0}, η_{ab}) 上的常对偶矢量场. 此外, 下式表明这一 ω'_b 正是所需要的:

$$\bar{f}(\omega') \equiv \overline{\omega}'_b\overline{\eta}^b = \overline{\omega}_a\overline{\eta}^b\partial_b\bar{\xi}^a = -\overline{\omega}_a\overline{\eta}_b\partial^a\bar{\xi}^b = \overline{\omega}_a\bar{\xi}^b\partial^a\overline{\eta}_b = \overline{\omega}_a\bar{\xi}^a = \mathscr{L}_{\bar{\xi}}\bar{f}(\omega),$$

其中第三步用到 $\bar{\xi}^a$ 的 Killing 性,第四步用到 $\bar{\xi}^a$ 切于 K,即 $\bar{\xi}^b\overline{\eta}_b = 0$,第五步用到式(12-5-23),第六步用到式(12-5-22). □

注 10 还可证明, 与 $\mathscr{I}^+$ 上的 $\mathscr{B}$ 类似, 物理时空 (M, g_{ab}) 的每一无限小对称性(Killing 矢量场)给出一个确定的 $\xi^a \in \mathscr{G}$, 而且, 如果 (M, g_{ab}) 是闵氏时空, 则由每一平移 Killing 矢量场给出的 $\xi^a \in \mathscr{G}$ 正是无限小 SPI 平移, 即 $\mathscr{T}_{\text{SPI}}$ 的元素.

[选读 12-5-2 完]

§ 12.6　引力能量的非定域性

能量、动量和角动量及其守恒律对物理学的重要性是众所周知的. 物理学家对它们的认识经历过(甚至还在经历着)一个漫长的、由浅入深的过程. Leibnitz 最早引进的动能可看作能量概念的雏形. 质点的完全弹性碰撞问题可用动能守恒讨论. 然而在许多情况下动能并不守恒, 于是又对有势力场引进势能概念并得到有用得多的机械能守恒律. 可以说, 物理学发展的一个重要特征就是借助于引进新的能量品种来推广能量守恒律. 例如, 在认识电磁场后人们发现只有给电磁场定义能量才能维持能量守恒. 电磁场不但有能量, 而且可定域化, 含义是: 对场中任一点可明确定义电磁场能密度, 它在任一空间区域 V 的积分等于该域的电磁场能. 能量守恒的一个重要表现就是 V 内总能量的时间变化率等于单位时间内从外部流入 V 内的能量. 电磁场能动张量 T_{ab} 的存在可看作电磁场能量(及动量、角动量)可定域化的一种标志. 与此不同, 广义相对论的一个棘手问题正是引力场能量(以及动量、角动量)的非定域性. 为便于讲解, 我们从电荷守恒和闵氏时空的守恒律讲起.

12.6.1　电荷与电荷守恒

本小节讨论弯曲时空的电荷守恒律. 弯曲时空 (M, g_{ab}) 的电动力学通常涉及两个物质场: ①由 2 形式场 F_{ab} 描述的电磁场; ②由矢量场 J^a 描述的带电粒子场. 它们要满足麦氏方程组: $\nabla_{[a}F_{bc]} = 0$, $\nabla^a F_{ab} = -4\pi J_b$ (其中 ∇_a 满足 $\nabla_a g_{bc} = 0$), 可用微分形式改写为如下更为简洁的形式(见选读 7-2-2):

$$(a)\ \mathrm{d}\boldsymbol{F} = 0, \qquad (b)\ \mathrm{d}{}^*\boldsymbol{F} = 4\pi\, {}^*\boldsymbol{J}, \tag{12-6-1}$$

其中 $\boldsymbol{F}$ 和 $\boldsymbol{J}$ 分别是 2 形式场 F_{ab} 和 1 形式场 $J_a \equiv g_{ab}J^b$ 的简写, ${}^*\boldsymbol{F}$ 和 ${}^*\boldsymbol{J}$ 分别代表 $\boldsymbol{F}$ 和 $\boldsymbol{J}$ 的对偶微分形式. 由式(12-6-1b)立即得到

$$\mathrm{d}{}^*\boldsymbol{J} = 0, \tag{12-6-2}$$

而这又等价于

$$\nabla_a J^a = 0, \tag{12-6-2$'$}$$

这是因为 $\mathrm{d}{}^*\boldsymbol{J}$ 是与 0 形式场 $\nabla_a J^a$ 对偶的 4 形式场, 即(证明留作习题)

$$(\mathrm{d}{}^*J)_{abcd} = (\nabla_e J^e)\varepsilon_{abcd}. \tag{12-6-3}$$

对闵氏时空, $\nabla_a J^a = 0$ 即 $\partial_a J^a = 0$ (其中 ∂_a 满足 $\partial_a \eta_{bc} = 0$), 它给出连续性方程, 即

电荷守恒律. 类似地, $\nabla_a J^a = 0$ 或 $\mathrm{d}{}^*\boldsymbol{J} = 0$ 给出弯曲时空的电荷守恒律. 为了看出这点, 先要引入弯曲时空中电荷(作为物理量)的定义. 设 Σ 是 (M, g_{ab}) 的类空超曲面(代表某时刻的某空间区域), 则 Σ 的电荷 $Q(\Sigma)$ 定义为

$$Q(\Sigma) := \int_\Sigma {}^*\boldsymbol{J}\,. \tag{12-6-4}$$

(这是 3 形式场 ${}^*\boldsymbol{J}$ 在 3 维流形 Σ 上的积分. 积分涉及定向, 关于 Σ 的定向见选读 12-6-1.) 下面说明这一抽象定义对闵氏时空而言与熟知的电荷概念一致. 根据对偶形式的定义, ${}^*\boldsymbol{J}$ 应为

$${}^*J_{abc} = J^d \varepsilon_{dabc}\,. \quad (\varepsilon_{dabc} \text{ 是与 } g_{ab} \text{ 适配的体元}) \tag{12-6-5}$$

设 n^a 为 Σ 的指向未来单位法矢(物理上代表同 Σ 正交的观者的 4 速), 则 J^d 可作 $3+1$分解:

$$J^d = \rho n^d + j^d\,, \tag{12-6-6}$$

其中 ρ 和 j^d 分别解释为观者测得的电荷及 3 电流密度. 代入式(12-6-5)得

$${}^*J_{abc} = (\rho n^d + j^d)\varepsilon_{dabc} = \rho\varepsilon_{abc} + j^d \varepsilon_{dabc}\,, \tag{12-6-7}$$

其中 $\varepsilon_{abc} \equiv n^d \varepsilon_{dabc}$ 是 Σ 上与诱导度规 $h_{ab} \equiv g_{ab} + n_a n_b$ 适配的体元. 因为 $\int_\Sigma {}^*\boldsymbol{J}$ 中的 ${}^*\boldsymbol{J}$ 应理解为 ${}^*J_{abc}$ 在 Σ 上的限制 ${}^*\tilde{J}_{abc}$, 而由 j^d 的空间性 ($j^d n_d = 0$)不难看出 $j^d \varepsilon_{dabc}$ 的限制为零, 所以式(12-6-7)代入式(12-6-4)给出

$$Q(\Sigma) = \int_\Sigma {}^*\tilde{\boldsymbol{J}} = \int_\Sigma \rho\varepsilon_{abc}\,. \tag{12-6-8}$$

上式表明 $Q(\Sigma)$ 是电荷密度的体积分(对应于大众化写法的 $\int_V \rho \mathrm{d}V$), 因此把 $Q(\Sigma)$ 称为 Σ 的电荷是合理的.

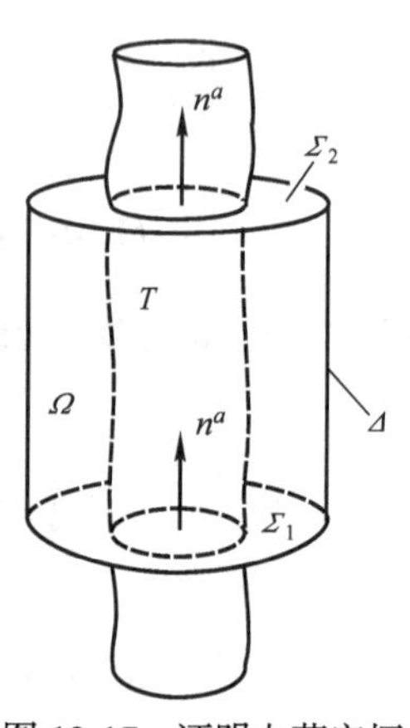

图 12-17　证明电荷守恒所用的时空图

设带电粒子只存在于空间的有限范围内, 我们来证明 $\mathrm{d}{}^*\boldsymbol{J} = 0$ 蕴涵电荷守恒. 以 T 代表所有带电粒子世界线组成的世界管(图 12-17), Ω 代表任一满足以下条件的 4 维开域: ① Ω 的边界 $\partial\Omega = \Sigma_1 \cup \Sigma_2 \cup \Delta$, 其中 Σ_1 和 Σ_2 是两个类空超曲面, Δ 是以类时曲线为母线生成的 3 维曲面(Ω 的"侧面"); ②世界管 T 与 $\partial\Omega$ 只交于 Σ_1 和 Σ_2, 即 4 电流密度 J^a 在 Δ 上任一点为零, 则

$$0 = \int_\Omega \mathrm{d}{}^*\boldsymbol{J} = \int_{\partial\Omega} {}^*\boldsymbol{J} = \int_{\Sigma_1} {}^*\boldsymbol{J} + \int_{\Sigma_2} {}^*\boldsymbol{J} = -Q(\Sigma_1) + Q(\Sigma_2)\,. \tag{12-6-9}$$

$$\int_{\Sigma}\rho \mathrm{d}V=\frac{1}{4\pi}\int_{S}\vec{E}\cdot\vec{N}\mathrm{d}S,$$

这可看作电磁学的高斯定理在弯曲时空的推广. 与式(12-6-8)相比, 式(12-6-12)[因而(12-6-12′)]的好处在于计算电荷时不必求 3 维体积分(因此不必考虑电荷的分布状况)而只须求 2 维面积分. (只须考虑电荷在远处造成的印记, 即远处的电场.) 这对后面关于渐近平直时空总能量的讨论有重要启发.

若 Σ 同胚于 $\mathbb{R}^4$ 中的 3 维球面 S^3(例如闭合宇宙模型中每一时刻的全宇宙), 则它没有边界, 但可用其上的一个 2 维曲面 S 把它分为 Σ_1 和 Σ_2 两部分(图 12-19), 注意到 S 是 Σ_1 和 Σ_2 的共同边界, 由 Stokes 定理得

$$Q(\Sigma)=\frac{1}{4\pi}\int_{\Sigma}\mathrm{d}{}^*\boldsymbol{F}=\frac{1}{4\pi}\left(\int_{\Sigma_1}\mathrm{d}{}^*\boldsymbol{F}+\int_{\Sigma_2}\mathrm{d}{}^*\boldsymbol{F}\right)=\frac{1}{4\pi}\left(\oint_{S}{}^*\boldsymbol{F}-\oint_{S}{}^*\boldsymbol{F}\right)=0.$$

由上式可知与 S^3 同胚的 Σ 的总电荷恒为零. 图 12-11 是本结论的一个简单应用例子: 因为 $\Sigma\cup i^0$ 同胚于 S^3, 其总电荷必为零, 可见 i^0 处的像电荷必为 $-q$, 以保证 $-q+q=0$. (本例的详细讨论涉及电磁场的共形变换等问题, 略.)

[选读 12-6-1]

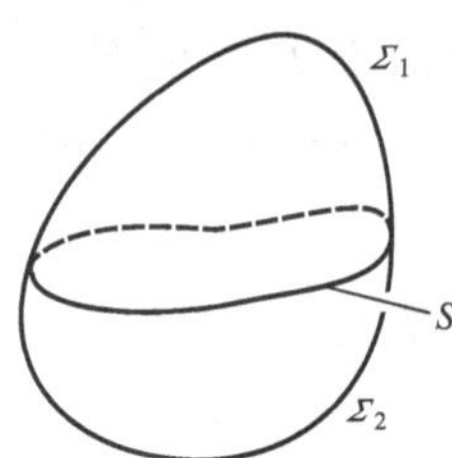

图 12-19　3 维闭合面 Σ 被其上的2维面 S 分为 Σ_1 和 Σ_2 两部分

式(12-6-4)把 $Q(\Sigma)$ 定义为积分 $\int_{\Sigma}{}^*\boldsymbol{J}$, 而积分的正负取决于定向, 因此有必要补充以下明确规定: $Q(\Sigma)$ 定义中的积分 $\int_{\Sigma}{}^*\boldsymbol{J}$ 所用的定向是 $\varepsilon_{abc}\equiv n^d\varepsilon_{dabc}$, 其中 n^d 指向未来. 另一方面, 式(12-6-9)的 $\int_{\partial\Omega}{}^*\boldsymbol{J}$ 的定向则是由 Ω 的定向 ε_{dabc} 在 $\partial\Omega$ 上诱导的定向 $\bar{\varepsilon}_{abc}$, 由选读 5-5-1 可知 $\bar{\varepsilon}_{abc}\equiv n^d(外)\varepsilon_{dabc}$, 其中 $n^d(外)$ 代表 $\partial\Omega$ 的单位外法矢. 由图 12-17 可知对 Σ_1 有 $n^d(外)=-n^d$, 对 Σ_2 有 $n^d(外)=n^d$, 因此对 Σ_1 和 Σ_2 分别有 $\bar{\varepsilon}_{abc}=-\varepsilon_{abc}$ 和 $\bar{\varepsilon}_{abc}=\varepsilon_{abc}$. 式(12-6-9)中的 $\int_{\Sigma_1}{}^*\boldsymbol{J}$ 和 $\int_{\Sigma_2}{}^*\boldsymbol{J}$ 都应以 $\bar{\varepsilon}_{abc}$ 为定向, 故有 $\int_{\Sigma_1}{}^*\boldsymbol{J}=-Q(\Sigma_1)$ 和 $\int_{\Sigma_2}{}^*\boldsymbol{J}=-Q(\Sigma_2)$.

[选读 12-6-1 完]

[选读 12-6-2]

本选读对磁荷概念作一介绍. 设 $\boldsymbol{F}$ 是 4 维流形 M 上的 2 形式场, 则其对偶形式 ${}^*\boldsymbol{F}$ 也是 2 形式场. 由二元组 $(\boldsymbol{F},{}^*\boldsymbol{F})$ 可定义新的 2 形式场 $\boldsymbol{F}'\equiv\boldsymbol{F}\cos\alpha+{}^*\boldsymbol{F}\sin\alpha$ (其中 $\alpha\in[0,2\pi]$ 为常实数), 易见其对偶形式为 ${}^*\boldsymbol{F}'=-\boldsymbol{F}\sin\alpha+{}^*\boldsymbol{F}\cos\alpha$. 变换

$$\boldsymbol{F}'\equiv\boldsymbol{F}\cos\alpha+{}^*\boldsymbol{F}\sin\alpha,\quad {}^*\boldsymbol{F}'=-\boldsymbol{F}\sin\alpha+{}^*\boldsymbol{F}\cos\alpha \tag{12-6-13}$$

称为 $\boldsymbol{F}$ 的、角度为 α 的**对偶变换**(duality transformation), 它把二元组 $(\boldsymbol{F},{}^*\boldsymbol{F})$ 变为

二元组$(\boldsymbol{F}', {}^*\boldsymbol{F}')$. 变换矩阵与 2 维空间的转动矩阵相同, 故式(12-6-13)又称**对偶转动**. 由式(12-6-13)容易看出 $\mathrm{d}^*\boldsymbol{F}=0, \mathrm{d}\boldsymbol{F}=0 \Leftrightarrow \mathrm{d}^*\boldsymbol{F}'=0, \mathrm{d}\boldsymbol{F}'=0$, 可见, $\boldsymbol{F}$ 为某时空(M, g_{ab})的无源电磁场当且仅当 $\boldsymbol{F}'$ 为(M, g_{ab})的无源电磁场. 进一步也不难证明(见第 8 章习题 6) $\boldsymbol{F}$ 与 $\boldsymbol{F}'$ 有相同的能动张量, 即 $T'_{ab}=T_{ab}$. 因此, 例如, 设 $\boldsymbol{F}$ 是与某 RN 度规相应的无源电磁场, 则 $\boldsymbol{F}'$ 也是, 两者等效. 具体说, 考虑参数为 M, Q 的 RN 时空, 根据§8.4, 其电磁场为

$$F_{ab}=-Q\,r^{-2}(\mathrm{d}t)_a \wedge (\mathrm{d}r)_b \,. \tag{12-6-14}$$

对 F_{ab} 做角度为 α 的对偶变换, 便得一个单参电磁场族 $\{F_{ab}(\alpha)\}$, 其中

$$F_{ab}(\alpha)=F_{ab}\cos\alpha+{}^*F_{ab}\sin\alpha\,,\quad F_{ab}(0)=F_{ab}\,. \tag{12-6-15}$$

因为任一 α 的 $F_{ab}(\alpha)$ 都有相同的 T_{ab}, 所以都可充当该 RN 度规相应的电磁场. §8.4 末曾证明静态观者测 F_{ab} 的结果是有电场无磁场, 即 F_{ab} 给出 $\vec{E}\neq 0, \vec{B}=0$, 但由式(12-6-13)易得

$$\vec{E}'\equiv E\cos\alpha-\vec{B}\sin\alpha,\quad \vec{B}'=\vec{E}\sin\alpha+\vec{B}\cos\alpha\,, \tag{12-6-16}$$

于是 $\vec{E}\neq 0, \vec{B}=0$ 给出 $\vec{E}'\neq 0, \vec{B}'\neq 0$ (除非 $\alpha=0,\pi$). 静态恒星中静止带电粒子的电荷怎能激发磁场?答案是: 当 $\alpha\neq 0,\pi$ 时应认为带电粒子还带有磁荷, 正是它激发磁场. 为帮助理解, 我们转而讨论有源麦氏方程. 大家熟知的麦氏方程 $\mathrm{d}^*\boldsymbol{F}=4\pi{}^*\boldsymbol{J}$, $\mathrm{d}\boldsymbol{F}=0$ 关于 $\boldsymbol{F}$ 和 ${}^*\boldsymbol{F}$ (因而关于 $\vec{E}$ 和 $\vec{B}$)是不对称的, 其物理意义是任何粒子只有电荷而无磁荷. 然而不妨假定粒子也有磁荷并考察其后果. 分别以 $\hat{\rho}$ 和 $\hat{\vec{j}}$ 代表磁荷和磁流密度(组成 4 磁流密度 $\hat{J}^a\equiv\hat{\rho}Z^a+\hat{j}^a$), 并把麦氏方程推广为如下对称形式:

$$\text{(a)}\ \mathrm{d}^*\boldsymbol{F}=4\pi{}^*\boldsymbol{J}\,,\quad \text{(b)}\ \mathrm{d}\boldsymbol{F}=4\pi{}^*\hat{\boldsymbol{J}}\,. \tag{12-6-17}$$

对闵氏时空的惯性系, 这相当于把 3 维形式的麦氏方程推广为

$$\vec{\nabla}\cdot\vec{E}=4\pi\rho\,,\ \vec{\nabla}\cdot\vec{B}=4\pi\hat{\rho}\,,\quad \vec{\nabla}\times\vec{E}=-4\pi\hat{\vec{j}}-\partial\vec{B}/\partial t\,,\ \vec{\nabla}\times\vec{B}=4\pi\vec{j}+\partial\vec{E}/\partial t\,.$$

不难证明(习题), 如果在对$(\boldsymbol{F}, {}^*\boldsymbol{F})$ 作式(12-6-13)的对偶变换[变为$(\boldsymbol{F}', {}^*\boldsymbol{F}')$]的同时对二元组$(\boldsymbol{J}, \hat{\boldsymbol{J}})$ 作如下的对偶变换[变为$(\boldsymbol{J}', \hat{\boldsymbol{J}}')$]:

$$\boldsymbol{J}'=\boldsymbol{J}\cos\alpha-\hat{\boldsymbol{J}}\sin\alpha\,,\quad \hat{\boldsymbol{J}}'=\boldsymbol{J}\sin\alpha+\hat{\boldsymbol{J}}\cos\alpha\,, \tag{12-6-18}$$

则方程(12-6-17)形式不变, 即 $\boldsymbol{F}', \boldsymbol{J}'$ 和 $\hat{\boldsymbol{J}}'$ 满足

$$\text{(a)}\ \mathrm{d}^*\boldsymbol{F}'=4\pi{}^*\boldsymbol{J}'\,,\quad \text{(b)}\ \mathrm{d}\boldsymbol{F}'=4\pi{}^*\hat{\boldsymbol{J}}'\,. \tag{12-6-17$'$}$$

有源麦氏方程(12-6-17)是电磁场的演化方程, 反映场源对场的影响. 反之, 电磁场

则通过施加洛伦兹力影响带电粒子的运动. 考虑磁荷后, 闵氏时空中带电粒子所受洛伦兹力的公式要相应修改为

$$\vec{f} = q(\vec{E} + \vec{u} \times \vec{B}) + \hat{q}(\vec{B} - \vec{u} \times \vec{E}), \tag{12-6-19}$$

其中 $q, \hat{q}$ 和 $\vec{u}$ 分别代表粒子的电荷、磁荷及 3 速, 第二项代表粒子因为有磁荷而受到的电磁场力. 为便于推广至弯曲时空, 可将上式改写为 4 维形式

$$F^a = qF^a{}_b U^b - \hat{q}\, {}^*F^a{}_b U^b, \tag{12-6-20}$$

其中 $F^a{}_b \equiv g^{ac} F_{cb}$, U^a 为粒子 4 速, F^a 为粒子所受 4 洛伦兹力. 直接计算表明洛伦兹力 $\vec{f}$ 和 F^a 在联合对偶变换(12-6-13)、(12-6-18)下不变, 就是说, 设 $\vec{f}'$ 和 F'^a 分别是粒子在变换后所受的洛伦兹 3 力和 4 力, 即

$$\vec{f}' = q'(\vec{E}' + \vec{u} \times \vec{B}') + \hat{q}'(\vec{B}' - \vec{u} \times \vec{E}'), \tag{12-6-19$'$}$$

$$F'^a = q' F'^a{}_b U^b - \hat{q}'\, {}^*F'^a{}_b U^b, \tag{12-6-20$'$}$$

则

$$\vec{f}' = \vec{f}, \qquad F'^a = F^a. \tag{12-6-21}$$

我们关心弯曲(含平直)时空中的有源电磁场, 这里存在三者的相互作用: ①电磁场, ②带电粒子场, ③时空度规场. 电磁场受到的来自其他两者的影响体现在有源麦氏方程(12-6-17)中, 反之, 电磁场通过洛伦兹力影响带电粒子场, 通过 T_{ab} 影响度规场. 麦氏方程、洛伦兹力以及 T_{ab} 在联合对偶变换(12-6-13)、(12-6-18)下的不变性说明对偶变换是一种不改变物理实质的变换, 没有可观测的物理效应. 再回到 RN 时空. 由式(12-6-18)得

$$\rho' = \rho\cos\alpha - \hat{\rho}\sin\alpha, \quad \hat{\rho}' = \rho\sin\alpha + \hat{\rho}\cos\alpha, \tag{12-6-22}$$

§8.4 关于星体有电荷无磁荷($\rho \neq 0, \hat{\rho} = 0$)的说法只适用于 $\alpha = 0$ 或 π 的情况, 由上式可知对偶变换后对其他 α 值有 $\hat{\rho}' = \rho\sin\alpha \neq 0$, 即星体有磁荷. 如果有人说 RN 时空的星体既有电荷又有磁荷($\rho' \neq 0, \hat{\rho}' \neq 0$), 你只要做一个 $\tan\alpha = -\hat{\rho}/\rho$ 的对偶变换便成为有电荷无磁荷($\rho \neq 0, \hat{\rho} = 0$)的情况, 两者等效(见习题 12). 所以“粒子只有电荷没有磁荷”的习惯说法其实只是一种方便的说法. 然而有一个实质性问题: 星体中既有质子又有电子, 而上式中的 α 取决于 $\hat{\rho}/\rho$, 如果质子的磁荷电荷比 $k \equiv \hat{q}/q$ 不等于电子的磁荷电荷比, 就不存在一个统一的 α 把 $\rho' \neq 0, \hat{\rho}' \neq 0$ 变为 $\rho \neq 0, \hat{\rho} = 0$. 可见问题的实质不在于粒子是否可以有磁荷而在于是否所有粒子都有相同的磁荷电荷比 $k \equiv \hat{q}/q$. 如果有相同 k 值, 就可选适当角度 α 通过对偶变换实现 $\hat{\rho} = 0$, 相应于所有粒子都无磁荷. 或者, 在所有粒子都有相同 k 值的情况下也可说电子、质子除电荷外还有磁荷, 而且你想说它们的磁荷是多少就是多少(只须

保证它们的 k 相同). 测试表明电子、质子和中子的 k 值在非常高的精度下相等, 但其他(不稳定)粒子的 k 值是否也与它们一样则还有待进一步实验研究. Dirac 在 1931 年提出, 只要存在一个有磁荷而没有电荷的粒子(称为**磁单极子**, 即 magnetic monopole), 则电荷的量子性(电荷只能是某一基本单位的整数倍)这一从未被解释过的实验事实就可得到解释[见 Dirac(1948); Jackson(1975)]. 由此引发了寻找磁单极子的无数实验, 但至今尚未出现完全肯定的结果. 我们不拟进一步涉及这一实质性问题(简称为"磁单极子存在性"问题)的理论探讨和观测验证, 只想说明, 如果所有粒子都有相同 k 值(这意味着磁单极子不存在), 则麦氏方程既可写成含磁荷的对称形式也可写成不含磁荷的原始形式; 反之, 则麦氏方程必须写成含磁荷的形式(对原始麦氏方程必须做实质性修改), 但仍可说电子、质子、中子等的磁荷为零. 把熟知的麦氏方程推广为式(12-6-17)后, 便可仿照式(12-6-4)定义任一类空超曲面 Σ 的总磁荷为

$$\hat{Q}(\Sigma) := \int_{\Sigma} {}^{*}\boldsymbol{J} , \tag{12-6-23}$$

若用麦氏方程的通常形式, 则 $\hat{Q}$ 显然为零. 由式(12-6-17b)易见上式又可改写为

$$\hat{Q}(\Sigma) = \frac{1}{4\pi}\int_{\Sigma} \mathrm{d}\boldsymbol{F} , \tag{12-6-24}$$

设 S 是 Σ 的边界, 则又有

$$\hat{Q}(\Sigma) = \frac{1}{4\pi}\int_{S} \boldsymbol{F} . \tag{12-6-25}$$

作为简单例子, 请读者对静态球对称带电恒星(电荷为 Q)外的电磁场 F_{ab} 作一对偶变换再计算恒星的电荷 Q' 和磁荷 $\hat{Q}'$, 你将发现 $\hat{Q}'$ 可以非零, 而且 $\hat{Q}'^2 + Q'^2 = Q^2$.

[选读 12-6-2 完]

12.6.2　闵氏时空的守恒量

仿照电荷的定义方式, 可在闵氏时空中方便地定义一批守恒量. 设 T_{ab} 是闵氏时空中物质场的能动张量,[①] ξ^a 是任一 Killing 矢量场, 定义 1 形式场

$$L_a := -T_{ab}\xi^b , \tag{12-6-26}$$

则 T_{ab} 的对称性 $T_{ab} = T_{(ab)}$、无散性 $\partial^a T_{ab} = 0$ 以及 ξ^a 的 Killing 性导致

① 忽略 T_{ab} 造成的时空弯曲, 近似地认为时空仍为闵氏时空. 这是狭义相对论的基本处理手法.

$$\partial_a L^a = -T^{ab}\partial_a \xi_b = -T^{(ab)}\partial_{[a}\xi_{b]} = 0 . \tag{12-6-27}$$

仿照式(12-6-3)有

$$(\mathrm{d}^*L)_{abcd} = (\partial_e L^e)\,\varepsilon_{abcd} = 0 , \tag{12-6-28}$$

可见 $^*\boldsymbol{L}$ 类似于上小节的 $^*\boldsymbol{J}$. 仿照电荷 Q 的定义, 对每一 Killing 场 ξ^a 定义一个物理量

$$P_\xi := \int_\Sigma {}^*\boldsymbol{L} \quad , \tag{12-6-29}$$

(Σ 是任一类空柯西面, 当 T_{ab} 满足无限远条件使积分存在时此定义有意义.) 则 $\mathrm{d}^*\boldsymbol{L}=0$ 保证 P_ξ 同所选柯西面无关, 因而是守恒量. 以 n^a 代表 Σ 的指向未来单位法矢, 则 ε_{abcd} 在 Σ 上的诱导体元为 $\varepsilon_{abc}=n^d\varepsilon_{dabc}$, $^*\boldsymbol{L}$ 在 Σ 上的限制 $^*\tilde{\boldsymbol{L}}$ 可表为 $(L^d\varepsilon_{dabc})^\sim = \mu\varepsilon_{abc}$, 以 ε^{abc} 缩并, 右边给出 6μ , 左边给出

$$\varepsilon^{abc}(L^d\varepsilon_{dabc})^\sim = \varepsilon^{abc}L^d\varepsilon_{dabc} = n_e\varepsilon^{eabc}L^d\varepsilon_{dabc} = -6n_d L^d ,$$

(读者应能根据 ε_{abc} 是 Σ 的体元说明第一步的理由.) 由此得 $\mu = -L_a n^a$, 从而

$$(L^d\varepsilon_{dabc})^\sim = -n^d L_d\varepsilon_{abc} = T_{de}\xi^e n^d\varepsilon_{abc} ,$$

于是式(12-6-29)便可表为

$$P_\xi = \int_\Sigma T_{ab}n^a\xi^b . \tag{12-6-30}$$

P_ξ 的物理意义取决于定义 $\boldsymbol{L}$ 时所用的 ξ^a 是哪一类 Killing 矢量场, 分类列举如下[为方便起见, 取 Σ 为任一惯性系 $\{t,x^i\}$ 的同时面, 这时 $n^a=(\partial/\partial t)^a$].

1. 若 $\xi^b=(\partial/\partial t)^b$ (类时平移 Killing 场), 则

$$P_\xi = \int_\Sigma T_{ab}\left(\frac{\partial}{\partial t}\right)^a\left(\frac{\partial}{\partial t}\right)^b = \int_\Sigma \rho\,\mathrm{d}^3x = E , \tag{12-6-31}$$

其中 ρ 和 E 分别是所用惯性系测得的物质场能密度和 Σ 的总能量. P_ξ 守恒即能量守恒.

2. 若 $\xi^b=(\partial/\partial x^i)^b$ (类空平移 Killing 场), 则

$$P_\xi = \int_\Sigma T_{ab}\left(\frac{\partial}{\partial t}\right)^a\left(\frac{\partial}{\partial x^i}\right)^b = \int_\Sigma T_{0i}\,\mathrm{d}^3x = -\int_\Sigma w_i\,\mathrm{d}^3x , \tag{12-6-32}$$

其中 w_i 是所选惯性系测得的物质场的 3 动量密度的 i 分量，P_ξ 守恒即 3 动量守恒.

3. 若 $\xi^b = -x^2(\partial/\partial x^1)^b + x^1(\partial/\partial x^2)^b$ (空间转动 Killing 场), 则

$$-P_\xi = \int_\Sigma (x^1 w_2 - x^2 w_1)\mathrm{d}^3 x = \text{该系测得的}\ \Sigma\ \text{的角动量的第 3 分量}, \tag{12-6-33}$$

其他两个分量的讨论仿此. 所以 P_ξ 守恒即角动量守恒.

4. 若 $\xi_i{}^b = t(\partial/\partial x^i)^b + x^i(\partial/\partial t)^b$ (伪转动 Killing 场), 则

$$T_{ab}(\partial/\partial t)^a \xi_i{}^b = -t\,w_i + \rho x^i .$$

因每一等 t 面都是 3 维欧氏空间, $(\partial/\partial x^i)^a$ 是切于 Σ 的矢量场, 不妨使用 3 维矢量语言(以箭头代表 3 矢). 令 $\vec{w} \equiv w^i(\partial/\partial x^i)^a$, $\vec{r} \equiv x^i(\partial/\partial x^i)^a$ (场点的位矢), 以及 $\vec{P} \equiv P_{\xi_i}(\partial/\partial x^i)^a$, 则

$$\vec{P} = \int_\Sigma (-t\vec{w} + \rho\vec{r})\mathrm{d}^3 x = -t\vec{W} + \int_\Sigma \rho\vec{r}\,\mathrm{d}^3 x , \tag{12-6-34}$$

其中 $\vec{W} \equiv \int_\Sigma \vec{w}\,\mathrm{d}^3 x$ 是物质场在 t 时刻的总动量. P_{ξ_i} 守恒给出 $\mathrm{d}\vec{P}/\mathrm{d}t = 0$. 以 $\vec{R}$ 代表场的质心的位矢, 则

$$\vec{R} \equiv \frac{\int_\Sigma \rho\vec{r}\,\mathrm{d}^3 x}{\int_\Sigma \rho\,\mathrm{d}^3 x} = \frac{\int_\Sigma \rho\vec{r}\,\mathrm{d}^3 x}{E} = \frac{t\vec{W} + \vec{P}}{E} , \tag{12-6-35}$$

由式(12-6-34)、(12-6-35)及 $\mathrm{d}\vec{P}/\mathrm{d}t = 0$ 得

$$\frac{\mathrm{d}\vec{R}}{\mathrm{d}t} = \frac{\mathrm{d}[(t\vec{W} + \vec{P})/E]}{\mathrm{d}t} = \frac{\vec{W}}{E} = \text{常矢量}, \ (\text{因已知}\ E\ \text{和}\ \vec{W}\ \text{是守恒量})$$

所以 P_{ξ_i} 守恒给出:物质场的质心作匀速直线运动, 速度为 $\vec{W}/E$.

若 Σ 是惯性系 $\{t, x^i\}$ 的同时面而 Σ' 是任一其他柯西面(图 12-20), Killing 矢量场 ξ^b 仍选为 $(\partial/\partial t)^b$, 则 $\mathrm{d}{}^*\boldsymbol{L} = 0$ 保证

$$\int_\Sigma T_{ab} n^a \xi^b = \int_{\Sigma'} T_{ab} n'^a \xi^b , \tag{12-6-36}$$

虽然被积函数 $T_{ab} n'^a \xi^b$ 不再能解释为某观者(或某参考系)测得的能量密度, 但仍把 $\int_{\Sigma'} T_{ab} n'^a \xi^b$ 定义为 Σ' (关于 ξ^b)的能量, 以使式(12-6-36)仍代表能量守恒. 一个有

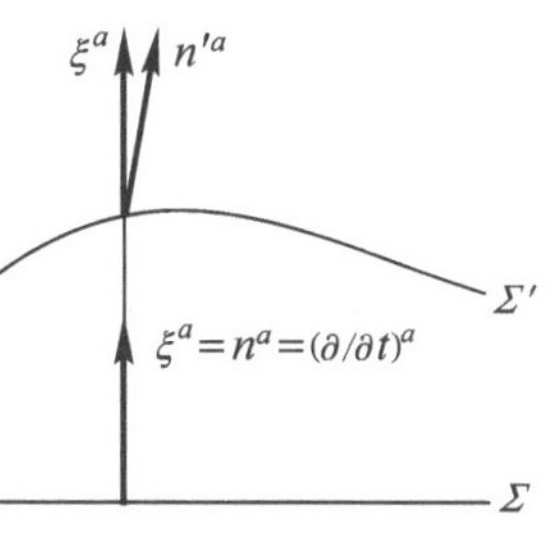

图 12-20　柯西面 Σ 和 Σ'

趣的特例是当 Σ' 为另一惯性系 $\{t',x'^i\}$ 的同时面的情况. 这时式(12-6-36)右边可以表为 $\int_{\Sigma'} T_{ab}(\partial/\partial t')^a(\partial/\partial t)^b$，而该式左边原已表为 $\int_\Sigma T_{ab}(\partial/\partial t)^a(\partial/\partial t)^b = E$，故

$$\int_\Sigma T_{ab}\left(\frac{\partial}{\partial t}\right)^a\left(\frac{\partial}{\partial t}\right)^b = \int_{\Sigma'} T_{ab}\left(\frac{\partial}{\partial t'}\right)^a\left(\frac{\partial}{\partial t}\right)^b, \tag{12-6-37}$$

两者相等的关键原因是两者涉及同一平移 Killing 矢量场 ξ^b，即 $(\partial/\partial t)^b$. 然而, 如果把 ξ^b 改为 $\xi'^b \equiv (\partial/\partial t')^b$，则有

$$\int_\Sigma T_{ab}\left(\frac{\partial}{\partial t}\right)^a\left(\frac{\partial}{\partial t'}\right)^b = \int_{\Sigma'} T_{ab}\left(\frac{\partial}{\partial t'}\right)^a\left(\frac{\partial}{\partial t'}\right)^b, \tag{12-6-38}$$

而且与式(12-6-37)的量不等. $T_{ab}(\partial/\partial t')^a(\partial/\partial t')^b \equiv \rho'$ 可解释为 $\{t',x'^i\}$ 系测得的能量密度, 所以式(12-6-38)右边可解释为柯西面 Σ' 关于 ξ'^b 的总能量 E'，它一般不等于 Σ' 关于 ξ^b 的总能量 $E \equiv \int_{\Sigma'} T_{ab}(\partial/\partial t')^a(\partial/\partial t)^b$. 总之, 选定一个类时平移单位 Killing 场 ξ^b 后就有一个确定的能量 $E \equiv \int_\Sigma T_{ab}n^a\xi^b$（$\Sigma$ 为任意柯西面), E 与柯西面 Σ 的无关性就可解释为能量的守恒性.

以 $\mathscr{T}$ 代表闵氏时空全体平移 Killing 矢量场的集合, 则它是个 4 维矢量空间(其实还是 Poincaré 李代数的 4 维子代数). T_{ab} 给定后, $\mathscr{T}$ 的每一元素通过式(12-6-30)对应于一个实数 P_ξ (与柯西面 Σ 的选择无关), 可见, 给定 T_{ab} 就给定了一个从 $\mathscr{T}$ 到 $\mathbb{R}$ 的线性映射, 于是每一 T_{ab} (每一孤立物质场)对应于矢量空间 $\mathscr{T}$ 上的一个对偶矢量, 称为该物质场的**总 4 动量**(total 4-momentum), 可记作 P . 应该注意 P 是矢量空间 $\mathscr{T}$ 上的对偶矢量而不是闵氏时空 $(\mathbb{R}^4,\eta_{ab})$ 上的对偶矢量场. 若要给 P 加抽象指标, 为避免混淆最好改用大写拉丁字母 $A, B,\cdots$, 即把总 4 动量记作 P_A，它的作用对象是 $\mathscr{T}$ 的元素 ξ^A，[ξ 作为 $(\mathbb{R}^4,\eta_{ab})$ 上的矢量场应记作 ξ^a；作为 $\mathscr{T}$ 的元素则应记作 ξ^A .] 即

$$P_\xi = P_A\xi^A \equiv \int_\Sigma T_{ab}n^a\xi^b . \tag{12-6-39}$$

下面举一具体例子. 设 F_{ab} 是闵氏时空的无源电磁场, 其能动张量 T_{ab} 满足适当无限远条件使 $\int_\Sigma T_{ab}n^a\xi^b$ 存在, 则 T_{ab} 决定一个总 4 动量 P_A . 设 Σ 是某惯性系 $\{t,x^i\}$ 的同时面, 则 P_A 作用于类时平移单位 Killing 场 $(\partial/\partial t)^A \in \mathscr{T}$ 的结果可借 Σ 计算:

$$P_A\left(\frac{\partial}{\partial t}\right)^A = \int_\Sigma T_{ab}n^a\left(\frac{\partial}{\partial t}\right)^b = \int_\Sigma T_{ab}\left(\frac{\partial}{\partial t}\right)^a\left(\frac{\partial}{\partial t}\right)^b = \frac{1}{8\pi}\int_\Sigma (E^2+B^2) = \mathscr{E},$$

(其中 E, B 代表 $\{t,x^i\}$ 系测得的 $\vec{E},\vec{B}$ 的大小, 电磁场总能量改用 $\mathscr{E}$ 表示, 倒数第二步的理由见第 6 章习题 17.) 设 Σ' 是另一惯性系 $\{t',x'^i\}$ 的同时面[单位法矢为 $n'^a=(\partial/\partial t')^a$], 则 P_A 作用于类时平移单位 Killing 场 $(\partial/\partial t')^A\in\mathscr{T}$ 的结果为

$$P_A\left(\frac{\partial}{\partial t'}\right)^A=\int_{\Sigma'}T_{ab}n'^a\left(\frac{\partial}{\partial t'}\right)^b=\int_{\Sigma'}T_{ab}\left(\frac{\partial}{\partial t'}\right)^a\left(\frac{\partial}{\partial t'}\right)^b=\frac{1}{8\pi}\int_{\Sigma'}(E'^2+B'^2)=\mathscr{E}',$$

其中 E',B' 代表 $\{t',x'^i\}$ 系测得的 $\vec{E}',\vec{B}'$ 的大小, $\mathscr{E}'$ 则代表该系测得的电磁场的总能量. 注意到 $\{(\partial/\partial t)^A,(\partial/\partial x^i)^A\}$ 和 $\{(\partial/\partial t')^A,(\partial/\partial x'^i)^A\}$ 是 4 维矢量空间 $\mathscr{T}$ 的两个基底, 可知 $\mathscr{E}\equiv P_A(\partial/\partial t)^A$ 和 $\mathscr{E}'\equiv P_A(\partial/\partial t')^A$ 之间的关系就是 $\mathscr{T}$ 上同一对偶矢量 P_A 在两个基底的第 0 分量 P_0 和 P'_0 的变换关系, 两者一般不等(类似于不同观者测同一质点的 4 动量所得能量的关系). 等式

$$\int_\Sigma T_{ab}(\partial/\partial t)^a(\partial/\partial t)^b=\int_{\Sigma'}T_{ab}(\partial/\partial t')^a(\partial/\partial t)^b$$

反映能量是守恒量, 而不等式

$$\int_\Sigma T_{ab}(\partial/\partial t)^a(\partial/\partial t)^b\neq\int_{\Sigma'}T_{ab}(\partial/\partial t')^a(\partial/\partial t')^b$$

则反映能量在坐标变换下不是不变量.

类似地, 以 Σ 代表惯性坐标系 $\{t,x^i\}$ 的同时面, 则 P_A 作用于类空平移单位 Killing 矢量场 $(\partial/\partial x^i)^a$ 的结果为

$$P_A\left(\frac{\partial}{\partial x^i}\right)^A=\int_\Sigma T_{ab}n^a\left(\frac{\partial}{\partial x^i}\right)^b=\int_\Sigma T_{ab}\left(\frac{\partial}{\partial t}\right)^a\left(\frac{\partial}{\partial x^i}\right)^b=-\int_\Sigma w_i=-\frac{1}{4\pi}\int_\Sigma(\vec{E}\times\vec{B})_i,$$

上式右边是由 $(\partial/\partial t)^a$ 代表的观者们测得的电磁场 3 动量的 i 分量的负值(见第 6 章习题 17), 它也是守恒量, 因为对任一柯西面 Σ' 有

$$\int_{\Sigma'}T_{ab}n'^a(\partial/\partial x^i)^b=\int_\Sigma T_{ab}n^a(\partial/\partial x^i)^b .$$

总之, 选定惯性系后, 电磁场的总 4 动量 P_A(作为 $\mathscr{T}$ 上的对偶矢量)的分量可表为

$$P_\mu=(P_0,P_i),\ \text{其中}\ P_0=\frac{1}{8\pi}\int_\Sigma(E^2+B^2)=\mathscr{E},$$

$$P_i=-\frac{1}{4\pi}\int_\Sigma(\vec{E}\times\vec{B})_i=-W_i. \qquad (12\text{-}6\text{-}40)$$

12.6.3 引力能量的非定域性

闵氏时空的守恒量 P_ξ 的存在性密切依赖于 Killing 矢量场的存在性. 弯曲时空原则上可以不存在 Killing 矢量场(处处为零者除外), 虽然其物质场的能动张量仍然满足 $T_{ab}=T_{ba}$ 和 $\nabla^a T_{ab}=0$, 却不能仿照闵氏时空的方法定义守恒量. 人们熟知的能量、动量和角动量守恒律在广义相对论中变成微妙而复杂的问题. 例如, 根据定义, 非稳态时空不存在类时 Killing 矢量场, 如果用一个不是 Killing 的类时矢量场代替小节12.6.2 的 $(\partial/\partial t)^a$ 定义 E, 则 E 不具有守恒性. 你可以认为 E 的非守恒性是由于没有考虑引力场的能量, 而这就引出了引力场能量这一复杂问题. 问题的复杂性同样起因于度规的双重角色性. 作为几何背景, 度规似乎没有能量可言; 然而作为描写引力场的动力学变量, 度规(引力场)又应具有能量. 研究表明弯曲时空中即使没有物质场($T_{ab}=0$)也可以存在引力波, 它也应携带能量. (引力波带走能量使脉冲双星 PSR1913+16 的轨道变小和周期变短的效应已被非常精确的测量所验证, 见 §7.9.) 与此有关的另一事实是引力系统的总能量必然包含引力势能: 两个相对瞬时静止的物体的总能量必小于每个物体单独存在时的能量之和, 其差别正是引力势能. 然而引力场能在这两种(及任何)情况下的表现都是非局域性的. 不存在与闵氏时空的 L_a 类似的、描写引力场对能量、动量和角动量的贡献的局域量. Bondi(及合作者)和 Sachs 曾于 1962 年先后找到引力波在无限远处的能流的精确表达式, 但它不能由时空的局域几何决定, 因为即使在局域平直时空中它也可非零. 其实爱因斯坦方程 $G_{ab}=8\pi T_{ab}$ 中的 T_{ab} 就已包括所有局域能量, 因此 $T_{ab}=0$ 的引力场的能量必然带有非局域的特征. 在广义相对论研究的早期, 许多学者(包括爱因斯坦和朗道、栗弗席兹)千方百计想找出反映引力场对能量(动量)贡献的"引力场能动张量 $t_{\mu\nu}$", 它与 $T_{\mu\nu}$ 之和代表物质场和引力场的总能量(动量)性质(且有守恒性), 然而能够找到的 $t_{\mu\nu}$ 却毫无例外地只是"赝张量"(pseudotensor), 它们不是与坐标系无关的几何客体的坐标分量而是密切依赖于坐标系的量(从定义开始就依赖于坐标系). 它们可以在某些坐标系中为零而在另一些坐标系中非零(选读 12-6-3 将对朗道、栗弗席兹的赝张量做一简介). [①] 是否还有可能通过进一步努力找到代表引力场对能量和动量的贡献的不是赝张量的张量?看来答案只能是否定的. 在牛顿力学中, 引力场能密度正比于 $|\vec{\nabla}\phi|^2$ (ϕ 是引力势), 因为在广义相对论的

---

① 赝张量在文献中存在着两种虽有联系但却不同的含义. 第一种涉及该量在坐标反射变换下的表现(赝张量与张量的区别在于一个负号). 本书的赝张量是指第二种含义. 在用抽象指标的陈述中, 赝张量是这样一种张量, 它从定义起就要借助于时空内禀几何以外的附加结构, 诸如某个偏爱的(preferred)坐标系或特定的基底场. 就是说, 赝张量是坐标系(或基底)依赖的张量. 克氏符 $\Gamma^c{}_{ab}$ 就是赝张量的一例. 本小节的"引力场能动张量 $t_{\mu\nu}$"是又一例. 第 15 章(下册)的张量密度则是第三例.

牛顿极限中与 ϕ 对应的是度规的有关分量[$\phi=-(1+g_{00})/2$], 所以弯曲时空中引力场能密度的最佳候选者是度规的一阶导数的二次式. 然而, 由度规分量一阶导数能组成的非坐标依赖的唯一张量(协变量)是零. 从物理角度看, 过任一时空点 p 都有许多类时测地线, 其相应的自由下落无自转观者测得的"引力场"为零(全部 $\Gamma^{\sigma}{}_{\mu\nu}$ 在线上为零表明线上"引力场"为零, 见 §7.5), 引力场的能量和动量密度自然也应为零, 可见代表引力场对能量、动量贡献的非零张量非赝张量莫属. 总之, 长期、大量的研究使人们认识到引力场的能量(动量)密度没有意义, 就是说引力场能量(动量)是非定域的. 可以说等效原理是这一结论的总根源. 然而, 既然平直时空的对称性可被用以定义守恒量, 人们自然期望渐近平直时空的渐近对称性可被用以定义全时空的守恒量. 研究表明的确如此: 在渐近平直时空中每一时刻的整个 3 维空间的总能量(含引力场能)有明确意义, 它可用 $T^{00}+t^{00}$ 对全空间的积分求得. 虽然不同作者找到的赝张量 $t^{\mu\nu}$ 的表达式各不相同(存在无限多种不同的"能量表述"), 但用 $(T^{00}+t^{00})$ [或 $(-g)(T^{00}+t^{00})$]作空间积分求得的全空间总能量却一样, 这又一次反映引力场对能量的贡献的整体(非定域)味道. 然而这种做法存在着太多的坐标系依赖性, (不仅 $t^{\mu\nu}$ 依赖于坐标系, 而且在对全空间作积分时也必须采用渐近笛卡儿系, 即越远越接近笛卡儿系的坐标系.) 从而带来许多麻烦和困扰. 于是人们又致力于寻找关于孤立体系总能量的纯几何表述方式, 并借助渐近平直时空的空间无限远和类光无限远(i^0 和 $\mathscr{I}^{\pm}$)的有关概念获得了很好的结果. 下节将对此作适当介绍.

"引力场能密度无意义"的结论使得"对密度作积分以求得给定空间区域的能量"的通常做法成为不可能, 于是"给定空间区域内(给定 2 维闭曲面内)的能量"的概念看来要失去意义. 就是说, 我们一方面必须承认引力场能的存在性, 另一方面, 在涉及引力场能的问题时许多关于能量的习以为常的提法都不许再提, 例如"引力场能量存在于何处?"也成了不许问的问题. [对某一时刻, 允许谈及全空间的能量而不许谈及某一有限空间范围内(含引力场能)的能量.] 这使许多物理学家感到不便甚至困扰, 因此不少学者都曾在承认"引力场能密度无意义"的前提下致力于探寻"**准局域(quasilocal)能(动)量**"(即在给定 2 维闭曲面内的能量和动量)的合理定义. Penrose 是这方面的早期探索者之一, 他在 1981 年以扭量(twistor)为工具对此下过定义. Hawking 也曾在更早时(1968 年)给出过影响较大的准局域量公式. 后来又有许多学者对此做过探讨, 其中 Nester 等(从 1994 起)以 4 维协变哈密顿理论为基础、以微分形式为工具的准局域量定义[见 Nester(2004)]以及 Brown 和 York 用 Hamilton-Jacobi 方法对准局域量所下的定义[见 Brown et al.(1992, 1993, 1997)]更是日渐受到关注. 上述研究后来还引起了若干数学家的兴趣, 他们也做出了很受重视的工作, 例如, 见 Liu(刘秋菊) and Yau(丘成桐)(2003, 2004)及 Shi(史宇光) and

Tam(谭联辉)(2002). 本书将在选读 15-5-2(讲完引力场的哈氏理论之后)对此做一非常粗略的简介. Szabados(2004)对准局域量定义的必要性、困难、有关学者的定义(及其动机、物理图象和问题)以及准局域量的某些可能应用等做了相当详尽的综述. 然而, 也有一些前沿学者对定义准局域量的必要性从根本上不以为然.

[选读 12-6-3]

朗道和栗弗席兹(Landau and Lifshitz)的赝张量的坐标分量表达式为

$$
\begin{aligned}
t^{\mu\nu} = \frac{1}{16\pi}[(g^{\mu\lambda}g^{\nu\alpha} - g^{\mu\nu}g^{\lambda\alpha})(2\Gamma^{\beta}{}_{\lambda\alpha}\Gamma^{\rho}{}_{\beta\rho} - \Gamma^{\beta}{}_{\lambda\rho}\Gamma^{\rho}{}_{\alpha\beta} - \Gamma^{\beta}{}_{\lambda\beta}\Gamma^{\rho}{}_{\alpha\rho}) \\
+ g^{\mu\lambda}g^{\alpha\beta}(\Gamma^{\nu}{}_{\lambda\rho}\Gamma^{\rho}{}_{\alpha\beta} + \Gamma^{\nu}{}_{\alpha\beta}\Gamma^{\rho}{}_{\lambda\rho} - \Gamma^{\nu}{}_{\beta\rho}\Gamma^{\rho}{}_{\lambda\alpha} - \Gamma^{\nu}{}_{\lambda\alpha}\Gamma^{\rho}{}_{\beta\rho}) \\
+ g^{\nu\lambda}g^{\alpha\beta}(\Gamma^{\mu}{}_{\lambda\rho}\Gamma^{\rho}{}_{\alpha\beta} + \Gamma^{\mu}{}_{\alpha\beta}\Gamma^{\rho}{}_{\lambda\rho} - \Gamma^{\mu}{}_{\beta\rho}\Gamma^{\rho}{}_{\lambda\alpha} - \Gamma^{\mu}{}_{\lambda\alpha}\Gamma^{\rho}{}_{\beta\rho}) \\
+ g^{\lambda\alpha}g^{\beta\rho}(\Gamma^{\mu}{}_{\lambda\beta}\Gamma^{\nu}{}_{\alpha\rho} - \Gamma^{\mu}{}_{\lambda\alpha}\Gamma^{\nu}{}_{\beta\rho})], \qquad (12\text{-}6\text{-}41)
\end{aligned}
$$

其中 $g^{\mu\lambda}$ 是时空度规 g_{ab} (之逆)的坐标分量, $\Gamma^{\beta}{}_{\lambda\alpha}$ 是度规在该系的克氏符. 设 $T^{\mu\nu}$ 是物质场的能动张量的坐标分量, g 是 g_{ab} 在该系的行列式, 则可以证明[见 Carmeli (1982)P.247~249] $t^{\mu\nu}$ 满足

$$
[(-g)(T^{\mu\nu} + t^{\mu\nu})]_{,\nu} = 0 . \qquad (12\text{-}6\text{-}42)
$$

上式与 $\nabla_a T^{ab} = 0$ (即 $T^{\mu\nu}{}_{;\nu} = 0$)的最重要区别是 $(-g)(T^{\mu\nu} + t^{\mu\nu})$ 的普通(而不是协变)导数为零.借助于坐标语言的 Gauss 定理(略)可从式(12-6-42)得到积分守恒量[见 Carmeli (1982)P.249 和 Misner et al.(1973)P.466]

$$
P^{\mu} \equiv \int (-g)(T^{\mu 0} + t^{\mu 0})\mathrm{d}x^1\mathrm{d}x^2\mathrm{d}x^3 ,
$$

积分遍及 $x^0 = 0$ 的整个超曲面.通常把 P^{μ} 解释为渐近平直时空中包括引力场贡献的总 4 动量, 其中 P^0 及 P^i 分别为总能量和总 3 动量(的 i 分量), 相应地就把 $(-g)(T^{00} + t^{00})$ 及 $(-g)(T^{i0} + t^{i0})$ 分别解释为总能量密度和总 3 动量(i 分量)密度.然而朗道和栗弗席兹的 $t^{\mu\nu}$ 以及所有人找到的 $t^{\mu\nu}$ 都只能是赝张量.以式(12-6-41)的 $t^{\mu\nu}$ 而论, 对自由下落无自转观者 G 的固有坐标系, $\Gamma^{\beta}{}_{\lambda\alpha}|_G = 0$ 导致 $t^{\mu\nu}$ $(\mu, \nu = 0,1,2,3)$ 在 G 线上为零(与自由下落无自转观者认为"无引力"的物理图象一致).但对其他许多坐标系, G 线上的 $t^{\mu\nu}$ 不全为零. $t^{\mu\nu}$ 的赝张量味道由此可见一斑.

[选读 12-6-3 完]

§ 12.7　渐近平直时空的总能量和总动量

12.7.1　Komar 质(能)量

Komar 把牛顿引力论的质量概念推广，得到渐近平直稳态时空的总质(能)量的定义，对理解渐近平直时空的总能量很有帮助. 在牛顿引力论中，引力系统的总质量为

$$M = \frac{1}{4\pi}\int_S (\vec{\nabla}\phi)\cdot\vec{N}\,\mathrm{d}S\,, \tag{12-7-1}$$

其中 S 是把所有物质包含在内的任一拓扑 2 球面，$\vec{N}$ 是 S 的外向单位法矢，ϕ是引力势，$-\vec{\nabla}\phi$ 是球面上单位试探质量所受的引力，因此$\vec{\nabla}\phi$代表为保持单位试探质量在球面上不动所应施加的外力. 由于ϕ 在物质所在区以外满足 $\nabla^2\phi=0$，式(12-7-1)的积分与 S 的选择无关. 在推广到广义相对论时，首先遇到什么叫做“保持不动”的问题，而这只对稳态时空才有明确含义. 稳态时空存在类时 Killing 矢量场 ξ^a，可以自然地把世界线与 ξ^a 的积分曲线重合的质点定义为“不动”. 按照这一物理解释，注意到广义相对论的特点，经一番推导之后，Komar(1959)把式(12-7-1)推广而得渐近平直稳态时空的总质量(能量)的如下定义(详见选读 12-7-1):

$$M_\mathrm{K} := -\frac{1}{8\pi}\int_S \varepsilon_{abcd}\nabla^c\xi^d\,, \quad (\,M_\mathrm{K}\text{ 的 K 代表 Komar}) \tag{12-7-2}$$

其中 ξ^a 是按如下要求作了“归一化”的类时 Killing 场：$-\xi^a\xi_a$ 在趋于无限远时的极限为 1，∇_a 和 ε_{abcd} 分别是与时空度规适配的导数算符和体元，S 是任一包围全部物质的拓扑 2 球面. 利用 ξ^a 的 Killing 性可以证明(见选读 12-7-1)，只要把所有物质包围在内，取任何 2 球面都可由式(12-7-2)得出相同的 M_K. 由式(12-7-2)定义的 M_K 称为 **Komar 质(能)量**. 计算表明(习题)，从施瓦西度规出发用式(12-7-2)求得的 M_K 正好等于该度规的质量参数 M，这从一个侧面验证了式(12-7-2)的合理性.

[选读 12-7-1]

现在介绍从式(12-7-1)到(12-7-2)的推广过程. 先讨论渐近平直静态时空. 设 ξ^a 是反映静态性的超曲面正交类时 Killing 矢量场($-\xi^a\xi_a$ 在趋于无限远时趋于 1)，Σ_t 是与 ξ^a 正交的任一超曲面，S 是 Σ_t 内任一包围全部物质的拓扑 2 球面，N^a 是 S 作为 Σ_t 中的超曲面的单位外向法矢(图 12-21). 在球面足够大时引力场甚弱，式(12-7-1)近似成立. 设球面上某点有一静态观者 G_S，其 4 速为 U^a. 以 G 代表自由下落无自转观者，其世界线在 p 点与 G_S 相切，则由命题 7-4-2 可知 G 在 p 时刻相对

于 G_S 的 3 加速 a^a 等于 G_S 的(绝对)4 加速 A^a 的负值. 而由牛顿力学又知 a^a 等于引力势的梯度 $\vec{\nabla}\phi$ 的负值, 所以式(12-7-1)的 $\vec{\nabla}\phi$ 对应于 G_S 的 4 加速 $A^a = U^b\nabla_b U^a$. 注意到式(12-7-1)的 $\vec{N}$ 和 dS 分别对应于 N^a 和 ε_{ab} (S 的面元), 便知式(12-7-1)可改写为

$$M = \frac{1}{4\pi}\int_{S_\infty} A^d N_d \varepsilon_{ab} = \frac{1}{4\pi}\int_{S_\infty} \varepsilon_{ab} N_d U^c \nabla_c U^d = \frac{1}{4\pi}\int_{S_\infty} \varepsilon_{ab} N_d \xi^c \nabla_c \xi^d , \qquad (12\text{-}7\text{-}3)$$

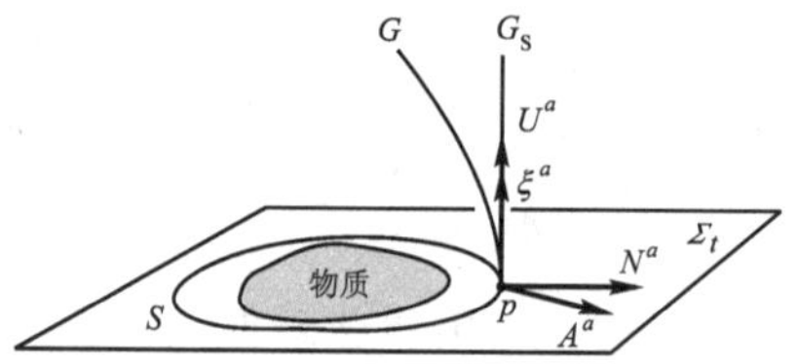

图 12-21　Komar 质量定义为包围全部物质的任一拓扑 2 球面 S 上的积分. G_S 和 G 分别是静态和自由下落无自转观者

其中 S_∞ 代表足够大(“无限远”)的球面, 在此条件下牛顿引力论适用, 且 $U^c = \xi^c$. 我们希望把上式改写为在包围全部物质的任意 2 球面 S 上的积分, 它满足: ①与 S 的选择无关; ②在 $S = S_\infty$ 时回到式(12-7-3). 计算表明(见稍后), 只要在把式(12-7-3)的 S_∞ 改为 S 的同时在被积 2 形式前添加因子 χ^{-1}, [$\chi \equiv (-\xi^a\xi_a)^{1/2}$ 是红移因子, 满足 $U^c = \chi^{-1}\xi^c$, 见小节 9.2.1.] 就可满足上述要求. 因此

$$M = \frac{1}{4\pi}\int_S \varepsilon_{ab}\chi^{-1} N_d \xi^c \nabla_c \xi^d = \frac{1}{4\pi}\int_S \varepsilon_{ab} U_c N_d \nabla^c \xi^d . \qquad (12\text{-}7\text{-}4)$$

然而上式又可改写为式(12-7-2), 证明如下. 令 $\omega_{ab} \equiv \varepsilon_{abcd}\nabla^c\xi^d$, 则 ω_{ab} 在 S 上的限制 $\tilde{\omega}_{ab}$ (作为 S 上的 2 形式场)与 ε_{ab} 只能差一函数乘子, 即 $\tilde{\omega}_{ab} = K\varepsilon_{ab}$. 以 $\varepsilon^{ab} = N_e U_f \varepsilon^{feab}$ 缩并此式, 右边给出 $2K$, 左边给出

$$\begin{aligned}\varepsilon^{ab}\tilde{\omega}_{ab} = \varepsilon^{ab}\omega_{ab} = N_e U_f \varepsilon^{feab}\varepsilon_{abcd}\nabla^c\xi^d &= -4N_e U_f \delta^f{}_{[c}\delta^e{}_{d]}\nabla^c\xi^d \\ &= -4N_e U_f \delta^f{}_c \delta^e{}_d \nabla^c \xi^d = -4N_d U_c \nabla^c \xi^d ,\end{aligned}$$

(其中第一步是因为 ε_{ab} 是 S 的体元, 第四步用到 Killing 方程 $\nabla^c\xi^d = \nabla^{[c}\xi^{d]}$.) 于是得 $K = -2U_c N_d \nabla^c \xi^d$, 从而式(12-7-2)右边为

$$-\frac{1}{8\pi}\int_S \varepsilon_{abcd}\nabla^c\xi^d = -\frac{1}{8\pi}\int_S \tilde{\omega}_{ab} = \frac{1}{4\pi}\int_S \varepsilon_{ab}(U_c N_d \nabla^c \xi^d),$$

可见式(12-7-4)可改写为式(12-7-2), 即 Komar 质量定义式.

最后证明式(12-7-4)[即式(12-7-2)]满足前面提出的两个要求. 要求②显然满足(因 $\chi^{-1}|_{S_\infty}=1$), 所以只须证明式(12-7-2)的积分与 S 无关. 又因为 $\omega_{ab}\equiv\varepsilon_{abcd}\nabla^c\xi^d$, 所以只须证 $\int_S\boldsymbol{\omega}=\int_{S'}\boldsymbol{\omega}$, 其中 S 和 S' 都是 Σ_t 中把所有物质包含在内的任意拓扑 2 球面. 以 σ 代表 Σ_t 中介于 S 和 S' 之间的 3 维区域(真空区域), 则由 Stokes 定理可知 $\int_S\boldsymbol{\omega}-\int_{S'}\boldsymbol{\omega}=\int_\sigma \mathrm{d}\boldsymbol{\omega}$, 故只须证 $\mathrm{d}\boldsymbol{\omega}$ 在 σ 上为零. 令 $F_{cd}\equiv\nabla_c\xi_d$, 则 F_{cd} 是 2 形式, 且 $\omega_{ab}=2\,{}^*F_{ab}$. 仿照选读 7-2-2 计算 $\mathrm{d}{}^*\boldsymbol{F}$ 的方法可得

$$\mathrm{d}\boldsymbol{\omega}=2\mathrm{d}{}^*\boldsymbol{F}=-2\varepsilon_{egcd}\nabla_f F^{fe}=-2\varepsilon_{egcd}\nabla_f\nabla^f\xi^e\,.$$

再利用第 4 章习题 14(b)关于 Killing 场 ξ^a 的结果便得 $\mathrm{d}\boldsymbol{\omega}=2\varepsilon_{egcd}R^e{}_a\xi^a$. 由真空爱因斯坦方程可推得真空区域的里奇张量 $R_{ea}=0$, 故 $\mathrm{d}\boldsymbol{\omega}$ 在 σ 上为零. 可见式(12-7-2)的积分同 S 无关. 这一无关性只依赖于 ξ^a 的类时 Killing 性, 因此, 也可把式(12-7-2)推广为任意渐近平直稳态(不一定静态)时空总质量的定义. 静(稳)态时空的时间平移不变性保证 Komar 能量是守恒量. Kerr 时空是稳态而非静态的渐近平直时空的重要例子(详见第 13 章), 因而其 Komar 质量有意义.

Komar 质量还可推广到在无限远附近 $T_{ab}\neq 0$ 的渐近平直时空, 只要 T_{ab} 足够快地渐近趋于零, 而且当式(12-7-2)中的 S “趋于无限大”时积分的极限存在[这时 $M_{\mathrm K}$ 定义为式(12-7-2)右边的极限]. 带电静态球对称星体外的时空(RN 时空)就是一例. 计算表明(习题)对 RN 时空有 $-(\int_S\varepsilon_{abcd}\nabla^c\xi^d)/8\pi=M-Q^2/r$ (M 和 Q 是该时空的参量), 因而其 Komar 质量 $M_{\mathrm K}\equiv\lim_{r\to\infty}(M-Q^2/r)=M$.　**[选读 12-7-1 完]**

12.7.2　ADM 4 动量

非稳态时空不存在类时 Killing 矢量场, 因此 Komar 质量的定义不适用. [如果任取一个非 Killing 的类时矢量场充当 ξ^a 代入式(12-7-2), 则无法保证积分同所选球面 S 无关.] 然而, 时空的渐近平直性使时空的总质量(能量)和总动量的定义成为可能, 而且它们可结合而成总 4 动量矢量. 存在两种重要的、不同的而又密切相关的总 4 动量概念, 本小节先介绍其中之一, 即 ADM 4 动量, 是由 Arnowitt, Deser and Misner(1961, 1962)首先提出的. 他们当时用坐标语言对渐近平直时空的能量和 3 动量下定义(选读 15-5-1 对这一定义的动机有进一步的讨论). 设 Σ 是满足一定条件的渐近平直类空超曲面, $\{x^i\}$ 是 Σ 上渐近欧氏(笛卡儿)的 3 维坐标系[详见 Wald(1984)], h_{ij} 是时空度规 g_{ab} 在 Σ 上的诱导度规在 $\{x^i\}$ 系的分量, S 是 $r\equiv[\,(x^1)^2+(x^2)^2+(x^3)^2\,]^{1/2}$ 为常数的 2 维球面, N^i 是 S 的单位外向法矢在 $\{x^i\}$

系的分量, 则 ADM 能量定义为

$$E=\frac{1}{16\pi}\lim_{r\to\infty}\int_S(\partial_j h_{ij}-\partial_i h_{jj})N^i\mathrm{d}S\text{，(无论上下指标，重复暗示求和)}\qquad(12\text{-}7\text{-}5)$$

其中 $\partial_i\equiv\partial/\partial x^i$. 由于不用 i^0 概念, E 的定义必然涉及极限. 可以证明: ①上式的积分同渐近欧氏坐标系 $\{x^i\}$ 无关; ②对渐近平直的稳态时空, 若取 Σ 渐近正交于类时 Killing 场, 则式(12-7-5)同 Komar 质量公式一致. 以施瓦西时空为例, 取施瓦西坐标系的一个等 t 面为 Σ, 则 g_{ab} 在 Σ 上的诱导线元为

$$\begin{aligned}\mathrm{d}s^2&=(1-2M/r)^{-1}\mathrm{d}r^2+r^2(\mathrm{d}\theta^2+\sin^2\theta\,\mathrm{d}\varphi^2)\\&=(1-2M/r)^{-1}[\mathrm{d}r^2+(1-2M/r)\,r^2(\mathrm{d}\theta^2+\sin^2\theta\,\mathrm{d}\varphi^2)]\\&\cong(1+2M/r)\,[\mathrm{d}r^2+r^2(\mathrm{d}\theta^2+\sin^2\theta\,\mathrm{d}\varphi^2)]\,,\end{aligned}$$

其中最末一步是因为 r 很大时有 $1-2M/r\cong1$ 及 $(1-2M/r)^{-1}\cong1+2M/r$. 令

$$x^1\equiv r\sin\theta\cos\varphi,\ x^2\equiv r\sin\theta\sin\varphi,\ x^3\equiv r\cos\theta\,,$$

则 $\mathrm{d}s^2\cong(1+2M/r)\,[(\mathrm{d}x^1)^2+(\mathrm{d}x^2)^2+(\mathrm{d}x^3)^2]\xrightarrow{r\to\infty}(\mathrm{d}x^1)^2+(\mathrm{d}x^2)^2+(\mathrm{d}x^3)^2$,

可见 $\{x^1,x^2,x^3\}$ 是渐近笛卡儿系, 且渐近地有 $h_{ij}\cong\delta_{ij}(1+2M/r)$. 代入式(12-7-5), 经简单计算(习题)便得 $E=M$.

式(12-7-5)的面积分还可用高斯定理化为 3 维体积分:

$$E=\frac{1}{16\pi}\int_\Sigma(\partial_i\partial_j h_{ij}-\nabla^2h_{jj})\,\mathrm{d}^3x\,,\qquad(12\text{-}7\text{-}5')$$

于是 $(16\pi)^{-1}(\partial_i\partial_j h_{ij}-\nabla^2h_{jj})$ 似乎可看作包含引力场贡献的能量密度. 然而, $\partial_i\partial_j h_{ij}-\nabla^2h_{jj}$ 既无协变性又无正定性, 把它看作能量密度没有多少好处. 事实上, 存在着许多不同于 $(16\pi)^{-1}(\partial_i\partial_j h_{ij}-\nabla^2h_{jj})$ 的表达式(包括著名的朗道-栗弗席兹表达式), 它们在全空间的积分都相同(都等于 ADM 能量 E). 由此可知, 虽然包含引力场贡献的“能量密度”没有意义, 它们对全空间的积分却有意义, 而且都等于全空间的总能量.

若干学者在 ADM 文章的基础上用几何语言对 ADM 4 动量作了深入研究. 选读 12-7-2 将介绍 Ashtekar and Hansen(1978) 利用 i^0 点的切空间的几何结构对 ADM 4 动量所下的定义. 人们熟知质点在其世界线上一点 p 的 4 动量 P^a 是 p 点的切空间 V_p 的元素, P^a 的时间和空间分量分别代表质点在该时刻的能量和 3 动量. 自然要问: ADM 4 动量 P^a 是哪个矢量空间的元素? 答案有趣而且意味深长: ADM 4 动量 P^a 是 i^0 点的 4 维切空间 V_{i^0} 的元素, 即 $P^a\in V_{i^0}$, 它可解释为任一时刻 t 的全空

间(由类空超曲面 Σ_t 代表[①])的总 4 动量(不同时刻的全空间有相同的 4 动量的这一结论表明 4 动量守恒), 其“时间分量”和“空间分量”分别代表该时刻全空间的 ADM 能量和 3 动量, 具体说就是: 设 $\hat{n}^a$ 是 Σ_t 在 i^0 点的指向未来的单位法矢, 则 Σ_t 的 ADM 能量 E 和 ADM 3 动量 p^a 分别为

$$E = -P_a \hat{n}^a, \qquad p^a = P^a - E\hat{n}^a, \tag{12-7-6}$$

其中 $P_a \equiv \tilde{g}_{ab}|_{i^0} P^b$. 上式也可表为

$$P^a = E\hat{n}^a + p^a. \tag{12-7-7}$$

若两个类空超曲面 Σ_t 和 $\Sigma_{t'}$ 在 i^0 有相同的单位法矢($\hat{n}^a = \hat{n}'^a$), (对闵氏时空, 同一惯性系的所有同时面都有相同的 $\hat{n}^a$.) 则由式(12-7-6)可知 $E = E'$, 这意味着能量守恒. 但若 $\hat{n}^a \neq \hat{n}'^a$, 则 $E \neq E'$, 不过这不表明能量不是守恒量, 只表明能量不是不变量. 改变 $\hat{n}^a$ 有点类似于讨论质点时改变观者, 质点在世界线上一点 p 有确定的 4 动量 P^a, 但若选 p 点的两个不同的瞬时观者, 测得的能量当然不同. 闵氏时空的电磁场是另一个有助于理解的例子: 设 Σ 和 Σ' 是两个不同惯性系的同时面, 同一电磁场 F_{ab} 在此二系的电场和磁场分别为 $(\vec{E},\vec{B})$ 和 $(\vec{E}',\vec{B}')$, 则两系测得的电磁场总能量 $\mathscr{E}$ 和 $\mathscr{E}'$ 分别为 $\mathscr{E} = (8\pi)^{-1}\int_\Sigma (E^2 + B^2)$ 和 $\mathscr{E}' = (8\pi)^{-1}\int_{\Sigma'} (E'^2 + B'^2)$, $\mathscr{E}$ 与 $\mathscr{E}'$ 一般不等表明两系测得的电磁场能不等(详见小节 12.6.2): 能量在坐标变换下不是不变量.

[选读 12-7-2]

本选读介绍 Ashtekar and Hansen(1978)利用 i^0 点的切空间的几何结构对全时空的守恒量(重点是 ADM 4 动量 P_a)所下的定义. 请先读选读 12-5-2.

在讨论各种物理场的渐近表现时, 我们只关心那些满足某些“好”条件的称为**有正规方向依赖极限**的张量场 $T^{\cdots}{}_{\cdots}$, 这些条件保证它沿任一曲线趋于 i^0 时(该线切矢在 i^0 为单位长)有方向依赖极限, 记作 $T^{\cdots}{}_{\cdots}(\eta) \equiv \lim_{\to i^0} T^{\cdots}{}_{\cdots}$, 而且 $T^{\cdots}{}_{\cdots}(\eta)$ 对应于 K 上的一个 C^∞ 张量场 $\bar{T}^{\cdots}{}_{\cdots}$. [$T^{\cdots}{}_{\cdots}(\eta)$ 中的 η 代表方向依赖性, 每一 η 代表一个趋近 i^0 的方向, 对应于 K 的一点, 因此每个 $T^{\cdots}{}_{\cdots}(\eta)$ 对应于 K 上的一个张量场 $\bar{T}^{\cdots}{}_{\cdots}$.] 我们的目的是讨论引力场的渐近表现并给出 ADM 4 动量的几何定义. 作为导引, 先介绍电磁场的渐近表现以及用 i^0 对电荷所下的等价定义. 为此, 把渐近平直时空定义中的渐近真空条件放宽为渐近电磁真空, 并要求 ΩF_{ab} 有正规方向

---

① 只讨论这样的 Σ_t, 添上 i^0 点所得的 $\tilde{\Sigma}_t \equiv \Sigma_t \cup \{i^0\}$ 是 $(\tilde{M}, \tilde{g}_{ab})$ 的 3 维子流形, 它在 i^0 为 $C^{>1}$. 这一条件使我们可以谈及 Σ_t (准确说是 $\tilde{\Sigma}_t$)在 i^0 点的单位法矢 $\hat{n}^a$.

依赖极限，即 $F_{ab}(\eta)\equiv\lim_{\to i^0}\Omega F_{ab}$ 对应于 K 上的 C^∞ 张量场 $\bar{F}_{ab}$ [用 $F_{ab}(\eta)$ 代表 $\Omega F_{ab}(\eta)$ 以图简洁]. 作为流形 V_{i^0} 中的超曲面，K 上的张量场分为“切于 K 的”和“不切于 K 的”两类. 对矢量场而言，切于就是与 K 的法矢正交，即与法余矢的指标缩并为零.类似地，K 上的任意型张量场 $\bar{T}^{\cdots}{}_{\dots}$ 称为“切于 K 的”，若其每一指标与 K 的法矢(或法余矢)的指标缩并为零(虽然“切于”一词对下指标未必很合适). 回到 $\bar{F}_{ab}$ 来，由于 $\bar{\eta}^a$ 是 K 的法矢场，而 $\bar{\eta}^a\bar{F}_{ab}$ 一般非零，$\bar{F}_{ab}$ 一般不是“切于 K”的张量场，直接用处不大. 令 $\bar{E}_a := \bar{\eta}^b\bar{F}_{ab}$，$\bar{B}_a := \bar{\eta}^b\,{}^*\bar{F}_{ab}$，[其中 ${}^*\bar{F}_{ab}$ 是 $\bar{F}_{ab}$ 的对偶形式，求对偶所用的 ε_{abcd} 是 (V_{i^0},η_{ab}) 上与 η_{ab} 适配的体元.] 则易见 $\bar{\eta}^a\bar{E}_a=0$，$\bar{\eta}^a\bar{B}_a=0$，可见 $\bar{E}_a$ 和 $\bar{B}_a$ 是“切于 K”的对偶矢量场. 因 $\bar{F}_{ab}$ 可由 $\bar{E}_a$ 和 $\bar{B}_a$ 表出，[①] 故 $(\bar{E}_a,\bar{B}_a)$ 代表了 F_{ab} 的全部渐近信息，不妨分别称之为渐近电场和渐近磁场. 由麦氏方程 $\nabla^a F_{ab}=0$ 和 $\nabla_{[a}F_{bc]}=0$ 可推出 $\tilde{\nabla}^a F_{ab}=0$ 和 $\tilde{\nabla}_{[a}F_{bc]}=0$. (见本章习题 3，其中 $\tilde{\nabla}_a$ 与非物理度规 $\tilde{g}_{ab}$ 适配.) 再对后两式取极限又可证明[见 Ashtekar and Hansen(1978)] $\bar{E}_a$ 和 $\bar{B}_a$ 满足如下的渐近电磁场方程:

$$\tilde{\nabla}^a F_{ab}=0 \Rightarrow \mathrm{D}^a\bar{E}_a=0,\ \mathrm{D}_{[a}\bar{B}_{b]}=0, \tag{12-7-8}$$

$$\tilde{\nabla}_{[a}F_{bc]}=0 \Rightarrow \mathrm{D}^a\bar{B}_a=0,\ \mathrm{D}_{[a}\bar{E}_{b]}=0, \tag{12-7-9}$$

其中 D_a 是 K 上满足 $\mathrm{D}_a\bar{h}_{bc}=0$ 的导数算符($\bar{h}_{bc}$ 是 η_{bc} 在 K 上的诱导度规). 利用 $\bar{E}_a$ 可定义渐近平直时空的总电荷. K 的一个拓扑 2 球截面 C 对应于物理时空中一个类空超曲面 Σ 上的球面序列在“半径趋于无限时的极限”，Σ(代表一个时刻的全空间)的总电荷可定义为

$$Q(\Sigma) := \frac{1}{4\pi}\int_C \bar{E}^a\bar{\varepsilon}_{abc}, \tag{12-7-10}$$

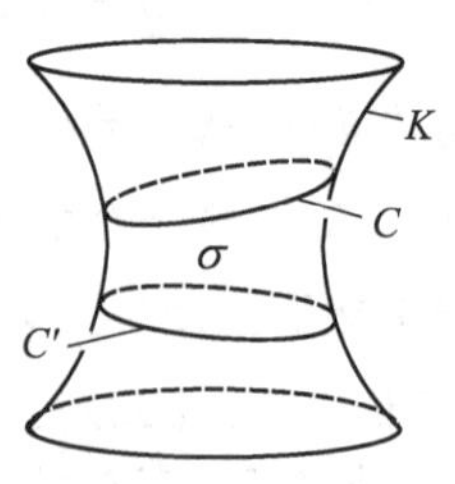

图 12-22　σ 是 K 中位于截面 C 和 C' 之间的 3 维区域

其中 $\bar{\varepsilon}_{abc}$ 是 (V_{i^0},η_{ab}) 的体元 ε_{abcd} 在 K 上诱导的体元. 为证 Q 守恒只须证上式与 C 无关. 把截面 C' 与 C 在 K 中围出的 3 维区域记作 σ(图 12-22)，令 $\beta_{bc}\equiv\bar{E}^a\bar{\varepsilon}_{abc}$，则由 Stokes 定理可得 $\int_{C'}\beta-\int_C\beta=\int_\sigma \mathrm{d}\beta$. 再由 $\mathrm{D}^a\bar{E}_a=0$ 又不难证明 $\mathrm{d}\beta=0$，可见 $\int_{C'}\beta=\int_C\beta$，即电荷守恒. 还可证明上式定义的电荷 $Q(\Sigma)$ 与式(12-6-8)定义的 $Q(\Sigma)$ 一致. 类似地，Σ

---

① $\bar{F}_{ab}=-2\bar{\eta}_{[a}\bar{E}_{b]}+\varepsilon_{abcd}\bar{\eta}^c\bar{B}^d$. 不难验证(练习)此式的确给出 $\bar{\eta}^b\bar{F}_{ab}=\bar{E}_a$，$\bar{\eta}^b\,{}^*\bar{F}_{ab}=\bar{B}_a$.

的总磁荷(也是守恒量)可定义为

$$Q_{磁}(\Sigma) := \frac{1}{4\pi}\int_C \bar{B}^a \bar{\varepsilon}_{abc} \, . \tag{12-7-10$'$}$$

在此基础上便可讨论渐近引力场.由于渐近真空,而真空时空的里奇张量为零,即黎曼张量等于外尔张量 $C_{abc}{}^d$,故引力场的渐近行为由 $C_{abc}{}^d$ 决定.由渐近平直时空的条件可证 $\Omega^{1/2}C_{abc}{}^d$ 存在方向依赖极限 $C_{abc}{}^d(\eta) \equiv \lim_{\to i^0} \Omega^{1/2}C_{abc}{}^d$,也可用度规 $\tilde{g}_{ab}|_{i^0}$ 降指标而得 $C_{abcd}(\eta)$,它在 K 上对应的张量场 $\bar{C}_{abcd}$ 一般不"切于 K".仿照电磁场的做法,在 K 上定义如下两个张量场(分别称为外尔张量的"电"和"磁"部分):

$$\bar{E}_{ab} := \bar{\eta}^c \bar{\eta}^d \bar{C}_{acbd} \, , \tag{12-7-11}$$

$$\bar{B}_{ab} := \bar{\eta}^c \bar{\eta}^d \varepsilon_{acef} \bar{C}_{bd}{}^{ef} \, , \tag{12-7-12}$$

由反称性 $\bar{C}_{acbd} - \bar{C}_{[ac][bd]}$ 易见 $\bar{\eta}^a \bar{E}_{ab} = 0$, $\eta^b \bar{E}_{ab} = 0$ 和 $\bar{\eta}^a \bar{B}_{ab} = 0$, $\bar{\eta}^b \bar{B}_{ab} = 0$,所以 $\bar{E}_{ab}$ 和 $\bar{B}_{ab}$ "切于 K".因为 $\bar{C}_{abcd}$ 可由 $\bar{E}_{ab}$ 和 $\bar{B}_{ab}$ 表出,所以 $(\bar{E}_{ab}, \bar{B}_{ab})$ 完全代表了引力场的渐近信息(一阶),称为渐近引力场.由式(12-7-11)和(12-7-12)以及外尔张量的无迹性可知 $\bar{E}_{ab}$ 和 $\bar{B}_{ab}$ 都对称且无迹(即 $\bar{h}^{ab}\bar{E}_{ab} = 0$, $\bar{h}^{ab}\bar{B}_{ab} = 0$).由于里奇张量 R_{ab} 在无限远附近为零,比安基恒等式可表为 $\nabla_{[a}C_{bc]de} = 0$,由此可证 $\bar{E}_{ab}$ 和 $\bar{B}_{ab}$ 满足如下渐近引力场方程[Ashtekar and Hansen(1978)]:

$$\mathrm{D}_{[a}\bar{E}_{b]c} = 0, \qquad \mathrm{D}_{[a}\bar{B}_{b]c} = 0 \, . \tag{12-7-13}$$

上式同电磁场的 $\mathrm{D}_{[a}\bar{E}_{b]} = 0$ 和 $\mathrm{D}_{[a}\bar{B}_{b]} = 0$ 类似. 为什么没有同 $\mathrm{D}^a\bar{E}_a = 0$ 以及 $\mathrm{D}^a\bar{B}_a = 0$ 类似的方程?答案是这已蕴含于方程(12-7-13)中:用 $\bar{h}^{ac}$ 缩并式(12-7-13),注意到 $\bar{E}_{ab}$ 和 $\bar{B}_{ab}$ 的无迹性, 便得 $\mathrm{D}^a\bar{E}_{ab} = 0$ 和 $\mathrm{D}^a\bar{B}_{ab} = 0$. 利用 $\bar{E}_{ab}$ 可以定义 ADM 4 动量 P_a. 小节 12.6.2 讲过闵氏时空中物质场 T_{ab} 的总 4 动量, 它是 Poincaré 李代数 $\mathscr{P}$ 的 4 维平移子代数 $\mathscr{T}$ 上的对偶矢量. 注意到 SPI 李代数 $\mathscr{G}$ 也存在一个特殊的 4 维平移子代数 $\mathscr{T}_{\mathrm{SPI}} \subset \mathscr{G}$, 自然希望把 ADM 4 动量定义为 $\mathscr{T}_{\mathrm{SPI}}$ 上的对偶矢量, 即希望 $P_A \in \mathscr{T}_{\mathrm{SPI}}{}^*$. 为此, 只须定义 P_A 作用于任一 $u^A \in \mathscr{T}_{\mathrm{SPI}}$ 所得的实数. 这定义为

$$P_A u^A := \int_C \bar{\varepsilon}_{acd} \bar{E}^{ab} \mathrm{D}_b \bar{f}(\omega) \, , \tag{12-7-14}$$

其中 C 和 $\bar{\varepsilon}_{acd}$ 的意义与式(12-7-10)相仿, $\bar{f}(\omega)$ 是 K 上与 u^A 对应的函数. [命题 12-5-14 的证明中已说明 $\mathscr{T}_{\mathrm{SPI}}$ 的每一元素可表为 $f(\omega)v^a$, 从而对应一个 $\bar{f}(\omega)$.]

为证明 ADM 4 动量P_A的守恒性，只须证明上式积分与截面C无关. 这一证明依赖于两个公式，第一个是

$$\mathrm{D}_b\bar{f}(\omega)=\bar{h}_b{}^a\bar{\omega}_a\,, \tag{12-7-15}$$

为证上式，须懂得D_b与∂_b的关系. 设$\bar{\mu}_a$定义在K上且"切于K"，则$\partial_b\bar{\mu}_a$无意义(只当$\bar{\mu}_a$在K的一个开邻域上有定义$\partial_b\bar{\mu}_a$才有意义)，但$\bar{h}_b{}^d\partial_d\bar{\mu}_a$相当于对$\bar{\mu}_a$沿$K$的切向求导，故有意义. 虽有意义，却未必仍"切于$K$"，所以要再投影，这投影$\bar{h}_c{}^a\bar{h}_b{}^d\partial_d\bar{\mu}_a$就可被定义为$\mathrm{D}_b\bar{\mu}_c$. 沿此思路可定义$\mathrm{D}_b$对$K$上"切于$K$"的任何型张量场的作用[见式(14-4-18)]，还可验证按此定义求得的$\mathrm{D}_b\bar{h}_{ac}=0$. 用此定义便可证明式(12-7-15)如下：

$$\mathrm{D}_b\bar{f}(\omega)=\mathrm{D}_b(\bar{\omega}_a\bar{\eta}^a)=\bar{h}_b{}^c\partial_c(\bar{\omega}_a\bar{\eta}^a)=\bar{\omega}_a\bar{h}_b{}^c\partial_c\bar{\eta}^a=\bar{\omega}_a\bar{h}_b{}^a\,, \tag{12-7-16}$$

其中最末一步用到$\partial_c\eta^a=\delta^a{}_c$[式(12-5-25)]. 证明$P_a$同$C$无关要用到的第二个公式是

$$\mathrm{D}_a\mathrm{D}_b\bar{f}(\omega)=-\bar{f}(\omega)\bar{h}_{ab}\,, \tag{12-7-17}$$

此式的证明如下：

$$\begin{aligned}\mathrm{D}_a\mathrm{D}_b\bar{f}(\omega)&=\mathrm{D}_a(\bar{h}_b{}^c\bar{\omega}_c)=\bar{h}_b{}^e\bar{h}_a{}^d\partial_d(\bar{h}_e{}^c\bar{\omega}_c)=\bar{h}_b{}^e\bar{h}_a{}^d\partial_d(\bar{\omega}_e-\bar{\eta}_e\bar{\eta}^c\bar{\omega}_c)\\&=\bar{h}_b{}^e\bar{h}_a{}^d\partial_d(\omega_e-\eta_e\eta^c\omega_c)=-\,\omega_c\bar{h}_b{}^e\bar{h}_a{}^d(\eta_e\partial_d\eta^c+\eta^c\partial_d\eta_e)\\&=-\,\omega_c\bar{h}_{be}\bar{h}_a{}^d\eta^c\partial_d\eta^e=-\,\omega_c\bar{h}_{ab}\eta^c=-\bar{f}(\omega)\bar{h}_{ab}\,,\end{aligned}$$

其中第一步用到式(12-7-15)，第二步用到D_a的定义，第四步是因为$\bar{\omega}_e$和$\bar{\eta}^c$分别是ω_e和η^c在K上的值，第五步用到$\partial_a\omega_e=0$(因ω_e是常对偶矢量场)，第六步用到$\bar{h}_b{}^e\bar{\eta}_e=0$(因$\bar{\eta}^a$是$K$的法矢)，第七步用到$\partial_d\eta^e=\delta_d{}^e$. 现在就可证明式(12-7-14)的积分同截面$C$无关. 令$\beta_{cd}\equiv\bar{\varepsilon}_{acd}\bar{E}^{ab}\mathrm{D}_b\bar{f}(\omega)$，仿照电荷$Q$与$C$无关性的证明，只须证明$\int_\sigma \mathrm{d}\beta=0$($\sigma$的意义见图 12-22). $(\mathrm{d}\beta)_{ecd}=3\bar{\varepsilon}_{a[cd}\mathrm{D}_{e]}(\bar{E}^{ab}\mathrm{D}_b\bar{f}(\omega))$在$K$上的限制$(\mathrm{d}\beta)\tilde{}_{ecd}=\chi\bar{\varepsilon}_{ecd}$($\chi$为$K$上的函数)，以$\bar{\varepsilon}^{ecd}$缩并得

$$\chi=\mathrm{D}_a(\bar{E}^{ab}\mathrm{D}_b\bar{f}(\omega))=\bar{E}^{ab}\mathrm{D}_a\mathrm{D}_b\bar{f}(\omega)=-\bar{E}^{ab}\bar{h}_{ab}\bar{f}(\omega)=0\,,$$

其中第二步用到$\mathrm{D}_a\bar{E}^{ab}=0$，第三步用到式(12-7-17)，第四步用到$\bar{E}^{ab}$的无迹性. 可见$\mathrm{d}\beta=0$，因而 ADM 4 动量守恒. 还可证明这样定义的 4 动量同 ADM 的原始定义等价.

上面把 ADM 4 动量定义为无限小 SPI 平移空间$\mathscr{T}_{\mathrm{SPI}}\subset\mathscr{G}$上的对偶矢量. 注意到$i^0$是空间无限远，物理时空中任一类空柯西面向四面八方无限延伸就"到达"i^0，

我们还希望把 ADM 4 动量等价地定义为 V_{i^0} 上的一个对偶矢量. 这不难办到. 式(12-7-14)的被积 2 形式可用式(12-7-15)改写为

$$\bar{\varepsilon}_{acd}\bar{E}^{ab}\mathrm{D}_b\bar{f}(\omega)=\bar{\varepsilon}_{acd}\bar{E}^{ab}\bar{h}_b{}^e\bar{\varpi}_e=\bar{\varepsilon}_{acd}\bar{E}^{ae}\bar{\varpi}_e=\bar{\varepsilon}_{acd}\bar{E}^a{}_b\bar{\varpi}^b\,,$$

所以式(12-7-14)可看作把每一矢量 $\omega\in V_{i^0}$ (上式的 $\bar{\varpi}^b$ 是这个 ω 在流形 V_{i^0} 上造就的常矢量场)变为实数的线性映射, 因而定义了 V_{i^0} 上的一个对偶矢量 $P\in V_{i^0}{}^*$. 这一 P 便是从另一角度去看的 ADM 4 动量, 它对任一 $\omega\in V_{i^0}$ 的作用定义为

$$P(\omega):=\int_C\bar{\varepsilon}_{acd}\bar{E}^a_b\bar{\varpi}^b\ .\ (\text{其中 }\bar{\varpi}^b\text{ 是由矢量 }\omega\in V_{i^0}\text{ 造就的常矢量场})\qquad(12\text{-}7\text{-}18)$$

小结　ADM 4 动量既可看作 $\mathscr{T}_{\text{SPI}}$ (平移子代数)$\subset\mathscr{G}$ (SPI 李代数)上的对偶矢量 P_A, 又可看作 V_{i^0} 上的对偶矢量 P, 左右逢源, 相得益彰.

在借用 i^0 点定义了总(ADM) 4 动量后, 自然还想借它来定义时空的总角动量. 但这时遇到一些困难, 此处简述其中之一. 小节 12.6.2 曾用 10 个独立 Killing 场定义闵氏时空的 10 个守恒量, 其中前 4 个统称为总 4 动量, 不妨把后 6 个统称为总 4 角动量(相当于一个 2 阶张量), 两者可分别看作 Poincaré 李代数 $\mathscr{P}$ 的平移子代数 $\mathscr{T}$ 和洛伦兹子代数 $\mathscr{L}$ 上的对偶矢量, 即分别是从 $\mathscr{T}$ 和 $\mathscr{L}$ 到 $\mathbb{R}$ 的线性映射. 然而子代数 $\mathscr{T}$ 和 $\mathscr{L}$ 有一个重要区别: 可以在 $\mathscr{P}$ 中明确挑出一个子集并宣称它就是 $\mathscr{T}$, 但对 $\mathscr{L}$ 却不能这样做, 因为 $\mathscr{L}$ 与定义它时所用的洛伦兹坐标系的原点选择有关(参见选读 12-5-1 注 6 后). 此结论也可表述为: $\mathscr{P}$ 中不存在一个自然的、与众不同的、与洛伦兹李代数 $\mathscr{L}$ 同构的子李代数.(可见数行前"$\mathscr{P}$ 的……洛伦兹子代数 $\mathscr{L}$"的提法其实并不确切, 因为这样的子代数太多.) 要在 $\mathscr{P}$ 中挑出一个洛伦兹子代数必须先指定 4 个参数(用以确定 4 维洛伦兹坐标系的原点). 作为结果, 闵氏时空的角动量就只能是原点依赖(或说是 4 参数依赖)的. 这在物理上也很自然: 角动量当然是原点依赖的! 从闵氏时空向渐近平直时空过渡时, Poincaré 李代数 $\mathscr{P}$ 及其平移子代数 $\mathscr{T}$ 分别变为 SPI 李代数 $\mathscr{G}$ 及其超平移子代数 $\mathscr{S}$ (请注意 $\mathscr{P}/\mathscr{T}=\mathscr{L}=\mathscr{G}/\mathscr{S}$), 相应地, 要在 $\mathscr{G}$ 中挑出一个洛伦兹子代数必须先指定无限多个参数(因 $\dim\mathscr{S}=\infty$). 于是, 如果把从每个洛伦兹子代数到 $\mathbb{R}$ 的线性映射定义为一个守恒量, 这个量与我们对角动量的直观认识将非常不同, 因为它竟然依赖于一个无限多维空间的原点! 可见, 要定义出与直观理解相吻合的角动量, 首先应对这种"超平移自由性"做出适当限制, 即对 i^0 引入某种附加结构以使无限多维的 SPI 李代数 $\mathscr{G}$ 被约化为 10 维的 Poincaré 李代数. (这一约化还有另一动机, 略.) 大致地说, 这相当于对原来的物理时空提出一个附加要求: 它的外尔张量的"磁"部分 $\bar{B}_{ab}$ 的衰减要比"电"部分 $\bar{E}_{ab}$ 快出一个量级. 可以证明 Kerr 时空(一种很重要的渐近

平直时空，详见第 13 章)满足这一要求，而且若干有启发性的思辨表明(虽然还不是证明)有大量孤立体系满足这一要求. 对于满足这一要求的渐近平直时空就可借用 Poincaré 李代数定义其总角动量(含 6 个分量)，详见 Ashtekar and Hansen(1978).

[选读 12-7-2 完]

12.7.3　Bondi 4 动量

设孤立引力系统原来处于稳态，从某一时刻开始发射引力波，一段时间后重归稳态. 图 12-23 的阴影部分代表引力场源的世界管. 设 Σ_1 和 Σ_2 是类空超曲面，与引力场源分别相交于发射前和发射后. 乍看起来，Σ_1 和 Σ_2 的能量差 $E_1 - E_2$ 就是引力波带走的能量. 然而，只要 Σ_1 和 Σ_2 到无限远也保持类空，即它们伸至 i^0 点，则 E_1 和 E_2 只能是 Σ_1 和 Σ_2 的 ADM 能量，如果两者在 i^0 满足 $\hat{n}_1{}^a = \hat{n}_2{}^a$，便有 $E_1 = E_2$；如果 $\hat{n}_1{}^a \neq \hat{n}_2{}^a$，则虽然 $E_1 \neq E_2$，也只是由能量的非不变性所致(Σ_1 和 Σ_2 的 ADM 4 动量相等)，与引力波无关. 关键在于 Σ_2 截获所有引力波，由引力波携带的能量都在它上面留下印记. 要使引力波不留印记，应改用类光或渐近类光的超曲面 N (图 12-23)，它无限延伸后在 $\mathscr{I}^+$ (而非 i^0)上形成截面 C (图 12-24). 它也代表一个时刻，不过不是普通时刻而是推迟时刻 u [类似于式(12-4-16)的 u]. Bondi, van der Burg, and Metzner(1962)用坐标语言对孤立轴对称系统作了开拓性研究，他们精心选择一类坐标系 $\{u,r,\theta,\varphi\}$，其等 u 面代表类光超曲面，每一 u 值代表一个“推迟时刻”. 他们给出了 N 的质量(能量)的定义(后称 **Bondi 能量**)，记作 $E(u)$，并证明了如下等式：

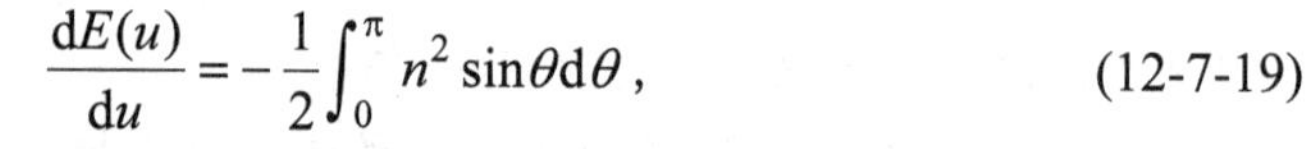

$$\frac{\mathrm{d}E(u)}{\mathrm{d}u} = -\frac{1}{2}\int_0^{\pi} n^2 \sin\theta \mathrm{d}\theta\,, \tag{12-7-19}$$

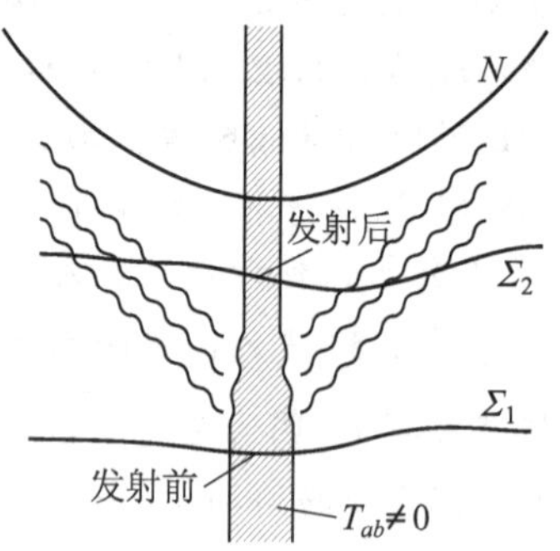

图 12-23　类空超曲面 Σ_2 截获所有引力波，因而能量与 Σ_1 的能量相等. 要讨论引力波带走的能量应考虑渐近类光超曲面 N

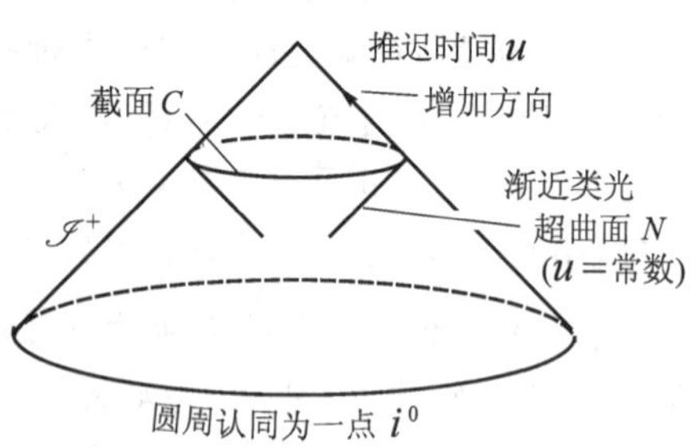

图 12-24　渐近类光超曲面 N 在 $\mathscr{I}^+$ 上形成截面 C

其中 $n(u,\theta)$ 称为**消息函数**(news function). 上式表明 $\mathrm{d}E(u)/\mathrm{d}u \leqslant 0$, 即系统的 Bondi 能量随着时间的推移而减小或不变. 可见引力波在任一推迟时间 $\mathrm{d}u$ 内带走的能量 $-\mathrm{d}E(u)$ 总是正的[有兴趣的读者可读原文或 Ray d'Inverno(1992)的详细介绍(该书第 21 章前 6 节)].

上引文章发表不久, Sachs(1962)就取消了轴对称条件并得出同样结果. 后来, 一系列作者[例如 Penrose(1965b); Winicour(1968); Geroch(1977); Geroch and Winicour(1981)]又用共形无限远概念把有关结果作了重新表述和推广, 简介如下.

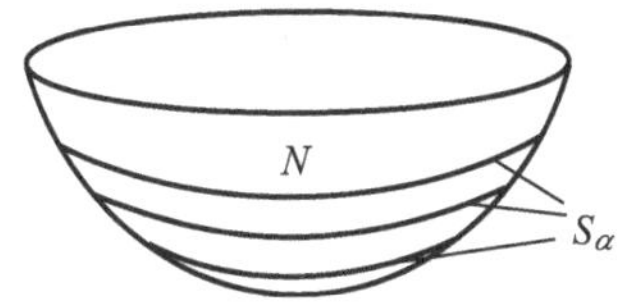

图 12-25　渐近类光超曲面 N 上的单参拓扑 2 球面族 $\{S_\alpha\}$

Komar 质量的定义式(12-7-2)中的 ξ^a 是类时 Killing 矢量场(否则不能保证积分与 S 无关), 因此对非稳态时空没有意义. 然而我们关心的是渐近平直时空的质(能)量定义, 如果使用式(12-7-2), 则积分涉及的 2 维球面 S 自然越大越好(S 越接近无限远结果越准确), 这使我们想到利用 BMS 李代数 $\mathscr{B}$ 的平移子代数 $\mathscr{T}_{\mathrm{BMS}}$ 中的时间平移元素. 设 $\hat{\xi}^a \in \mathscr{T}_{\mathrm{BMS}}$ 是 $\mathscr{I}^+$ 上的一个无限小时间平移对称性, (此处不再把 $\hat{\xi}^a$ 记作 $\hat{\xi}^A$, 否则有诸多不便.) ξ^a 是 (M,g_{ab}) 上与 $\hat{\xi}^a$ 对应的某一矢量场[(M,g_{ab}) 上的无限小渐近时间平移对称性], 自然想用这个 ξ^a 充当式(12-7-2)的 ξ^a. 由于 ξ^a 不是 Killing 矢量场, 式(12-7-2)的积分会与 S 有关, 但因为 ξ^a 越远越接近 Killing 场, 我们期望积分对 S 的依赖会越来越弱, 以致当 S "到达无限远时" 极限存在. 准确地说, 设 $\{S_\alpha\}$ 是渐近类光超曲面 N 上的、趋于 $\mathscr{I}^+$ 上某一截面 C 的单参拓扑 2 球面族(图 12-25), 则可以证明

$$E := -\lim_{S_\alpha \to C} \frac{1}{8\pi} \int_{S_\alpha} \varepsilon_{abcd} \nabla^c \xi^d \tag{12-7-20}$$

存在而且与 S_α 趋于 C 的方式无关. 但也存在如下困难: 一个 $\hat{\xi}^a$ 对应于许多等价的 ξ^a, 而且不同 ξ^a 代入式(12-7-20)求得的结果不同. 为克服这一困难, Geroch and Winicour(1981)提出在同一等价类中选 ξ^a 时要满足附加条件

$$\lim_{\to \mathscr{I}^+} \Omega^{-1} \nabla_a \xi^a = 0 , \tag{12-7-21}$$

并且证明这样的 ξ^a 一定存在. 虽然同一等价类中满足上式的 ξ^a 也不止一个, 但可以证明用它们求得的 E 相等并等于 Bondi 的 $E(u)$. 于是可把式(12-7-20)定义的 E

称为截面 C 的(或与 C 对应的推迟时刻 u 的)总能量. 对稳态时空, 设 ξ^a 是类时 Killing 矢量场, 则

$$\nabla_a \xi^a = g_{ab} \nabla^b \xi^a = g_{(ab)} \nabla^{[b} \xi^{a]} = 0 \text{, (第二步用到 Killing 方程)}$$

故条件(12-7-21)自动满足, 附加这一条件不会改变稳态时空的 Komar 质量的定义. 式(12-7-20)[连同式(12-7-21)]其实是把 $\mathscr{T}_{\text{BMS}}$ 中的时间平移元素 $\hat{\xi}^a$ 变为实数 E 的映射, 可以自然推广为线性映射 $\mathscr{T}_{\text{BMS}} \to \mathbb{R}$, 所谓推广是指 $\hat{\xi}^a \in \mathscr{T}_{\text{BMS}}$ 不再限制为时间平移而允许跑遍 $\mathscr{T}_{\text{BMS}}$. 若 $\hat{\xi}^a \in \mathscr{T}_{\text{BMS}}$ 为空间平移元素, 式(12-7-20)中的 E 就应解释为截面 C 的、与 $\hat{\xi}^a$ 的方向对应的 Bondi 3 动量分量.

根据定义, 由 $\mathscr{T}_{\text{BMS}}$ 到 $\mathbb{R}$ 的所有线性映射构成矢量空间 $\mathscr{T}_{\text{BMS}}$ 的对偶空间 $\mathscr{T}_{\text{BMS}}{}^*$, 由式(12-7-20)定义的线性映射则是 $\mathscr{T}_{\text{BMS}}{}^*$ 的一个元素, 记作 $P_A \in \mathscr{T}_{\text{BMS}}{}^*$. 与类空无限远 i^0 情况下的 ADM 4 动量 P_A 不同, 现在的 P_A 与 $\mathscr{I}^+$ 的截面 C 有关, 故宜记作 $P_A(C)$, 称为截面 C 所对应的渐近类光超曲面 N 的 **Bondi 4 动量**. 不同截面 C 的 Bondi 4 动量可以不等. 因此, 虽然一个渐近平直时空只有一个 ADM 4 动量, 却可以有无限多个(对应于无限多个截面) Bondi 4 动量. ADM 和 Bondi 能量的定义都涉及一个特殊矢量, 对前者是 $\hat{n}^a$ [见式(12-7-6)], 对后者是 $\hat{\xi}^a$ [见式(12-7-20)]. 能量是相对于参考系而言的. 给定 Σ_t 后自然挑出了一类特殊参考系, 即观者世界线处处同 Σ_t 正交的参考系, $\hat{n}^a$ 可解释为这类参考系的观者 4 速在无限远的极限. 因此, 用 $\hat{n}^a$ 与 P_a 的缩并所定义的 ADM 能量[式(12-7-6)]可解释为 Σ_t 相对于这类特殊参考系的能量. 然而这种做法不适用于 Bondi 能量, 因为超曲面 N 的渐近类光性使观者 4 速(N 的单位法矢)的极限为类光矢量, 却又不切于 $\mathscr{I}^+$ (参看图 12-26), 不能充当式(12-7-20)所需的 $\hat{\xi}^a$. 于是在谈及 N 的 Bondi 能量时还要指明用 $\mathscr{T}_{\text{BMS}}$ 的哪一个时间平移元素 $\hat{\xi}^a$. 为明确起见, 我们把 Bondi 能量记作 $E_{\hat{\xi}}(C)$, 其中下标指明所用的渐近时间平移 $\hat{\xi}^a$. 设 N_1 和 N_2 是分别对应于截面 C_1 和 C_2 的两个渐近类光超曲面(相应的推迟时刻满足 $u_2 > u_1$), 取定一个渐近时间平移 $\hat{\xi}^a \in \mathscr{T}_{\text{BMS}}$, 则 N_1 和 N_2 相对于 $\hat{\xi}^a$ 的 Bondi 能量分别为

$$E_{\hat{\xi}}(C_1) = -\lim_{S_\alpha \to C_1} \frac{1}{8\pi} \int_{S_\alpha} \varepsilon_{abcd} \nabla^c \xi^d, \qquad E_{\hat{\xi}}(C_2) = -\lim_{S_\alpha \to C_2} \frac{1}{8\pi} \int_{S_\alpha} \varepsilon_{abcd} \nabla^c \xi^d .$$

上引文献证明 $\mathscr{I}^+$ 上存在函数 $f \geqslant 0$ 使

$$E_{\hat{\xi}}(C_1) - E_{\hat{\xi}}(C_2) = \int_V f , \tag{12-7-22}$$

其中V是$\mathscr{I}^+$上介于C_1和C_2之间的3维开域(图12-26). 由式(12-7-22)可知f的正定性保证$E_{\hat{\xi}}(C_1)-E_{\hat{\xi}}(C_2)\geqslant 0$, 从而保证引力波带走的能量总是正的.

最后讨论Bondi能量同ADM能量的关系. 首先遇到如下问题: Bondi 4动量和ADM 4动量虽然都是矢量, 但属于不同矢量空间, 如何比较? 幸好, Ashtekar and Magnon-Ashtekar(1979)证明了如下结论: ①$\mathscr{I}^+$上的BMS李代数的4维平移子代数$\mathscr{T}_{\text{BMS}}$与i^0的切空间存在自然的同构关系, 从而使上述比较成为可能; ②设$\hat{\xi}^a\in\mathscr{T}_{\text{BMS}}$是$\hat{n}^a\in V_{i^0}$的对应元素, $E_{\hat{n}}\equiv -P_a\hat{n}^a$是与$\hat{n}^a$相应的ADM能量, V_1是$\mathscr{I}^+$上介于截面C_1与i^0之间的3维开域, 则只要$\int_{V_1}f$有限, C_1的Bondi能量与ADM能量之差便为$E_{\hat{\xi}}(C_1)-E_{\hat{n}}=-\int_{V_1}f$, 注意到式(12-7-22)及其物理解释, 上式的物理意义自明. 虽然上引文献对两种4动量的关系给出了明确的回答, 但这一问题至今仍在不断研究中. 关键原因是渐近平直时空存在不同的定义. 物理地说, 从某个“渐近平直”的3维流形上的初值出发按爱因斯坦方程演化而得的4维时空(见§14.5)应该是个渐近平直时空, 但它与Ashtekar定义的渐近平直时空是否等价却仍不清楚. 如果把这种演化结果看作渐近平直时空, 其Bondi和ADM 4动量的关系是否也像刚才的结论那样简单?初步答案可能是“只怕未必”. 这是一个难度颇高、至今仍在探讨中的研究课题.

12.7.4　正能定理

在牛顿引力论中, 由于势能为负, 任何引力束缚系统都有负的总能量. 然而, 如果广义相对论中也存在总能为负的孤立体系, 就会导致物理上十分奇怪的结果. 在相对论中负能意味着负质量, 负能体系对其他物体将是排斥而非吸引. 更有甚者, 引力辐射从体系带走正能导致体系能量下降, 但体系总能为负意味着体系总能可以无限减少(无下界), 从而外界可从体系获取无穷无尽的能量. 以上考虑使人猜测广义相对论中孤立体系的总能必定为正(或零). 这在1981年前一直被称为“正能猜想”, 其证明十分困难. Schoen和Yau(丘成桐, 美籍华人数学家, Yau是“丘”的粤语音译)在1981年率先证明了ADM能量的正定性, 于是正能猜想升格为正能定理. 总能的正定性只在时空满足某些合理条件时方可成立. 例如, 施瓦西时空的ADM能量等于其参数M, 作为真空爱因斯坦方程解的积分常数, M可正可负, 于是$M<0$的施瓦西时空(也渐近平直)的总能$E=M<0$. 这一非正定性可归咎于时空的奇性(及其非整体双曲性), 可见正能定理的条件应包括无奇性的要求. 然而只有这一条件还不足以保证总能非负. 设想用适当物质场填满$M<0$的施瓦西时空中$r<r_0$(某正数)的区域以使$r=0$处的奇性消失, 并使所得新时空与原时空有相同的渐近几何, 则新时空的总能$E'=E=M<0$. 然而, 如果正能定理的条件只有“无

奇性”一条, 则新时空无奇性又导致 $E'>0$ 的矛盾. 为了看出正能定理除“无奇性”外的条件, 可做如下讨论. 对渐近平直的非真空时空, 总能量还包含物质场的贡献. 如果物质场的能量密度允许为负, 就存在这样的系统, 其总能中来自引力场的贡献远小于来自物质场的贡献, 因而总能为负. 事实上, 在上面关于 $M<0$ 的施瓦西时空的例子中, 为了在 $r=r_0$ 处与外部度规连续地(更不要说光滑地)衔接, 物质场的能量密度 ρ 就不可能处处为正[由式(9-3-10)可知 $\rho(r)$ 处处为正的理想流体必有 $M\geqslant 0$]. 正是这一事实(代替了原时空有奇性的事实)导致总能 $E'<0$. 可见正能定理还应有另一条件, 即能量密度处处非负. 这一条件称为弱能量条件, 准确陈述是“任何观者测得的能量密度都非负”. 事实上正能定理所要求的能量条件是比弱能量条件更强的所谓主能量条件(详见附录 D). Schoen 和 Yau 所证明的正能定理的大意是: 如果渐近平直时空① 没有奇异性; ②物质场的能动张量满足主能量条件, 则其 ADM 能量必大于或等于零(等号只对闵氏时空成立).

证明正能定理的关键困难在于已知条件(能量条件)是关于局域定义的 T_{ab} 的一个不等式, 而待证结论则涉及整体定义的总能量, 而且有关量之间的联系又是复杂的、非线性的爱因斯坦方程. Schoen and Yau 的证明思路与奇性定理类似. 证明奇性定理的大致思路是反证法: 假定时空测地完备, 就可构造一条最长的完备测地线, 然后证明这与能量条件矛盾. Schoen and Yau 的证明也用反证法: 先假定 ADM 总能为负, 再构造一个最小面积的 2 维面, 然后证明这与主能量条件矛盾. 就在这一证明发表的同年(1981)稍后, Witten 发表了用完全不同手法的另一(大为简化的)证明, 他利用一个 2 分量旋量 α^A 把总能表为一个 3 维积分, 并直接证明这积分为正(或零). 不过, 因为 α^A 的存在性依赖于渐近条件, 所以不能把被积函数解释为局域能量密度.

在 ADM 能量正定性被证明后, 人们又乘胜追击, 不久就证明了在满足条件① 和②时 Bondi 能量的正定性. 不过, 由于引力波的存在会导致引力场衰减速率可能不够等问题, 若干学者认为这一证明的严密性不如 Schoen and Yau 对 ADM 能量正定性的证明那样无懈可击, 有关研究仍在不断进行之中.

正能定理的物理意义可以简述为: 根据广义相对论, (满足适当条件的)孤立体系的总能必定为正(或零), 而且这一数值等于体系可以(以引力波的方式)辐射出去的能量的上限. 然而, 定理的条件①把包含黑洞的时空置于定理的适用范围之外, 这自然不是人们希望的. 事实上, 所有 $M>0$ 的施瓦西时空(黑洞)显然都有正能. 进一步说, 人们相信在广义相对论中孤立体系的总能为正的一个物理动机正是: 如果设法压缩体系以使引力势能负得更甚, 最终必将得到黑洞, 而黑洞的总能很可能为正. 因此条件①的打击面太宽. 人们希望把条件①削弱以使定理适用于含黑洞的各种渐近平直时空. 如能把定理条件削弱为“在事件视界外(无奇性)满足主能量条件”, 自然最好不过. 然而, 因为事件视界是全局性概念(涉及无限远), 无从用局域条件决定, 从上述弱化条件出发证明能量的正定性变得非常困难. 不过后来还是找到了一种与上述弱化条件非常接近的条件并由此出发证明了总能的正定性, 实质上无非是以表观视界(见下册第 16 章)取代事件视界. 正能定理的这一新提法是: 若物质场在表观视界外满足主能量条件, 则 ADM 能量和 Bondi 能量必大于或等于零.

Penrose 早在 1973 年就提出过一个猜想, 粗略地可表述为: 含黑洞的渐近平直时空的 ADM 能量 M 与黑洞的事件视界的总面积 A 的关系满足 $M \geqslant \sqrt{A/16\pi}$. 这是比正能定理更强的不等式, 同宇宙监督假设(见附录 E)有密切联系. 经过若干学者长时间的努力, 这一猜想的一个重要特殊情况已于 1997 及 1999 年先后被证实, 其中后者对含任意个(而不像前者那样只含一个)黑洞的时空给出了证明. 这一特殊情况称为 Riemannian Penrose 不等式, 式中的 A 是表观视界(而不是事件视界)的面积, 两种视界的关系见第 16 章. 然而 Penrose 猜想的最一般形式的证明则仍在继续探索中, 见 Bray and Chrusciel(2006).

习　题

~1. 试证类光测地线在共形变换 $\tilde{g}_{ab} = \Omega^2 g_{ab}$ 下的仿射参数变换关系为

$$\frac{\mathrm{d}\tilde{\lambda}}{\mathrm{d}\lambda} = c\Omega^2 . \quad [c \text{ 为非零常数, 见式(12-1-6).}]$$

2. 设 α 是 2 维广义黎曼空间 (M, g_{ab}) 上(局域定义)的谐和函数, 即 $\nabla^a\nabla_a\alpha = 0$, ε_{ab} 是与 g_{ab} 适配的体元, 试证 1 形式场 $\omega_a \equiv \varepsilon_{ab}\nabla^b\alpha$ 为闭(这是命题 12-1-6 证明中的第一步).

~3. 设 g_{ab} 和 $\tilde{g}_{ab}$ 是 4 维流形 M 上的两个互相共形的度规, $\tilde{g}_{ab} = \Omega^2 g_{ab}$, 试证 F_{ab} 关于 g_{ab} 为无源电磁场当且仅当 F_{ab} 关于 $\tilde{g}_{ab}$ 为无源电磁场, 即

$$\nabla^a F_{ab} = 0\,, \nabla_{[a}F_{bc]} = 0 \Leftrightarrow \tilde{\nabla}^a F_{ab} = 0\,, \tilde{\nabla}_{[a}F_{bc]} = 0 .$$

注　设 ψ 是 M 上的张量场, $f(\psi, g_{ab}) = 0$ 是 ψ 在度规 g_{ab} 下的运动方程. 此方程称为**共形不变的**, 若 $\exists s \in \mathbb{R}$ (称为**共形权重**)使 $\tilde{\psi} \equiv \Omega^s\psi$ 满足 $f(\tilde{\psi}, \tilde{g}_{ab}) = 0$ 当且仅当 ψ 满足 $f(\psi, g_{ab}) = 0$. 可见 4 维时空的无源麦氏方程是共形不变的, 而且共形权重 $s = 0$. 请注意 n 维时空($n \neq 4$)的无源麦氏方程并非是共形不变的.

~4. 试证 2 维广义黎曼空间的爱因斯坦张量为零. 注: 这本是第 3 章习题 17, 用该题的提示可证. 但若用本章的命题 12-1-6 和式(12-1-9)、(12-1-10), 则证明更简洁.

5. 设 $\tilde{\Gamma}^c{}_{ab}$ 是 $\tilde{\nabla}_a$ 在选读 12-4-2 证明中所用坐标系 $\{\Omega, u, \theta, \varphi\}$ 的克氏符, 试由 Bondi 规范条件 $\tilde{\nabla}_a\tilde{\nabla}_b\Omega\,|_{\mathscr{I}^+} = 0$ 导出 $\tilde{\Gamma}^c{}_{ab}(\mathrm{d}\Omega)_c\,|_{\mathscr{I}^+} = 0$, 并由此证明 $\tilde{g}_{uu}$, $\tilde{g}_{u\theta}$, $\tilde{g}_{u\varphi}$, $\tilde{g}_{u\Omega} - 1$ 在 $\mathscr{I}^+$ 附近以 $\mathrm{O}(\Omega^2)$ 的速率趋于零.

~6. 试证 $\Gamma^{ab}{}_{cd}$ 与共形规范的选择无关, 详见 §12.5 的必读部分.

*7. 把 4 维闵氏时空看作渐近平直时空.

(a) 试证式(12-2-9)的 Ω 不满足 Bondi 的规范条件, 即 $\Phi|_{\mathscr{I}^+}=0$.

(b) 找出适当函数 ω 使 $\Omega'\equiv\omega\Omega$ 满足 Bondi 规范条件.

(c) 设 $\mathbb{R}^4$ 上的矢量场 ξ^a 在 $\{v,u,\theta,\varphi\}$ 系[v,u 由式(12-2-6)定义]的坐标基展开式为

$$\xi^a=f\left(\frac{\partial}{\partial u}\right)^a+\frac{v}{2r^2}\frac{\partial f}{\partial\theta}\left(\frac{\partial}{\partial\theta}\right)^a+\frac{v}{2r^2\sin^2\theta}\frac{\partial f}{\partial\varphi}\left(\frac{\partial}{\partial\varphi}\right)^a,$$

[其中 $f\equiv f(\theta,\varphi)$ 为任意 C^∞ 函数.] 试证 ξ^a 给出一个无限小超平移 $\hat{\xi}^a$, 即 $\hat{\xi}^a\in\mathscr{S}$. 提示:用(b)求得的 $n'^a|_{\mathscr{I}^+}$ 表出 $\hat{\xi}^a\equiv\xi^a|_{\mathscr{I}^+}$, 立即看出 $\hat{\xi}^a\in\mathscr{S}$.

(d) 令 $n^a\equiv\tilde{g}^{ab}\tilde{\nabla}_b\Omega,\ n'^a\equiv\tilde{g}'^{ab}\tilde{\nabla}'_b\Omega'$, 其中 $\Omega'\equiv\omega\Omega,\ \tilde{g}'_{ab}\equiv\omega^2\tilde{g}_{ab},\ \omega$ 是(b)中找到的函数 ω . 试找出函数 α 和 α' 使(c)中的 $\xi^a=\alpha n^a=\alpha' n'^a$, 并验证 $n^a\tilde{\nabla}_a\alpha\neq 0,\ n'^a\tilde{\nabla}'_a\alpha'=0$.

(e) 求出 $\hat{\xi}^a$ 在 Ω 和 Ω' 代表的两种规范中对应的函数 K 和 K' , (即 $\mathscr{L}_{\hat{\xi}}n^a=-Kn^a$, $\mathscr{L}_{\hat{\xi}}n'^a=-K'n'^a$.) 你应发现沿类光母线 K 不是常数而 K' 是常数(且 $K'=0$).

~8. 试证式(12-6-3), 即 $(\mathrm{d}^*J)_{abcd}=(\nabla_e J^e)\varepsilon_{abcd}$.

~9. 试证式(12-6-11)可改写为(12-6-12).

10. 用式(12-6-12)计算静态球对称带电恒星的电荷(结果应等于星外 RN 度规的参量 Q).

11. 试证麦氏方程的对称化形式 $\mathrm{d}^*\boldsymbol{F}=4\pi^*\boldsymbol{J}$ 和 $\mathrm{d}\boldsymbol{F}=4\pi^*\hat{\boldsymbol{J}}$ 在 $(\boldsymbol{F},{}^*\boldsymbol{F})$ 及 $(\boldsymbol{J},\hat{\boldsymbol{J}})$ 同时做对偶变换[式(12-6-13)和(12-6-18)]后保持不变.

~12. 孤立静态球对称恒星电荷为 Q , 磁荷 $\hat{Q}=0$, 星外电磁场为 $\boldsymbol{F}$. 以 $\boldsymbol{F}'$ 代表对 $\boldsymbol{F}$ 做角度为 α 的对偶变换所得的电磁场, 求恒星相应于 $\boldsymbol{F}'$ 的电荷 Q' 和磁荷 $\hat{Q}'$.

~13. 以 M 代表施瓦西时空的质量参数, 试证该时空的 Komar 质量 $M_{\mathrm{K}}=M$. 提示:令 $\omega_{ab}\equiv\varepsilon_{abcd}\nabla^c\xi^d$, 则有 μ 使 $\tilde{\omega}_{ab}=\mu\varepsilon_{ab}$. 与 ε^{ab} 缩并, 把式中的 $\nabla_{[c}\xi_{d]}$ 改写为 $\partial_{[f}\xi_{e]}$, 再用 $(\mathrm{d}t)_e$ 表出 ξ_e , 便得 $\mu=-2Mr^{-2}$.

14. 试证 RN 时空的 Komar 质量

$$M_{\mathrm{K}}\equiv\lim_{r\to\infty}\left(M-\frac{Q^2}{r}\right)=M,$$

其中 M 和 Q 分别为该时空的质量和电荷参数.

15. 试证用式(12-7-5)对施瓦西度规求得的 E 等于该度规的参数 M (详见正文).

*16. 设 $\mathscr{R}$ 是闵氏时空的一个惯性系, 试证该系中的静止点电荷 q 在两个不同时刻($\mathscr{R}$ 系的同时面 Σ_{t_1} 和 Σ_{t_2})所发的所有电场线对应于 V_{i^0} 的类时超曲面 K 的同一截面 C.

第 13 章　Kerr-Newman(克尔-纽曼)黑洞

本章介绍相对论天体物理学中异常重要的 Kerr-Newman(KN)度规. 这是一个 3 参数度规族, 参数 M, J 及 Q 可分别解释为星体的质量、角动量及电荷, 当 $J=0$ 时退化为 Reissner-Nordstrom(RN)度规. 由于 RN 度规同 KN 度规有不少共性, 又比后者简单得多, 我们在第一节先介绍 RN 黑洞.

§13.1　Reissner-Nordstrom(RN)黑洞

§8.4 曾导出 RN 度规

$$\mathrm{d}s^2 = -\left(1-\frac{2M}{r}+\frac{Q^2}{r^2}\right)\mathrm{d}t^2+\left(1-\frac{2M}{r}+\frac{Q^2}{r^2}\right)^{-1}\mathrm{d}r^2+r^2(\mathrm{d}\theta^2+\sin^2\theta\,\mathrm{d}\varphi^2), \quad (13\text{-}1\text{-}1)$$

它描述静态球对称带电星体的外部几何. 由于星体内部并非电磁真空, RN 解对星体内部不适用. 然而, 同施瓦西解的讨论类似, 我们仍对下述问题感兴趣: 若 RN 解对所有 $r>0$ 值都成立, 时空的情况如何? 首先, 因为 r 出现于分母中, $r=0$ 是线元(13-1-1)的奇点. 计算表明 RN 度规是类时测地完备而类光测地不完备的, 那些不完备类光测地线(只能是径向的)都伸向 $r=0$ (而且趋近 $r=0$ 时存在 s.p.曲率奇性), 因此 $r=0$ 按定义是时空奇性. 其次, 若函数 $f(r)\equiv 1-2M/r+Q^2/r^2$ 有零点, 则线元(13-1-1)还有其他奇性. 能使 $f(r)$ 为零的 r 值满足

$$r_{\pm}=M\pm\sqrt{M^2-Q^2}\,, \quad (13\text{-}1\text{-}2)$$

所以应分三种情况讨论. ①若 $M^2<Q^2$, 则 $f(r)$ 无(实)零点, 这种 RN 时空只有一个奇性, 即时空奇性 $r=0$. ②若 $M^2>Q^2$, 则除 $r=0$ 外还有 $r=r_+$ 和 $r=r_-$ 两个奇性. 同施瓦西解类似, 它们也是坐标奇性(证明见选读 13-1-2). ③ 若 $M^2=Q^2$, 上述两个奇性合而为一.

实际星体常有 $M^2>>Q^2$, 因此我们只讨论 $M^2>Q^2$ 的情况. 函数 $f(r)$ 有两个零点使 Reissner-Nordstrom 时空的延拓比施瓦西时空更为复杂. 图 13-1 是由计算和讨论(详见选读 13-1-2)所得到的 Reissner-Nordstrom 最大延拓时空的 Penrose 图, [只适用于 $M^2>Q^2$, 其他两种情况的 Penrose 图见 Hawking and Ellis(1973)图 26.] 它可看作由一个单元出发沿竖直方向无限重复的结果. 无限重复是为保证除到达时空奇点 $r=0$ 的测地线外所有测地线的完备性. 看图时应充分利用 Penrose 图 的优

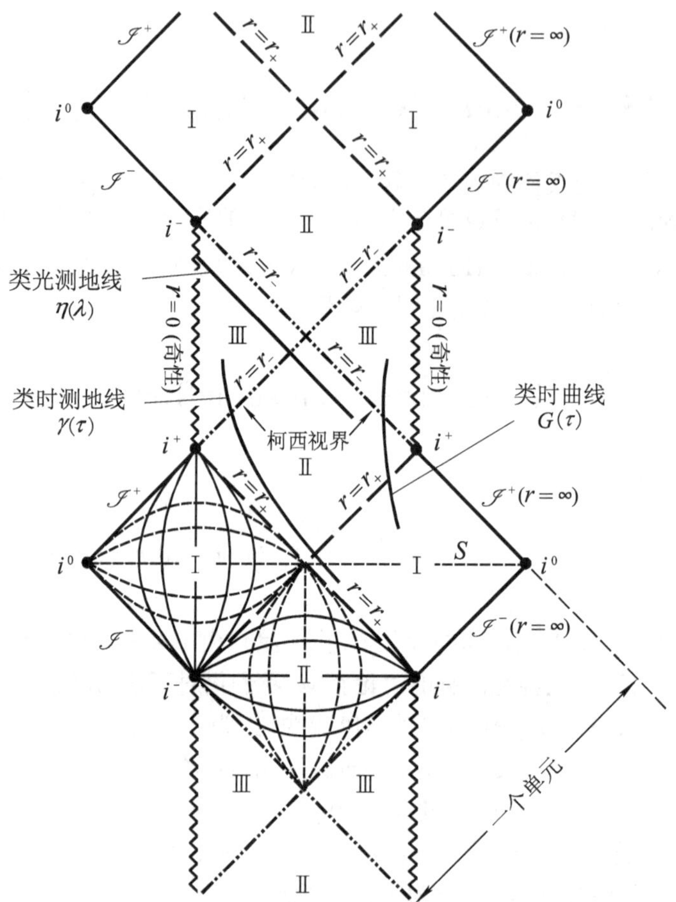

图 13-1 $M^2 > Q^2$ 的 RN 最大延拓时空的 Penrose 图(上下可无限延伸).
左、下方 I, II 型区内的实、虚线分别代表等 r 线和等 t 线

越性——(球对称的)类光超曲面和径向类光测地线表现为 45° 斜直线. 我们从图中标出的那个单元开始介绍. 该单元含有三种不同类型的时空区, 称为 I, II, III 型区. I 型区满足 $r>r_+$, II 型区满足 $r_-<r<r_+$, III 型区满足 $0<r<r_-$. I 型区和 III 型区都有 $g_{ab}(\partial/\partial t)^a(\partial/\partial t)^b \equiv g_{00}<0$, 即 Killing 矢量场 $(\partial/\partial t)^a$ 类时, 故为稳态区. 反之, II 型区有 $g_{00}>0$, 即 Killing 矢量场类空. 由于不存在类时 Killing 矢量场, II 型区不是稳态区. 每个 III 型区都有时空奇性 $r=0$. 与施瓦西奇性不同, RN 奇性是类时的. (在 Penrose 图中为一竖直线, 与超曲面类比可知为类时. 然而奇点不属于时空流形, 时空度规 g_{ab} 在奇性处无定义, 严格说对奇性的类时性应另给定义. 可参见 §E.3 之末.) I 型区与施瓦西最大延拓时空(图 12-9)的 A 和 A′ 区十分类似(也是渐近平直区), 也有自己的共形无限远 $\mathscr{I}^{\pm}$, $i^{\pm}$, i^0, 并在代表 $r=r_+$ 的斜直线(类光超曲面)处

与 II 型区相毗邻. I 型区中的任一观者(指向未来类时线)一旦穿过 $r=r_+$ 面进入 II 型区就再也不能回到原来的 I 型区, 因此这个面类似于施瓦西时空的 $r=2M$ 面, 称为 I 型区的事件视界(于是 $M^2>Q^2$ 的 RN 时空含有黑洞). 由于 RN 奇性的类时性, 观者进入 II 型区后有丰富得多的选择性. 对于施瓦西时空中开着飞船进入黑洞区 B 的观者, 无论他让飞船熄火(因而走测地线)还是开足马力, 总躲不过掉入奇点 $r=0$ 的结局. 反之, 计算表明, RN 时空中到达奇性 $r=0$ 的类时线必定不是测地线[但存在到达 $r=0$ 的类光测地线, 例如图中的 $\eta(\lambda)$.] 因此从 I 型区进入 II 型区的观者如果让飞船熄火就一定不会触及奇性, 在穿越 II 型区并进入 III 型区后[图中的 $\gamma(\tau)$]将安全进入下个 II 型区(并将穿过 $r=r_+$ 而从下个 I 型区冒出来). 或者, 从 I 型区进入 II 型区的观者也可开动发动机从而沿类时非测地线[图中的 $G(\tau)$]穿越 II 型区进入 III 型区, 并在不触及奇性的情况下进入下个 II 型区和 I 型区. 读者自然要问: 如果愿意, 他是否也可借助发动机选择类时非测地线到达奇性并终结其在时空中的存在? 答案是出乎意料地否定的. 并非不存在到达奇性的类时非测地线, 而是原则上不存在任何观者, 他能沿这种线到达 $r=0$. 这是由 Chakrabarti, Geroch, and Liang(1983)指出的, 该文要点如下: 类时测地线和类时非测地线的表现很不相同, 例如, 闵氏时空存在着起于 $\mathscr{I}^-$ 或止于 $\mathscr{I}^+$ 的类时非测地线, 却不存在起于 $\mathscr{I}^-$ 或止于 $\mathscr{I}^+$ 的类时测地线(见命题 12-2-1); RN 时空存在着到达奇性的类时非测地线, 却不存在到达奇性的类时测地线, 等等. 由于类时测地线代表自由下落质点而类时非测地线代表非自由下落质点, RN 时空存在到达奇点的类时非测地线一事似乎表明至少有些观者可以借助飞船到达奇点, 然而问题并非如此简单. 任一飞船的燃料总是有限的, 它不能经历任意的类时非测地线. 在这个意义上说, 类时非测地线又可分为两个子类: 物理上可经历的和物理上不可经历的. 该文证明物理上可经历的类时非测地线的充要条件是该线的 4 加速的长度 $a\equiv(g_{ab}A^aA^b)^{1/2}$ 沿线的积分 $\int a\mathrm{d}\tau$ 为有限值(τ 为固有时), 并进一步证明: ①所有到达 RN 奇点的类时非测地线的 $\int a\mathrm{d}\tau$ 都无限; ②所有到达闵氏时空(以及任意渐近平直时空)的 $\mathscr{I}^+$ 的类时非测地线的 $\int a\mathrm{d}\tau$ 都无限. 由此可得结论: RN 时空的奇点和渐近平直时空的未来类光无限远都是物理上不可到达的.

RN 奇性的类时性表明 RN 最大延拓时空不是整体双曲的: 它没有柯西面(见 §11.5). 从一定意义上说, 最有可能成为柯西面的要算是图 13-1 中的水平面 S, 然而由图可见它只是由它所在的两个 I 型区和两个相邻 II 型区组成的子时空(斜置正方形)的柯西面. 斜置正方形与 III 型区的边界 $r=r_-$ 就是 S 的柯西视界(§11.5), 某些文献称之为**内视界**(inner horizon). 这一柯西视界的存在给物理学家带来严重问题: 物理可预言性在柯西视界以外的时空区域(暂且简称界外区)将被破坏殆尽, S 面上的全部初始条件不足以预言界外区将会发生什么, 从类时奇性所在处可能发出的信号(例如定时炸弹)使界外区随时随地可能发生无从预料的任何物理事件. 此外, 这一柯西视界的特点还导致它的严重不稳定性, 在微扰下 RN 黑洞内的几何情况将与图 13-1 非常不同, 详见选读 13-1-1.

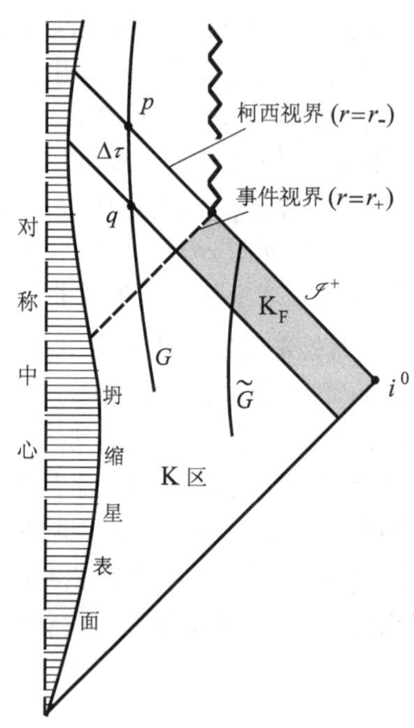

图 13-2　观者 G 在跨越柯西视界 $r=r_-$ 前无论多么短的时间内都能看到 K 区的全部“未来历史”

[选读 **13-1-1**]

与最大延拓的施瓦西时空(图 9-13)类似, 最大延拓的 RN 时空(图 13-1)也不大可能是物理上真实的时空. 然而, 图 13-1 的一部分在讨论球对称带电星体晚期坍缩成 RN 黑洞时有重要意义: 坍缩星的外部几何仍由 RN 度规描述. (图 13-2, 其中 K 区代表坍缩星外及事件视界 $r=r_+$ 以外的时空区.) 注意到尺度在 $\mathscr{I}^+$ 处作过无限大的压缩, 便会发现柯西视界($r=r_-$)十分异乎寻常. 设观者 G 的世界线与柯西视界交于 p, 线的一小段 qp 的固有时间为$\Delta\tau$. 过 q 作与 $\mathscr{I}^+$ 平行的直线, 便可定出 K 区的一个子集 K_F (图中的暗灰细长方形). $\Delta\tau$ 越小则 K_F 越“窄”, 但其内部各事件都在 $\mathscr{I}^+$ 附近, 所以 K 区中任一观者 $\widetilde{G}$ 的世界线与 K_F 的相交段都包含着 $\widetilde{G}$ 的全部“未来历史”(对应于无限长固有时间), 可见 G 在到达柯西视界前无论多么短的一段时间内总能看到 K 区的全部未来历史. 柯西视界的一个更为特别的问题则是由“无限蓝移”所导致的不稳定性. 人们更关心的是旋转星体(非球对称)的晚期坍缩, 其最终形成的稳态黑洞不是 RN 黑洞而是 Kerr-Newman 黑洞(见 §13.6). 与这种坍缩相伴随的引力波在柯西视界将出现无限蓝移并使之变得不稳定. 由于非球对称坍缩非常复杂, 又由于人们相信 Kerr-Newman 黑洞与 RN 黑洞在因果结构和视界结构上非常类似, 所以, 作为研究非球对称坍缩的第一步(突破口), 人们曾研究过如下的理想化模型: 星外时空由经受微扰的"RN 度规"描写, 这微扰来自交叉流动的入射和出射光子流(或静质量为零的其他粒子流). 为了帮助读者理解光子流的无限蓝移, 我们以球对称坍缩星(外部为 RN 度规)为例作一粗略说明(图 13-2). 设 K 区中的观者 $\widetilde{G}$ 向 G 发光, 由于尺度在 $\mathscr{I}^+$ 处的无限压缩, $\widetilde{G}$ 世界线限于 K_F 内的一段对应于无限大的固有时间. 这段时间内所发的无限多个波峰只能挤在 G 线的有限长度 qp 段内, 可见 G 收到的光的周期在趋于 p 时趋于零, 相应于无限蓝移. 这一异常表现导致柯西视界的高度不稳定性: 微弱的入射波(向左)在柯西视界附近的频率(因而能量)无限增大[称为**质量暴涨**(mass inflation)], 使柯西视界很可能成为新的曲率奇性所在处. 可见原本类时的 RN 奇性是不稳定的, 它在微扰下很可能变得类光(甚至类空). 观者 G 在与柯西视界相交前的一瞬间, 在看到他曾经生活于其中的"宇宙"(指 K 区)的全部未来历史在眼前闪过之后落入这一新奇点. Poisson and Israel(1990)写道: "柯西视界是一堵终极性的砖墙, 时空演化至此被迫终止." RN 黑洞的事件视界以内的时空几何因而变得面目全非, 然而 K 区(即坍缩星外和事件视界外)的观者则对此毫无察觉, 在他们看来, 时空几何仍由静态 RN 度规描述. **[选读 13-1-1 完]**

[选读 13-1-2]

本选读介绍 $M^2 > Q^2$ 的 RN 时空最大延拓(图 13-1)的获得. RN 线元(13-1-1)的前 2 维可表为

$$d\hat{s}^2 = -f(r)dt^2 + f(r)^{-1}dr^2 = f(r)[-dt^2 + f(r)^{-2}dr^2]$$

$$= f(r)(-dt^2 + dr_*{}^2) \tag{13-1-3}$$

其中乌龟坐标 r_* 由下式定义:

$$\frac{dr_*}{dr} = f(r)^{-1} = \left(1 - \frac{2M}{r} + \frac{Q^2}{r^2}\right)^{-1}. \tag{13-1-4}$$

积分上式得

$$r_*(r) = r + C + \frac{1}{2\beta}\ln\frac{|r - r_+|}{2M} - \frac{\alpha}{2\beta}\ln\frac{|r - r_-|}{2M}, \tag{13-1-5}$$

其中 C 为积分常数, $\beta \equiv (r_+ - r_-)/2r_+{}^2$, $\alpha \equiv (r_-/r_+)^2$. 易见 $\beta > 0$ 和 $1 > \alpha > 0$. 由式

(13-1-5)可知函数 $r_*(r)$ 在 r 从 0 增至 ∞ 时有以下表现：在 $r\in[0,r_-)$ 段内从某值 $r_*(0)$ 单调增至 $+\infty$；在 $r\in(r_-,r_+)$ 段内从 $+\infty$ 单调减至 $-\infty$；在 $r\in(r_+,\infty)$ 段内从 $-\infty$ 单调增至 $+\infty$. 选积分常数 C 使 $r_*(0)=0$. 把 $f(r)=r^{-2}(r-r_+)(r-r_-)$ 代入式(13-1-3)得

$$\mathrm{d}\hat{s}^2=r^{-2}(r-r_+)(r-r_-)(-\mathrm{d}t^2+\mathrm{d}r_*{}^2)\,, \tag{13-1-6}$$

可见 $\mathrm{d}\hat{s}^2$ 在 $r=r_+$ 及 $r=r_-$ 处奇异(退化)，因而暂时把三种类型的区域作为互不连通的流形讨论.取定一个 I 型区作为延拓的出发区，并称之为 A 区.仿照施瓦西时空的做法，在 A 区定义新坐标 V,U：

$$V=\mathrm{e}^{\beta(r_*+t)},\quad U=-\mathrm{e}^{\beta(r_*-t)},\quad (\text{故 A 区有}\infty>V>0,\ 0>U>-\infty) \tag{13-1-7a}$$

则线元(13-1-6)改写为

$$\mathrm{d}\hat{s}^2=-\beta^{-2}(2M)^{1-\alpha}r^{-2}(r-r_-)^{1+\alpha}\mathrm{e}^{-2\beta(r+C)}\mathrm{d}V\mathrm{d}U\,, \tag{13-1-8}$$

上式在 $r=r_+$ 处不再奇异，可见式(13-1-6)的奇性 $r=r_+$ 只是坐标奇性. 为便于画图，仿照 §12.3 用正切函数把施瓦西无限远($r=\infty$)“拉近”的做法，即定义 V' 和 U' 使

$$V=\tan V',\quad U=\tan U'.\ (\text{对A 区有 }\pi/2>V'>0,\ 0>U'>-\pi/2) \tag{13-1-9}$$

A 区在 $\{V',U'\}$ 系的形状及各坐标在四条边界线上的数值可提前参见图 13-3. 既然 $r=r_+$ 不再奇异，就可把线元(13-1-8)越过 bc 段和 cd 段延拓出去. 暂时只看 bc 段，因其 $U=0$，越过它作延拓就是允许 U 的取值范围从 $0>U>-\infty$ 拓宽至 $\infty>U>-\infty$. 在延拓部分仍用式(13-1-9)定义 V' 和 U'，则也可说这延拓是允许 U' 从 $0>U'>-\pi/2$ 拓宽至 $\pi/2>U'>-\pi/2$. 于是式(13-1-8)的定义域从 A 区拓展为

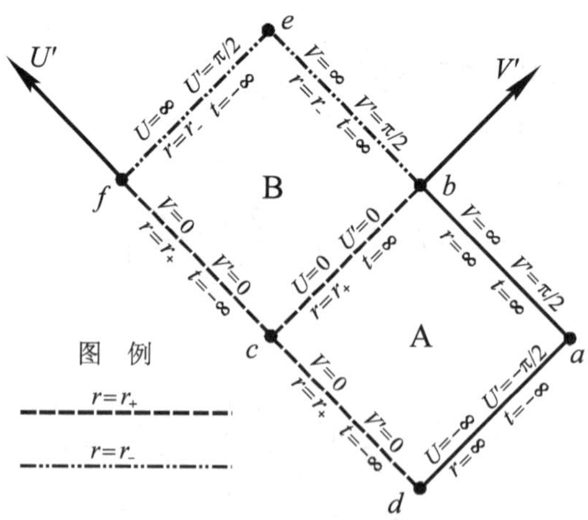

图 13-3　从 A 区出发越过 $U=0$ 延拓得 AB 区

AB 区, 其定义是

$$\text{AB区} \equiv \text{A区} \cup bc\text{段} \cup \text{B区}. \text{(其中 B 区由图 13-3 界定)}$$

在 B 区从 V, U 出发按下式定义 t, r:

$$V = \mathrm{e}^{\beta(r_* + t)}, \quad U = \mathrm{e}^{\beta(r_* - t)}, \tag{13-1-7b}$$

则 B 区在 $\{t,r\}$ 系的线元仍为式(13-1-6), 而且从 B 区边界的 r 值可知 B 区是个 II 型区. 为进一步消除式(13-1-8)中的奇性 $r = r_-$, 可在 B 区借 t, r 定义新坐标 $\tilde{V}, \tilde{U}$:

$$\tilde{V} = -\mathrm{e}^{-\alpha^{-1}\beta(r_* + t)}, \quad \tilde{U} = -\mathrm{e}^{-\alpha^{-1}\beta(r_* - t)}, \text{(故 B 区有 } 0 > \tilde{V} > -\infty, 0 > \tilde{U} > -\infty) \tag{13-1-10a}$$

B 区的线元在 $\{\tilde{V}, \tilde{U}\}$ 系中取如下形式:

$$\mathrm{d}\hat{s}^2 = -\beta^{-2}\alpha^2(2M)^{1-\alpha^{-1}} r^{-2}(r_+ - r)^{1+\alpha^{-1}} \mathrm{e}^{2\alpha^{-1}\beta(r+C)} \mathrm{d}\tilde{V}\mathrm{d}\tilde{U}, \tag{13-1-11}$$

它在 $r = r_-$ 处不再奇异(但却在 $r = r_+$ 奇异.不存在同时消除奇性 $r = r_+$ 和 $r = r_-$ 的坐标系), 因而可越过 cf 段和 be 段延拓.暂时只看 ef 段, 因其 $\tilde{U} = 0$, 越过它作延拓就是允许 $\tilde{U}$ 的取值范围从 $0 > \tilde{U} > -\infty$ 拓宽至 $\infty > \tilde{U} > -\infty$, 于是式(13-1-11)的定义域从 B 区拓展为 BC 区, 其定义是

$$\text{BC区} \equiv \text{B区} \cup ef\text{段} \cup \text{C区}. \text{(其中 C 区由图 13-4 界定)}$$

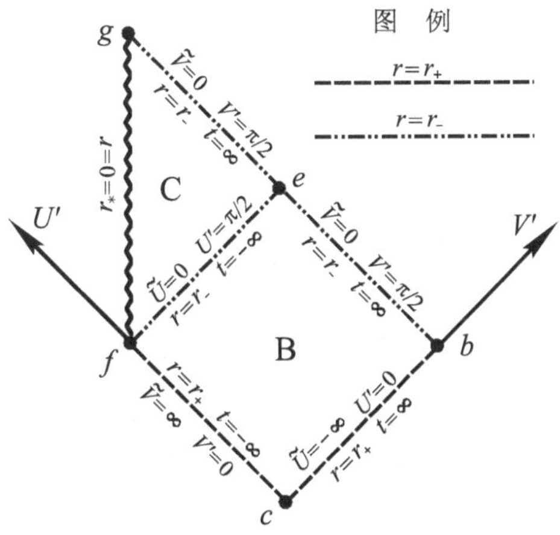

图 13-4 从 B 区出发越过 $\tilde{U} = 0$ 延拓得 BC 区

在 C 区从 $\tilde{V}, \tilde{U}$ 出发按下式定义 t, r:

$$\tilde{V} = -\mathrm{e}^{-\alpha^{-1}\beta(r_* + t)}, \quad \tilde{U} = \mathrm{e}^{-\alpha^{-1}\beta(r_* - t)}, \tag{13-1-10b}$$

则 C 区在 $\{t,r\}$ 系的线元仍为式(13-1-6), 而且从 C 区边界的 r 值可知 C 区是个 III

型区. 以上为消除坐标奇性 $r=r_+$ 和 $r=r_-$ 而分别引入了坐标系 $\{V',U'\}$ 和 $\{\tilde{V},\tilde{U}\}$, 两坐标域的交域为 B. 不难验证两套坐标在 B 区有如下良好关系:

$$\cot V' = |\tilde{V}|^{\alpha}, \quad \cot U' = |\tilde{U}|^{\alpha}. \tag{13-1-12}$$

既然图 13-3, 4 都含 B 区, 就可把两图粘合而得大区 ABC, 如图 13-5.这还不是最大延拓, 因为, 例如, 任一到达边界 *fcd* 的测地线必然不完备, 但又没有曲率发散性, 暗示着时空还可经 *fcd* 向左下方延拓, 由此得到大区 A′B′C′, 它也可看作是大区 ABC 关于原点做反演的结果(图 13-6). 这两个大区可粘合为一个单元, 再以 $\sqrt{2}\pi$ 为步长沿上下方向做无限次平移便得最大延拓, 此即图 13-1. **[选读 13-1-2 完]**

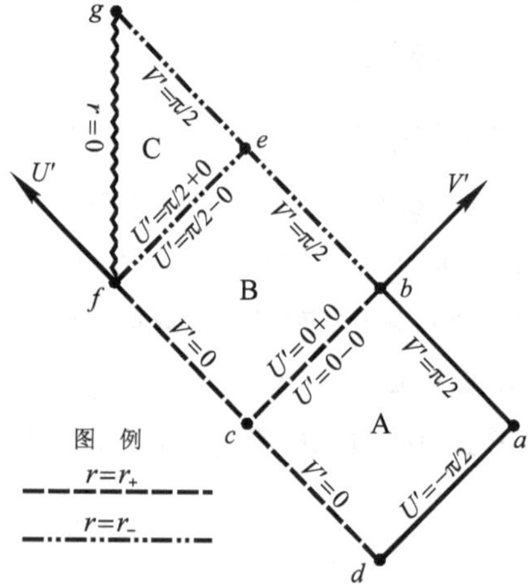

图 13-5　图 13-3, 4 粘合成大区 ABC, 仍可延拓

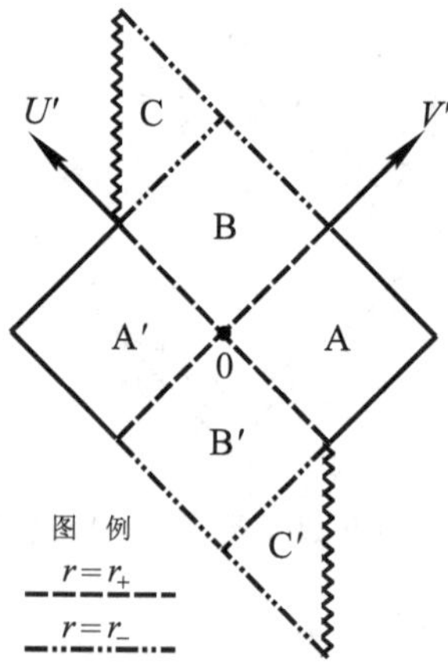

图 13-6　大区 ABC 与 A′B′C′ 粘成一个单元. 再以 $\sqrt{2}\pi$ 为步长上下无限平移便得 RN 最大延拓

§ 13.2 Kerr-Newman(KN)度规

星体或多或少都有转动，其外部时空只有轴对称性而无球对称性，严格说来不能用施瓦西(或 RN)度规描述. Kerr(克尔)在 1963 年找到真空爱因斯坦方程的一个稳态轴对称解(后称 **Kerr 解**)，它在物理上描述某种旋转的不带电星球的外部时空几何(把施瓦西解作为角动量为零的特例包括在内). 由于几乎所有星球都有自转(其中有些转得飞快)，Kerr 度规在黑洞物理中有异乎寻常的重要性(见 §13.6). Newman(纽曼)与合作者于 1965 年用复坐标变换的手法有点像变魔术似地从施瓦西度规生出一个解，竟与 Kerr 解一样[生成过程见 d'Inverno(1992)19.2]. 虽然未得新解，但却受到启发. 同年稍后，Newman 又与多人合作以类似手法从 RN 解生出一个电磁真空新解，其度规比 Kerr 度规多一个参数 Q (后来发现在物理上可解释为电荷)，当 $Q=0$ 时与 Kerr 度规无异，后人称之为**带电 Kerr 度规**或 **Kerr-Newman 度规(KN 度规)**，在坐标系 $\{t,r,\theta,\varphi\}$ (称为 Boyer-Lindquist 系)中的线元为

$$\begin{aligned}\mathrm{d}s^2 = &-[\ 1-\rho^{-2}(2Mr-Q^2)]\ \mathrm{d}t^2+\rho^2\varDelta^{-1}\mathrm{d}r^2+\rho^2\mathrm{d}\theta^2\\&+\rho^{-2}[(r^2+a^2)^2-\Delta a^2\sin^2\theta]\ \sin^2\theta\ \mathrm{d}\varphi^2\\&-2\rho^{-2}a\,(2Mr-Q^2)\ \sin^2\theta\ \mathrm{d}t\ \mathrm{d}\varphi\,,\end{aligned}\tag{13-2-1}$$

式中

$$\rho^2(r,\theta)\equiv r^2+a^2\cos^2\theta\,,\tag{13-2-2}$$

$$\varDelta(r)\equiv r^2-2Mr+a^2+Q^2\,,\tag{13-2-3}$$

其中 M, a, Q 为常实数. 式(13-2-1)在 $a=0$ 时回到 RN 度规；在 $a=Q=0$ 时回到施瓦西度规. 这暗示参数 M 及 Q 可分别解释为星体的质量及电荷(详见选读 13-2-1). $Q=0$ 时的式(13-2-1)就是 Kerr 度规(见图 13-7). 讨论表明(见选读 13-2-1)，式(13-2-1)中的 a 可解释为星体单位质量的角动量. (即 $a=J/M$，J 为角动量.) 因为总可选择 φ 坐标的正向使 a 为正，今后将默认 $a>0$.

与 Kerr-Newman 度规配套的电磁场可用电磁 4 势表为

$$A_a=-\rho^{-2}Qr\,[(\mathrm{d}t)_a-a\sin^2\theta(\mathrm{d}\varphi)_a]\,.\tag{13-2-4}$$

为便于使用，下面列出 Kerr-Newman 度规及其逆在 Boyer-Lindquist 坐标系的非零分量表达式(其中 t, r, θ, φ 对应于 x^0, x^1, x^2, x^3)：

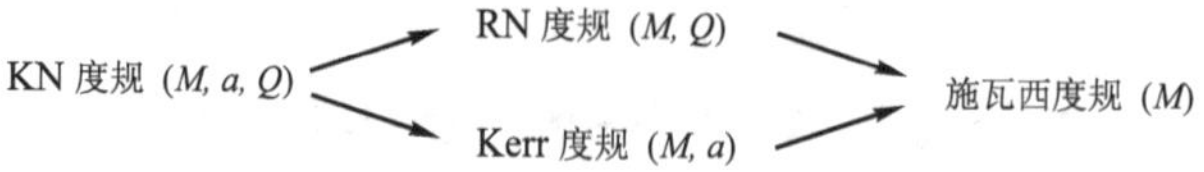

KN 度规 (M, a, Q) → RN 度规 (M, Q) → 施瓦西度规 (M)
KN 度规 (M, a, Q) → Kerr 度规 (M, a) → 施瓦西度规 (M)

图 13-7　几个度规的关系(括号内是所含参量)

$$
\begin{aligned}
&g_{00}=-\left[1-\rho^{-2}(2Mr-Q^2)\right]=-\rho^{-2}(\Delta-a^2\sin^2\theta),\\
&g_{11}=\rho^2\Delta^{-1},\\
&g_{22}=\rho^2,\\
&g_{33}=\rho^{-2}[(r^2+a^2)^2-\Delta a^2\sin^2\theta]\ \sin^2\theta=[r^2+a^2+\rho^{-2}a^2(2Mr-Q^2)\sin^2\theta]\ \sin^2\theta,\\
&g_{03}=g_{30}=-\rho^{-2}a\,(2Mr-Q^2)\ \sin^2\theta\ ;
\end{aligned}
\tag{13-2-5}
$$

$$
\begin{aligned}
&g^{00}=-\rho^{-2}[(r^2+a^2)^2\Delta^{-1}-a^2\sin^2\theta],\\
&g^{11}=\rho^{-2}\Delta,\\
&g^{22}=\rho^{-2},\\
&g^{33}=\rho^{-2}(\sin^{-2}\theta-a^2\Delta^{-1}),\\
&g^{03}=g^{30}=-\rho^{-2}a\ (2Mr-Q^2)\ \Delta^{-1}.
\end{aligned}
\tag{13-2-6}
$$

由式(13-2-5)求得 $g_{\mu\nu}$ 的行列式为

$$g=-\rho^4\sin^2\theta. \tag{13-2-7}$$

证明上式的关键是证明(留作习题)如下的有用公式:

$$g_{03}{}^2-g_{00}g_{33}=\Delta\sin^2\theta. \tag{13-2-8}$$

由式(13-2-5)显见 $\xi^a\equiv(\partial/\partial t)^a$ 和 $\psi^a\equiv(\partial/\partial\varphi)^a$ 是 Killing 场. 此外没有其他独立 Killing 矢量场. 因星体半径远大于使 g_{00} 为零的 r 值, 星外有 $g_{ab}\xi^a\xi^b\equiv g_{00}<0$ 和 $g_{ab}\psi^a\psi^b\equiv g_{33}>0$, 表明 ξ^a 和 ψ^a 分别是类时和类空 Killing 场, 而且两者对易. 可见星外的 KN 时空是稳态轴对称的(见 §8.5). 然而, 式(13-2-1)中交叉项 $\mathrm{d}t\,\mathrm{d}\varphi$ 的系数非零表明 ξ^a 与等 t 面并不正交. [φ 坐标线躺在等 t 面上, $(\partial/\partial\varphi)^a$ 应切于等 t 面, 而 $g_{ab}(\partial/\partial t)^a(\partial/\partial\varphi)^b=g_{03}\neq 0$ 说明 $(\partial/\partial t)^a$ 不垂直于 $(\partial/\partial\varphi)^a$, 故不正交于等 t 面.] 事实上, 可以证明(习题 2)类时 Killing 场 $\xi^a\equiv(\partial/\partial t)^a$ 为非超曲面正交矢量场, 因此 ξ^a 所代表的稳态性并不蕴含静态性. 从物理上看, 这是因为旋转使时间反演对称性不复存在. (把描写旋转的影片倒放, 会因旋转方向相反而被认出.)

如果想消除时空交叉项, 可按下式定义新坐标系 $\{t',r',\theta',\varphi'\}$:

$$t'\equiv t,\quad r'\equiv r,\quad \theta'\equiv\theta,\quad \varphi'\equiv\varphi-\Omega t, \tag{13-2-9}$$

其中
$$\Omega \equiv -\frac{g_{03}}{g_{33}}. \tag{13-2-10}$$

KN 度规在新系的线元为

$$\mathrm{d}s^2 = \left(g_{00} - \frac{{g_{03}}^2}{g_{33}}\right)\mathrm{d}t'^2 + g_{11}\mathrm{d}r'^2 + g_{22}\mathrm{d}\theta'^2 + g_{33}(\mathrm{d}\varphi' + t'\mathrm{d}\Omega)^2, \tag{13-2-11}$$

其中 $g_{00}, g_{11}, g_{22}, g_{33}, g_{03}$ 是度规在原坐标系的分量, 但现在(连同 Ω)应看作新坐标的函数. 式(13-2-11)右边最后一项包含交叉项, 但因 $g_{\mu\nu}$ 不含 t 和 φ, 由式(13-2-9)和(13-2-10)可知 Ω 只是 r' 和 θ' 的函数, 故式(13-2-11)不含“时空交叉项”, 这是一个优点. 然而度规的新分量 $g'_{\mu\nu}$ 不再与 t' 无关, 从而隐藏了度规的稳态性, 这是一大缺点, 是稳态时空不选类时 Killing 场的积分曲线为时间坐标曲线的必然结果. 不要由 $t' = t$ 误以为 $(\partial/\partial t')^a = (\partial/\partial t)^a$, 因为两者都取决于各自坐标系中其他坐标的定义($t$ 坐标线是除 t 外的坐标为常数的曲线). 两者关系为

$$\left(\frac{\partial}{\partial t}\right)^a = \left(\frac{\partial}{\partial t'}\right)^a - \Omega\left(\frac{\partial}{\partial \varphi}\right)^a. \tag{13-2-12}$$

请注意 $(\partial/\partial t')^a$ 不是 Killing 场. 从几何角度看, KN 度规在 $\{t', r', \theta', \varphi'\}$ 系的线元之所以无时空交叉项, 是因为 $(\partial/\partial t')^a$ 与等 t' 面正交(图 13-8). 还应注意 $(\partial/\partial\varphi')^a$ [及 $(\partial/\partial\theta')^a, (\partial/\partial r')^a$]切于等 t' 面, 因为对 φ' 坐标线有 t' = 常数.

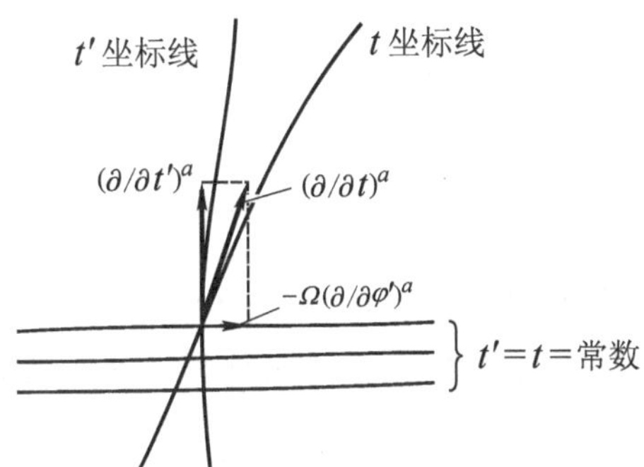

图 13-8　$(\partial/\partial t')^a$ 与等 t' 面正交是带撇系中线元无时空交叉项的几何原因

[选读 13-2-1]

KN 度规的参数 M, a, Q 的物理意义可借第 12 章的概念解释. 由式(12-6-11)可知, 对 KN 度规,

$$\text{星体(时空)总电荷} = \frac{1}{4\pi}\int_S ({}^*F)_{ab} = \frac{1}{8\pi}\int_S \varepsilon_{abcd}F^{cd}\ , \qquad (13\text{-}2\text{-}13)$$

其中 $F_{cd} = 2\nabla_{[c}A_{d]}$ 可由 4 势 A_a 表达式(13-2-4)求得, ε_{abcd} 是与 KN 度规适配的体元, S 是任一类空超曲面上把星体包围在内的任一拓扑 2 球面. 借用线元(13-2-1)可求得(习题)

$$\frac{1}{8\pi}\int_S \varepsilon_{abcd}F^{cd} = \text{KN 线元(13-2-1)的参数}\ Q, \qquad (13\text{-}2\text{-}14)$$

可见参数 Q 的确是时空的总电荷. 对 $Q=0$ 的情况, (事实上任何星体都有 $Q \ll M$, 对大多数情况都可近似认为 $Q=0$.) 星外 Kerr 时空是渐近平直稳态时空[Ashtekar and Hansen (1978)附录 C 有详细讨论], 时空的总质量可由 Komar 质量公式[式(12-7-2)]

$$M_{\rm K} = -\frac{1}{8\pi}\int_S \varepsilon_{abcd}\nabla^c\xi^d \qquad (13\text{-}2\text{-}15)$$

计算, 其中类时 Killing 矢量场 ξ^d 就是 Boyer-Lindquist 系的坐标基矢场 $(\partial/\partial t)^d$. 由计算可得(习题)

$$M_{\rm K} = -\frac{1}{8\pi}\int_S \varepsilon_{abcd}\nabla^c\xi^d = \text{Kerr 线元(13-2-1)的参数}\ M, \qquad (13\text{-}2\text{-}16)$$

可见参数 M 的确是星体(时空)的总质量. 类似地, 渐近平直的轴对称真空时空的总角动量可由下式定义[参见 Wald(1984)第 11 章习题 6]

$$\text{时空总角动量} := \frac{1}{16\pi}\int_S \varepsilon_{abcd}\nabla^c\psi^d\ , \qquad (13\text{-}2\text{-}17)$$

其中 ψ^d 是反映轴对称性的类空 Killing 矢量场. [对 Kerr 时空, ψ^d 就是 Boyer-Lindquist 系的坐标基矢场 $(\partial/\partial\varphi)^a$.] 由计算可得(习题)

$$\frac{1}{16\pi}\int_S \varepsilon_{abcd}\nabla^c\psi^d = Ma\ , \qquad (13\text{-}2\text{-}18)$$

可见 a 的确是星体(时空)的单位质量的角动量.

对 $Q \neq 0$ 的 KN 时空, 能动张量 T_{ab} 在星外不为零, 但在趋于无限远时足够快地趋于零, 用式(13-2-15)和(13-2-17)计算总质量和总角动量时应取两式右边的积分在 S "趋于无限远" 时的极限(见小节 12.7.1 末), 结果仍分别为 M 和 Ma.

[选读 13-2-1 完]

§13.3　KN 时空的最大延拓

线元(13-2-1)在 $\rho^2=0$ (即 $r=0$ 且 $\theta=\pi/2$) 处奇异(g_{00} , g_{33} 和 g_{03} 无意义). 计算表明这一奇性对应于不完备类光(在 $Q=0$ 时还有类时)测地线, 而且 $R_{abcd}R^{abcd}$ 在趋于 $\rho^2=0$ 时发散, 可见 $\rho^2=0$ 是时空奇性, 而且是 s.p.曲率奇性(见小节9.4.1末). 除这一奇性外, 线元(13-2-1)在 $\Delta=0$ 处也有奇性. 由式(13-2-3)可知能使 $\Delta=0$ 的 r 为

$$r_{\pm}=M\pm\sqrt{M^2-(a^2+Q^2)}\ . \tag{13-3-1}$$

对下列三种情况应分别讨论: ① $M^2<a^2+Q^2$; ② $M^2>a^2+Q^2$; ③ $M^2=a^2+Q^2$.

13.3.1　$M^2<a^2+Q^2$ 的情况

这时 $\Delta(r)=0$ 没有实根, 线元(13-2-1)只在 $\rho^2=0$ 处奇异. 要想弄清奇点所在区的"形状", 先要对 Boyer-Lindquist 坐标给出合理的解释. 鉴于施瓦西坐标 t,r,θ,φ 可解释为准球坐标, (当 $M=0$ 时退化为闵氏时空的球坐标. "准"字也常略去.) 最天真的想法是把 Boyer-Lindquist 坐标 t,r,θ,φ 也解释为准球坐标. 然而 $\rho^2=0$ 对应于 $r=0$ 且 $\theta=\pi/2$, 而球坐标 θ 在 $r=0$ 处无意义, 因此条件 $r=0,\theta=\pi/2$ 显得非常奇怪. 例如, 奇点应从时空流形中挖去, 而球坐标 $r=0$ 代表一个点(不问 θ 是否为 $\pi/2$), 到底该挖不该挖? 这说明在求解爱因斯坦方程得到 $g_{\mu\nu}$ 后, 在讨论它代表的度规场 g_{ab} 应该定义在什么流形上这一问题时, 对所用坐标系的天真解释是易出问题的. 为了给 Boyer-Lindquist 坐标 t,r,θ,φ 一个合理的解释, 先考虑 $M=Q=0$ 而 $a\neq 0$ 的特例. 这时式(13-2-1)成为

$$\begin{aligned}\mathrm{d}s^2=&-\mathrm{d}t^2+(r^2+a^2)^{-1}(r^2+a^2\cos^2\theta)\mathrm{d}r^2+(r^2+a^2\cos^2\theta)\mathrm{d}\theta^2\\&+(r^2+a^2)\sin^2\theta\mathrm{d}\varphi^2,\end{aligned} \tag{13-3-2}$$

它在 $r=0,\theta=\pi/2$ 处仍奇异(行列式 $g=0$). 然而, 从物理角度考虑, $M=Q=0$ 恐怕就应为平直度规, 故式(13-3-2)应能通过坐标变换变为闵氏线元的最简形式. 事实的确如此. 令

$$x=\sqrt{r^2+a^2}\sin\theta\cos\varphi,\quad y=\sqrt{r^2+a^2}\sin\theta\sin\varphi,\quad z=r\cos\theta\ , \tag{13-3-3}$$

则式(13-3-2)变为 $\mathrm{d}s^2=-\mathrm{d}t^2+\mathrm{d}x^2+\mathrm{d}y^2+\mathrm{d}z^2$. 可见式(13-3-2)在 $r=0,\theta=\pi/2$ 处的奇性只是坐标奇性, 而且式中的 a 也只是坐标变换的一个参数, 毫无物理意义.

式(13-3-3)其实就是 3 维欧氏空间中笛卡儿坐标与椭球坐标之间的变换关系. 由该式可知等φ面是过z轴的平面, 这与球坐标系相同. 然而椭球坐标系中等r面和等θ面的表现却与球坐标系不同. 由式(13-3-3)可看出各等r面和等θ面关于z轴对称, 因此只须讨论任一$\varphi=\varphi_0$的等φ面. 又由于在$x\sim y$面内作坐标转动

$$x\mapsto x'=x\cos\varphi_0+y\sin\varphi_0, \quad y\mapsto y'=-x\sin\varphi_0+y\cos\varphi_0,$$

便可使此面的φ值变为$\varphi'=\varphi-\varphi_0=0$, 所以只须讨论$\varphi=0$的等$\varphi$面. 但它只代表半个平面($x\sim z$面的一半), 索性讨论由$\varphi=0$和$\varphi=\pi$合起来的整个$x\sim z$面. 在此截面上有

$$x=\pm\sqrt{r^2+a^2}\sin\theta, \quad y=0, \quad z=r\cos\theta. \tag{13-3-4}$$

当$r\neq 0$时上式给出

$$\frac{x^2}{r^2+a^2}+\frac{z^2}{r^2}=1,$$

可见$x\sim z$面内的等r线是单参共焦椭圆族, 焦点与原点的距离为

$$\sqrt{(r^2+a^2)-r^2}=a.$$

当$r=0$时式(13-3-4)给出$x=\pm a\sin\theta$, $z=0$, 所以$r=0$的等r线是两焦点之间的直线段, 不妨看作短轴为零的“椭圆”(图 13-9). 另一方面, 若$\sin\theta\neq 0$, $\cos\theta\neq 0$, 则式(13-3-4)给出

$$\frac{x^2}{a^2\sin^2\theta}-\frac{z^2}{a^2\cos^2\theta}=1,$$

可见$x\sim z$面内的等θ线是单参共焦双曲线族,① 焦点与原点的距离为

$$\sqrt{a^2\sin^2\theta+a^2\cos^2\theta}=a,$$

说明这对焦点与刚才那对焦点重合. 当$\sin\theta=0$(或$\cos\theta=0$)时双曲线退化为z(或x)轴的两段(图 13-9). 椭球坐标系与球坐标系的一个重要区别是: 对球坐标系, $r=0$是原点; 对椭球坐标系, $r=0$是半径为a的圆盘, 而θ和φ则是用以区分盘上不同点的坐标. $r=0$, $\theta=\pi/2$代表圆盘的边线, 即半径为a的圆环, 也可用笛卡儿坐标表为$x^2+y^2=a^2$, $z=0$. 上述讨论表明闵氏度规在椭球坐标系的线元(13-3-2)在圆环($r=0$, $\theta=\pi/2$)上有奇性, 这当然只是坐标奇性. 受此启发, 人们认

① 此提法有必要准确化. 由图 13-9 可见, 每一给定θ值(例如$\theta=\pi/4$)其实只对应于一对双曲线的一半(对$\theta=\pi/4$是上半段), 再配上$\pi-\theta$(现在是$3\pi/4$)所对应的另一半(下半段)才是一对完整的双曲线.

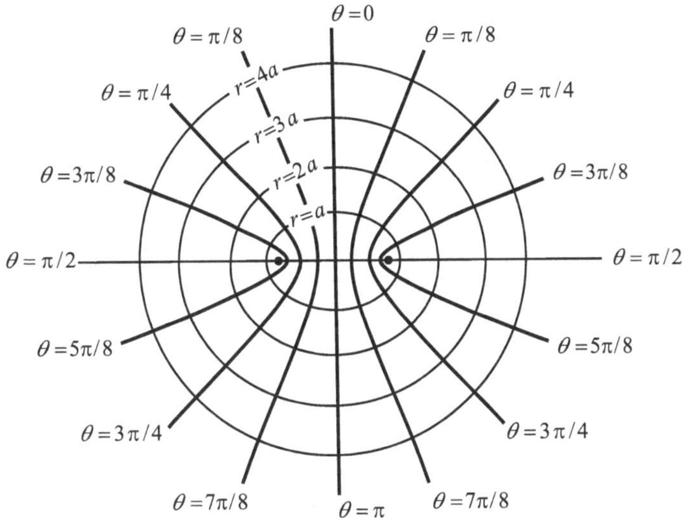

图 13-9　椭球坐标系(关于 z 轴对称)

识到 KN 时空的 Boyer-Lindquist 坐标 t , r , θ , φ 不应天真地解释为准球坐标, 而应看作准椭球坐标(在 $M=Q=0$ 时退化为椭球坐标), 并希望找到闵氏时空的洛伦兹坐标 t, x, y, z 在 KN 时空的某种推广(准洛伦兹坐标), 它与准椭球坐标的关系在 $M=Q=0$ 时能回到式(13-3-3). 这种准洛伦兹坐标的确存在, 称为 Kerr-Schild 坐标, 与准椭球坐标的关系为

$$\begin{aligned}
&\bar{t}=t-r+\int(r^2+a^2)\Delta^{-1}\mathrm{d}r\ , \\
&x=\sqrt{r^2+a^2}\,\sin\theta\cos\,[\varphi+\arctan\frac{a}{r}+a\int_{\infty}^{r}\Delta^{-1}(\hat{r})\mathrm{d}\hat{r}]\ , \\
&y=\sqrt{r^2+a^2}\,\sin\theta\sin\,[\varphi+\arctan\frac{a}{r}+a\int_{\infty}^{r}\Delta^{-1}(\hat{r})\mathrm{d}\hat{r}]\ , \\
&z=r\cos\theta\ .
\end{aligned} \tag{13-3-5}$$

KN 度规在 Kerr-Schild 坐标系 $\{\bar{t}, x, y, z\}$ 的线元式为(Kerr 最初求得的线元正是下式在 $Q=0$ 时的特例)

$$\begin{aligned}
\mathrm{d}s^2=&-\mathrm{d}\bar{t}^2+\mathrm{d}x^2+\mathrm{d}y^2+\mathrm{d}z^2+\frac{r^2(2Mr-Q^2)}{r^4+a^2z^2} \\
&\times\left[\frac{r(x\mathrm{d}x+y\mathrm{d}y)-a(x\mathrm{d}y-y\mathrm{d}x)}{r^2+a^2}+\frac{z\mathrm{d}z}{r}+\mathrm{d}\bar{t}\right]^2\ .
\end{aligned} \tag{13-3-6}$$

当 $M = Q = 0$ 时上式退化为闵氏度规在洛伦兹系的线元. 请读者验证式(13-3-3)是(13-3-5)的后 3 式在 $M = Q = 0$ 时的特例. 由式(13-3-5)可知 $r = 0, \theta = \pi/2$ (即 $\rho^2 = 0$)也对应于 $x^2 + y^2 = a^2, z = 0$, 即代表半径为 a 的圆环, 所以 KN 时空的奇性称为**环状奇性**(ring singularity)或**奇环**(singular ring), 应从时空中开除出去[在 4 维语言中应开除的是这个环与 $\mathbb{R}$ ("时间")的卡氏积].

既然式(13-3-6)是 KN 度规在 Kerr-Schild 坐标系(准洛伦兹坐标系)的线元, 式中的 r 就应看作坐标 x, y, z 的函数. 由式(13-3-5)可知函数 $r(x,y,z)$ 以如下方式被隐给出(但只能把 r 确定到差一负号的程度):

$$r^4 - r^2(x^2 + y^2 + z^2 - a^2) - a^2 z^2 = 0 . \tag{13-3-7}$$

上式首先表明 $z \neq 0$ 时 $r \neq 0$. 令 $K \equiv x^2 + y^2 - a^2$, 则由上式还可解得

$$r^2 = \frac{1}{2}\left[K + z^2 + \sqrt{(K + z^2)^2 + 4a^2 z^2} \right], \tag{13-3-8}$$

故 $z = 0$ 时 $r^2 = (K + |K|)/2$, 表明

$$z = 0 \text{ 时有 } \begin{cases} r = 0, & \text{若 } x^2 + y^2 - a^2 \leqslant 0, \\ r \neq 0, & \text{若 } x^2 + y^2 - a^2 > 0. \end{cases} \tag{13-3-9}$$

上述结论也可从图 13-9 看出(图中横轴相当于 $z = 0$). 不过现在出现一个微妙问题. 在 $M^2 < a^2 + Q^2$ 的情况下线元(13-2-1)只在 $\rho^2 = 0$ (即奇环)处奇异, 因此原则上 r 既可为正又可为负(在 $\theta \neq \pi/2$ 时还可为零). 然而图 13-9 只显示出 $r \geqslant 0$ 的一面, 因为所有椭球面的 r 都为正. 你也可令所有椭球面的 r 都为负, 那时的图 13-9 就只显示出 $r \leqslant 0$ 的一面. 可见, 即使把图 13-9 中的圆环($r = 0, \theta = \pi/2$)挖去, 它与 KN 时空的等 $\bar{t}$ 面(记作 $\Sigma_{\bar{t}}$)也不会有相同的拓扑结构. 事实上, 如果用挖去圆环的图 13-9 描述 $\Sigma_{\bar{t}}$ (即暂时规定 $\Sigma_{\bar{t}}$ 上的 $r \geqslant 0$), 则到达圆盘($x^2 + y^2 < a^2, z = 0$)的所有测地线都不完备, 但计算表明在沿线趋近 $r = 0$ 时又都没有曲率奇性, 这就强烈暗示着时空应"穿过圆盘内部"向 $r < 0$ 处延拓. 这一想法也可从另一角度印证. 要使线元(13-3-6)能描写 KN 度规, 函数 $r(x,y,z)$ 至少应为 C^2 (以使时空曲率有意义), 然而(下面将证明) z 在经过圆盘时变号而 r 不变号导致 $\partial r/\partial z$ 在圆盘上不存在, 所以 $r(x,y,z)$ 连 C^1 也不够. 具体说, 在 $x^2 + y^2 < a^2$ 的情况下有

$$\left.\frac{\partial r}{\partial z}\right|_{z=0} = \lim_{z \to 0} \frac{r - 0}{z - 0} = \lim_{z \to 0} \frac{r}{z} . \tag{13-3-10}$$

再令 $A \equiv K + z^2$，$B \equiv (A^2 + 4a^2 z^2)^{1/2}$，则式(13-3-8)成为 $2r^2 = A + B$，故

$$\left(\frac{\partial r}{\partial z}\right)^2\bigg|_{z=0} = \lim_{z\to 0}\frac{r^2}{z^2} = \lim_{z\to 0}\frac{A+B}{2z^2} = \lim_{z\to 0}\frac{(A+B)(A-B)}{2z^2(A-B)}$$

$$= \lim_{z\to 0}\frac{-2a^2}{K+z^2-\sqrt{(K+z^2)^2+4a^2z^2}} = -\frac{a^2}{K} = \frac{a^2}{a^2-x^2-y^2} \neq 0.$$

就是说，只要 $\partial r/\partial z|_{z=0}$ 存在，则必非零. 另一方面，由式(13-3-7)可知在 x，y 给定后 $r(-z) = \pm r(z)$，若坚持在穿过圆盘时 r 不变号，则只能有 $r(-z) = r(z)$，故 $r(z)/z$ 与 $r(-z)/(-z)$ 异号，由式(13-3-10)便得 $\partial r/\partial z|_{z=0} = \lim\limits_{z\to 0}(r/z) = 0$，与"只要 $\partial r/\partial z|_{z=0}$ 存在，则必非零"的结论矛盾. 可见 $r(-z) = -r(z)$，即 r 在自上而下经过圆盘时也像 z 那样由正变负. 这再次表明 r 应向负值延拓.[①] 为便于理解即将介绍的延拓，先打一个比方. 设在闵氏时空中挖去两区 A 和 B 再把两者的边界按某种方式认同(图 13-10)，度规通常便不连续. 治理此"病"的方法很简单：先解除认同，再补上所挖部分便可. 线元(13-3-6)中的函数 $r(x,y,z)$ 在 $r=0$ 处的病态表现也可认为是从原本有光滑度规的流形中挖去某个区域并把所余部分随意认同的结果. 治理方法也是先解除认同再补上所挖部分. 具体做法如下. 取 $\mathbb{R}^3$ 的两个版本，其自然坐标分别记作 x, y, z 和 x', y', z'. 挖去圆环 $z=0,\ x^2+y^2=a^2$ 和 $z'=0,\ x'^2+y'^2=a^2$，产物分别记作 W 和 W'，其中的圆盘 $z=0,\ x^2+y^2<a^2$ 和 $z'=0,\ x'^2+y'^2<a^2$ 分别记作 D 和 D'. 令 $M \equiv W\times\mathbb{R}$，$M' \equiv W'\times\mathbb{R}$，以 $\bar{t}$ 代表 $\mathbb{R}$ 的自然坐标，则 $\{\bar{t}, x, y, z\}$ 和 $\{\bar{t}, x', y', z'\}$ 分别是 M 和 M' 的坐标系. 以 $\bar{t}, x, y, z$ 为老坐标借式(13-3-5)在 M 上定义新坐标 t, r, θ, φ，并规定各点的 $r>0$.(在 $D\times\mathbb{R}$ 上除外，那里 $r=0$.) 把式(13-3-5)的 x, y, z 改为 x', y', z' 后又可用来在 M' 上定义新坐标 t, r, θ, φ，但规定 $r<0$.($D'\times\mathbb{R}$ 除外，那里 $r=0$.) 再用式(13-3-6)在 M 上定义 KN 度规，则 $\bar{t}, x, y, z$ 和 t, r, θ, φ 分别成为准洛伦兹(Kerr-Schild)坐标和准椭球坐标. 在 M' 上也可类似地定义 KN 度规，只须把式(13-3-6)中的 x, y, z 改为 x', y', z'. 设 $\Sigma_{\bar{t}}$ 和 $\Sigma'_{\bar{t}}$ 分别是 M 和 M' 中 $\bar{t}$ 值相等的等 $\bar{t}$ 面，则点 $(x,y,z)\in\Sigma_{\bar{t}}$ 对应的 r 值是式(13-3-8)右边的正平方根；点 $(x',y',z')\in\Sigma'_{\bar{t}}$ 的 r 值是式(13-3-8)右边的负平方根. 因 $\Sigma'_{\bar{t}} - D'$ 上有 $r<0$，

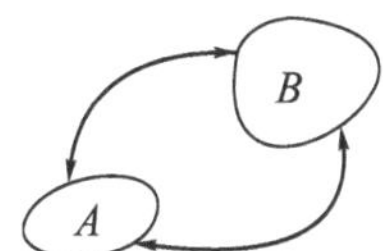

图 13-10 挖去 A，B 再把边界按某种方式认同

① 正文的讨论也适用于 $M=Q=0$ 的情况(闵氏度规)，但这时式(13-3-6)右边的含 r 项(最末的长项)自动消失，因而没有延拓的必要.

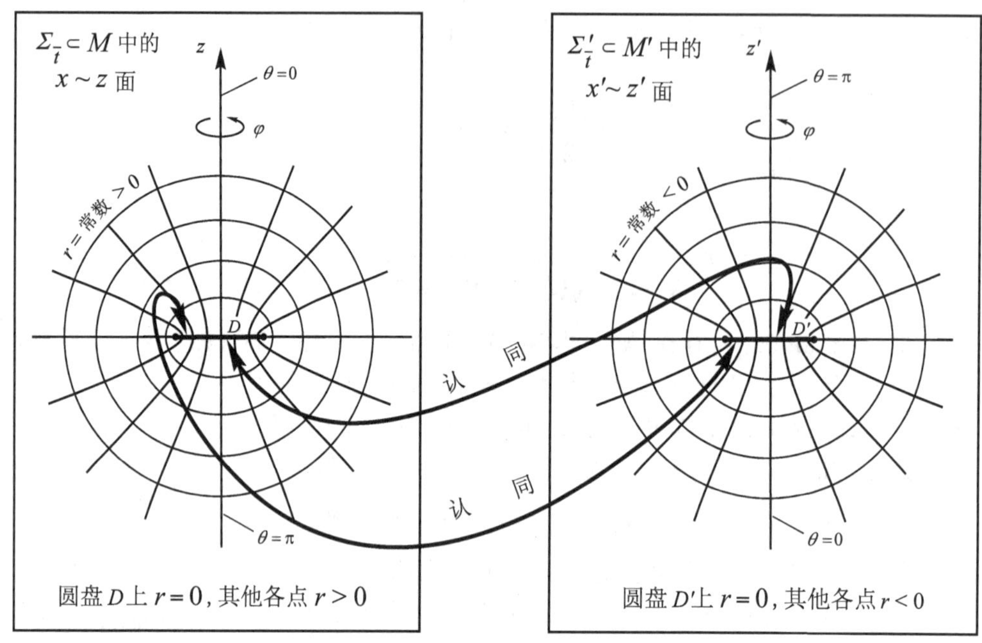

图 13-11 M 和 M' 中的等 $\bar{t}$ 面 $\Sigma_{\bar{t}}$ 和 $\Sigma'_{\bar{t}}$. 把 D 顶与 D' 底认同, D 底与 D' 顶认同, 所得“大”流形 $\tilde{M}$ 上的 KN 度规表现良好

故由式(13-3-5)可知图 13-11 右图的 z' 轴的负半轴有 $\theta=0$, 但 φ 与 z' 轴仍保持右手关系. D 盘虽然并无厚度, 但可看作由两个圆盘粘合而成, 分别称为 D 顶和 D 底. (类似地, D' 也由 D' 顶和 D' 底粘成.) M 上的 KN 度规在从 D 顶到 D 底的过渡中的不良表现可看作 D 顶和 D 底被错误粘合所致, 因此“治病”方法是解除这一认同, 再补上“曾被不适当地挖去的” $\Sigma'_{\bar{t}} \subset M'$. 补法是:先把 D 底与 D' 顶认同, 再把 D 顶与 D' 底认同(图 13-11, 详见选读 13-3-1). M 和 M' 从此合成一个“是 M 的两倍大”的流形 $\tilde{M}$, 其中任一到达 D (或 D')顶的曲线必从 D' (或 D)底出来, 其 r 在经过零值时变号. 这样便可消除由于 z 值在盘上符号改变而给函数 $r(x,y,z)$ 造成的不可微性. 由式(13-3-6)在 M 上定义的 KN 度规的定义域现在可自然延拓为 $\tilde{M}$, 而且在整个 $\tilde{M}$ 上表现良好. 以 $M' \subset \tilde{M}$ 上的 Boyer-Lindquist 坐标重表这一线元则仍得式(13-2-1), 不过其中的 $r<0$. $\tilde{M}$ 仍是连通流形(满足时空背景流形的必要条件), 因为其中任意两点 p, q 可被连续曲线所连结(图 13-12 示出 $p \in M$, $q \in M'$ 的情形). 但它不是单连通流形, 图 13-12 示出从 $p \in M$ 经曲线 C_{p1} 到点 1, 再经曲线 C_{12} 到点 2, 最后经曲线 C_{2p} 回到 p 的闭合曲线, 它不能通过连续变形缩为一点(这当然是挖去奇环的结果——该闭合曲线链绕了奇环). 至此我们在 $M^2 < a^2 + Q^2$ 的情况下完成了从 $r \in (0,\infty)$ 到 $r \in (-\infty,\infty)$ 的延拓, KN 度规 g_{ab} 在“大”流形 $\tilde{M}$ 上表

现良好. 由于不存在其他坐标奇性, $(\tilde{M}, g_{ab})$ 就是 $M^2 < a^2 + Q^2$ 的 KN 时空的最大延拓. 请注意这种时空不存在事件视界, 环状奇性裸露在外. 这种不藏在事件视界之内的奇性称为**裸奇性**(naked singularity). 裸奇性比非裸奇性使物理学家的日子更不好过, 因此 Penrose 于 1969 年提出一个假设: 任何真实的物理时空都不存在裸奇性. 这称为**宇宙监督假设**, 详见 §E.2.

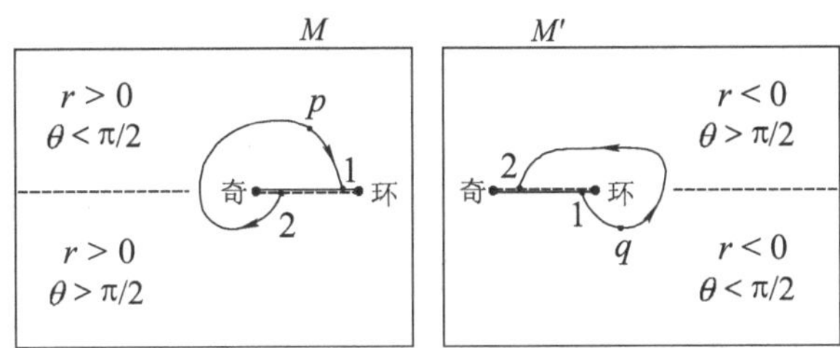

图 13-12　$\tilde{M}$ 是连通流形($\forall p, q \in \tilde{M}$ 存在从 p 到 q 的连续曲线 $C_{p1} \cup C_{1q}$),
但不是单连通流形(存在不能连续缩为一点的连续闭曲线 $C_{p1} \cup C_{12} \cup C_{2p}$)

[选读 13-3-1]

读者可能会问: 圆盘 D (及 D')既然没有厚度, 所谓"把 D 底与 D' 顶认同"和"把 D 顶与 D' 底认同"究竟是什么意思?其实, 真正的认同无非是把 D 和 D' 的对应点视为同一点, 因而就是把 D 与 D' 做了认同. 采用"把 D 底与 D' 顶认同"说法的目的是指明曲线的走向, 即: 任一条从 D "上方"($\theta < \pi/2$)出发的曲线到达 D (因而到达 D')后应向 D' "下方"($\theta < \pi/2$)继续前行. 为了更加清晰和避免误解, 也可用如下方式重新表述前面的做法.

以 x, y, z 代表 $\mathbb{R}^3$ 的笛卡儿坐标. 从 $\mathbb{R}^3$ 中挖去 $z = 0$, $x^2 + y^2 \leqslant a^2$ 的所有点, 其产物(再与 $\mathbb{R}$ 作卡氏积, 下同)记作 N. 在 N 上按式(13-3-8)定义 r, 并要求 $r > 0$. 再从 $\mathbb{R}^3$ 中挖去 $z = 0$, $x^2 + y^2 \geqslant a^2$ 的所有点, 其产物记作 $\hat{N}$. 在 $\hat{N}$ 上按式(13-3-8)定义 r, 并要求 $r > 0$ (对 $z > 0$), $r = 0$ (对 $z = 0$), $r < 0$ (对 $z < 0$). 类似地还可定义 N' 和 $\hat{N}'$, 只是在 N' 上要求 $r < 0$; 在 $\hat{N}'$ 上要求 $r < 0$ (对 $z > 0$), $r = 0$ (对 $z = 0$), $r > 0$ (对 $z < 0$). 再用式(13-3-5)在 N, $\hat{N}$, N', $\hat{N}'$ 上定义 θ 和 φ 值. 现在把 N, $\hat{N}$, N', $\hat{N}'$ 上 r, θ, φ 相等的点认同,它们便可看作一个大流形 $\tilde{M}$ 的 4 个坐标邻域, 四者之间的相交状况如下:

$$N \cap N' = \varnothing, \quad \hat{N} \cap \hat{N}' = \varnothing,$$

$$N \cap \hat{N} = O_1, \quad N \cap \hat{N}' = O_2, \quad N' \cap \hat{N} = O_3, \quad N' \cap \hat{N}' = O_4,$$

其中 O_1, O_2, O_3, O_4 是如图 13-13 所示的开集, 例如(其他仿此), O_1 定义为

$$O_1 \equiv \{(\bar{t}, x, y, z) \mid z > 0, r > 0\},$$

而 N 和 $\hat{N}$ 各自可表为 3 个子集的并集:

$$N = O_1 \cup O_2 \cup \{(\bar{t}, x, y, z) \mid z = 0, x^2 + y^2 > a^2, r > 0\},$$

$$\hat{N} = O_1 \cup O_3 \cup \{(\bar{t}, x, y, z) \mid z = 0, x^2 + y^2 < a^2, \theta < \pi/2\}.$$

这样得到的大流形 $\widetilde{M}$ 是 4 个流形 N, $\hat{N}$, N', $\hat{N}'$ 先求并集再作认同的结果, 但现在的认同是开集与开集(例如 N 中的 O_1 与 $\hat{N}$ 中的 O_1)的认同, 比正文中的认同更为清晰明确. 请注意现在的 N 及 N' 分别是原来(正文)的 M 及 M' 挖去圆盘 $z = 0$, $x^2 + y^2 < a^2$ 的结果.　　　　**[选读 13-3-1 完]**

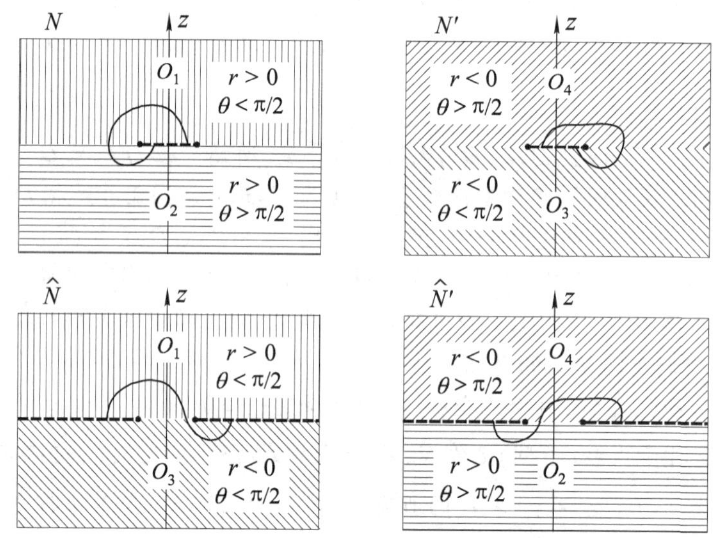

图 13-13　N, $\hat{N}$, N', $\hat{N}'$ 可看作大流形 $\widetilde{M}$ 的 4 个坐标邻域

13.3.2　$M^2 > a^2 + Q^2$ 和 $M^2 = a^2 + Q^2$ 的情况

与 $M^2 < a^2 + Q^2$ 的情况相较, $M^2 > a^2 + Q^2$ 的延拓更为复杂. 首先, $r = 0$, $\theta = \pi/2$ 仍是奇环, 时空仍可通过圆盘 $r = 0$, $\theta < \pi/2$ 按图 13-11 向 $r < 0$ 延拓. 问题的复杂性源于方程 $\Delta(r) = 0$ 现在有两个实根

$$r_\pm = M \pm [M^2 - (a^2 + Q^2)]^{1/2}.$$

虽然通常星体半径远大于r_+,我们仍想讨论 KN 度规适用于全时空的情况. 由于线元(13-2-1)在$r_\pm$上奇异, KN 时空也像 RN 时空那样分成 3 种区域: I 型区(渐近平直区)满足$r_+ < r < \infty$; II 型区满足$r_- < r < r_+$; III 型区满足$-\infty < r < r_-$(已向$r < 0$作了延拓). 当$M^2 = a^2 + Q^2$时$r_+ = r_-$, II 型区消失. 与 RN 线元的奇性$r = r_\pm$类似, KN 线元的上述奇性也只是坐标奇性, 引入类似于 Kruskal 坐标的坐标可消除并实现最大延拓. 图 13-14(a), (b)分别是$M^2 > a^2 + Q^2$和$M^2 = a^2 + Q^2$的 KN 最大延拓时空的 Penrose 图[详见 Chandrasekhar(1983)]. 由于 KN 度规只是轴对称而非球对称, 不同θ的情况不同, 图 13-14 只表现出$\theta = 0, \pi$(即对称轴z上)的情况. 与 RN 时空最大延拓图类似, 图 13-14 也应向上、下方无限延伸, 类光超曲面$r = r_+$也是 I 型区的事件视界(越过此视界就是 KN 黑洞区), II 型区与两个 III 型区之间的两个[互相正交的(按纸面欧氏度规)]类光超曲面$r = r_-$也可看作柯西视界(许多文献也称之为内视界). 与 RN 时空不同, III 型区除包含$0 < r < r_-$的点外还包含$-\infty < r = 0$的所有点($r = 0$且$\theta = \pi/2$的点除外). 作为 2 维时空图, 图 13-14 表现的只是 1 维空间. 而$\rho^2 = 0$对应于$r = 0$, $\theta = \pi/2$, 故图 13-14 中的$r = 0$并不代表奇环. 为了表现含z轴的 2 维截面的情况, 可以改画空间图, 即图 13-15[见 Carter(1966)]. 读过选读 13-3-1 的读者可以看出此图就是图 13-13 的$\hat{N}$. 与施瓦西和 RN 的最大延拓时空[图 9-13(或 12-9)和图 13-1]类似, 图 13-14 所描写的 KN 最大延拓时空很可能也不是物理真实的时空, 见 §13.6.

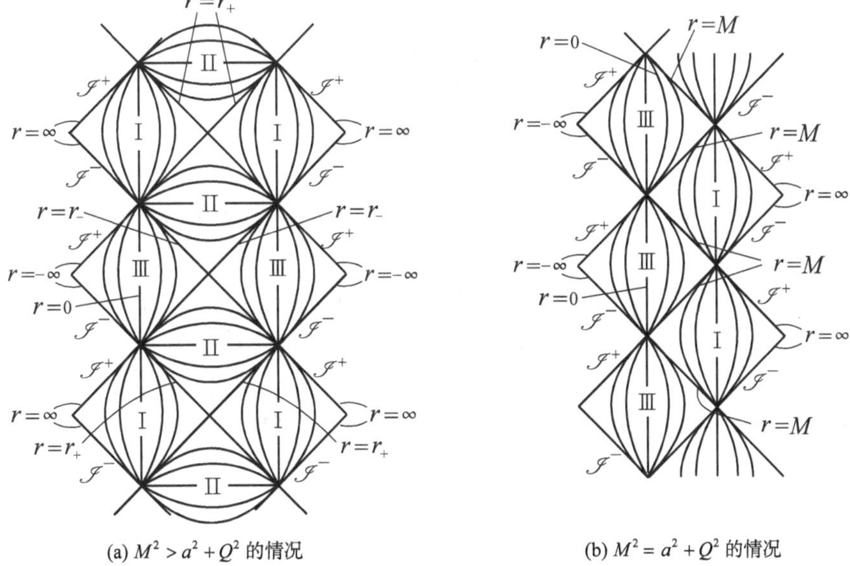

(a) $M^2 > a^2 + Q^2$ 的情况　　(b) $M^2 = a^2 + Q^2$ 的情况

图 13-14　最大延拓 KN 时空的 Penrose 图(只表现对称轴z的情况), 曲线代表等r线

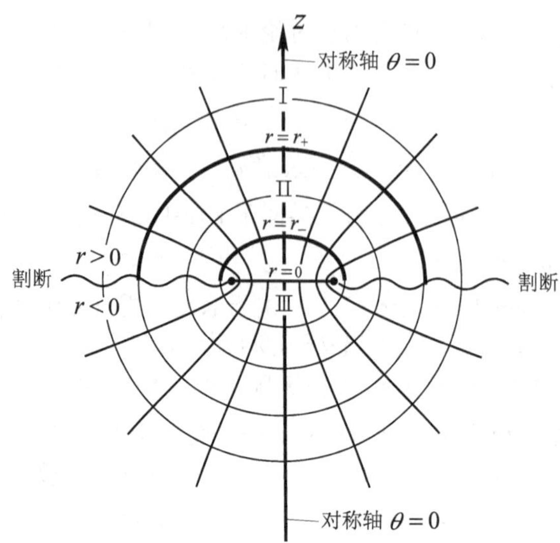

图 13-15　$M^2 > a^2 + Q^2$ 的 KN 时空的空间图(Carter 图). 粗椭圆线代表事件视界 $r = r_+$ 和内视界 $r = r_-$. 图中上、下部分只在 $r = 0, \theta \neq \pi/2$ 的圆盘连通, 波状线表示上、下部分是割断的(两部分都有 $\theta < \pi/2$). 在 $Q = 0$ 的情况下, 视界 $r = r_+$ 和 $r = r_-$ 随 a^2 增大而相互趋近, 当 $a^2 = M^2$ 时重合(这时 $r_+ = r_- = M$), 当 $a^2 > M^2$ 时消失

Carter(1968)曾对最大延拓 KN 时空的测地线作过深入研究并得出如下结论: ①不到达奇环的测地线都完备; ② $Q = 0$ 时, 确有类时和类光测地线到达奇环(因而 $Q = 0$ 的KN时空是类时、类光测地不完备的), 但它们必须躺在赤道面上($\theta = \pi/2$); ③ $Q \neq 0$ 时, 所有测地线中只有赤道面上且满足很具体条件的类光测地线才能到达奇环, 因而 $Q \neq 0$ 的 KN 时空是类时测地完备而类光测地不完备的. 读者试与施瓦西和 RN 时空作一比较.

最后对参数 M, a, Q 的正负问题作一讨论. M 的物理意义是星体(或黑洞)质量, 我们一直默认 $M > 0$. Q 值可正可负, 反映星体(或黑洞)带电的正负. $a\ (\equiv J/M)$ 在 $M > 0$ 的前提下与 J 同号, 本来可正可负, 但总可选择 φ 坐标的正向使 a 为正. 如果把 M 仅看作 KN 解的一个参数而不问物理意义, 则 $M < 0$ 当然也是解. 有趣的是, $M > 0$ 的 KN 时空中 $r < 0$ 区域的度规与 $M < 0$ 的 KN 时空中 $r > 0$ 区域的度规完全相同, (因而在 $|r|$ 很大时也渐近平直, 只是质量参数 M 为负.) 理由是线元(13-2-1)中的 r 以 r^2 或 Mr 形式出现.

§ 13.4 静界、能层和其他

13.4.1 静界和能层

本节讨论 $M^2 > a^2 + Q^2$ 的情况. 这时除 $r = r_\pm$ 外，$g_{00} = 0$ 的点也有重要意义. 与施瓦西解不同，$a \neq 0$ 时的线元(13-2-1)在 $g_{00} = 0$ 处并无奇性(线元的非对角性使行列式 g 在 $g_{00} = 0$ 处非零). 由式(13-2-5)可知 g_{00} 的零点有两个，分别记作 r_{0+} 和 r_{0-}，即

$$r_{0\pm} = M \pm \sqrt{M^2 - (a^2\cos^2\theta + Q^2)}, \tag{13-4-1}$$

将上式与 $r_\pm$ 的表达式对比易见在对称轴上($\theta = 0$)有 $r_{0\pm} = r_\pm$，在轴外有 $r_{0+} > r_+$，$r_{0-} < r_-$，见图 13-16 和图 13-17. 曲面 $r = r_{0+}$ 称为静界(理由见命题 13-4-1 后的注 1)，r_+ 和 r_{0+} 之间的区域称为能层(理由见 §13.5). 因为 $r = r_+$ 才是事件视界，所以能层不含于黑洞区：飞船中的观者穿越 $r = r_{0+}$ 进入能层后，只要尚未到达事件视界，仍可掉转船头、开足马力回到 r 为任意大的地方. 4 个关键点 $r_\pm$ 和 $r_{0\pm}$ 把 r 轴分成若干区域，各区的性质与 Kerr-Newman 度规在 Boyer-Lindquist 系的分量 $g_{\mu\nu}$ 的正负有关. 由式(13-2-5)可知 g_{22} 恒为正； g_{00} 和 g_{11} 的正负分别以 $r_{0\pm}$ 和 $r_\pm$ 为分界点； g_{33} 则与 $r^2 + a^2 + \rho^{-2}a^2(2Mr - Q^2)\sin^2\theta$ 同号(当 $\sin^2\theta = 0$ 时 $g_{33} = 0$). 若 $Q = 0$，g_{33} 只在 $\rho^2 = 0$ 附近一个 $r < 0$ 的小区域内为负. 若 $Q \neq 0$，g_{33} 可在一较大区域(包含 $r > 0$ 的点)内为负. 但域内 $r > 0$ 的点的 r^2 值不大于 Q^2，而 $r < 0$ 的点的

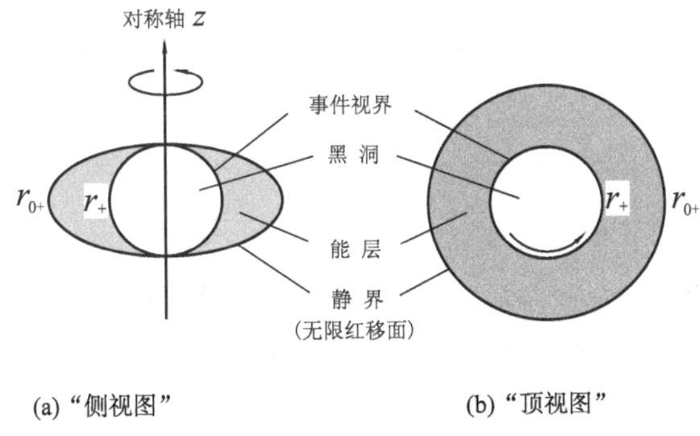

(a) “侧视图” (b) “顶视图”

图 13-16 Kerr-Newman 黑洞、能层和静界(空间图)

r^2 值不大于 $4M^2$ [见 Carter(1968)]. [①] 图 13-17 示意性地表出 g_{00}，g_{11}，g_{22} 和 g_{33} 在全 r 轴上的正负情况. 对 $r > r_{0+}$ 和 $r< r_{0-}$ 有 $g_{00} < 0$, Killing 矢量场 $\xi^a \equiv (\partial/\partial t)^a$ 类时, 所以这两个区域是稳态区. 反之, 在 $r_{0-}< r < r_{0+}$ 中有 $g_{00} > 0$, 表明 ξ^a 类空, 由图 13-17 可知 $g_{33} > 0$, 即 Killing 场 $\psi^a \equiv (\partial/\partial\varphi)^a$ 也类空, 所以该区为非稳态区. 在能层外($r > r_{0+}$)有 $g_{00} < 0$ ，$g_{11} > 0$ ，$g_{22} > 0$, $g_{33} > 0$, 坐标基矢 $(\partial/\partial t)^a$ 类时而 $(\partial/\partial r)^a$ ，$(\partial/\partial\theta)^a$，$(\partial/\partial\varphi)^a$ 类空, 人们自然把 t 看作时间坐标, 把 r, θ, φ 看作空间坐标. 然而在能层内 $g_{00}, g_{11}, g_{22}, g_{33}$ 皆为正, 所有坐标基矢皆类空, 初学者往往觉得不好理解. 其实, 任一时空点 p 的切空间 V_p 的任意 4 个线性独立的元素都构成 V_p 的一个基底, 它们可以全部类空. 例如, 设 T, X 是 2 维闵氏时空的洛伦兹坐标, 则线元可表为 $\mathrm{d}s^2 = -\mathrm{d}T^2 + \mathrm{d}X^2$. 借用下式定义新坐标 t 和 x： $T = t + x,\ X = 2(t - x)$, 则线元改写为

$$\mathrm{d}s^2 = 3\mathrm{d}t^2 + 3\mathrm{d}x^2 - 10\mathrm{d}t\mathrm{d}x ,$$

其中 $g_{tt} = g_{xx} = 3 > 0$ 表明坐标基矢 $(\partial/\partial t)^a$ 和 $(\partial/\partial x)^a$ 都类空. 事实上, 不难证明

$$\left(\frac{\partial}{\partial t}\right)^a = \left(\frac{\partial}{\partial T}\right)^a + 2\left(\frac{\partial}{\partial X}\right)^a, \quad \left(\frac{\partial}{\partial x}\right)^a = \left(\frac{\partial}{\partial T}\right)^a - 2\left(\frac{\partial}{\partial X}\right)^a ,$$

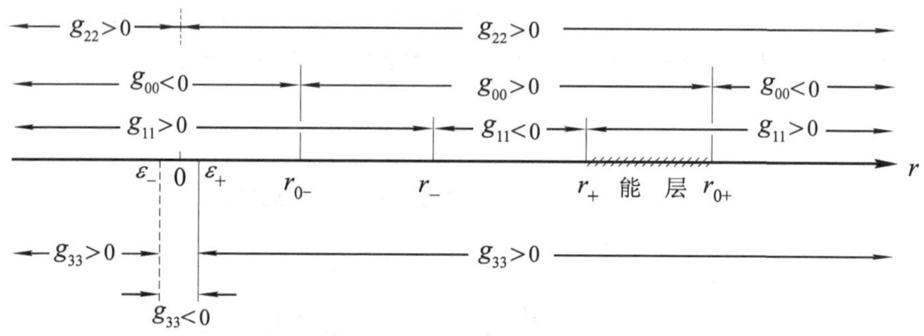

图 13-17　$g_{00}, g_{11}, g_{22}, g_{33}$ 的正负示意图(其中 $\varepsilon_\pm$ 与 θ 有关，$\varepsilon_+{}^2$ 不超过 Q^2 ； $\varepsilon_-{}^2$ 不超过 a^2, Q^2 和 $4M^2$ 中之最大者)

从而印证 $(\partial/\partial t)^a$ 和 $(\partial/\partial x)^a$ 的类空性. 回到能层问题来, 初学者可能仍觉得在物理上不好理解: 怎么可以没有时间坐标? 事实上, 正如 §2.1 讲流形时所指出的, 坐标

① 如果放弃 $M^2 > a^2 + Q^2$ 的限制, 则 r^2 值不大于 a^2, Q^2 和 $4M^2$ 中之最大者.

本身是数学概念. 至于时间概念, 则须对时空作 3+1 分解(详见 §14.4) 后才有明确意义, 而为此先要选定参考系. 选定参考系后就有共动坐标系, 其 x^0 坐标线与观者世界线重合, 于是第零坐标基矢 $(\partial/\partial x^0)^a$ 类时, 其他三个类空, 坐标 x^0 便可解释为观者的坐标时间. [是指观者手中任一走时率特定的钟(称为坐标钟)所指示的时间, 与固有时很可以不同.] KN 时空的 Boyer-Lindquist 坐标系在 $r > r_{0+}$ 的时空区就是稳态参考系的一个共动坐标系, 但在能层内却失去这一特点[坐标基矢 $(\partial/\partial t)^a$ 的类空性排除了 t 坐标线与任何观者世界线重合的可能]. 然而它在能层内仍是数学上合法的坐标系. 如果愿意, 你也可以另选坐标系使它满足"一个类时、三个类空"的要求. 虽然能层内的 t (指 Boyer-Lindquist 系的 t)不是类时坐标, 能层内外(指 $r > r_+$)绕黑洞匀速公转(指 $\mathrm{d}\varphi/\mathrm{d}t$ = 常数 $\neq 0$) 而且 r, θ 为常数的质点(记作 A)的 $\mathrm{d}\varphi/\mathrm{d}t$ (记作 ω)却仍可解释为质点相对于远方静态观者的转动(公转)角速度. (足够远处时空近似平直, 静态观者有意义.) 理由如下. 以 p_1 和 p_2 代表 A 旋转一周的始末两个事件(图 13-18), 设 A 在 p_1 时所发的外向光子的世界线(类光测地线) η_1 与远方静态观者 G 交于 p_1'. 以 Δt 代表 p_2 和 p_1 的 t 坐标之差, $\phi_{\Delta t}$ 代表由 $(\partial/\partial t)^a$ 产生的等度规映射, 则 $\eta_2 \equiv \phi_{\Delta t}[\eta_1]$ 必为过 p_2 的类光测地线, 而且也必与 G 相交, 设交点为 p_2'. 以 $\Delta t'$ 代表 p_2' 和 p_1' 的 t 坐标之差, 则必有 $\Delta t' = \Delta t$. 利用同一世界线上固有时与坐标时的关系 $\mathrm{d}\tau/\mathrm{d}t = (-g_{00})^{1/2}$ 以及 $-g_{00}$ 在 r 很大处接近于 1 的事实可知 G 世界线上 p_2' 和 p_1' 的固有时间差 $\Delta\tau_G \cong \Delta t'$, 因而 $\Delta\tau_G \cong \Delta t$. 从 G 看来(根据他的眼睛和他的标准钟), $\Delta\tau_G$ 正是质点转一周所需时间, 故 G 测得的、质点 A 的

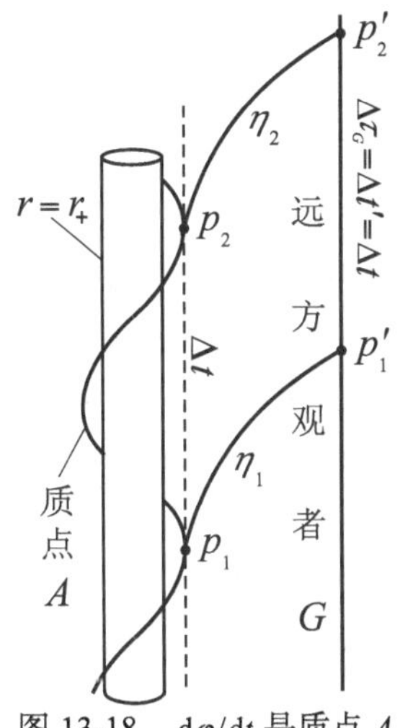

图 13-18　$\mathrm{d}\varphi/\mathrm{d}t$ 是质点 A 相对于远方静态观者 G 的角速度(示意图)

$$\text{公转角速度} = \frac{2\pi}{\Delta\tau_G} = \frac{2\pi}{\Delta t} = \frac{\mathrm{d}\varphi(t)}{\mathrm{d}t} \equiv \omega .$$

这一结论对能层内外(指 $r > r_+$)的质点都成立. 下面对能层内外质点的角速度 ω 所受到的限制作进一步的讨论. 因 φ 在对称轴上无定义, 我们只讨论 $\theta \neq 0, \pm\pi$ 的稳态观者.

命题 13-4-1　能层内(指 $r_+ < r < r_{0+}$)和静界上的任何观者(质点)的 φ 坐标都不能不变, 即 $\omega \equiv \mathrm{d}\varphi/\mathrm{d}t \neq 0$, 而且 $\omega > 0$. (其实是 ω 与 a 同号, 但前已约定 $a > 0$.)

证明　设 $(\partial/\partial\tau)^a$ 为所论观者(质点)的 4 速, 把类时性条件 $g_{ab}(\partial/\partial\tau)^a(\partial/\partial\tau)^b < 0$ 在 Boyer-Lindquist 系展开并乘以 $(\mathrm{d}\tau/\mathrm{d}t)^2$ 得

$$g_{00}+g_{11}\left(\frac{\mathrm{d}r}{\mathrm{d}t}\right)^2+g_{22}\left(\frac{\mathrm{d}\theta}{\mathrm{d}t}\right)^2+g_{33}\omega^2+2g_{03}\omega<0\,. \tag{13-4-2}$$

由图 13-17 可知在能层内和静界上有 $g_{00}\geqslant 0$, $g_{11}, g_{22}, g_{33}>0$, 故 $g_{03}\omega<0$, 可见 $\omega\neq 0$. 与式(13-2-5)结合得

$$a\omega(2Mr-Q^2)>0\,. \tag{13-4-3}$$

在 $[r_{0-}, r_{0+}]$ 内 $g_{00}\geqslant 0$, 由式(13-2-5)可知在能层内和静界上有 $(2Mr-Q^2)>0$, 加上早已约定 $a>0$, 故式(13-4-3)表明 $\omega>0$. □

注 1 根据 §8.1, 一个观者称为稳态观者, 若他是某一稳态参考系的观者, 而稳态参考系则定义为与类时 Killing 矢量场对应的参考系. 对 KN 时空, r, θ, φ 为常数的观者自然是稳态观者, 因为 Killing 矢量场 ξ^a 类时. 然而 r, θ 及 $\omega\equiv\mathrm{d}\varphi/\mathrm{d}t$ 为常数的观者也是稳态观者, 因为不难证明(习题)其世界线与矢量场 $\tilde{\xi}^a\equiv\xi^a+\omega\psi^a$ 的一条积分曲线重合, 而 $\tilde{\xi}^a$ 作为 Killing 场 ξ^a 和 ψ^a 的线性组合也是 Killing 场. 前后两种稳态观者的区别在于前者的 $\omega=0$, [①] 因而相对于无限远静态观者静止, 所以 Misner et al.(1973)在 893 页把 $\omega=0$ 的稳态(stationary)观者专称为 static observer, 译成汉语既可以是静止观者又可以是静态观者. 考虑到"静态观者"在本书 §8.1 中有不同含义(只在静态时空中才有), 本书把 $\omega=0$ 的稳态观者专称为**静止观者**. 于是命题 13-4-1 表明能层内不存在静止观者, 而且指出能层内任何观者(质点)之所以不能静止的关键在于其 φ 坐标不能为常数, 即必须围绕黑洞公转. 由于 a 代表黑洞单位质量的角动量, ω 与 a 同号表明能层内的观者的旋转方向与"黑洞的旋转方向"相同, 可以解释为"被黑洞拖曳着转动". 由于 r_{0+} 是能层的外边界, 是静止观者可否存在的两个区域的交界面, 因此称为**静界**(static limit surface). [②]

能层内虽不存在静止观者, 却存在稳态观者. 下述命题给出能层内外稳态观者相对于无限远的角速率 $\omega\equiv\mathrm{d}\varphi/\mathrm{d}t$ 的取值范围.

命题 13-4-2 能层内外(指 $r>r_+$)任一时空点的稳态观者(质点)的角速率 $\omega\equiv\mathrm{d}\varphi/\mathrm{d}t$ 可以(且仅可以)在 (ω_-, ω_+) 的范围内取值, 即

$$\omega_-<\omega<\omega_+\,, \tag{13-4-4}$$

其中

---

① 另一区别是: ξ^a 在无限远也类时而 $\tilde{\xi}^a$ 在 r 充分大时不再类时[理由见注 2 之(1)]. 就是说, $\omega=0$ 的观者所属的参考系可以延伸至空间无限远而 $\omega\neq 0$ 的稳态观者则不能.

② 稳态观者和静止观者的定义在文献中不很统一, 因此某些文献[如 Hawking and Ellis(1973)]把静界称为稳界(stationary limit surface).

$$\omega_{\pm} \equiv \Omega \pm \Lambda, \qquad \Omega \equiv -\frac{g_{03}}{g_{33}}, \qquad \Lambda \equiv \sqrt{\Omega^2 - \frac{g_{00}}{g_{33}}}, \tag{13-4-5}$$

或者，借助于式(13-2-8)，注意到在 $r > r_+$ 时 $\Delta > 0$，有

$$\omega_{\pm} = \Omega \pm \frac{\sqrt{\Delta}\sin\theta}{g_{33}}. \tag{13-4-5'}$$

证明　把式(13-4-2)用于 r 和 θ 为常数的观者得

$$g_{00} + 2g_{03}\omega + g_{33}\omega^2 < 0. \tag{13-4-6}$$

式(13-4-5)的 $\omega_{\pm}$ 正是关于 ω 的代数方程 $g_{00} + 2g_{03}\omega + g_{33}\omega^2 = 0$ 的解，注意到能层内外(指 $r > r_+$)有 $g_{33} > 0$，便知式(13-4-6)的充要条件为式(13-4-4). □

注 2　式(13-4-5)定义的 $\omega_{\pm}$ 是 r 的函数，我们讨论该式与式(13-4-4)结合后在 $r \geqslant r_+$ 的一些关键段(点)上对 ω 所给出的限制. 由式(13-2-5)可知 $r \geqslant r_+$ 时 Ω 与 a 同号，而我们早已约定选 φ 的正向使 $a > 0$，所以讨论中默认 $\Omega > 0$.

(1) r 很大的情况. 这时 $g_{03} \cong 0$, $g_{00} \cong -1$, $g_{33} \cong r^2\sin^2\theta$，故 $\Omega \cong 0$，由式(13-4-5)可知 $\omega_+ \cong (r\sin\theta)^{-1}$, $\omega_- \cong -(r\sin\theta)^{-1}$，所以式(13-4-4)对 ω 给出的限制就是 $-1 < \omega r\sin\theta < 1$. 注意到 $\omega r\sin\theta$ 是线速率，(直观上不难理解，证明见本小节末.) 可见命题 13-4-2 对远方稳态观者(质点)的限制无非是必须亚光速.

(2) 能层外($r > r_{0+}$)的情况，这时有 $-g_{00}/g_{33} > 0$ 及 $\Omega > 0$.(后者是因为 $M^2 > a^2 + Q^2$ 及 $r > r_{0+}$ 保证 $2Mr - Q^2 > 0$，从而有 $-g_{03} > 0$.) 于是由式(13-4-5)可知 $\omega_- < 0$，$\omega_+ > 0$，因而式(13-4-4)允许 ω 取零值，说明在 $r > r_{0+}$ 段内允许存在静止观者.

(3) 静界上($r = r_{0+}$)和能层内($r_+ < r < r_{0+}$)的情况. 由式(13-4-5)可知 $\omega_- \geqslant 0$ (等号仅适用于 $r = r_{0+}$)，故式(13-4-4)要求 $\omega > 0$，因而不存在静止观者，与命题 13-4-1 的结论一致.

(4) 事件视界上($r = r_+$)的情况. 由式(13-4-5′)得

$$\omega_+ - \omega_- = 2\frac{\sqrt{\Delta}\sin\theta}{g_{33}}. \tag{13-4-7}$$

由 $\Delta|_{r_+} = 0$ 易见在 $r = r_+$ 上有 $\omega_+ - \omega_- = 0$，说明在事件视界上连稳态观者也不允许存在. 这是事件视界的类光性及单向膜性的体现：任何观者的 r 值一旦等于 r_+ 就只能向小于 r_+ 演化(被吸入黑洞)，不存在 $r = r_+$ 的类时线.

要点小结　静界外($r > r_{0+}$)存在静止观者；能层内($r_+ < r < r_{0+}$)及静界上($r = r_{0+}$)不存在静止观者，但存在稳态观者；事件视界上($r = r_+$)不存在稳态观者，

甚至不存在 r 为常数的观者.

现在补证“在 r 很大时 $\omega r\sin\theta$ 是稳态观者的线速率”. 稳态观者的 4 速为

$$\left(\frac{\partial}{\partial\tau}\right)^a=\frac{\mathrm{d}t}{\mathrm{d}\tau}\left(\frac{\partial}{\partial t}\right)^a+\frac{\mathrm{d}\varphi}{\mathrm{d}\tau}\left(\frac{\partial}{\partial\varphi}\right)^a.$$

在 $r\to\infty$ 时 $(\partial/\partial t)^a$ 等于静止观者的 4 速 Z^a, 故上式可看作 $(\partial/\partial\tau)^a$ 用 Z^a 的 $3+1$ 分解式 $(\partial/\partial\tau)^a=\gamma Z^a+\gamma u^a$ [见式(6-3-30)], 由此可得稳态观者相对于静止观者的 3 速度 $u^a=\omega(\partial/\partial\varphi)^a$, 于是 3 速率 $u=\sqrt{g_{ab}u^a u^b}=\sqrt{\omega^2 g_{33}}=\omega r\sin\theta$.

13.4.2 无限红移面

设静界以外的静止观者 G 和 G' 的径向坐标各为 r 和 $r'(>r)$, G 向 G' 发光, 则由式(9-2-2)得

$$\frac{\lambda'}{\lambda}=\sqrt{\frac{g_{00}(r')}{g_{00}(r)}}\ , \tag{13-4-8}$$

其中 $g_{00}=\xi^a\xi_a$ 是 KN 度规在 Boyer-Lindquist 系的 00 分量.① 由于 $g_{00}(r_{0+})=0$, 仿照小节 9.4.4 的讨论可知 r_{0+} 是 KN 时空的无限红移面. 确切地说, 这只是时空中选择类时 Killing 场 ξ^a 的积分曲线为稳态观者(我们已称为静止观者)世界线时的无限红移面. 由于 KN 时空有无数个类时 Killing 矢量场, 对其他类时 Killing 场将有其他无限红移面. 与施瓦西时空(以及闵氏时空)类似, 无限红移面是类时 Killing 场依赖的. 由于以 ξ^a 的积分曲线为世界线的稳态观者的特殊性(他们是静止观者), 在谈到无限红移面而不加说明时都是指此类观者对应的无限红移面, 它们与静界重合, 却不同于事件视界($r_{0+}\neq r_+$).

13.4.3 闭合类时线

图13-17 表明 $r=0$ 附近有一由 $\varepsilon_-<r<\varepsilon_+$ 定义的区域, 其中 $g_{33}<0$. 为方便起见, 将此区称为 ε 区. $g_{33}<0$ 意味着 $\psi^a\equiv(\partial/\partial\varphi)^a$ 为类时矢量场. 因为 φ 坐标线是闭合曲线, 所以 ε 区内任一 φ 坐标线都是闭合类时线. 更有甚者, 利用 ε 区的特殊性质, Carter(1968)证明, 对 $M^2>a^2+Q^2$ 的 KN 时空中 III 型区的任一点(若讨论

---

① KN 度规在 Boyer-Lindquist 系的分量 g_{00}, g_{33}, g_{03} 有明确的几何意义: g_{00} 和 g_{33} 分别是 Killing 场 ξ^a 和 ψ^a 的自我内积, g_{03} 则是 ξ^a 与 ψ^a 的内积. 因此 g_{00}, g_{33}, g_{03} 是 3 个反映时空对称性的(不依赖于人为因素的)标量场. 坐标分量 g_{00}, g_{33}, g_{03} 的这一好性质是精心选择坐标系的结果.

$M^2 < a^2 + Q^2$ 的 KN 时空, 则应说对时空中任一点) p 都存在过 p 的闭合类时线. (为了闭合, 类时线必须有一段位于 ε 区内.) 闭合类时线所导致的因果性问题见 §11.3.

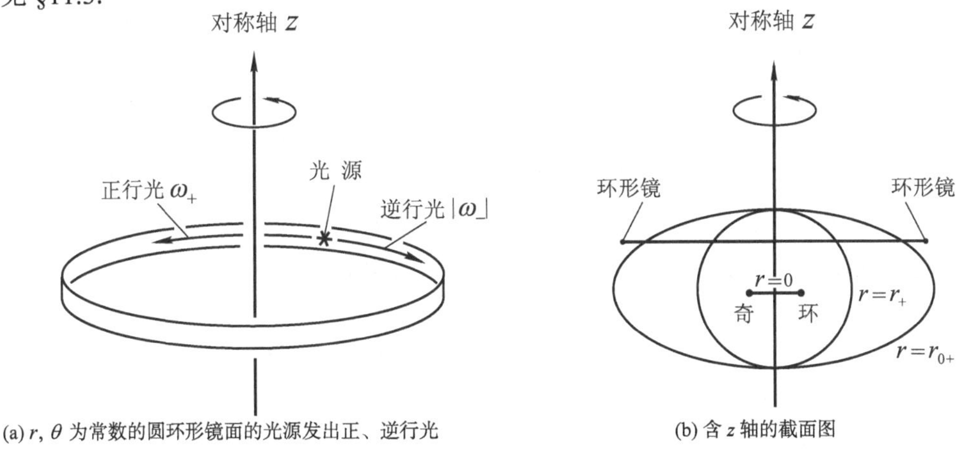

(a) r, θ 为常数的圆环形镜面的光源发出正、逆行光　　(b) 含 z 轴的截面图

图 13-19(空间图)　角动量 $J \neq 0$ 导致正、逆行光在 Boyer-Lindquist 系的坐标角速不等

13.4.4 局域非转动观者

在 KN 黑洞外置一 r, θ 为常数的圆环形镜子(内侧为镜面). 一个以角速度 ω_G (相对于无限远)贴着镜面运动的观者 G (因而其 r, θ 为常数)在某一时刻持一光源发光. 由于镜面的吸收和再发射(反射), 部分光子将贴着镜面分别沿 φ 的正向和逆向运动并返回观者(图 13-19). 以 $\omega_\pm$ 代表正、逆行光子相对于无限远的角速率, 把光子看作命题 13-4-2 中的质点的世界线趋于类光曲线的极限情况, 便知这 $\omega_\pm$ 可由式(13-4-5)表示. 如果观者的角速率 $\omega_G = 0$, (即是静止观者, 在静界外允许存在.) 他将先回收到正行光子后回收到逆行光子. 因为光子的运动由时空几何决定, 他可把这种双向发射并回收光子的实验看作对局域时空几何的测量手段, 于是回收的不同时性表明他测得的局域时空几何在 $+\varphi$ 和 $-\varphi$ 方向上不等价, 可以解释为"他相对于局域时空几何有转动"(他相对于无限远观者无角速度恰恰相应于他相对于局域时空几何有转动). 如果他想同时回收到正、逆行光子, 则他应以某一匀角速(相对于无限远) ω_G 贴着镜面沿正向(迎着逆行光)行进. 下面将证明同时回收的充要条件是 $\omega_G = \Omega \equiv -g_{03}/g_{33}$ (一个完全由时空几何决定的量). 这一证明对 $r > r_+$ 的任一点都成立, 但能层外和能层内的物理图象有所不同. [刚才介绍的物理图象(正、逆行光分别沿 $+\varphi$ 和 $-\varphi$ 方向行进)只对能层外($r > r_{0+}$)成立, 在能层内($r_+ < r < r_{0+}$)有 $g_{00} > 0$, $\Lambda < \Omega$ (已约定 $a > 0$), 故 $\omega_+ > \omega_- > 0$, 因此正、"逆"行光都沿 $+\varphi$ 方向行进.] 以 $t = 0$ 和 $t = T$ 分别代表三者(正、逆行光子及观者 G)开始运

动和三者相遇(同时回收)的时刻，以 $\Delta\varphi_+$，$\Delta\varphi_-$ 和 $\Delta\varphi_G$ 依次代表三者在 T 时间内走过的 φ 角，则

$$\Delta\varphi_+ = \Delta\varphi_G + 2\pi, \quad \Delta\varphi_G = \Delta\varphi_- + 2\pi, \quad (r > r_{0+} \text{时} \ \Delta\varphi_- < 0)$$

故 $\Delta\varphi_G = (\Delta\varphi_+ + \Delta\varphi_-)/2$，除以 T 便得 $\omega_G = (\omega_+ + \omega_-)/2 = \Omega$. 这一证明对能层内外和静界上[即对开区间 (r_+,∞) 中的任一 r 值]都成立. 既然以 $\omega_G = \Omega$ 为角速率的观者能同时回收到正、逆行光子，他测得的时空几何便在 $+\varphi$ 和 $-\varphi$ 方向上等价，因而“他相对于局域时空几何没有转动”，所以可把任一 r, θ 为常数、$\omega_G \equiv \mathrm{d}\varphi_G/\mathrm{d}t = \Omega(r,\theta)$ 的观者称为**局域非转动观者**(locally nonrotating observer). 也可说局域非转动观者是“被黑洞拖曳着”、与黑洞同步转动的观者.

以上讨论使我们想到图 13-8, 图中以 t 坐标线为世界线的观者是静止观者，看来以 t' 坐标线为世界线的观者才是局域非转动观者. 答案的确如此. 以 β 代表上述光子世界线的参数，用坐标系 $\{t',r',\theta',\varphi'\}$ [由式(13-2-9)定义]表述 $(\partial/\partial\beta)^a$ 的类光性 $g_{ab}(\partial/\partial\beta)^a(\partial/\partial\beta)^b = 0$，注意到此系的线元不含时空交叉项以及 $\mathrm{d}r'/\mathrm{d}\beta = \mathrm{d}\varphi'/\mathrm{d}\beta = 0$，得

$$g'_{00}\left(\frac{\mathrm{d}t'}{\mathrm{d}\beta}\right)^2 + g'_{33}\left(\frac{\mathrm{d}\varphi'}{\mathrm{d}\beta}\right)^2 = 0\,.$$

以 $\omega' \equiv \mathrm{d}\varphi'/\mathrm{d}t'$ 代表光子在这个坐标系中相对于无限远的角速率，便得 $\omega'_\pm = \pm(-g'_{00}/g'_{33})^{1/2}$，即 ω'_+ 和 ω'_- 等值异号. 这表明正、逆行光在坐标系 $\{t',r',\theta',\varphi'\}$ 中的角速度等值反向，平均值为零，因此同时回收两光的观者(即局域非转动观者) G 在此系的角速度应为零，即 G 的世界线上不但 r, θ 为常数，而且 φ' 也为常数. 而这正是 $\{t',r',\theta',\varphi'\}$ 系的 t' 坐标线! 可见以 t' 坐标线为世界线的观者正是局域非转动观者. 这也可通过计算他在 $\{t,r,\theta,\varphi\}$ 系的角速度 ω_G 得到印证：设 φ_G 和 φ'_G 是他在两系的 φ 坐标，则由 $\varphi'_G = \varphi_G - \Omega t$ [见式(13-2-9)]得

$$\omega_G \equiv \mathrm{d}\varphi_G/\mathrm{d}t = \mathrm{d}\varphi'_G/\mathrm{d}t + \Omega = \Omega\,.$$

以 P^a 代表局域非转动观者 G 的 4 动量，则他的角动量为 $L \equiv g_{ab}P^a(\partial/\partial\varphi)^b$ [参见式(9-1-5)及该节末对角动量的讨论]. 注意到 G 的世界线与等 t 面正交以及 $(\partial/\partial\varphi)^b$ 切于等 t 面，便知 $L = 0$. 可见局域非转动观者的角动量为零，因此也被称为**零角动量观者**(zero-angular-momentum observer)，详见 Thorne, Price, and Macdonald(1986)及其所引文献.

[选读 13-4-1]

Bardeen and Press(1972)指出，研究旋转黑洞附近的物理过程时，用物理量在

Boyer-Lindquist 坐标系的分量会使问题复杂化, 原因是: ① $(\partial/\partial t)^a$ 在能层内类空而不类时; ②线元的非对角性给指标升降带来代数运算的麻烦. 他们以局域非转动观者组成的参考系为基础建立正交归一标架场, 使许多问题得以简化, 而且物理意义更加明晰. 这一做法还可推广到任意稳态轴对称渐近平直时空(真空或非真空), 其度规在 $\{t,r,\theta,\varphi\}$ 坐标系中的线元为

$$ds^2 = -e^{2\nu}dt^2 + e^{2\psi}(d\varphi - \Omega\, dt)^2 + e^{2\mu_1}dr^2 + e^{2\mu_2}d\theta^2, \tag{13-4-9}$$

其中 $\nu, \psi, \mu_1, \mu_2, \Omega$ 是 r 和 θ 的函数. 对 Kerr 度规有

$$e^{2\nu} = \frac{\rho^2 \Delta}{A}, \quad e^{2\psi} = \frac{A\sin^2\theta}{\rho^2}, \quad e^{2\mu_1} = \frac{\rho^2}{\Delta}, \quad e^{2\mu_2} = \rho^2, \quad \Omega = \frac{2Mar}{A}, \tag{13-4-10}$$

其中
$$A \equiv (r^2 + a^2)^2 - \Delta a^2 \sin^2\theta . \tag{13-4-11}$$

在对 Kerr 时空的若干计算中, 先用式(13-4-9)求得结果再用式(13-4-10)代入比直接用式(13-2-1)计算要省事得多. 度规(13-4-9)的局域非转动观者是这样的观者, 其世界线的 r, θ 为常数, φ, t 满足 $d\varphi/dt = \Omega$. 不难证明, 与 Kerr 度规一样, 他们的世界线也正交于等 t 面. 定义正交归一 4 标架场[注意 $(e_0)^a$ 正是局域非转动观者的 4 速]

$$(e_0)^a = e^{-\nu}\left[\left(\frac{\partial}{\partial t}\right)^a + \Omega\left(\frac{\partial}{\partial \varphi}\right)^a\right], \qquad (e_1)^a = e^{-\mu_1}\left(\frac{\partial}{\partial r}\right)^a,$$
$$(e_2)^a = e^{-\mu_2}\left(\frac{\partial}{\partial \theta}\right)^a, \qquad (e_3)^a = e^{-\psi}\left(\frac{\partial}{\partial \varphi}\right)^a, \tag{13-4-12}$$

不难验证其对偶标架场为

$$(e^0)_a = e^{\nu}(dt)_a, \ (e^1)_a = e^{\mu_1}(dr)_a, \ (e^2)_a = e^{\mu_2}(d\theta)_a, \ (e^3)_a = e^{\psi}[-\Omega\,(dt)_a + (d\varphi)_a]. \tag{13-4-13}$$

由于 $\{(e_i)^a, i=1,2,3\}$ 就是局域非转动观者的空间 3 标架, 所以任一空间张量的 i 分量就是他测得的分量, 有清晰的物理意义. 为避免误解, 我们指出两点: ①由全体局域非转动观者组成的参考系并非稳态参考系, 因为它不对应于任一 Killing 矢量场[$\Omega(r,\theta)$ 的非常数性导致式(13-2-12)的 $(\partial/\partial t')^a$ 的非 Killing 性]. 局域非转动观者 G 之所以是稳态观者, 是因为存在以他的角速度 Ω 为组合常数组成的 Killing 场 $\tilde{\xi}^a \equiv \xi^a + \Omega\psi^a$. 设局域非转动观者 G' 与 G 有不同的 r, θ 值, 则其角速度 Ω' 不等

于Ω，但G'由于属于另一稳态参考系(对应于 Killing 场$\tilde{\xi}'^a \equiv \xi^a + \Omega'\psi^a$)而同样有资格作为稳态观者. 简言之, G和G'是属于不同稳态参考系的两个稳态观者. ②局域非转动观者的世界线并非测地线, 其正交归一 4 标架场(13-4-12)沿世界线也非费移("非转动"不同于无自转). **[选读 13-4-1 完]**

§ 13.5 从旋转黑洞提取能量(Penrose 过程)

设$C(\tau)$是 Kerr 时空的指向未来类时线, τ为固有时, $P^a = m(\partial/\partial\tau)^a$是它所代表的质点的 4 动量, 则

$$E \equiv -g_{ab}\xi^a P^b = -\xi^a P_a = -\left(\frac{\partial}{\partial t}\right)^a P_a \quad , \tag{13-5-1}$$

$$L \equiv g_{ab}\psi^a P^b = \psi^a P_a = \left(\frac{\partial}{\partial \varphi}\right)^a P_a \tag{13-5-2}$$

可分别解释为质点(相对于无限远稳态观者)的能量和角动量(见 §9.1). 由于$\xi^a \equiv (\partial/\partial t)^a$和$\psi^a \equiv (\partial/\partial\varphi)^a$是 Killing 矢量场, 由定理 4-3-3 可知当$C(\tau)$为测地线时E和L在线上为常量, 可分别解释为质点的能量和角动量守恒. 因为ξ^a在能层外是指向未来类时的, 由命题 11-1-1(1)及式(13-5-1)可知$E > 0$. 然而, ξ^a在能层内类空, 于是E可正可负, 视所论类时线$C(\tau)$而定. E恒为负的类时(及类光)曲线称为负能轨道.① 请注意E与$E_{当}$的区别, 后者是观者(其 4 速Z^a恒为类时单位矢)作

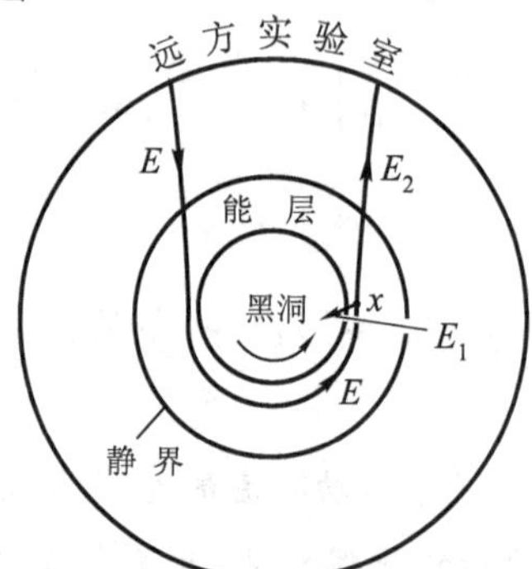

图 13-20 Penrose 过程示意

① 对带电黑洞($Q \neq 0$)外的带电质点, 式(13-5-1)和(13-5-2)中的P^a应改为广义 4 动量$P^a - qA^a$.(q为质点的电荷, A_a为时空的电磁 4 势.) 结论的相应改变为: 当q与Q异号时, 负能轨道存在于一个比能层略大的区域; 当q与Q同号时, 负能轨道存在于一个比能层略小的区域, 见 Misner et al.(1973)P.906~907.

当时当地观测所得的能量,不包含引力势能,恒为正($E_{当} = -Z^a P_a > 0$).

Penrose 于 1969 年根据能层内存在负能轨道的特点提出从旋转黑洞提取能量的有趣想法,后称 **Penrose 过程**(Penrose process). 设能量为 $E(>0)$ 的质点从"无限远"实验室向 Kerr 黑洞自由下落,则其 E 为常数. 质点备有定时装置,以使其在能层内某时空点自动爆裂为两块,以 $P^a, P_1^{\ a}$ 和 $P_2^{\ a}$ 分别代表原质点及两个碎块的 4 动量. 由等效原理可知狭义相对论的 4 动量守恒式 $P^a = P_1^{\ a} + P_2^{\ a}$ 对弯曲时空的爆裂事件也成立,与 ξ_a 缩并便得(局域)能量守恒 $E = E_1 + E_2$. 可以证明,原则上总可这样安排爆裂事件,使碎块 1 以负能轨道为世界线(即 $E_1 < 0$)而碎块 2(其能量 $E_2 > E$)沿外向测地线返回远方实验室. 还可证明碎块 1 最终必然落入黑洞(图 13-20). 整个过程的净结果为:①远方实验室得到能量 $\Delta E = E_2 - E = -E_1 > 0$;②由于"吃进"负能碎块 1,黑洞能量由 M 减为 $M - |E_1|$. 这就是"从黑洞提取能量"的实质,**能层**(ergosphere)也由此得名. 设想图 13-20 中的远方实验室是一座城市,卡车满载垃圾向能层自由下落,到 x 点把垃圾抛出并使其沿负能轨道进入黑洞,能量变大了的卡车沿外向测地线返回城市,把获得的动能转给一个巨大的飞轮并使其推动发电机,然后卡车再次满载垃圾进入能层,…….这似乎为一箭双雕地解决能源和垃圾处理问题提供了一种原则上的可能性,然而付诸实践却远非如此简单. 纵使有朝一日能在足够近处发现一个可供利用的旋转黑洞,上述过程所要求的非常高的爆后速率(为使能量为负,碎块 1 的 3 速率须大于 $c/2$.)以及极端精确的定时技术,特别是对两个碎块的精确去向的控制都是远非目前人类技术所能达到的. 不过,无论如何,这至少是一个很有兴趣的理论设想.

旋转黑洞(至少在理论上)可以成为取之不尽的能源吗? 当然不. 关键在于负能粒子的角动量 L 必与黑洞的角动量 J 反号. 证明如下. 把 $\Omega \equiv -g_{03}/g_{33}$ 在事件视界 $r = r_+$ 的值记作 Ω_H (H 代表事件视界),由式(13-2-5)和(13-2-3)易得

$$\Omega_H = \frac{a}{r_+^{\ 2} + a^2}. \tag{13-5-3}$$

上式再次表明 Ω_H 与 a 同号. 定义矢量场

$$K^a \equiv \xi^a + \Omega_H \psi^a, \tag{13-5-4}$$

由 ξ^a 和 ψ^a 的 Killing 性以及 Ω_H 的常数性可知 K^a 也是 Killing 场. 在 H 外定义矢量场 $\eta^a \equiv \xi^a + \omega_+ \psi^a$,因 ω_+ 是方程 $g_{00} + 2g_{03}\omega + g_{33}\omega^2 = 0$ 的解,故

$$g_{ab}\eta^a\eta^b = g_{00} + 2g_{03}\omega_+ + g_{33}\omega_+^{\ 2} = 0,$$

即 η^a 类光. 由于在 $r > r_{0+}$ 处 ξ^a 为指向未来类时, 而且

$$g_{ab}\xi^a\eta^b = g_{00} + g_{03}\omega_+ = (g_{00} + 2g_{03}\omega_+ + g_{33}\omega_+{}^2) - (g_{03}\omega_+ + g_{33}\omega_+{}^2)$$

$$= 0 - \omega_+[g_{03} + g_{33}(\Omega + \Lambda)] = -\,\omega_+ g_{33}\Lambda < 0\,,$$

所以由命题 11-1-1(1)可知 η^a 指向未来. 而 $K^a\,|_{\rm H} = \eta^a\,|_{\rm H}$, 可见 K^a 在 H 上是指向未来的类光矢量. 而质点的 4 动量 P^a 是指向未来类时矢量, 再次利用定理 11-1-1(1)便得

$$0 > g_{ab}P^aK^b = -E + \Omega_{\rm H}L\,. \tag{13-5-5}$$

(E 和 L 对自由下落质点为常数). 不失一般性, 选 φ 坐标的正向使 $J > 0$, 则 $\Omega_{\rm H} > 0$, 故上式在 $E < 0$ 的情况下给出

$$L < E/\Omega_{\rm H} < 0\,, \tag{13-5-6}$$

可见 Kerr 黑洞在“吃进”负能粒子后其 J 将减小. 等它稳定为一个 M 和 J 都小于原值的新 Kerr 黑洞后, 还可再用 Penrose 过程提取能量. 如此反复进行, 当 J 减至零时能层(因而提取能量的可能性)消失. 下面讨论从 Kerr 黑洞可以提取的能量的极限.

黑洞在“吃进”能量为 E、角动量为 L 的粒子后, 质量 M 和角动量 J 的改变量分别为 $\delta M = E,\ \delta J = L$. 故式(13-5-6)可改写为 $\delta J < \Omega_{\rm H}{}^{-1}\delta M$. 利用式(13-5-3)又可改写为

$$(r_+{}^2 + a^2)\,\delta M > a\delta J = a\delta(aM) = a^2\delta M + Ma\delta a\,,$$

因而

$$r_+{}^2\delta M > M a\,\delta a\,. \tag{13-5-7}$$

用下式定义一个称为**不可减质量**(irreducible mass)的正量 $\hat{M}$:

$$2\hat{M}^2 \equiv M\,[M + \sqrt{M^2 - a^2}\,]\,, \tag{13-5-8}$$

则

$$2\delta(\hat{M}^2) = \frac{1}{\sqrt{M^2 - a^2}}(r_+{}^2\delta M - Ma\,\delta a)\,, \tag{13-5-9}$$

于是由式(13-5-7)得

$$\delta(\hat{M}^2) > 0\,. \tag{13-5-10}$$

可见, 虽然黑洞在"吃进"负能粒子后 M 要减小, 但不可减质量却只增不减(故此得名). 由式(13-5-8)可反解出 M:

$$M^2 = \hat{M}^2 + \frac{J^2}{4\hat{M}^2} \geqslant \hat{M}^2, \tag{13-5-11}$$

设黑洞的初始数据为 M, $\hat{M}$ 和 a, 反复经历 Penrose 过程后的数据为 M', $\hat{M}'$ 和 a', 则由式(13-5-11)和(13-5-10)可知

$$M' \geqslant \hat{M}' > \hat{M} > 0, \tag{13-5-12}$$

可见"吃进"负能粒子后的黑洞质量不但不会为零, 而且总比初始不可减质量 $\hat{M}$ 大. $\hat{M}$ 为反复经历 Penrose 过程的 Kerr 黑洞提供了一个正的质量下限. 能量提取的极限相应于终结质量 M 等于初始不可减质量 $\hat{M}_0$ 的情形. 理由如下. 首先, 适当选择碎块 1 的轨道可使式(13-5-5)[因而(13-5-10)]的不等号任意地接近等号, 于是式(13-5-12)中的 $\hat{M}' > \hat{M}$ 在极限情况下可改写为 $\hat{M}' = \hat{M}$; 其次, 原则上可通过多次 Penrose 过程使黑洞的 a 值任意地小, 在极限情况下可取为零, 再注意到式(13-5-11), 便知式(13-5-12)中的 $\geqslant$ 可改写为等号. 所以在极限情况(可趋近而不可达到)下可把式(13-5-12)改写为 $M' = \hat{M}' = \hat{M} > 0$. 于是

$$\text{可提取的最大能量} = M - \hat{M}.$$

因为上式对应的终结情况为 $a = 0$, 相应于黑洞经多次提取能量后最终不转, 所以可把 $M - \hat{M}$ 解释为 Kerr 黑洞的转动能. Penrose 过程所提取的正是这种转动能. 当全部转动能都被提取殆尽时 Kerr 黑洞退化为不转动的施瓦西黑洞. 为了最大限度地提取能量, 黑洞的初始不可减质量 $\hat{M}$ 应在初始质量 M 给定的前提下取最小值, 由式(13-5-8)知这相当于 $a = M$ 的情况[称为**极端(extreme)Kerr 黑洞**], 其转动能 $M - \hat{M}$ 与能量 M 之比(称为**比转动能**)显然为 $\dfrac{M - \hat{M}}{M} = 1 - \dfrac{1}{\sqrt{2}} \cong 29\%$. 可见反复运用 Penrose 过程所能提取的极限能量是黑洞总能量的 29%. 在把质量转化为其他能量形式的各种机制中, 这是一个异常巨大的转化百分数. 烧氢变氦的核聚变是实验室中可实现的转化率最高的过程, 其转化百分数也不到1%.

§13.6　黑洞"无毛"猜想

同爱因斯坦和某些物理学家原来的期望相反, 广义相对论自 1915 年诞生后曾一直进展缓慢, 经历了大约半个世纪的"冬眠"期. 情况从 20 世纪 60 年代开始出现转机, 当时天体物理学的新发现使广义相对论天体物理学一跃而成蓬勃发展的

研究前沿. 天体演化中的灾难性过程, 诸如引力坍缩和星系中心的爆炸, 会导致甚强而且迅变的引力场, 广义相对论正好在这些领域中找到自己的用武之地. 由于引力的普适性和长程性, 质量足够大的天体在演化生涯晚期的自引力足以超过所有其他力而占主导地位, 连平常认为最有排斥倾向的核力都不足以遏止天体坍缩成黑洞. 广义相对论在对这些天体的研究中不但非用不可, 而且完全不像在水星近日点进动等现象中那样只扮演对牛顿理论作微小修正的角色. 然而, 宇宙中是否真有黑洞? 美国和意大利联合发射的、探测 X 射线的人造卫星 Uhuru 于 1972 年得到的信息表明某密近双星系中的不可见子星(天鹅座 X-1)是一个很有希望的黑洞候选者. 虽然对它是否真是黑洞的争论至今尚未完全了断, 但已有越来越多的证据表明它十分可能是黑洞. 后来又发现了越来越多的黑洞候选者[见 Menou et al. (1999)]. 无论如何, 关于黑洞的研究早已并正在成为广义相对论和天体物理学的重要课题, 而且它同热力学、粒子物理学、量子物理学以及数学的密切而深刻的联系也已引起多方面学者们的关注和兴趣, 新的研究成果层出不穷, 而且不断带来惊奇和惊喜.

我们已介绍过施瓦西、RN 和 KN 黑洞, 前两者只是后者的特例. 由于星体或多或少都有转动, 大质量恒星晚期在经历了短暂的不稳定坍缩期(那时要发射引力波和电磁波)后如果[①]形成稳态黑洞也不可能是施瓦西或 RN 黑洞. (对稳态黑洞一词应加说明. 如果要求全时空为稳态时空, 则连施瓦西黑洞也不是稳态黑洞, 因为黑洞内部没有类时 Killing 场. 文献中的稳态黑洞是指这样的黑洞, 它所在的时空存在这样的单参等度规群, 生成该群的 Killing 矢量场在无限远附近为类时.) 一个自然的问题是: 它们一定是 KN 黑洞吗?换句话说, 除此还有其他稳态黑洞吗? 经过许多学者多年的努力(一个漫长的研究过程), 人们从 20 世纪 70 年代初开始相信如下结论: 所有(电磁真空的)稳态黑洞都是 KN 黑洞, 因而只需三个参量——质量 M、电荷 Q 和角动量 $J = aM$ 来刻画. 这是一个非常惊人的结论, 它表明千差万别的恒星最终成为稳态黑洞后只需 3 个参量便可描述其时空几何, 而且其度规又是爱因斯坦方程的一个非常好(并且相对简单)的精确解. 应该指出, Kerr 度规决非旋转星体外部时空的唯一可能度规, 一般来说, 外部度规与星体形状及诸多因素有关, 即使在 r 很大之处的度规也要取决于由星体的质量分布决定的引力多极矩. Kerr 度规只描写具有某种特定质量多极矩组合的旋转星体的外部几何, 具有其他多极矩组合的星体的外部几何由其他度规描写. 然而, 晚期坍缩的大质量星体带着自己的全部信息穿越事件视界进入黑洞内部, 它们对视界外部的影响只体现为三个参量 M, J, Q 的影响. 由于坍缩过程所发射的引力波和电磁波会带走能量和角动量(但

---

① 奇性定理只保证(在一定条件下)大质量恒星坍缩的结果必有时空奇性, 却不排除裸奇性的可能. 只有配以宇宙监督假设方可说坍缩结果为黑洞(奇性藏于事件视界之内), 详见§E.2.

不会带走电荷), 星体的 M 和 J 在坍缩过程中也会改变, 不过很快就会达到最终的稳态, 这时的 M, J 将与原来不同, 因而终态黑洞及其外部度规由这终态 M, J 和 Q 唯一决定. Wheeler 在 1971 年把稳态黑洞只有 3 个参量的结论形象地说成“黑洞没有毛发”(“black holes have no hair”), 这一结论后来被广泛地称作黑洞的“无毛定理”(“no hair theorem”). 黑洞有 3 个参量而仍被说成无毛, 也许缘于 hair 为不可数名词之故. (为描述坍缩前恒星的各个细节需要数不清的、如毛发般浓密的各种参量, 而一旦坍缩成黑洞则只剩 3 个, 故曰无毛. ①) 然而, 考虑到已故著名漫画家张乐平先生笔下的三毛形象, 对国人而言改称“三毛定理”或许更为合适.

以上讨论说明 KN 时空最大延拓图[图 13-14(a)]与大质量恒星坍缩而成黑洞的物理过程没有任何关系. 这不但是因为坍缩星内部并非电磁真空(因而 KN 度规不适用), 而且(更重要的)是因为在坍缩为黑洞之前, 如果星体有球对称性, 则星外度规为施瓦西(或 RN)度规(由 Birkhoff 定理及其对电磁真空球对称解的推广保证); 如果星体无球对称性, 则星体可能具有的“千姿百态”(例如隆起和湍流)将使星外偏离 KN 度规. 只有到坍缩完结并达到稳态后在事件视界及其外部的时空几何才由 KN 度规描述. 至于事件视界以内(黑洞)的情况, 人们相信 §13.1 关于 RN 黑洞内部柯西视界不稳定性的讨论对 KN 黑洞也有重要借鉴意义, (事实上, 鉴于星体都有转动, 包括 20 世纪 90 年代的文章在内的关于柯西视界不稳定性的研究都是针对 KN 黑洞的, 只是为了简单而以 RN 黑洞为突破口.) 因此, 图 13-14(a)中位于事件视界 $r = r_+$ 以内的部分也不再适用.

黑洞无毛说是在若干唯一性定理的基础上提出的. Israel于1967年证明了其中的第一个, 大意是: 真空爱因斯坦方程的静态黑洞解(指事件视界以外为静态)必为施瓦西度规. 稍后(1968年), 他又证明了上述定理的推广: 爱因斯坦-麦克斯韦方程的静态黑洞解(静态含义同上)必为RN度规. 接着, Carter于1971年进一步证明如下的唯一性定理(大意): 爱因斯坦-麦克斯韦方程的稳态轴对称黑洞解必为KN度规. 这些唯一性定理促使Wheeler于1971年提出黑洞无毛说. 后来又有许多学者(如Hawking和Robinson)在黑洞唯一性定理方面做出了进一步的成果. 然而, “黑洞无毛”真是定理吗? 换句话说, 稳态黑洞除了质量、电荷和角动量外果真不能有其他参量吗? 自从无毛说提出以来, 对黑洞是否有毛的问题的探讨就一直没有停止过. 既然把只有 M, J, Q 三个参量的黑洞称为无毛黑洞, 黑洞“毛”就应定义为存在于黑洞之外而又不是电磁场的任何场. ② 若干文章指出, 在稳态黑洞外部除电磁场外

① 通过对偶转动可使 KN 时空不但有电荷而且有磁荷. 但对偶转动不改变物理实质(见选读12-6-2), 故磁荷并非一根独立的毛.

② 黑洞的“非毛参量” M, J, Q 中的每一个都服从守恒律(在 i^0 点定义, 见小节 12.7.2), 就是说, 对这些参量的测量只须在离黑洞足够远处进行. (指定任一精确度后, 总可决定所需的“远”的程度. 在这个意义上测量可做到“无限精确”.) 然而代表黑洞的“毛”的参量却不服从类似的守恒律.

还可存在其他场，例如非阿贝尔规范场(电磁场是阿贝尔规范场)[第一个被找到的有毛黑洞所涉及的就是Einstein-Yang-Mills理论(即Yang-Mills理论与Einstein广义相对论的耦合)]. 特别是，20世纪80年代末和90年代初关于有毛黑洞的文章的激增更加促使许多人认为应把黑洞无毛说搁置一旁. 然而，鉴于黑洞无毛说在黑洞物理中的重要性(例如它对黑洞热力学的创立有过重要的激励作用)，人们还是希望能在一定的限制范围内、在某种适当的意义上证明“黑洞无毛”猜想. 这一研究还在继续进行中[参阅Frolov and Novikov(1998)及其所引文献]. 另一方面，对有毛黑洞的研究至今仍是数学物理研究中的一个活跃分支，见Volkov and Gal’tsov(1999).

习　题

~1. 试证 Kerr-Newman 度规在 Boyer-Lindquist 坐标系的分量满足:

(a) $-g_{03}/g_{33}=g^{03}/g^{00}$，

(b) $g_{03}{}^2-g_{00}g_{33}=\Delta\sin^2\theta$

(c) 行列式 $g=-\rho^4\sin^2\theta$.

2. 根据 Frobenius 定理(见附录 F)，矢量场 ξ^a 为超曲面正交的充要条件是 $\xi_{[a}\nabla_b\xi_{c]}=0$，其中 $\xi_a\equiv g_{ab}\xi^b$. 试证 Kerr 和 KN 度规中的类时 Killing 矢量场 $\xi^a\equiv(\partial/\partial t)^a$ 为非超曲面正交.

*3. 试证 KN 时空的总电荷[由式(13-2-13)定义]等于其电荷参数 Q .

*4. 试证参数为 M, a 的 Kerr 时空的总质量和总角动量[由式(13-2-15)和(13-2-17)定义]分别等于 M 和 Ma .

~5. 试证在图 13-18 中随质点 A 一同运动的观者用标准钟测量 A 转动一周所用的时间为

$$\Delta\tau=2\pi\omega^{-1}\sqrt{-g_{00}-2g_{03}\omega-g_{33}\omega^2}\ ,$$

其中 $\omega\equiv \mathrm{d}\varphi/\mathrm{d}t$ 是远方静态观者测得的 A 的角速度.

~6. 试证 KN 时空中 r, θ 及 $\omega\equiv\mathrm{d}\varphi/\mathrm{d}t$ 为常数的观者的世界线(经适当重参数化后)是 Killing 矢量场 $\tilde{\xi}^a=\xi^a+\omega\psi^a$ 的积分曲线，因而可称为稳态观者.

7. 验证式(13-4-12)给出正交归一 4 标架场，式(13-4-13)是其对偶标架场.

第 14 章　参考系再认识

§ 14.1　参考系的一般讨论

14.1.1　类时线汇(参考系)的膨胀、剪切和扭转

上册已不止一次讲过参考系的概念. 为满足后面的需要, 从现在起采用如下等价但更为准确的数学定义[Sachs and Wu(1977)P.52]:

定义 1　时空 (M, g_{ab}) 中的一个 C^∞ 矢量场 Z^a 称为一个**参考系**, 若它的每一积分曲线是一个观者的世界线.

注 1　①我们沿用过去的习惯, 即仍用 $\mathscr{R} = \{\gamma(\tau)\}$ 代表参考系, 其中 $\gamma(\tau)$ 代表 $\mathscr{R}$ 内观者的世界线, τ 为固有时. 定义 1 中的 Z^a 即 $(\partial/\partial\tau)^a$, 是指向未来单位类时矢量场. ②把定义 1 中的 M 改为 M 的一个开子集 U, 便得到 (U, g_{ab}) 中参考系的定义. 为行文简洁, 今后将笼统地说 $\mathscr{R}$ 是 (M, g_{ab}) 中的参考系, 读者应能在每一具体场合下识别所谈及的参考系的定义域是怎样的一个 U.

所有观者世界线都是测地线的参考系叫**测地参考系**. §7.6 讨论测地偏离方程时涉及的自由下落参考系就是测地参考系. 本节讨论一般参考系 $\mathscr{R} = \{\gamma(\tau)\}$. 仿照该节, 设 $\mu_0(s)$ 是一条光滑横向曲线, [①] 则 $\mathscr{R}$ 内与 $\mu_0(s)$ 相交的每一世界线可用 s 标志, 记作 $\gamma_s(\tau)$. 选择固有时的初始设定使每一 $\gamma_s(\tau)$ 与 $\mu_0(s)$ 的交点的 τ 值为零. 以 $\{\phi_\tau\}$ 代表矢量场 $Z^a = (\partial/\partial\tau)^a$ 对应的单参微分同胚族, $\mu_\tau(s)$ 代表 $\mu_0(s)$ 在 ϕ_τ 映射下的像(图 14-1), 则所有 $\mu_\tau(s)$ 铺出 M 的一个 2 维子流形 $\mathscr{S}$, 而 $Z^a = (\partial/\partial\tau)^a$ 以及 $\mu_\tau(s)$ 的切矢 $\eta^a = (\partial/\partial s)^a$ 则构成 $\mathscr{S}$ 上的坐标基矢场, 因而对易:

$$0 = [Z, \eta]^a = \mathscr{L}_Z \eta^a = Z^b \nabla_b \eta^a - \eta^b \nabla_b Z^a, \tag{14-1-1}$$

亦即

$$Z^b \nabla_b \eta^a = \eta^b \nabla_b Z^a. \tag{14-1-2}$$

因 $h^a{}_b \equiv \delta^a{}_b + Z^a Z_b$ 是 $\gamma_s(\tau)$ 上各点的投影映射, 故 $w^a \equiv h^a{}_b \eta^b$ 是参考系 $\mathscr{R}$ 的空间矢量场, 即 w^a 处处与 Z^a 正交.

以上讨论表明, 指定一条横向曲线 $\mu_0(s)$ 便在 $\mathscr{R} = \{\gamma(\tau)\}$ 内挑出了一个单参观者族 $\{\gamma_s(\tau)\}$. 我们来讨论族内的基准观者 $\gamma_0(\tau)$ 上的空间矢量场 $w^a \equiv h^a{}_b \eta^b$ 的物

---

① 还应满足某些要求(如非自相交).

理意义. 仿照§7.6, $\lambda^a(s) \equiv w^a s$ 可解释为族内观者 $\gamma_s(\tau)$ 相对于基准观者 $\gamma_0(\tau)$ 的位矢, 因此 w^a 可解释为族内观者 $\gamma_s(\tau)$ 的位矢的量度单位. 今后索性统一以 w^a 作为族内与 $\gamma_0(\tau)$ 相邻的观者们的代表, 并径直把 w^a 称为 $\gamma_0(\tau)$ 的一个邻居(一族邻居的代表). 由于有无数条横向曲线 $\mu_0(s)$ 与 $\gamma_0(\tau)$ 相交(图 14-2), $\gamma_0(\tau)$ 有无数邻居. 又因为 $\mathscr{R}$ 中任一 $\gamma(\tau)$ 都可充当基准观者, 所以对每一 $\gamma(\tau) \in \mathscr{R}$ 都可定义邻居. 下面给出邻居的准确定义[Sachs and Wu(1977)P.54]:

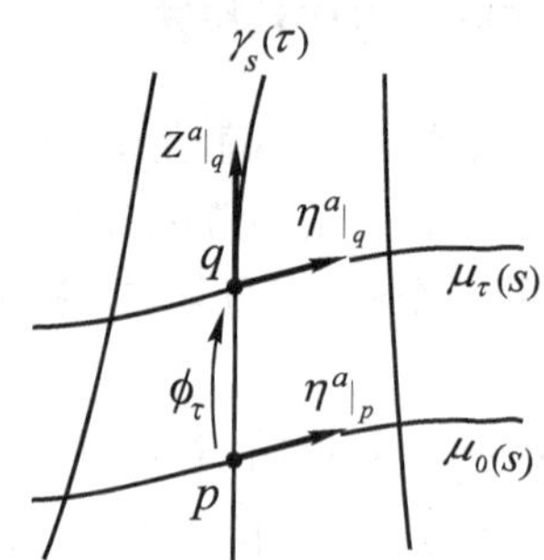

图 14-1　所有 $\mu_\tau(s) \equiv \phi_\tau[\mu_0(s)]$ 铺成一个 2 维子流形 $\mathscr{S}$

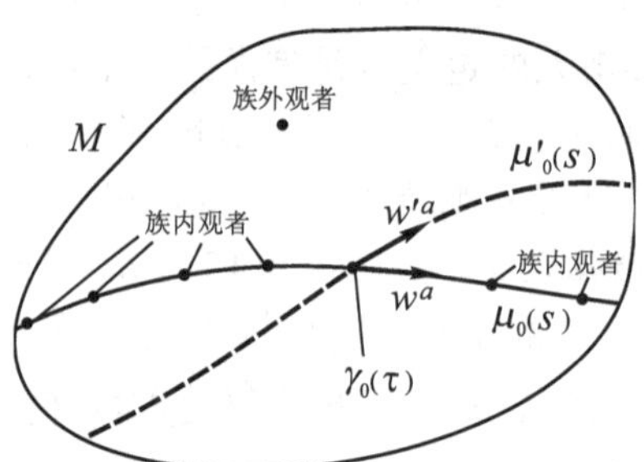

图 14-2　参考系 $\mathscr{R} = \{\gamma(\tau)\}$ 的 "横截面图". 每一世界线表现为一点. 与 $\gamma_0(\tau)$ 相交的每一横向曲线 $\mu_0(s)$ 挑出一个单参观者族. w^a 和 w'^a 是 $\gamma_0(\tau)$ 的两个邻居

定义 2　参考系 $\mathscr{R}$ 内任一观者 $\gamma(\tau)$ 上的矢量场 w^a 称为 $\gamma(\tau)$ 的一个**邻居**(neighbor), 若 $\gamma(\tau)$ 上存在矢量场 η^a 使 $w^a = h^a{}_b \eta^b$ 且 $\mathscr{L}_Z \eta^a = 0$.

注 2　① 非测地参考系一般只有 $\mathscr{L}_Z \eta^a = 0$ 而无 $\mathscr{L}_Z w^a = 0$. [试证 $\mathscr{L}_Z w^a = Z^a \eta^b A_b$, 其中 A^b 是 $\gamma(\tau)$ 的 4 加速.] ②用邻居 w^a 局域地代表一个单参观者族使讨论变得简单, 因为 $\gamma(\tau)$ 上任一点 p 的邻居 $w^a|_p$ 是 p 点的切空间 V_p 中与 $Z^a|_p$ 正交的子空间 W_p 的元素, 用邻居讨论问题时只涉及曲线 $\gamma(\tau)$ 上的点的子空间而不涉及 $\gamma(\tau)$ 以外的任何点. ③选定一条与 $\gamma(\tau)$ 相交的横向曲线 $\mu_0(s)$ (因而挑出了一个单参观者族)就为 $\gamma(\tau)$ 指定了一个邻居 w^a; 反之也可证明, 对 $\gamma(\tau)$ 指定一

个邻居 w^a 后就在 $\mathscr{R}$ 中挑出了一个单参观者族.

§7.6 曾用 w^a 定义了 $\gamma(\tau)$ 测得的 3 速 $u^a \equiv Z^b \nabla_b w^a$ 和 3 加速 $a^a \equiv Z^b \nabla_b u^a$. 对非测地参考系, $Z^b \nabla_b w^a$ 和 $Z^b \nabla_b u^a$ 一般不再是空间矢量, 看来定义 u^a 和 a^a 时应把协变导数改为费米导数(见§7.3). 下面的讨论表明这一想法是合理的. 设 $\{(e_\mu)^a\}$ [其中 $(e_0)^a = Z^a$]是 $\gamma(\tau)$ 上的费移正交归一 4 标架场, 则 $\gamma(\tau)$ 连同 $\{(e_\mu)^a\}$ 构成一个无自转观者, 他在时刻 p 和 q 测得同一邻居的位矢分别为 $w^a|_p$ 和 $w^a|_q$. 这是在不同点的两个矢量, 本来无法比较. 但无自转观者可以比较它们在自己的 3 标架场 $\{(e_i)^a\}$ 的分量 w^i, 差值 $w^i|_q - w^i|_p$ 便代表邻居位矢在时间 $\Delta\tau \equiv \tau|_q - \tau|_p$ 内的改变量, 因此邻居相对于观者 $\gamma(\tau)$ 在 p 点的 3 速的 i 分量应定义为

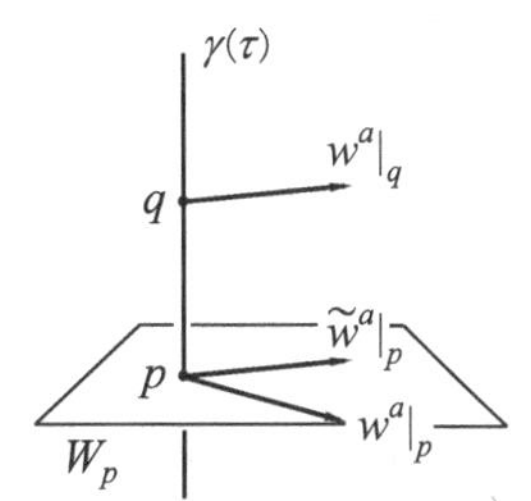

图 14-3　$\tilde{w}^a|_p \in W_p$ 是 $w^a|_q \in W_q$ 沿 $\gamma(\tau)$ 费移至 p 的结果

$$u^i|_p = \lim_{\Delta\tau \to 0} \frac{1}{\Delta\tau}(w^i|_q - w^i|_p). \tag{14-1-3}$$

以 $\tilde{w}^a$ 代表由 $w^a|_q$ 决定的沿 $\gamma(\tau)$ 的费移矢量场(图 14-3), 则 $\tilde{w}^a|_q = w^a|_q$, 故

$$w^i|_q = [w^a(e^i)_a]|_q = [\tilde{w}^a(e^i)_a]|_q = [\tilde{w}^a(e^i)_a]|_p = \tilde{w}^i|_p, \tag{14-1-4}$$

其中第三步是因为费移保内积. 代入式(14-1-3)得

$$u^i|_p = \lim_{\Delta\tau \to 0} \frac{1}{\Delta\tau}(\tilde{w}^i|_p - w^i|_p), \tag{14-1-5}$$

从而

$$u^a|_p = [u^i(e_i)^a]|_p = \lim_{\Delta\tau \to 0} \frac{1}{\Delta\tau}(\tilde{w}^a|_p - w^a|_p) = \left.\frac{\mathrm{D_F} w^a}{\mathrm{d}\tau}\right|_p, \tag{14-1-6}$$

其中最末一步的证明与定理 3-2-4 的证明类似. 对 3 加速也有类似公式. 于是有

定义 3　$\gamma(\tau)$ 的邻居 w^a 相对于 $\gamma(\tau)$ 的 **3 速**和 **3 加速**分别定义为

$$u^a := \frac{\mathrm{D_F} w^a}{\mathrm{d}\tau}, \tag{14-1-7}$$

$$a^a := \frac{\mathrm{D_F} u^a}{\mathrm{d}\tau}. \tag{14-1-8}$$

注 3 由 w^a 是 $\gamma(\tau)$ 的空间矢量场可知 u^a 和 a^a 也是 $\gamma(\tau)$ 的空间矢量场[见命题 7-3-1 的(3)], 因而符合 3 速和 3 加速中“3”字的要求.

因为测地参考系有 $\mathscr{L}_Z w^a = Z^b\nabla_b w^a - w^b\nabla_b Z^a = 0$, 所以其 3 速满足

$$u^a = w^b\nabla_b Z^a. \tag{14-1-9}$$

下述命题表明上式对一般参考系也成立.

命题 14-1-1 设 w^a 是任意参考系 $\mathscr{R}$ 内观者 $\gamma(\tau)$ 的邻居, 则

$$\frac{\mathrm{D_F} w^a}{\mathrm{d}\tau} = w^b\nabla_b Z^a, \tag{14-1-10}$$

故 3 速表达式(14-1-9)对任意参考系成立.

证明 设 A^a 为 $\gamma(\tau)$ 的 4 加速, 则

$$\begin{aligned}\frac{\mathrm{D_F} w^a}{\mathrm{d}\tau} &= \frac{\mathrm{D_F}(h^a{}_b\eta^b)}{\mathrm{d}\tau} = h^a{}_b\frac{\mathrm{D_F}\eta^b}{\mathrm{d}\tau} = h^a{}_b\Big[\frac{\mathrm{D}\eta^b}{\mathrm{d}\tau} + (A^b Z^c - Z^b A^c)\eta_c\Big] \\ &= h^a{}_b Z^c\nabla_c\eta^b + A^a Z^c\eta_c = (\delta^a{}_b + Z^a Z_b)\,\eta^c\nabla_c Z^b + Z^c\eta_c Z^b\nabla_b Z^a \\ &= \eta^c\nabla_c Z^a + \frac{1}{2}Z^a\eta^c\nabla_c(Z_b Z^b) + Z^b Z_c\eta^c\nabla_b Z^a \\ &= (\eta^b + Z^b Z_c\eta^c)\nabla_b Z^a = h^b{}_c\eta^c\nabla_b Z^a = w^b\nabla_b Z^a,\end{aligned}$$

其中第二步用到 $h^a{}_b = \delta^a{}_b + Z^a Z_b$, $\mathrm{D_F}Z^a/\mathrm{d}\tau = 0$ 和 $\mathrm{D_F}g_{ab}/\mathrm{d}\tau = 0$ (见命题 7-3-1), 第四步用到 $h^a{}_b Z^b = 0$ 及 $h^a{}_b A^b = A^a$ (因 A^a 是空间矢量), 第五步用到式(14-1-2), 第七步用到 $Z_b Z^b = -1$ 处处成立. □

式(14-1-9)表明观者的 4 速场 Z^a 的协变导数 $\nabla_b Z^a$ 是决定 3 速 u^a 的关键量, 有必要详加研究. 令

$$B_{ab} \equiv h_a{}^c h_b{}^d\nabla_d Z_c, \tag{14-1-11}$$

则 B_{ab} 为空间张量场(是指处处有 $Z^a B_{ab} = 0,\ Z^b B_{ab} = 0$). 不难证明

$$\nabla_b Z_a = B_{ab} - A_a Z_b, \tag{14-1-12}$$

从而有 $B^a{}_b \equiv h^{ac}B_{cb} = g^{ac}B_{cb} = \nabla_b Z^a + Z_b A^a$. 代入式(14-1-9)得 $u^a = B^a{}_b w^b$, 可见 B_{ab} 在讨论 u^a 时的重要性. 以 W_p 代表 V_p 中正交于 $Z^a|_p$ 的元素组成的 3 维子空间, 则 $B^a{}_b$ 是由 W_p 到 W_p 的线性映射[W_p 上的 (1,1) 型张量]. 以 θ_{ab} 和 ω_{ab} 分别代表 B_{ab}

的对称和反称部分，即 $\theta_{ab} \equiv B_{(ab)}$， $\omega_{ab} \equiv B_{[ab]}$，则

$$B_{ab} = \theta_{ab} + \omega_{ab}. \tag{14-1-13}$$

由反称性可知 ω_{ab} 无迹，而 θ_{ab} 则还可分解为有迹和无迹两部分. 为此，以 θ 代表 θ_{ab} 的迹，即 $\theta \equiv g^{ab}\theta_{ab} = h^{ab}\theta_{ab}$，令

$$\sigma_{ab} \equiv \theta_{ab} - \frac{1}{3}\theta\, h_{ab}, \tag{14-1-14}$$

则易见 σ_{ab} 无迹，所以 $\theta h_{ab}/3$ 和 σ_{ab} 可分别看作 θ_{ab} 的有迹和无迹部分. 代入式(14-1-13)和(14-1-12)便得

$$B_{ab} = \frac{1}{3}\theta\, h_{ab} + \sigma_{ab} + \omega_{ab}, \tag{14-1-15}$$

$$\nabla_b Z_a = B_{ab} - A_a Z_b = \frac{1}{3}\theta\, h_{ab} + \sigma_{ab} + \omega_{ab} - A_a Z_b, \tag{14-1-16}$$

于是由 $u^a = B^a{}_b w^b$ 可得 3 速 u^a 的如下表达式:

$$u^a = \frac{1}{3}\theta\, w^a + \sigma^a{}_b w^b + \omega^a{}_b w^b. \tag{14-1-17}$$

现在讨论上式右边各项的物理意义. 把式(14-1-6)近似写作 $u^a \cong (\tilde{w}^a - w^a)/\Delta\tau$，式中下标 p 已略去，但应记住各量都在 p 点取值. 上式同式(14-1-17)结合得

$$\tilde{w}^a - w^a = \frac{1}{3}\theta\, w^a \Delta\tau + \sigma^a{}_b w^b \Delta\tau + \omega^a{}_b w^b \Delta\tau. \tag{14-1-18}$$

若 $B^a{}_b$ 只有含 θ 的一项，则上式给出

$$\tilde{w}^a = (1 + \frac{1}{3}\theta\, \Delta\tau)\, w^a, \tag{14-1-19}$$

可见 $\tilde{w}^a$ 与 w^a 同方向，θ 的影响只表现为 w^a 的伸长(若 $\theta > 0$)或缩短(若 $\theta < 0$). 适当选择过点 $p \in \gamma(\tau)$ 的每一横向曲线 $\mu_\tau(s)$ 的参数化可使每一邻居 $w^a|_p$ 的长度(以 h_{ab} 衡量)为 1，故 p 点的全体(四面八方的)邻居组成 3 维矢量空间 W_p 中以零元 0 为心的 2 维单位球面(图 14-4 的实线圆周). 由式(14-1-19)可知在 $\Delta\tau$ 时间后它们变为以 0 为心、以 $1+\theta\,\Delta\tau/3$ 为半径的球面[图 14-4(a)的虚线圆周]. 可见 θ 的贡献是使每一邻居 w^a 在方向不变的前提下改变长度. 因此称 θ 为**膨胀**(expansion). 与此相反，ω_{ab} 的贡献则是使 w^a 在长度不变的前提下改变方向(即转动)，理由如下：若 $B^a{}_b$ 只含 $\omega^a{}_b$ 的一项，则由 $\mathrm{d}(w^a w_a)/\mathrm{d}\tau = \mathrm{D_F}(w^a w_a)/\mathrm{d}\tau$ 得

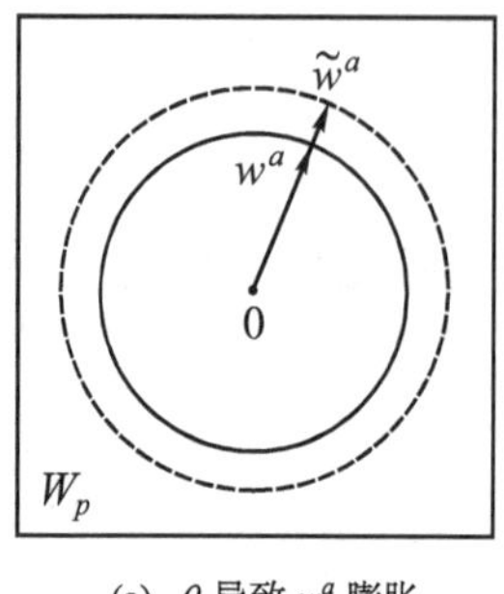

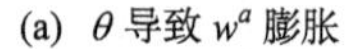
(a) θ 导致 w^a 膨胀

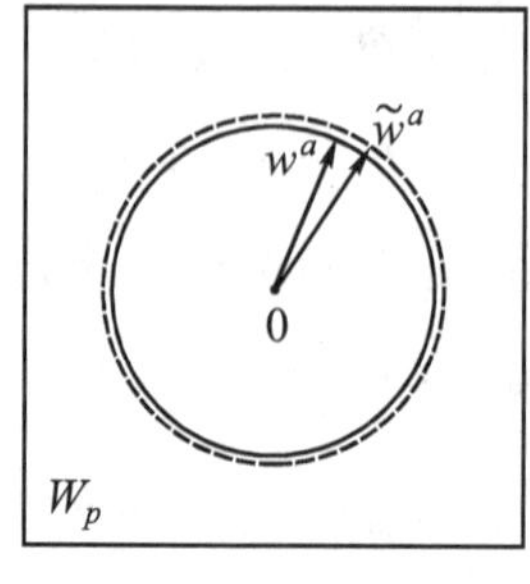

(b) ω_{ab} 导致 w^a 转动(两球重合)

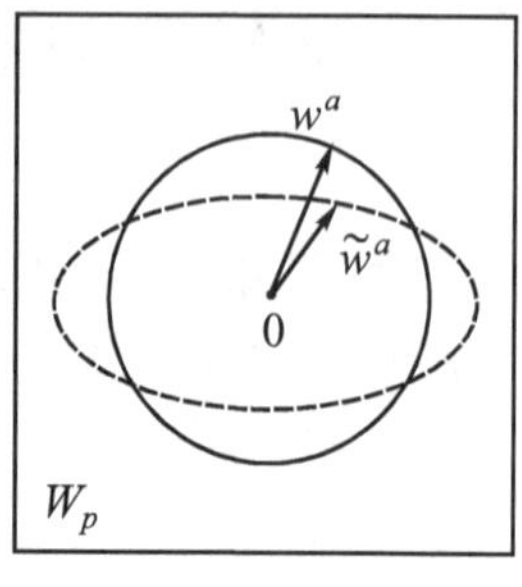

(c) σ_{ab} 导致 w^a 剪切

图 14-4　θ, σ_{ab} 和 ω_{ab} 的物理意义

$$\frac{\mathrm{d}(w^a w_a)}{\mathrm{d}\tau} = 2w_a \frac{\mathrm{D_F} w^a}{\mathrm{d}\tau} = 2w_a \omega^a{}_b w^b = 2w^a w^b \omega_{ab} = 2w^{(a} w^{b)} \omega_{[ab]} = 0 ,$$

可见 w^a 长度不变, $\omega^a{}_b$ 的作用只能是使 w^a 转动一个角度[图 14-4(b)], 故称 ω_{ab} 为**转动**(rotation)或**扭转**(twist). 最后讨论 σ_{ab} 的贡献. $\sigma^a{}_b \equiv h^{ac}\sigma_{cb}$ [作为 W_q 上的 (1,1) 型张量]是 W_q 上的一个线性变换, 其在 W_q 的任一基底(及其对偶基底)的分量 $\sigma^i{}_j$ 组成一个 3×3 矩阵. 若此基底用 h_{ab} 衡量为正交归一, 则 $\sigma^i{}_j$ 等于 σ_{ab} 在同一基底的对应分量 σ_{ij} ($\sigma^i{}_j = h^{ik}\sigma_{kj} = \delta^{ik}\sigma_{kj} = \sigma_{ij}$). 于是对称性 $\sigma_{ab} = \sigma_{ba}$ 保证 $(\sigma^i{}_j)$ 为对称矩阵. 以下就可应用矩阵理论, 但记住一切内积都由度规 h_{ab} 定义. [因为对 W_q 的任意 $(w_1)^a, (w_2)^b$ 而言 $h_{ab}(w_1)^a(w_2)^b$ 在正交归一基下的分量就是 $\delta_{ij}(w_1)^i(w_2)^j$.] 由代数可知实对称矩阵总可通过正交变换对角化, 即线性变换 $\sigma^a{}_b$ 有 3 个正交归一的特征矢量 $\{(e_i)^a\}$:

$$\sigma^a{}_b(e_1)^b = \lambda_1(e_1)^a,\quad \sigma^a{}_b(e_2)^b = \lambda_2(e_2)^a,\quad \sigma^a{}_b(e_3)^b = \lambda_3(e_3)^a, \tag{14-1-20}$$

$$h_{ab}(e_i)^a(e_j)^b = \delta_{ij},$$

其中 $\lambda_1, \lambda_2, \lambda_3$ 为特征值. 设 $B^a{}_b$ 只有 $\sigma^a{}_b$ 一项, 则式(14-1-18)给出

$$\tilde{w}^a = w^a + \sigma^a{}_b w^b \Delta\tau . \tag{14-1-21}$$

以 w^i 和 $\tilde{w}^i$ 分别代表 w^a 和 $\tilde{w}^a$ 在 $\{(e_i)^a\}$ 上的分量, 由式(14-1-20)、(14-1-21)可得

$$\tilde{w}^1 = w^1(1+\lambda_1\Delta\tau),\quad \tilde{w}^2 = w^2(1+\lambda_2\Delta\tau),\quad \tilde{w}^3 = w^3(1+\lambda_3\Delta\tau) . \tag{14-1-22}$$

如果 $\lambda_1 = \lambda_2 = \lambda_3$, 则上式表明 $\tilde{w}^a$ 的每一分量都是 w^a 的对应分量的同一倍数, 因而 $\tilde{w}^a$ 与 w^a 同向, 差别只在于长度. 然而 σ_{ab} 的无迹性导致 $\lambda_1 + \lambda_2 + \lambda_3 = 0$, 不会有

$\lambda_1=\lambda_2=\lambda_3$ (除非 $\lambda_1=\lambda_2=\lambda_3=0$), 所以在 σ_{ab} 作用下 $\tilde{w}^a$ 与 w^a 一般来说既不同向也不等长. [σ_{ab} 本来就定义为 θ_{ab} 的无迹部分. θ_{ab} 的有迹部分 $\theta\, h_{ab}/3$ 已被单独讨论, 其作用正好就是使 $\tilde{w}^a$ 与 w^a 同向而不等长, 即图 14-4(a).] 在所有 w^a 的长度都为 1[即 $(w^1)^2+(w^2)^2+(w^3)^2=1$] 的约定下由式(14-1-22)可得

$$\frac{(\tilde{w}^1)^2}{(1+\lambda_1\Delta\tau)^2}+\frac{(\tilde{w}^2)^2}{(1+\lambda_2\Delta\tau)^2}+\frac{(\tilde{w}^3)^2}{(1+\lambda_3\Delta\tau)^2}=1\,, \tag{14-1-23}$$

上式说明由所有长度为 1 的邻居组成的球面在 $\Delta\tau$ 时间后变为椭球面. $\lambda_1+\lambda_2+\lambda_3=0$ 使 $\lambda_1,\lambda_2,\lambda_3$ 不能都为正或都为负, 因此情况如图 14-4(c). σ_{ab} 的这种作用使它得到**剪切**(shear)的名称. 不难证明剪切后椭球面所围体积与原球面所围体积相等(准确说是剪切导致的体积改变率为零).

把本节关于 $u^a=B^a{}_b w^b$ 的讨论同选读 7-9-1 关于 $a^a=\psi^a{}_b w^b$ [式(7-9-39)]的讨论作一对比是颇有教益的. 请读者思考两者在物理上的异同点. 此处只指出, 由式(7-9-43)可知矩阵 $(\psi^i{}_j)$ 对称且无迹, 因此既无膨胀又无转动. 由于矩阵 $(\psi^i{}_j)$ 有明确且简单的表达式, 图 7-20 对剪切的描写比图 14-4(c)更加具体和形象.

例 1　求标准宇宙模型中的 Robertson-Walker 参考系的 θ,σ_{ab} 和 ω_{ab}.

解　由第 10 章习题 3(b)可知 $\nabla_b Z_a=(\dot{a}/a)\,h_{ab}$, 由此易得下指标 4 加速

$$A_a=Z^b\nabla_b Z_a=Z^b h_{ab}\frac{\dot{a}}{a}=0\,, \tag{14-1-24}$$

可见 RW 系是测地参考系(第 10 章早已指出). 于是由式(14-1-12)得 $B_{ab}=(\dot{a}/a)\,h_{ab}$, 故 $\omega_{ab}=B_{[ab]}=0$, 由此又知 $\theta_{ab}=B_{ab}$, 所以

$$\theta=h^{ab}B_{ab}=\frac{\dot{a}}{a}h^{ab}h_{ab}=3\frac{\dot{a}}{a}\,. \tag{14-1-25}$$

$$\sigma_{ab}=B_{ab}-\frac{1}{3}\theta\, h_{ab}=\frac{\dot{a}}{a}h_{ab}-\frac{\dot{a}}{a}h_{ab}=0\,. \tag{14-1-26}$$

可见剪切也为零, 因此 B_{ab} 中只余膨胀一项. 这同以下事实一致: 每一星系观测到其他星系没有除退行外的运动. **[解毕]**

定义 4　$\omega_{ab}=0$ 的参考系称为**无旋**(irrotational)**参考系**, $\theta_{ab}=0$ 的参考系称为**刚性**(rigid)**参考系**(详见命题 14-2-1).

无旋参考系的另一名称是**超曲面正交**(hypersurface orthogonal)**参考系**, 其含义是: 对定义域中的任一点 p, 存在过 p 的一张超曲面 Σ, 它同系内所有观者世界线正交. 以 Z^a 代表参考系的 4 速场, $Z_a\equiv g_{ab}Z^b$, 则由定理 F-4 可知超曲面正交参考系

的充要判据为

$$Z_{[c}\nabla_b Z_{a]}=0,\ \text{等价于}\ \boldsymbol{Z}\wedge \mathrm{d}\boldsymbol{Z}=0. \tag{14-1-27}$$

命题 14-1-2 无旋参考系等价于超曲面正交参考系.

证明 只须证明 $\omega_{ab}=0$ 等价于 $Z_{[c}\nabla_b Z_{a]}=0$. 由式(14-1-12)得

$$Z_{[c}\nabla_b Z_{a]}=Z_{[c}B_{ab]}-Z_{[c}Z_b A_{a]}=Z_{[c}B_{[ab]]}-Z_{[[c}Z_{b]}A_{a]}=Z_{[c}\omega_{ab]},$$

可见 $\omega_{ab}=0$ 导致 $Z_{[c}\nabla_b Z_{a]}=0$. 反之, 由 $Z_{[c}\nabla_b Z_{a]}=0$ 得 $Z_{[c}\omega_{ab]}=0$, 故

$$Z_c\omega_{ab}+Z_b\omega_{ca}+Z_a\omega_{bc}=0.$$

两边与 Z^c 缩并给出 $\omega_{ab}=Z_b Z^c\omega_{ca}-Z_a Z^c\omega_{cb}=0$ (ω_{ca} 为空间张量导致 $Z^c\omega_{ca}=0$).

□

命题 14-1-3 参考系 $\mathscr{R}$ 为刚性系的充要条件是

$$\mathscr{L}_Z h_{ab}=0, \tag{14-1-28}$$

其中 Z^a 是 $\mathscr{R}$ 的 4 速场, $h_{ab}\equiv g_{ab}+Z_a Z_b$ 是各点的诱导度规.

证明 由李导数公式及 $h_{ab}\equiv g_{ab}+Z_a Z_b$ 不难证明

$$\mathscr{L}_Z h_{ab}=2Z_{(a}A_{b)}+2\nabla_{(a}Z_{b)}, \tag{14-1-29}$$

(其中 $A^a\equiv Z^b\nabla_b Z^a$ 是 $\mathscr{R}$ 系观者的 4 加速场.) 与式(14-1-12)对比, 注意到 $\theta_{ab}=B_{(ab)}$, 便得

$$\theta_{ab}=\frac{1}{2}\mathscr{L}_Z h_{ab}. \tag{14-1-30}$$

可见 $\mathscr{R}$ 为刚性系($\theta_{ab}=0$)等价于 $\mathscr{L}_Z h_{ab}=0$. □

利用式(14-1-30)可以方便地计算参考系的 θ_{ab} (在 $\omega_{ab}=0$ 的情况下也就是计算 B_{ab}). 作为习题, 请读者借用式(14-1-30)和命题 14-1-2 重解例 1(提示见本章习题 3).

定义 5 $\mathscr{R}$ 称为**稳态**(stationary)**参考系**, 若存在正值函数 f 使 fZ^a 为 Killing 矢量场. 超曲面正交的稳态参考系称为**静态**(static)**参考系**[与式(8-1-3)后所给定义一致].

例 2 Kerr-Newman 时空中 Boyer-Lindquist 坐标系的 t 坐标线对应的参考系(简称 Boyer-Lindquist 参考系)是稳态参考系; 施瓦西参考系是静态参考系.

命题 14-1-4 (M,g_{ab}) 上参考系 $\mathscr{R}$ 为稳态的充要条件是: M 上有正值函数 f 使

$$A_a=\nabla_a \ln f, \tag{14-1-31}$$

且
$$\nabla_{(a}Z_{b)} + A_{(a}Z_{b)} = 0.\quad (\text{即 } \theta_{ab} = 0) \tag{14-1-32}$$

其中 Z^a 和 A^a 分别是观者的 4 速场和 4 加速场[见高思杰, 梁灿彬(1997)].

证明

(A)设 $\mathscr{R}$ 为稳态，则由定义 5 可知存在正值函数 f 使 fZ^a 为 Killing 矢量场，即 $\nabla_{(a}(fZ_{b)}) = 0$, 从而

$$f\nabla_{(a}Z_{b)} + Z_{(a}\nabla_{b)}f = 0. \tag{14-1-33}$$

上式两边与 Z^aZ^b 缩并得

$$Z^b\nabla_b f = 0. \tag{14-1-34}$$

式(14-1-33)两边与 Z^b 缩并, 注意到式(14-1-34), 便得式(14-1-31). 再由式(14-1-33)和(14-1-31)易得式(14-1-32).

(B)设式(14-1-31)和(14-1-32)成立. 将前者代入后者得 $\nabla_{(a}\xi_{b)} = 0$（其中 $\xi_b \equiv fZ_b$), 故 $\mathscr{R}$ 为稳态系. □

利用式(14-1-12)和 $\omega_{ab} \equiv B_{[ab]}$ 可得命题 14-1-4 及 14-1-2 的以下推论:

推论 14-1-5　稳态参考系必为刚性参考系.

推论 14-1-6　静态参考系必有 $B_{ab} = 0$, 即系内任一观者觉得其他观者不动.

注 4　①请读者用直接计算验证施瓦西参考系有 $B_{ab} = 0$. ②推论 14-1-5 和 14-1-6 的逆命题都不成立. 下面是一个反例. 考虑线元

$$\mathrm{d}s^2 = -[1 + g(t)x]^2\mathrm{d}t^2 + \mathrm{d}x^2 + \mathrm{d}y^2 + \mathrm{d}z^2, \tag{14-1-35}$$

其中 $g(t)$ 是 t 的任意函数. 用适当的坐标变换[见王永久, 唐智明(1990)P.168~170]可把线元变为 $\mathrm{d}s^2 = -\mathrm{d}T^2 + \mathrm{d}X^2 + \mathrm{d}Y^2 + \mathrm{d}Z^2$, 可见(14-1-35)无非是闵氏度规在非惯性坐标系的线元表达式. 该系的 t 坐标线对应的参考系的观者 4 速为

$$Z^a = [1 + g(t)x]^{-1}(\partial/\partial t)^a. \tag{14-1-36}$$

计算表明(习题)该系的 $B_{ab} = 0$, 所以当然是刚性系. 然而计算表明其 4 加速 A^a 不满足式(14-1-31), [因不满足 $\mathrm{d}\boldsymbol{A} = 0$, 除非 $\mathrm{d}g(t)/\mathrm{d}t = 0$.] 所以不是稳态系和静态系.

14.1.2　类时测地线汇(测地参考系)的 Raychaudhuri 方程

类时测地线汇在物理中代表测地参考系. 由于测地线的特殊性, 这种参考系有多方面的应用(例如奇性定理的证明). 因测地线的 4 加速 $A^a = 0$, 故由式(14-1-12)可知其 B_{ab} 的定义式(14-1-11)简化为

$$B_{ab} = \nabla_b Z_a. \tag{14-1-37}$$

鉴于 B_{ab} 的重要性，有必要研究它沿线汇中的测地线的变化率 $Z^c\nabla_c B_{ab}$，它可以表为

$$\begin{aligned} Z^c\nabla_c B_{ab} &= Z^c\nabla_c\nabla_b Z_a = Z^c\nabla_b\nabla_c Z_a + R_{cba}{}^d Z^c Z_d \\ &= \nabla_b(Z^c\nabla_c Z_a) - (\nabla_b Z^c)\nabla_c Z_a + R_{cbad}Z^c Z^d \\ &= -B_{ac}B^c{}_b + R_{cbad}Z^c Z^d, \end{aligned} \tag{14-1-38}$$

[其中第二步用到式(3-4-4)，第四步用到测地线方程.] 由此可进而推出 B_{ab} 的三要素——膨胀 θ、剪切 σ_{ab} 和扭转 ω_{ab}——沿线的变化率. 以 g^{ab} 缩并式(14-1-38)，注意到 $\theta = g^{ab}B_{ab}$，由 σ_{ab} 和 ω_{ab} 的无迹性以及 $\sigma_{ab}=\sigma_{(ab)}$ 和 $\omega_{ab}=\omega_{[ab]}$ 得

$$Z^c\nabla_c\theta = \frac{\mathrm{d}\theta}{\mathrm{d}\tau} = -\frac{1}{3}\theta^2 - \sigma_{ab}\sigma^{ab} + \omega_{ab}\omega^{ab} - R_{ab}Z^a Z^b. \tag{14-1-39}$$

这就是著名的、十分有用的关于膨胀 θ 沿测地线变化率的 **Raychaudhuri 方程**. 再由 $\sigma_{ab} = B_{(ab)} - \theta h_{ab}/3$ 得

$$\begin{aligned} Z^c\nabla_c\sigma_{ab} &= -B^c{}_{(b}B_{a)c} + R_{c(ba)d}Z^c Z^d + \frac{1}{9}\theta^2 h_{ab} + \frac{1}{3}h_{ab}(\sigma_{cd}\sigma^{cd} - \omega_{cd}\omega^{cd} + R_{cd}Z^c Z^d) \\ &= -\frac{2}{3}\theta\sigma_{ab} - \sigma_{ac}\sigma^c{}_b - \omega_{ac}\omega^c{}_b + \frac{1}{3}h_{ab}(\sigma_{cd}\sigma^{cd} - \omega_{cd}\omega^{cd}) \\ &\quad + R_{cbad}Z^c Z^d + \frac{1}{3}h_{ab}R_{cd}Z^c Z^d. \end{aligned} \tag{14-1-40}$$

借用式(3-4-14)、(3-4-7)(即 $R_{[abc]d}=0$)及 $h_{ab} = g_{ab} + Z_a Z_b$ 经计算得

$$R_{cbad}Z^c Z^d + \frac{1}{3}h_{ab}R_{cd}Z^c Z^d = C_{cbad}Z^c Z^d + \frac{1}{2}\tilde{R}_{ab}, \tag{14-1-41}$$

其中 C_{cbad} 是外尔张量，

$$\tilde{R}_{ab} \equiv h_{ac}h_{bd}R^{cd} - \frac{1}{3}h_{ab}h_{cd}R^{cd} \tag{14-1-42}$$

是里奇张量 R_{ab} 的空间无迹部分. 把式(14-1-41)代入(14-1-40)便得

$$Z^c\nabla_c\sigma_{ab} = -\frac{2}{3}\theta\sigma_{ab} - \sigma_{ac}\sigma^c{}_b - \omega_{ac}\omega^c{}_b + \frac{1}{3}h_{ab}(\sigma_{cd}\sigma^{cd} - \omega_{cd}\omega^{cd}) + C_{cbad}Z^c Z^d + \frac{1}{2}\tilde{R}_{ab}. \tag{14-1-43}$$

此即剪切 σ_{ab} 沿线变化率的方程. 用类似手法(但计算简单得多)还可求得扭转 ω_{ab}

沿线变化率的如下方程:

$$Z^c \nabla_c \omega_{ab} = -\frac{2}{3}\theta\omega_{ab} - 2\sigma^c{}_{[b}\omega_{a]c} \,. \tag{14-1-44}$$

注:推导时可利用 $R_{c[ba]d} = R_{[c|ba|d]}$ 以证明 $R_{c[ba]d}Z^c Z^d = 0$.

§14.2　爱因斯坦转盘

14.2.1　转盘周长

爱因斯坦转盘(Einstein's rotating disk)是指闵氏时空中惯性系内以过盘心并与盘面垂直的直线为轴做匀角速转动的圆盘. 转盘问题历来是引起广泛兴趣而又充满迷惑和争议的话题. 其中一个基本问题是:设地面参考系 $\mathscr{R}_0$ 测得转盘外围周长为 l_0, 求转盘参考系 $\mathscr{R}$ 测得的周长 l. 爱因斯坦的答案是

$$l = \frac{l_0}{\sqrt{1 - v^2/c^2}} > l_0 \,, \tag{14-2-1}$$

其中 v 为转盘周边的线速率, c 为真空中的光速. 有些人对此不能接受, 其中一位代表人物是著名实证主义哲学家 J. Petzoldt(曾写过几篇文章称狭义相对论的成功

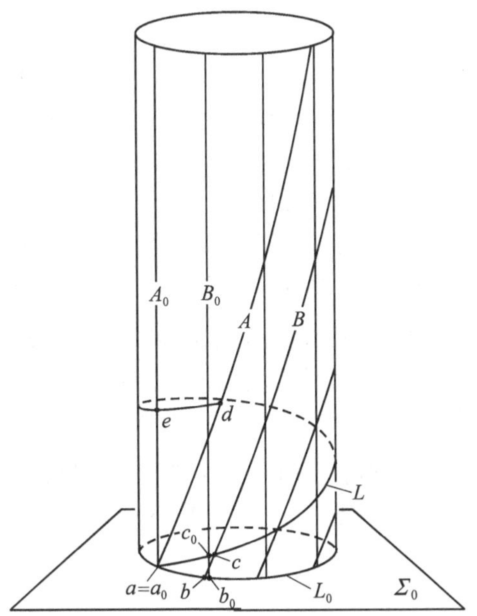

图 14-5　A_0, B_0 和 A, B 分别是静、动杆头尾的世界线, Σ_0 是 $\mathscr{R}_0$ 系在 t_0 时刻的同时面

是实证主义哲学的胜利), 他在1919年7月26日给爱因斯坦的信中说, 由于尺缩效应, 应有 $l < l_0$. 爱因斯坦在回信中指出了他的错误, 阐明了自己得出式(14-2-1)的理由, 有关后者的一段译文如下[译自 Stachel(1980)]:

"现在想象用许多静长为 1 的共动量杆分别沿圆盘的一根半径和周边首尾相接地摆放好. 从 $\mathscr{R}_0$ 看来, 这半径和圆周的长度是多少?为了更为清晰, 让我们想象由 $\mathscr{R}_0$ 在某一确定时刻 t_0 对转盘摄取一张快照. 在这张快照中, 径向量杆的长度为 1, 而切向量杆的长度则为 $(1-v^2/c^2)^{1/2}$. 转盘的'周长'(由 $\mathscr{R}$ 系测得的)无非是在快照中沿圆周摆放的切向量杆的总数, 而这圆周的长度从 $\mathscr{R}_0$ 系看来是 l_0. 于是 $l = l_0/\sqrt{1-v^2/c^2}$."(注: 译文中的 $\mathscr{R}_0$, $\mathscr{R}$, l_0 和 l 在原文中分别是 K_0, K, U_0 和 U. 翻译时的这种改动旨在与本书符号一致.)

以上讨论可用时空图(图 14-5)加深理解. 图中 Σ_0 代表地面系 $\mathscr{R}_0$ 在某一时刻 t_0 的全空间, 圆周 L_0 代表转盘边缘在该时刻的表现, a_0, b_0 代表该时刻一根静杆的头尾(相应世界线为测地线 A_0, B_0), a, b 代表该时刻盘边一根随动量杆的头尾(相应世界线为螺旋线 A, B). 由于量杆 AB 和 A_0B_0 静长相等而 $\mathscr{R}_0$ 系认为 AB 沿其长度方向运动, ab 短于 a_0b_0 [静长相等的两量杆世界面画法与车库佯谬同(见 6.2.4 小节)]. 图 14-6 代表 $\mathscr{R}_0$ 系在该时刻摄得的快照(想象 ab 等 8 根量杆随盘转动而 a_0b_0 等 7 根量杆不动). 然而转盘系 $\mathscr{R}$ 不认为 Σ_0 是同时面. 事实上, $\mathscr{R}$ 为非超曲面正交系[不满足式(14-1-27)], 不存在处处与 $\mathscr{R}$ 系的观者世界线正交的超曲面. 幸好, 如果把研究对象从转盘改为转圈, 即只关心转盘的外圆周, 则问题只涉及 2 维时空(图中的圆柱面), 而由式(14-1-27)易见 2 维时空的线汇总是超曲面正交的. 因此, 如果把 $\mathscr{R}$ 理解为转圈参考系, 则圆柱面上总存在与转圈观者处处正交的超曲面(曲线), 图 14-5 的圆柱面上处处与转圈观者世界线正交的曲线 L 就是其中一条, 不妨称之为 $\mathscr{R}$ 系的"同时线", [①] 该线的 L_{aced} 段的长度可解释为 $\mathscr{R}$ 系测得的转盘周长. 写出该线方程并用闵氏度规计算 L_{aced} 段的长度, 结果正是 $2\pi R\Gamma$, 其中 $\Gamma \equiv (1-\omega^2 R^2)^{-1/2}$, R 代表转盘半径, ω 代表转盘角速度[见梁灿彬(1995)]. 这结果同式(14-2-1)一致. 另一方面, 由于径向放置的量杆沿长度方向没有运动, 它们在 $\mathscr{R}$ 和 $\mathscr{R}_0$ 系中有相同长度, 所以转盘半径 R 在两系中数值一样. 这就导致如下问题: 既然周长与半径之比在转动和静止时有不同数值, 刚性圆盘如何从静止开始逐渐进入匀角速转动状态? 爱因斯坦在同一封信中的另外一段(先于上引段)可以看作对这个问题的回答:

① 这"同时线" L 竟与每一转盘观者相交无数次, (例如与 A 交于 $a, d, \cdots$) 造成物理解释上的困难. 这是转盘系非常特别的一点. §14.3 对此有进一步讨论.

"……应该指出,考虑到转盘切向长度的洛伦兹收缩和径向长度的不收缩,刚性转盘要从静止变为转动就必须先行破碎. 类似地,作为上述长度改变的逆过程的后果,要使转动着的刚性圆盘(靠浇铸而成)变为静止,它就必须爆裂. 如果你充分考虑到这一情况,你的悖论就会消失."

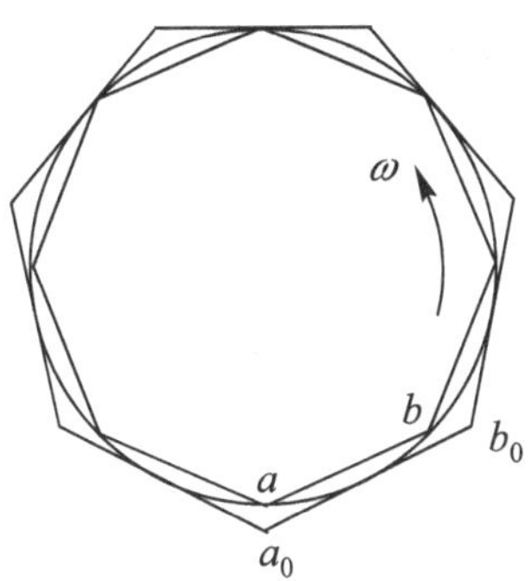

图 14-6 $\mathscr{R}_0$ 系在 t_0 时刻的转盘. ab 等 8 根量杆随盘转动, a_0b_0 等 7 根量杆静止

为了更好地理解爱因斯坦用"拍快照"的方法得出式(14-2-1)的论述,我们再做如下讨论. 设转盘系 $\mathscr{R}$ 用 N 根静长为 1 的量杆首尾相接地摆满转盘周边,地面系 $\mathscr{R}_0$ 用 N_0 根静长为 1 的量杆首尾相接地围成一个半径等于转盘半径的静止圆周并"擦边"地套在转动着的圆盘外. $\mathscr{R}_0$ **系认为每根静杆长度为** 1,故周长等于静杆数,即 $l_0 = N_0$. $\mathscr{R}$ 系则认为转盘上的量杆长度为 1,故认为转盘周长等于周边上的杆数,即 $l = N$. 因此,要比较 l 和 l_0 只须比较 N 和 N_0. 这可借用地面观者的如下思辩得出:"转盘量杆由于沿杆长方向运动而短于 1,摆满周边所需杆数必大于 N_0,即 $N > N_0$." 于是有 $l > l_0$. 由"尺缩"效应的定量关系不难进而得知 $l = l_0(1 - v^2/c^2)^{-1/2}$. 这一分析是正确的,然而往往引出如下疑惑:如果借用转盘观者的思辩过程,结论岂非相反?他的思辩将是:"沿转盘周边擦边套着的(相对于地面静止的)量杆沿杆长方向运动,其长度应小于 1(小于盘上杆长),为了摆满一圈,所需杆数必大于 N,即 $N_0 > N$."于是 $l_0 > l$,与刚才得出的 $l > l_0$ 矛盾. 这一佯谬可借图 14-5 作出解释. 对地面系而言,图 14-5 中过 a, b 点的水平圆周是某一时刻的转圈,由于 $\overline{ab} < 1$,地面量杆 a_0b_0 应长于 ab. 为摆满圆周,地面杆数 N_0 自然小于转圈杆数 N. 所以 $l > l_0$ 是对的. 对转圈系而言,曲线段 L_{ad} 是某一时刻的"圆周"(一段非闭合曲线!),为摆满这一圆周所用的转圈杆数自然是 N (每杆首尾的世界线都是螺旋线),但地面量杆短于转圈量杆(这可从图中的 $\overline{a_0c_0} < \overline{ac}$ 清楚看出),故摆满圆周的地面杆数 N_0' 应大于 N. 然而这不构成矛盾,关键在于 N_0' 并不等于地面系测得的周长. 由图可知,这 N_0' 根量杆中的若干根彼此重合,首尾相接(而又不重合)的地面量杆仍只有 N_0 根:第 1 根杆头为 a_0,杆尾为 c_0;第 2 根杆头为 c_0,杆尾

为……；第 N_0 根杆尾为 e，而 e 与 a_0 在同一竖直世界线上，因此从地面系看来至此已转完一圈. 由于第 N_0+1 根至第 $N'_0(>N_0)$ 根地面量杆分别同第 1 根至第若干根地面量杆重合，不应再次计算. 可见地面系测得的转圈周长并非 N'_0 而是 N_0，矛盾并不存在.

既然 $\mathscr{R}$ 系测得的周长为 $2\pi R\Gamma$ 而半径仍为 R，周长半径比就是 $2\pi\Gamma>2\pi$. 这表明 $\mathscr{R}$ 系中的几何是非欧的. 应该强调，此处涉及的"$\mathscr{R}$ 系中的几何"只是 $\mathscr{R}$ 系中的空间几何而非时空几何，因为时空几何不因参考系而变(从而也根本不必加定语"$\mathscr{R}$ 系中的"). 事实上，与双子佯谬类似，讨论爱因斯坦转盘问题前早已约好(默认)时空背景为闵氏时空. 反之，由于空间概念涉及时空借助于参考系的 $3+1$ 分解，空间几何与参考系有关. 转盘问题的结论是：地面系(惯性系) $\mathscr{R}_0$ 的空间几何是欧氏(平直)的，而转盘系(非惯性系) $\mathscr{R}$ 的空间几何是非欧(弯曲)的. 然而这一提法涉及转盘系的空间几何这一概念，有必要给出明确定义. 人们在接触相对论前就已熟悉空间几何的概念，并由经验知其为 3 维欧氏几何. 从理论上说，这是因为非相对论物理学的时空结构中的绝对同时面(空间)有 3 维欧氏度规(见小节 6.1.6). 在狭义相对论中，只要用惯性参考系 $\mathscr{R}_0$，空间概念也很明确：与 $\mathscr{R}_0$ 所有观者世界线正交的任一超曲面 Σ 代表某一时刻的空间. 由于闵氏度规 η_{ab} 在 Σ 上诱导的 3 维度规是欧氏度规(见小节 6.1.5 末)，空间几何仍是欧氏几何. 然而闵氏时空中的非惯性参考系 $\mathscr{R}$ 就不如此简单. 如果 $\mathscr{R}$ 是超曲面正交系，自然可把每个正交超曲面 Σ 解释为一个时刻的空间，但 η_{ab} 在 Σ 的诱导度规不一定为欧氏，因此空间几何可能非欧. 如果 $\mathscr{R}$ 不是超曲面正交系，问题更为复杂，因为没有正交超曲面时连空间的定义也成了问题. 转盘系 $\mathscr{R}$ 偏偏不是超曲面正交系，所以还有必要做进一步讨论(见小节 14.2.3 和 14.2.4).

14.2.2 转盘系是非超曲面正交的刚性参考系

选惯性坐标系 $\{t,x,y,z\}$ 使盘面位于 $z=0$ 的 $x\sim y$ 面内，盘心的 x,y 坐标为零. 设 ω(常数)为转盘角速率，则转盘系 $\mathscr{R}$ 中任一观者世界线以固有时 τ 为参数、以柱坐标为坐标的表达式为

$$t=\gamma\tau,\quad r=\text{常数},\quad \varphi=\omega\gamma(r)\tau,\quad z=\text{常数},\quad \text{其中}\ \gamma(r)\equiv\frac{1}{\sqrt{1-\omega^2r^2}}. \tag{14-2-2}$$

注 1 ① 默认所有观者标准钟的零点设置保证 $t=0$ 时有 $\tau=0$，故 $t=\gamma\tau$. 这只是为方便而设，否则改为 $t=\gamma\tau+$ 常数，对结论并无影响. ②只当 r 满足 $\omega r<1$ 时式(14-2-2)才代表类时线(才能充当观者世界线)，可见转盘系 $\mathscr{R}$ 的定义域为 $\mathbb{R}^4$ 中满足 $\omega r<1$ 的开域.

由式(14-2-2)可得转盘观者的 4 速表达式

$$Z^a = \left(\frac{\partial}{\partial \tau}\right)^a = \left(\frac{\partial}{\partial t}\right)^a \gamma + \left(\frac{\partial}{\partial \varphi}\right)^a \omega\gamma \,. \tag{14-2-3}$$

从上式出发, 利用式(2-6-10)及闵氏度规 η_{ab} 在 $\{t,r,\varphi,z\}$ 系的线元式

$$\mathrm{d}s^2 = -\mathrm{d}t^2 + \mathrm{d}r^2 + r^2\mathrm{d}\varphi^2 + \mathrm{d}z^2 \tag{14-2-4}$$

得

$$Z_a = -\gamma\,(\mathrm{d}t)_a + \omega\, r^2\gamma\,(\mathrm{d}\varphi)_a \,. \tag{14-2-5}$$

令 $x^0 \equiv t,\ x^1 \equiv r,\ x^2 \equiv \varphi,\ x^3 \equiv z$, 则由式(14-2-4)易得非零克氏符为

$$\Gamma^1{}_{22} = -r, \qquad \Gamma^2{}_{12} = \Gamma^2{}_{21} = r^{-1},$$

由此及式(14-2-5)得非零 $Z_{\mu\,;\,\nu}$ 为

$$Z_{0\,;\,1} = -\,\omega^2 r\gamma^3, \quad Z_{1\,;\,2} = -\,\omega r\gamma, \quad Z_{2\,;\,1} = \omega r\gamma^3,$$

故

$$\nabla_b Z_a = (\mathrm{d}x^\nu)_b(\mathrm{d}x^\mu)_a Z_{\mu\,;\,\nu} = -\,(\mathrm{d}t)_a(\mathrm{d}r)_b\,\omega^2 r\gamma^3 - (\mathrm{d}r)_a(\mathrm{d}\varphi)_b\,\omega\, r\gamma + (\mathrm{d}\varphi)_a(\mathrm{d}r)_b\,\omega\, r\gamma^3 \,. \tag{14-2-6}$$

由式(14-2-3)和(14-2-6)可得 4 加速 $A_a = Z^b\nabla_b Z_a = -\,(\mathrm{d}r)_a\,\omega^2 r\gamma^2$, 因而

$$A_a Z_b = (\mathrm{d}r)_a(\mathrm{d}t)_b\,\omega^2 r\gamma^3 - (\mathrm{d}r)_a(\mathrm{d}\varphi)_b\,\omega^3 r^3\gamma^3 ,$$

$$B_{ab} = \nabla_b Z_a + A_a Z_b = 2\,\omega^2 r\gamma^3\,(\mathrm{d}r)_{[a}(\mathrm{d}t)_{b]} - 2\,\omega\, r\gamma^3(\mathrm{d}r)_{[a}(\mathrm{d}\varphi)_{b]} = B_{[ab]}, \tag{14-2-7}$$

上式表明:① $\theta_{ab} \equiv B_{(ab)} = 0$, 故转盘系为刚性系; ② $\omega_{ab} \equiv B_{[ab]} = B_{ab} \neq 0$ (除非角速率 $\omega = 0$), 可见转盘系有转动, 即为非超曲面正交系. 这同直观思考一致:转盘上的每个观者都觉得周围观者绕自己转动.

转盘系的非超曲面正交性使空间几何的定义变得困难. 这一困难可借用它的刚性性克服. 为此, 下小节先介绍刚性参考系的空间几何定义.

14.2.3　刚性参考系及其空间几何

[本小节和下小节的主要参考文献:高思杰, 梁灿彬(1997).]

设 $\mathscr{R}$ 是时空 (M, g_{ab}) 中的一个参考系, A 是 $\mathscr{R}$ 内的一个观者.指定与 A 线相交的一条横向曲线 $\mu_0(s)$ 便挑出一个含 A 的单参观者族,由它决定的 A 的邻居记作

w^a. 仿照§14.1 的讨论，选 A 的 s 值为零，即 $A=\gamma_0(\tau)$，则 $w^a s$ (其中 s 为小量)代表该族内与 A 相邻的一个观者 $B\equiv\gamma_s(\tau)$ 的位矢，$w^a s$ 的长度 $(h_{ab}w^a w^b)^{1/2}s$ 代表 A 与 B 的空间距离. 若此距离与 A 线的 τ 值无关，自然认为 A 与 B 有刚性联系. 事实上有如下命题：

命题 14-2-1 $\mathscr{R}$ 为刚性参考系(由 $\theta_{ab}=0$ 定义)当且仅当 $\mathscr{R}$ 内每一观者的每一邻居 w^a 满足

$$\frac{\mathrm{d}(h_{ab}w^a w^b)}{\mathrm{d}\tau}=0，\text{其中 } h_{ab}\equiv g_{ab}+Z_a Z_b \text{ 是诱导度规.} \tag{14-2-8}$$

证明 对 $\mathscr{R}$ 内任一观者 $\gamma(\tau)$ 的任一邻居 w^a 有

$$\frac{\mathrm{d}(h_{ab}w^a w^b)}{\mathrm{d}\tau}=2w_a\frac{\mathrm{D_F}w^a}{\mathrm{d}\tau}=2w_a B^a{}_b w^b=2w^a w^b B_{ab}. \tag{14-2-9}$$

(A) 若 $\theta_{ab}=0$，则 $B_{ab}=B_{[ab]}$，故上式右边为零，因而式(14-2-8)成立.

(B) 若式(14-2-8)成立，则式(14-2-9)对任一观者 $\gamma(\tau)$ 的任一邻居 w^a 给出

$$0=B_{ab}w^a w^b=B_{(ab)}w^a w^b=\theta_{ab}w^a w^b.$$

$\forall p\in\gamma(\tau)$, $w^a, w'^a\in W_p$，由上式得

$$0=\theta_{ab}|_p\,(w^a+w'^a)(w^b+w'^b)=2\theta_{ab}|_p\,w^a w'^b.$$

注意到 $\theta_{ab}|_p$ 的空间性，便得 $\theta_{ab}|_p=0$. □

参考系的刚性条件也可借其共动坐标系用分量语言表出. 共动坐标系 $\{t, x^i\}$ 的 $(\partial/\partial t)^a$ 与观者 4 速 Z^a 平行，故两者只能差到一个函数乘子，即 $(\partial/\partial t)^a=\alpha Z^a$. 由 $Z^a Z_a=-1$ 易得 $\alpha=\sqrt{-g_{00}}$ (其中 g_{00} 是 g_{ab} 在共动坐标系的 00 分量)，于是 $Z^a=\dfrac{(\partial/\partial t)^a}{\sqrt{-g_{00}}}$，由此可知 Z_a 在共动坐标系的 i 分量 $Z_i=\dfrac{g_{0i}}{\sqrt{-g_{00}}}$. 现在就可给出参考系的刚性条件的如下表述：

命题 14-2-2 设 Z^a 是参考系 $\mathscr{R}$ 的观者 4 速场，$h_{ab}\equiv g_{ab}+Z_a Z_b$ 是诱导度规场，h_{ij} 是 h_{ab} 在 $\mathscr{R}$ 系的任一共动坐标系 $\{t,x^i\}$ 的分量，即

$$h_{ij}=g_{ij}+Z_i Z_j=g_{ij}-\frac{g_{i0}g_{j0}}{g_{00}}, \tag{14-2-10}$$

则 $\mathscr{R}$ 为刚性系等价于

$$\frac{\partial h_{ij}}{\partial t}=0. \tag{14-2-11}$$

证明　由 $(\partial/\partial t)^a=\alpha Z^a$ 得

$$\mathscr{L}_{\partial/\partial t}h_{ab}=\alpha\mathscr{L}_Z h_{ab}+Z^c h_{cb}\nabla_a\alpha+Z^c h_{ac}\nabla_b\alpha=\alpha\mathscr{L}_Z h_{ab},$$

故刚性条件 $\theta_{ab}=0\Leftrightarrow\mathscr{L}_Z h_{ab}=0\Leftrightarrow\mathscr{L}_{\partial/\partial t}h_{ab}=0$(其中第一个 $\Leftrightarrow$ 号用到命题 14-1-3). 把 h_{ab} 写成共动系的分量形式 $h_{ab}=h_{ij}(\mathrm{d}x^i)_a(\mathrm{d}x^j)_b$，由坐标基矢之间的对易性易见 $\mathscr{L}_{\partial/\partial t}(\mathrm{d}x^i)_a=0$，故 $\mathscr{L}_{\partial/\partial t}h_{ab}=0$ 等价于 $\mathscr{L}_{\partial/\partial t}h_{ij}=0$，从而(根据定理 4-2-2)等价于式(14-2-11). □

以 $\hat{\Sigma}$ 代表把 $\mathscr{R}$ 内每条世界线作为一个元素所得的集合，则借用 $\mathscr{R}$ 的局部共动坐标系可知 $\hat{\Sigma}$ 是一个 3 维流形，① $\{x^\mu\}$ 的 3 个空间坐标 $\{x^i\}$ 便自然成为 $\hat{\Sigma}$ 的局部坐标. 若 $\mathscr{R}$ 是刚性参考系，则 $\partial h_{ij}/\partial t=0$ 使得 h_{ab} 可被视为 $\hat{\Sigma}$ 上的度规，于是 $(\hat{\Sigma},h_{ab})$ 成为 3 维黎曼空间，其上的几何 h_{ab} 就可合理地被定义为刚性参考系 $\mathscr{R}$ 的空间几何. 可见非超曲面正交的参考系也可定义空间几何，只要它是刚性系. 转盘参考系便是一例. 下面以此为基础计算转盘系的空间几何.

14.2.4　转盘系的空间几何

小节 14.2.2 所用坐标系 $\{t,r,\varphi,z\}$ 对计算 B_{ab} 比较方便，但它不是转盘系 $\mathscr{R}$ 的共动坐标系：其 t 坐标线是类时测地线而非转盘观者世界线. 定义新的角坐标

$$\bar{\varphi}\equiv\varphi-\omega t, \tag{14-2-12}$$

则 $\{t,r,\bar{\varphi},z\}$ 是 $\mathscr{R}$ 的共动坐标系，因为现在的 t 坐标线正是以 ω 为角速率的转盘观者的世界线. 应该注意，任一时空点在非共动系 $\{t,r,\varphi,z\}$ 和共动系 $\{t,r,\bar{\varphi},z\}$ 中有相等的 t 值(也有相等的 r，z 值)，因此两系的第零坐标基矢都可记作 $(\partial/\partial t)^a$，但两者却不等. [前者切于 r，φ，z 为常数的类时线(测地线)；后者切于 r，$\bar{\varphi}$，z 为常数的类时线(转盘观者世界线).] 为避免可能的混淆，可用 $\{\bar{t},\bar{r},\bar{\varphi},\bar{z}\}$ 表示共动坐标系，其定义为

$$\bar{t}=t,\quad \bar{r}=r,\quad \bar{\varphi}=\varphi-\omega t,\quad \bar{z}=z.$$

这时两系的第零坐标基矢便分别记作 $(\partial/\partial t)^a$ 和 $(\partial/\partial\bar{t})^a$，以兹区别. 闵氏度规在共动坐标系 $\{\bar{t},\bar{r},\bar{\varphi},\bar{z}\}$ 的线元为

$$\mathrm{d}s^2=-(1-\omega^2\bar{r}^2)\,\mathrm{d}\bar{t}^2+\mathrm{d}\bar{r}^2+\bar{r}^2\mathrm{d}\bar{\varphi}^2+2\omega\bar{r}^2\mathrm{d}\bar{t}\,\mathrm{d}\bar{\varphi}+\mathrm{d}\bar{z}^2. \tag{14-2-13}$$

---

① 在某些特殊情况下 $\hat{\Sigma}$ 不能成为 3 维流形，我们不讨论这些特殊情况.

令 $x^0 \equiv \bar{t}$, $x^1 \equiv \bar{r}$, $x^2 \equiv \bar{\varphi}$, $x^3 \equiv \bar{z}$, 则式(14-2-10)的 h_{ij} 的非零分量现在为

$$h_{11} = g_{11} = 1, \quad h_{22} = g_{22} - \frac{g_{20}g_{20}}{g_{00}} = \frac{\bar{r}^2}{1-\omega^2\bar{r}^2}, \quad h_{33} = g_{33} = 1, \tag{14-2-14}$$

可见 $\partial h_{ij}/\partial t = 0$, 从另一角度证明转盘系 $\mathscr{R}$ 是刚性系, 因而 $\mathscr{R}$ 系相应的 $(\hat{\Sigma}, h_{ab})$ 便可描述转盘系测得的空间几何. 把 $\bar{r}$, $\bar{\varphi}$, $\bar{z}$ 简记作 r , φ , z , 注意到式(14-2-14), 则 $(\hat{\Sigma}, h_{ab})$ 上的线元(空间几何)便可表为

$$\mathrm{d}\hat{s}^2 = \mathrm{d}r^2 + \frac{r^2}{1-\omega^2 r^2}\mathrm{d}\varphi^2 + \mathrm{d}z^2. \tag{14-2-15}$$

上式与 Mϕller(1955)P.241式(74)一致, 但推导途径不同. 直接计算(习题)表明这一线元相应的黎曼张量非零, 可见转盘系测得的空间几何为非欧几何. 这一几何的非欧性的一个重要表现是“圆周率不等于π”. 但要使这一提法意义明确, 还应先介绍若干定义. 由 $r = r$, $\varphi = \varphi_0$ (常数)定义的曲线称为**径向线**(不难证明径向线为测地线). 与原点距离为常数的点的轨迹称为**圆周**, 该常数称为该圆周的**半径**, 半径的 2 倍叫**直径**, 圆周的线长叫**周长**, 周长与直径之比叫**圆周率**. 作为习题, 请读者证明: (a)径向线是以 r 为仿射参数(而且是线长参数)的测地线; (b)圆周率等于 $\Gamma\pi$, 其中 $\Gamma \equiv (1-\omega^2 R^2)^{-1/2}$, R 是所论圆周的半径.

§ 14.3　参考系内的钟同步[选读]

14.3.1　惯性参考系的雷达校钟法

闵氏时空惯性参考系内的标准钟的同步问题已在小节 6.1.4 中简略提到. 钟慢效应的讨论(小节 6.2.2)是说明惯性系内钟同步重要性的一个例子. 本节讨论钟同步问题在下述两个方面的推广: ①闵氏时空中任意参考系内的钟同步; ②任意弯曲时空中任意参考系内的钟同步. 一个重要结论是: 只有满足一定条件的参考系方可谈及并实现钟的同步. 为了打好基础, 本小节先对闵氏时空惯性参考系内标准钟的同步问题作较为详细的讨论. 惯性参考系显然是超曲面正交的, 我们当然想把每一正交超曲面 Σ 解释为某时刻的全空间. 要使这一解释在物理上自洽, 应该满足一个条件: 系内所有观者的标准钟在其世界线与 Σ 的交点上有相同读数(以使 Σ 的确代表同一时刻). 只要满足这一条件, 就说系内的标准钟已经同步. 因为介于

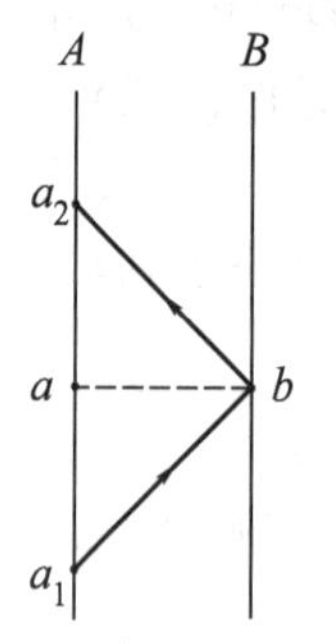

图 14-7　A 在 a_1 时发光, 被 B 在 b 时收到并反射, 再由 A 在 a_2 时回收

任意两个正交超曲面之间的所有观者世界线段有相等长度，只要所有标准钟在某一正交面上读数相等，它们在任一正交面上的读数必然相等，因此同步操作是一劳永逸的：只须调整各钟的设定使它们在某一正交面上读数相同. 为此必须用信号在各钟之间沟通. 如果存在速率无限大的信号，就可令它在零时间内从一个钟走到第二个钟并令该钟调整设定使收信号时的读数等于第一钟发信号时的读数，依此类推，同步操作就会十分简单. 可惜相对论不允许这样的信号存在，因此有必要设计(至少在理论上)可行的同步操作方案. 由于光速不依赖于波长、振幅、方向和光源运动情况，又由于光速最高，光信号自然是首选对象. 下面介绍利用光信号的同步操作. 在 $\mathscr{R}$ 系内任选一个观者 A 为同步的带头人. 为使系内的标准钟 B 与 A 同步，只须进行以下操作：① A 在事件 $a_1 \in A$ 向 B 发光，在事件 $b \in B$ 被 B 收到(图 14-7)；②设想 B 有一面镜子，收到光时立即反射，在事件 $a_2 \in A$ 被 A 回收；③设事件 a_1 和 a_2 的固有时分别为 τ_1 和 τ_2，则 A 便可用任一方式(例如打电话)通知 B，让他调整自己的钟的设定使得在收到光信号时的读数为 $(\tau_1+\tau_2)/2$. 设 a 是 A 上固有时为 $(\tau_1+\tau_2)/2$ 的点(直线段 a_1a_2 的中点)，则不难看出 a，b 所联直线与 A，B 正交. 因此这三步操作的后果是 B 钟已与 A 钟同步. 这种操作方法称为**雷达校钟法**或**雷达同步法**(radar method for clock synchronization). 利用雷达法还可测定惯性观者 A，B 之间的空间距离 D_{AB} (其定义是正交直线段 ab 的长度 l_{ab})，因为不难证明

$$l_{ab}=\frac{\tau_2-\tau_1}{2}. \tag{14-3-1}$$

可见雷达法还起到“标准尺”的作用. 标准钟的定义是能给出世界线长度的钟(见小节 6.1.4)，标准尺的定义则是能给出任一类空线段的长度(按度规衡量)的尺. 此定义适用于任意时空，见 Misner et al.(1973)P.393. 实际上，地月距离正是用这种方法测量的(从地球向月球发射雷达并接收反射波).

下小节讨论如何把雷达校钟法推广至闵氏时空的非惯性系和弯曲时空的任意参考系. 为行文方便，把图 14-7 的三个点 a_1，b 和 a_2 的整体 (a_1, b, a_2) 称为一个“雷达三点组”(“radar triplet”).

14.3.2　任意时空任意参考系的钟同步问题

钟同步问题涉及两个方面：①同时面的定义；②为使各钟在任一同时面上读数相同所应进行的操作. 对闵氏时空的惯性参考系，问题简单得多，因为可把正交超曲面定义为同时面，用雷达法为同步操作法. 然而，任意时空的任意参考系未必是超曲面正交系，选什么面作为同时面?连同时面的定义都成为问题，同步操作更是无从谈起. 当然，如果讨论的是 2 维时空，局域地说问题并不存在，因为 2 维时空的任一线汇都超曲面正交. 这就给出启发：既然 4 维时空的任一参考系 $\mathscr{R}$ 的每一单参观者族(作为一个 2 维子时空中的线汇)必定超曲面(线)正交，可否先把正交超曲

面定义为同时线再用雷达法令族内各钟在每一正交线上读数一致?现在讨论这种做法是否具有可行性. 首先遇到如下问题: 对观者 A 世界线外的给定点 b, 线 A 上未必存在 a_1, a_2 使 (a_1, b, a_2) 构成雷达三点组. 幸好, 对任意时空的任意观者 A 来说局域看来不存在这个问题[以下称此为雷达法的局域可行性, 准确提法和证明见 Sachs and Wu(1977)命题 5.2.3], 而这已经足够. 设 $\{\gamma_s(\tau)\}$ 是 $\mathscr{R}$ 内的一个单参观者族, $A \equiv \gamma_0(\tau)$ 是基准观者. 取定 $a \in A$ 后, A 就可用雷达法确定族内任一观者 $B \equiv \gamma_s(\tau)$ 上与 a "同时" 的点 b. 当 s 值变动时点 b 便跑出一条 "同时线" $\sigma(s)$, 如图 14-8. 这种做法的特点是: 无论 s 值有多大(无论 B 离 A 有多远), 都要由 A 来发光和收光. 我们称此为**大步雷达法**. 下面的命题表明, 由大步雷达法获得的 "同时线" $\sigma(s)$ 虽然正交于 A 线, 却未必与族内所有世界线正交, 因而不是真正的同时线.

命题 14-3-1　设 $\gamma(\tau)$ 为任一时空中的任一观者世界线, $\alpha(s)$ 是任一类空曲线(s 代表线长), 与 $\gamma(\tau)$ 交于 $a = \gamma(\tau_0) = \alpha(0)$ (图 14-9). 根据雷达法的局域可行性, 对任一不太大的 $\bar{s}$, 令 $b \equiv \alpha(\bar{s})$, 总有 $a_1 \equiv \gamma(\tau_1)$, $a_2 \equiv \gamma(\tau_2)$ 使 (a_1, b, a_2) 成为雷达三点组. 定义函数 $f(\bar{s}) \equiv \tau_0 - (\tau_1 + \tau_2)/2$, 则

(a) $\lim\limits_{s \to 0} f(s) = 0$;

(b) $\lim\limits_{s \to 0} f'(s) = 0$ 当且仅当 α 线与 γ 线正交.

证明　为照顾陈述的连贯性, 证明移至本小节之末. □

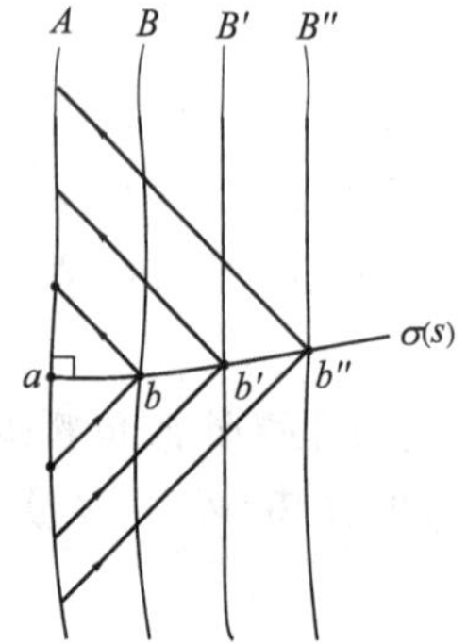

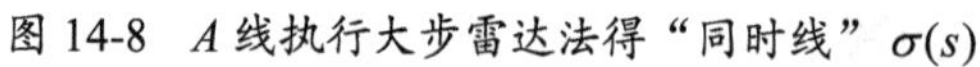
图 14-8　A 线执行大步雷达法得 "同时线" $\sigma(s)$

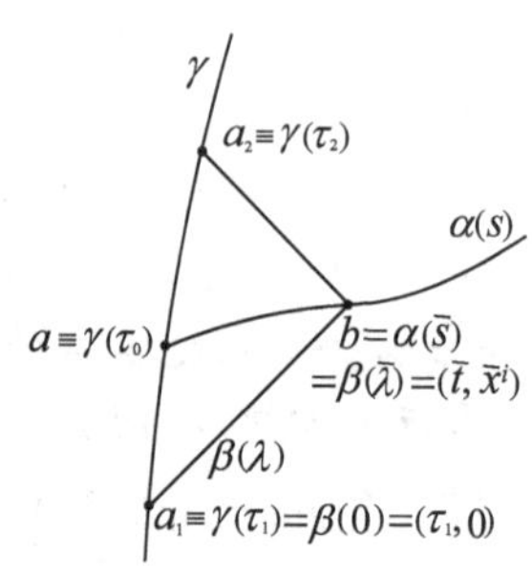

图 14-9　命题 14-3-1 用图

把上述命题用于图 14-8, 把其中的 A 线和 $\sigma(s)$ 线分别看作图 14-9 的 $\gamma(\tau)$ 和 $\alpha(s)$, 便知 $\sigma(s)$ 在 a 点与 A 线正交. 然而图 14-8 的各观者中只有 A 向外发光并确定与 $a \in A$ "同时" 的点[从而构造出 $\sigma(s)$ 线], 其他世界线不能看作图 14-9 的 $\gamma(\tau)$, 所以 $\sigma(s)$ 与其他世界线的正交性并无保证. 但也不难看出, 只要让族内每一观者都对紧邻观者执行雷达法, 所得曲线就与族内每一观者正交. 准确地说, 这种做法包含两步: ①在族内选一系列观者 $A, B, C, D, \cdots$, 先由 A 用大步雷达法在 A, B 之间确定一段起于 $a \in A$ 止于 $b \in B$ 的 "同时线" (图 14-10), 再令 B 类似地在 B, C 之

间确定一段“同时线”，依此类推. ②向 $A, B, C, D, \cdots$ 之间添加更多观者，所得的极限曲线 $\nu(s)$ 正是所要的同时线，因为现在每一观者都可充当图 14-9 的 $\gamma(\tau)$，命题 14-3-1 保证 $\nu(s)$ 与族内所有观者正交. 我们把上述做法称为(无限)**小步雷达法**.

既然 $\mathscr{R}$ 的每个单参观者族都有同时线，$\mathscr{R}$ 内的钟同步操作似乎可以这样进行：任选 $\mathscr{R}$ 内一观者 A 作为带头人，设他的钟在 $a \in A$ 时指零. 考虑含 A 的任一单参观者族，$\nu(s)$ 是族内过 a 的同时线(与族内各观者都正交的线)，则只须要求族内各观者在其世界线与 $\nu(s)$ 的交点把钟调得指零. 然而这种做法未必自洽. 假定用以挑出一个单参观者族的横向曲线 $\mu(s)$ 是闭合曲线，就是说，从它与 A 线的交点出发转一圈又回到出发点. 不妨把由这种 $\mu(s)$ 挑出的单参族称为“闭合单参观者族”. 例如，图 14-5 中所有躺在圆柱面上的转盘观者 $A, B, \cdots$ 就组成一个闭合单参观者族. 不幸的是，该族的同时线(例如 L)是不闭合曲线，因而与族内所有观者都相交无数次(对 A 而言，交点为 $a, d, \cdots$). 作为 A 线上的不同点，$a, d, \cdots$ 当然应有不同固有时(因而坐标时)，但按照上述同步操作要求，A 钟应在这些点都指零，这显然导致矛盾. 这一矛盾也可改用如下方式描述：设 A, B, C 为闭合单参族中的 3 个观者，A 钟在 a 时指零(图 14-11). 根据同时线 $\nu(s)$ 的 ab 段和 ac 段，B 和 C 钟应分别在 b 和 c 点指零. 然而，作为闭合单参观者族的非闭合同时线，$\nu(s)$ 与 C 有不止一个交点. 用 $\nu(s)$ 的 bc' 段检查就会发现 B, C 钟并未满足同步要求. 可见，只要 $\mathscr{R}$ 内存在一个闭合单参观者族，其中存在一条非闭合同时线，$\mathscr{R}$ 的同时性就没有自洽定义. 因此，同时性有自洽定义的前提是 $\mathscr{R}$ 内每一闭合单参观者族的同时线都闭合. 注意到同时线处处与观者世界线正交，这就要求 $\mathscr{R}$ 是超曲面正交系. 所以超曲面正交性是 $\mathscr{R}$ 的同时性有自洽定义的必要条件. 我们转了一圈又回到原来的结论：只有超曲面正交的参考系才可谈及钟同步问题. 不过上述讨论还是很有意义的，它不但澄清了若干问题(包括大、小步雷达法的区别. 这一问题对闵氏时空的惯性参考系并不存在)，而且证明了命题 14-3-1，正是它保证小步雷达法给出的 $\nu(s)$ 是所要的同时线. 下小节对超曲面正交系的钟同步再作详细讨论.

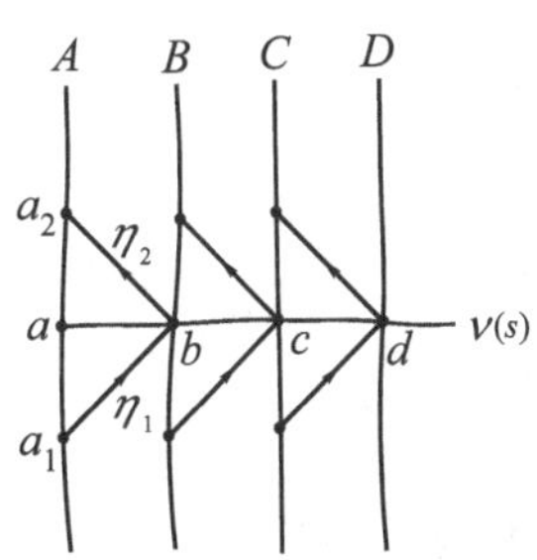

图 14-10　小步雷达法示意. 向图中添加更多观者，所得极限曲线(未画出)就是同时线 $\nu(s)$

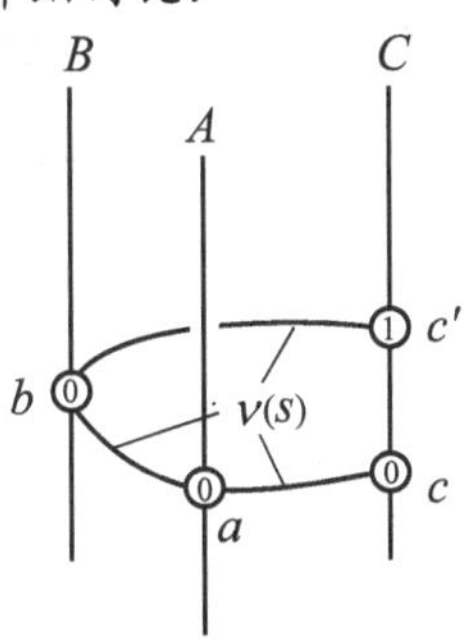

图 14-11　闭合单参观者族的非闭合同时线 $\nu(s)$ 使同时性没有自洽定义

在结束本小节之前先补证命题 14-3-1.

命题 14-3-1 的证明 借用观者 $\gamma(\tau)$ 的固有坐标系 $\{x^\mu\}$ (见 § 7.4), 把 b 点的固有坐标记作 $(\bar{t},\bar{x}^i)$. 设从 a_1 到 b 的类光测地线段 $\beta(\lambda)$ 的参数式为 $x^\mu = x^\mu(\lambda)$, 则其切矢 T^a 的分量 $T^\mu = \mathrm{d}x^\mu/\mathrm{d}\lambda$. 令 $a_1 = \beta(0),\ b = \beta(\bar{\lambda})$ (图 14-9), 则

$$x^\mu(\bar{\lambda}) - x^\mu(0) = \int_0^{\bar{\lambda}} T^\mu(\lambda)\mathrm{d}\lambda = T^\mu(\xi^{(\mu)})\bar{\lambda}, \quad \mu = 0,1,2,3, \tag{14-3-2}$$

其中 $\xi^{(\mu)} \in [0,\bar{\lambda}]$ 是函数 $T^\mu(\lambda)$ 在区间 $[0,\bar{\lambda}]$ 的中值. 对 $T^\mu(\lambda)$ 做泰勒展开:

$$T^\mu(0+\xi^{(\mu)}) \cong T^\mu(0) + \left.\frac{\mathrm{d}T^\mu(\lambda)}{\mathrm{d}\lambda}\right|_{\lambda=0} \xi^{(\mu)}.$$

以 $\bar{\lambda}$ 乘全式后代入式(14-3-2)得

$$x^\mu(\bar{\lambda}) - x^\mu(0) = T^\mu(0)\bar{\lambda} + \left.\frac{\mathrm{d}T^\mu}{\mathrm{d}\lambda}\right|_{\lambda=0} \xi^{(\mu)}\bar{\lambda}.$$

注意到 $x^0(\bar{\lambda}) = \bar{t},\ x^0(0) = \tau_1,\ x^i(\bar{\lambda}) = \bar{x}^i,\ x^i(0) = 0$, 便有

$$\begin{aligned} \bar{t} - \tau_1 &\cong T^0(0)\bar{\lambda} + \left.\frac{\mathrm{d}T^0}{\mathrm{d}\lambda}\right|_{\lambda=0} \xi^{(0)}\bar{\lambda}, \\ \bar{x}^i - 0 &\cong T^i(0)\bar{\lambda} + \left.\frac{\mathrm{d}T^i}{\mathrm{d}\lambda}\right|_{\lambda=0} \xi^{(i)}\bar{\lambda}, \quad i = 1,2,3. \end{aligned} \tag{14-3-3}$$

因 $g_{\mu\nu}|_{a_1} = \eta_{\mu\nu}$ (固有坐标系的优点), 故由 T^a 的类光性得

$$0 = (g_{ab}T^aT^b)|_{a_1} = \eta_{\mu\nu}T^\mu(0)T^\nu(0) = -[T^0(0)]^2 + \sum_i [T^i(0)]^2,$$

把式(14-3-3)代入上式, 略去高阶项后得

$$-(\bar{t} - \tau_1)^2 + \sum_i (\bar{x}^i)^2 + \varDelta_1 = 0, \tag{14-3-4}$$

其中
$$\varDelta_1 \equiv 2\bar{\lambda}\left[(\bar{t} - \tau_1)\left.\frac{\mathrm{d}T^0}{\mathrm{d}\lambda}\right|_{\lambda=0} \xi^{(0)} - \sum_i \bar{x}^i \left.\left(\frac{\mathrm{d}T^i}{\mathrm{d}\lambda}\right)\right|_{\lambda=0} \xi^{(i)}\right]. \tag{14-3-5}$$

同理有
$$-(\tau_2 - \bar{t})^2 + \sum_i (\bar{x}^i)^2 + \varDelta_2 = 0. \ (\varDelta_2 \text{ 意义自明}) \tag{14-3-6}$$

利用点 b 的任意性可把以上三式中的 $\bar{s},\ \bar{\lambda},\ \bar{t},\ \bar{x}^i$ 改为 $s,\ \lambda,\ t,\ x^i$, 由式(14-3-4)、

(14-3-6)及 $f(s)$ 的定义得

$$f(s)=\tau_0-t+\frac{\Delta}{2(\tau_2-\tau_1)},\quad \Delta\equiv\Delta_1-\Delta_2. \tag{14-3-7}$$

由推导知上式的 t 本是 λ 的函数，即 $t=t(\lambda)$，但因每一 $\bar{s}$ 值决定一点 $\alpha(\bar{s})$，由此又决定一条 $\beta(\lambda)$ 线及一个 $\bar{\lambda}$ 值，故有函数 $\lambda(s)$，从而上式的 t 可表为 $t(s)\equiv t(\lambda(s))$. 式(14-3-5)的 $\lambda, \xi^{(\mu)}, x^i, t-\tau_1$ 都是与 s 同阶甚至高阶的小量，故 $\Delta_1=\mathrm{O}(s^3)$ 甚至 $\Delta_1=\mathrm{o}(s^3)$. 同理有 $\Delta_2=\mathrm{O}(s^3)$ 甚至 $\Delta_2=\mathrm{o}(s^3)$，因而 $\Delta=\mathrm{O}(s^3)$ 甚至 $\Delta=\mathrm{o}(s^3)$. 又因 $(\tau_2-\tau_1)=\mathrm{O}(s)$，所以

$$\lim_{s\to0}f(s)=\lim_{s\to0}(\tau_0-t)=0,\qquad \lim_{s\to0}f'(s)=-\lim_{s\to0}\frac{\mathrm{d}t(s)}{\mathrm{d}s}.$$

而 $\dfrac{\mathrm{d}t(s)}{\mathrm{d}s}=\left(\dfrac{\partial}{\partial s}\right)^a\nabla_a t=g_{ab}\left(\dfrac{\partial}{\partial s}\right)^a(\mathrm{d}t)^b$，故

$$\lim_{s\to0}f'(s)=-\left[g_{ab}\left(\frac{\partial}{\partial s}\right)^a(\mathrm{d}t)^b\right]_{a点}=\left[g_{ab}\left(\frac{\partial}{\partial s}\right)^a\left(\frac{\partial}{\partial t}\right)^b\right]_{a点}=\left[g_{ab}\left(\frac{\partial}{\partial s}\right)^a\left(\frac{\partial}{\partial \tau}\right)^b\right]_{a点}, \tag{14-3-8}$$

其中第二步是因为对 a 点有 $g_{\mu\nu}=\eta_{\mu\nu}$，第三步是由于 $\gamma(\tau)$ 是固有坐标系的第零坐标线，且在线上 $t=\tau$. 式(14-3-8)表明 $\lim_{s\to0}f'(s)=0$ 当且仅当 α 线与 γ 线在 a 点正交. □

14.3.3 超曲面正交系的钟同步

超曲面正交参考系的钟同步可以分为四个层次，介绍如下.

定义 1 参考系 $\mathscr{R}$ 叫**固有时可同步的**(proper time synchronizable)，若 M 上有光滑函数 t 使

$$Z_a=-(\mathrm{d}t)_a. \tag{14-3-9}$$

由上式易知 $Z_{[c}\nabla_b Z_{a]}=0$，故 $\mathscr{R}$ 为超曲面正交系. 事实上，以 Σ_t 代表函数 t 为常数的面(等 t 面)，由式(14-3-9)知 $Z^a=-\nabla^a t$，而 $\nabla^a t$ (作为超曲面的法矢)处处与等 t 面正交，故 Σ_t 就是 $\mathscr{R}$ 系的正交超曲面. 因 $-1=Z^aZ_a=-(\partial/\partial\tau)^a(\mathrm{d}t)_a=-\mathrm{d}t/\mathrm{d}\tau$，故

$$t=\tau+a,\qquad a=常数(因观者而异). \tag{14-3-10}$$

于是式(14-3-9)的 t 可称为固有时间函数. 式(14-3-10)表明任意两个观者介于任意两个等 t 面 Σ_{t_1} 和 Σ_{t_2} 之间的固有时间 $\Delta\tau\,(\equiv\tau_2-\tau_1)$ 相等. 因此，如果所有观者在其

世界线与某一同时面(记作 Σ_0)相交时把自己的标准钟调至指零, 则它们与任意同时面 Σ_t 相交时的标准钟读数必相等, 于是所有等 t 面也就成为等 τ 面, 从而达到 $\mathscr{R}$ 内各标准钟同步的要求. 同步操作在理论上可借小步雷达法进行.设 $A, B, C, D, \cdots$ 是 $\mathscr{R}$ 的任一单参观者族内足够邻近的观者(图 14-10), A 在 τ_1 时向 B 发光, 在 τ_2 时收到反射光, 便通知 B 在接到光时(即事件 b)把标准钟的读数定为 $(\tau_1+\tau_2)/2$; 然后 B 再向 C 作类似操作, 依此类推, 便可在该单参族内完成同步过程. 为使整个 $\mathscr{R}$ 系同步, 只须从 A 开始向每一单参族重复上述操作. $\mathscr{R}$ 的超曲面正交性保证各族的同步不会矛盾. 如前所述, 采用小步雷达法是因为大步雷达法所得的“同时线”(带引号的!)未必处处与世界线正交. 其实只有无限小步才能完全精确, 而任何两钟都不能无限邻近, 所以这种操作本身必含近似性. ①

闵氏时空的惯性参考系和标准宇宙模型的 Robertson-Walker 系都是固有时可同步参考系.

定义 2 参考系 $\mathscr{R}$ 叫**局域固有时可同步的**(locally proper time synchronizable), 若

$$(\mathrm{d}Z)_{ba}=0. \tag{14-3-11}$$

由式(14-3-9)必有式(14-3-11), 但反之不然. 事实上, 式(14-3-9)表明 Z_a 是恰当的, 而式(14-3-11)表明 Z_a 是闭的. 恰当一定导致闭(见 §5.1 注 1), 但由闭导致恰当则要对背景流形有所要求. 可见定义 2 比定义 1 要求较低. 式(14-3-11)也导致 $Z_{[c}\nabla_b Z_{a]}=0$, 故满足定义 2 的 $\mathscr{R}$ 也是超曲面正交的. 与式(14-3-9)不同, 式(14-3-11)不保证每一观者世界线与正交超曲面至多相交一次. 考虑爱因斯坦转盘外圆周(“转圈”)相应的 2 维时空(非单连通时空的简单例子), 转圈上所有随圈转动的观者组成的参考系满足式(14-3-11), [对转圈, 式(14-2-5)的 Z_a 表达式中的 r 和 γ 为常数, 由此式易见 $\mathrm{d}\boldsymbol{Z}=0$.] 但每一正交超曲面(类空螺旋线)都与每一观者世界线相交无数次. 如果只考虑时空中的这样一个开域 U, 其中 $\mathscr{R}$ 的每一观者与正交超曲面只交一次, 则满足式(14-3-11)和满足式(14-3-9)的参考系有相同性质, 因此满足式(14-3-11)的参考系叫局域固有时可同步参考系. 上面关于标准钟同步的定义和操作在 U 中同样适用. 例如, 把转圈剪断使之不再闭合, 则转圈参考系就成为固有时可同步的.

上述两定义对参考系的要求颇高. 事实上, 用导数算符改写式(14-3-11)后与 Z^b 缩并得 $Z^b\nabla_b Z_a=0$, 说明满足定义 1 或 2 的参考系的 4 加速 $A^a=0$, 因而是测地参考系. 而式(8-3-23)表明施瓦西时空的施瓦西参考系有 $A^a\neq 0$, 所以既不满足定义 1 也不满足定义 2. 注意到施瓦西系是超曲面正交系, 可知即使超曲面正交系

① 邝志全等[Kuang and Liang(1993)]证明:只有静态时空的静态参考系才可用大步雷达法获得准确的钟同步. 可见大步雷达法的适用面窄得多,它不但对参考系而且对时空本身提出了苛刻的要求.

的标准钟也未必可以同步. 于是又提出以下两个定义(其要求分别低于定义 1 和 2).

定义 3 参考系 $\mathscr{R}$ 叫**坐标时可同步的**, 若 M 上有光滑函数 t 及 $h\,(>0)$ 使

$$Z_a = -h(\mathrm{d}t)_a\,, \tag{14-3-12}$$

其中 t 称为时间函数.

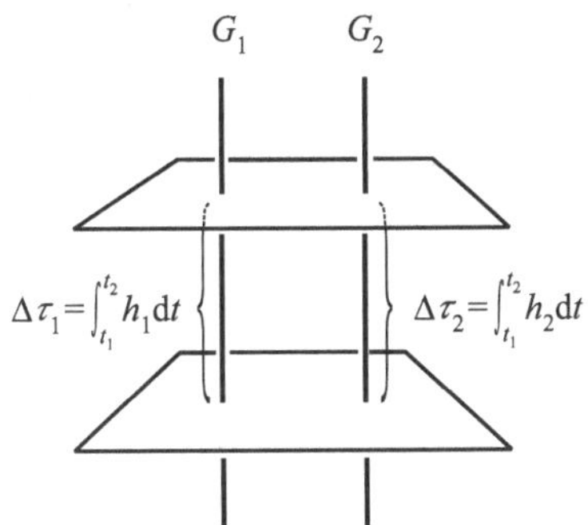

图 14-12 满足定义 3 时, 同时面间坐标时间相等而固有时间未必相等

由式(14-3-12)可知 $\mathrm{d}\boldsymbol{Z} = -\,\mathrm{d}h \wedge \mathrm{d}t$, 故 $\boldsymbol{Z} \wedge \mathrm{d}\boldsymbol{Z} = 0$, 即 $Z_{[c}\nabla_b Z_{a]} = 0$, 可见满足式(14-3-12)的 $\mathscr{R}$ 也是超曲面正交系, 且任一等 t 面都与任一观者世界线正交, 而

$$-1 = Z^a Z_a = -hZ^a(\mathrm{d}t)_a = -h\left(\frac{\partial}{\partial\tau}\right)^a(\mathrm{d}t)_a = -h\frac{\mathrm{d}t}{\mathrm{d}\tau}\,,$$

其中 τ 为所论观者的固有时,故

$$\frac{\mathrm{d}t}{\mathrm{d}\tau} = \frac{1}{h}. \tag{14-3-13}$$

注意到 $h > 0$, 由上式可知 t 是 τ 的常增函数, 故每一观者世界线与每一等 t 面至多只交一次(我们只讨论相交正好一次的情况). 因为任意两个观者的世界线介于任意两个等 t 面之间的两段有相同的 Δt (即 $\Delta t_1 = \Delta t_2$), 由式(14-3-13)可知一般来说这两段的固有时间不等, 即 $\Delta\tau_1 \neq \Delta\tau_2$ (图 14-12). 可见正交超曲面只是等 t 面而非等 τ 面. 每一正交超曲面 Σ 仍代表某一时刻的空间, Σ 仍叫 $\mathscr{R}$ 的同时面, 只是所同的“时”不是固有时而是时间函数 t 代表的“时”. 不妨把 t 也解释为观者的钟的读数, 只不过该钟的走时率是标准钟的 h^{-1} 倍(h 可以是 τ 的函数). 研究这类问题的最方便的坐标系是以 $\mathscr{R}$ 的观者世界线为时间坐标线、以 t 为时间坐标的共动系. 因此时间函数 t 也常称为**坐标时**(coordinate time), 相应的钟则称为**坐标钟**(coordinate clock). $\mathscr{R}$ 的超曲面正交性导致该坐标系的时轴正交性, 即 $g_{0i} = 0\ (i = 1,2,3)$. 只要所有观者在其世界线与某一同时面 Σ_0 相交时把自己的坐标钟调至指零, 则它们与任意同时面 Σ_t 相交时的坐标钟读数必相同, 所以说 $\mathscr{R}$ 是坐标时可同步的. 同步仍

可用小步雷达法操作，只须作如下修改：观者 A 在 τ_1 时向 B 发光，在 τ_2 时收到反射光，一方面把自己的坐标钟调至在 a 时指为某商定好的读数 τ_0 [a 点由固有时 $(\tau_1+\tau_2)/2$ 确定]，另一方面，通知 B 在收到光时(时刻 b)把坐标钟也调至读数为 τ_0 . 由计算可知施瓦西参考系有

$$Z_a = -(1-2M/r)^{1/2}\,(\mathrm{d}t)_a\,, \tag{14-3-14}$$

可见施瓦西参考系满足定义 3，且 $h=(1-2M/r)^{1/2}$ 是 r 的函数. 施瓦西坐标系正是施瓦西参考系的时轴正交共动坐标系. 其实，不难证明(习题)所有静态参考系都满足定义 3.

定义 4　参考系 $\mathscr{R}$ 叫**局域坐标时可同步的**(locally proper time synchronizable)，若

$$\boldsymbol{Z}\wedge \mathrm{d}\boldsymbol{Z}=0\,. \tag{14-3-15}$$

前已指出由式(14-3-12)可得(14-3-15)，故满足定义 3 的 $\mathscr{R}$ 必满足定义 4，但反之不然. 式(14-3-15)就是式(14-1-27)，可见满足定义 4 的 $\mathscr{R}$ 必超曲面正交，但不保证每一观者世界线与正交面至多只交一次. 若只考虑时空中的开域 U ，其中 $\mathscr{R}$ 的每一观者与正交面至多只交一次，则在 U 内存在 t 及 $h(>0)$ 使 $Z_a=-h(\mathrm{d}t)_a$ ，前面关于坐标钟同步的定义和操作在 U 中同样适用，因此满足定义 4 的 $\mathscr{R}$ 称为局域坐标时可同步参考系.

以上四个定义来自 Sachs and Wu(1977)的 2.3, 5.3. 定义 4 是可同步参考系的四个要求中最低的一个，等价于只要求 $\mathscr{R}$ 是超曲面正交系. 非超曲面正交参考系当然也有共动坐标系，但却没有时轴正交的共动坐标系，即不存在 $g_{0i}=0\ (i=1,2,3)$ 的共动坐标系. 朗道，栗弗席兹(1959)(中译本 §10-4)曾用非几何语言对超曲面正交系的可同步性和非超曲面正交系的不可同步性作过讨论，如果把它与文献 Sachs and Wu(1977)2.3, 5.3 作一对比，就会对用几何语言讨论相对论问题的清晰性、准确性、深刻性和优雅性产生叹为观止的印象.

下面就钟同步问题作一小结和述评.

1. 对闵氏时空的惯性参考系，因为早已约定正交超曲面为同时面，故钟同步可定义为各标准钟在同一正交面上读数相同. 又因为已证明用雷达法确定的同时线与世界线正交，故雷达法可被视为实现钟同步的(理论上可行的)操作手段.

2. 推广到任意时空的任意参考系时，原则上可有两种做法，简介如下. (a)继承闵氏时空惯性系的做法，仍约定正交面为同时面(本书至今一直如此). 如果仍把钟同步定义为“各钟在同一正交面上读数相等”，那么，由于非超曲面正交系根本没有正交面，钟同步定义本身失去意义，这时的准确提法不是“非超曲面正交系不能实现钟同步”，而是“可否实现钟同步这一问题对非超曲面正交系而言没有意义”，

因为问题中涉及的一个词汇“钟同步”现在没有意义. 然而, 如果把钟同步定义改为“各钟在该系的任一同时线(对应于一个单参观者族)上读数相等”, 则对任何参考系都可提出“能否实现钟同步”的问题. 对非超曲面正交参考系, 答案是“不能”; 对超曲面正交系, 总的答案是“能”, 但要分为 4 个层次, 由强到弱的排列是: 固有时可同步; 局域固有时可同步; 坐标时可同步; 局域坐标时可同步, 分别如正文所述. (b)放弃同时面与世界线正交的要求, 允许斜交的 3 + 1 分解(详见小节 14.4.2). 钟同步定义为“各钟在同一同时面上读数相等(但同时面未必是正交面)”, 则参考系总是坐标时可同步的. 雷达法此时不再是实现钟同步的操作手段.

14.3.4　Z 类参考系

虽然非超曲面正交参考系连局域坐标时同步都做不到, 但仍不排除如下可能: 可定义这样的坐标时函数 t, 使任意两个观者介于任意两条同时线之间的坐标时刻之差相等(见图 14-13). 对这种情况可作如下物理解释: 尽管 $\mathscr{R}$ 系在钟的读数上无法做到同步, 但所有观者的坐标钟的走时率(钟速)却相同. 赵峥教授最先指出这种可能性, 并把此性质称为坐标钟“钟速同步的传递性” [赵峥(1991)]. 高思杰等 [Gao, Kuang and Liang(1998)]对此又用几何语言作了进一步研究, 并把具有这种性质的参考系称为 Z 类参考系. 下面介绍该文的主要内容.

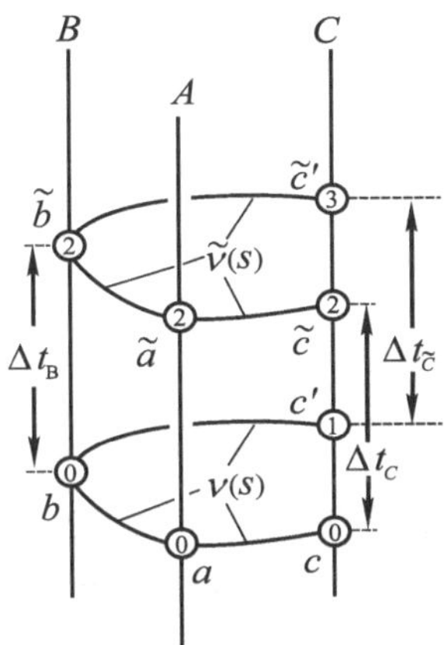

图 14-13　$\Delta t_B = \Delta t_C = \Delta t_{\tilde{C}}$ 表明 B, C 两钟有相同的钟速

定义 5　$\mathscr{R}$ 称为 **Z 类参考系**, 若 M 上存在满足如下条件的光滑函数 t: (a)每一观者世界线上的 t 是固有时 τ. 的单调函数; (b)设 ν. 和 $\tilde{\nu}$ 是任一单参观者族的任意两条同时线, A, B 是族内任意两个与 ν. 和 $\tilde{\nu}$ 依次相交于 a, b 和 $\tilde{a}$, $\tilde{b}$ 的观者(图 14-14), $\Delta t_A \equiv t(\tilde{a}) - t(a)$, $\Delta t_B \equiv t(\tilde{b}) - t(b)$, 则 $\Delta t_A = \Delta t_B$.

命题 14-3-2　$\mathscr{R}$ 是 Z 类参考系等价于以下 4 条件之任一:

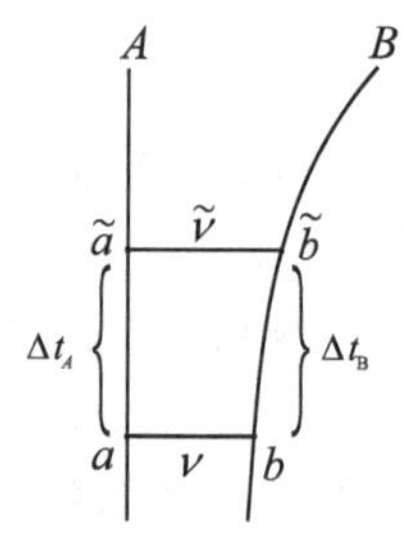

图 14-14　定义 5 用图. ν 和 ν' 是观者 A,B 所在单参族的两条同时线

(a) M 上存在光滑函数 $f>0$ 使

$$\mathscr{L}_\xi w^a = 0 , \tag{14-3-16}$$

其中 w^a 是 $\mathscr{R}$ 内任一观者的任一邻居, $\xi^a \equiv f Z^a$ (Z^a 是观者 4 速).

(b) M 上存在光滑函数 $f>0$ 使

$$H^a \nabla_a \ln f = H^a A_a , \tag{14-3-17}$$

其中 A^a 是观者的 4 加速, H^a 是满足 $g_{ab} H^a Z^b = 0$ 的任一矢量场.

(c) $\forall p \in M$, $\exists$ 坐标域含 p 的共动坐标系 $\{t, x^i\}$ 使

$$\partial(g_{0i}/g_{00})/\partial t = 0 . \tag{14-3-18}$$

(d)存在共形变换把 $\mathscr{R}$ 的观者世界线变为测地线.

证明　见 Gao, Kuang and Liang(1998). □

注 1　①赵峥的原始文献[赵峥(1991)]已把式(14-3-18)作为充要条件给出. ②满足定义 1 至 4 之任一的参考系都满足定义 5, 但满足定义 5 的参考系可以不满足定义 1 至 4 之任一(例如爱因斯坦转盘系和 Kerr-Newman 时空的 Boyer-Lindquist 参考系). ③稳态参考系有 $A_a = \nabla_a \ln f$, 满足式(14-3-17), 故稳态系必为 Z 类系. 进一步, 凡满足 $\mathrm{d}\boldsymbol{A} = 0$ 的系都(至少局域地)是 Z 类系.

§ 14.4　时空的 3+1 分解

14.4.1　空间和时间

在学习非相对论物理学时, 人们习惯于默认时间和空间是不言自明的概念, 而且事件的同时性是绝对的. 相对论从一开始就破除了同时性的绝对观念, 并逐渐认识到只有时空才是与一切人为因素无关的、绝对的物理实在, 而空间和时间概念则只在选定参考系并对时空做"$3+1$分解"后才获得意义, 因而是相对的. 数学家闵可夫斯基(Minkowski)最先认识到空间和时间概念的人为性和时空概念的实在性, 他早在1908 年就曾指出: "从今以后, 空间和时间本身注定要消失在完全的阴影之中, 只有它们的某种结合才保持为独立的实体." Penrose 则说: "恐怕可以说, 相对论最重要的一课是空间和时间不能作为彼此独立的概念来考虑, 它们必须结合起来以给出一个关于各种现象的 4 维图象: 一种用时空语言的描述." Synge 在一篇介绍广义相对论的文章[Synge(1964)]中写道: "我们和事件打交道. …… 所有事件形成一个 4 维连续体, 称为**时空**. 这是个单独的概念, 不是空间和时间这两个分离

概念的混合. ……我们要坚决拒绝把空间和时间当作早有意义的词汇来使用. 如果你要在某个意义上使用它们, 你必须事先对该意义作出解释. ” 这并非不允许使用空间和时间概念, 而是要求在使用前对其意义作出明确解释. 例如, 第 10 章讨论宇宙论时一开始就用 Robertson-Walker(RW)参考系把宇宙时空作了 3 + 1 分解, 因此空间和时间有明确含义: 空间指均匀面(见 § 10.1 定义 1), 时间指宇宙时(见小节 10.1.3 首段), “一个空间点” 指 RW 参考系内的一条观者世界线. 另一个例子是第 9 章的水星近日点进动和星光偏折问题. 讨论中多处用到 3 维语言, 这是因为早已选定施瓦西参考系, 并默认该系的每一正交超曲面代表某一时刻的空间, 该系的每一观者世界线代表一个空间点. 反之, 以钟同步问题的讨论为例, 在没有选定参考系的情况下谈论“某一空间点” 就是意义含糊的, 因为每一参考系的每一观者世界线都代表一个 “空间点” , 不同参考系有不同的空间观. [可惜这种做法曾经颇为流行, 例如, 见朗道, 栗弗席兹(1959)(中译本 §10-4).] 与此相反, 由于时空的绝对性, “某一时空点” 则意义明确, 不涉及任何参考系.

14.4.2 时空的3+1分解

要对时空(M,g_{ab})作$3+1$分解首先要求M可用单参类空超曲面族$\{\Sigma_t\}$分层. 就是说, 要求存在光滑函数(称为整体时间函数)$t: M \to \mathbb{R}$使每一等t面Σ_t都是类空超曲面. 这样的时空很多, 例如, (a)闵氏时空的每一惯性参考系的全体等t面构成单参类空超曲面族, 该系的惯性坐标时t可充当时间函数; (b)RW 宇宙时空的全体均匀面构成单参类空超曲面族, 宇宙时t可充当时间函数; (c)施瓦西时空(指最大延拓中的渐近平直区 A)的全体等t面构成单参类空超曲面族, 施瓦西时间坐标t可充当时间函数. 此外, 要作$3+1$分解还需选定一个参考系. 以上三个时空的通常选法是: 对闵氏时空选t所在的惯性参考系; 对 RW 时空选各向同性参考系; 对施瓦西时空选静态参考系. 上述 3 例的每一例涉及的参考系的所有观者世界线都同所有Σ_t正交. 在例(a), (b)中, Σ_t的t还等于观者的固有时[见图14-15(a)和(b)]; 但例(c)则不然[见图 14-15(c)]. 一般地说, 由于Σ_t为类空超曲面且任一$p \in M$有唯一的Σ_t经过, Σ_t的(指向未来)单位法矢场n^a构成M上的类时矢量场. 以n^a的积分曲线作为观者世界线定义参考系$\mathscr{R}$, 则该系所有观者世界线处处同Σ_t正交. 上述三例都是这种参考系的特例. 然而, 为了更具普遍性, 应把条件放宽, 即放弃观者世界线与Σ_t的正交性要求. 设t^a是满足$t^a \nabla_a t = 1$的任一指向未来的类时矢量场, 则t可充当t^a的积分曲线的参数. 每条积分曲线在改用线长τ为参数后就可看作一个观者的世界线. 单参类空超曲面族$\{\Sigma_t\}$同所有这些观者世界线相结合就决定了时空的一个$3+1$分解(图 14-16). 矢量场t^a可分解为正交于Σ_t的分量和切于Σ_t的分量. 由于n^a是Σ_t的法矢场, 必存在标量场N使前一分量等于Nn^a(图 14-17). 以

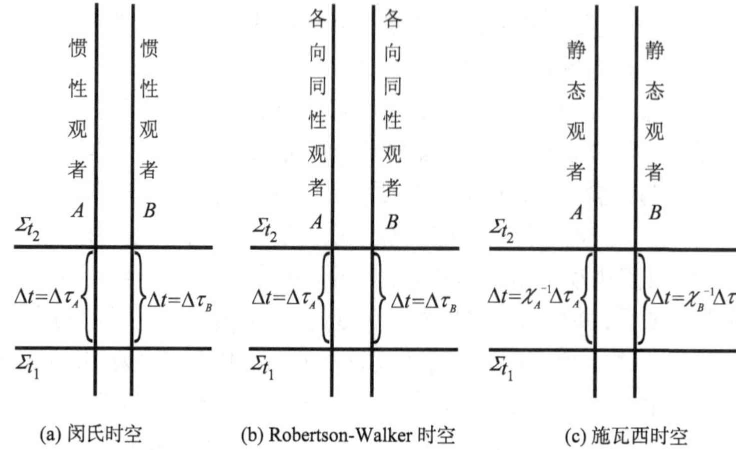

图 14-15　三个典型时空的 3+1 分解. 观者世界线都与等 t 面正交. 任意两个等 t 面间的任意两个观者的世界线长在(a), (b)中相等而在(c)中一般不等

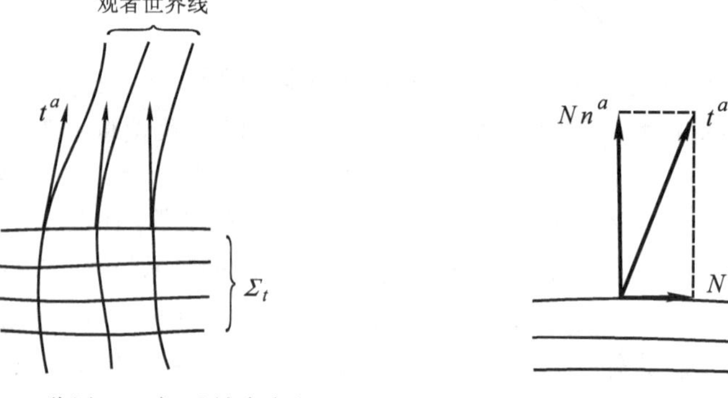

图 14-16　分层 $\{\Sigma_t\}$ 与 t^a 结合定义一个 3+1 分解

图 14-17　时移函数 N 和位移矢量 N^a

N^a 代表后一分量, 则

$$t^a = Nn^a + N^a . \tag{14-4-1}$$

上式中的标量场 N 和空间矢量场 N^a 分别称为**时移函数**(lapse function)和**位移矢量场**(shift vector field). $\nabla_a t$ 和 n_a 都是 Σ_t 的法余矢, 两者只能差到一个乘子. 由式(14-4-1)不难证明它就是 $-N$, 故

$$n_a = -N\nabla_a t . \tag{14-4-2}$$

上式表明时移函数 N 只取决于分层而与 t^a 的选择无关. 反之, 位移矢量 N^a 则由于 t^a 选择的自由性而存在相当程度的任意性. 现在引入与上述参考系适配的坐标系. 设 $\{x^i\}$ 是 Σ_0 上的局域坐标系, 用观者世界线把这三个坐标携带出去, 即同一世界

线上各点定义相同的 x^i，再选时间函数 t 作为时间(第零)坐标，便得 4 维坐标系 $\{x^0 \equiv t,\ x^i\}$，它是该参考系的一个共动坐标系，其第 0 坐标基矢 $(\partial/\partial t)^a$ 切于 t^a 的积分曲线，即 $(\partial/\partial t)^a$ 平行于 t^a，再由 $1=(\partial/\partial t)^a(\mathrm{d}t)_a=(\partial/\partial t)^a\nabla_a t$ 及 $t^a\nabla_a t=1$ 便知 $(\partial/\partial t)^a=t^a$，可见 t^a 是上述共动坐标系的第 0 坐标基矢场. $\nabla_a t$ 为法余矢保证

$$N^0=N^a(\mathrm{d}t)_a=N^a\nabla_a t=0\,.$$

令 $N^i\equiv N^a(\mathrm{d}x^i)_a$, $N_a\equiv g_{ab}N^b$, $N_i\equiv N_a(\partial/\partial x^i)^a$，则度规 g_{ab} 在这一坐标系的分量为

$$g_{0i}=g_{ab}\left(\frac{\partial}{\partial t}\right)^a\left(\frac{\partial}{\partial x^i}\right)^b=g_{ab}(Nn^a+N^a)\left(\frac{\partial}{\partial x^i}\right)^b=N_b\left(\frac{\partial}{\partial x^i}\right)^b=N_i,\qquad i=1,2,3\,,\tag{14-4-3}$$

再令 $g_{ij}\equiv g_{ab}(\partial/\partial x^i)^a(\partial/\partial x^j)^b$，则 g_{ab} 在上述共动坐标系的线元为

$$\mathrm{d}s^2=(-N^2+N^iN_i)\mathrm{d}t^2+2N_i\mathrm{d}t\mathrm{d}x^i+g_{ij}\mathrm{d}x^i\mathrm{d}x^j\,.\tag{14-4-4}$$

又因 $N_i=N_a(\partial/\partial x^i)^a=g_{ab}N^b(\partial/\partial x^i)^a=g_{ij}N^j$，故上式等价于

$$\mathrm{d}s^2=-N^2\mathrm{d}t^2+g_{ij}(N^i\mathrm{d}t+\mathrm{d}x^i)(N^j\mathrm{d}t+\mathrm{d}x^j)\,.\tag{14-4-4'}$$

注 1　$N^0=0$ 导致 $N^a=N^i(\partial/\partial x^i)^a$，但请特别注意 $N_a\neq N_i(\mathrm{d}x^i)_a$（除非 $N^a=0$），因为

$$N_a\equiv g_{ab}N^b=g_{ab}N^j(\partial/\partial x^j)^b=N^jg_{j\mu}(\mathrm{d}x^\mu)_a$$

$$=N^jg_{ji}(\mathrm{d}x^i)_a+N^jg_{j0}(\mathrm{d}t)_a=N_i(\mathrm{d}x^i)_a+N^iN_i(\mathrm{d}t)_a,\tag{14-4-5}$$

其中第三步用到式(2-6-10a), 第五步用到式(14-4-3).

以上就是借助于人为指定因素(包括单参类空超曲面族 $\{\Sigma_t\}$ 和观者世界线)对时空所作的 $3+1$ 分解. 闵氏时空用惯性参考系和 RW 时空用各向同性参考系所作的分解是最简单的例子, 它们有两个共同的简单性: ①观者世界线处处与 Σ_t 正交, 因而位移矢量场 $N^a=0$；②在观者世界线上时间函数 t 与固有时 τ 的关系为 $\mathrm{d}t=\mathrm{d}\tau$，故 $t^a=(\partial/\partial t)^a=(\partial/\partial\tau)^a$ 是单位切矢, 即 t^a 等于观者 4 速, 因而时移函数 $N=1$. 施瓦西时空的静态参考系只有简单性①而无简单性②: 在静态观者世界线上时间函数(施瓦西时间坐标) t 与观者固有时 τ 的关系为 $\mathrm{d}t=(-g_{00})^{-1/2}\mathrm{d}\tau\neq\mathrm{d}\tau$，因而 $t^a\equiv(\partial/\partial t)^a$ 不是单位切矢, 不等于观者 4 速. 这使得施瓦西时空的上述分解只有 $N^a=0$ 而无 $N=1$. 简单性①, ②都不具备的情况当然也存在, Kerr-Newman 时空(指可用 Boyer-Lindquist 坐标系覆盖的部分)用 BL 坐标系的分解就是一例. 在此例

中, BL 系的时间坐标 t 起到时间函数的作用, 对比线元式(13-2-1)与(14-4-4)可知 $N^1 = N^2 = 0$ 而 $N^3 \neq 0$ (故 $N^a \neq 0$)以及 $N \neq 1$. $N^a \neq 0$ 表明矢量场 $t^a \equiv (\partial/\partial t)^a$ 与 Σ_t 不正交, 即其积分曲线与 Σ_t 的法矢场 n^a 的积分曲线不重合. 如果改用 n^a 的积分曲线作为观者世界线重新定义矢量场 t^a (记作 t'^a), 则所得 3+1 分解有 $N'^a = 0$, 相应的线元式就是式(13-2-11), 特点是没有时空交叉项. 这两种 3+1 分解有相同的时间函数[由式(13-2-9)可知 $t' = t$], 因而有相同的单参族 $\{\Sigma_t\}$, 区别在于两者以不同的类时矢量场(t^a 和 t'^a)的积分曲线作为观者世界线. 然而, 正如选读 13-2-1 前所指出的, $(\partial/\partial t)^a$ 是 Killing 矢量场而 $(\partial/\partial t')^a$ 不是, 所以式(13-2-11)隐藏了度规的稳态性. 可见这种分解法的简单性($N'^a = 0$)是以牺牲明显表现时空稳态性为代价的. 给定时空后, 坐标系的选择十分任意, 然而选择能明显表现时空内禀对称性的坐标系往往可简化问题, 因而受到青睐. 例如, 在 RW 时空中虽然也允许不选各向同性坐标系(RW 系), 然而这种做法使时空的空间均匀性和各向同性性不能明显表出, 很不方便. 回到 KN 时空, 由于 $t^a \equiv (\partial/\partial t)^a$ 是类时 Killing 矢量场, 把它的积分曲线(重参数化后)选作观者世界线正是充分表现时空对称性的做法. 因此, 虽然这种分解存在 $N^a \neq 0$ 的缺点, 在多数情况下人们仍愿意采用.

总之, 时空的 3+1 分解依赖于两个人为(任意)因素. 首先, 人为地选择一个单参类空超曲面族 $\{\Sigma_t\}$ 以便给时空分层. 一般愿意采用能明显反映时空对称性的分层方式, 例如, 对 RW 时空选用均匀面族, 对闵氏时空选用任一惯性系的等 t 面族. 其次, 在 $\{\Sigma_t\}$ 选定后, 还要选择一个类时矢量场 t^a 并以其积分曲线(重参数化)作为观者世界线. 一般也愿意采用能明显反映时空对称性的矢量场. 例如, 在 RW 时空中选定均匀面族为 $\{\Sigma_t\}$ 后, 人们选择各向同性观者的世界线作为观者世界线; 在 KN 时空中选定 BL 坐标系的等 t 面族为 $\{\Sigma_t\}$ 后, 人们选择类时 Killing 矢量场的积分曲线为观者世界线. 对闵氏时空, 在选定某一惯性系的等 t 面族为 $\{\Sigma_t\}$ 后, 自然选该系的全体 t 坐标曲线为观者世界线, 这是最简单的 3+1 分解, 其中 $N^a = 0$, $N = 1$ (图 14-18), 不妨称为**标准分解**. 由标准分解得到的空间和时间概念正是人们在用 3 维语言讨论狭义相对论时所用的空间和时间. 任何人开始学习狭义相对论时所用的空间和时间概念都是对闵氏时空作标准分解的结果, 虽然他很可能尚未听过闵氏时空一词, 遑论"3+1 分解".

现在出现一个问题. 在 $N^a \neq 0$ 的情况下(不妨用 KN 时空为例帮助想象), 观者世界线与 Σ_t 并不正交(图 14-19). 设 $p \in \Sigma_t$, w^a 是 p 点切于 Σ_t 的矢量. 一方面, 由于 Σ_t 代表 t 时刻的空间, 切于 Σ_t 的矢量 w^a 应称为空间矢量; 另一方面, 由于 w^a 与观者的 4 速 Z^a 并不正交, 按照早已习惯的想法, w^a 对观者来说又不是空间矢量. 为解决这一两难问题, 应注意"只有与观者 4 速正交的矢量才是空间矢量"这一习惯想法其实也只是一种人为约定(虽然是最方便的约定). 本书第一次介绍这种想法是在§6.3 注 2 后第二段之③. 论述中用到惯性系 $\mathscr{R}$ 的观者 4 速与等 t 面正交的事实. 就是说, 建立上述习惯想法的前提是图 14-18 那样的 3+1 分解. 然而, 原则上没有理由不允许图 14-19 的非正交分解. 既然坚持用 Σ_t 代表 t 时刻的空间, 就得承认切于 Σ_t 的矢量 w^a 为空间矢量, 虽然它同观者 4 速并不正交. 回到刚才提及的§6.3 的那段, 即"你, 作为观者, ……, 在时刻 p (你的世界线 G 的一点)能感到的所有空间矢量的集合 W 当然是 3 维的, 而 p 作为 $\mathbb{R}^4$ 的一点, 其切空间 V_p 是 4 维的." 于是提出了 W 该与 V_p 的哪个 3 维子空间对应(认同)的问题. 由于第 6 章采用图 14-18 的分解, 当时的答案自然是 W 对应于 V_p 中与观者 4 速 Z^a 正交的 3 维子空间. 然而, 如果一定要采用非正交分解, 而且坚持认为每个 Σ_t 代表一个时刻的空间, W 就只能对应于 V_p 中与 Σ_t 相切的所有矢量构成的 3 维子空间. 这一结论适用于任一 $N^a \neq 0$ 的分解(图 14-19). 这种做法在原则上没有不允许之处, 但因为前面早已习

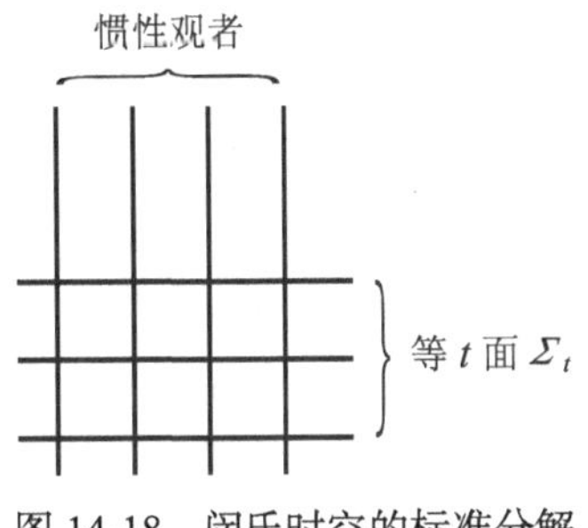

图 14-18　闵氏时空的标准分解

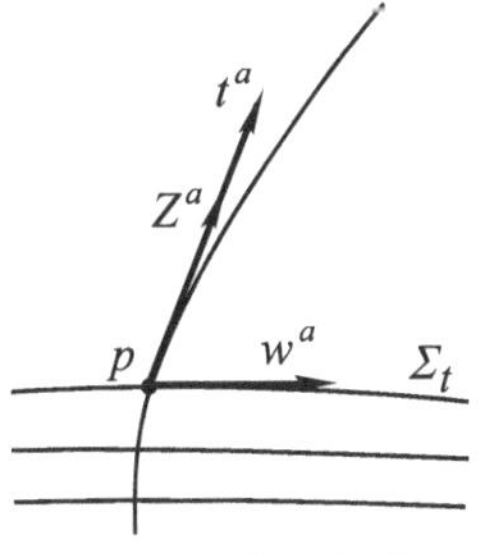

图 14-19　非正交分解

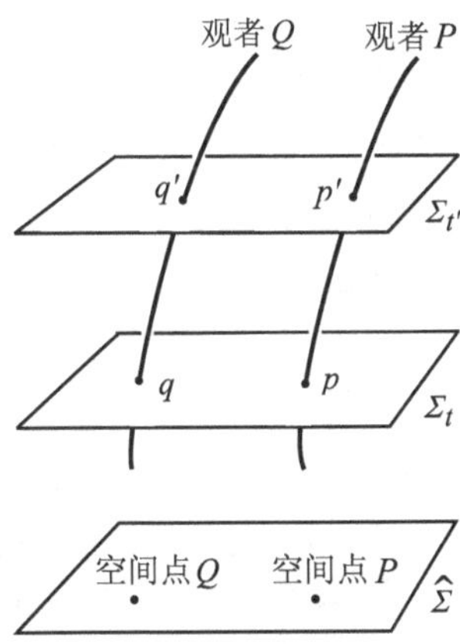

图 14-20　以观者世界线为元素构成的集合 $\hat{\Sigma}$ 叫空间. 它也可看作用观者世界线把各张 Σ_t 认同的结果

惯于把W认同为V_p与观者4速Z^a正交的3维子空间(一提到空间矢量就想到它同Z^a正交),在采用$N^a \neq 0$的分解时对于许多早已熟悉的、由“空间矢量同Z^a正交”导出的定义和结论就应重新审视.例如,用$E_a := F_{ab}Z^b$和$B_a := -{}^*F_{ab}Z^b$定义的E^a和B^a对非正交分解不再是空间矢量,因为它们与Z^a(而非n^a)正交.对Kerr-Newman 时空(更一般地,对稳态轴对称时空),定义$\vec{E},\vec{B}$等空间矢量场的一种方便做法是借用局域非转动观者(见小节13.4.4).注意到这些观者世界线与等t面的正交性,可知他们的4速也就是Σ_t的单位法矢n^a.再配之以用局域非转动观者定义的电荷和电流密度,便可导出 3 维形式的麦氏方程(与平直时空惯性系的麦氏方程形式上只有少量差别),进而可讨论弯曲空间(含黑洞)的电动力学,详见Thorne,Price,and Macdonald(1986).

最后对相对论的空间、时间概念作一概括性介绍并与牛顿理论的相应概念作一比较. 时空(M,g_{ab})是绝对的. 选定一个分层$\{\Sigma_t\}$和一个类时矢量场t^a可对时空作$3+1$分解. t^a的每一积分曲线(重参数化后)代表一个观者的世界线. 把每一观者世界线作为一个元素得到的集合$\hat{\Sigma}$是一个 3 维流形(理由见选读 14-4-1, 小节14.2.3 末的$\hat{\Sigma}$就是一例), 是广义相对论中与牛顿空间最为类似的对象, 称为**空间**(space). [而分层中的每一类空超曲面Σ_t只能称为“时刻t的空间”. 把各个时刻的空间Σ_t叠放在一起并保证每一观者世界线与各张Σ_t的交点(如图 14-20 中的p, p')重合, 便得空间$\hat{\Sigma}$.] 每一观者世界线则可称为一个**空间点**. 这一 3 维空间$\hat{\Sigma}$可理解为$3+1$分解中的“3”. 把分层中的每一类空超曲面Σ_t看作一个元素得到的集合$\mathscr{T} \equiv \{\Sigma_t\}$是个 1 维流形, 称为与所选$3+1$分解相应的**时间**, 每一层$\Sigma_t$可称为一个时刻. 这个 1 维集合$\mathscr{T}$可理解为$3+1$分解中的“1”, 它是广义相对论中与牛顿时间最为类似的对象, 区别在于, 牛顿力学中的分层是绝对的(“只有一副扑克牌”, 见小节 6.1.6), 而相对论的分层是相对的. (存在无数种分层方式, 即“无数副扑克牌”.) 就是说, 牛顿的同时性是绝对的, 相对论的同时性是相对的. 不过应该注意, 在牛顿力学的4维表述(嘉当-牛顿理论, 见小节6.1.6)中, 把参考系的每一观者世界线看作一个元素得到的 3 维流形$\hat{\Sigma}$就是牛顿空间, 由于牛顿力学中参考系也可任意选择, 因此, 与相对论的空间类似, 嘉当-牛顿时空中的空间也是相对的(虽然牛顿本人在哲学上认为空间绝对)[本段可参阅 Kuchar(1988)]. 至此, 建议读者再次阅读并仔细品味本小节开头所引的闵可夫斯基等三人的原话, 进而达到如下认识: 时间和空间概念出现在$3+1$分解之后而不是之前. 分解前, 我们有的只是时空及其中的各种物理客体, 例如电磁场(指张量场F_{ab})和尺子(指其2维世界面). 它们不依赖于任何人为因素, 因此称为绝对的. 我们还不能谈及时间和空间, 不能谈及电场$\vec{E}$和磁场$\vec{B}$, 也不能谈及尺长. 所有这些只在选定一个$3+1$分解后才变得有意义. 分解的选定是人为的, 因此时间、空间、电场、磁场以及尺长等都是相对的概念.

你也许会说: “我从来没听说过什么 3 + 1 分解, 但我从小就知道什么是时间、空间和尺长. ”事实上, 每个人都生活在近似闵氏的时空中, 他从小就形成的时间和空间观念虽然是牛顿时间和空间, 但其实是闵氏时空标准分解所得时间和空间在低速下的表现(虽然他并不自觉). 这种认识对他学习不明显涉及相对论的物理学不但无害, 而且必需. 然而, 如果他学习相对论(特别是广义相对论), 他就要逐渐建立时空概念, 这是每个学相对论的人都要经历的一种认识顺序. (先有时间和空间概念, 后有时空概念.) 随着学习的深入, 他应该从理性上对“先有什么后有什么”以及“什么是绝对的, 什么是相对的”这样一些问题取得一个全新的认识, 从而悟出“时空才是最基本的、不含任何人为因素的概念, 而我原先认为最自然、最清楚的时间和空间概念原来竟是对时空所作 3 + 1 分解的结果, 是相对的. 不选定 3 + 1 分解就谈时间和空间其实是没有意义的. ”

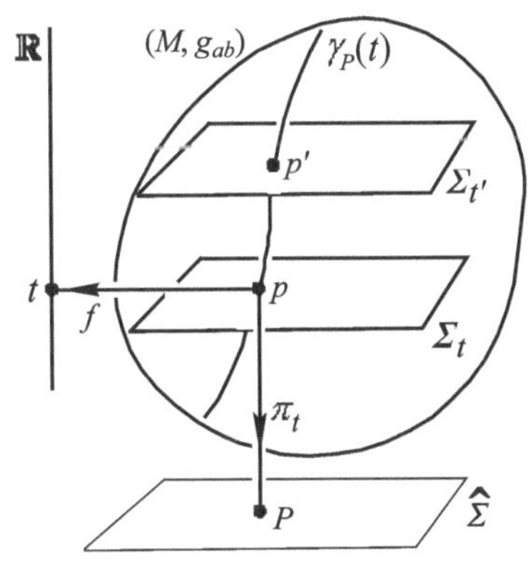

图 14-20′　3 + 1 分解的数学描述

[选读 14-4-1]

正文在介绍 (M, g_{ab}) 的 3 + 1 分解时侧重于物理图像, 本选读用数学语言加以准确化. 设存在微分同胚 $\beta: M \to \mathbb{R} \times \hat{\Sigma}$ (其中 $\hat{\Sigma}$ 是某 3 维流形). $\forall p \in M$, 记 $\beta(p) \equiv (f(p), \pi(p))$, 其中 $f(p) \in \mathbb{R}$, $\pi(p) \in \hat{\Sigma}$. 这表明 β 对应于两个映射 $f: M \to \mathbb{R}$ 和 $\pi: M \to \hat{\Sigma}$. $\forall t \in \mathbb{R}$ 令 $\Sigma_t \equiv \{p \in M \mid f(p) = t\}$, 则 $f: M \to \mathbb{R}$ 把整张面 Σ_t 映为一点 $t \in \mathbb{R}$ (图 14-20′), 自然无逆. 但 t 可看作 $\mathbb{R}$ 的独点子集 $\{t\} \subset \mathbb{R}$, 因而可谈及其“逆像”(见§1. 1 注 5), 记作 $f^{-1}[t]$, 易见 $f^{-1}[t] = \Sigma_t$. 另一方面, 把 $\pi: M \to \hat{\Sigma}$ 的定义域限制在 Σ_t 上便得映射 $\pi_t: \Sigma_t \to \hat{\Sigma}$, 由 β 是微分同胚可知 π_t 是微分同胚. 不论 t 为何值都有 $\pi_t[\Sigma_t] = \hat{\Sigma}$, 故 $\pi[M] = \hat{\Sigma}$ (图 14-20′). 令 $\gamma \equiv \beta^{-1}$, 则 $\gamma: \mathbb{R} \times \hat{\Sigma} \to M$ 是微分同胚, $\forall P \in \hat{\Sigma}$ 所得的 $\gamma_P: \mathbb{R} \to M$ 是 M 中的曲线, 满足 $\gamma_P(t) = \beta^{-1}(t, P)$ $\forall t \in \mathbb{R}$. 这一曲线映射的像 $\gamma_P(t)$ 就是 $\pi^{-1}[P]$. 至今尚未涉及 M

上的度规 g_{ab}，所得结果只是“数学上的 $3+1$ 分解”. 要使之成为物理上的 $3+1$ 分解, 还须要求(用 g_{ab} 衡量)每一 Σ_t 都是类空超曲面(从而可解释为 t 时刻的全空间), 每一 γ_P 都是类时线(从而可解释为观者 P 的世界线).

小结 时空 (M,g_{ab}) 在满足以下条件时可作(物理的) $3+1$ 分解: ①∃微分同胚 $\beta: M\to\mathbb{R}\times\hat{\Sigma}$ (由此得分层面族 $\{\Sigma_t\}$ 和曲线族 $\{\gamma_P\}$); ②每一 Σ_t 是类空超曲面, 每一 γ_P 是类时线. 一个这样的微分同胚 β 对应于一个 $3+1$ 分解. **[选读 14-4-1 完]**

[选读 14-4-2]

$3+1$ 分解对参考系的概念提出了一个问题. 根据§14.1 定义 1, 图 14-19 中的矢量场 t^a 代表一个参考系. 然而, 决定一个 $3+1$ 分解需要两个因素: 一是 $\{\Sigma_t\}$，二是矢量场 t^a. 因此给定参考系(即 t^a)还不足以确定 $3+1$ 分解. 这就使“一个参考系确定时空的一个 $3+1$ 分解”的提法不成立(然而我们希望保留这一简便提法). 另外, 更重要的是, 我们希望参考系的定义能够包含每个观者每一时刻的空间矢量定义. 在未涉及 $N^a\neq 0$ 的 $3+1$ 分解时, 人们默认观者在每一时刻的空间矢量同其 4 速正交, 因此用类时矢量场作为参考系定义便已足够. 然而在涉及 $N^a\neq 0$ 的 $3+1$ 分解时, “空间矢量同观者 4 速正交”不再成立, 必须定义什么是空间矢量, 而最明确的定义就是给出 $\{\Sigma_t\}$. 鉴于上述原因, 在涉及 $N^a\neq 0$ 的 $3+1$ 分解时不妨把参考系理解为由类时矢量场 t^a 和单参类空超曲面族 $\{\Sigma_t\}$ 两个要素组成(这与 Hilbert 当年的“时空固有坐标系”①的精神一致), 在这个意义上便可以说一个参考系决定时空的一个 $3+1$ 分解. **[选读 14-4-2 完]**

14.4.3 空间张量场

在 $3+1$ 分解中, 只有切于 Σ_t 的矢量 w^a 才称为空间矢量. 设 n^a 是 Σ_t 在 $q\in\Sigma_t$ 的单位法矢, 则 $w^a\in V_q$ 是空间矢量的充要条件是 $g_{ab}n^a w^b=0$，即 $n_a w^a=0$. 利用投影映射 $h^a{}_b\equiv\delta^a{}_b+n^a n_b$ 易证 $n_a w^a=0$ 的充要条件为 $h^a{}_b w^b=w^a$. 由此可推广而得空间张量的如下定义. [仅以 (1,1) 型张量为例, 不难推广至任意型.]

定义 1 点 $q\in\Sigma_t\subset M$ 的张量 $T^a{}_b$ 叫做**空间张量**(spatial tensor), 若它满足下列两个等价条件之一(二者等价性的证明留作习题):

(a) $$n_a T^a{}_b=0,\quad n^b T^a{}_b=0\text{；}\tag{14-4-6}$$

---

① 为寻求对广义相对论的物理解释, 早期文献在引入参考系时用过一系列不同的术语. 爱因斯坦(至少从 1920 年起)把参考系形象地称为“软体动物”(mollusc), 这一提法很快被 Born 延伸为“参考软体动物”. Hilbert 在关于物理学基础的著名通讯的第二篇(1917)中, 指出坐标系应该由一种物理流体来体现(这流体的每一质点携带一个钟), 并提出一系列不等式以保证参考系的每条世界线的类时性以及时间分层的每一分层面的类空性. 他把这一流体称为“时空固有坐标系”(proper space-time coordinate system).

[对 (k,l) 型张量, 要求每一上标与 n_a 缩并为零, 每一下标与 n^b 缩并为零.]

(b)
$$T^a{}_b = h^a{}_c h^d{}_b T^c{}_d\,. \tag{14-4-7}$$

设 $\{t,x^i\}$ 是所用 3+1 分解相应的坐标系, 则 $(\partial/\partial x^i)^a$ 自然是空间张量场(因它切于 Σ_t), 但 $(\mathrm{d}x^i)_a$ 却未必, 因为由式(14-4-1)易证 $n^a(\mathrm{d}x^i)_a = -N^{-1}N^i$, 对非正交分解可以非零, 不满足定义 1 条件(a). 等价地, 用式(14-4-1)和(14-4-2)也不难证明(习题)

$$h_a{}^b(\mathrm{d}x^i)_b = (\mathrm{d}x^i)_a + N^i(\mathrm{d}t)_a\,, \tag{14-4-8}$$

右边未必等于 $(\mathrm{d}x^i)_a$, 因而也不满足定义 1 条件(b).

[选读 14-4-3]

点 $q\in\Sigma_t\subset M$ 有两个切空间: V_q 是 q 作为 M 的一点的 4 维切空间, $W_q\subset V_q$ 是 V_q 中切于 Σ_t 的元素组成的 3 维子空间. 定义 1 中的 $T^a{}_b$ 原是 V_q 上的 (1,1) 型张量, 即 $T^a{}_b\in\mathscr{T}_{V_q}(1,1)$. 然而, 因为 $T^a{}_b$ 满足定义 1 条件(a), 也可看作 $\mathscr{T}_{W_q}(1,1)$ 的元素. 理由如下.

选读 14-4-1 介绍了微分同胚 $\pi_t:\Sigma_t\to\hat{\Sigma}$. 令 $\phi\equiv\pi_t{}^{-1}$, 则 $\phi:\hat{\Sigma}\to\Sigma_t\subset M$ 是嵌入映射, 满足 $\phi[\hat{\Sigma}]=\Sigma_t$. 设 $q\in\Sigma_t$ 的逆像是 $Q\in\hat{\Sigma}$, 即 $q=\phi(Q)$. 以 V_Q 代表 $Q\in\hat{\Sigma}$ 的切空间. 由于 V_Q 是 3 维而 V_q 是 4 维, 推前映射 $\phi_*:V_Q\to V_q$ 并非到上. 利用"曲线切矢的像等于曲线像的切矢"不难证明

$$\phi_*[V_Q]=\{w^a\in V_q\mid w^a n_a=0\},$$

而上式右边正是 W_q, 故 $\phi_*[V_Q]=W_q\subset V_q$, 因此 V_Q 可与 W_q 自然认同. 既然 $\hat{\Sigma}$ 可解释为空间, $Q\in\hat{\Sigma}$ 可解释为一个空间点, V_Q(因而 W_q)的元素自然称为空间矢量, 所以把 V_q 中满足 $w^a n_a=0$[定义 1 条件(a)]的元素 w^a 称为空间矢量.

再讨论空间对偶矢量. 以 $V_Q{}^*$ 和 $V_q{}^*$ 分别代表 V_Q 和 V_q 的对偶空间. 因为 $\dim V_Q{}^*=3$ 而 $\dim V_q{}^*=4$, 嵌入映射 $\phi:\hat{\Sigma}\to M$ 在 q 点诱导的拉回映射 $\phi^*:V_q{}^*\to V_Q{}^*$ 不是一一映射. 考虑 $V_q{}^*$ 的 3 维子空间 $H_q{}^*\equiv\{\mu_a\in V_q{}^*\mid\mu_a n^a=0\}$, 把 ϕ^* 的定义域限制在 $H_q{}^*\subset V_q{}^*$, 并改记作 ψ^*, 则不难证明 $\psi^*:H_q{}^*\to V_Q{}^*$ 一一到上, 因而是同构映射, 于是 $(\psi^*)^{-1}$ 意义明确, 记作 $\psi_*:V_Q{}^*\to H_q{}^*$. 设 $\omega_a\in V_q{}^*$, 则 $\phi^*\omega_a\in V_Q{}^*$, 故 $\psi_*\phi^*\omega_a\in H_q{}^*$. 其实 $\psi_*\phi^*\omega_a$ 可看作(认同为) ω_a 在 W_q 上的限制 $\tilde{\omega}_a$(见§5.2 定义 5). 同构映射 ψ^* 使 $V_Q{}^*$ 可与 $H_q{}^*$ 自然认同. 既然 Q 代表空间

点, $V_Q{}^*$ 的元素(因而 $V_q{}^*$ 中满足 $\omega_a n^a=0$ 的元素)自然称为空间对偶矢量.

映射 ψ_* 的定义域还可延拓.考虑 V_q 上全体 (k,l) 型张量的集合 $\mathscr{T}_{V_q}(k,l)$ 的如下子集:

$$\mathscr{S}_{V_q}(k,l)\equiv\{T^{\cdots}{}_{\cdots}\in\mathscr{T}_{V_q}(k,l)\,|\,T^{\cdots}{}_{\cdots}\text{的每一指标与 }n_a\text{ 或 }n^a\text{ 缩并为零}\},$$

[例如, $\mathscr{S}_{V_q}(1,0)=W_q$, $\mathscr{S}_{V_q}(0,1)=H_q{}^*$.] 可以证明 ψ_* 可延拓为

$$\psi_*:\mathscr{T}_{V_Q}(k,l)\to\mathscr{S}_{V_q}(k,l),$$

而且一一到上(对上指标张量, ψ_* 就是 ϕ_*). 故可把 $\mathscr{T}_{V_Q}(k,l)$ 与 $\mathscr{S}_{V_q}(k,l)$ 自然认同.[①] 例如, V_Q 上的全体 $(0,2)$ 型张量的集合 $\mathscr{T}_{V_Q}(0,2)$ 可与 V_q 上全体 $(0,2)$ 型张量的集合 $\mathscr{T}_{V_q}(0,2)$ 的子集

$$\mathscr{S}_{V_q}(0,2)\equiv\{T_{ab}\in\mathscr{T}_{V_q}(0,2)\,|\,T_{ab}n^a=0,\ T_{ab}n^b=0\}$$

认同. q 点的度规 $g_{ab}\in\mathscr{T}_{V_q}(0,2)$ 由于 $g_{ab}n^a\neq0$ 而不属于这一子集, 但诱导度规

$$h_{ab}\equiv g_{ab}+n_a n_b\in\mathscr{T}_{V_q}(0,2)$$

则因满足 $h_{ab}n^a=0$ 和 $h_{ab}n^b=0$ 而属于这一子集, 即

$$h_{ab}=\psi_*\phi^*g_{ab}\in\mathscr{S}_{V_q}(0,2),$$

因此是空间张量. h_{ab} 也可看作(认同为) g_{ab} 在 W_q 上的限制 $\tilde{g}_{ab}$ [见 Hawking and Ellis(1973)]. **[选读 14-4-3 完]**

有两个空间张量场最为基本和重要. 第一个是诱导度规场(亦称**空间度规场**) h_{ab}, 容易验证它满足定义 1; 第二个是超曲面 Σ_t 的**外曲率**(extrinsic curvature) K_{ab},[②] 定义为

$$K_{ab}:=h_a{}^c h_b{}^d\nabla_c n_d\,. \tag{14-4-9}$$

上式表明 K_{ab} 是空间张量场[满足定义 1 条件(b)]. 把 n^a 看作§14.1 的参考系 4 速场

① 这一“自然认同”有双重含义: ① $\mathscr{T}_{V_Q}(k,l)$ 与 $\mathscr{S}_{V_q}(k,l)$ 之间通过同构映射 ψ_* 相联系; ② $\mathscr{T}_{V_Q}(k,l)$ 与 $\mathscr{T}_{V_Q}(k',l')$ 中元素的张量积以及求积后的缩并对应于 $\mathscr{S}_{V_q}(k,l)$ 与 $\mathscr{S}_{V_q}(k',l')$ 中相应元素的相应运算.

② h_{ab} 和 K_{ab} 在微分几何中又分别称为超曲面的**第一**和**第二基本形式**(first and second fundamental forms of a hypersurface).

Z^a 的特例, 对比式(14-4-9)和(14-1-11)可知 $K_{ab}=B_{ba}$. 这个参考系显然是超曲面正交的(正交于超曲面族 $\{\Sigma_t\}$), 所以是无旋参考系, 即 $0=\omega_{ab}\equiv B_{[ba]}$, 可见 $K_{ab}=K_{(ab)}$, 即外曲率必为对称张量. 又因为

$$h_b{}^d\nabla_c n_d=(\delta_b{}^d+n_b n^d)\nabla_c n_d=\nabla_c n_b+\frac{1}{2}n^b\nabla_c(n^d n_d)=\nabla_c n_b\,,$$

所以 K_{ab} 还有更简单的表达式:

$$K_{ab}=h_a{}^c\nabla_c n_b\,. \tag{14-4-10}$$

如果讨论的不是一个超曲面族 $\{\Sigma_t\}$ 而只是一张超曲面 Σ, 则式(14-4-10)中的 $\nabla_c n_b$ 没有意义: 导数 $\nabla_c n_b|_q$ (其中 $q\in\Sigma$)有意义的前提是 n_b 在 q 点的某个开邻域内有定义, 然而现在 n^a 的定义域是 M 的非开子集 Σ. (4 维流形的 3 维子集"装不下 4 维开球", 因此非开.) 幸好 K_{ab} 不是 $\nabla_a n_b$ 而是 $h_a{}^c\nabla_c n_b$, 投影映射 $h_a{}^c$ 的存在使情况发生质变. 设 $\{x^i\}$ 是 Σ 的一个坐标系, 坐标域 O 含 q. 用与 Σ 正交的曲线族把 x^i 携带至 O 外, 规定曲线与 O 的交点为曲线参数的零点, 选此参数为 x^0, 便得 4 维坐标系 $\{x^\mu\}$, 坐标域记作 U. 把 O 上的场 n_b 任意延拓为 U 上的场 $\bar{n}_b$, 则 $\nabla_c\bar{n}_b|_q$ 有意义, 现在证明 $h_a{}^c\nabla_c\bar{n}_b|_q$ 与延拓无关(因而可用来定义 $h_a{}^c\nabla_c n_b|_q$). 设 ∂_c 和 $\Gamma^d{}_{cb}$ 分别是坐标系 $\{x^\mu\}$ 的普通导数算符和克氏符, 则

$$h_a{}^c\nabla_c\bar{n}_b|_q=[h_a{}^c(\partial_c\bar{n}_b-\Gamma^d{}_{cb}\bar{n}_d)]|_q=[h_a{}^c(\partial_c\bar{n}_b-\Gamma^d{}_{cb}n_d)]|_q\,. \tag{14-4-11}$$

上式右边第一项又可表为(习题)

$$h_a{}^c\partial_c\bar{n}_b|_q=h_a{}^c(\mathrm{d}x^i)_c(\mathrm{d}x^\nu)_b\partial\bar{n}_\nu/\partial x^i|_q\,, \tag{14-4-12}$$

其中的 $\partial\bar{n}_\nu/\partial x^i$ 是函数 $\bar{n}_\nu$ 对空间坐标 x^i 的偏导数, 显然等于 $\partial n_\nu/\partial x^i$. 代入式(14-4-11)便得

$$h_a{}^c\nabla_c\bar{n}_b|_q=\{h_a{}^c[(\mathrm{d}x^i)_c(\mathrm{d}x^\nu)_b\partial n_\nu/\partial x^i-\Gamma^d{}_{cb}n_d)]\}|_q\,,$$

所以 $h_a{}^c\nabla_c\bar{n}_b|_q$ 与延拓方式无关.① 可见 $K_{ab}=h_a{}^c\nabla_c n_b$ 对单张超曲面也有明确意义.

下面讨论外曲率的几何意义. $\forall q\in\Sigma$, $w^a\in W_q$ 有 $K_{ab}w^a=w^c\nabla_c n_b$, 故

---

① 式(14-4-11)右边的 ∂_c 和 $\Gamma^d{}_{cb}$ 都同坐标系 $\{x^i\}$ 有关, 而符合正文要求的坐标系很多, 看来还应证明右边两项之和与坐标系无关. 实际上无须证明, 因为左边的 $h_a{}^c\nabla_c\bar{n}_b|_q$ 作为 q 点的张量与坐标系无关.

$$K_{ab}|_q=0 \Leftrightarrow w^c\nabla_c n_b|_q=0 \quad \forall w^c\in W_q \Leftrightarrow w^c\nabla_c n^a|_q=0 \ \forall w^c\in W_q. \qquad (14\text{-}4\text{-}13)$$

设 $C(s)$ 是从 q 出发、以 w^a 为切矢、躺在 Σ 上的曲线, p 是 q 在线上的邻点, Δs 是 p, q 点的参数差, 则由式(3-2-14)得

$$w^c\nabla_c n^a|_q=\lim_{\Delta s\to 0}\frac{\tilde{n}^a|_q-n^a|_q}{\Delta s}, \qquad (14\text{-}4\text{-}14)$$

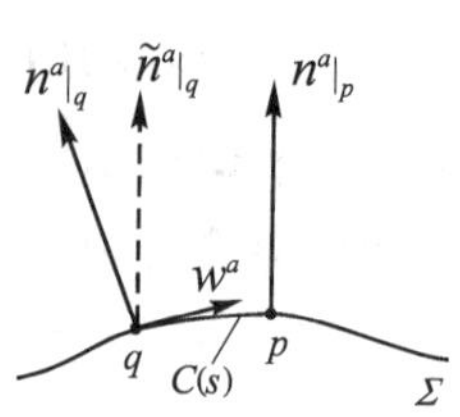

图 14-21 $\tilde{n}^a|_q$ 是法矢 $n^a|_p$ 沿曲线 C 平移至 q 点的结果. $\tilde{n}|_q\neq n|_q$ 表明 $K_{ab}|_q\neq 0$

其中 $\tilde{n}^a|_q$ 是 $n^a|_p$ 沿 $C(s)$ 平移至 q 的结果(图 14-21). 式(14-4-13)、(14-4-14)结合表明(在 Δs 足够小的条件下) $\tilde{n}^a|_q$ 与 $n^a|_q$ 是否相等取决于 $K_{ab}|_q$ 是否为零. 可见 K_{ab} 描述 Σ 的单位法矢场 n^a 沿 Σ 上曲线的变化(移动)情况与平移的偏离程度. 当 (M, g_{ab}) 平直时, 这种偏离正好反映 Σ 在 M 中的弯曲情况(试以 3 维欧氏空间的球面或圆柱面为例想象), 因此对非平直的 (M, g_{ab}) 我们也形象地说 K_{ab} 描述 Σ 在 M 中的"弯曲"情况.

命题 14-4-1 $\{\Sigma_t\}$ 中任一 Σ_t 的外曲率 K_{ab} 在 $3+1$ 分解的共动坐标系的分量为

$$K_{ij}=N\Gamma^0{}_{ij}, \qquad i,j=1,2,3, \qquad (14\text{-}4\text{-}15)$$

其中 $\Gamma^0{}_{ij}$ 是共动坐标系的克氏符的 $0, i, j$ 分量, N 是时移函数.

证明

$$K_{ij}=K_{ab}\left(\frac{\partial}{\partial x^i}\right)^a\left(\frac{\partial}{\partial x^j}\right)^b=\left(\frac{\partial}{\partial x^j}\right)^b\left(\frac{\partial}{\partial x^i}\right)^a h_a{}^c\nabla_c n_b=\left(\frac{\partial}{\partial x^j}\right)^b\left(\frac{\partial}{\partial x^i}\right)^c\nabla_c n_b$$

$$=-n_b\left(\frac{\partial}{\partial x^i}\right)^c\nabla_c\left(\frac{\partial}{\partial x^j}\right)^b=-n_b\Gamma^\sigma{}_{ij}\left(\frac{\partial}{\partial x^\sigma}\right)^b=-n_b\Gamma^0{}_{ij}\left(\frac{\partial}{\partial x^0}\right)^b=N\Gamma^0{}_{ij},$$

其中第三、四、六步用到 $(\partial/\partial x^i)^c$ 的空间性, 第五步用到克氏符的等价定义(第 3 章习题 4), 第七步用到 $(\partial/\partial x^0)^b=(\partial/\partial t)^b=t^b=Nn^b+N^b$. □

命题 14-4-2 外曲率 K_{ab} 等于空间度规场 h_{ab} 沿法矢场 n^a 的李导数之半:

$$K_{ab}=\frac{1}{2}\mathscr{L}_n h_{ab}. \qquad (14\text{-}4\text{-}16)$$

证明 上式无非是式(14-1-30)的特例. □

3 维语言涉及的张量都是某种 3 + 1 分解下的空间张量. 通常(在非广义相对论物理学中)见到的一般是闵氏时空在标准分解下的空间张量, 如电场 $\vec{E}$ 、磁场 $\vec{B}$ 、应力张量和介电常数张量等, 相应的空间度规 $h_{ab} = \delta_{ab}$ (3 维欧氏度规), 外曲率 $K_{ab} = 0$.

14.4.4 空间张量场的空间导数

设 $\varSigma$ 是 (M, g_{ab}) 中的一张类空超曲面, h_{ab} 是 g_{ab} 在 $\varSigma$ 上的诱导度规, [$\varSigma$ 既可以是类空超曲面族 $\{\varSigma_t\}$ 中的任一 $\varSigma_t$, 也可以是孤立的(同 3 + 1 分解无关的)一张类空超曲面.] 则 $(\varSigma, h_{ab})$ 是 3 维黎曼空间, 存在与 h_{ab} 适配的唯一导数算符, 记作 D_c , 即 $\mathrm{D}_c h_{ab} = 0$. 这 D_c 可借 g_{ab} 的适配导数算符 ∇_a 求得. 设 $T^a{}_b$ (作为 $T^{a\cdots}{}_{b\cdots}$ 的简写)是 $\varSigma$ 上的空间张量场. 由于 $\varSigma$ 是 M 的非开子集, $\nabla_c T^a{}_b$ 并无意义. 然而仿照上小节关于 $h_a{}^c \nabla_c n_b$ 的讨论可知 $h_d{}^c \nabla_c T^a{}_b$ 有意义($h_d{}^c$ 的存在使 $h_d{}^c \nabla_c T^a{}_b$ 代表 $T^a{}_b$ 沿 $\varSigma$ 切向的导数). 虽然 $h_d{}^c \nabla_c T^a{}_b$ 有意义, 却未必是空间张量场(虽然 $T^a{}_b$ 是). 以空间矢量场 $(\partial/\partial x^i)^b$ 为例, 利用式(14-4-1)、(14-4-2)和(14-4-6)可证(习题)

$$n_b \left[h_c{}^a \nabla_a \left(\frac{\partial}{\partial x^i} \right)^b \right] = -N \varGamma^0{}_{ji} h_c{}^a (\mathrm{d}x^j)_a , \tag{14-4-17}$$

右边对非正交分解可以非零, 可见 $h_c{}^a \nabla_a (\partial/\partial x^i)^b$ 未必是空间张量场. 为使空间张量场 $T^a{}_b$ 的导数仍是空间张量场, 可取 $h_d{}^c \nabla_c T^a{}_b$ 的投影 $h^a{}_e h^f{}_b h^d{}_c \nabla_d T^e{}_f$. 于是有如下定义:

定义 2　空间张量场 $T^{a_1 \cdots a_k}{}_{b_1 \cdots b_l}$ 的空间导数定义为

$$\mathrm{D}_c T^{a_1 \cdots a_k}{}_{b_1 \cdots b_l} := h^{a_1}{}_{d_1} \cdots h^{a_k}{}_{d_k} h_{b_1}{}^{e_1} \cdots h_{b_l}{}^{e_l} h_c{}^f \nabla_f T^{d_1 \cdots d_k}{}_{e_1 \cdots e_l} . \tag{14-4-18}$$

注 2　虽然 $\varSigma \subset M$, 但不妨不去理会 $\varSigma$ 面外的情况而把 $(\varSigma, h_{ab})$ 看作一个独立的 3 维黎曼空间. 作为 $\varSigma$ 上的导数算符, D_c 只能作用于独立流形 $\varSigma$ 上的张量场("切于" $\varSigma$ 的 3 维张量场). 式(14-4-18)的 $T^{a_1 \cdots a_k}{}_{b_1 \cdots b_l}$ 虽然称为空间张量场, 其实(按定义 1)仍是 4 维张量场, 只不过其每一上(及下)指标与 n_a (及 n^a)缩并为零. 然而 $\varSigma$ 上每个这样的 4 维张量场都对应于 $\varSigma$ 上的一个 3 维张量场(见选读 14-4-3, 正因如此才被称为空间张量场). 所以式(14-4-18)左边可看作独立流形 $\varSigma$ 上的导数算符 D_c 对 $\varSigma$ 上("切于" $\varSigma$ 的)张量场 $T^{a_1 \cdots a_k}{}_{b_1 \cdots b_l}$ 的作用结果. 不难验证它的确满足导数算符定义(§3.1 定义 1)的全部条件.

例 1　上册式(6-6-15)中的 $\hat{\partial}_c$ 其实就是 D_c .

命题 14-4-3　由式(14-4-18)定义的 D_c 是与诱导度规 h_{ab} 适配的导数算符, 即 $\mathrm{D}_c h_{ab}=0$.

证明　习题. 提示:利用 $h_a{}^b n_b=0$. □

(Σ, h_{ab}) 的适配导数算符 D_c 按式(3-4-3)决定一个 3 维黎曼张量, 记作 ${}^3R_{abc}{}^d$, 即

$$2\mathrm{D}_{[a}\mathrm{D}_{b]}\omega_c={}^3R_{abc}{}^d\omega_d\text{ , }\forall\text{空间 }\omega_c\text{ (即满足 }n^c\omega_c=0\text{ 的 }\omega_c\text{)}. \tag{14-4-19}$$

命题 14-4-4　3 维(空间)黎曼张量 ${}^3R_{abc}{}^d$ 同 4 维(时空)黎曼张量 $R_{abc}{}^d$ 有如下关系:

$${}^3R_{abc}{}^d=h_a{}^e h_b{}^f h_c{}^l h^d{}_m R_{efl}{}^m-2K_{c[a}K_{b]}{}^d, \tag{14-4-20}$$

其中 K_{ca} 是超曲面的外曲率.

证明　从 D_c 的定义式(14-4-18)出发经计算(习题)得

$$2\mathrm{D}_a\mathrm{D}_b\omega_c=2h_a{}^e h_b{}^f h_c{}^g\nabla_e\nabla_f\omega_g-2K_{ac}K_b{}^m\omega_m+2K_{ab}h_c{}^g n^m\nabla_m\omega_g. \tag{14-4-21}$$

[提示:用 $h_a{}^b n_b=0$ 和 $n^a\nabla_b\omega_a=\nabla_b(n^a\omega_a)-\omega_a\nabla_b n^a=-\omega_a\nabla_b n^a$.] 对 a, b 作反称化, 注意到 $K_{[ab]}=0$ 及 $R_{efg}{}^m\omega_m=h^d{}_m R_{efg}{}^m\omega_d$, 便可由式(14-4-19)、(14-4-21)得(14-4-20). □

14.4.5　空间张量场的时间导数

选定 3+1 分解后便有明确的时间概念(单参族 $\{\Sigma_t\}$ 的参数 t), 物理学自然要关心(也只有到了这一步才可谈及)空间张量场随时间变化的问题. 用 3 维语言讲, 就是要关心 3 维空间 $\hat{\Sigma}$ 上的矢量场的时间变化率, 其中“时间”就是指 4 维坐标系 $\{t, x^i\}$ 中的 t. 空间张量场的时间导数既可用分量语言也可用几何语言表述. 以空间张量场 $T^a{}_b$ 为例. 分量语言关心 $T^a{}_b$ 的分量 $T^i{}_j$ 对时间的偏导数 $\partial T^i{}_j/\partial t$, 通常记作 $\dot{T}^i{}_j$, 这是人们较熟悉的. 下面介绍几何语言中时间导数的等价表述. 先以闵氏时空的标准分解为例(图 14-22). 设 Σ_t 和 $\Sigma_{t'}$ 是两个邻近等 t 面, q 和 q' 是某惯

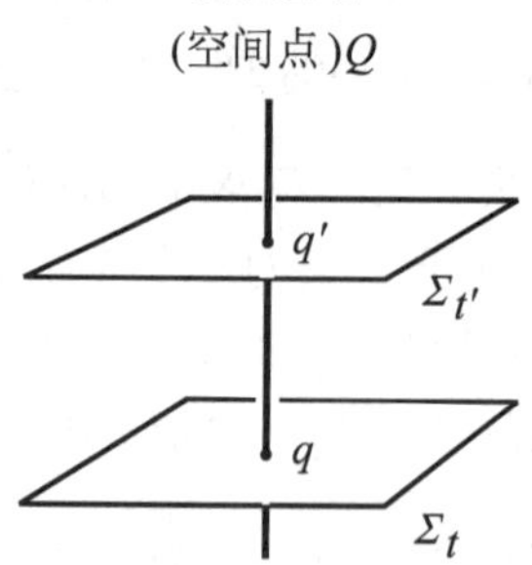

图 14-22　闵氏时空的标准分解. q 和 q' 是观者 Q 代表的空间点在时刻 t 和 t' 的表现

性观者 Q 的世界线与 Σ_t 和 $\Sigma_{t'}$ 的交点. 由于 Q 认为自己的空间位置没有变化(认为自己不动), q 和 q' 就是同一空间点(记作 Q)在时刻 t 和 t' 的表现. 假定我们关心的是代表某一物理量的标量场 $f:\mathbb{R}^4\to\mathbb{R}$, 如果 $f|_{q'}\neq f|_q$, 则观者 Q 认为自己所在空间点的 f 值在从 t 到 t' 时有了变化. 令 $\Delta t\equiv t'-t$, 则 f 在时刻 t 的时间导数为

$$\dot{f}|_q=\lim_{\Delta t\to 0}\frac{f|_{q'}-f|_q}{\Delta t}=(\mathscr{L}_{\vec{t}}f)|_q\,. \tag{14-4-22}$$

(为强调 $\mathscr{L}$ 的下标是矢量场 t^a 而非时间函数 t, 特以 $\mathscr{L}_{\vec{t}}$ 标出.) 以上讨论可自然推广到弯曲时空的任意 3+1 分解. 默认 t^a 为 C^∞, 则它对应于 M 上的一个单参微分同胚族. 令 $\Delta t\equiv t'-t$, 以 $\eta_{\Delta t}$ 代表参数为 Δt 的那个微分同胚映射, 则 $q'\equiv\eta_{\Delta t}(q)$ 与 q 同在一条观者世界线上. 把 $\eta_{\Delta t}$ 的定义域限制于 Σ_t 便成为一个从 Σ_t 到 $\Sigma_{t'}$ 的微分同胚映射. 与图 14-22 类似, q 和 q' 点也可看作同一空间点 Q 在时刻 t 和 t' 的表现. 如果 $f|_{q'}\neq f|_q$, 则空间点 Q 在时刻 t 和 t' 有不同的 f 值. 因此 f 的时间导数仍可用式(14-4-22)定义. 再讨论空间矢量场 w^a 的时间导数. 由于微分同胚映射 $\eta_{\Delta t}:\Sigma_t\to\Sigma_{t'}$ 诱导出拉回映射 $\eta_{\Delta t}{}^*:W_{q'}\to W_q$ [$\eta_{\Delta t}{}^*$ 是指 $(\eta_{\Delta t}{}^{-1})_*$], Σ_t 上既有矢量场 w^a 又有矢量场 $\eta_{\Delta t}{}^*w^a$, (后者是“活”的, 取决于 t', 见图 14-23. 由“曲线切矢的像等于曲线像的切矢”可知 $\eta_{\Delta t}{}^*w^a$ 也是 Σ_t 上的空间矢量场.) 于是空间矢量场 w^a 在 q 点的**时间导数**自然定义为

$$\dot{w}^a|_q:=\lim_{\Delta t\to 0}\frac{(\eta_{\Delta t}{}^*w^a)|_q-w^a|_q}{\Delta t}\,. \tag{14-4-23}$$

然而上式右边正是 w^a 沿矢量场 t^a 的李导数, 故

$$\dot{w}^a|_q=\mathscr{L}_{\vec{t}}w^a|_q\,. \tag{14-4-23'}$$

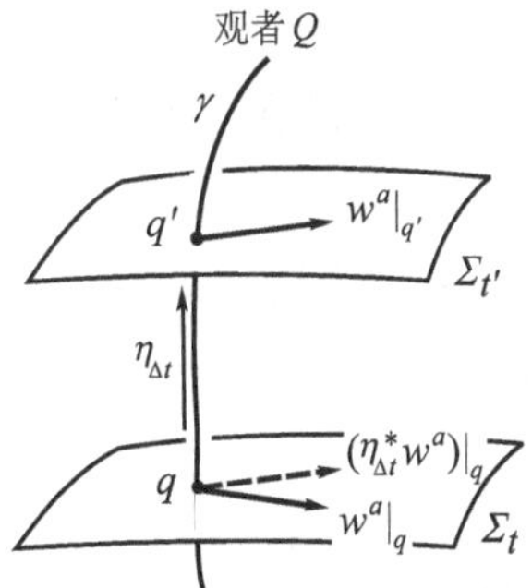

图 14-23　$(\eta_{\Delta t}{}^*w^a)|_q$ 是 $w^a|_{q'}$ 在 $\eta_{\Delta t}{}^*$ 下的像. $[(\eta_{\Delta t}{}^*w^a)|_q-w^a|_q]/\Delta t$ 的极限代表空间点 Q 的矢量 w^a 在时刻 t 的时间导数

上式表明 $\dot{w}^a|_q$ 是 q 点的空间矢量.

下面讨论空间对偶矢量场 ω_a 的时间导数 $\dot{\omega}_a$. 由于法矢 n^a 在 $\eta_{\Delta t}{}^*$ 下的像未必是法矢, $\mathscr{L}_{\vec{t}}\omega_a$ 未必是空间张量场, 即 $n^a\mathscr{L}_{\vec{t}}\omega_a$ 未必为零. 仿照空间导数的定义方法, 我们把 ω_a 的时间导数 $\dot{\omega}_a$ 定义为 $\mathscr{L}_{\vec{t}}\omega_a$ 的投影, 即

$$\dot{\omega}_a := h_a{}^b\mathscr{L}_{\vec{t}}\omega_b\,. \tag{14-4-24}$$

以 $\tilde{\mathscr{L}}_{\vec{t}}\omega_a$ 代表 $\mathscr{L}_{\vec{t}}\omega_a$ 的投影, 则

$$\dot{\omega}_a := \tilde{\mathscr{L}}_{\vec{t}}\omega_a\,. \tag{14-4-25}$$

推广以上考虑便得任意空间张量场 $T^{a\cdots}{}_{b\cdots}$ 的时间导数定义:

$$\dot{T}^{a\cdots}{}_{b\cdots} := \tilde{\mathscr{L}}_{\vec{t}}T^{a\cdots}{}_{b\cdots}\,. \tag{14-4-26}$$

其中 $\tilde{\mathscr{L}}_{\vec{t}}T^{a\cdots}{}_{b\cdots}$ 代表 $\mathscr{L}_{\vec{t}}T^{a\cdots}{}_{b\cdots}$ 的空间投影, 即

$$\tilde{\mathscr{L}}_{\vec{t}}T^{a\cdots}{}_{b\cdots} \equiv h^a{}_c\cdots h_b{}^d\cdots\mathscr{L}_{\vec{t}}T^{c\cdots}{}_{d\cdots}\,. \tag{14-4-27}$$

式(14-4-22)、(14-4-23′)及(14-4-25)都是式(14-4-27)的特例. 空间张量场的时间导数的这一几何定义与坐标语言定义的等价性的证明见选读 14-4-5.

正如 $\tilde{\mathscr{L}}_{\vec{t}}T^{a\cdots}{}_{b\cdots}$ 代表 $\mathscr{L}_{\vec{t}}T^{a\cdots}{}_{b\cdots}$ 的空间投影那样, 今后也用 $\tilde{\mathscr{L}}_{\vec{v}}T^{a\cdots}{}_{b\cdots}$ 代表 $\mathscr{L}_{\vec{v}}T^{a\cdots}{}_{b\cdots}$ 的空间投影(其中 $\vec{v}$ 是任意矢量场). 不过大多数文献[Isenberg and Nester(1980)例外]都把 $\tilde{\mathscr{L}}_{\vec{v}}T^{a\cdots}{}_{b\cdots}$ 简写作 $\mathscr{L}_{\vec{v}}T^{a\cdots}{}_{b\cdots}$. 一般来说, 只要 $T^{a\cdots}{}_{b\cdots}$ 是空间张量场, $\mathscr{L}_{\vec{v}}T^{a\cdots}{}_{b\cdots}$ 就自动代表 $\tilde{\mathscr{L}}_{\vec{v}}T^{a\cdots}{}_{b\cdots}$. 本书以下也沿用这一惯例.

由 $t^a = Nn^a + N^a$ 及式(14-4-26)不难证明在作用于空间张量场 $T^{a\cdots}{}_{b\cdots}$ 时有

$$\mathscr{L}_{\vec{t}} = N\mathscr{L}_{\vec{n}} + \mathscr{L}_{\vec{N}}\,. \quad (\text{所有 } \mathscr{L} \text{ 都是 } \tilde{\mathscr{L}} \text{ 的简写}) \tag{14-4-28}$$

由于 $\mathscr{L}_{\vec{N}}$ 只涉及在 Σ_t 面内的移动, $\mathscr{L}_{\vec{n}}$ 包含了 $T^{a\cdots}{}_{b\cdots}$ 的时间演化的全部实质性信息.

命题 14-4-5

$$\dot{h}_{ab} = 2NK_{ab} + \mathscr{L}_{\vec{N}}h_{ab}\,, \tag{14-4-29}$$

证明 由式(14-4-28)及(14-4-16)得

$$\dot{h}_{ab} = \mathscr{L}_{\vec{t}}h_{ab} = N\mathscr{L}_{\vec{n}}h_{ab} + \mathscr{L}_{\vec{N}}h_{ab} = 2NK_{ab} + \mathscr{L}_{\vec{N}}h_{ab}\,. \qquad \square$$

注 3 式(14-4-28)的 $\mathscr{L}_{\vec{n}}$ 本是 $\tilde{\mathscr{L}}_{\vec{n}}$ 的简写, 而式(14-4-16)右边却是 $\mathscr{L}_{\vec{n}}h_{ab}$ 本身. 然而, 因为 K_{ab} 是空间张量, 式(14-4-16)表明 $\mathscr{L}_{\vec{n}}h_{ab} = \tilde{\mathscr{L}}_{\vec{n}}h_{ab}$, 所以上述证明合法.

命题 14-4-6

$$\dot{K}_{ab} = Nh^c{}_a h^d{}_b R_{cd} - N\,{}^3R_{ab} + 2NK^c{}_a K_{cb} - NKK_{ab} + \mathrm{D}_a \mathrm{D}_b N + \mathscr{L}_{\vec{N}} K_{ab}\,, \qquad (14\text{-}4\text{-}30)$$

其中 $K \equiv h^{ab} K_{ab}$ 是外曲率 K_{ab} 的迹.

证明　推证过程很长,有余力的读者不妨作为练习. □

[选读 14-4-4]

把 §14.1 关于邻居 w^a 相对于观者 $\gamma(\tau)$ 的 3 速 u^a (w^a 的时间变化率)的定义与本节关于空间张量场 $T^a{}_b$ 的时间变化率 $\dot{T}^a{}_b$ 的定义作一对比有助于加深理解. u^a 用费米导数定义,而 $\dot{T}^a{}_b$ 用李导数定义. 使用两种不同导数对物理量的时间变化率下定义起因于两种情况下“时”、“空”概念的微妙不同. §14.1 关心的只是参考系 $\mathscr{R}$ 中的一个观者 $\gamma(\tau)$,对他而言,最自然的时间概念是固有时 τ,在任一时刻 $p \in \gamma(\tau)$ 的最自然的空间概念是 V_p 中与 Z^a 正交的子集 W_p,最自然的 3 标架场是沿线费移的正交归一标架场,所以该观者把与 Z^a 正交(并满足一定条件)的矢量 w^a 看作邻居,把沿线费移的 w^a 看作“不动”,因而把 w^a 沿线的费米导数 $\mathrm{D_F} w^a / \mathrm{d}\tau$ 定义为邻居的 3 速 u^a. 这一 3 速的物理意义十分清晰:若邻居 w^a 费移,则其 3 速 $u^a = 0$;若 w^a 非费移,则其 3 速(在费移正交归一标架)的分量 u^i 正好等于 w^a 的相应分量 w^i 的时间变化率 $\mathrm{d}w^i / \mathrm{d}\tau$. 与此不同,本节关心的是整个参考系(与指定 3+1 分解相应的参考系) $\mathscr{R}$ 而不是个别观者,最自然的时间概念是坐标时 t 而非固有时 τ,最自然的空间概念是等 t 面 Σ_t (未必与观者世界线正交),最自然的空间 3 标架场是任一共动坐标系的 3 个空间基矢场 $(\partial/\partial x^i)^a$. 因此,如果空间矢量 w^a (现在要切于 Σ_t)的坐标分量 w^i 不随 t 而变($\partial w^i / \partial t = 0$),就认为 w^a 代表的物理量不变,而 $\partial w^i / \partial t$ 正是 $\mathscr{L}_{\vec{t}} w^a$ 的坐标分量,所以自然把 $\mathscr{L}_{\vec{t}} w^a$ 定义为 w^a 的时间导数. 推广到任意空间张量场 $T^a{}_b$ 时,考虑到 $\mathscr{L}_{\vec{t}} T^a{}_b$ 可能不再是空间张量场,便取其空间投影 $\tilde{\mathscr{L}}_{\vec{t}} T^a{}_b$. 这在如下一点上也与 §14.1 类似: §14.1 的 w^a 的时间导数定义为 w^a 的协变导数的空间投影(即费米导数),而本节的 $T^a{}_b$ 的时间导数定义为 $T^a{}_b$ 的李导数的空间投影.

[选读 14-4-4 完]

[选读 14-4-5]

正如选读 14-4-3 所指出的,点 $q \in \Sigma_t \subset M$ 涉及 3 类张量 [仅以 (1,1) 型张量为例]: ① $\mathscr{T}_{V_q}(1,1)$ 的元素,即 q 点的 4 维 (1,1) 型张量; ② $\mathscr{T}_{W_q}(1,1)$ 的元素,即 q 点的 3 维 (1,1) 型张量; ③ $\mathscr{T}_{V_q}(1,1)$ 的子集 $\mathscr{S}_{V_q}(1,1) \equiv \{T^a{}_b \in \mathscr{T}_{V_q}(1,1) \,|\, n_a T^a{}_b = 0, n^b T^a{}_b = 0\}$ 的元素,它们也是 q 点的 4 维 (1,1) 型张量,只是凑巧与 n^a 及 n_a 分别缩并为零. 我们称之为 q 点的空间张量(虽然实质上不是 3 维张量). 在涉及 3+1 分解的物理问题时,

最关心的是$\mathscr{T}_{W_q}(1,1)$的元素，或者，由于$Q\in\hat{\Sigma}$的 3 维切空间V_Q与W_q自然认同(见选读 14-4-3)，也可说最关心的是$\mathscr{T}_{V_Q}(1,1)$的元素. 因为它们是 3 维流形$\hat{\Sigma}$中Q点的张量，为明确起见，在本选读中特以$T^{\hat{a}}{}_{\hat{b}}$代表，即$T^{\hat{a}}{}_{\hat{b}}\in\mathscr{T}_{V_Q}(1,1)$. 既然$Q\in\hat{\Sigma}$代表一个空间点(一个观者)，$T^{\hat{a}}{}_{\hat{b}}$就代表$Q$点的一个物理量，$T^{\hat{a}}{}_{\hat{b}}$随时间$t$的变化就代表该量的演化. 正文中把空间张量$T^a{}_b\in\mathscr{S}_{V_q}(1,1)$($q$跑遍$\Sigma_t$得$\Sigma_t$上的空间张量场)的李导数(必要时投影)定义为$T^a{}_b$所代表的物理量的时间导数，本选读则直接对$T^{\hat{a}}{}_{\hat{b}}$的时间导数给出自然的定义，并印证正文对$\dot{T}^a_b$所下定义的合理性.

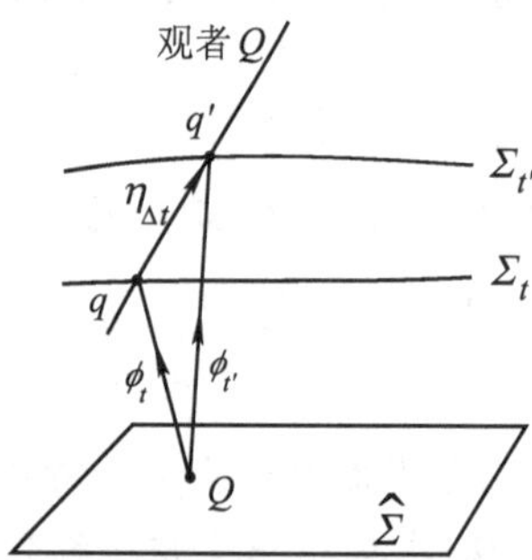

图 14-24 微分同胚映射$\phi_t,\phi_{t'}$与$\eta_{\Delta t}$之间的关系

选读 14-4-3 中的嵌入映射$\phi:\hat{\Sigma}\to M$可看作从$\hat{\Sigma}$到$\Sigma_t\subset M$的微分同胚. 由于现在涉及时间导数，我们把这一微分同胚记作$\phi_t:\hat{\Sigma}\to\Sigma_t$. 考虑$\Sigma_t$附近的另一分层面$\Sigma_{t'}$，又有微分同胚$\phi_{t'}:\hat{\Sigma}\to\Sigma_{t'}$，与$\phi_t$的关系为$\phi_{t'}=\eta_{\Delta t}\circ\phi_t$，其中$\eta_{\Delta t}:M\to M$代表由观者世界线定义的微分同胚映射(见图 14-24). 设$\{t,x^i\}$是M中与所选$3+1$分解相应的一个共动坐标系，则$y^i:=\phi_t{}^*x^i\,(i=1,2,3)$给出$\hat{\Sigma}$上的一个局域坐标系. 如果改用$\phi_{t'}{}^*x^i$定义$y^i$，则由于$Q=\phi_t{}^{-1}(q)=\phi_{t'}{}^{-1}(q')$以及$x^i(q)=x^i(q')$，所得$y^i$一样. 可见$y^i$的定义合法. 把坐标系$\{y^i\}$的坐标基矢和对偶坐标基矢分别记作$(\partial/\partial y^i)^{\hat{a}}$和$(\mathrm{d}y^i)_{\hat{a}}$. 选读 14-4-3 引入的$\psi^*$和$\psi_*$现在应改记为$\psi_t^*$和$\psi_{t*}$，它们是$\mathscr{T}_{V_Q}(k,l)$与$\mathscr{S}_{V_q}(k,l)$之间的同构映射. $(\partial/\partial y^i)^{\hat{a}}|_Q$在这一映射下自然对应于$\Sigma_t$上的坐标基矢$(\partial/\partial x^i)^a|_q$，即

$$\psi_{t*}\left[\left(\frac{\partial}{\partial y^i}\right)^{\hat{a}}\bigg|_Q\right]=\left(\frac{\partial}{\partial x^i}\right)^a\bigg|_q . \tag{14-4-31}$$

但$(\mathrm{d}y^i)_{\hat{a}}|_Q$未必对应于$(\mathrm{d}x^i)_a|_q$，因为$(\mathrm{d}x^i)_a|_q$一般不是空间对偶矢量(见选读

14-4-3 前的几行). 事实上对 Q 点有 $(\phi_t{}^*\mathrm{d}x^i)_{\hat{a}}=(\mathrm{d}y^i)_{\hat{a}}$ [两边作用于基矢 $(\partial/\partial y^j)^{\hat{a}}$ 便可证明], 这表明 $(\psi_{t*}\mathrm{d}y^i)_a$ 是 $(\mathrm{d}x^i)_a$ 在 Σ_t 上的限制, 所以

$$(\psi_{t*}\mathrm{d}y^i)_a=h_a{}^b(\mathrm{d}x^i)_b=(\mathrm{d}x^i)_a+N^i(\mathrm{d}t)_a, \tag{14-4-32}$$

其中第二步用到式(14-4-8). 令

$$(E_i)^a\equiv(\partial/\partial x^i)^a,\qquad (E^i)_a\equiv(\mathrm{d}x^i)_a+N^i(\mathrm{d}t)_a, \tag{14-4-33}$$

则 $(E_i)^a$ 和 $(E^i)_a$ 有如下性质:①它们是空间张量, $\{(E_i)^a\}$ 是 W_q 的一个基底, $(E^i)_a$ 则满足 $(E^i)_a(E_j)^a=\delta^i{}_j$, 由它们出发通过张量积可得 $\mathscr{S}_{V_q}(k,l)$ [而非 $\mathscr{T}_{V_q}(k,l)$]的基底, 例如 $\{(E_i)^a(E^j)_b,\ i,j=1,2,3\}$ 构成 $\mathscr{S}_{V_q}(1,1)$ 的一个基底. 但是 $\{(E^i)_a\}$ 不是共动坐标系的对偶坐标基, 即 $(E^i)_a\neq(\mathrm{d}x^i)_a$, 除非 $N^i=0$. ② $(E_i)^a|_q$ 和 $(E^i)_a|_q$ 通过 $\psi_t{}^*$ 分别同 $(\partial/\partial y^i)^{\hat{a}}|_Q$ 和 $(\mathrm{d}y^i)_{\hat{a}}|_Q$ 对应; 类似地, $(E_i)^a|_{q'}$ 和 $(E^i)_a|_{q'}$ 通过 $\psi_{t'}{}^*$ 分别同 $(\partial/\partial y^i)^{\hat{a}}|_Q$ 和 $(\mathrm{d}y^i)_{\hat{a}}|_Q$ 对应, 即

$$\begin{aligned}&\psi_t{}^*[(E_i)^a|_q]=(\partial/\partial y^i)^{\hat{a}}|_Q,\qquad \psi_t{}^*[(E^i)_a|_q]=(\mathrm{d}y^i)^{\hat{a}}|_Q,\\&\psi_{t'}{}^*[(E_i)^a|_{q'}]=(\partial/\partial y^i)^{\hat{a}}|_Q,\qquad \psi_{t'}{}^*[(E^i)_a|_{q'}]=(\mathrm{d}y^i)^{\hat{a}}|_Q.\end{aligned} \tag{14-4-34}$$

于是有如下命题:

命题 14-4-7
$$\psi_{t'}{}^*=\psi_t{}^*\circ P\circ\eta_{\Delta t}{}^*, \tag{14-4-35}$$

其中 P 是从 $\mathscr{T}_{V_q}(k,l)$ 到 $\mathscr{S}_{V_q}(k,l)$ 的投影映射.

证明　$T^{a\cdots}{}_{b\cdots}$ 可用 $(E_i)^a\cdots(E^j)_b\cdots$ 线性表出, 且式(14-4-35)对 $(E_i)^a\in\mathscr{S}_{V_q}(1,0)$ 显然成立, 所以只须证明式(14-4-35)对 $(E^i)_a$ 也成立.

$$\begin{aligned}\eta_{\Delta t}{}^*[(E^i)_a|_{q'}]&=\eta_{\Delta t}{}^*\{[(\mathrm{d}x^i)_a+N^i(\mathrm{d}t)_a]_{q'}\}\\&=\eta_{\Delta t}{}^*[(\mathrm{d}x^i)_a|_{q'}]+N^i|_{q'}\,\eta_{\Delta t}{}^*[(\mathrm{d}t)_a|_{q'}]=(\mathrm{d}x^i)_a|_q+N^i|_{q'}\,(\mathrm{d}t)_a|_q,\end{aligned}$$

其中最末一步用到式(4-1-4)和(4-1-5). 对上式投影得

$$P\,\eta_{\Delta t}{}^*[(E^i)_a|_{q'}]=P[(\mathrm{d}x^i)_a|_q]+N^i|_{q'}\,P[(\mathrm{d}t)_a|_q]=(E^i)_a|_q, \tag{14-4-36}$$

其中最末一步是因为对 q 点有

$$P[(\mathrm{d}x^i)_a]=h_a{}^b(\mathrm{d}x^i)_b=(\mathrm{d}x^i)_a+N^i(\mathrm{d}t)_a=(E^i)_a$$

及 $P[(\mathrm{d}t)_a]=h_a{}^b\nabla_b t=0$. 式(14-4-36)与(14-4-34)结合便得

$$\psi_{t'}{}^*(E^i)_a = (\psi_t{}^* \circ P \circ \eta_{\Delta t}{}^*)(E^i)_a . \qquad \square$$

现在就可对正文中关于空间张量场 $T^a{}_b$ 的时间导数 $\dot{T}^a{}_b$ 的定义的合理性作出解释. 我们最关心的是 $\hat{\Sigma}$ 上的张量场 $T^{\hat{a}}{}_{\hat{b}}$ 的时间导数. 设空间点 $Q \in \hat{\Sigma}$ 的 $T^{\hat{a}}{}_{\hat{b}}$ 值在 t 和 t' 时刻分别为 $T^{\hat{a}}{}_{\hat{b}}|_t$ 和 $T^{\hat{a}}{}_{\hat{b}}|_{t'}$, 则它在时刻 t 的时间导数自然定义为

$$\dot{T}^{\hat{a}}_{\hat{b}}|_{Q,t} := \lim_{\Delta t\to 0} \frac{T^{\hat{a}}{}_{\hat{b}}|_{Q,t'} - T^{\hat{a}}{}_{\hat{b}}|_{Q,t}}{\Delta t} = \lim_{\Delta t\to 0} \frac{\psi_{t'}{}^*(T^a{}_b|_{q'}) - \psi_t{}^*(T^a{}_b|_q)}{\Delta t}$$

$$= \lim_{\Delta t\to 0} \frac{(\psi_t{}^* \circ P \circ \eta_{\Delta t}{}^*)(T^a{}_b|_{q'}) - (\psi_t{}^* \circ P)(T^a{}_b|_q)}{\Delta t}$$

$$= (\psi_t{}^* \circ P) \lim_{\Delta t\to 0} \frac{\eta_{\Delta t}{}^*(T^a{}_b|_{q'}) - T^a{}_b|_q}{\Delta t} = (\psi_t{}^* \circ P)\, \mathscr{L}_t T^a{}_b = (\psi_t{}^* \circ P)\, \mathscr{L}_t(\psi_{t*} T^{\hat{a}}{}_{\hat{b}}), \tag{14-4-37}$$

其中第三步用到命题 14-4-7 以及 $P(T^a{}_b|_q) = T^a{}_b|_q$. 以 $\mathscr{D}$ 代表 $\hat{\Sigma}$ 上张量场 $T^{\hat{a}}{}_{\hat{b}}$ 的时间导数算符, 即 $\mathscr{D} T^{\hat{a}}_{\hat{b}} \equiv \dot{T}^{\hat{a}}_{\hat{b}}$, 则式(14-4-37)表明

$$\mathscr{D} \equiv \psi_t{}^* \circ P \circ \mathscr{L}_t \circ \psi_{t*} \equiv \psi_t{}^* \circ \widetilde{\mathscr{L}_t} \circ \psi_{t*} . \tag{14-4-38}$$

不难看出上式对 $\dot{T}^{\hat{a}}{}_{\hat{b}}$ 的定义与正文对 $\dot{T}^a{}_b$ 的定义一致.

命题 14-4-8　　$\mathscr{D}(\partial/\partial y^i)^{\hat{a}} = 0$, 　　$\mathscr{D}(\mathrm{d}y^i)_{\hat{a}} = 0$. 　　(14-4-39)

证明　在 $\hat{\Sigma}$ 上定义坐标 y^i 时已证明 y^i 与 t 无关(用 $\phi_t{}^*$ 和 $\phi_{t'}{}^*$ 定义出的 y^i 一样),因而坐标基矢 $(\partial/\partial y^i)^{\hat{a}}$ 和对偶基矢 $(\mathrm{d}y^i)_{\hat{a}}$ 也与 t 无关,所以由 $\mathscr{D} T^{\hat{a}}{}_{\hat{b}} \equiv \dot{T}^{\hat{a}}{}_{\hat{b}}$ 及 $\dot{T}^{\hat{a}}{}_{\hat{b}}$ 的定义立即有式(14-4-39).不过,如果愿意,也可借用式(14-4-38)给出一下较长的证明.

$$\mathscr{D}(\partial/\partial y^i)^{\hat{a}} = (\psi_t{}^* \circ P \circ \mathscr{L}_t \circ \psi_{t*})(\partial/\partial y^i)^{\hat{a}} = (\psi_t{}^* \circ P \circ \mathscr{L}_t)(\partial/\partial x^i)^a$$

$$= (\psi_t{}^* \circ P)\, \mathscr{L}_{\partial/\partial t}(\partial/\partial x^i)^a = (\psi_t{}^* \circ P)[\partial/\partial t, \partial/\partial x^i]^a = 0,$$

注意到对共动坐标系任一对偶坐标基矢有 $\mathscr{L}_t(\mathrm{d}x^\mu)_a = 0$, 可知

$$\mathscr{D}(\mathrm{d}y^i)_{\hat{a}} = (\psi_t{}^* \circ P \circ \mathscr{L}_t \circ \psi_{t*})(\mathrm{d}y^i)_{\hat{a}} = (\psi_t{}^* \circ P \circ \mathscr{L}_t)[(\mathrm{d}x^i)_a + N^i(\mathrm{d}t)_a]$$

$$= (\psi_t{}^* \circ P)(\mathrm{d}t)_a \mathscr{L}_t N^i = \psi_t{}^*[P((\mathrm{d}t)_a \mathscr{L}_t N^i)] = 0,$$

因为 $P(\mathrm{d}t)_a = 0$. $\square$

由命题 14-4-8 可知

$$\mathscr{D}T^{\hat{a}}{}_{\hat{b}}=\mathscr{D}\left[T^i{}_j\left(\frac{\partial}{\partial y^i}\right)^{\hat{a}}(\mathrm{d}y^j)_{\hat{b}}\right]=\left(\frac{\partial}{\partial y^i}\right)^{\hat{a}}(\mathrm{d}y^j)_{\hat{b}}\mathscr{D}T^i{}_j,$$

而由 $\mathscr{D}$ 的定义不难看出 $\mathscr{D}T^i{}_j=\partial T^i{}_j/\partial t$，故

$$\mathscr{D}T^{\hat{a}}{}_{\hat{b}}=\left(\frac{\partial}{\partial y^i}\right)^{\hat{a}}(\mathrm{d}y^j)_{\hat{b}}\frac{\partial T^i{}_j}{\partial t},\tag{14-4-40}$$

可见 $\hat{\Sigma}$ 上张量场 $T^{\hat{a}}{}_{\hat{b}}$ 的时间导数的坐标分量等于 $\partial T^i{}_j/\partial t$．在使用坐标分量的文献中[如 Arnowitt, Deser, and Misner(1962)]，$\hat{\Sigma}$ 上的张量场用 $T^i{}_j$ 代表[$T^i{}_j\equiv T^{\hat{a}}{}_{\hat{b}}(\mathrm{d}y^i)_{\hat{a}}(\partial/\partial y^j)^{\hat{b}}$]，该场的时间导数用 $\dot{T}^i{}_j$ 或 $\partial_t T^i{}_j$ 代表，它指的就是 $\partial T^i{}_j/\partial t$．式(14-4-40)证明了分量语言和张量语言在描述时间导数上的一致性. $T^i{}_j$ 也可看作 $T^a{}_b$ 的坐标分量，因为由

$$T^{\hat{a}}{}_{\hat{b}}=T^i{}_j(\partial/\partial y^i)^{\hat{a}}(\mathrm{d}y^j)_{\hat{b}}$$

可知　$$T^a{}_b=\psi_{t*}(T^{\hat{a}}{}_{\hat{b}})=T^i{}_j\,\psi_{t*}[(\partial/\partial y^i)^{\hat{a}}]\,\psi_{t*}[(\mathrm{d}y^j)_{\hat{b}}]=T^i{}_j\,(E_i)^a(E^j)_b,$$

从而

$$T^i{}_j=T^a{}_b(E^i)_a(E_j)^b=T^a{}_b[(\mathrm{d}x^i)_a+N^i(\mathrm{d}t)_a](\partial/\partial x^j)^b=T^a{}_b(\mathrm{d}x^i)_a(\partial/\partial x^j)^b,$$

[最末一步是因为 $T^a{}_b$ 的空间性导致 $T^a{}_b(\mathrm{d}t)_a=0$.] 即 $T^i{}_j$ 是 $T^a{}_b$ 的第 ij 坐标分量. 不过要注意 $T^a{}_b\neq T^i{}_j(\partial/\partial x^i)^a(\mathrm{d}x^i)_b$，除非 $N^a=0$.　**[选读 14-4-5 完]**

§ 14.5　3+1 分解应用举例——广义相对论初值问题简介

初值问题对物理理论是一个重要问题. 如果某一物理理论不具备好的初值表述，它就没有预言能力. 广义相对论的初值问题之所以备受关注，除了因为广义相对论作为一种物理理论必须接受这一检验之外，还因为人们对广义相对论的许多物理理解(包括时空的总能量、总动量和总角动量的概念及总能量的正定性)都有赖于广义相对论存在一个好的初值表述. 本节只对真空引力场的初值表述作粗浅介绍. 为便于理解，先简略回顾闵氏时空无源电磁场的初值表述. 初值理论研究系统在给定初值后的演化，无源电磁场的演化由麦氏方程组

$$\partial^a F_{ab}=0,\qquad \partial_{[a}F_{bc]}=0\tag{14-5-1}$$

描述. 选定闵氏时空的一个标准 3+1 分解后, 麦氏方程可表为 3 维形式:

$$\dot{\vec{E}} \equiv \frac{\partial \vec{E}}{\partial t} = \vec{\nabla} \times \vec{B}, \qquad \dot{\vec{B}} \equiv \frac{\partial \vec{B}}{\partial t} = -\vec{\nabla} \times \vec{E} ; \tag{14-5-2a}$$

$$\vec{\nabla} \cdot \vec{E} = 0 , \qquad \vec{\nabla} \cdot \vec{B} = 0 . \tag{14-5-2b}$$

笼统地说, 式(14-5-2)可称为电磁场的运动(演化)方程, 然而仔细说来还应注意式(14-5-2a)同(14-5-2b)的区别. 式(14-5-2b)不含时间导数, 因而与演化无关, 它反映的无非是任一时刻(标准 3+1 分解中任一类空超曲面 Σ_t)的空间矢量场 $\vec{E}(t)$ 和 $\vec{B}(t)$ 各自应服从的条件: 两者的散度都必须为零. 这表明只有散度为零的空间矢量场才可充当电场和磁场. 这种由理论自身对场量的瞬时值所加的限制称为**约束**(constraint). 约束又称**瞬时定律**(instantaneous law), 以区别于由演化方程描述的**演化定律**(evolution law).[①] 麦氏方程(14-5-2)中真正反映演化的其实只有式(14-5-2a). 可以证明[参见 Wald(1984)P.252~254]电磁理论具有如下的好的初值表述: 设在标准分解中某一类空超曲面 Σ_0 (柯西面)上给定满足约束 $\vec{\nabla} \cdot \vec{E}_0 = \vec{\nabla} \cdot \vec{B}_0 = 0$ 的任意光滑空间矢量场 $\vec{E}_0$ 和 $\vec{B}_0$, 则时空中存在麦氏方程组(14-5-1)的唯一解 F_{ab}, 它在 Σ_0 的表现就是 $(\vec{E}_0, \vec{B}_0)$. 再者, F_{ab} 对初值的依赖是连续的; (直观地说就是: 只要初值改变足够小, 则 F_{ab} 的改变也足够小. "足够小" 的准确含义略.) 而且在 $J^+(\Sigma_0)$ (含义见 §11.1 定义 8)内的任一点 p 的 F_{ab} 只依赖于 $J^-(p) \cap \Sigma_0$ 上的初值(图 14-25). 最后还应指出: 只要所指定的初值 $\vec{E}_0$ 和 $\vec{B}_0$ 满足约束条件(14-5-2b), 则按演化方程(14-5-2a) 所得的 $\vec{E}$ 和 $\vec{B}$ 在任一时刻都必定满足约束条件[因为 $\partial(\vec{\nabla} \cdot \vec{E})/\partial t = \vec{\nabla} \cdot (\partial \vec{E}/\partial t) = \vec{\nabla} \cdot (\vec{\nabla} \times \vec{B}) = 0$ 及 $\partial(\vec{\nabla} \cdot \vec{B})/\partial t = 0$]. 可见演化是保约束的.

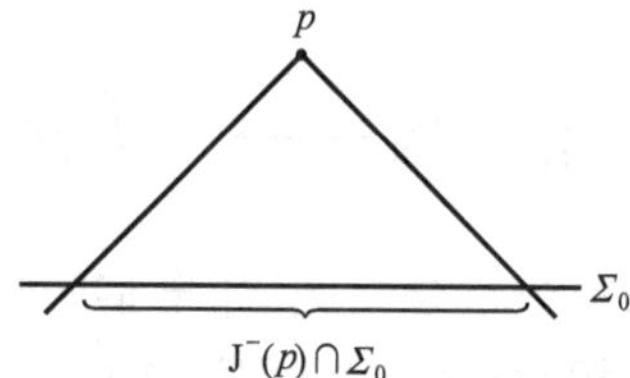

图 14-25 设 $p \in J^+(\Sigma_0)$, 则 $F_{ab}|_p$ 只取决于 $J^-(p) \cap \Sigma_0$ 上的初值

麦氏理论的上述初值表述(特别是对其中存在约束的认识)对理解广义相对论的初值表述很有帮助. 然而, 广义相对论与任何一种其他场论在初值问题上有一个根本不同: 其他场论在讨论初值问题前早已约定一个时空背景(例如上述麦氏理论

① 物理学史中的第一个演化定律(动力学定律)是牛顿定律, 第一个瞬时定律是高斯的 $\vec{\nabla} \cdot \vec{E} = 4\pi\rho$.

以闵氏时空为背景), 唯独广义相对论的初值问题的待求对象却是时空本身. 这似乎很奇怪: 连时空都还没有, 又如何在一个类空柯西面 Σ_0 上指定初值? (没有度规时, 连超曲面的类空性都没有定义!)　答案虽然似乎出奇, 却很巧妙: 先在一个抽象的 3 维流形 Σ 上指定“初值”, 即一个正定度规场 $\overset{0}{h}_{ab}$ 和一个对称的 (0,2) 型张量场 $\overset{0}{K}_{ab}$, (也要满足一定的约束条件, 见后.) 然后证明存在某个 4 维时空 (M, g_{ab}) (g_{ab} 满足真空爱因斯坦方程), 对它作适当的 3+1 分解后, 每张类空超曲面 Σ_t 都微分同胚于 Σ, 其中一张(记作 Σ_0)上的诱导度规 h_{ab} 和外曲率 K_{ab} 正好分别等于(通过映射对应于) $\overset{0}{h}_{ab}$ 和 $\overset{0}{K}_{ab}$. 这时就可把 Σ_0 及其上的 (h_{ab}, K_{ab}) 分别解释为初始类空超曲面 Σ_0 上的初值(代表初始时刻的引力场), 把 (M, g_{ab}) 解释为这个初值经演化而得的产物[任一 Σ_t 上由 g_{ab} 确定的 (h_{ab}, K_{ab}) 代表时刻 t 的引力场]. 可见, 在广义相对论中, “初始面”、“初值”和“时间演化”等词只在求得初值问题的解之后才获得意义. 下面是这一认识的具体化. 顺便一提, 由式(14-4-16)以及“$\mathscr{L}_{\vec{n}}$ 包含了被求导空间张量场的时间演化的全部实质性信息”可知 K_{ab} 实质上代表 h_{ab} 的时间导数 $\dot{h}_{ab}$, 因此, 所谓给定初值 $\overset{0}{h}_{ab}$ 和 $\overset{0}{K}_{ab}$ 实质上也就是给定了初始 h_{ab} 及其初始时间导数.

无源电磁场的运动方程是无源麦氏方程, 无源引力场的运动方程则是真空爱因斯坦方程

$$G_{ab} \equiv R_{ab} - \frac{1}{2} R g_{ab} = 0 . \tag{14-5-3}$$

麦氏方程组(14-5-2)共有 8 个分量方程, 其中两个[式(14-5-2b)]是约束方程, 其余 6 个[式(14-5-2a)]才是演化方程. 类似地, 式(14-5-3)相当于 10 个分量方程. 下面证明这 10 个方程中有 4 个是约束方程, 其余 6 个才是演化方程. 具体说, 在选定 3+1 分解后, 我们要证明 $G_{ab}=0$ 的“时-时分量” $G_{ab}n^a n^b = 0$ (一个方程)和“时-空分量” $G_{ab}n^a h^b{}_c = 0$ (相当于 3 个方程)是约束方程, “空-空分量” $G_{ab}h^a{}_c h^b{}_d = 0$ (相当于 6 个方程)是演化方程.

命题 14-5-1
$$2G_{ab}n^a n^b = {}^3R - K_{ab}K^{ab} + K^2 . \tag{14-5-4}$$

证明
$$\begin{aligned} {}^3R &\equiv h^{ac}h^{bd}\,{}^3R_{abcd} = h^{ac}h^{bd}h_a{}^e h_b{}^f h_c{}^l h_d{}^m R_{eflm} - h^{ac}h^{bd}(K_{ca}K_{bd} - K_{cb}K_{ad}) \\ &= h^{el}h^{fm}R_{eflm} - K^2 + K^{ab}K_{ab} , \end{aligned} \tag{14-5-5}$$

其中第二步用到式(14-4-20). 而

$$h^{el}h^{fm}R_{eflm}=(g^{el}+n^e n^l)(g^{fm}+n^f n^m)R_{eflm}=R+2n^a n^b R_{ab}=2G_{ab}n^a n^b\,,\qquad(14\text{-}5\text{-}6)$$

其中第二步用到 $n^e n^f n^l n^m R_{eflm}=n^{(e}n^{f)}n^l n^m R_{[ef]lm}=0$，第三步用到 $G_{ab}\equiv R_{ab}-Rg_{ab}/2$ 以及 $n^a n^b g_{ab}=-1$. 式(14-5-5)与(14-5-6)结合便得式(14-5-4). □

命题 14-5-2

$$G_{ab}n^a h^b{}_e=\mathrm{D}_a K^a{}_e-\mathrm{D}_e K\,.\qquad(14\text{-}5\text{-}7)$$

证明 由 $R_{abc}{}^d$ 的定义得

$$R_{abc}{}^d n_d=2\nabla_{[a}\nabla_{b]}n_c\,,\qquad(14\text{-}5\text{-}8)$$

以 $h^b{}_e g^{ac}$ 作用于上式两边, 易见左边等于式(14-5-7)左边, 经一番推导后发现(习题)右边也等于式(14-5-7)右边. 提示: 令 $A_e\equiv h^b{}_e g^{ac}2\nabla_{[a}\nabla_{b]}n_c$, 得

$$A_e=h^b{}_e\nabla^a K_{ab}-h^b{}_e\nabla_b K+\text{附加项}.$$

再用 $\mathrm{D}_a K^a{}_e$ 表出 $h^b{}_e\nabla^a K_{ab}$, 便得 $A_e=\mathrm{D}_a K^a{}_e-\mathrm{D}_e K$. □

由式(14-5-4)和(14-5-7)可知真空爱因斯坦方程 $G_{ab}=0$ 的时-时和时-空分量方程可分别表为

$$^3R-K_{ab}K^{ab}+K^2=0\,,\qquad(14\text{-}5\text{-}9)$$

$$\mathrm{D}_a K^a{}_c-\mathrm{D}_c K=0\,.\qquad(14\text{-}5\text{-}10)$$

上两式左边都是 Σ_t 上的空间张量场, 只含基本动力学变量 h_{ab}, K_{ab} 及其空间导数而不含其时间导数, 因此只对基本变量在每一瞬时的值 $h_{ab}(t), K_{ab}(t)$ 给出限制, 这就是广义相对论中的约束. 因式(14-5-9)和(14-5-10)分别为标量场和对偶矢量场等式, 故共含 4 个约束.

设时空 (M,g_{ab}) 满足 $G_{ab}=0$, 则其时-时和时-空分量方程表明时空的任一 3+1 分解所得的空间张量场 (h_{ab},K_{ab}) 满足约束(14-5-9)和(14-5-10). 下面讨论由 $G_{ab}=0$ 的空-空分量方程 $G_{ab}h^a{}_c h^b{}_d=0$ 所给出的 h_{ab} 和 K_{ab} 的演化方程, 即 $\dot{h}_{ab}$ 和 $\dot{K}_{ab}$ 所满足的方程. 前面已从纯数学角度推出 $\dot{h}_{ab}$ 和 $\dot{K}_{ab}$ 的表达式, 即式(14-4-29)和(14-4-30), 它们不论 $G_{ab}=0$ 是否满足都成立. 两式中与 G_{ab} 是否为零有关的只有式(14-4-30)右边第一项 $Nh^c{}_a h^d{}_b R_{cd}$，当 $G_{ab}=0$ 时 $R_{ab}=0$，导致该项为零, 因此 $G_{ab}=0$ 所给出的演化方程为

$$\dot{h}_{ab}=2NK_{ab}+\mathscr{L}_{\vec{N}}h_{ab}\,,\qquad(14\text{-}5\text{-}11)$$

$$\dot{K}_{ab}=-N\,{}^3R_{ab}+2NK^c{}_a K_{cb}-NKK_{ab}+\mathrm{D}_a\mathrm{D}_b N+\mathscr{L}_{\vec{N}}K_{ab}\,.\qquad(14\text{-}5\text{-}12)$$

反之，我们来证明，只要 (h_{ab}, K_{ab}) 满足演化方程(14-5-11)、(14-5-12)和约束方程(14-5-9)、(14-5-10)，则 (M, g_{ab}) 满足真空爱因斯坦方程 $G_{ab}=0$. 对比式(14-5-12)和(14-4-30)(它不论 $G_{ab}=0$ 是否满足都成立)可知 $R_{ab}h^a{}_c h^b{}_d = 0$. 只要证明在约束方程(14-5-9)、(14-5-10)满足时 $R_{ab}h^a{}_c h^b{}_d = 0$ 能导致 $G_{ab}h^a{}_c h^b{}_d = 0$，便知 $G_{ab}=0$. 下面给出这一证明.

命题 14-5-3　约束方程(14-5-9)、(14-5-10)满足时，$R_{ab}h^a{}_c h^b{}_d = 0$ 导致 $G_{ab}h^a{}_c h^b{}_d = 0$.

注 1　本命题还可强化为：当式(14-5-9)、(14-5-10)满足时 $R_{ab}h^a{}_c h^b{}_d = 0$ 等价于 $G_{ab}h^a{}_c h^b{}_d = 0$.

证明　式(14-5-9)相当于 $G_{ab}n^a n^b = 0$，由此不难推出

$$R_{ab}n^a n^b = -\frac{1}{2}R, \tag{14-5-13}$$

式(14-5-10)相当于 $G_{ab}n^a h^b{}_c = 0$，由此不难推出(注意到 $g_{ab}n^a h^b{}_c = n_b h^b{}_c = 0$)

$$R_{ab}n^a n^b n_c = -R_{ac}n^a. \tag{14-5-14}$$

由式(14-5-13)、(14-5-14)得

$$R_{ac}n^a = \frac{1}{2}R n_c. \tag{14-5-15}$$

借助于上式及式(14-5-14)，由 $R_{ab}h^a{}_c h^b{}_d = 0$ 不难推出 $R_{cd} + R n_c n_d / 2 = 0$，两边与 g^{cd} 缩并得 $R=0$，于是 $G_{ab} = R_{ab}$，故 $R_{ab}h^a{}_c h^b{}_d = 0$ 导致 $G_{ab}h^a{}_c h^b{}_d = 0$. □

可见约束方程(14-5-9)、(14-5-10)和演化方程(14-5-11)、(14-5-12)反映了真空爱因斯坦方程 $G_{ab}=0$ 的全部内容，可以看作 $G_{ab}=0$ 的 3 维表述. 演化方程(14-5-11)、(14-5-12)所代表的 (h_{ab}, K_{ab}) 的演化也称为**几何动力学**(geometrodynamics). 在这种动力学中，整个时空被视为正定几何沿着由类空超曲面所代表的时间而演化的一部动力学历史.

最后说明两点. 第一，借助于演化方程(14-5-11)、(14-5-12)可以证明约束方程(14-5-9)、(14-5-10)左边的时间导数为零，即

$$\mathscr{L}_t({}^3R - K_{ab}K^{ab} + K^2) = 0, \quad \mathscr{L}_t(\mathrm{D}_a K^a{}_c - \mathrm{D}_c K) = 0.$$

(利用下章的知识，这一证明变得很容易. 见小节 15.7.4 末段.) 可见，只要在初值面 Σ 上指定的初值 $\overset{0}{h}_{ab}$ 和 $\overset{0}{K}_{ab}$ 满足约束方程(14-5-9)、(14-5-10)，则它在按照方程(14-5-11)、(14-5-12)演化的过程中的任一时刻都满足约束方程(演化保约束). 第二，由于麦氏方程是线性方程而爱因斯坦方程为非线性方程，后者的初值问题比前者

复杂得多. 然而, 可以证明如下定理[准确提法及证明见 Wald(1984)10.2 节]: 设 Σ 是 3 维流形, $\overset{0}{h}_{ab}$ 是 Σ 上的光滑正定度规场, $\overset{0}{K}_{ab}$ 是 Σ 上的光滑对称张量场, $\overset{0}{h}_{ab}$、$\overset{0}{K}_{ab}$ 满足约束方程(14-5-9)、(14-5-10), 则存在满足以下要求的唯一时空 (M, g_{ab}): (a) g_{ab} 是真空爱因斯坦方程 $G_{ab}=0$ 的解; (b)存在嵌入映射 $\psi: \Sigma \to M$ 使 $\psi[\Sigma]$ 是 (M, g_{ab}) 的柯西面(图 14-26), 因而 (M, g_{ab}) 是整体双曲时空; (c) $\psi[\Sigma]$ 上的诱导度规 h_{ab} 和外曲率 K_{ab} 满足 $\overset{0}{h}_{ab}=\psi^* h_{ab}$, $\overset{0}{K}_{ab}=\psi^* K_{ab}$. 所谓 (M, g_{ab}) 的唯一性是指: 若 $\exists$ 其他满足以上三要求的时空 (M', g'_{ab}), 则 $\exists$ 嵌入映射 $\phi: M' \to M$, 其中 $\phi: M' \to \phi[M'] \subset M$ 是等度规映射[因此称 (M, g_{ab}) 为初值 $(\Sigma, \overset{0}{h}_{ab}, \overset{0}{k}_{ab})$ 的**最大柯西发展**(maximal Cauchy development)]. 再者, g_{ab} 对初值 $\overset{0}{h}_{ab}$ 和 $\overset{0}{K}_{ab}$ 有连续的依赖关系, 等等.

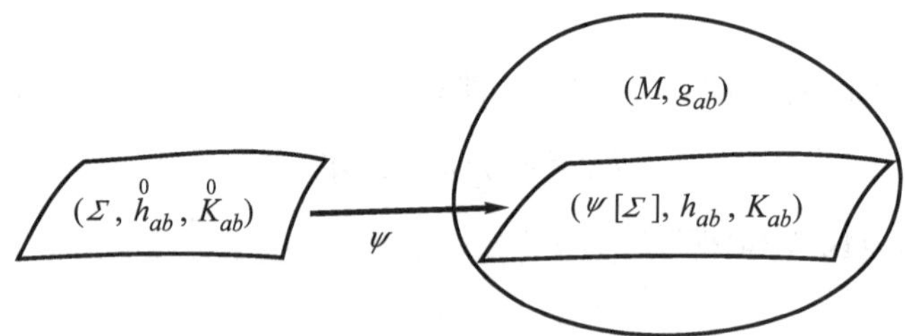

图 14-26　存在嵌入映射 $\psi: \Sigma \to M$ 使 $\psi[\Sigma]$ 是 (M, g_{ab}) 的柯西面

注 2　定理中"再者"的结论表明广义相对论存在一个"好的"初值表述, "好的"的专业术语是**适定的**(well posed), 准确定义见 Wald(1984)第 10 章; Hawking and Ellis(1973)第 7 章.

习　题

~1. 试证 §14.1 注 2①中方括号内的公式, 即 $\mathscr{L}_Z w^a = Z^a \eta^b A_b$.

~2. 设 Z^a 是参考系 $\mathscr{R}$ 的观者 4 速场, $\gamma(\tau)$ 是 $\mathscr{R}$ 内的一个观者, w^a 是 $\gamma(\tau)$ 上的空间矢量场, 试证 w^a 是 $\gamma(\tau)$ 的邻居的充要条件是 $\gamma(\tau)$ 上有函数 α 使 $\mathscr{L}_Z w^a = \alpha Z^a$.

3. 借用式(14-1-30)和命题 14-1-2 重解 §14.1 例 1. 提示: 由式(10-1-19)可知对 RW 系有 $Z^a = (\partial/\partial t)^a$, $h_{ab} = a^2(t)\hat{h}_{ab}$, 其中

$$\hat{h}_{ab} \equiv \frac{1}{1-kr^2}(\mathrm{d}r)_a(\mathrm{d}r)_b + r^2(\mathrm{d}\theta)_a(\mathrm{d}\theta)_b + r^2\sin^2\theta\,(\mathrm{d}\varphi)_a(\mathrm{d}\varphi)_b .$$

先证 $\mathscr{L}_Z \hat{h}_{ab}=0$, 再证 $\mathscr{L}_Z h_{ab} = 2a^{-1}\dot{a}\, h_{ab}$ (每步都不难), 便易得式(14-1-25)和(14-1-26). 再由 $Z_a = -(\mathrm{d}t)_a$ 易见 $(\mathrm{d}Z)_{ab}=0$, 满足式(14-1-27), 由命题 14-1-2 便知 $\omega_{ab}=0$.

~4. 求 Reissner-Nordstrom 时空中 Reissner-Nordstrom 参考系的 θ, σ_{ab} 和 ω_{ab}.

5. 补证推论 14-1-5 和 14-1-6.

~6. (a)试证闵氏时空中以式(14-1-36)的 Z^a 为观者 4 速场的参考系的 B_{ab} 为零. (b)计算该系观者的 4 加速 A^a 并验证 $(\mathrm{d}A)_{ab}\neq 0$, 除非 $\mathrm{d}g(t)/\mathrm{d}t=0$.

7. 写出图 14-5 中类空曲线 L 的方程并用闵氏度规计算 L_{ad} 段的长度.

8. 式(14-2-15)的 3 维线元的非欧性其实来自前两项. 略去第 3 项所得到的 2 维线元 $\mathrm{d}\tilde{s}^2=\mathrm{d}r^2+r^2(1-\omega^2r^2)^{-1}\mathrm{d}\varphi^2$ 物理上描述转盘观者测得的转盘表面的非欧几何. 计算此 2 维线元的黎曼张量并验证它为零当且仅当 $\omega=0$.

~9. 仍讨论上题的 2 维非欧线元 $\mathrm{d}\tilde{s}^2$, 试证

(a) 径向线是以 r 为仿射参数(而且是线长参数)的测地线.

(b) 圆周率等于 $\Gamma\pi$,其中 $\Gamma\equiv(1-\omega^2R^2)^{-1/2}$, R 是所论圆周的半径.

10. 试证静态参考系必为坐标时可同步参考系.

~11. 用“是”和“非”在表 14-1 中填空.

表 14-1　习题 11 用表

	测地系	稳态系	静态系	刚性系	无转动系	任一观者觉得其他观者不动	固有时可同步系	局部固有时可同步系	坐标时可同步系	局部坐标时可同步系	Z 类系
施瓦西系											
RN 系											
KN 时空的 BL 系											
式(14-1-33)对应系											
爱因斯坦转盘系											
标准宇宙模型的 RW 系											
闵氏时空惯性系											
闵氏时空 Rindler 系											

~12. 求 RN 时空用 RN 坐标系 $\{t,r,\theta,\varphi\}$ 所作 3+1 分解的位移矢量 N^a 和时移函数 N.

13. 在用 $\{\Sigma_t\}$ 分层的 3+1 分解中, 设 $G(\tau)$ (τ 代表固有时)是一个与 $\{\Sigma_t\}$ 正交的观者, 试证时移函数 $N=\mathrm{d}\tau/\mathrm{d}t$. (可见 N 等于正交观者身上单位坐标时间内所流逝的固有时间. 英语中 lapse 代表时间的流逝, 故称 N 为 lapse function.)

14. 试证 §14.4 定义 1 中条件(a), (b)的等价性.

15. 试证式(14-4-8)、(14-4-12)和(14-4-17).

~16. 试证命题 14-4-3.

~17. 试给式(14-4-21)补上推导.

18. 试证命题 14-5-2, 即式(14-5-7)(提示在该命题证明之末).

附录 B　量子力学数学基础简介

量子力学数学基础的主要内容是泛函分析，特别是希尔伯特空间及线性算符的理论. 读过本书第 1, 2 章的读者对集合、映射、拓扑、矢量空间及其对偶空间、张量、度规等概念比较熟悉，这为学习泛函分析提供了一定的方便. 学过上述概念的物理系学生往往跃跃欲试地把量子力学的内积、左右矢、线性算符以及波函数用正交归一基底展开等一系列问题同上述概念联系起来思考，力图求得更为深入和清晰的理解. 他们希望有一份简明读物作参考. 本附录主要为满足这种需要而产生，此外也为附录 C 的学习提供必要的基础. 讲解中尽量与本书前两章以及量子力学的有关内容(特别是 Dirac 的左右矢记号)相联系或对比. 为了尽量节省读者的时间，我们只介绍最为必需的概念和定理，而且略去其中少数概念的定义和某些定理的证明. 想深入学习泛函分析的读者则应阅读有关教程或专著.

§ B.1　Hilbert 空间初步

B.1.1　Hilbert 空间及其对偶空间

§2.2 定义 1 的矢量空间称为实矢量空间. 把定义中的 $\mathbb{R}$ 改为全体复数的集合 $\mathbb{C}$ 便得复矢量空间. 定义了内积的复矢量空间 V 称为(复)内积空间. 内积是一个从 $V\times V$ 到 $\mathbb{C}$ 的映射. 以 i 代表这一映射，即 $i: V\times V\to\mathbb{C}$，则 i 可看作有两个槽的机器，在两槽中分别输入 $f, g\in V$，便得一个复数. 因此，i 也可形象地记作 $i(\cdot,\cdot)$，括号中的两个圆点代表两个槽. 为简单起见，索性把 $i(\cdot,\cdot)$ 简写为 $(\cdot,\cdot)$，确切定义如下：

定义 1　复矢量空间 V 称为**内积空间**(inner product space)，若存在内积映射 $(\cdot,\cdot)$： $V\times V\to\mathbb{C}$，对任意 $f,g,h\in V$ 和任意 $c\in\mathbb{C}$ 满足

(a) $(f,g+h)=(f,g)+(f,h)$；

(b) $(f,cg)=c(f,g)$；

(c) $(f,g)=\overline{(g,f)}$　[其中 $\overline{(g,f)}$ 代表复数 (g,f) 的共轭复数]；

(d) $(f,f)\geqslant 0$，且 $(f,f)=0\Leftrightarrow f=0$. ①

注 1　定义 1 的条件(a), (b)表明内积映射 $(\cdot,\cdot)$ 对第二槽是线性的. 条件(c)[配以条件(a), (b)]则表明 $(f+g, h)=(f,h)+(g,h)$ 及 $(cf,g)=\bar{c}(f,g)$. 由于具有这种

---

① 只含零元的空间也可看作内积空间，但本附录在不加声明时只讨论维数大于零的内积空间.

性质, 我们说映射 $(\cdot,\cdot)$ 对第一槽是**反线性(或共轭线性)的**. 条件(d)表明 $(f,g)=0\ \ \forall g\in V \Rightarrow f=0$, 因可取 $g=f$.

注 2　定义 1 对实矢量空间也适用, 只须把 $\mathbb{C}$ 改为 $\mathbb{R}$. 实空间的内积就是§2.5 定义的正定度规, 但是, 由于非正定度规不满足定义 1 的条件(d), 所以度规未必是内积.

例 1　$$\mathrm{C}[a,b]\equiv\{[a,b]\subset\mathbb{R}\text{ 上连续复值函数 } f(x)\}$$

是无限维复矢量空间. 定义内积

$$(f,g) := \int_a^b \overline{f(x)}g(x)\mathrm{d}x, \quad \forall f,g\in \mathrm{C}[a,b], \tag{B-1-1}$$

则 $\mathrm{C}[a,b]$ 是内积空间(请读者自行验证上式定义的内积的确满足定义 1).

利用内积可自然定义内积空间中任意两点的距离, 进而定义空间的拓扑.

定义 2　内积空间 V 中任意两元素 f 和 g 的距离定义为

$$d(f,g) := \sqrt{(f-g,f-g)}\,.$$

易见 $d(f,g)=d(g,f)$. 设 $f\in V,\ r>0$, 则以 f 为心、以 r 为半径的**开球**定义为

$$B(f,r) := \{\,g\in V \mid d(g,f)<r\,\}\ .$$

用开球可给 V 定义拓扑(类似于§1.2 例 3 的"通常拓扑"):

$$\mathscr{T} := \{\text{空集或 } V \text{ 中能表为开球之并的子集}\}.$$

可见内积空间 V 可自然地被定义为一个拓扑空间. 上式定义的拓扑 $\mathscr{T}$ 叫做 V 的自然拓扑. 今后如无特别声明, 凡涉及 V 的拓扑时一律指这一拓扑.

§2.3 讲过(有限维)实矢量空间 V 的对偶空间 V^*, 它是由 V 到 $\mathbb{R}$ 的全体线性映射的集合. 对(有限或无限维)复矢量空间 V, 对偶矢量可定义为由 V 到 $\mathbb{C}$ 的线性映射. 然而内积空间除了是复矢量空间外还是拓扑空间, 因此对映射 $\eta: V\to\mathbb{C}$ 还可问及是否连续的问题. [这时还涉及 $\mathbb{C}$ 的拓扑, 其定义也很自然: 设 $z_1,z_2\in\mathbb{C}$ 且 $z_1=a_1+\mathrm{i}b_1, z_2=a_2+\mathrm{i}b_2$ (其中 $a_1,a_2,b_1,b_2\in\mathbb{R}$), 则 z_1,z_2 的距离可定义为 $d(z_1,z_2) := [(a_1-a_2)^2+(b_1-b_2)^2]^{1/2}$, 用此距离便可定义开球, 从而定义 $\mathbb{C}$ 的拓扑.] 在泛函分析中, 每个连续的线性映射 $\eta: V\to\mathbb{C}$ 称为 V 上的一个**连续线性泛函**(continuous linear functional). 我们关心 V 上全体连续线性泛函的集合(它有许多好的性质), 并称它为 V 的对偶空间. ①

---

① 若 V 为有限维, 则 V 上的线性泛函必定连续. 因此只当 V 为无限维时连续性才是对线性泛函有实质意义的要求.

定义 3 内积空间 V 的**对偶空间**(又称**共轭空间**)定义为

$$V^* := \{\eta: V \to \mathbb{C} \mid \eta \text{ 为连续的线性映射}\}.$$

V^* 也可看作复矢量空间, 为此只须用如下的自然方法定义加法和数乘:

加法 $(\eta_1 + \eta_2)(f) := \eta_1(f) + \eta_2(f), \quad \forall \eta_1, \eta_2 \in V^*, f \in V$;

数乘 $(c\eta)(f) := c \cdot \eta(f), \quad \forall \eta \in V^*, f \in V, c \in \mathbb{C}$.

(由此可知零元是 V^* 中这样的元素, 它作用于任意 $f \in V$ 都得零.)

读者至此自然会联想到量子力学的右矢和左矢空间, 并猜想右矢空间是内积空间 V, 而左矢空间则是 V^*. 然而事情比此略为复杂. 要保证 Dirac 的左右矢记号得心应手, 左右逢源, 左、右矢空间应该“完全对等”. 这似乎不难: 根据§2.5, 有限维实矢量空间 V 上的度规自然诱导一个从 V 到 V^* 的一一到上的线性映射. 然而, 由于复空间的内积与实空间的度规的少许不同, 复空间 V 上的内积自然诱导的从 V 到 V^* 的映射不是线性而是反线性的. 不过这不构成什么问题. 真正构成问题的是量子力学中用到的内积空间多数是无限维的, 而这导致上述映射未必到上, 即 V 与 V^* “不一样大”. 先看如下命题:

命题 B-1-1 内积映射 $(\cdot,\cdot)$ 自然诱导出一个一一的、反线性的映射 $\nu: V \to V^*$.

证明 设 $f \in V$, 则 $\eta_f \equiv (f, \cdot)$ 是从 V 到 $\mathbb{C}$ 的映射. 由内积定义可知它是线性的. 还可证明(略)它是连续的, 因此 $\eta_f \in V^*$. 具体说, η_f 是 V^* 的这样一个元素, 它作用于 $g \in V$ 的结果为 $\eta_f(g) := (f, g)$. 可见 $(\cdot,\cdot)$ 自然诱导出一个映射 $\nu: V \to V^*$, 定义为 $\nu(f) := \eta_f$. 映射 ν 的一一性和反线性性的证明留作习题. 反线性性是指

$$\nu(f+h) = \nu(f) + \nu(h), \quad \nu(cf) = \bar{c}\nu(f), \quad \forall f, h \in V, c \in \mathbb{C}. \qquad \square$$

若 V 是有限维空间, 则 V^* 与 V 有相同维数, 因而上述反线性映射 $\nu: V \to V^*$ 一定到上. 若 V 是无限维的, 则 V^* 也是无限维的, 这时 $\nu: V \to V^*$ 不一定到上. 直观地说, V^* 有可能“比 V 大”, 即 $\nu[V] \subset V^*$ 但 $\nu[V] \neq V^*$. 然而, 为保证 Dirac 的左右矢运算给出正确结果, 我们需要 V^* 同 V “一样大”, 即 $\nu[V] = V^*$. 不久将看到, 其实 V^* 比 V 最多“只多一层皮”, 只要给 V 适当地“补上一层皮”, $\nu: V \to V^*$ 就可到上, V 与 V^* 就“一样大”. 为了用准确语言表述这些直观思考, 我们先介绍下列数学概念.

定义 4 设 V 为内积空间, $f \in V$, $\{f_n\}$ 是 V 中的一个序列(见§1.3 定义 6). 我们说 $\{f_n\}$ **收敛于** f (记作 $f_n \to f$), 若 $\lim\limits_{n\to\infty} d(f, f_n) = 0$. f 称为序列 $\{f_n\}$ 的**极限**,[①] 记

① 内积空间可自然看作拓扑空间, 而拓扑空间中的点序列的极限已有定义(§1.3 定义 7). 不难证明该定义同本页定义等价.

作 $f = \lim\limits_{n\to\infty} f_n$.

定义 5　V 中的序列 $\{f_n\}$ 称为**柯西序列**(Cauchy sequence), 若 $\forall\varepsilon>0\ \exists N>0$ 使当 $n,m\geqslant N$ 时有 $d(f_n,f_m)<\varepsilon$.

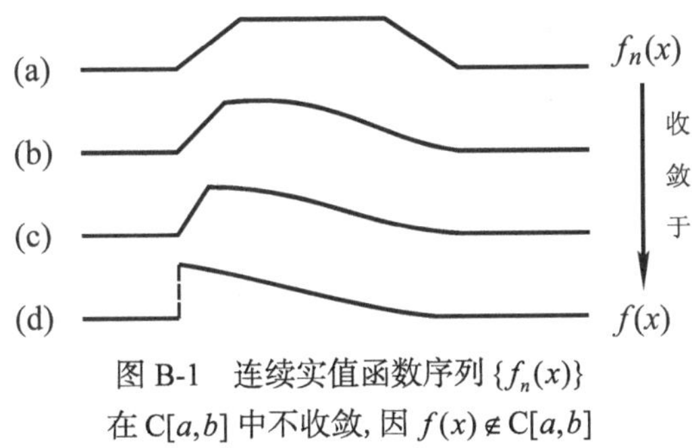

图 B-1　连续实值函数序列 $\{f_n(x)\}$ 在 $\mathrm{C}[a,b]$ 中不收敛, 因 $f(x)\notin\mathrm{C}[a,b]$

可以证明, 收敛(于任一 $f\in V$)的序列一定是柯西序列, 但反之不然.

定义 6　内积空间 V 称为**完备的**(complete), 若其中任一柯西序列收敛.

例 1 的 $\mathrm{C}[a,b]$ 是不完备的内积空间. 图 B-1 是对此的一个直观解释. 图中(a), (b), (c)代表 $\mathrm{C}[a,b]$ 中的某一柯西序列 $\{f_n(x)\}$ 的三个元素(其序号 n 依次增大). 序列 $\{f_n(x)\}$ 不收敛于 $\mathrm{C}[a,b]$ 的任何元素. [如果一定要谈收敛, 则也可说它收敛于(d)代表的函数 $f(x)$, 但 $f(x)\notin\mathrm{C}[a,b]$, 因为它不连续.] 柯西序列 $\{f_n(x)\}$ 在 $\mathrm{C}[a,b]$ 内没有极限表明 $\mathrm{C}[a,b]$ 不完备. 为使之完备化, 可把 $[a,b]$ 上虽不连续却平方可积的复值函数[例如图 B-1 的 $f(x)$]包含进去, 扩大后的空间记作 $\mathrm{L}^2[a,b]$, 即

$$\mathrm{L}^2[a,b]\equiv\{f:[a,b]\to\mathbb{C}\mid f \text{ 满足} \int_a^b |f(x)|^2\,\mathrm{d}x<\infty\}. \text{①} \tag{B-1-2}$$

仍用式(B-1-1)为内积定义, 则可证 $\mathrm{L}^2[a,b]$ 是完备的内积空间.

内积空间 $\mathrm{C}[a,b]$ 的这一完备化程序很有启发性. 事实上, 任何不完备的内积空间 V 都可以完备化, 为此只须把它略加扩大——把所有柯西序列“应有的极限点”都补进 V 中. 可以证明, 对任何不完备内积空间 V, 总可找到完备的内积空间 $\tilde{V}$, 使得 $V\subset\tilde{V}$ 而且 $\overline{V}=\tilde{V}$, 其中 $\overline{V}$ 是把 $\tilde{V}$ 看作拓扑空间(用其内积定义拓扑)时子集 V 的闭包. 直观地可以说 $\tilde{V}$ 比 V “最多只多一层皮”.

定义 7　完备的内积空间叫**希尔伯特空间**(Hilbert space), 记作 $\mathscr{H}$.

---

① 式中的积分是指 Lebesgue 积分. 严格地说, 函数 $f(x)$ 还应具有“可测性”. 可以这样说: 物理上遇到的函数都满足这一要求. 此外, 两个函数如果只在测度为零的集上不同就应被视为 $\mathrm{L}^2[a,b]$ 的同一元素. 本脚注同样适用于 $\mathrm{L}^2(\mathbb{R}^n)$.

注 3 有限维的内积空间一定完备，因此一定是Hilbert空间. 然而量子力学中用到的 Hilbert 空间多数是无限维的. 无限维是许多问题变得复杂的根源.

同 $L^2[a,b]$ 相仿,

$$L^2(\mathbb{R}^n) \equiv \{f: \mathbb{R}^n \to \mathbb{C} \mid f \text{ 满足} \int |f|^2 \, d^n x < \infty\} \quad [\text{内积定义仿式(B-1-1)}] \tag{B-1-3}$$

也是 Hilbert 空间, 其中 $L^2(\mathbb{R}^3)$ 是量子力学常用的波函数空间.

由于具有完备性, Hilbert 空间有许多很好的性质, 其中对我们特别有用的就是 $\mathscr{H}$ 与其对偶空间 $\mathscr{H}^*$ "一样大", 即 $\nu[\mathscr{H}] = \mathscr{H}^*$, 见如下命题:

命题 B-1-2 设 $\mathscr{H}$ 是 Hilbert 空间, $\mathscr{H}^*$ 是其对偶空间, 则 $\forall \eta \in \mathscr{H}^*$, 有唯一的 $f_\eta \in \mathscr{H}$ 使 $\eta(g) = (f_\eta, g) \ \forall g \in \mathscr{H}$.

证明 见任一泛函分析教程中关于 Riesz 表现定理的证明. □

注 4 命题 B-1-2 表明, 对 Hilbert 空间 $\mathscr{H}$, 命题 B-1-1 的 ν: $\mathscr{H} \to \mathscr{H}^*$ 是到上的, 即 ν 是一一到上的反线性映射. 这个命题的重要性在于保证 $\mathscr{H}$ 同 $\mathscr{H}^*$ "一样大", 请注意不完备内积空间没有这样好的结论. 可见物理学不但需要内积空间, 而且需要完备的内积空间——Hilbert 空间.

利用映射 $\nu: \mathscr{H} \to \mathscr{H}^*$ 还可把 $\mathscr{H}^*$ 定义为 Hilbert 空间: $\forall \eta, \xi \in \mathscr{H}^*$, 由命题 B-1-2 可知有唯一的 $f_\eta, f_\xi \in \mathscr{H}$ 使 $\eta = \nu(f_\eta), \xi = \nu(f_\xi)$. 定义 η 和 ξ 的内积为

$$(\eta, \xi) := (f_\xi, f_\eta), \tag{B-1-4}$$

则不难验证(习题) (η, ξ) 满足内积定义, 故 $\mathscr{H}^*$ 是内积空间. 还可证明 $\mathscr{H}^*$ 是完备的, 因而也是 Hilbert 空间. 可见 $\mathscr{H}^*$ 与 $\mathscr{H}$ 实在非常"像": 它们之间不但存在一一到上的反线性映射, 而且这一映射还在式(B-1-4)的意义上保内积. $\mathscr{H}$ 和 $\mathscr{H}^*$ 的这种相像性使我们可以把它们分别用作量子力学中的右矢和左矢空间(详见小节 B.1.4).

[选读 B-1-1]

设 V 是不完备的内积空间(因而不是 Hilbert 空间), 我们来说明 V^* 仍可被自然地定义为 Hilbert 空间. 以 $\mathscr{H}$ 代表把 V 完备化后得到的 Hilbert 空间, 则 $\mathscr{H} = \overline{V}$. 按照命题 B-1-2 及其后面的讨论, $\mathscr{H}^*$ 也是 Hilbert 空间. $\mathscr{H}^*$ 的任一元素 η 是 $\mathscr{H}$ 上的连续线性泛函, 把它的作用范围限制在 $V \subset \mathscr{H}$, 便得 V 上的一个连续线性泛函, 记作 $\tilde{\eta} \in V^*$. 可见存在映射 $\beta: \mathscr{H}^* \to V^*$, 定义为 $\beta(\eta) := \tilde{\eta}$. 由 $\mathscr{H} = \overline{V}$ 并借助柯西序列可以证明映射 β 是一一到上的线性映射. 于是可用 β 将 V^* 和 $\mathscr{H}^*$ 认同, 从而使 V^* 也获得 Hilbert 空间的结构.

小结 无论内积空间 V 是否完备, 其对偶空间 V^* 一定完备(一定是 Hilbert 空间). 若 V 不完备, 则 $\nu[V] \neq V^*$ 而 $\overline{\nu[V]} = V^*$ (此即"最多只多一层皮"的含义); 若 V

完备, 则 $\nu[V]=V^*$.　　**[选读 B-1-1 完]**

[选读 B-1-2]

利用连续线性泛函的概念还可对 δ 函数赋予准确的数学含义. 众所周知, Dirac 最先提出 δ 函数概念并用它成功地解决了许多物理问题. 他把 $\delta(x)$ 定义为满足如下要求的“一元函数”:

(a) $\delta(x)=\begin{cases}0, & x\neq 0\\ \infty, & x=0\end{cases}$,

(b)对 $\mathbb{R}$ 上任意函数 $\varphi(x)$ 有 $\int_{-\infty}^{\infty}\varphi(x)\delta(x)\mathrm{d}x=\varphi(0)$.　　(B-1-5)

然而这样定义的 $\delta(x)$ 无论如何不是普通意义下的一元函数, 因为 $\delta(0)=\infty$ 不符合“一元函数是从 $\mathbb{R}$ (或其子集)到 $\mathbb{R}$ 的映射”这一定义. 而且, 更重要的, 条件(a)表明 $\delta(x)$ 几乎处处为零, 根据 Lebesgue 积分理论, 只能有 $\int_{-\infty}^{\infty}\delta(x)\mathrm{d}x=0$, 而条件(b)却要求 $\int_{-\infty}^{\infty}\delta(x)\mathrm{d}x=1$. 这使得数学界开始时拒绝接受 δ 函数. 然而 δ 函数“屡战屡捷”的事实引起了某些数学家的兴趣, 他们经过努力后提出了广义函数理论(20 世纪 40 年代左右), 从而把 δ 函数置于严格的数学基础之上. 简单地说, δ 函数不是普通意义的函数而是某个特定的函数空间 K (带拓扑)上的连续线性泛函. 观察式(B-1-5b)不难发现 $\int_{-\infty}^{\infty}\delta(x)(\cdot)\mathrm{d}x$ 是一部有一个输入槽的机器, 输入任一函数 $\varphi(x)$ 就产出一个复(或实)数 $\varphi(0)$, 可见 $\delta(x)$ 的实质是函数空间上的线性泛函. 用以定义广义函数的那个函数空间 K 是全体“足够好”的函数的集合, 定义为

$$K := \{\varphi:\ \mathbb{R}\to\mathbb{C}\,|\,\varphi\text{ 为 }C^\infty,\ \varphi\text{ 的支集}^{①}\text{有界}\}.\tag{B-1-6}$$

再在其上定义适当的拓扑(从略. 定义了这一拓扑的 K 称为**基本空间**), 则对 K 上的线性泛函便可问及是否连续的问题. K 上的每个连续线性泛函称为一个**广义函数**(generalized function), 亦称一个**分布**(distribution). 可以证明: ① $\mathbb{R}$ 上任一局部可积函数 $f(x)$ [②] 都可看作一个广义函数 η, 更确切地说, $f(x)$ 按下式定义的泛函 η_f

$$\eta_f(\varphi)=\int_{-\infty}^{\infty}f(x)\varphi(x)\,\mathrm{d}x,\quad \forall\varphi\in K\tag{B-1-7}$$

是一个广义函数, 称为**函数型的广义函数**, 可见广义函数可看作普通函数在某种意义上的推广. ② $\forall x_0\in\mathbb{R}$, 用下式定义的连续线性泛函 δ_{x_0}

① 函数 $\varphi(x)$ 的**支集**定义为子集 $\{x\in\mathbb{R}\,|\,\varphi(x)\neq 0\}$ 的闭包.

② 函数 $f(x)$ 称为**局部可积的**, 若它在 $\mathbb{R}$ 的每一有界区域内可积.

$$\delta_{x_0}(f) := f(x_0), \quad \forall f \in K \tag{B-1-8}$$

也是一个广义函数(当 $x_0 = 0$ 时又简记为 δ), 但是不存在任何局部可积函数 $f(x)$ 满足 $\eta_f = \delta_{x_0}$, 因此 δ_{x_0} 属于**非函数型的广义函数**. 式(B-1-8)也可形式地表为

$$\delta_{x_0}(f) = \int_{-\infty}^{\infty} \delta(x - x_0) f(x) \mathrm{d}x = f(x_0), \quad \forall f \in K, \tag{B-1-9}$$

其中 $\delta(x-x_0)$ 只是一个象征性的符号而不是什么函数. Dirac 把记号 $\delta(x-x_0)$ 看作函数(看作把实数变为实数的映射)虽然不对, 但他从来都只把 $\delta(x-x_0)$ 置于积分号内使用, 就是说, 他只用它把函数映射(变)为复(实)数, 实际上也就是把它作为泛函使用, 这就是他"屡战屡捷"的原因.

对广义函数还可定义导函数. 众所周知, 许多普通函数都没有导数. 然而广义函数都有导函数(无限阶可微), 而且导函数都是广义函数, 详见参考文献.

初学者在得知 δ 函数是连续线性泛函后, 往往误以为它是 Hilbert 空间 $\mathscr{H}$ 上的连续线性泛函. 如果果真如此, δ 函数就属于 $\mathscr{H}^*$, 由命题 B-1-2 便知 $\mathscr{H}$ 必有元素与之对应, 而这样一来 δ 就成为函数型广义函数(即普通意义下的函数)了. 事实上, 广义函数(含 δ 函数)是基本空间 K 上的连续线性泛函, 而基本空间一定不是 Hilbert 空间. 上述误解的产生原因与下述情况有关: 由于 Dirac 在讨论量子力学时经常使用 δ 函数, 人们总以为 δ 函数与量子力学密切相关. 其实, 冯·诺依曼等人为量子力学建立的一整套严密的数学基础根本不涉及 δ 函数, 详见§B.2.

本选读主要参考文献: 夏道行等(1985); 盖尔芳特等(1965). **[选读 B-1-2 完]**

B.1.2 Hilbert 空间的正交归一基

N 维矢量空间 V 的一个基底无非是由 N 个元素组成的、满足如下两个要求的一个序列 $\{e_1, \cdots, e_N\}$: ① $\{e_1, \cdots, e_N\}$ 线性独立; ② V 的任一元素 f 可由 $\{e_1, \cdots, e_N\}$ 线性表出. 我们想把基底概念推广至无限维的 Hilbert 空间 $\mathscr{H}$.

定义 8 $\mathscr{H}$ 的有限子集 $\{f_1, \cdots, f_N\}$ 称为**线性独立的**, 若

$$\sum_{n=1}^{N} c_n f_n = 0 \Rightarrow c_n = 0, \ n = 1, \cdots, N.$$

$\mathscr{H}$ 的任一子集 $\{f_\alpha\}$ 称为**线性独立的**, 若 $\{f_\alpha\}$ 的任一非空有限子集线性独立.

如果 $\mathscr{H}$ 中存在满足以下两条件的无限序列 $\{e_n\}$: ① $\{e_n\}$ 线性独立; ② $\mathscr{H}$ 的任一元素 f 可由 $\{e_n\}$ 线性表出:

$$f = \sum_{n=1}^{\infty} c_n e_n, \quad c_n \in \mathbb{C}, \tag{B-1-10}$$

就说 $\{e_n\}$ 构成 $\mathscr{H}$ 的一个基底. (上式中的 $f = \sum_{n=1}^{\infty} c_n e_n$ 是 $\lim\limits_{N\to\infty} \sum_{n=1}^{N} c_n e_n$ 的简写.

请注意这里的极限涉及 $\mathscr{H}$ 的拓扑, 对于未定义拓扑的矢量空间无意义.)

下面再讨论 $\mathscr{H}$ 的正交归一基.

定义 9　Hilbert 空间 $\mathscr{H}$ 中的序列 $\{f_n\}$ 叫**正交归一序列**, 若

$$(f_m, f_n) = \delta_{mn}. \tag{B-1-11}$$

不难证明(习题) $\mathscr{H}$ 中的任一正交归一序列都线性独立. 所以, 若 $\mathscr{H}$ 的维数有限, 则当 $\{f_n\}$ 的元素个数等于 $\mathscr{H}$ 的维数时, $\{f_n\}$ 自然构成 $\mathscr{H}$ 的一个基底, 而且是正交归一基. 当 $\mathscr{H}$ 是无限维时, 要成为正交归一基, $\{f_n\}$ 的元素必须无限多个. 然而, 并非由无限多个元素构成的正交归一序列 $\{f_n\}$ 都是正交归一基, 这里有一个是否已把元素"选够"的问题(例如, 设 $\{f_n\}$ 是基底, 则只取 n 为偶数的子集也含无限多个元素, 但却不是基底), 只有满足下面定义的完备性条件的 $\{f_n\}$ 才能成为正交归一基.

定义 10　$\mathscr{H}$ 中的正交归一序列 $\{f_n\}$ 叫**完备的**(complete), 若 $\mathscr{H}$ 中除零元外不存在与每个 f_n 都正交的元素(即不能通过给 $\{f_n\}$ 添加新元素而得到"更大"的正交归一序列).

$\{f_n\}$ 的完备性保证 $\mathscr{H}$ 的任一元素 f 都可用 $\{f_n\}$ 线性表出, 因此 $\mathscr{H}$ 的任一完备的正交归一序列(如果存在)都是 $\mathscr{H}$ 的正交归一基[证明见 Roman(1975)定理 10.4(4)]. 改用 $\{e_n\}$ 代表完备的正交归一序列, 则任一 $f \in \mathscr{H}$ 都可用 $\{e_n\}$ 线性表出[见式(B-1-10)]. 由式(B-1-10)和(B-1-11)得

$$c_n = (e_n, f), \tag{B-1-12}$$

故

$$f = \sum\nolimits_{n=1}^{\infty} (e_n, f) e_n. \tag{B-1-13}$$

[选读 B-1-3]

由正交归一序列构成的正交归一基 $\{e_n\}$ 虽然有无限多个元素, 但 n 为自然数就表明 $\{e_n\}$ 是可数的(countable)(可以一个一个地数). 然而, 并非任意 Hilbert 空间 $\mathscr{H}$ 都有可数的正交归一基, 因此还要谈及不可数的正交归一基 $\{e_\alpha\}$, 其中 α 只用于识别子集中的元素, 不代表自然数, $\{e_\alpha\}$ 不是序列而是不可数子集. 下面给出最一般的 Hilbert 空间的基底定义:

定义 11　$\mathscr{H}$ 的子集 $\{e_\alpha\}$ (其元素个数可以无限, 而且可以不可数)称为 $\mathscr{H}$ 的一个**基底**, 若 $\{e_\alpha\}$ 是线性独立的, 且 $\overline{\mathscr{S}} = \mathscr{H}$, 其中

$$\mathscr{S} := \{f \in \mathscr{H} \mid f \text{ 可表为 } \{e_\alpha\} \text{ 中的有限个元素的线性组合}\}.$$

每一 Hilbert 空间都有正交归一基[证明见 Reed and Simon(1980)定理 II.5], 但只当它具有**可分性**(separability, 定义略)时才有可数的正交归一基[见 Roman(1975)定理 10.2(5) and 10.2(7)]. 可喜的是, 实用中遇到的 Hilbert 空间多数是

可分的, 平方可积函数空间 $L^2(\mathbb{R}^n)$ 就是一例.

若 $\{e_\alpha\}$ 为可数基, 则任一 $f\in\mathscr{H}$ 自然可以表为基矢的取和展开式(B-1-13). 有趣的是, 即使 $\{e_\alpha\}$ 为不可数基, 任一 $f\in\mathscr{H}$ 仍可用式(B-1-13)表示, 这是因为泛函分析有如下结论[证明见 Reed and Simon(1980)定理 II.6]: $\forall f\in\mathscr{H}$, 满足 $(e_\alpha, f)\neq 0$ 的 e_α 必组成可数子集, 即 f 在 $\{e_\alpha\}$ 中挑出一个可数子集 $\{e_n\}$ (不同 f 挑出的子集可不同), 用它可把 f 表为可数项之和. 结论: 即使是不可分的 Hilbert 空间, 其任一元素 f 仍可用基矢表为可数项之和, 即式(B-1-13)仍成立. **[选读 B-1-3 完]**

B.1.3 Hilbert 空间上的线性算符

定义 12 映射 $A: \mathscr{H}\to\mathscr{H}$ 称为 $\mathscr{H}$ 上的**算符**(operator), 数学书一般译作**算子**. A 作用于 $f\in\mathscr{H}$ 的结果记作 Af. A 称为**线性算符**(linear operator), 若

$$A(c_1f_1+c_2f_2)=c_1Af_1+c_2Af_2, \quad \forall f_1,f_2\in\mathscr{H},\ c_1,c_2\in\mathbb{C}.$$

定义 13 算符 $A: \mathscr{H}\to\mathscr{H}$ 和 $B: \mathscr{H}\to\mathscr{H}$ 称为**相等的**, 若 $Af=Bf \quad \forall f\in\mathscr{H}$.

今后如无特别声明, 行文中的算符均指线性算符. $\mathscr{H}$ 上全体线性算符的集合 $\mathscr{L}(\mathscr{H})$ 也是个复矢量空间, 只要用如下的自然方式定义加法和数乘:

加法 $\quad (A_1+A_2)f := A_1f+A_2f, \quad \forall A_1,A_2\in\mathscr{L}(\mathscr{H}), f\in\mathscr{H}$; (B-1-14)

数乘 $\quad (cA)f := c(Af), \quad \forall A\in\mathscr{L}(\mathscr{H}), f\in\mathscr{H}, c\in\mathbb{C}$; (B-1-15)

[$\mathscr{L}(\mathscr{H})$ 的零元(也叫**零算符**)是这样的算符, 它作用于任意 $f\in\mathscr{H}$ 都得 $\mathscr{H}$ 的零元.]

算符分为有界算符和无界算符两大类(定义见下节). 本节只讨论有界算符.

定义 14 $\mathscr{H}$ 上的一个线性算符 $A: \mathscr{H}\to\mathscr{H}$ 自然诱导出 $\mathscr{H}^*$ 上的一个线性算符 $A^*: \mathscr{H}^*\to\mathscr{H}^*$, 定义为

$$(A^*\eta)(f) := \eta(Af), \quad \forall f\in\mathscr{H},\ \eta\in\mathscr{H}^*. \tag{B-1-16}$$

易见 $A^*\eta$ (作为从 $\mathscr{H}$ 到 $\mathbb{C}$ 的映射)是线性的, 还可证明它是连续的,因此 $A^*\eta\in\mathscr{H}^*$, 从而保证 A^* 是从 $\mathscr{H}^*$ 到 $\mathscr{H}^*$ 的映射. 这样定义的 A^* 称为算符 A 的**对偶算符**(dual operator).

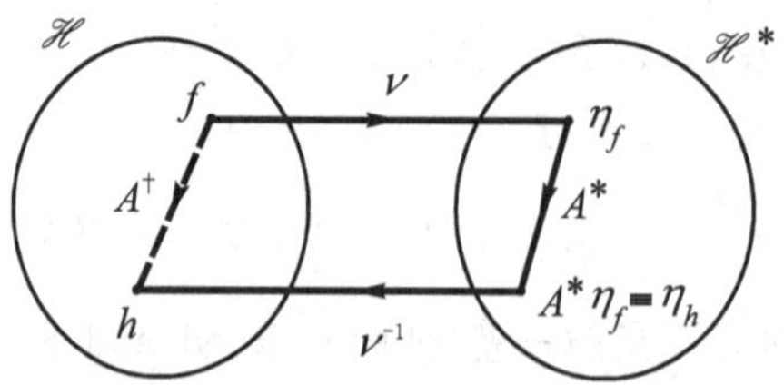

图 B-2 用映射 ν 和 A^* 定义 $A^\dagger$

注 5　① A 和 A^* 是两个不同 Hilbert 空间上的算符, 其中 A: $\mathscr{H} \to \mathscr{H}$ 而 A^*: $\mathscr{H}^* \to \mathscr{H}^*$. ②请读者证明:(a) A^* 的确是线性算符; (b) A^* 与 A 的对应关系是线性的, 即

$$(A_1 + A_2)^* = A_1^* + A_2^*, \qquad (cA)^* = cA^* .$$

$\mathscr{H}$ 上的任一线性算符 A 的对偶算符 A^* 又可自然诱导出 $\mathscr{H}$ 上的一个线性算符 $A^\dagger$: $\mathscr{H} \to \mathscr{H}$. 设 ν: $\mathscr{H} \to \mathscr{H}^*$ 是小节 B.1.1 中的一一、到上、反线性映射, 则 $\forall f \in \mathscr{H}$, 由图 B-2 所示的映射路径可知有唯一的 $h \in \mathscr{H}$ 与之对应, 故可自然地定义

$$A^\dagger f := h, \tag{B-1-17}$$

就是说, $A^\dagger$ 由如下的复合映射定义:

$$A^\dagger := \nu^{-1} \circ A^* \circ \nu . \tag{B-1-18}$$

ν 的反线性性导致 ν^{-1} 的反线性性, 加上 A^* 的线性性, 便知 $A^\dagger$ 是线性的.

定义 15　式(B-1-18)定义的 $A^\dagger$: $\mathscr{H} \to \mathscr{H}$ 叫 A 的**伴随算符**(adjoint operator).

注 6　A 和 $A^\dagger$ 都是 $\mathscr{H}$ 上的算符, 但 A^* 是 $\mathscr{H}^*$ 上的算符.

命题 B-1-3　设 $A^\dagger$ 是 A 的伴随算符, 则

$$(f, Ag) = (A^\dagger f, g), \quad \forall f, g \in \mathscr{H} . \tag{B-1-19}$$

反之, 若 B: $\mathscr{H} \to \mathscr{H}$ 满足

$$(f, Ag) = (Bf, g), \quad \forall f, g \in \mathscr{H}, \tag{B-1-20}$$

则 $B = A^\dagger$.

证明　$(f, Ag) = \eta_f(Ag) = (A^*\eta_f)(g) \equiv \eta_h(g) = (h, g) = (A^\dagger f, g)$,

其中第一步用到 η_f 的定义, 第二步用到 A^* 的定义, 第三步无非是把 $A^*\eta_f$ 记作 η_h (见图 B-2), 第五步用到 $A^\dagger$ 的定义式(B-1-17). 反之, 式(B-1-20)减式(B-1-19)得

$$0 = (Bf, g) - (A^\dagger f, g) = (Bf - A^\dagger f, g), \quad \forall f, g \in \mathscr{H},$$

故 $0 = Bf - A^\dagger f = (B - A^\dagger) f \quad \forall f \in \mathscr{H}$, 因而 $B = A^\dagger$. □

注 7　可见式(B-1-19)可用作 $A^\dagger$ 的等价定义.

命题 B-1-4　$A^\dagger$ 与 A 的对应关系是反线性的, 即

$$(A_1 + A_2)^\dagger = A_1^\dagger + A_2^\dagger, \tag{B-1-21}$$

$$(cA)^\dagger = \bar{c} A^\dagger, \quad \forall c \in \mathbb{C}. \tag{B-1-22}$$

证明　习题. □

命题 B-1-5　设 A 为 $\mathscr{H}$ 上的有界算符, 则 $A^{\dagger\dagger}=A$.

证明　习题. □

定义 16　(有界)线性算符 $A:\ \mathscr{H}\to\mathscr{H}$ 称为**自伴的**(self-adjoint)或者**厄米的**(hermitean), 若 $A=A^\dagger$, 即

$$(f,Ag)=(Af,g),\quad \forall f,g\in\mathscr{H}. \tag{B-1-23}$$

注 8　“厄米算符就是自伴算符”的说法只对有界算符成立. 对无界算符, 自伴性强于厄米性, 详见下节.

B.1.4　Dirac 的左右矢记号

在Dirac的记号中, 每一 $f\in\mathscr{H}$ 记作 $|f\rangle$, 称为**右矢**(ket); 每一 $\eta\in\mathscr{H}^*$ 记作 $\langle\eta|$, 称为**左矢**(bra). $\langle\eta|$ 作用于 $|f\rangle$ 所得复数记作 $\langle\eta|f\rangle$, 即 $\langle\eta|f\rangle\equiv\eta(f)$. 物理学家常把 $\langle\eta|f\rangle$ 称为 $\langle\eta|$ 与 $|f\rangle$ 的内积, 在泛函分析中 $\langle\eta|f\rangle$ 则是 g_η 与 f 的内积, 其中 $g_\eta\equiv\nu^{-1}(\eta)\in\mathscr{H}$. 记号 $\langle\eta|f\rangle$ 中的 $\langle\ \rangle$ 可看作一个尖括号, “括号”在英文中是“bracket”, 去掉字母 c 并拆为两半, 自然把左半 $\langle\ |$ 称为 bra, 而右半 $|\ \rangle$ 称为 ket. $|f\rangle\in\mathscr{H}$ 在 $\nu:\ \mathscr{H}\to\mathscr{H}^*$ 映射下的像 $\eta_f\in\mathscr{H}^*$ 本应记作 $\langle\eta_f|$, 但可简记为 $\langle f|$, 这不会与 $|f\rangle$ 混淆, 却可形象地表明 $\langle f|$ 就是 $|f\rangle$ 在 ν 映射下的对应物. 通常也把这种对应关系记作 $\langle f|\leftrightarrow|f\rangle$. 同样, $\langle\eta|\in\mathscr{H}^*$ 的逆像 $\nu^{-1}(\eta)$ 可简记为 $|\eta\rangle$, 即 $\langle\eta|\leftrightarrow|\eta\rangle$, 原来的 $(f,g)=\eta_f(g)$ 则可表为 $(f,g)=\langle f|g\rangle$. 实际上, 使用 Dirac 记号后无需再以拉丁字母 $f, g, \cdots$ 和希腊字母 $\eta, \xi, \cdots$ 分别代表 $\mathscr{H}$ 和 $\mathscr{H}^*$ 的元素. 设 $|\psi\rangle\in\mathscr{H}, c\in\mathbb{C}$, 则 $c|\psi\rangle\in\mathscr{H}$, 也可记作 $|c\psi\rangle$, 即 $c|\psi\rangle\equiv|c\psi\rangle$. 由定义1 的(c)和(b)有

$$\langle\psi|\phi\rangle=\overline{\langle\phi|\psi\rangle}, \tag{B-1-24}$$

$$\langle\psi|c\phi\rangle=c\langle\psi|\phi\rangle, \tag{B-1-25}$$

和

$$\langle c\psi|\phi\rangle=\bar{c}\langle\psi|\phi\rangle, \tag{B-1-26}$$

其中 $\langle c\psi|$ 代表 $|c\psi\rangle$ 在映射 ν 下的像,即 $\langle c\psi|\leftrightarrow|c\psi\rangle$. 注意到 ν 的反线性性, 得

$$\langle c\psi|=\nu(c\psi)=\bar{c}\,\nu(\psi)=\bar{c}\langle\psi|,$$

故映射 $\nu:\ \mathscr{H}\to\mathscr{H}^*$ 的反线性性体现为

$$\langle c\psi|=\bar{c}\langle\psi| \tag{B-1-27}$$

或
$$c|\psi\rangle \leftrightarrow \bar{c}\langle\psi|, \tag{B-1-28}$$

其中$\bar{c}\langle\psi|$是复数$\bar{c}$乘左矢$\langle\psi|$所得的左矢, 也可记为$\langle\psi|\bar{c}$.

算符A作用于右矢$|\psi\rangle\in\mathscr{H}$所得的右矢记作$|A\psi\rangle$, 即$A|\psi\rangle\equiv|A\psi\rangle$. 把$A^*$作用于左矢$\langle\eta|\in\mathscr{H}^*$的结果记作$A^*\langle\eta|$, 则$A^*$的定义式(B-1-16)可表为

$$(A^*\langle\eta|)|f\rangle=\langle\eta|(A|f\rangle), \quad \forall|f\rangle\in\mathscr{H}, \langle\eta|\in\mathscr{H}^*. \tag{B-1-16$'$}$$

现在说明上式右边的圆括号可以去掉. 先回到不用 Dirac 记号的式(B-1-16). 因为$A: \mathscr{H}\to\mathscr{H}$而$\eta: \mathscr{H}\to\mathbb{C}$, 所以$\eta\circ A: \mathscr{H}\to\mathbb{C}$. η是$\mathscr{H}$上的连续线性泛函保证$\eta\circ A$也是, 故$\eta\circ A\in\mathscr{H}^*$. 进一步把$\eta\circ A$简记作$\eta A$, 则式(B-1-16)又可表为

$$(A^*\eta)(f)=(\eta\circ A)(f)=(\eta A)(f), \quad \forall f\in\mathscr{H}, \quad \eta\in\mathscr{H}^*,$$

因而$A^*\eta=\eta A\ (\in\mathscr{H}^*)$, 用 Dirac 记号则为$A^*\langle\eta|=\langle\eta|A$, 于是式(B-1-16′)左边等于$(\langle\eta|A)|f\rangle$, 故式(B-1-16′)其实是

$$(\langle\eta|A)|f\rangle=\langle\eta|(A|f\rangle). \tag{B-1-29}$$

上式表明圆括号没有必要, $\langle\eta|A|f\rangle$有明确含义, 它既可理解为$(\langle\eta|A)|f\rangle$, 也可理解为$\langle\eta|(A|f\rangle)$. 有人把$A^\dagger$记作A^*, 则他们的$\langle\eta|A^*$是我们的$\langle\eta|A^\dagger=A^{\dagger*}\langle\eta|$.

命题 B-1-6
$$A|\psi\rangle \leftrightarrow \langle\psi|A^\dagger. \tag{B-1-30}$$

证明　因$A|\psi\rangle\equiv|A\psi\rangle\leftrightarrow\langle A\psi|$, 故只须证$\langle A\psi|\phi\rangle=(\langle\psi|A^\dagger)|\phi\rangle\ \forall|\phi\rangle\in\mathscr{H}$. 由式(B-1-29)得

$$(\langle\psi|A^\dagger)|\phi\rangle=\langle\psi|(A^\dagger|\phi\rangle)=\langle\psi|A^\dagger\phi\rangle=\langle A\psi|\phi\rangle,$$

其中第一步用到式(B-1-29), 第二步用到$A^\dagger|\phi\rangle=|A^\dagger\phi\rangle$, 第三步用到式(B-1-19)及$A^{\dagger\dagger}=A$(命题 B-1-5). □

由式(B-1-30)和(B-1-27)可知任一算符A的本征方程$A|\psi\rangle=c|\psi\rangle$的左矢形式为

$$\langle\psi|A^\dagger=\langle\psi|\bar{c}. \tag{B-1-31}$$

设$\{|e_n\rangle\}$是$\mathscr{H}$的正交归一基, 则可定义$\mathscr{H}$上的线性算符$\sum\limits_n|e_n\rangle\langle e_n|$为

$$(\textstyle\sum_n|e_n\rangle\langle e_n|)|\psi\rangle:=\sum_n|e_n\rangle\langle e_n|\psi\rangle\in\mathscr{H}, \quad \forall|\psi\rangle\in\mathscr{H}. \tag{B-1-32}$$

与式(B-1-13)结合得

$$\sum_n |e_n\rangle\langle e_n| = I, \tag{B-1-33}$$

其中 I 代表单位算符(恒等映射), 其定义为 $I|\psi\rangle := |\psi\rangle \ \forall |\psi\rangle \in \mathscr{H}$. 式(B-1-33)便是量子力学中常用的**完备性关系**.

B.1.5 态矢和射线

量子系统每一时刻的态由 Hilbert 空间 $\mathscr{H}$ 中的一个矢量(右矢 $|\psi\rangle$)表示, 因此右矢叫做**态矢**(state vector). 然而态矢与态的对应关系不是一一的. Dirac(1981)P.17 说过(大意): 设由 $|\psi\rangle$ 代表的态与自己叠加, 结果将对应于态矢 $c_1|\psi\rangle + c_2|\psi\rangle = (c_1 + c_2)|\psi\rangle$, 其中 c_1 和 c_2 是任意复数. 我们应该假定, 除了 $c_1 + c_2 = 0$ 的情况外, 结果态 $(c_1 + c_2)|\psi\rangle$ 与原始态 $|\psi\rangle$ 相同, 即态矢 $(c_1 + c_2)|\psi\rangle$ 和 $|\psi\rangle$ 应代表相同的态. ("自己与自己叠加不会得出新态", 请注意这与经典物理非常不同.) 就是说, 右矢 $|\psi\rangle$ 和 $c|\psi\rangle$ (c 为任意非零复数)代表同一状态. 于是, 若对 $\mathscr{H}$ 的任意非零元素 $|\psi\rangle$ 定义 $\mathscr{H}$ 的子集 $r_\psi := \{c|\psi\rangle \mid c \in \mathbb{C}, c \neq 0\}$, 并称 r_ψ 为过 $|\psi\rangle$ 的一条**射线**(ray), 则一条射线对应于量子系统的一个态. 以 $\mathscr{H}$ 中的所有射线为元素的集合 $\mathscr{R}$ 叫**射线空间**(ray space), 对讨论 "AA 几何相" (见§C.2)有重要作用.

§B.2 无界算符及其自伴性

§B.1讨论的是 "$\mathscr{H}$ 上的" "有界" 线性算符. 下面先解释这两个定语的含义.

"$\mathscr{H}$ **上**的算符(operator **on** $\mathscr{H}$)" 是指从 $\mathscr{H}$ 到 $\mathscr{H}$ 的映射, 其定义域是整个 $\mathscr{H}$. 然而量子力学中大多数算符 A 的定义域(记作 D_A)都只能是 $\mathscr{H}$ 的一个真子集, 即 A 只能是从 $D_A \subset \mathscr{H}$ ($D_A \neq \mathscr{H}$)到 $\mathscr{H}$ 的映射. 这称为 $\mathscr{H}$ **中**的算符(operator **in** $\mathscr{H}$).① 以 1 维空间的波函数空间 $\mathscr{H} = \mathrm{L}^2(\mathbb{R})$ 为例. (如前所述, 此乃无限维 Hilbert 空间.) 定义**位置算符**(position operator) X: $D_X \to \mathrm{L}^2(\mathbb{R})$ 为

$$(X\psi)(x) := x\psi(x), \quad \forall \psi \in D_X, x \in \mathbb{R}. \tag{B-2-1}$$

上式的含义是: X 作用于 D_X 的任一元素 ψ 的结果是这样一个波函数, 其在点 $x \in \mathbb{R}$ 的值等于 ψ 在点 x 的值 $\psi(x)$ 乘以 x. 算符 X 的定义域 $D_X \neq \mathrm{L}^2(\mathbb{R})$, 因为 $\exists \psi \in \mathrm{L}^2(\mathbb{R})$ 使 $X\psi \notin \mathrm{L}^2(\mathbb{R})$. 例如, 函数

---

① 这种用 on 和 in 形容算符定义域的约定只在部分文献中采用. 在不采用这种约定的文献[如 Reed and Simon(1980)]中 "operator on $\mathscr{H}$" 不表明该算符的定义域是 $\mathscr{H}$.

$$\psi(x)=\begin{cases}1/x, & x \geqslant 1 \\ 0, & x<1\end{cases}$$

是平方可积的,但函数

$$(X\psi)(x)=x\psi(x)=\begin{cases}1, & x \geqslant 1 \\ 0, & x<1\end{cases}$$

却非平方可积,说明 $\psi \in \mathrm{L}^2(\mathbb{R})$ 而 $\psi \notin D_X$. 因而位置算符 X 只是 $\mathrm{L}^2(\mathbb{R})$ 中[而非 $\mathrm{L}^2(\mathbb{R})$ 上]的线性算符. 第二个例子是**动量算符**(momentum operator) $P: D_P \to \mathrm{L}^2(\mathbb{R})$,其定义为

$$(P\psi)(x) := -\mathrm{i}\hbar\frac{\mathrm{d}\psi(x)}{\mathrm{d}x}, \quad \forall\psi \in D_P. \tag{B-2-2}$$

D_P 是 $\mathrm{L}^2(\mathbb{R})$ 的这样的子集,其中每个元素 $\psi(x)$ 几乎处处可微,① 而且

$$\frac{\mathrm{d}\psi(x)}{\mathrm{d}x} \in \mathrm{L}^2(\mathbb{R}).$$

并非 $\mathrm{L}^2(\mathbb{R})$ 的每个元素都满足这一条件,所以 $D_P \neq \mathrm{L}^2(\mathbb{R})$,即动量算符 P 也只是 $\mathrm{L}^2(\mathbb{R})$ 中[而非 $\mathrm{L}^2(\mathbb{R})$ 上]的线性算符.

下面介绍有界算符的定义.

定义 1　线性算符 $A: D_A(\subset \mathscr{H}) \to \mathscr{H}$ 称为**有界算符**(bounded operator),若 $\exists M>0$ 使

$$\sqrt{(Af, Af)} \leqslant M\sqrt{(f,f)}, \quad \forall f \in D_A, \tag{B-2-3}$$

否则称为**无界算符**(unbounded operator).

命题 B-2-1　设 A 是 $\mathscr{H}$ 上的有界线性算符,则 $A^\dagger$ [由式(B-1-18)定义]也是 $\mathscr{H}$ 上的有界线性算符.

证明　见 Roman(1975)定理 12.3a(1)的证明. □

对有限维 Hilbert 空间,所有线性算符都是有界的. 反之,量子力学用到的无限维 Hilbert 空间中许多重要线性算符(例如位置算符 X,动量算符 P 和哈氏算符 H)都是无界算符. X 的无界性可证明如下:考虑波函数序列 $\{\psi_1(x), \psi_2(x), \cdots, \psi_n(x), \cdots\}$,其中 $\psi_n(x)$ 定义为

---

① 关于 D_P 的进一步限制见命题 B-2-5 证明的脚注.

$$\psi_n(x)=\begin{cases}1, & x\in[n,\ n+1)\\ 0, & x\notin[n,\ n+1)\end{cases},$$

则易见 $\psi_n\in D_X$. 由式(B-1-1)有

$$(\psi_n,\psi_n)=\int_{-\infty}^{+\infty}\overline{\psi_n(x)}\,\psi_n(x)\mathrm{d}x=\int_n^{n+1}\mathrm{d}x=1,$$

另一方面,

$$(X\psi_n,X\psi_n)=\int_{-\infty}^{+\infty}x^2\overline{\psi_n(x)}\ \psi_n(x)\ \mathrm{d}x=\int_n^{n+1}x^2\mathrm{d}x>n^2.$$

因为 n 可为任意大的自然数, 所以不存在 $M>0$ 使

$$\sqrt{(X\psi_n,X\psi_n)}\leqslant M\sqrt{(\psi_n,\psi_n)},\quad \forall\psi_n(x).$$

可见 X 无界.

对无界算符的研究是在20世纪20年代为把量子力学置于严密的数学基础之上而激发起来的. von Neumann (冯·诺依曼) 的 "Allgemeine Eigenwerttheorie Hermitescher Functionaloperatoren" [Math. Ann. **102**, 49~131(1923~1930).] 和 M. Stone 的"Linear Transformations in Hilbert Spaces and their Applications to Analysis" [Amer. Math. Soc. Colloq. Publ., **15**, New York(1932)]对这一理论的发展起了决定性的作用. 虽然一般量子力学教材和文献的某些提法在数学上不严格, 但都可以严格化, 因为存在着以上述工作为基础的数学上严密的一整套量子力学理论(这套理论根本不涉及 δ 函数). 与此相反, 量子场论的某些方面至今尚无满意的数学基础.

可以证明, 有界算符的定义域总可延拓至整个 $\mathscr{H}$, 因此讨论有界算符时可只关心 $\mathscr{H}$ 上的算符. 然而对无界算符不能如此简化, 所以涉及无界算符时要格外注意定义域问题.

设 A 是 $\mathscr{H}$ 中的无界算符, 定义域 $D_A\neq\mathscr{H}$. 我们遇到的第一个问题是如何定义其伴随算符 $A^\dagger$. 首先回忆小节 B.1.3 对 $\mathscr{H}$ 上的算符 A 的对偶算符 A^* 和伴随算符 $A^\dagger$ 的定义. 先用下式定义 A^*:

$$(A^*\eta)(f):=\eta(Af),\quad \forall f\in\mathscr{H},\tag{B-2-4}$$

再用 A^* 借式(B-1-18)定义 $A^\dagger$. 可以证明这样定义的 A^*(和 $A^\dagger$)是 $\mathscr{H}^*$ 上(和 $\mathscr{H}$ 上)的有界算符. 然而, A^* 的上述定义对 $\mathscr{H}$ 中的算符 A 不适用. 由于 $D_A\neq\mathscr{H}$, Af 对于不在 D_A 中的 f 无意义, 因此式(B-2-4)中的 "$\forall f\in\mathscr{H}$" 应改为 "$\forall f\in D_A$". 然而这样改后的式(B-2-4)就不成其为 A^* 的定义, 因为要定义 $\mathscr{H}^*$ 的元素 $A^*\eta$ 必须定义它对 $\mathscr{H}$ 的每一元素的作用. 可见当 $D_A\neq\mathscr{H}$ 时 $A^\dagger$ 需要另给定义. 注意到式

(B-1-19), 可考虑用下法直接定义 $A^\dagger$. 对给定的 $f\in\mathscr{H}$, 若存在唯一的 $h_f\in\mathscr{H}$ 使

$$(f,Ag)=(h_f,g),\quad \forall g\in D_A,\tag{B-2-5}$$

就把 $A^\dagger f$ 定义为 h_f, 即

$$A^\dagger f:=h_f.\tag{B-2-6}$$

$A^\dagger$ 的定义域自然为

$$D_{A^\dagger}=\{f\in\mathscr{H}\,|\,\exists\text{唯一}\ h_f\in\mathscr{H}\ \text{使}\ (f,Ag)=(h_f,g)\ \forall g\in D_A\}.\tag{B-2-7}$$

用此法定义 $A^\dagger$ 的可能性取决于满足式 $(f,Ag)=(h_f,g)\ \forall g\in D_A$ 的 h_f 的唯一性, 其充要条件将由命题 B-2-2 给出. 为讲此命题先介绍两个术语: 拓扑空间 X 的子集 $U\subset X$ 称为**稠密子集**(dense subset), 若 $\overline{U}=X$ ($\overline{U}$ 代表 U 的闭包); Hilbert 空间 $\mathscr{H}$ 中的算符 A 称为**稠定的**(densely defined), 若 $\overline{D_A}=\mathscr{H}$.

命题 B-2-2　设 A 是 $\mathscr{H}$ 中的线性算符, $f\in\mathscr{H}$, 则满足

$$(f,Ag)=(h,g),\quad \forall g\in D_A\tag{B-2-8}$$

的 $h\in\mathscr{H}$ 是唯一的当且仅当 A 是稠定的.

证明[选读]

(A) 先证"当"部分. 设 $h,\ h'\in\mathscr{H}$ 满足 $(f,Ag)=(h_f,g)\ \forall g\in D_A$. 令 $h''\equiv h-h'$, 则

$$(h'',g)=0,\quad \forall g\in D_A.\tag{B-2-9}$$

欲证 $h''=0$ 需要比上式更强的条件, 即 $(h'',\psi)=0\ \forall\psi\in\mathscr{H}$. A 的稠定性 $\overline{D_A}=\mathscr{H}$ 保证 D_A 内存在点序列 $\{g_n\}$, 它以 ψ 为极限. 由内积的连续性[①]可知

$$(h'',\psi)=\lim_{n\to\infty}(h'',g_n)=0,\quad \forall\psi\in\mathscr{H},\tag{B-2-10}$$

其中第二步用到 $g_n\in D_A$ 及式(B-2-9). 可见 $h''=0$, 即满足式(B-2-8)的 h 必唯一.

(B) 再证"仅当"部分, 即" A 非稠定 $\Rightarrow h\in\mathscr{H}$ 不唯一". 设 $h\in\mathscr{H}$ 满足式(B-2-8). 可以证明, 只要 $\overline{D_A}\neq\mathscr{H}$, 则 $\mathscr{H}$ 必有非零元 h_1 与 D_A 的任一元素正交,[②] 即 $(h_1,g)=0\ \ \forall g\in D_A$. 令 $h'=h+h_1$, 便有

$$(h',g)=(h,g)=(f,Ag),\quad \forall g\in D_A.$$

---

① 内积的连续性的含义如下: 设 V 为内积空间, $f\in V$ 和 $g\in V$ 分别是 V 中序列 $\{f_n\}$ 和 $\{g_n\}$ 的极限, 则 $(f,g)=\lim_{n\to\infty}(f_n,g_n)$. 有余力的读者可借用 Schwarz 不等式(见习题 3)对此作出证明.

② $\bar{D}_A$ 的正交补(见选读 B-2-1 开头)的任一非零元素都可充当 h_1.

可见满足式(B-2-8)的 h 不唯一. □

由命题 B-2-2 可知,当且仅当 $\mathscr{H}$ 中的算符 A 为稠定时,其伴随算符 $A^\dagger$ 可由式(B-2-5)和(B-2-6)定义,其定义域由式(B-2-7)表示. 式(B-2-5)和(B-2-6)结合得

$$(f,Ag)=(A^\dagger f,g),\quad \forall g\in D_A, f\in D_{A^\dagger},\ f\in D_{A^\dagger}. \tag{B-2-11}$$

不难证明这样定义的 $A^\dagger$ 是线性的,而且若 A 是 $\mathscr{H}$ 上的有界算符,则这样定义的 $A^\dagger$ 与由式(B-1-19)定义的 $A^\dagger$ 相同(这时 $A^\dagger$ 也是 $\mathscr{H}$ 上的有界算符). 考虑到命题 B-2-2,今后凡谈到算符 A 的伴随算符 $A^\dagger$ 时都默认 A 是稠定的. 可以证明位置和动量算符都是稠定算符. 应该指出,D_A 稠密并不保证 $D_{A^\dagger}$ 稠密. 在最坏的情况下,$D_{A^\dagger}$ 可以"小"到只含零元的程度,即 $D_{A^\dagger}=\{0\}$. 幸好这种情况很少出现. 定义域不稠密的无界算符在量子力学中没有什么用处.

算符的厄米性对量子力学的重要性是众所周知的. 上节已对 $\mathscr{H}$ 上的算符 A 的厄米性下了如下定义:

$$(f,Ag)=(Af,g),\quad \forall f,g\in\mathscr{H}.\quad \text{[即式(B-1-23)]}$$

$\mathscr{H}$ 中的算符 A: $D_A\to\mathscr{H}$ 的厄米性仍可用上式定义,只须把式中的 $\forall f,g\in\mathscr{H}$ 改为 $\forall f,g\in D_A$. 然而,泛函分析有个 Hellinger-Toeplitz 定理,它断言 Hilbert 空间 $\mathscr{H}$ 上满足式(B-1-23)的算符 A 必然有界. 这就导致如下的严酷结论:无界的厄米算符的定义域不可能是全 $\mathscr{H}$. 因此涉及无界厄米算符时必须格外注意定义域问题. 下面将看到,无界算符的厄米性和自伴性的关键区别就在于定义域.

设 A, B 是 $\mathscr{H}$ 上的算符,则其和、积及相等的定义十分简单:

和 $(A+B)f := Af+Bf,\quad \forall f\in\mathscr{H}$,

积 $(AB)f := A(Bf),\quad \forall f\in\mathscr{H}$,

相等 $A=B$ 当且仅当 $Af=Bf,\ \forall f\in\mathscr{H}$.

然而对 $\mathscr{H}$ 中的算符就要麻烦一些. 例如,$A+B$ 的定义域只能是 $D_A\cap D_B$,而 AB 的定义域则还涉及 B 的值域,因为只当 $Bf\in D_A$ 时 ABf 才有意义. A 与 B 的相等性和相互包含性则由如下定义规定:

定义 2 设 A, B 是 $\mathscr{H}$ 中的线性算符,其定义域分别为 D_A 和 D_B,则

(a) $A=B$ 若 $D_A=D_B$ 而且 $Af=Bf\ \ \forall f\in D_A=D_B$;

(b) $A\subset B$ 若 $D_A\subset D_B$ 而且 $Af=Bf\ \ \forall f\in D_A$ [把 B 称为 A 的**延拓**或**扩张**(extension)].

定义 3 $\mathscr{H}$ 中的任意(有界或无界)稠定线性算符 A 称为**厄米的**(hermitean),若

$$(f,Ag)=(Af,g),\quad \forall f,g\in D_A. \tag{B-2-12}$$

命题 B-2-3　$\mathscr{H}$ 中的稠定算符 A 为厄米算符的充要条件是 $A \subset A^{\dagger}$.[①]

证明

(A) 设 A 为厄米, 则 $\forall f \in D_A$ 有 $(f, Ag) = (h_f, g)\ \forall g \in D_A$. 与式(B-2-7)对比发现 $f \in D_{A^{\dagger}}$ (其中的 h_f 的唯一性由 A 的稠定性保证, h_f 就是 Af). 所以 $f \in D_A \Rightarrow f \in D_{A^{\dagger}}$, 因而 $A \subset A^{\dagger}$.

(B) 设 $A \subset A^{\dagger}$, 则 $D_A \subset D_{A^{\dagger}}$ 且 $\forall f \in D_A$ 有 $A^{\dagger} f = Af$, 故由式(B-2-11)有

$$(f, Ag) = (Af, g), \quad \forall f, g \in D_A,$$

可见 A 是厄米的. □

注 1　讨论表明(此处只介绍结论), 若厄米算符 A 有界, 可把 A 唯一地延拓为 $\mathscr{H}$ 上的有界算符, 仍记作 A (唯一性由 D_A 的稠密性保证). 同样, $A^{\dagger}$ 也可被唯一地延拓为 $\mathscr{H}$ 上的有界算符, 而且 $(f, Ag) = (Af, g) = (A^{\dagger} f, g)\ \forall f, g \in \mathscr{H}$. 可见命题 B-2-3 中的 $A \subset A^{\dagger}$ 对有界厄米算符 A 可表为 $A = A^{\dagger}$. 然而确实存在 $D_A \neq D_{A^{\dagger}}$ (因而 $A \neq A^{\dagger}$)的无界厄米算符 A, 对这种算符一般只能写 $A \subset A^{\dagger}$. 这说明对无界算符 A 来说, $A = A^{\dagger}$ 是比 $A \subset A^{\dagger}$ 更高的要求. 满足 $A = A^{\dagger}$ 的算符非常重要, 值得赋予专名:

定义 4　$\mathscr{H}$ 中的任意(有界或无界)稠定算符 A 称为**自伴的**(self-adjoint), 若 $A = A^{\dagger}$.

由命题 B-2-3 后的注和定义 4 可知, 无界算符的自伴性强于厄米性. 偏偏量子力学中多数算符是无界算符, 因此区分厄米性和自伴性就成为重要问题. 厄米性和自伴性的关键差别在于定义域, 所以对量子力学的算符应该特别注意定义域及其有关问题(例如定义域的延拓或压缩以及算符的性质在定义域延拓或压缩时的可能改变).讨论量子力学问题时出现的若干混淆正是不注意算符的定义域问题所致.

命题 B-2-4　$L^2(\mathbb{R})$ 中的位置算符 $X: D_X \to L^2(\mathbb{R})$ 是自伴算符.

证明　前已述及 X 是稠定的, 由下式易见 X 是厄米的:

$$(f, Xg) = \int_{-\infty}^{+\infty} \overline{f(x)}\, x g(x) \mathrm{d}x = \int_{-\infty}^{+\infty} \overline{x f(x)} g(x) \mathrm{d}x = (Xf, g), \quad \forall f, g \in D_X.$$

由命题 B-2-3 可知 $X \subset X^{\dagger}$, 因此为证自伴性只须证 $X^{\dagger} \subset X$. 设 $f \in D_{X^{\dagger}}$, 则由式(B-2-11)可知 $\forall g \in D_X$ 有 $(f, Xg) = (X^{\dagger} f, g)$, 即

$$\int_{-\infty}^{+\infty} \overline{f(x)}\, x\, g(x) \mathrm{d}x = \int_{-\infty}^{+\infty} \overline{(X^{\dagger} f)\, x)} g(x) \mathrm{d}x,$$

① A 为厄米不保证 $A^{\dagger}$ 为厄米. 事实上, 对厄米算符 A 有 $A \subset A^{\dagger\dagger} \subset A^{\dagger}$ [证明见 Roman(1975)], 却未必有 $A^{\dagger} \subset A^{\dagger\dagger}$.

故

$$\int_{-\infty}^{+\infty}\left[\overline{xf(x)}-\overline{(X^{\dagger}f)(x)}\right]g(x)\mathrm{d}x=0,\quad \forall g\in D_X,\, f\in D_{X^{\dagger}}\,. \qquad \text{(B-2-13)}$$

因为在有界区间(a,b)外为零的任一函数都属于D_X，可取

$$g(x)=\begin{cases}xf(x)-(X^{\dagger}f)(x)\,, & x\in(a,b),\\ 0\,, & x\notin(a,b),\end{cases}$$

从而由式(B-2-13)得$\int_a^b|xf(x)-(X^{\dagger}f)(x)|^2\,\mathrm{d}x=0$，故在$(a,b)$上[①]有

$$xf(x)=(X^{\dagger}f)(x)\,.$$

因(a,b)任意，故$\forall x\in\mathbb{R}$有$xf(x)=(X^{\dagger}f)(x)$. 而$f\in D_{X^{\dagger}}$保证$X^{\dagger}f\in L^2(\mathbb{R})$，所以上式可改写为$(Xf)(x)=(X^{\dagger}f)(x)$. 可见$f\in D_{X^{\dagger}}$导致$f\in D_X$. 加之$Xf=X^{\dagger}f\ \forall\phi\in D_{X^{\dagger}}$，便有$X^{\dagger}\subset X$. □

命题 B-2-5　$L^2(\mathbb{R})$中的动量算符$P:\ D_P\to L^2(\mathbb{R})$是自伴算符.

证明　可参阅, 例如, Kreyszig(1978). [②] □

注 2　P的定义式(B-2-2)中的$-\mathrm{i}$对保证厄米性有关键作用.

知道X和P是自伴算符后, 自然希望哈氏算符H也是自伴算符. 虽然动能和势能算符的自伴性的证明相对简单, 作为它们之和的哈氏算符的自伴性的证明却要困难得多(这也许有点出人意料). 幸好, 泛函分析中存在各种定理(如 Kato 定理), 在许多场合下可用以证明哈氏算符的自伴性. 在一般性讨论中则假定哈氏算符是自伴算符.

无论从历史发展还是当今教学的角度看, 如果一味追求数学严格性, 量子力学也许寸步难行. 物理学家通常采用的实际可行的做法是默认有限维的结论也适用于无限维(把有限项之和改为无限项之和或积分), 借助于这种默认并配以 Dirac 巧妙发明的δ函数, 往往可以简单快捷地得出正确结果. 不妨称这种做法为物理做法. 然而学生在学习过程中可能出现某些困扰, 甚至达到百思不解的程度. 例如, 教科书上都说动量算符P和位置算符X的本征矢(本征函数)构成 Hilbert 空间的正交归一基底, P的本征矢是平面波$\exp(\mathrm{i}\hbar^{-1}\vec{p}\cdot\vec{r})$，$X$的本征矢是$\delta^3(\vec{r}-\vec{r}_0)$. 然而前者因为非平方可积而不属于 Hilbert 空间[指$L^2(\mathbb{R}^3)$], 后者则根本不是通常意义下的函数, 更谈不上属于$L^2(\mathbb{R}^3)$. 连空间的元素都不是, 怎么竟成为该空间的基矢? 这

① 更准确的提法是“在(a,b)上几乎处处”，即测度为零的集可以例外.

② 证明厄米性需要分部积分. 为此对P的定义域D_P要作进一步限制: D_P只含$L^2(\mathbb{R})$中这样的函数, 它们在每一有界区间$[a,b]$上绝对连续[含义见 Kreyszig(1978)]且导数属于$L^2(\mathbb{R})$. 可证D_P是稠密的.

正如把不是委员的人说成是常委那样不可思议. 由此还会引申出许多难以回答的问题, 例如: 谐振子的波函数 $|\psi\rangle$ 既可用能量本征矢表为分立的取和式 $|\psi\rangle=\sum_{n=1}^{\infty}\psi_n|n\rangle$, 也可用位置(或动量)本征矢表为连续的取和式 $|\psi\rangle=\int_{-\infty}^{+\infty}|x\rangle\langle x|\psi\rangle\mathrm{d}x$, 这个 Hilbert 空间的维数如何考虑?[虽然都是∞, 但可数的∞与不可数的∞并不相同.] 其实, 泛函分析对所有这些问题都能给出数学上严密的回答(因而可充当“后台”). 下面略做一点粗浅介绍.

众所周知, 有限维 Hilbert 空间 $\mathscr{H}$ 的厄米(因而自伴)算符 A 存在有限个实本征值, 全部线性独立的本征矢组成 $\mathscr{H}$ 的一组正交归一基底, 任一矢量 $f\in\mathscr{H}$ 可用此基底展开, 任一算符可用此基底表为 $N\times N$ 矩阵($N\equiv\dim\mathscr{H}$). 特别是, A 自己在此基底下的矩阵是对角矩阵, 且对角元为实本征值. 可惜这些既简单又实用的结论对无限维Hilbert空间并不成立. 幸好无限维Hilbert空间中的自伴算符(不论有界无界)具有一系列好的性质, 足以保证默认有限维的结论适用于无限维的许多物理做法给出正确结果. 例如, 自伴算符的确可以实现“对角化”, 不过不是表现为有限维空间中那样简单的形式, 因此最好称为广义对角化. 在介绍广义对角化之前, 有必要说明无限维 Hilbert 空间在涉及自伴算符的问题上与有限维 Hilbert 空间的诸多区别. 首先, 无限维 Hilbert 空间中无界的厄米算符未必是自伴算符, 而非自伴的厄米算符未必能实现广义对角化. 其次, 即使是自伴算符, 也未必存在本征值和本征矢, 更不用说本征矢构成基底. 以最常用的 $\mathrm{L}^2(\mathbb{R}^3)$ 中的位置、动量和哈氏算符为例. 位置算符 X 和动量算符 P 虽然都是自伴算符, 却根本没有本征值和本征矢(本征函数), 因为根本不存在 $\lambda\in\mathbb{C}$ 和 $\psi\in\mathrm{L}^2(\mathbb{R}^3)$ 满足本征方程 $X\psi=\lambda\psi$ 和 $P\psi=\lambda\psi$ [如前所述, $\exp(\mathrm{i}\hbar^{-1}\vec{p}\cdot\vec{r})$ 和 $\delta^3(\vec{r}-\vec{r}_0)$ 都不属于 $\mathrm{L}^2(\mathbb{R}^3)$] 哈氏算符 H 的情况则有所不同: 某些系统(如谐振子)的 H 有完备的本征矢(分立的能量本征态), 而某些系统(如自由质点)则没有: 其 H 的本征方程的解是平面波, 因而不是 $\mathrm{L}^2(\mathbb{R}^3)$ 的元素(矢量), 更谈不上是本征矢. [①] 第三, 即使自伴算符存在本征值和本征矢, 其本征矢也未必足以构成基底, 只用本征值也未必足以解决算符的广义对角化问题. 解决问题的根本途径是依靠本征值概念的推广——**谱**(spectrum)——及其有关定理. 然而谱定理不适用于非自伴的厄米算符, 这就是严格规定可观察量(observable)必须是自伴算符(而不只是厄米算符)的理由之一. (然而通常的物理讲法却把可观察量定义为有完备本征矢的厄米算符. 现在可看出这种讲法的不严格性.) 顺便

① 并非不能用平面波展开波函数, 事实上, 对任意波包作平面波展开不但允许(无非是把函数写成傅里叶积分)而且很重要, 只是不应称之为用基底展开. 根据泛函分析, Hilbert 空间必有基底, 因而任一元素可用基底展开, 但展开式一定是可数项之和($\psi=\sum_{n=1}^{\infty}c_n e_n$)而绝决不是积分. [就连不可分的 Hilbert 空间(它只有不可数基底)也如此(见选读 B-1-3), 更何况动量算符涉及的 Hilbert 空间 $\mathrm{L}^2(\mathbb{R}^3)$ 是可分空间.]

一提, 作为自伴算符重要性的另一例子, 我们指出只有自伴算符 A 才可用指数方式生成一个决定量子系统动力学的单参酉群 $U(t)=\mathrm{e}^{\mathrm{i}tA}$, 它在量子力学中的重要作用是人所共知的. 谱理论是泛函分析中的一个精彩而重要的部分, 已超出本附录范围. 然而, 为使物理读者对自伴算符的广义对角化(及相关问题)有一个粗略的了解, 我们在选读 B-2-1 中对自伴算符的谱定理作一个非常简略的介绍.

[选读 **B-2-1**]

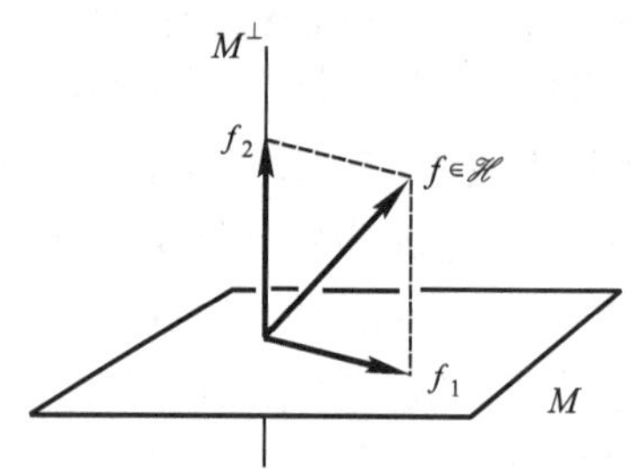

图 B-3　投影定理示意

Hilbert 空间 $\mathscr{H}$ 的子集 $M\subset\mathscr{H}$ 称为 $\mathscr{H}$ 的**子空间**(subspace), 如果 M 在线性运算(加法和数乘)下自身封闭而且用 $\mathscr{H}$ 的拓扑衡量是闭集. 设 M 是 $\mathscr{H}$ 的任一子集, 则子集 $M^{\perp}\equiv\{f\in\mathscr{H}\,|\,(f,g)=0\ \ \forall g\in M\}$ 称为 M 的**正交补**(orthogonal complement). 若 M 是 $\mathscr{H}$ 的子空间, 则可以证明: ① $M^{\perp}$ 也是 $\mathscr{H}$ 的子空间; ② $M\cap M^{\perp}=\{0\}$; ③只要 $M\neq\mathscr{H}$, 则 $M^{\perp}$ 必含非零元; ④存在如下的**投影定理**: $\forall f\in\mathscr{H}$, $\exists$ 唯一的 $f_1\in M$ 和 $f_2\in M^{\perp}$ 使 $f=f_1+f_2$. f_1 称为 f 在 M 上的**投影**(图 B-3). 用下式定义到上映射 $P\colon\mathscr{H}\to M$:

$$Pf := f_1,\quad \forall f\in\mathscr{H},$$

则易见 P 是线性算符, 其定义域 $D_P=\mathscr{H}$, 值域 $R_P=M$, 称为**到 M 上的投影算符**(projection operator onto M), 简称 **M 上的投影算符**.

给定 Hilbert 空间 $\mathscr{H}$ 上(或中)的任一线性算符 A, 若 $\exists\lambda\in\mathbb{C}$, $f\in\mathscr{H}(f\neq 0)$ 使 $Af=\lambda f$, 则称 λ 为 A 的一个**本征值**(eigenvalue), 称 f 为 A 的、相应于本征值 λ 的**本征矢**(eigenvector). $\forall\lambda\in\mathbb{C}$, 以 M_λ 代表 A 的、相应于 λ 的所有本征矢(以及 $0\in\mathscr{H}$)的集合, 则 M_λ 的闭包 $\overline{M_\lambda}$ 是 $\mathscr{H}$ 的子空间, 称为 A 的、相应于本征值 λ 的**本征空间**(eigenspace), 对有限维 $\mathscr{H}$ 有 $\overline{M_\lambda}=M_\lambda$. 若 $\overline{M_\lambda}$ 的维数 $m>1$, 就说 λ 是 **m 重简并的**(m-fold degenerate). 自伴算符的、相应于不同本征值的本征空间互相正交. 有限维 Hilbert 空间上的厄米算符 A 可用自己的独立本征矢构成的基底表为对角矩阵, 而且对角元为本征值(实数). 为了把这一简单而重要的性质尽可能推广到无

限维的$\mathscr{H}$，有必要改用算符语言(脱离基底)表述. 先看一个简单例子. 设A是 3 维 Hilbert 空间上的厄米算符，$e_1, e_2, e_3 \in \mathscr{H}$是$A$的本征矢(三者线性独立)，满足

$$Ae_1 = 4e_1, \quad Ae_2 = 4e_2, \quad Ae_3 = 7e_3,$$

则A的本征值为 4 和 7，相应的本征空间M_4和M_7分别是由$\{e_1, e_2\}$和e_3生成的子空间. 以P_4和P_7分别代表到M_4和M_7上的投影算符，则它们在基底$\{e_1, e_2, e_3\}$下的矩阵分别是$\text{diag}(1,1,0)$和$\text{diag}(0,0,1)$. 因为A在此基底下的矩阵是以本征值为对角元的对角矩阵，即$\text{diag}(4,4,7)$，所以有矩阵元等式$A_{ij} = 4(P_4)_{ij} + 7(P_7)_{ij}$，配上基矢便得算符等式$A = 4P_4 + 7P_7$. 一般地，可以证明，设$\lambda_k (k=1,\cdots,K \leqslant N)$是$N(<\infty)$维 Hilbert 空间$\mathscr{H}$上厄米算符$A$的不同本征值，$P_k$是从$\mathscr{H}$到$M_\lambda$上的投影算符，则$A$可用$P_k$作如下线性表出：

$$A = \sum\nolimits_{k=1}^{K} \lambda_k P_k, \tag{B-2-14}$$

而且P_k满足

$$\text{(a)}\ \ I = \sum\nolimits_{k=1}^{K} P_k, \qquad \text{(b)}\ P_k P_j = O \text{ 若 } k \neq j, \tag{B-2-15}$$

其中I是恒等算符，O是零算符，定义为$O(f) \equiv 0 \in \mathscr{H} \ \ \forall f \in \mathscr{H}$. 请注意式(B-2-14)及(B-2-15)是算符等式(而非矩阵等式)，这其实是用简单得多的投影算符表示算符A，也可称为“把算符A对角化”. 在$\mathscr{H}$是有限维时，“把厄米算符A对角化”和“寻找A的全部本征矢”可以看作同一问题. 然而当$\mathscr{H}$是无限维时情况就要复杂得多，因为厄米(甚至自伴)算符未必有本征矢，即使有也未必完备，即未必能构成基底. 这时就要借用本征值概念的推广——谱——来实现广义对角化. 算符A的谱是复数空间$\mathbb{C}$中的一个闭子集$\sigma(A)$. 若A有本征值λ，则$\lambda \in \sigma(A)$，然而$\sigma(A)$中的点(谱点)却不一定是A的本征值. 谱理论的一个重要结论是自伴算符A的谱点必为实数. (可以是也可以不是A的本征值. 这可看作是对“厄米算符的本征值必为实数”这一不准确物理提法的准确化. 然而，厄米而非自伴的算符的谱却可包含非实数.) 动量算符P(勿与投影算符P相混)和位置算符X是两个特殊的无界自伴算符，它们的谱$\sigma(P)$和$\sigma(X)$是$\mathbb{C}$中的整个实数轴，而且只有连续谱，任一谱点都不是本征值. 所谓对自伴算符A实现广义对角化，就是要把A表示为式(B-2-14)的推广形式. 为了介绍推广的思路，先定义一个投影算符族$\{Q_i \mid i = 0, 1, \cdots, K \leqslant N\}$如下：

$$Q_0 := O\,(\text{零算符}), \quad Q_i := \sum\nolimits_{k=1}^{i} P_k, \quad i = 1, 2, \cdots, K. \tag{B-2-16}$$

由此易见

$$P_k = Q_k - Q_{k-1} \quad (1 \leqslant k \leqslant K), \tag{B-2-17}$$

$$Q_K = \sum\nolimits_{k=1}^{K} P_k = I \quad [\text{用到式(B-2-15a)}]. \tag{B-2-18}$$

借助于式(B-2-17)可把式(B-2-14)改写为

$$A = \sum\nolimits_{k=1}^{K} \lambda_k (Q_k - Q_{k-1}). \tag{B-2-14'}$$

为把上式改写成便于推广到连续谱的形式，定义一个新的、不可数的投影算符族 $\{E_\lambda \mid \lambda \in \mathbb{R}\}$ 如下：

$$E_\lambda := \begin{cases} O & \text{若 } \lambda < \lambda_1, \\ Q_k & \text{若 } \lambda_k \leqslant \lambda < \lambda_{k+1}, (k = 1, 2, \cdots, K-1) \\ I & \text{若 } \lambda \geqslant \lambda_K. \end{cases} \tag{B-2-19}$$

图 B-4 有助于读者理解 E_λ 的上述定义，图中横轴代表 λ (实数)，纵轴象征性地代表算符 E_λ. 虽然至今仍只是对有分立谱的算符 A 的投影展开式的改写，但已提供强烈暗示：当 A 有连续谱时，分立的投影算符 P_k 大概可被单参投影算符族 $\{E_\lambda \mid \lambda \in \mathbb{R}\}$ [称为 A 的**谱族**(spectral family)]所代替，式(B-2-14′)和(B-2-18)的求和则应改为积分：

$$A = \int_{-\infty}^{+\infty} \lambda \mathrm{d}E_\lambda , \tag{B-2-20}$$

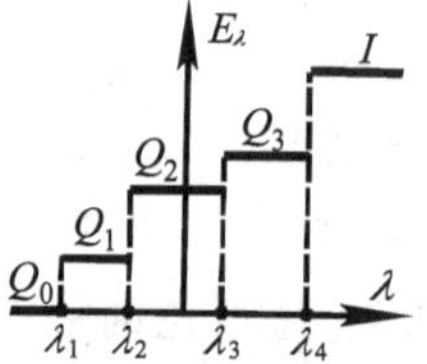

图 B-4　E_λ 定义示意

$$I = \int_{-\infty}^{+\infty} \mathrm{d}E_\lambda , \tag{B-2-21}$$

由于 E_λ 是算符(一般不是数)，上两式的含义还应解释. 以式(B-2-21)为例，其含义是

$$(f, Ig) = \int_{-\infty}^{+\infty} \mathrm{d}(f, E_\lambda g), \quad \forall f, g \in \mathscr{H} . \tag{B-2-21'}$$

上式左边就是 (f,g)，右边积分意义明确：因 $E_\lambda g \in \mathscr{H}$，故 $(f, E_\lambda g)$ 无非是个依赖于 λ 的复数(实变数 λ 的复值函数)，记作 $\Phi(\lambda)$，则式(B-2-21′)右边的准确含义可用

Lebesgue 积分阐述，粗略地理解就是$\int_{-\infty}^{+\infty}\dot{\Phi}(\lambda)\,\mathrm{d}\lambda$.

以上只是半直观性的思辨，但谱理论的严格讨论表明这一思辨是可行的，这里只介绍谱理论中对量子力学最为重要的一个定理：

命题 B-2-6(自伴算符的谱分解定理) Hilbert 空间(可以是无限维)$\mathscr{H}$中任一稠定自伴算符A(不论有无界，也不论有无本征值)有唯一的谱族$\{E_\lambda\,|\,\lambda\in\mathbb{R}\}$使$A$可被表为

$$A=\int_{-\infty}^{+\infty}\lambda\,\mathrm{d}E_\lambda\,,\tag{B-2-22}$$

具体含义是

$$(f,Ag)=\int_{-\infty}^{+\infty}\lambda\mathrm{d}(f,E_\lambda g)\,,\quad \forall f,g\in\mathscr{H}\,.\tag{B-2-22$'$}$$

证明　略. □

式(B-2-22)可看作(B-2-14)的推广，因而可称为A的广义对角化形式. E_λ具有一系列相对简单的性质，式(B-2-22)可理解为把自伴算符A约化为简单得多的无数投影算符E_λ.

例 1　找出$\mathscr{H}\equiv\mathrm{L}^2(\mathbb{R})$中位置算符$X$的谱族并用谱分解定理把$X$表为广义对角化形式.

解　谱族$\{E_\lambda\}$中的λ是任意实数，也可改写为x. $\forall x\in\mathbb{R}$定义映射$E_x:\mathscr{H}\to\mathscr{H}$为

$$(E_x g)(y):=\begin{cases}g(y), & y\leqslant x\\ 0, & y>x\end{cases}\quad \forall g\in\mathscr{H}\,,\tag{B-2-23}$$

则E_x是从$\mathscr{H}$到$\mathscr{H}$的子空间$M_x\equiv\{h\in\mathscr{H}\,|\,h(y)=0\ \ \forall y>x\}$上的投影算符，因此$\{E_x\,|\,x\in\mathbb{R}\}$是一个单参投影算符族. 可以验证它满足谱族的条件(特别是，它的确是恒等算符的分解，即$I=\int_{-\infty}^{+\infty}\mathrm{d}E_x$). 现在证明位置算符$X$可用它表为如下的广义对角化形式：

$$X=\int_{-\infty}^{+\infty}x\,\mathrm{d}E_x\,.\tag{B-2-24}$$

$\forall g\in D_X,\ f\in\mathscr{H}\equiv\mathrm{L}^2(\mathbb{R})$有

$$(f,Xg)=\int_{-\infty}^{+\infty}\overline{f(x)}\,xg(x)\,\mathrm{d}x=\int_{-\infty}^{+\infty}x\,\mathrm{d}\left(\int_{-\infty}^{x}\overline{f(y)}\,g(y)\,\mathrm{d}y\right).\tag{B-2-25}$$

借用式(B-2-23)可把上式右边 d 后的积分表为

$$\int_{-\infty}^{x} \overline{f(y)}\, g(y)\, \mathrm{d}y = \int_{-\infty}^{+\infty} \overline{f(y)}\, (E_x g)(y)\, \mathrm{d}y = (f, E_x g),$$

所以式(B-2-25)成为

$$(f, Xg) = \int_{-\infty}^{+\infty} x\, \mathrm{d}(f, E_x g), \qquad \forall g \in D_X, f \in \mathscr{H},$$

此即式(B-2-24). **[解毕]**

自伴算符的谱分解定理功能强大,它原则上可对量子力学中基于默认自伴算符有完备本征矢的各种物理说法和做法给出明确、严格的解释(充当后台). 例如,用位置算符 X 的"本征矢" $|x\rangle$ 表示的"完备性关系" $I=\int_{-\infty}^{+\infty}|x\rangle\langle x|\,\mathrm{d}x$ 其实是 X 的谱族 $\{E_x \mid x\in\mathbb{R}\}$ 的单位分解 $I=\int_{-\infty}^{+\infty}\mathrm{d}E_x$ 的物理写法, 而 $X=\int_{-\infty}^{+\infty} x\mathrm{d}x\,|x\rangle\langle x|$ 则是 $I=\int_{-\infty}^{+\infty}\mathrm{d}E_x$ 的物理写法. 总之, 量子力学中许多数学上不严密的物理做法之所以能给出正确结果, 是因为所涉及的算符是自伴算符, 结果的正确性由谱定理暗中保证. 然而谱定理不适用于非自伴的厄米算符, 因此分清厄米性和自伴性至关紧要. Roman(1975)P.533 的脚注告诫说: "缺乏经验的量子力学学生的一个常犯错误是无视无界性以及失于区分厄米和自伴算符. 这一失察可能导致灾难性后果." 我们绝非提倡放弃行之有效的种种物理做法, 只想使读者了解其结果的正确性的本质原因和适用范围, 并在一旦遇到百思不解的问题时提供一条可能思路. Kreyszig(1978)是一本泛函分析入门教材, 其最末一章提供了一种数学上严密(而又不过多使用数学)的、介绍量子力学基本原理的讲法. **[选读 B-2-1 完]**

习 题

~1. 设 V 是内积空间, 它(作为矢量空间)的零元记作 0, 试证 $(0,g)=0\in\mathbb{C}\ \ \forall g\in V$.

~2. 验证用式(B-1-1)定义的 (f,g) 满足内积定义(§B.1 定义 1)的 4 个条件.

3. 设 V 是内积空间, 试证如下不等式(称为 Schwarz 不等式):

$$|(f,g)|^2 \leqslant (f,f)(g,g), \quad \forall f,g\in V. \quad [\,|(f,g)|\text{ 代表复数 }(f,g)\text{ 的模}]$$

提示: 令 $h\equiv f-[(g,f)/(g,g)]\,g$, 利用 $(h,h)\geqslant 0$.

~4. 试证命题 B-1-1 中的映射 $\nu: V\to V^*$ 是一一的和反线性的.

~5. 验证由式(B-1-4)定义的 $\mathscr{H}^*$ 的内积满足内积定义的 4 个条件.

~6. 试证 Hillbert 空间的任一正交归一序列都线性独立.

~7. 试证由式(B-1-16)定义的 $A^*: \mathscr{H}^*\to\mathscr{H}^*$ 是线性的.

8. 试证由式(B-1-16)定义的 A^* 与 A 的对应关系是线性的, 即

$$(A_1 + A_2)^* = A_1^* + A_2^*, \quad (cA)^* = cA^* .$$

9. 试证由式(B-1-17)或(B-1-18)定义的 $A^\dagger$ 与 A 的对应关系是反线性的(命题 B-1-4).

10. 试证命题 B-1-5,即 $A^{\dagger\dagger} = A$ 对 $\mathscr{H}$ 上的有界算符 A 成立.

11. 设 $\{|e_n\rangle\}$ 是 $\mathscr{H}$ 的正交归一基,试证算符等式 $\sum_n |e_n\rangle\langle e_n| = I$.

附录 C　量子力学的几何相

相位问题历来是物理学的重要问题. 在 Berry(1984)明确提出几何相概念之前, 物理学家早已在许多具体领域中注意并学会处理与该领域有关的几何相问题(虽然还没有"几何相"一词). 例如, ①光学中的 Pancharatnam 相导致可测量的干涉效应; ②分子物理学中的分子 AB 效应对分子的动力学有重要影响. AB 效应是 Aharonov-Bohm 效应的简称. 经典电磁理论引入标势和矢势的目的是便于计算电磁场强, 势的规范变换对场没有影响, 因此普遍认为场有物理意义而势则只是辅助量. 量子力学的表述需要哈密顿正则形式, 而在电磁方程的正则形式中出现的是电磁矢势 $\vec{A}$ 而非磁场 $\vec{B}$ (详见下册第 15 章). 尽管如此, 人们长期以来仍以为即使在量子力学中电磁势仍无独立意义. 1959 年, Aharonov 和 Bohm(简称 AB)首次对此提出异议[Aharonov and Bohm(1959)], 他们建议做图 C-1 的实验: 把通电直长螺线管放在图示位置, 电子束在 A 处一分为二, 分别经螺线管两侧(可用金属箔使之避开螺线管)后在 F 处汇合并发生干涉. 螺线管外部磁场为零而矢势却不会处处为零, 因为

$$\oint_L \vec{A}\cdot \mathrm{d}\vec{l} = \iint_S \vec{B}\cdot \mathrm{d}\vec{S} = \varPhi \neq 0 \,.$$

(其中 L 是绕螺线管一周的闭曲线, S 是以 L 为边线的曲面.) 哈氏量 H 中含 $\vec{A}$, 量子力学的计算表明两个分电子束到达 F 时相位不同, 因而 AB 的文章预言干涉花样与没有螺线管时有别. 实验(1960)果然证实了 AB 的预言, 后人遂称此现象为 AB 效应. 电子束涉及的磁场 $\vec{B}$ 无论螺线管存在与否都为零, 只要坚持场的作用的局域性, 就只能承认在此情况下矢势 $\vec{A}$ 确有物理意义. Berry(1984)首次明确提出带有普遍性的几何相概念, 起到了"一石激起千层浪"的作用. 从此, 对几何相的研究成了国际物理界的热点之一, 在国际重要学术刊物上发表的有关文章不计其数, 内容多数集中在两方面: ①探讨几何相在众多物理领域中的表现及其实验验证; ②在理论上对 Berry 几何相作不断深入的研究和推广, 其中若干理论物理和数学高手的精彩文

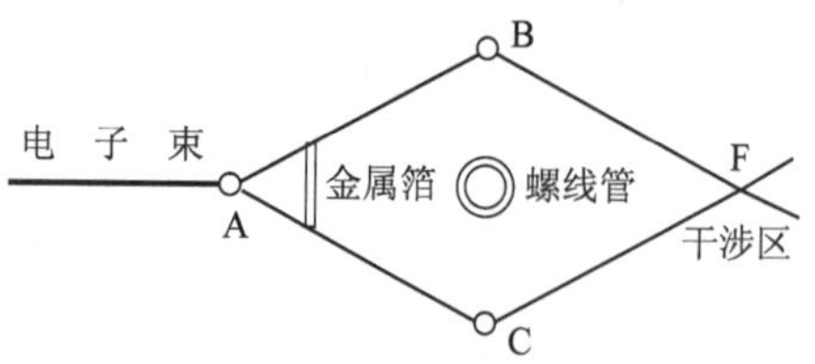

图 C-1　AB 实验示意(取自 AB 文)

章更是起到推波助澜的重要作用. 此外, 几何相还在某些领域找到了实际应用的可能性, 例如用 Berry 几何相原则上可以制造逻辑门从而用于量子计算, 并有许多优点. 本附录§C.1介绍 Berry 相的基本概念和推导, §C.2介绍 Aharonov 和 Anandan 对 Berry 相的推广(简称AA几何相), 并简介 Samuel 等对AA相的进一步推广的思路. 阅读本附录之前最好先阅读附录B的小节B.1.4和B.1.5.

§C.1　Berry 几何相

在非相对论量子力学中, 系统的态矢 $|\psi(t)\rangle$ 按薛定谔方程

$$\mathrm{i}\hbar\frac{\mathrm{d}|\psi(t)\rangle}{\mathrm{d}t}=H|\psi(t)\rangle \tag{C-1-1}$$

演化, 演化过程可用Hilbert空间 $\mathscr{H}$ 中的一条以时间 t 为参数的曲线描述. 若系统的哈氏量 H 不含时, 则系统能量守恒, 并存在严格的定态. 这里只讨论 H 有分立本征态的情况. 设系统的初态为 H 的第 n 本征态, 即 $|\psi(0)\rangle=|n\rangle$, 其中 $|n\rangle$ 满足

$$H|n\rangle=E_n|n\rangle, \tag{C-1-2}$$

则系统在任一时刻 t 的态为

$$|\psi(t)\rangle=\mathrm{e}^{\mathrm{i}\lambda_n(t)}|n\rangle, \tag{C-1-3}$$

其中

$$\lambda_n(t)=-\hbar^{-1}E_n t. \tag{C-1-4}$$

这表明 $|\psi(t)\rangle$ 与 $|\psi(0)\rangle=|n\rangle$ 位于 $\mathscr{H}$ 中的同一射线上, 差别只在于一个相因子 $\exp[\mathrm{i}\lambda_n(t)]$, 通常称为**动力学相因子**, $\lambda_n(t)$ 则称为**动力学相**(dynamical phase). 容易验证式(C-1-3)、(C-1-4)满足薛定谔方程(C-1-1).

下面讨论 H 随时间变化的情况. 设 H 依赖于一组随时间而变的参数 $R=(X_1, X_2, \cdots)$ [例如 (X_1, X_2, X_3) 代表磁场的三个分量], 则 $H=H(R(t))$ 将通过参数 R 依赖于 t. 所有可能参数 R 的集合 P 叫**参数空间**(parameter space), 设它是一个流形. R 随 t 的变化对应于 P 中的一条以 t 为参数的曲线. 系统的演化遵从薛定谔方程

$$\mathrm{i}\hbar\frac{\mathrm{d}|\psi(t)\rangle}{\mathrm{d}t}=H(R(t))|\psi(t)\rangle. \tag{C-1-5}$$

我们只讨论 $H(R)$ $(\forall R\in P)$ 有分立本征值且无简并的情况. 如果初态 $|\psi(0)\rangle$ 是

$H(R(0))$ 的第 n 本征态 $|n(R(0))\rangle$，而且 R 随 t 的变化足够缓慢，则根据量子力学的**缓变定理**(adiabatic theorem，又译作**浸渐定理**或**绝热定理**)，系统在每一时刻 t 近似处于 $H(R(t))$ 的第 n 本征态 $|n(R(t))\rangle$，即近似有

$$|\psi(t)\rangle = \exp[\mathrm{i}\lambda_n(t)]\,|n(R(t))\rangle, \tag{C-1-6}$$

其中 $|n(R)\rangle$ 满足本征方程

$$H(R)|n(R)\rangle = E_n(R)|n(R)\rangle. \tag{C-1-7}$$

应当说明，方程(C-1-7)只能把 $|n(R)\rangle$ 确定到"差一个相因子"的程度，因为若 $|n(R)\rangle$ 满足式(C-1-7)，则 $\mathrm{e}^{\mathrm{i}\mu(R)}|n(R)\rangle$ [其中 $\mu(R)$ 为 R 的任意实值函数]也满足式(C-1-7)。为确定起见，我们对参数空间 P 中每点 R 指定一个 $|n(R)\rangle$，从而使 $|n\rangle$ 成为由 P 到 $\mathscr{H}$ 的映射，即 $\forall R\in P$ 有唯一的 $|n(R)\rangle\in\mathscr{H}$ 与之对应.我们要求这个映射是 C^1 (可微)的，其他则完全任意. 后面将看到这种任意性并不影响我们关心的结果.

设参数 R 从 $t=0$ 开始缓慢变化，经时间 T 后恢复原值，则这一过程对应于参数空间 P 中的一条闭曲线 $C(t)$，且 $C(T)=C(0)$. 设系统初态为 $|\psi(0)\rangle = |n(R(0))\rangle$ [其中 $R(0)$ 其实就是 $C(0)$]，则由缓变定理可知系统在时刻 t 的态 $|\psi(t)\rangle$ 满足式(C-1-6)，即 $|\psi(t)\rangle$ 与 $|n(R(t))\rangle$ 只差一个相因子 $\exp[\mathrm{i}\lambda_n(t)]$，其中 $\lambda_n(t)$ 是 t 的某一实值函数. 长期以来，人们似乎默认 $\lambda_n(t)$ 由下式表示：

$$\lambda_n(t) = -\hbar^{-1}\int_0^t E_n(R(t'))\,\mathrm{d}t'. \tag{C-1-8}$$

然而用此 $\lambda_n(t)$ 代入式(C-1-6)所得的 $|\psi(t)\rangle$ 一般不满足薛定谔方程(C-1-5). Berry(1984)指出式(C-1-8)应修正为

$$\lambda_n(t) = \eta_n(t) + \gamma_n(t), \tag{C-1-9}$$

其中

$$\eta_n(t) = -\hbar^{-1}\int_0^t E_n(R(t'))\,\mathrm{d}t', \tag{C-1-10}$$

而附加相 $\gamma_n(t)$ 则可由薛定谔方程确定. 把式(C-1-6)、(C-1-9)代入薛定谔方程(C-1-5)，利用式(C-1-7)和(C-1-10)，经计算得

$$\frac{\mathrm{d}\gamma_n(t)}{\mathrm{d}t}|n(R(t))\rangle = \mathrm{i}\,\frac{\mathrm{d}}{\mathrm{d}t}|n(R(t))\rangle. \tag{C-1-11}$$

用 $\langle n(R(t))|$ 作用于上式两边，注意到归一化条件 $\langle n(R(t))|n(R(t))\rangle = 1$，有

$$\frac{\mathrm{d}\gamma_n(t)}{\mathrm{d}t}=\mathrm{i}\left\langle n(R(t))\right|\frac{\mathrm{d}}{\mathrm{d}t}\left|n(R(t))\right\rangle. \tag{C-1-12}$$

在进一步讨论之前，应分清两类随t而变的量：①$H,|n\rangle$和E_n等本来是R的"函数"(是从流形P到某一集合的映射)，只因P中指定了一条以t为参数的曲线$C(t)$才诱导出t的函数$H(R(t))$，$|n(R(t))\rangle$和$E_n(R(t))$；②$|\psi\rangle,\eta_n$和γ_n等并非R的函数(并非从P到某一集合的映射)，不能指着P中一点R问其$|\psi\rangle,\eta_n$和γ_n的值. 例如，$C(0)$和$C(T)$是P的同一点，但它们有不同的γ_n值. 从物理角度看，系统的演化是指$|\psi\rangle$随t而变，因此有一元函数$\gamma_n(t)$，它可看作$\mathbb{R}$上的标量场，一般说$\gamma_n(T)\neq\gamma_n(0)$. 由于$\mathrm{d}\gamma_n/\mathrm{d}t$满足式(C-1-12)，该式右边由流形$P$及其上的闭曲线$C(t)$的几何决定，所以有可能对$\gamma_n$作几何解释. 为此，我们希望把$\gamma_n$解释为$C(t)\subset P$上的标量场. 然而这是不可能的，因为，例如，$C(0)$和$C(T)$是$C(t)\subset P$的同一点，但$\gamma_n(T)\neq\gamma_n(0)$. 解决办法是考虑"几乎闭合"的曲线$C'$：$(0,T)\to P$，满足$C'(t)=C(t)\ \ \forall t\in(0,T)$. 以$C'$简记曲线映射的像，则$C'$是$P$的1维子流形. 这时可自然地把$\gamma_n$解释为$C'$上的标量场(即$\gamma_n$：$C'\to\mathbb{R}$)，把$\mathrm{d}\gamma_n/\mathrm{d}t$解释为曲线$C'$的切矢$\partial/\partial t$作用于$\gamma_n$的结果，即

$$\frac{\mathrm{d}\gamma_n}{\mathrm{d}t}=\left(\frac{\partial}{\partial t}\right)(\gamma_n)=(\mathrm{d}\gamma_n)\left(\frac{\partial}{\partial t}\right), \tag{C-1-13}$$

其中第二步用到§2.3中由函数f(现在是γ_n)定义的对偶矢量场$\mathrm{d}f$(现在是$\mathrm{d}\gamma_n$)的式(2-3-7)，$(\mathrm{d}\gamma_n)(\partial/\partial t)$代表$C'$上的1形式场$\mathrm{d}\gamma_n$对$C'$上的切矢场$\partial/\partial t$作用的结果. 因此

$$\text{式(C-1-12)左边}=(\mathrm{d}\gamma_n)\left(\frac{\partial}{\partial t}\right)\text{在点}\,R(t)\in C'\,\text{的值}. \tag{C-1-14}$$

下面再介绍对式(C-1-12)右边的理解. 为此先补充一点数学知识[见 Bleecker (1981)].

如所熟知，流形M上的函数f是指映射f：$M\to\mathbb{R}$. 函数也可看作0形式场，若以$\Lambda_M(0)$代表M上全体光滑0形式场的集合，则$f\in\Lambda_M(0)$. 量子力学经常用到流形M上的复值函数f，即f：$M\to\mathbb{C}$，可记作$f\in\Lambda_M(0,\mathbb{C})$，而$\Lambda_M(0)$则可看作$\Lambda_M(0,\mathbb{R})$的简写. $\Lambda_M(0)$和$\Lambda_M(0,\mathbb{C})$的元素可分别称为M上的**实值0形式场**和**复值0形式场**. 注意到$\mathbb{R}$和$\mathbb{C}$都是矢量空间，推广到任意矢量空间$\mathscr{V}$便可定义M上的"$\mathscr{V}$值0形式场"如下.

定义1　设$\mathscr{V}$是R维实(或复)矢量空间，$\{e_1,\cdots,e_R\}$是$\mathscr{V}$的一个基底，$f^1,\cdots,f^R$是流形M上的R个实值(或复值)光滑函数，即

$f^1,\cdots,f^R\in\Lambda_M(0,\mathbb{R}或\mathbb{C})$, 则

$$f\equiv f^1e_1+\cdots+f^Re_R=f^re_r\quad(重复\ r\ 表示对\ r\ 从\ 1\ 到\ R\ 求和)$$

称为 M 上的一个(光滑)$\mathscr{V}$ **值 0 形式场**($\mathscr{V}$ -valued 0-form field), 记作 $f\in\Lambda_M(0,\mathscr{V})$, 它是由 M 到 $\mathscr{V}$ 的映射, 其在 M 中任一点 p 的值 $f(p)$ 由下式定义:

$$f(p):=f^1(p)e_1+\cdots+f^R(p)e_R\equiv f^r(p)e_r\in\mathscr{V}.$$

定义 2 设 $\mathscr{V}$ 是 R 维实(或复)矢量空间, $\{e_1,\cdots,e_R\}$ 是 $\mathscr{V}$ 的一个基底, $\varphi^1,\cdots,\varphi^R$ 是流形 M 上 R 个光滑的实值(或复值) l 形式场, 即 $\varphi^1,\cdots,\varphi^R\in\Lambda_M(l,\mathbb{R}或\mathbb{C})$, 则

$$\varphi\equiv\varphi^1e_1+\cdots+\varphi^Re_R\equiv\varphi^re_r$$

称为 M 上的一个 $\mathscr{V}$ **值 l 形式场**, 记作 $\varphi\in\Lambda_M(l,\mathscr{V})$, 它在 M 中任一点 p 的值 $\varphi|_p$ 把 p 点的 l 个矢量 $v_1,\cdots,v_l$ 映射为 $\mathscr{V}$ 的一个元素:

$$\varphi|_p(v_1,\cdots,v_l):=e_r\varphi^r|_p(v_1,\cdots,v_l)\in\mathscr{V}.\quad[请注意\ \varphi^r|_p(v_1,\cdots,v_l)\in\mathbb{R}\ 或\ \mathbb{C}]$$

定义 3 设 $\varphi=\varphi^re_r\in\Lambda_M(l,\mathscr{V})$, 则 φ 的**外微分** $\mathrm{d}\varphi$ 定义为

$$\mathrm{d}\varphi:=e_r(\mathrm{d}\varphi^r)\in\Lambda_M(l+1,\mathscr{V}),$$

它在 M 中任一点 p 的值 $\mathrm{d}\varphi|_p$ 把 p 点的 $l+1$ 个矢量 $v_1,\cdots,v_{l+1}$ 映射为 $\mathscr{V}$ 的一个元素:

$$\mathrm{d}\varphi|_p(v_1,\cdots,v_{l+1}):=e_r\,\mathrm{d}\varphi^r|_p(v_1,\cdots,v_{l+1})\in\mathscr{V}.$$

注 1 不难证明由定义 2, 3 定义的 φ 和 $\mathrm{d}\varphi$ 与所选的基底 $\{e_1,\cdots,e_R\}$ 无关.

定义 1~3 涉及的 $\mathscr{V}$ 可推广为无限维 Hilbert 空间 $\mathscr{H}$. 例如式(C-1-7)后一段的 $|n\rangle$ 可看作 P 上的 $\mathscr{H}$ 值 0 形式场, 即 $|n\rangle\in\Lambda_P(0,\mathscr{H})$, 因为 $\forall R\in P$ 有唯一的 $|n(R)\rangle\in\mathscr{H}$. 设 $\{|e_r\rangle\}$ 为 $\mathscr{H}$ 的基底, 则 $|n(R)\rangle=n^r(R)|e_r\rangle$ (右边是 $\sum_{n=1}^{\infty}n^r(R)|e_r\rangle$ 的简写), 其中 $n^r\in\Lambda_P(0,\mathbb{C})$. 进一步说, $|n\rangle\in\Lambda_P(0,\mathscr{H})$ 还导致 $|\mathrm{d}n\rangle\in\Lambda_P(1,\mathscr{H})$, 用 $\mathscr{H}$ 的基矢展开则为 $|\mathrm{d}n\rangle=(\mathrm{d}n^r)|e_r\rangle$, 其中 $\mathrm{d}n^r\in\Lambda_P(1,\mathbb{C})$.

现在回到式(C-1-12). 把 $|n\rangle\in\Lambda_P(0,\mathscr{H})$ 的定义域限制于 C' 上便诱导出 $|n(t)\rangle$. 因

$$\frac{\mathrm{d}}{\mathrm{d}t}|n(t)\rangle=\frac{\mathrm{d}}{\mathrm{d}t}(n^r(t)\,|e_r\rangle)=\mathrm{d}n^r\left(\frac{\partial}{\partial t}\right)\bigg|_{R(t)}|e_r\rangle=|\mathrm{d}n\rangle\left(\frac{\partial}{\partial t}\right)\bigg|_{R(t)},$$

故

$$\langle n|\frac{\mathrm{d}}{\mathrm{d}t}|n\rangle=\langle n|\mathrm{d}n\rangle\left(\frac{\partial}{\partial t}\right),\tag{C-1-15}$$

其中$\langle n|\mathrm{d}n\rangle \in \Lambda_P(1,\mathbb{C})$，含义是：对$P$中任一点$R$及$R$点的任一矢量$v$，有

$$\langle n|\mathrm{d}n\rangle|_R(v) = \langle n(R)|\mathrm{d}n|_R(v)\rangle \in \mathbb{C}.$$

于是

$$\text{式(C-1-12)右边} = \mathrm{i}\langle n|\mathrm{d}n\rangle(\partial/\partial t)\ \text{在点}\ R(t)\in C'\ \text{的值}. \tag{C-1-16}$$

对比式(C-1-14)和(C-1-16)，考虑到γ_n只在C'上有定义，便得C'上的1形式场等式

$$\mathrm{d}\gamma_n = \mathrm{i}\langle n|(\mathrm{d}n)^{\sim}\rangle, \tag{C-1-17}$$

其中$|(\mathrm{d}n)^{\sim}\rangle$是$|\mathrm{d}n\rangle$限制在$C'$上每点的切空间的结果.（$|(\mathrm{d}n)^{\sim}\rangle$与$|\mathrm{d}n\rangle$的关系类似于§5.2末的$\tilde{\mu}$与$\mu$的关系）. γ_n为实值函数表明$\mathrm{i}\langle n|(\mathrm{d}n)^{\sim}\rangle \in \Lambda_{C'}(1,\mathbb{R})$，即$\mathrm{i}\langle n|(\mathrm{d}n)^{\sim}\rangle$是$C'$上的实值1形式场. 这一结论也可从另一侧面验证：由归一化条件$1=\langle n|n\rangle$得$0=\langle n|\mathrm{d}n\rangle+\langle \mathrm{d}n|n\rangle=\langle n|\mathrm{d}n\rangle+\overline{\langle n|\mathrm{d}n\rangle}$. 设$\langle n|\mathrm{d}n\rangle = a+\mathrm{i}b$，其中$a,b\in\Lambda_P(1,\mathbb{R})$，则$0=2a$，故$\langle n|\mathrm{d}n\rangle=\mathrm{i}b$，$\mathrm{i}\langle n|\mathrm{d}n\rangle = -b\in\Lambda_P(1,\mathbb{R})$. 以$\mathrm{Im}\langle n|(\mathrm{d}n)^{\sim}\rangle$代表$\langle n|(\mathrm{d}n)^{\sim}\rangle$的虚部，则式(C-1-17)可改写为

$$\mathrm{d}\gamma_n = -\mathrm{Im}\langle n|(\mathrm{d}n)^{\sim}\rangle. \tag{C-1-17′}$$

参数在P中沿C转一圈所获得的γ_n的增量为$\gamma_n(T)-\gamma_n(0)$，简记作$\gamma_n(C)$，则

$$\gamma_n(C) = -\mathrm{Im}\oint_{C'}\langle n|(\mathrm{d}n)^{\sim}\rangle = -\mathrm{Im}\oint_C\langle n|\mathrm{d}n\rangle, \tag{C-1-18}$$

上式中间是1维流形C'上的实值1形式场$-\mathrm{Im}\langle n|(\mathrm{d}n)^{\sim}\rangle$的积分.令$\boldsymbol{\alpha}\equiv-\mathrm{Im}\langle n|\mathrm{d}n\rangle$，则

$$\mathrm{d}\boldsymbol{\alpha} = -\mathrm{Im}\langle \mathrm{d}n|\wedge|\mathrm{d}n\rangle \in \Lambda_P(2,\mathbb{R}),$$

于是式(C-1-18)可用Stokes定理改写为①

$$\gamma_n(C) = -\mathrm{Im}\iint_S\langle \mathrm{d}n|\wedge|\mathrm{d}n\rangle, \tag{C-1-19}$$

其中S是P中以C为边线的任一曲面(图C-2). 上式亦可表为

$$\gamma_n(C) = -\iint_S \boldsymbol{\Phi}_n, \tag{C-1-20}$$

其中

$$\boldsymbol{\Phi}_n \equiv \mathrm{Im}\,\langle \mathrm{d}n|\wedge|\mathrm{d}n\rangle \tag{C-1-21}$$

---

① 我们要求C是这样的闭曲线，它是P中某曲面的边界，从而可用Stokes定理把闭曲线积分化为曲面积分.

称为**相位 2 形式**(phase 2-form), 是参数空间(流形)P 上的一个实值 2 形式场, 即 $\Phi_n \in \Lambda_P(2,\mathbb{R})$.

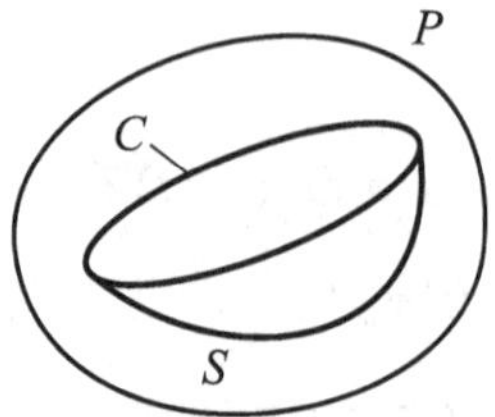

图 C-2　参数空间 P 中以闭曲线 C 为边线的任一曲面 S

前已指出, 本征方程(C-1-7)仅能把 $|n(R)\rangle$ 确定到差一个相因子的程度, 只是由于事先对参数空间 P 的每点 R 指定了一个 $|n(R)\rangle$ 才使 $|n(R)\rangle$ 成为 P 上的一个 0 形式场. 如果改用另一种指定, 就会得到另一个 0 形式场 $|n'(R)\rangle$. 任意两种指定的结果 $|n(R)\rangle$ 和 $|n'(R)\rangle$ 最多只差一个相因子, 可设 $|n'(R)\rangle = \mathrm{e}^{\mathrm{i}\mu(R)}|n(R)\rangle$, 从而 $\langle n'(R)| = \langle n(R)|\ \mathrm{e}^{-\mathrm{i}\mu(R)}$ [这是式(B-1-28)的应用]及 $|\mathrm{d}n'\rangle = \mathrm{e}^{\mathrm{i}\mu}\ |\mathrm{d}n\rangle + \mathrm{i}\,(\mathrm{d}\mu)\ \mathrm{e}^{\mathrm{i}\mu}\,|n\rangle$, 故

$$\langle n'|\mathrm{d}n'\rangle = \langle n|\ \mathrm{e}^{-\mathrm{i}\mu}\mathrm{e}^{\mathrm{i}\mu}\ |\mathrm{d}n\rangle + \langle n|\ \mathrm{e}^{-\mathrm{i}\mu}\,\mathrm{i}\,(\mathrm{d}\mu)\ \mathrm{e}^{\mathrm{i}\mu}\,|n\rangle = \langle n|\mathrm{d}n\rangle + \mathrm{i}\,\mathrm{d}\mu\,. \qquad \text{(C-1-22)}$$

这表明 $\langle n'|\mathrm{d}n'\rangle \neq \langle n|\mathrm{d}n\rangle$, 由式(C-1-18)似乎会得到不同的 $\gamma_n(C)$, 其实这只是一种错觉. $\langle n'|\mathrm{d}n'\rangle \neq \langle n|\mathrm{d}n\rangle$ 不表明 $\oint_C \langle n'|\mathrm{d}n'\rangle \neq \oint_C \langle n|\mathrm{d}n\rangle$, 事实上, 式(C-1-18)可改写为式(C-1-19), 后者只涉及 $\langle \mathrm{d}n|\wedge|\mathrm{d}n\rangle$ 的积分, 对式(C-1-22)两边求外微分得 $\langle \mathrm{d}n'|\wedge|\mathrm{d}n'\rangle = \langle \mathrm{d}n|\wedge|\mathrm{d}n\rangle$, 可见 $\gamma_n(C)$ 在变换 $|n(R)\rangle \mapsto |n'(R)\rangle$ 下不变. 于是可称 $|n(R)\rangle \mapsto |n'(R)\rangle$ 为规范变换, 并说 $\gamma_n(C)$ 有规范不变性. 由式(C-1-18)或(C-1-19)还可知 $\gamma_n(C)$ 只取决于曲线 C(指映射 C 的像)而与其参数化无关. (这里的参数是指曲线的参数 t , 勿与物理参数 R 相混.) 可见 Berry 的附加相 $\gamma_n(C)$ 完全由参数空间 P 及其中的一条闭合曲线(指映射的像)的几何性质决定, 因此称为系统演化一周所获得的 **Berry 几何相**(Berry's geometrical phase), 而由式(C-1-10)求得的

$$\eta_n(T) = -\hbar^{-1}\int_0^T E_n(R(t))\mathrm{d}t \qquad \text{(C-1-23)}$$

则称为系统演化一周所获得的**动力学相**. 与几何相不同, 式(C-1-23)表明动力学相与参数 R 如何经历曲线 C (指"走得快慢")有关, 亦即与 C 的参数化有关. 形象地说, 设想某人在参数空间 P 中沿曲线 C 足够缓慢地旅行一周, 则几何相 $\gamma_n(C)$ 只取决于他旅行的路线, 而动力学相 $\eta_n(C)$ 还取决于他在旅行过程中在经过各处时行走得快慢. 例如, 设他在时刻 $t_1 \in [0,T]$ 停下休息一段时间 Δt_1, 他将获得附加的动力学相 $-\hbar^{-1}E_n(R(t_1))\Delta t_1$.

Berry(1984)指出, 要使$|\mathrm{d}n\rangle$有意义就要事先把$|n\rangle$指定为R的单值函数, 而这给$|\mathrm{d}n\rangle$的直接计算带来不便, 因此他又设法把Φ_n改用不涉及$|\mathrm{d}n\rangle$的形式表出. 利用完备性关系$\sum_m |m\rangle\langle m| = I$把式(C-1-21)改写为

$$\Phi_n = \mathrm{Im}\sum_m \langle \mathrm{d}n|m\rangle \wedge \langle m|\mathrm{d}n\rangle = \mathrm{Im}\sum_{m\neq n}\langle \mathrm{d}n|m\rangle \wedge \langle m|\mathrm{d}n\rangle, \tag{C-1-24}$$

上式的第二步用到如下事实: $\langle \mathrm{d}n|n\rangle \wedge \langle n|\mathrm{d}n\rangle = \overline{\langle n|\mathrm{d}n\rangle} \wedge \langle n|\mathrm{d}n\rangle = \overline{\mathrm{i}b} \wedge \mathrm{i}b = 0$, 其中$b \equiv \langle n|\mathrm{d}n\rangle$. 由本征方程(C-1-7)得$H|\mathrm{d}n\rangle + (\mathrm{d}H)|n\rangle = E_n|\mathrm{d}n\rangle + (\mathrm{d}E_n)|n\rangle$. 以$\langle m| \neq \langle n|$作用于两边得

$$\langle m|H|\mathrm{d}n\rangle + \langle m|\mathrm{d}H|n\rangle = \langle m|E_n|\mathrm{d}n\rangle + \langle m|\mathrm{d}E_n|n\rangle = E_n\langle m|\mathrm{d}n\rangle, \tag{C-1-25}$$

上式左边第一项可改写为

$$\langle m|H|\mathrm{d}n\rangle = \langle m|H^{\dagger}|\mathrm{d}n\rangle = (\langle m|\overline{E}_m)\,|\mathrm{d}n\rangle = E_m\langle m|\mathrm{d}n\rangle, \tag{C-1-26}$$

其中第一步用到哈氏算符H的自伴性, 即$H = H^{\dagger}$, 第二步用到本征方程$H|m\rangle = E_m|m\rangle$的左矢形式$\langle m|H^{\dagger} = \langle m|\overline{E}_m$[见式(B-1-31)], 第三步是因为自伴算符本征值为实数. 由式(C-1-25)、(C-1-26)可得$\langle m|\mathrm{d}n\rangle = \langle m|\mathrm{d}H|n\rangle/(E_n - E_m)$(对$m \neq n$). 类似地, 从$\langle n|H^{\dagger} = \langle n|\overline{E}_n$出发又得$\langle \mathrm{d}n|m\rangle = \langle n|\mathrm{d}H|m\rangle/(E_n - E_m)$(对$m \neq n$). 于是式(C-1-21)可改写为

$$\Phi_n = \mathrm{Im}\sum_{m\neq n}\frac{\langle n|\mathrm{d}H|m\rangle \wedge \langle m|\mathrm{d}H|n\rangle}{(E_n - E_m)^2} \quad . \tag{C-1-27}$$

与式(C-1-21)不同, 现在的Φ_n不含$\langle \mathrm{d}n|$和$|\mathrm{d}n\rangle$, 因此谈Φ_n时无须事先约定P中每点R如何对应于唯一的$|n(R)\rangle$. 事实上, 以本征方程(C-1-7)的任一解$|n(R)\rangle$和$|m(R)\rangle$代入式(C-1-27)都可求得同一$\Phi_n(R)$(请读者自行验证).

[选读 C-1-1]

然而, 依笔者管见, 式(C-1-27)的适用范可能比式(C-1-21)要窄. 关键是对$\mathrm{d}H$的准确含义如何解释. 先讨论$\mathscr{H}$是有限维 Hilbert 空间这一简单情况(例如只涉及自旋的 Hilbert 空间), 这时$\mathscr{H}$上的算符必然有界. 以$\mathscr{O}$代表$\mathscr{H}$上一切线性算符的集合, 则$\mathscr{O}$是有限维线性空间, 因此H可解释为$H \in \Lambda_P(0,\mathscr{O})$, $\mathrm{d}H$也可相应地解释为$\mathrm{d}H \in \Lambda_P(1,\mathscr{O})$, 意义明确. 然而, 如果$\mathscr{H}$是无限维 Hilbert 空间, 则$H$只是$\mathscr{H}$中(而非$\mathscr{H}$上)的算符, 而且无界. 这时$\mathscr{O}$的定义变得非常微妙. (例如, $\mathscr{O}$代表以什么子集为定义域的全体算符的集合?) 无论如何定义, $\mathscr{O}$现在只能是无限维线性空间, 而且难以保证它一定有基底, 即使有, 也难以保证它的任一元素一定能用基矢

表为可数项之和的形式. 这导致"P 上的 $\mathscr{O}$ 值形式场 $\Lambda_P(0,\mathscr{O})$"在定义上遇到困难(至少无法用定义 2), 从而使对 dH 的解释发生困难. 因此, 笔者不敢说式(C-1-27)在一般情况下有明确意义.

[选读 C-1-1 完]

以上是对 Berry 文章基本思想的解释, 侧重于几何角度. 该文还包含以下三方面内容: ①简并情况的讨论; ②缓变磁场中的自旋粒子的几何相及其实验验证的建议; ③AB 效应作为 Berry 几何相的特例的讨论. 不再详述.

理解 Berry 相的两个关键概念是不可积性(non-integrability)和缓变性. 不可积性[也称**不完整性**(anholonomy)]在这里是指 γ_n 不能表为 R 的函数, 即 γ_n 不能被定义为 P 上的 0 形式场, 特别是 $\gamma_n(T)\neq\gamma_n(0)$. 一般地, 如果某些变量在情况变化一周后不能恢复原值而其他(引起情况变化的)变量都已恢复原值, 就说存在不可积性. 最简单的例子是广义黎曼空间中矢量沿闭曲线转一周不恢复原值的现象. 傅科摆的摆平面在地球旋转一周后有所变化则是不可积性在经典力学中的例子. Berry 文章的发表引起了人们在各自熟悉的领域中寻找几何相的热潮.

Simon(1983)在对 Berry 文的原始版本作评述时从微分几何的高度指出 Berry 几何相与纤维丛上的联络有密切联系: Berry 相可解释为以参数空间为底流形的某种纤维丛上的一个"和乐"(holonomy). 关于纤维丛、丛上的联络及曲率等问题将在下册附录 I 中详述.

§ C.2　AA 几何相

Berry(1984)发表后不久, Aharonov 和 Anandan (简称 AA)就发表文章把几何相概念作了推广[Aharonov and Anandan(1987)]. 该文指出, 在量子系统的各种演化中有一类特别重要, 其特点是演化的末态与初态属于同一量子态(属于 Hilbert 空间中的同一射线), 即两者的态矢之间只差一个相因子. 该文称这类演化为**循环演化**(cyclic evolution). Berry 文章研究的都是循环演化, 它们是依靠以下三个条件实现的: ①演化起因于系统的参数在参数空间 P 中走出一条闭曲线; ②系统的演化是缓变过程; ③系统的初态是能量的本征态. Berry 特别强调缓变过程, 因为以能量本征态为初态的系统在缓变过程中的每一时刻都近似为能量本征态, 于是当参数回到初值时, 末态与初态只差一个相因子, 从而实现循环演化. 然而 AA 文则指出, 即使上述三个条件全都不满足(特别是, 即使非缓变), 也有可能实现循环演化(文中举了具体例子); 而只要是循环演化, 演化一周所获得的相位就可以自然分为动力学相和几何相两部分, 而且在满足 Berry 的三个条件时这两部分将分别等于 Berry 的动力学相和几何相. 因此 AA 的循环演化可看作 Berry 的循环演化的推广. 下面介绍

AA 文的主要思想.

以$\mathscr{R}$代表$\mathscr{H}$中所有射线的集合(射线空间), 则存在从$\mathscr{H}-\{0\}$到$\mathscr{R}$的自然的投影映射$\pi:\mathscr{H}-\{0\}\to\mathscr{R}$, 定义为

$$\pi(|\psi\rangle) := |\psi\rangle \text{ 所在射线}, \quad \forall |\psi\rangle \in \mathscr{H}-\{0\}.$$

设哈氏算符为$H(t)$的系统从任意归一化初态$|\psi(0)\rangle$出发按薛定谔方程

$$\mathrm{i}\hbar\frac{\mathrm{d}|\psi(t)\rangle}{\mathrm{d}t} = H(t)|\psi(t)\rangle \tag{C-2-1}$$

演化, 而且(不论什么原因)末态$|\psi(T)\rangle$与初态在同一射线上, 即

$$|\psi(T)\rangle = \mathrm{e}^{\mathrm{i}\phi}|\psi(0)\rangle, \quad \phi\in\mathbb{R}. \tag{C-2-2}$$

上式表明这是一个循环演化, 对应于$\mathscr{H}$中一条以时间t为参数的曲线$C:[0,T]\to\mathscr{H}$, 其始末两点在同一射线上, 因此其投影$\hat{C}=\pi\circ C:[0,T]\to\mathscr{R}$是$\mathscr{R}$中一条以$t$为参数的闭曲线, 见图 C-3. 给定这样的曲线$C(t)$后, 在$\mathscr{H}$中任选闭曲线$\tilde{C}(t)$, 满足$\pi(\tilde{C}(t))=\pi(C(t))\equiv\hat{C}(t)$(仍见图 C-3), 则由$\tilde{C}(t)$所代表的“演化”$|\tilde{\psi}(t)\rangle$在任一时刻$t\in[0,T]$必与$|\psi(t)\rangle$在同一射线上, 故存在实值函数$f$: $[0,T]\to\mathbb{R}$使

$$|\psi(t)\rangle = \mathrm{e}^{\mathrm{i}f(t)}|\tilde{\psi}(t)\rangle, \tag{C-2-3}$$

$$f(T)-f(0)=\phi. \tag{C-2-4}$$

由薛定谔方程(C-2-1)得

$$-\mathrm{i}\hbar^{-1}H(t)|\psi(t)\rangle = \frac{\mathrm{d}}{\mathrm{d}t}(\mathrm{e}^{\mathrm{i}f(t)}|\tilde{\psi}(t)\rangle) = \mathrm{i}\frac{\mathrm{d}f(t)}{\mathrm{d}t}|\psi(t)\rangle + \mathrm{e}^{\mathrm{i}f(t)}\frac{\mathrm{d}}{\mathrm{d}t}|\tilde{\psi}(t)\rangle,$$

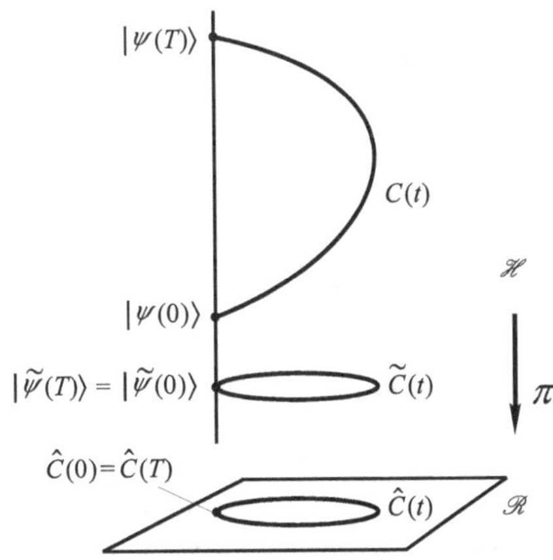

图 C-3　循环演化曲线$C(t)$及其投影[$\mathscr{R}$中闭曲线$\hat{C}(t)$]

以 $\mathrm{i}\langle\psi(t)|$ 作用两边得 $\frac{\mathrm{d}f(t)}{\mathrm{d}t}=-\hbar^{-1}\langle\psi(t)|H(t)|\psi(t)\rangle+\mathrm{i}\langle\tilde{\psi}(t)|\frac{\mathrm{d}}{\mathrm{d}t}|\tilde{\psi}(t)\rangle$. 积分得

$$\phi=-\hbar^{-1}\int_0^T\langle\psi(t)|\,H(t)\,|\psi(t)\rangle\mathrm{d}t+\mathrm{i}\int_0^T\langle\tilde{\psi}(t)|\frac{\mathrm{d}}{\mathrm{d}t}|\tilde{\psi}(t)\rangle\mathrm{d}t\,. \tag{C-2-5}$$

令

$$\alpha\equiv-\hbar^{-1}\int_0^T\langle\psi(t)|H(t)|\psi(t)\rangle\mathrm{d}t\,,\quad \beta\equiv\mathrm{i}\int_0^T\langle\tilde{\psi}(t)|\frac{\mathrm{d}}{\mathrm{d}t}|\tilde{\psi}(t)\rangle\mathrm{d}t\,, \tag{C-2-6}$$

则 $\phi=\alpha+\beta$. 把 Berry 情况作为特例, 在该情况下有 $|\psi(t)\rangle=\exp[\mathrm{i}\lambda_n(t)]\,|n(R(t))\rangle$ [即式(C-1-6)], 故

$$\alpha=-\hbar^{-1}\int_0^T\langle n(R(t))|\,H(R(t))|n(R(t))\rangle\mathrm{d}t=-\hbar^{-1}\int_0^T E_n(R(t))\,\mathrm{d}t=\eta_n(T)\ ,$$

即 α 在Berry情况下等于动力学相 $\eta_n(T)$, 所以AA文把 α 称为动力学相. 另一方面, 不难看出 β 在 Berry 情况下就是几何相 γ_n [只须把式(C-1-12)的 $|n(R(t))\rangle$ 看作 AA 的 $|\tilde{\psi}(t)\rangle$], 因此自然希望对一般的循环演化来说 β 也能被解释为几何相. 事实上, β 的确是一种几何相, 不过一般而言它涉及的不是参数空间 P 而是射线空间 $\mathscr{R}$ 的几何. 给定 $\mathscr{R}$ 中任一闭曲线 $\hat{C}:[0,T]\to\mathscr{R}$, 可在 $\pi^{-1}[\hat{C}(0)]$ 上任取一点 $p\in\mathscr{H}$, 定义 $\mathscr{H}$ 中的闭曲线 $\tilde{C}:[0,T]\to\mathscr{H}$ 使 $\tilde{C}(0)=p,\ \pi(\tilde{C}(t))=\hat{C}(t)$ [见图 C-4, 暂不看图中的 $\tilde{C}'(t)$]. 此 $\tilde{C}(t)$ 相应的 $|\tilde{\psi}(t)\rangle$ 按式(C-2-6)决定一个 β 值, 下面证明它只由 $\hat{C}(t)$ 决定而与 $\tilde{C}(t)$ 的选法无关. 设另选 $\tilde{C}'(t)$, 满足 $\pi(\tilde{C}'(t))=\hat{C}(t)$, 则它相应

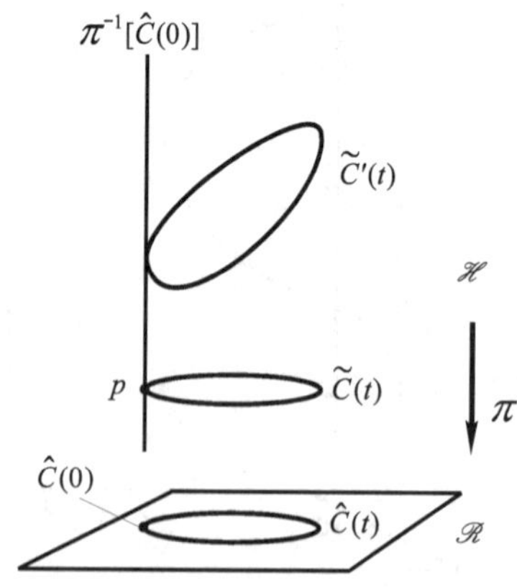

图 C-4　β 值只取决于闭曲线 $\hat{C}(t)$

的$\left|\tilde{\psi}'(t)\right\rangle$满足$\left|\tilde{\psi}'(t)\right\rangle = \mathrm{e}^{\mathrm{i}\sigma(t)}\left|\tilde{\psi}(t)\right\rangle$，其中$\sigma(t)$相当任意，但自动满足$\sigma(0)=\sigma(T)$. 由下式可知$\left|\tilde{\psi}'(t)\right\rangle$按式(C-2-6)决定的$\beta'$等于$\beta$：

$$\beta' \equiv \mathrm{i}\int_0^T \left\langle\tilde{\psi}'(t)\right|\frac{\mathrm{d}}{\mathrm{d}t}\left|\tilde{\psi}'(t)\right\rangle \mathrm{d}t = \mathrm{i}\int_0^T \left\langle\tilde{\psi}(t)\right| \mathrm{e}^{-\mathrm{i}\sigma(t)}\frac{\mathrm{d}}{\mathrm{d}t}\mathrm{e}^{\mathrm{i}\sigma(t)}\left|\tilde{\psi}(t)\right\rangle \mathrm{d}t$$

$$= \mathrm{i}\int_0^T \left\langle\tilde{\psi}(t)\right| \mathrm{e}^{-\mathrm{i}\sigma(t)}\left[\mathrm{e}^{\mathrm{i}\sigma(t)}\frac{\mathrm{d}}{\mathrm{d}t}\left|\tilde{\psi}(t)\right\rangle + \mathrm{i}\frac{\mathrm{d}\sigma(t)}{\mathrm{d}t}\mathrm{e}^{\mathrm{i}\sigma}\left|\tilde{\psi}(t)\right\rangle\right]\mathrm{d}t$$

$$= \mathrm{i}\int_0^T \left\langle\tilde{\psi}(t)\right|\frac{\mathrm{d}}{\mathrm{d}t}\left|\tilde{\psi}(t)\right\rangle \mathrm{d}t - \int_0^T \frac{\mathrm{d}\sigma(t)}{\mathrm{d}t}\mathrm{d}t = \beta - [\sigma(T)-\sigma(0)] = \beta\ .$$

可见从$\tilde{C}(t)$到$\tilde{C}'(t)$的变换可看作一种规范变换，而β具有规范不变性，即β只取决于射线空间$\mathscr{R}$中的闭曲线$\hat{C}(t)$. 再者，仿照上节由式(C-1-12)得出式(C-1-18)的讨论可知式(C-2-6)可改写为$\beta = \mathrm{i}\int_{\tilde{C}}\left\langle\tilde{\psi}\middle|\mathrm{d}\tilde{\psi}\right\rangle$，这表明$\beta$与曲线$\tilde{C}(t)$ [从而$\hat{C}(t)$]的参数化无关. 可见$\mathscr{R}$中每一(非参数化的)闭曲线$\hat{C}$都有一个确定的β值，因此β是$\mathscr{R}$中非参数化闭曲线$\hat{C}$的一个几何性质，故可称为曲线C的 AA 几何相. 从物理上看，$\mathscr{H}$中以$\mathscr{R}$中闭曲线$\hat{C}$为投影的曲线C有无限多种，它们代表量子系统在各种可能的哈氏量$H(t)$作用下按薛定谔方程所作的各种可能的循环演化，这些循环演化都有相同的 AA 几何相.

AA 几何相不但比 Berry 几何相有宽广得多的应用范围，而且，正如 AA 文所指出的，由于缓变定理只是近似定理，Berry 几何相只在缓变近似下成立，而 AA 几何相则是精确结果，完全不含近似.

除了提出和论证 AA 几何相的概念之外，AA 文还包含以下内容：①讨论了两个(也可说三个)例子，说明在缓变近似不成立时 AA 相也可以出现并且原则上可以观测. 其中一个例子(外磁场中的电子)表明 AB 效应是 AA 相的一个特例，另一例子涉及 Berry 及许多人都讨论过的自旋$1/2$粒子在时变外磁场中的进动问题，事实上，磁共振的 AA 相已被实验所测出. 这两个应用例子的一个附带作用是表明“在参数空间中走一条闭曲线”对于实现循环演化既非必要条件也非充分条件. ②指出 AA 相是以射线空间$\mathscr{R}$为底流形的某一主纤维丛(其丛流形为$\mathscr{H}-\{0\}$)上的和乐. 此处不再介绍.

有趣的是，AA 对 Berry 相的推广又进一步被 Samuel and Bhandari(1988)所推广. 如前所述，谈及 AA 相的前提是系统作循环演化(用数学语言说就是给定射线空间$\mathscr{R}$的一条闭曲线)，而 Samuel 和 Bhandari 则指出这也不是谈及几何相的必要条件：给定$\mathscr{R}$中任一非闭合曲线(对应于一个非循环演化，即初态和末态不在$\mathscr{H}$的同一射线的演化)，他们都能设法使之闭合起来. 这种“闭合术”基于如下思路：利用$\mathscr{H}$

的内积可给$\mathscr{R}$定义一个度规, 有度规就可谈及测地线, 因此可用测地线把非闭合线的两端连接而成一条闭合曲线, 从而可谈及其几何相. 虽然连接两端点的测地线并不唯一, 但他们证明几何相与所选测地线无关. 于是得出惊人结论: 射线空间$\mathscr{R}$中的任一曲线(不论闭合与否)都有一个推广后的AA几何相(不妨称为SB几何相)! 很难想象还有比"SB 几何相"更一般的结论了, 因为它涵盖了所有想象得出来的量子演化过程. 这一做法与本附录开始时谈到的 Pancharatnam 在光学中的工作有密切关系. 事实上, Samuel 等正是受到该工作的启发而提出这一推广方案的.

附录D 能量条件

爱因斯坦方程的精确解似乎并不难求. 设 g_{ab} 为任意度规, 算出其爱因斯坦张量 G_{ab} 后, g_{ab} 便可看作相应于能动张量 $T_{ab}=G_{ab}/8\pi$ 的度规, 因而是爱因斯坦方程的一个解. 问题在于这样任意得出的 T_{ab} 未必是某种物质场的能动张量, 所以这样的“解”未必有物理意义. 根据对各种已知物质场的观察和物理上的考虑, 人们普遍相信任何物质场的能动张量必须满足若干“合理的”条件(至少在经典广义相对论范畴内), 统称**能量条件**(energy condition), 大致包含以下三方面内容:

1. 弱能量条件(weak energy condition)

本条件要求任一瞬时观者 (p,Z^a) 测得的能量密度非负. (这在经典物理中自然是合理要求, 但有迹象表明在量子物理中存在反例.) 弱能量条件也可用数学语言表述为

$$T_{ab}u^a u^b \geqslant 0, \quad \forall \text{类时矢量场 } u^a. \tag{D-1}$$

2. 强能量条件(strong energy condition)

在证明奇性定理时, 人们发现在一个重要方程中出现 $R_{ab}Z^a Z^b$ 项, 其中 R_{ab} 是里奇张量, Z^a 是单位类时矢量场. 利用爱因斯坦方程可把该项表为

$$R_{ab}Z^a Z^b = 8\pi(T_{ab}Z^a Z^b + \frac{1}{2}T). \tag{D-2}$$

讨论表明, 如果上式右边大于或等于零, 再加上某些合理条件, 奇性定理就得以证明. 对 $T \equiv g^{ab}T_{ab} \geqslant 0$ 的情况, 弱能量条件自然保证上式右边大于或等于零; 当压强为负以至 $T<0$ 时, 人们从物理考虑出发相信负压强的绝对值不会大到使 $T_{ab}Z^a Z^b + T/2 < 0$, 即相信经典物质场还满足如下的强能量条件:

$$T_{ab}Z^a Z^b \geqslant -\frac{1}{2}T, \quad \forall \text{单位类时矢量场 } Z^a, \tag{D-3}$$

请注意强、弱能量条件互不蕴含.

3. 主能量条件(dominant energy condition)

本条件要求任一瞬时观者 (p,Z^a) 测得的4动量密度 $W^a \equiv -T^a{}_b Z^b$ (见 § 6.4 定

义 1)是指向未来的类时或类光矢量，其物理解释是物质场的能量流动速率小于或等于光速.[①] 下面为类时和类光的 W^a 各举一例.

例 1 尘埃的能动张量为 $T_{ab}=\rho U_a U_b$，其中 U^a 是尘埃的 4 速场(指向未来类时矢量场). 任一瞬时观者 (p,Z^a) 测得的 4 动量密度

$$W^a \equiv -T^a{}_b Z^b = -\rho U^a U_b Z^b = \gamma\rho U^a,$$

其中 $\gamma\equiv -U_b Z^b$. 因 U^b 和 Z^b 都是指向未来类时矢量，故由命题 11-1-1(1)可知 $\gamma>0$. 注意到 $\rho>0$ (默认弱能量条件成立)，便知 W^b 为指向未来类时矢量.

例 2 类光电磁场满足 $F_{ab}F^{ab}=0$ [见式(8-4-8a)]，由式(7-2-6)可知其能动张量为

$$T_{ab}=\frac{1}{4\pi}F_{ac}F_b{}^c. \tag{D-4}$$

选正交归一 4 标架 $\{(e_\mu)^a\}$ 使 $(e_0)^a$ 为指向未来类时，则 $(e_0)^a$ 可看作某瞬时观者的 4 速 Z^a，他测得的电场和磁场为 $E_a\equiv F_{ab}(e_0)^b$ 和 $B_a\equiv -{}^*F_{ab}(e_0)^b$. 以 E, B 分别代表 E^a 和 B^a 的长度，则由 F_{ab} 的类光性可知 $B^2=E^2$，$g_{ab}E^aB^b=0$ [式(8-4-11)]，故可重选 $\{(e_\mu)^a\}$ 的空间基矢使 $\vec{E}=(E,0,0)$，$\vec{B}=(0,E,0)$. 令

$$k^a\equiv\frac{1}{\sqrt{2}}[(e_0)^a+(e_3)^a],$$

则 k^a 为指向未来类光矢量场.由 $F_{ac}=\sum_{\text{C}}F_{\mu\sigma}(e^\mu)_a\wedge(e^\sigma)_c$ [见式(5-1-6)]不难证明

$$F_{ac}=\sqrt{2}E k_a\wedge(e^1)_c, \tag{D-5}$$

代入式(D-4)得

$$T_{ab}=\frac{1}{2\pi}E^2 k_a k_b, \tag{D-6}$$

于是任一瞬时观者 (p,Z^a) 测 F_{ab} 所得的 4 动量密度为

$$W^a\equiv -T^a{}_b Z^b = -\frac{1}{2\pi}E^2 k^a k_b Z^b. \tag{D-7}$$

k^a 和 Z^a 分别为指向未来的类光和类时矢量，由命题 11-1-1(1)可知 $k_b Z^b<0$，于是

---

① 其准确含义是：设 T_{ab} 满足主能量条件，则由 $\nabla^a T_{ab}=0$ 可以证明 T_{ab} 在非编时闭集 S 上为零必导致它在 $D^+(S)$ 上为零. 注意到 $D^+(S)$ 的定义(见§11.4)，这一结论便可解释为能量(物质)的流动不能超光速. 详见 Hawking and Ellis(1973)引理 4.3.1.

式(D-7)说明W^a是指向未来类光矢量, 满足主能量条件. W^a的类光性是电磁场F_{ab}的类光性的结果.

注 1 因为纯辐射场的能动张量也可表为与式(D-6)类似的形式(见小节 8.9.1), 所以任一瞬时观者测纯辐射场所得的 4 动量密度W^a也类光.

注 2 常遇到这样的问题: "黑体辐射(如恒温箱内或宇宙背景的电磁辐射)由大量光子组成("光子气"), 其相应的电磁场F_{ab}(或$\vec{E}$和$\vec{B}$)取怎样的表达式?其能动张量T_{ab}为什么不取式(D-6)的形式而取理想流体的形式(见§6.5), 而且压强等于能量密度的$1/3$?" 下面是答案.

黑体辐射的电磁场随时间迅速变化, 对恒温箱观者, 光子的运动平均而言没有一个特殊的方向(该观者是各向同性观者), 所以他测得的电场$\vec{E}$和磁场$\vec{B}$的时间平均值皆为零. 但是, E^2和B^2等二次项的时间平均值却非零, 因而黑体辐射的T_{ab}即使平均而言也非零, 并取理想流体T_{ab}的形式(虽然T_{ab}的瞬时值不取这种形式), 它在各向同性系的分量排成矩阵$(T_{\mu\nu}) = \text{diag}(\rho, p, p, p)$. ($\rho$为能量密度, p为正压强.) 这与非相干光的叠加类似. 两束相干光叠加时要对$\vec{E}$的瞬时值求和, 其结果依赖于两者在各点的相位差(于是出现干涉花样); 然而非相干光的叠加却是强度(正比于E^2)叠加. 电磁场能动张量瞬时值的迹恒为零(第 8 章习题 4), 这种无迹性在取时间平均中不改变, 因而平均后(即黑体辐射的T_{ab})仍然无迹, 即$T^\mu{}_\mu = 0$, 与$(T_{\mu\nu}) = \text{diag}(\rho, p, p, p)$结合得$0 = T^\mu{}_\mu = -\rho + 3p$, 由此可知辐射压强$p = \rho/3$.

设Z^a, Z'^a是任意两个指向未来单位类时矢量场, 则

$$T_{ab}Z^a Z'^b = T^b{}_a Z^a Z'_b = -W^b Z'_b .$$

由此以及命题 11-1-1(1)可知主能量条件又可纯数学地表述为

$$T_{ab}u^a u'^b \geqslant 0, \quad \forall \text{指向未来类时矢量场 } u^a, u'^b (\text{等号只适用于 } T_{ab} = 0) . \qquad \text{(D-8)}$$

若取$u'^a = u^a$, 则上式回到式(D-1), 可见主能量条件蕴含弱能量条件. 三个能量条件之间除此蕴含关系外是相互独立的.

如能选择正交归一基底使T_{ab}的矩阵为对角矩阵, 则能量条件可表述为更加具体实用的形式. T_{ab}是对称张量保证存在基底使T_{ab}的矩阵为对角矩阵. 然而, 由于时空度规g_{ab}的非正定性, 能完成这一任务(能把T_{ab}对角化)的基底未必正交归一. 某些T_{ab}在任何正交归一基底下的矩阵都不是对角矩阵. 例如, 式(D-6)的T_{ab}在导出该式所用的正交归一标架的分量$T_{\mu\nu}$的矩阵

$$(T_{\mu\nu}) = \frac{E^2}{4\pi}\begin{pmatrix} 1 & 0 & 0 & -1 \\ 0 & 0 & 0 & 0 \\ 0 & 0 & 0 & 0 \\ -1 & 0 & 0 & 1 \end{pmatrix} \tag{D-9}$$

就是非对角的，而且不存在可使它表为对角矩阵的正交归一标架. 幸好，除零质量的场外，所有被认为物理上合理的物质场的 T_{ab} 都可用正交归一基底对角化[见 Hawking and Ellis(1973)；Wald(1984)]，即存在正交归一标架 $\{(e_\mu)^a\}$ [其中 $(e_0)^a$ 指向未来类时]使 T_{ab} 可表为

$$T_{ab} = \rho(e^0)_a(e^0)_b + p_1(e^1)_a(e^1)_b + p_2(e^2)_a(e^2)_b + p_3(e^3)_a(e^3)_b\,, \tag{D-10}$$

式中 ρ 可解释为以 $(e_0)^a$ 为 4 速的观者测得的能量密度，p_1, p_2, p_3 则称为他测得的**主压强**(principal pressure). 对于可由式(D-10)表述的 T_{ab}，能量条件有如下等价表述：

命题 D-1 设存在正交归一标架 $\{(e_\mu)^a\}$ [其中 $(e_0)^a$ 指向未来类时]使 T_{ab} 可表为式(D-10)，则

(1) 弱能量条件等价于

$$\rho \geqslant 0 \text{ 且 } \rho + p_i \geqslant 0\,, \quad i = 1,2,3\,, \tag{D-11}$$

(2) 强能量条件等价于

$$\rho + \sum_i p_i \geqslant 0 \text{ 且 } \rho + p_i \geqslant 0\,, \quad i = 1,2,3\,, \tag{D-12}$$

(3) 主能量条件等价于

$$\rho \geqslant |p_i|\,, \quad i = 1,2,3\,. \tag{D-13}$$

证明 我们只对(1)给出证明. (2), (3)的证明留作练习.

(A) 设 $T_{ab}u^a u^b \geqslant 0$ $\forall$ 类时矢量 u^a，欲证式(D-11). 先取 u^a 为 $(e_0)^a$，则由式(D-10)可得 $T_{ab}u^a u^b = \rho$，故 $T_{ab}u^a u^b \geqslant 0$ 导致 $\rho \geqslant 0$. 再取

$$u^a \equiv (1+\varepsilon)(e_0)^a + (e_1)^a \text{（其中 } \varepsilon \text{ 为任一正数），}$$

则 u^a 显然类时. 由式(D-10)得 $T_{ab}u^a u^b = \rho(1+\varepsilon)^2 + p_1$. 由条件 $0 \leqslant T_{ab}u^a u^b$ 得

$$0 \leqslant \lim_{\varepsilon \to 0}[\rho(1+\varepsilon)^2 + p_1] = \rho + p_1\,,$$

同理可证 $0 \leqslant \rho + p_2$ 和 $0 \leqslant \rho + p_3$.

(B) 设式(D-11)成立，欲证 $T_{ab}u^a u^b \geqslant 0$ $\forall$类时矢量 u^a. 设 u^μ 是 u^a 在式(D-10)

所用标架的分量, 令 $\alpha \equiv u^0$, $\beta^2 \equiv \sum_{i=1}^{3}(u^i)^2$, 则由 u^a 的类时性可得 $\alpha^2 > \beta^2$. 由式(D-10)得

$$T_{ab}u^a u^b = \rho\alpha^2 + \sum_i p_i (u^i)^2 .$$

不失一般性, 设 p_1 为 p_1, p_2, p_3 中的最小者, 则

$$T_{ab}u^a u^b \geqslant \rho\alpha^2 + p_1\beta^2 \geqslant (\rho + p_1)\beta^2 , \quad (\text{第二步用到 } \rho \geqslant 0)$$

故由 $\rho \geqslant 0$ 和 $\rho + p_1 \geqslant 0$ 可得 $T_{ab}u^a u^b \geqslant 0$. □

注 3 ①由上述命题也可看出主能量条件蕴含弱能量条件. ②条件(D-13)表明主能量条件等价于 T_{ab} 在上述正交归一标架的第 0 分量(能量密度)大于(优于, 即 dominates)任一其他分量(的绝对值), 这可看作"主能量条件"(dominant energy condition) 一词的来源.

附录E　奇性定理和宇宙监督假设

§E.1　奇性定理简介

广义相对论的奇性疑难几乎与广义相对论同时诞生. 最令人困惑(因而最难接受)的是恒星晚期坍缩和宇宙开端的时空奇性. 数年后一些先驱人物(如 Eddington)对坐标奇性和时空奇性的本质差别的注意代表着认识的一大进步. Chandrasekhar 在 1931 年推出白矮星质量上限后就已意识到大质量恒星的晚年命运有待进一步揣测, 但 Eddington 断然否定黑洞(含时空奇点)存在的可能性. Oppenheimer and Volkoff(1939)把 Chandrasekhar 和朗道的工作拓展到中子星, 指出满足适当条件的恒星到了晚期必然无限收缩. 稍后, Oppenheimer and Snyder(1939)对球对称均匀密度尘埃球(dust ball)的晚期径向坍缩作了定量计算(求解爱因斯坦方程), 其结果强烈暗示大质量球对称恒星在热核燃料耗尽后将坍缩成黑洞. 这实际上是爱因斯坦方程有史以来第一个描写黑洞形成的精确解, 其重要性不容低估. 可惜爱因斯坦至少直到 1942 年尚未注意到这一文章. 由于已经放弃宇宙常数, 爱因斯坦被迫承认 Friedmann 宇宙模型中存在初始奇性, 然而直至生命末期他仍不相信这些奇性会存在于真实世界中. 那时许多物理学家认为恒星晚期坍缩导致的奇性只是由于恒星模型的理想球对称性所致, 而宇宙的原初奇性则源于宇宙模型的均匀性和各向同性性. 真实恒星和宇宙不可能有模型中那样精确的对称性, 因此他们认为真实世界未必存在奇性. Lifshitz 和 Khalatnikov 还用场方程在奇点附近的幂级数解支持上述论点. 然而, Penrose 和 Hawking 在 1965~1970 年的独辟蹊径的研究表明, 无需依赖对称性假设, 大质量恒星晚期坍缩和宇宙原初的奇性在一定条件下都是不可避免的. 他们的工作主要是抽象推理, 所用工具(技术)包括新近发展起来的类光(时)测地线汇理论、时空整体因果结构和整体微分拓扑理论. 整个推理可看作这三种理论(技术)的有机结合. Penrose 的开创性论文[Penrose(1965a)]可视为第一个不要求对称性的奇性定理, 证明中的一个关键概念是陷俘面. 时空中的2维类空闭曲面(通常是 2 球面)称为**陷俘面**(trapped surface), 如果与它正交的外向和内向类光测地线都会聚.[①] 这是十分非同寻常的曲面, 只存在于引力异常强大的时空区域. 要理解陷俘面最好从非陷俘的 2 维面谈起. 设Σ是闵氏时空中某惯性系的一个同时面,

---

① §14.1 讲过类时线汇的膨胀 θ 的概念. 类似地可定义类光测地线汇的膨胀 $\hat{\theta}$. 当 $\hat{\theta}$ 为负(正)时, 该线汇称为**会聚**(**发散**)的. 陷俘面的准确定义见下册第 16 章.

$S \subset \Sigma$ 是一个 2 维球面光源, 它的每点都向四面八方发光, 其中两条光线正交于球面并分居内外两侧, 相应的光子世界线(测地线)分别称为**内向**和**外向**线. 从球面各点发出的这两条线分别组成内向和外向类光测地线族, 其中每条都同 S 正交(图 E-1). 内向测地线族处处会聚而外向测地线族处处发散. 一小段时间后, 内外向光子分别到达球面(波前) S_1 和 S_2, 其面积分别小于和大于 S 的面积. 这样的 S 当然再正常不过. 然而, 由球对称星体坍缩形成的黑洞内部的 2 维类空面 T (图 E-2)的表现却非常不同. 由于黑洞内引力异常强大, 从 T 发出的两族类光测地线中不但内向测地线会聚, 就连"外向"测地线也会聚[它虽企图向外(逃离黑洞), 但强大的引力迫使它不得不向内(指向奇点)]. 于是两族测地线在下一时刻到达的球面 S_1 和 S_2 的面积都比 T 的面积小[图 E-2(b)]. 读者不妨在图 9-13 或图 12-9 的黑洞区 B 内补画几条类空双曲线(等 r 线), 它们的 r 值自然是从 $<2M$ 开始自下而上渐减, 直到逼近奇性时 $r \to 0$. 在某条双曲线上任取一点 p (代表一个半径为 r_p 的 2 维球面), 再从 p 出发画两个向左上方和右上方的 $45°$ 箭头(表示 p 所发出的两族类光测地线), 便会发现它们在一小段时间后到达的双曲线的 r 值都小于 r_p, 即到达的两个球面的面积都小于 p 代表的球面 T 的面积. 这 T 就是陷俘面的直观例子. 事实上, 施瓦西时空中任何 $t=$ 常数, $r=$ 常数 $<2M$ 的 2 维球面都是陷俘面. 陷俘面的存在是引力场甚强(以致企图向外的类光测地线也被迫向内)的结果. 由于任何粒子都不能超光速, 陷俘面 S 内的物质只能陷入越来越小的 2 维闭曲面内, 于是, 诸如时空奇点一类怪事的出现看来是自然的. 对非球对称恒星, 只要初始状态与球对称差别不是太大, 恒星在坍缩到一定程度时(引力足够强时)也会出现陷俘面[证明见 Hawking and Ellis(1973)P.301]. Penrose 的第一个奇性定理的实质是: 只要时空满足某些合理的因果条件(整体双曲条件)和能量条件, 则陷俘面的存在必然导致不完备类光测地线的存在. 根据 § 9.4 关于时空奇性的定义 1′, 便知必然存在时空奇性. 重要的是这个定理不以球对称性为条件, 该文第 58 页原话为: "对球对称性的偏离不能防止时空奇点的出现."

上述文章只是 Penrose 的一系列关于奇性的文章的第一篇, 它的出现立即引起一批同行的注意, 他们尽快熟悉有关工具并寻找能做出成果的课题. Hawking 便是其中的佼佼者, 他马上意识到 Penrose 的证明可以被"底朝天"地用到宇宙的研究

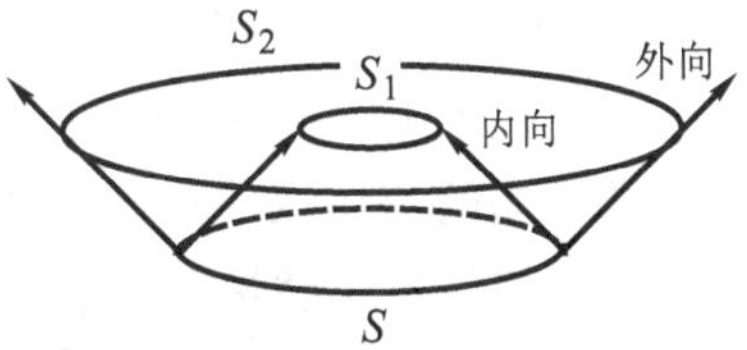

图 E-1 闵氏时空中 S 不是陷俘面

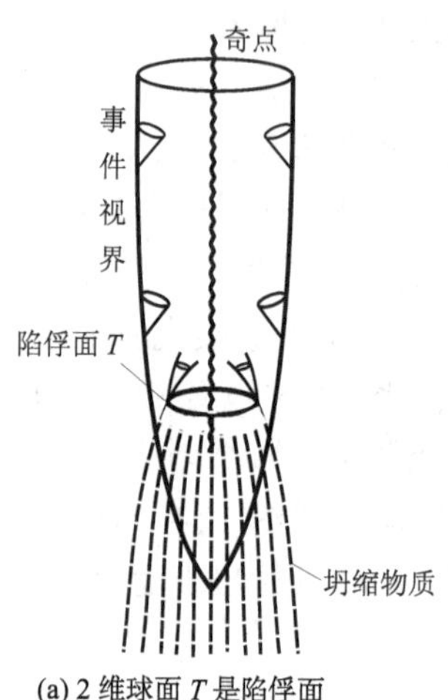

(a) 2 维球面 T 是陷俘面

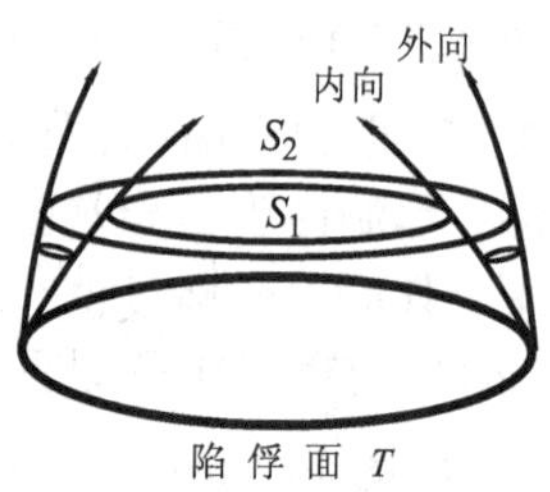

(b) 陷俘面 T 及其类光测地线汇的放大, S_1 和 S_2 的面积都小于 T 的面积

图 E-2　Oppenheimer-Snyder 坍缩均匀密度尘埃球的陷俘面

中, 很快便发表文章[Hawking(1965)]证明 $k=0$ 或 -1 的 RW 宇宙在 r 值足够大(宇宙尺度)时由 $t=$常数 和 $r=$常数 定义的 S 是(时间反演的)陷俘面. 该文表明, 只要满足能量条件, 局部非均匀性不会影响宇宙原初奇性的存在. Hawking 紧接着与 Ellis 合作发表了第二篇论文[Hawking and Ellis(1965)]. 此后, 一系列有关文章的预印件相继出现. 由于所需的某些工具当时尚不够成熟, 某些结果(或证明)并不正确. Hawking 的第三篇文章(1967)对预印件的某些结果作了改正, 并增加了新的结果. 其实所有奇性定理都离不开以下三个前提条件: ①能量条件; ②整体因果性条件; ③时空中某些区域的引力强到任何物质一旦被俘获就无法逃逸的程度. (其表现可以是陷俘面, 也可以是其他形式, 例如要求宇宙的空间截面为闭曲面, 这表明没有外部地区可供逃逸.) 各种奇性定理无非是说, 只要上述三类条件的某种适当组合成立, 时空就必然存在不完备类时或类光测地线. 如果要弱化三类条件的某一类, 就要对其他两类适当强化. 第一个奇性定理的最大缺点就是因果性条件太强(要求时空为整体双曲), 因而它对"物理时空是否真有奇性"的问题并未给出完全肯定的回答, 因为人们可以说"我宁愿要非整体双曲的非奇异时空也不愿接受整体双曲的奇异时空", 从而否定时空奇性. 第一个定理的这一缺点在 Hawking 和 Penrose 合作证明的最末一个奇性定理[Hawking and Penrose(1970)]中得到很好的克服. 该定理把因果条件从要求最高的整体双曲条件降至要求最低的编时条件, 其代价是要用最强的一种能量条件, 称为**普通能量条件**(generic energy condition), 它除要求时空满足强能量条件(见附录 D)外还要求每一类光或类时测地线含有满足如下条件的一个点: $k_{[a}R_{b]cd[e}k_{f]}k^c k^d \neq 0$, 其中 k^c 是该线的切矢, R_{bcde} 是降指标

后的时空黎曼张量. 虽然在某些特殊的(不“普通”的)、理想化的时空模型中这一条件可以不满足, 但有理由相信它在物理真实的“普通”时空中是满足的. 至于第三类条件, 该定理的要求是最一般的, 即要求下列三者中至少有一者成立:(a)存在一个陷俘面; (b)存在一个无边缘的紧致非编时集; (c)存在 $p \in M$, 使得由 p 发出的、指向过去(或未来)的类光测地线汇在走过适当的仿射参数后重新变得会聚(见图 E-3). (就是说, 虽然从 p 出发的类光测地线是发散的, 但由于物质或时空曲率的作用, 它们逐渐变得会聚.) 条件(c)与陷俘面的存在性有密切联系, 但用(c)的表述形式可使它在某些情况下的应用更方便. 例如, 由第 10 章可知我们的宇宙(至少从光子退耦时刻 $t_{\gamma d}$ 开始至今)可以相当好地用 Robertson-Walker 模型描述. 设 p 代表我们(银河系)的当今时刻. 可以证明从 p 发出的指向过去的类光测地线汇在比 $t_{\gamma d}$ 大得多的时刻(由图 E-3 的 q 点代表)就开始重新会聚, 即宇宙时空满足条件(c). 因此由最末一个奇性定理可知它必定存在奇性.

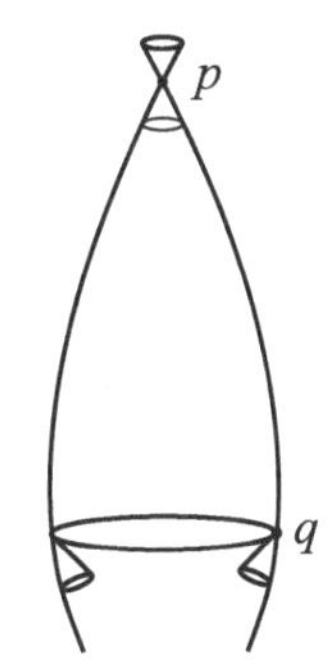

图 E-3　从 p 发出的指向过去类光测地线汇在 q 处开始重新会聚

时空奇性的定义一直是个有争论的问题. 用测地不完备性所下的定义虽然被多数人所接受, 它本身仍有缺点(见小节 9.4.1). 事实上, 仍然存在与之密切相关却并不完全等价的若干其他定义[见 Earman(1999)]. 例如, ①“时空称为奇异的, 若某个有关物理量发散”. ②“时空称为奇异的, 若其中因某些点被挖去而存在‘洞’”. 请注意有“洞”的时空必然测地不完备(见小节 9.4.1), 但却存在着测地不完备的无“洞”时空[见 Wald(1984)]. 自然要问: 奇性定理证明存在的奇性是哪个定义的奇性?答案是用测地不完备性定义的奇性. 所有奇性定理所证明的无非是如下结论: 只要满足定理条件, 则时空至少存在一条不完备的类时或类光测地线. 至于是否有某个物理量(如曲率或密度)发散, 则几乎没有给出任何回答.

小节 10.3.1 的**1**曾指出奇性定理是经典广义相对论范畴的定理, 完全不涉及量子理论. (事实上, 能量条件在量子理论中可以不满足.) 鉴于奇性是如此之奇怪, 也可换一角度看待奇性定理: 与其说奇性定理证明了奇性的存在性, 不如说它表明经典广义相对论在时空曲率很大时的不适用性——那时必须考虑量子理论. 不少学者(如 Hawking)相信在量子广义相对论中奇性不再存在, 但其他学者对此还有不同看法, 例如, 见 Penrose 在 The Nature of Space and Time[Hawking and Penrose (1996)]第二章末答问中的论述.

注 1　Penrose 和 Hawking 于1994 年在英国剑桥大学举行了一场关于宇宙本

性的最基本观念的学术辩论, 实质问题是如何把广义相对论与量子理论有机地结合以形成一套量子引力论(其中自然离不开奇性问题). 从某种意义上说, 这是大约 60 年前 Bohr(玻尔)和 Einstein(爱因斯坦)的那场关于量子力学基础的辩论的继续, 其中 Penrose 和 Hawking 分别扮演 Einstein 和 Bohr 的角色. Penrose 和 Hawking 两人在经典理论方面的观点相当一致, 但在涉及量子理论时却存在明显分歧. Hawking and Penrose(1996)(有中译本)的 1~6 章是两人的讲演(每人三次), 第 7 章主要是他们之间的辩论.

§ E.2 宇宙监督假设

上节讲过, 爱因斯坦方程的第一个描写黑洞的精确解是 Oppenheimer-Snyder 均匀密度尘埃球解, 它细致地描写了一个具体的球对称黑洞的形成过程. 图 E-4 左边是在坐标系 $\{\tilde{t},r\}$ (见小节 9.4.6)中的 2 维时空图, 右边是其 Penrose 图. Birkhoff 定理保证星外区域有施瓦西度规. 此图的一大特点是存在绝对事件视界 H, 它使时空区域 B 不为外部观者所看见. 说得更准确些, 设 G 是 H 外的任一观者, 则不论他坚持观测多么长时间, (无限长时间, 以至他趋近无限远.) 也不会收到从 B 区发来的任何信息. 通常称这一现象为"黑洞内的信息不能逃逸到无限远". 从几何角度看, 这是因为事件视界 H 既是黑洞区 B 的边界又是 $\mathscr{I}^+$ 的编时过去 $I^-(\mathscr{I}^+)$ 的边界, 即 $H=\dot{I}^-(\mathscr{I}^+)$, [①] 因此黑洞内任一点与 $\mathscr{I}^+$ 都没有因果联系. 这与闵氏时空的情况非常不同. 闵氏时空的 Penrose 图(图 12-7)表明 $I^-(\mathscr{I}^+)$ 就是全时空, 因此任一时空点所发信号都能到达 $\mathscr{I}^+$, 不存在黑洞区. 虽然奇点奇得不可思议(物理定律在奇点失效), 但由于藏在事件视界之内, 视界外的观者(直至无限远)对奇性无所察觉. 然而图 E-4 所描述的只是标准的球对称坍缩(其中 Birkhoff 定理起到重要作用), 它是否有代表性仍然存在疑问. 奇性的存在不是问题: 根据奇性定理, 当坍缩导致足够大量物质聚集于足够小区域时奇性必将出现, 问题在于不能保证这奇性一定藏在一个(绝对)事件视界之内, 因而不能肯定非球对称坍缩一定导致黑洞. 人们把不藏在事件视界之内的奇点称为**裸奇点**(naked singularity), 利用这一术语可以说, 满足奇性定理条件时, 恒星晚期坍缩的结果要么是黑洞, 要么是裸奇点. 人们

---

① 准确地应为 $H=\dot{I}^-(\mathscr{I}^+)\cap M$, 其中 M 为物理时空. (请注意与非物理时空 $\tilde{M}\supset M$ 的区别, 见§12.4.) 补上 $\cap M$ 旨在除去所有无限远点(它们在 $\tilde{M}$ 内而不在 M 内). H 又分为两部分: 星外(真空)部分是由 $r=2M$ 刻画的类光超曲面, 星内(物质)部分则是这样的类光超曲面, 它是 p 点(星体球心的某一时刻)的编时未来的边界, 与 $r=2M$ 超曲面在星体表面光滑连接.

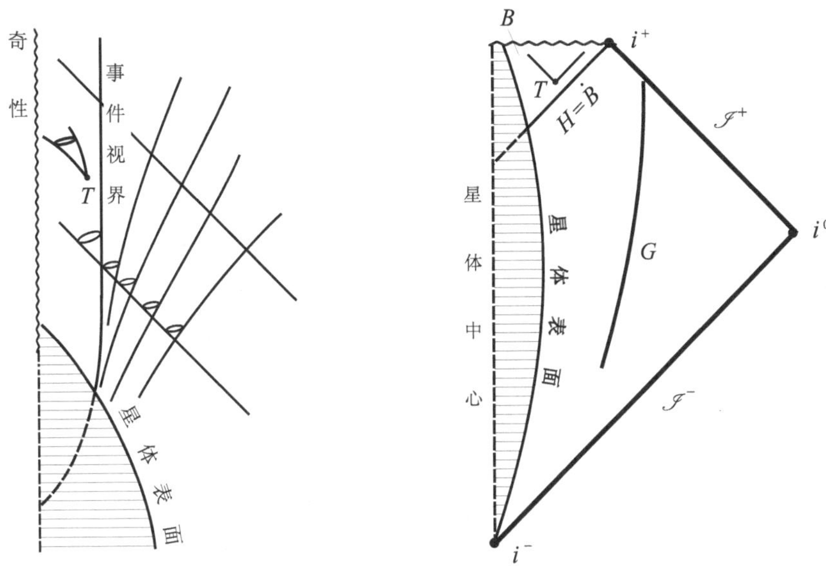

图 E-4　球对称星体晚期坍缩成黑洞. T 为陷俘面. 右图为 Penrose 图

通常认为非裸奇点比裸奇点要无害得多. 为了摒除裸奇点存在的可能性, Penrose 曾于1969年提出如下的**宇宙监督**(cosmic censorship)**假设**: 任何物理上真实的坍缩都不造成裸奇点, 形象地说就是"上帝憎恶裸奇点". 这一假设并不排除爱因斯坦方程存在含有裸奇性的解, (事实上早已知道存在若干含有裸奇性的解, 如 $M<0$ 的施瓦西解和 Taub 的平面对称真空解.) 甚至也不排除从非常正规的初始状态演化为裸奇点的坍缩解. (这种解的确存在, 但没有理由相信它们所代表的特殊情况会出现在真实的坍缩中.) 宇宙监督假设所排除(禁止)的只是稳定地导致裸奇点的任何坍缩过程, 其中坍缩物质的物态方程在适当意义上说并不过于特殊或物理上不真实, 准确提法见 Wald(1984)和 Wald(1999). 如果宇宙监督假设成立, 满足奇性定理条件的坍缩结果就只能是黑洞. 注意到黑洞无毛猜想(见§13.6), 恒星在经历不稳定坍缩期(那时要发射引力波)后终将成为稳定的 Kerr-Newman 黑洞. 这是一个非常诱人的简单结果. (同球对称的坍缩结果——施瓦西黑洞——相当类似, 只是略微复杂一些.) 反之, 如果宇宙监督假设不正确, 我们就必须面对作为坍缩结果的形形色色的裸奇点, 问题就要复杂得多. 然而, 尽管大量的黑洞微扰计算(以及其他考虑)倾向于支持这一假设, 人们至今仍然既不能严格证明它也无法举出足够有力的反例推翻它. [①] Penrose 以及许多学者在这两个方面都曾做过大量努力, 也曾经并且正在不断取得研究成果, 但至今未能得出明确的肯定或否定结论[虽然有利

① 宇宙监督假设在量子引力论中很可能不成立. 特别是, Hawking 关于黑洞的量子辐射过程(从"蒸发"到"爆炸")会导致裸奇点. 正文中关心的只是在经典广义相对论范畴内这一假设的正确性.

于这一假设的证据越来越多(强)]. 这早已成为经典广义相对论的一个老大难问题. 目前似乎多数人相信这一假设至少在一定意义上正确. Wald(1999)对有利于和不利于这一假设的主要讨论方法和论据做了回顾, 特别是介绍了有利于这一假设的新进展.

注 1 ①宇宙监督假设的证明(或否定)的高难度来自多方面原因, 其中之一是假设中涉及某些难以准确化的提法. 例如, 该假设要求系统的初态由某个柯西面上的普通的(generic)非奇异初始数据描述, 并断言这种初态按照经典广义相对论和合理的态方程演化的结果不会包含裸奇点. 然而上述提法中的"普通的"和"合理的"两词的含义都难以准确界定. ②黑洞和裸奇点原本都是对渐近平直时空定义的. 然而, 由于暗能量的发现等原因, 渐近 anti-de Sitter 时空(见 § J.6)越来越受到重视. Hertog et al.(2003)给出了一个在渐近anti-de Sitter时空中存在裸奇点的例子, 声称这是宇宙监督假设的反例, 但翌年又载文[Hertog et al.(2004)]表示发现上文存在一个未能克服的漏洞, 因此明确地说在渐近 anti-de Sitter 时空中是否真有反例仍然是个开放课题.

注 2 Censor 一词是指政府部门对书面和声像出版物的审查和监察, 他们有权要求删除其中的淫猥内容. 不妨由此体会 Penrose 把禁止裸奇性的假设称为 cosmic censorship 的幽默用心. 有鉴于此, 译为宇宙监察假设也许更为贴切.

以上讨论的裸奇性也可称为"整体性裸奇性", 因为黑洞的事件视界是$I^-(\mathscr{I}^+)$的边界, 而$\mathscr{I}^+$是个整体概念. Penrose 在后来的许多文献中又表达出进一步的看法(与 1969 年提出宇宙监督假设时的看法不尽相同), 他认为, 在只涉及时空的某一局部地区的物理时本来就不应关心从奇点发出的光线是否能最终到达无限远的问题, 位于事件视界以内的观者虽然不在无限远, 但却可能收到从奇性处发出的光线, 从而带来使物理学家深感头痛的不可预言性. 他指出, 图 E-4 右侧的奇性之所以比较"无害", 关键不在于它藏在事件视界H之内, 而是因为它是类空的. 反之, 如果时空存在类时奇性, 则不论它是否藏在某个事件视界之内, 它附近的观者都会收到它发出的光线, 即他会受到不可预言的影响. [笔者注:类时奇性的存在使得时空没有柯西面, 于是, 更形象地说, 假定你是奇点附近的一个观者, 从奇点飞出一颗定时炸弹在你身上爆炸, 这一爆炸事件就不能根据某个柯西面上的初始数据加以预言.] 所以, 即使所有奇性都藏在事件视界之内, 仍然不能解决问题. 要从根本上解决问题, 就得要求(假设)任何真实时空不存在类时奇性. Penrose 把类时奇性称为局部裸奇性, 把不存在局部裸奇性的这一要求(假设)称为强宇宙监督原理, 详见下节. 然而, 度规在奇性处失去定义, 奇性的"类时"性如何定义?下节将同时回答这一问题.

一个常见的问题是:RW 宇宙的大爆炸奇性是不是裸奇性?(人们心中非常清楚:如果大爆炸竟然属于裸奇性, 岂不是也要被宇宙监督原理所禁止?) 问题的答案取决于你谈的是整体裸奇性还是局部裸奇性. 对前者, 问题根本无意义, 因为定义整体裸奇性时只关心星体的坍缩问题, 或者说只关心渐近平直时空(可谈及其无限远), 而 RW 时空并非渐近平直. 对后者的答案则是: 按照下节关于局部裸奇性的定义, 大爆炸奇性不是局部裸奇性. 直观地说, 强宇宙监督假设要排除的是类时奇性, 而大爆炸奇性直观看来是类空的, 不属于被排除之列. 详见下节.

§E.3 用 TIP 语言表述强宇宙监督假设[选读]

为了给局部裸奇性下一个准确定义, Penrose 借用了"理想点"以及 TIP 和 TIF 等概念[见 Geroch, Kronheimer, and Penrose(1972)]. 下面首先介绍这些概念, 读过本书第 11 章的读者对此不难理解. 奇点和无限远点都不是时空点, 但可用一种巧妙手法把它们看作时空点的某种推广, 称为理想点. 设 (M, g_{ab}) 是强因果时空, 则 $\forall p, q \in M$ 有 $p = q \Leftrightarrow \mathrm{I}^-(p) = \mathrm{I}^-(q)$, 因而时空点与可表为 $\mathrm{I}^-(p)$ 的开子集一一对应. 为推广时空点以获得理想点的概念就要研究 $\mathrm{I}^-(p)$ 的性质, 为此先建立如下两个概念:

定义 1 $W \subset M$ 称为**过去集**(past set), 若 $W = \mathrm{I}^-(W)$. 过去集 W 称为**不可分过去集**(indecomposable past set), 简称 **IP** (读做 ip), 若 W 不能表为 $A \cup B$, 其中 A, B 为过去集而且 $A \neq W, B \neq W$.

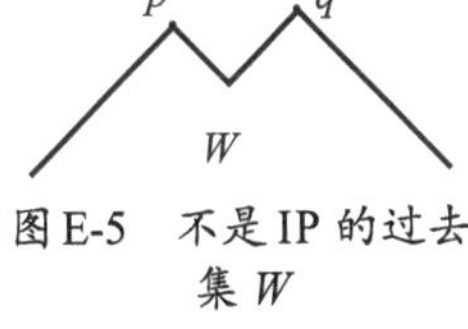

图 E-5 不是 IP 的过去集 W

不难看出任一时空点 p 对应的 $\mathrm{I}^-(p)$ 是一个 IP. 图 E-5 的 W 是过去集, 却不是 IP, 因它可表为过去集 $\mathrm{I}^-(p)$ 和 $\mathrm{I}^-(q)$ 之并, 而且 $\mathrm{I}^-(p) \neq W$, $\mathrm{I}^-(q) \neq W$.

并非每个 IP 都可表为 $\mathrm{I}^-(p)$, $p \in M$ 的形式. 例如, 设 $W = \mathrm{I}^-(p)$, 则 $p \notin W$. 把 p 从 M 中挖去, W 不改变, 但不再能表为 $\mathrm{I}^-(p)$, $p \in M$ 的形式. 于是又有如下定义:

定义 2 设 W 是一个 IP. 若有 $p \in M$ 使 $W = \mathrm{I}^-(p)$, 则称 W 为一个 **PIP** (Proper IP, 读做 pip), 否则称为一个 **TIP** (Terminal IP, 读做 tip).

既然每个 PIP 对应于一个时空点, 仿此可把每个 TIP 称为一个**理想点**(ideal point). 下面的讨论有助于直观地理解理想点. 设 W 是 PIP, 则 $\exists p \in M$ 使 $W = \mathrm{I}^-(p)$. 设 γ 是 M 中一条以 p 为未来端点的类时线, 则 $W = \mathrm{I}^-(\gamma)$, 而且两条类时线 γ 和 γ' 代表同一个 PIP [即 $\mathrm{I}^-(\gamma) = \mathrm{I}^-(\gamma')$] 当且仅当它们有相同的未来端点. 因此, 有相同未来端点的所有类时线构成一个等价类, 等价类中的所有类时线描述同一个 PIP. 自然想到是否也可用类时线的等价类描述 TIP. 下述命题是这种描述的理论基础.

命题 E-3-1　$W \subset M$ 是 TIP 的充要条件是存在未来不可延类时线 γ 使 $W = \mathrm{I}^-(\gamma)$.

证明　见 Hawking and Ellis(1973)命题 6.8.1 的证明(P.218).　□

只要存在一条未来不可延类时线 γ 满足 $W = \mathrm{I}^-(\gamma)$，便有一系列未来不可延类时线，其中每条 γ' 满足 $W = \mathrm{I}^-(\gamma')$ (见图 E-6). 自然把 γ 和 γ' 称为等价的，因为它们对应于同一理想点 W (图中为直观起见又记作 $\tilde{p}$). 可见，与每个 PIP 对应于类时线的一个等价类一样，每个 TIP 也对应于类时线的一个等价类，不过这些类时线都是未来不可延的，它们本来没有未来端点，但不妨认为它们对应的 TIP 所代表的理想点是它们的"未来端点". 这些"未来端点"不是时空点，但可看作时空的某种边界的点. 图 E-7 是理想点的一些直观例子.

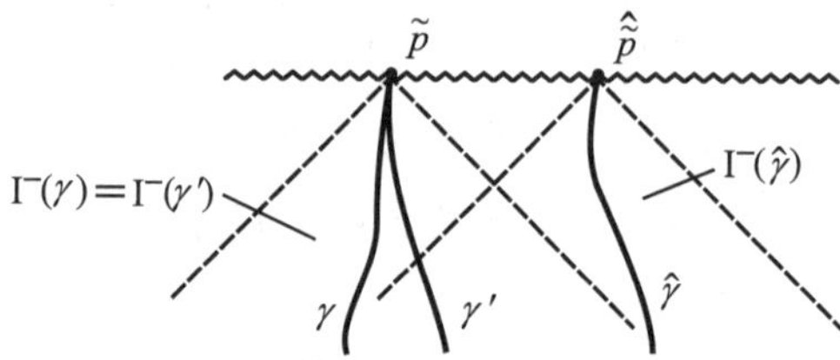

图 E-6　未来不可延类时线 γ 和 γ' 描述相同的未来理想点当且仅当 $\mathrm{I}^-(\gamma) = \mathrm{I}^-(\gamma')$

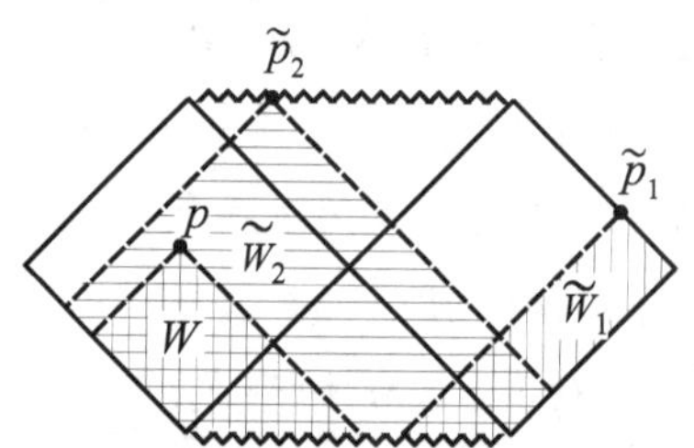

图 E-7　最大延拓施瓦西时空的 Penrose 图. W 是 PIP，对应于时空点 p；$\widetilde{W}_1$ 和 $\widetilde{W}_2$ 是 TIP，分别对应于理想点 $\tilde{p}_1$ 和 $\tilde{p}_2$

虽然图 E-6 和 E-7 让人感到每个理想点是很直观的一"点"，但应该清醒地记住理想点其实不过是 TIP 的另一称谓.对于某些时空，理想点可以很不像一个点.考虑由线元

$$\mathrm{d}s^2 = z^{-1/2}(-\mathrm{d}t^2 + \mathrm{d}z^2) + z(\mathrm{d}x^2 + \mathrm{d}y^2),\ \ z > 0 \tag{E-1}$$

代表的 Taub 平面对称真空时空(详见§8.6)，它有到达 $z = 0$ 的不完备类光测地线，而且存在 s.p. 曲率发散性，所以 $z = 0$ 是时空奇性(裸奇性)所在处. 设 γ 是一条未来不可延类时线，其 $z \to 0,\ t \to c$ (常数)，则可证[见 Kuang et al.(1986)]

$$\mathrm{I}^-(\gamma)=\{(t,z,x,y)\,|\,t+z<c,\ z>0\}\,. \tag{E-2}$$

与直观想象不同，上式表明$\mathrm{I}^-(\gamma)$不是“锥形”而是“劈形”.（图 E-8，可沿x, y方向延伸.）设γ和γ'是两条未来不可延类时线，满足$z\to 0,\ t\to c,\ x\to a,\ y\to b$和$z'\to 0,\ t'\to c$，$x'\to a'(\neq a)$，$y'\to b'(\neq b)$，则直观看来它们各自趋于不同的“未来端点”，但式(E-2)却说明它们对应于同一个 TIP [即$\mathrm{I}^-(\gamma)=\mathrm{I}^-(\gamma')$]，因而对应于同一理想点. 就是说，图 E-8 中由$z=0, t=c$定义的 2 维面(图中压缩一维)的所有点都应看作同一理想点. 可见 Taub 时空的全体奇异理想点的集合是 1 维而非 3 维集. 以上结果也适用于 RN 奇性.

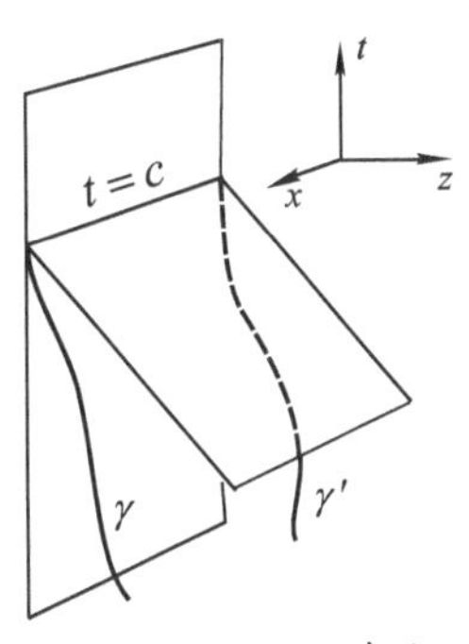

图 E-8　γ和γ'“奔向”(代表)同一理想点

用类时线等价类描述TIP的一个好处是便于区分无限远理想点和奇异理想点. 下面是 Penrose(1978)的定义.

定义 3　设W是 TIP. W称为**无限远 TIP**（记作∞-TIP），若存在线长为无限的类时线γ使$W=\mathrm{I}^-(\gamma)$ [从任一起点(即过去端点)开始向未来计算线长都得无限大]，否则称为**奇异 TIP**. [①]

注 1　①闵氏时空的 TIP 都是∞-TIP，因为它们要么对应于i^+，要么对应于$\mathscr{I}^+$的某点. 前者可取类时测地线(惯性坐标x, y, z为常数的线)为γ；后者可取类时双曲线为γ. 两种情况下γ的线长都无限. ②任何时空的任何 TIP 都存在线长有限的类时线γ使$\mathrm{I}^-(\gamma)$等于该 TIP，[②] 问题在于有些时空的有些 TIP 不存在线长无限的类时线γ使$\mathrm{I}^-(\gamma)$等于该 TIP，这些 TIP 就称为奇异 TIP. 因此，粗略地说，所有观者都在有限固有时间内“到达”奇异理想点，而总有观者只在经历无限长固有时间后才“到达”无限远理想点.

把过去改为未来便可得到 IF (读做 if)，PIF 和 TIF 等概念及类似性质.

既然奇性可用奇异 TIP (或 TIF)代表，局部裸奇性也应该可以通过定义局部裸奇 TIP(TIF)加以定义. 构思时首先应该注意，无论如何定义，大爆炸奇性都不应被

① 定义 3 其实并不很好，因为对某些时空，明明是代表奇点的 TIP 按此判据也成了∞-TIP(因而不是奇异 TIP). 有鉴于此，Penrose 又提出另一(不等价的)判据(此处称为定义 3′)：一个 TIP 称为**类光有限的**(null-finite)，若它可表为$\mathrm{I}^-(\mu)$，其中μ是仿射长度有限的类光测地线；否则称为**类光无限的**(null-infinite). 类光有限的 TIP 对应的理想点可看作奇异理想点. [详见 Penrose(1978)]. 事实上，Kuang et al.(1986)在研究 Taub 的平面对称真空时空时发现，虽然该时空的全部 TIP 明明应该分为∞-TIP 和奇异 TIP 两部分，[后者应是$z=0$的点，是时空奇性(且为曲率奇性).] 但按定义 3 判断却全部是∞-TIP!反之，若改用定义 3′判断，则与$z=0$对应的所有 TIP 都是奇异 TIP，这才在物理上合理.

② 例如，设W是闵氏时空中由$t<z$定义的 TIP，γ是由$x=0,\ y=0,\ z+t=(z-t)^{-1/2}>0$定义的类时线，则$W=\mathrm{I}^-(\gamma)$且$\gamma$的线长有限.

视作局部裸奇性, 否则要么强宇宙监督假设不成立, 要么招致所有广义相对论(特别是宇宙论)学者的群起围攻. Penrose 提出如下定义:

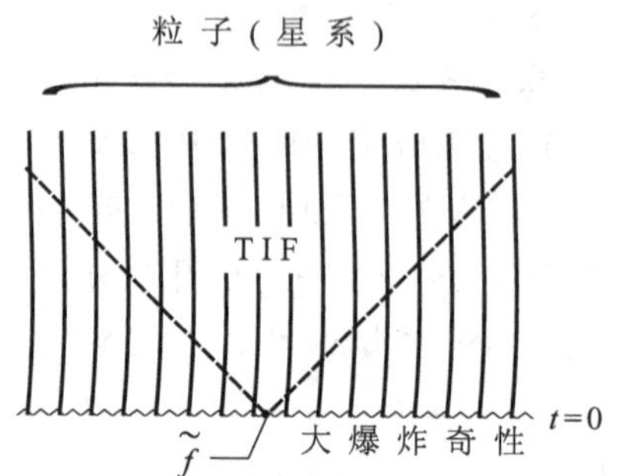

图 E-9　大爆炸奇性不裸, 因为任一奇异 TIF 都不含于任一 PIF 中

定义 4　含于 PIP 中的 TIP 称为**局部裸**(locally naked) **TIP**. 对偶地, 含于 PIF 中的 TIF 称为**局部裸 TIF**. 对应于局部裸 TIP 或局部裸 TIF 的奇异理想点称为**局部裸奇点**.

因为大爆炸奇性的任一奇异 TIF 都不含于任一 PIF 中(图 E-9), 上述定义保证它不是局部裸的.

此外, 出于某些考虑, Penrose 还认为不但局部裸的奇异 TIP (TIF)不应存在, 而且连局部裸的 ∞-TIP (∞-TIF)也不应存在. [认为两者"一样糟", 见 Penrose (1978); Penrose(1979); Hawking and Penrose(1996).] 于是又假设真实时空不存在局部裸的 TIP 和 TIF, 并称之为**强宇宙监督假设**.

事实上, 时空 (M, g_{ab}) 不存在局部裸 TIP 和不存在局部裸 TIF 这两个要求互相等价, 因为它们都等价于要求 (M, g_{ab}) 为整体双曲时空[证明见 Penrose(1979)]. 可见强宇宙监督实际上假设所有真实时空都为整体双曲. 从这个角度看, 大爆炸奇性之所以不被强宇宙监督所禁止, 是因为 RW 宇宙本来就是整体双曲时空. 整体双曲性是一个很强的要求. 然而, 即使这一要求得到满足, 仍不足以排除某些我们不希望出现的特殊情况. 因此 Penrose(1978)又在强宇宙监督的基础上提出进一步的假设, 略.

强宇宙监督假设还有第三种等价表述. 为此先要介绍 Penrose 关于理想点集合的类时性的如下定义:

全体未来理想点(TIP)的集合称为**类时的**, 若每个 TIP 都含于一个 PIP 中; 称为**类光的**, 若每个 TIP 都含于另一个 TIP 但不含于一个 PIP 中; 称为**类空的**, 若每个 TIP 都不含于一个 IP 中. 未来边界称为**非编时的**(achronal), 若它是类空或类光的. 过去理想点的集合的类时、类光和类空性可对偶地定义. 利用这一术语就可给出强宇宙监督假设的第三种表述, 见下面的小结之(3).

小结　强宇宙监督假设有以下三种等价提法:

(1) 真实时空不存在局部裸的TIP和TIF.

(2) 真实时空是整体双曲时空.

(3) 真实时空的TIP(和TIF)的集合是非编时的(因而不是类时的).

作为例子,先看球对称坍缩导致的施瓦西奇性. 由图 E-4 右边的共形 Penrose 图可知这奇性是类空(而且非编时)的,因此符合强宇宙监督原理. 从现在的观点看来,这种奇性之所以"无害"(之所以不是裸的),不但因为它藏在事件视界之内,更因为它根本就不是编时的. 反之,带电球对称恒星($Q<M$)如果坍缩为RN黑洞,其奇性是类时的(图 E-10a). 它虽然也藏在事件视界H之内,却仍属于局部裸之列:一个相继穿越事件视界H和柯西视界($r=r_-$)的适当观者将能看到这一奇性. 幸好这种时空(指事件视界以内)是不稳定的(见选读 13-1-1),只要略受微扰就会在其柯西视界($r=r_-$)附近发展出一个类空(或类光)奇性,见图 E-10(b),因而不再为局部裸.

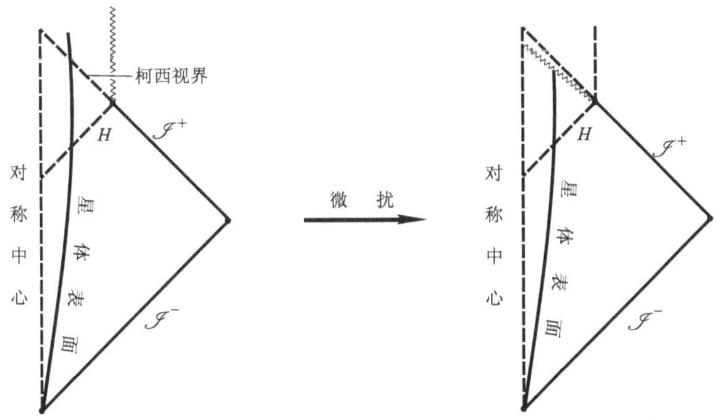

(a) RN奇性是类时的,但不稳定　　(b) 微扰后在柯西视界附近出现类空(或类光)奇性

图 E-10　球对称带电恒星坍缩导致的 Reissner-Nordstrom 奇性[见 Penrose(1978)图 6]

§E.4　奇异边界

奇性定理证明了许多真实时空不可避免地存在奇性,但对奇性的性质并未提供任何信息. 要对此作详细研究就要对奇性的"大小"、"形状"、"位置"等一系列概念赋予明确意义. 奇点不属于时空流形的事实给上述研究带来许多困难. 虽然奇点应从时空中开除出去,它们与时空的千丝万缕的联系肯定还会在时空中留下印记,例如那些表明时空有奇性的不完备测地线就是"冲着"奇点去的. 一个诱人的设想是把时空流形 M 延拓为"更大"的集合 $\overline{M}=M\cup\partial M$,其内部就是$M$,其边界$\partial M$则代表所有奇点的集合(称为奇异边界). 为反映边界点与时空点的"血

肉”联系(而不是生硬地拼在一起), ∂M 应由时空 (M, g_{ab}) 的几何结构决定, 而且至少 M 的拓扑结构可以自然延拓至集合 $\overline{M}$. 就是说, 至少应把 $\overline{M}$ 定义为拓扑空间, 当限于 $\overline{M}$ 的内部 M 时, 其拓扑应还原为 M 的拓扑, 但若关心 ∂M 的一点 s (奇点), 则 $\overline{M}$ 的拓扑应能描述 s 与其他奇点以及时空点(M 的内点)之间的“远近”关系. 更准确地说, 就是要使 $\overline{M}$ 的拓扑能反映 M 的一个点序列如何趋近一个边界点. 如能进一步给 $\overline{M}$ 定义微分结构甚至度规自然更好[Hawking and Ellis(1973)第 8.3 节对此有所论述]. 如果不能, 也可退一步(在 $\overline{M}$ 是拓扑空间的基础上)考虑可否把 $\overline{M}$ 定义为因果空间. (即对 $\overline{M}$ 赋予因果结构, 根据这一结构, 对 $\overline{M}$ 的任一对点都可问及有无因果联系, 如果有, 还可问及谁先谁后.) 这一想法在 20 世纪 60 年代和 70 年代前期曾吸引过许多著名学者. Geroch(1968b)提出用不完备测地线的等价类定义奇异边界的方案, 所得边界称为 **g 边界**. (g-boundary, g 代表 geodesic, 即测地线.) 文末计算了 6 个时空(包括施瓦西和 RN 时空)的 g 边界, 结果都同人们在物理上希望的奇点结构相吻合. Schmidt(1971)利用纤维丛理论提出称为 **b 边界**的方案, (b-boundary, b 代表 bundle, 即纤维丛.) 依靠给每一不完备曲线(含非测地线)赋予一个端点而构成. 这被公认为最漂亮的边界方案, 然而具体计算却十分困难, 事实上 Schmidt 的文章只提出理论而未给出哪怕一个时空的计算实例. Geroch, Kronheimer, and Penrose(1972)又提出用因果结构(含 TIP 及理想点概念)构造的 **c 边界**(c-boundary, c 代表 causal, 即因果)方案, 要点如下. 把时空 (M, g_{ab}) 中所有 IP 的集合和所有 IF 的集合分别记作 $\hat{M}$ 和 $\check{M}$. 由于每一时空点 $p \in M$ 既对应于一个 PIP 又对应于一个 PIF, 应把并集 $\hat{M} \cup \check{M}$ 中的每一对(PIP, PIF)认同为一点. 认同后的 $\hat{M} \cup \check{M}$ 记作 $M^{\#}$. 用自然方法给 $M^{\#}$ 定义拓扑使成拓扑空间, 发现它不一定有 T_2 性(T_2 的概念见§1.3). 把 $M^{\#}$ 的点按指定规则作认同后便得一个 T_2 拓扑空间, 记作 $\overline{M}$, 而 $\partial M \equiv \overline{M} - M$ 就称为时空 (M, g_{ab}) 的 c 边界(包含奇点和无限远点). 这一方案有许多优点, 但正如作者自己指出的, 这样得到的 $\overline{M}$ 不能成为因果空间(无法定义合理的因果关系). 为克服这一缺点, Budic and Sachs(1974)提出另一套十分不同的 c 边界方案. 作者证明, 只要 (M, g_{ab}) 满足一定的因果条件, 所得的 T_2 拓扑空间 $\overline{M}$ 同时也是一个因果空间, 且其因果结构是由原时空的因果结构延拓而来, 因此便可意义明确地谈及一个时空点同一个理想点之间可否传递信号(不超光速)的问题. 下面把前后两种 c 边界方案分别称为 GKP 方案和 BS 方案. 上述四种奇异边界方案提出后逐渐暴露出一些缺点和问题, 比较致命的有以下几点.

1. Johnson(1977)指出爱因斯坦方程的常见解的 b 边界有物理上无法接受的拓扑结构. 例如, 最大延拓施瓦西时空的 b 边界含有这样一个奇点, 它的任一邻域都包含全时空!这表明连渐近平直区的任一时空点都是“任意靠近”奇点的. 这在物理上显然无法接受.

2. Geroch, Liang, and Wald(1982)举出一个人为的奇异时空例子,证明g边界方案以及一切满足某些不苛刻条件的奇异边界方案在这个例子中都表现出如下拓扑性质:存在一个奇点s和一个时空点r使s的每一邻域都含有r.可见这一拓扑不但不是T_2的,就连T_1的也达不到,[注:拓扑空间$(X,\mathscr{T})$叫做$\mathbf{T_1}$的,如果$\forall x, y\in X\ \exists O_1, O_2\in\mathscr{T}$使$x\in O_1, y\notin O_1$及$y\in O_2\ x\notin O_2$.] 因而被认为是非物理的拓扑.这表明g边界以及一切满足某些不苛刻条件的奇异边界方案(含b边界)都只能放弃.但c边界不属此列:两种c边界方案都不满足上面提到的"不苛刻"的条件.

3. 邝志全等[Kuang, Li, and Liang(1986)]证明,根据GKP方案的认同规则,Taub的平面对称时空的c边界的奇异部分竟然只含一个奇点,而按照物理想象这应是一个含无限多奇点的1维集合.(事实上,按照BS的c边界方案,结论的确是1维集合.)GKP方案的认同规则把这个1维集合的所有点都不合理地认同为一点.这表明GKP的c边界方案存在某种困难,至少远不如原来以为的那样有用.

4. 邝志全等[Kuang and Liang(1988a)]证明GKP方案的认同规则在一个很简单的人为例子中给出不可接受的结果——该规则对本应认同的一对(PIP, PIF)竟然不予认同,即它们竟被视为$\overline{M}$的两个不同元素.而按照BS方案,它们的确代表$\overline{M}$的同一元素.GKP方案的上述两个困难表明它的认同规则很成问题:应该认同的两点不予认同,不该认同的许多点(指Taub时空的1维奇点集)却被全部认同为一点!这两个困难在BS方案中都不存在,看来BS方案更具可接受性.然而,邝等的1988a文的后一部分又证明了BS方案在一个简单人为例子中表现出不可接受的拓扑性质.

GKP方案的上述两个困难都起因于其认同规则.针对Kuang, Li, and Liang(1986)所指出的问题,匈牙利学者Racz和Szabados分别提出,只要对认同规则作足够修改便可"挽救"(Racz原话)该方案.两人先后独立地发表了自己的修正方案.[Racz(1987); Szabados (1988, 1989).]然而,邝志全等后来指出[Kuang and Liang(1992)]这两种修正方案也各自存在问题.虽然原则上可以继续不断创立新的边界方案,然而很难保证它对一切奇异时空都能给出满意的边界结构.反之,公平地说,举例证明某一已知方案给出不满意结果比创立新方案容易得多.因此完全不敢肯定存在(或将出现)一个对任何奇异时空都能给出满意结果的方案.用奇异边界描述时空奇性的诱人设想看来不得不放弃.这当然丝毫不表明经典广义相对论中不存在奇性,只表明不能用这一途径描述奇性.

指出某一边界方案的问题的通常手法是找出某些时空(可以是爱因斯坦方程的解,也可以是人为例子)并证明该边界方案对该时空给出不满意结果.然而在满意与否的判断上往往存在含糊性.特别是,如果两个不同方案对同一时空给出不同的奇异边界, 其中每个都不那么明显地不可接受, 那么哪个正确?(应该只有一个, 因为奇异边界就是为描述给定时空的奇性结构而创立的.) 看来不存在不含糊的判别标准, 因为“判别标准”本身的提出就只能是直观的(物理上“可接受”和“不可接受”的区分本身就带有直观思辨). 这是笔者倾向于相信用奇异边界描述奇性的整个设想应该放弃的又一原因.

附录 F　Frobenius 定理

设v^a是n维流形M(或其开子集)上的处处非零光滑矢量场. $\forall p\in M$, 以$v^a|_p$为基底构造的V_p的 2 维子空间记作W_p. 因为每点p都有一个这样的子空间, 所以v^a给出了M上的一个 1 维子空间场. 第 2 章已讨论过v^a的积分曲线的存在性, 结论是:过M的任一点p必有一条曲线(现在指曲线映射的像), 其上每点q的切矢都属于W_q(且非零). 本附录旨在推广这一讨论, 即讨论$m\,(<n)$维子空间场的积分“曲面”的存在性. 与 1 维子空间场不同, $m\,(\neq 1)$维子空间场的可积性并非是无条件成立的.

定义 1　给n维流形M的每点p的切空间V_p指定一个m维子空间$W_p\subset V_p$, 就得到M上的一个 ***m* 维子空间场**W, 又称 ***m* 维分布**(*m*-dimensional distribution).[①] ***m* 维**分布W称为 $\mathbf{C}^\infty$ **的**, 如果任一$p\in M$有邻域U, 其上存在m个C^∞矢量场$(e_1)^a,\cdots,(e_m)^a$使得$\forall q\in U$, $\{(e_1)^a|_q,\cdots,(e_m)^a|_q\}$是$W_q$的一组基矢. 今后谈到分布都指$C^\infty$分布. M上C^∞矢量场w^a称为属于W的(即可写$w^a\in W$), 若$w^a|_p\in W_p\ \ \forall p\in M$.

定义 2　m维嵌入子流形$S\subset M$称为m维分布W的**积分子流形**(integral submanifold), 如果任一$q\in S$的(切于S的)切空间重合于W_q. W称为**可积的**(integrable), 若$\forall p\in M$有W的积分子流形S使$p\in S$. 过p的积分子流形可以“大小不一”(一个含于另一个中). 积分子流形称为**最大的**, 若它不含于更大的连通积分子流形中.

下面的重要定理给出W可积的充要条件.

定理 F-1 (Frobenius 定理, 矢量表述)　n维流形M上的m维分布W可积的充要条件是

$$[w,w']^a\in W,\quad \forall\, w^a, w'^a\in W. \tag{F-1}$$

证明　见 Westenholz(1981)第 8 章定理 3.9 的证明. 我们只介绍必要性的证明, 即由W可积证明式(F-1)成立. 为此只须证明$[w,w']^a|_p\in W_p\ \ \forall p\in M$. W的可积性保证$\forall p\in M$存在W的积分子流形S使$p\in S$, 因而存在$p\in M$的坐标邻域$O\subset M$, 其前m个坐标基矢场$(\partial/\partial x^1)^a$, $\cdots,(\partial/\partial x^m)^a$切于$S$, 它们足以在$O$上展开$w^a$和

① 请勿与选读 B-1-2 的分布(广义函数)混同.

w'^a : ①

$$w^a = w^\rho \left(\frac{\partial}{\partial x^\rho}\right)^a, \quad w'^a = w'^\rho \left(\frac{\partial}{\partial x^\rho}\right)^a. \qquad (\rho \text{ 从 1 到 } m \text{ 取和})$$

以 ∂_a 代表该坐标系的普通导数算符, 则

$$[w, w']^a|_p = (w^b\partial_b w'^a - w'^b\partial_b w^a)_p = (w^b\partial_b w'^\rho - w'^b\partial_b w^\rho)|_p\ (\partial/\partial x^\rho)^a|_p \in W_p .$$

□

注 1 当条件(F-1)满足时, 不但 m 维分布 W 可积, 而且 $\forall p \in M$ 都存在唯一的最大积分子流形 Σ 使 $p \in \Sigma$. 这是 Frobenius 定理的整体表述中的一个结论[见 Westenholz(1981) 第 8 章定理 3.17].

下面给出一个用 Frobenius 定理求解偏微分方程组的例子.

假定要求解关于未知函数 $u(x, y)$ 的下列偏微分方程组:

$$\text{(a)}\quad \frac{\partial u(x,y)}{\partial x} = F(x,y,u(x,y)), \qquad \text{(b)}\quad \frac{\partial u(x,y)}{\partial y} = G(x,y,u(x,y)), \tag{F-2}$$

其中 $F(x,y,u)$ 和 $G(x,y,u)$ 是两个给定的 3 元光滑函数.

首先, 如果存在函数 $u(x, y)$ 满足方程组(F-2), 则由式(F-2a)和(F-2b)分别得到

$$\frac{\partial^2 u}{\partial y\,\partial x} = \frac{\partial F}{\partial y} + \frac{\partial F}{\partial u}\frac{\partial u}{\partial y} = \frac{\partial F}{\partial y} + G\frac{\partial F}{\partial u}, \tag{F-3a}$$

$$\frac{\partial^2 u}{\partial x\,\partial y} = \frac{\partial G}{\partial x} + \frac{\partial G}{\partial u}\frac{\partial u}{\partial x} = \frac{\partial G}{\partial x} + F\frac{\partial G}{\partial u}, \tag{F-3b}$$

故

$$\left(\frac{\partial F}{\partial y} + G\frac{\partial F}{\partial u}\right) - \left(\frac{\partial G}{\partial x} + F\frac{\partial G}{\partial u}\right) = 0 . \tag{F-4}$$

可见式(F-4)是方程组(F-2)有解的必要条件. 反之, 它是否也是有解的充分条件?下面的定理不但给出肯定的回答, 而且还给出更强的结果.

定理 F-2 以 x, y, u 代表 $\mathbb{R}^3$ 的自然坐标. 若函数 $F(x,y,u)$ 和 $G(x,y,u)$ 满足式(F-4), 则 $\forall q_0 = (x_0, y_0, u_0) \in \mathbb{R}^3$, 存在方程组(F-2)的一个解 $u(x, y)$, 满足 $u(x_0, y_0) = u_0$.

证明 $\mathbb{R}^3$ 上的矢量场

① 这一断言的证明亦见 Westenholz(1981)第 8 章命题 3.9 的证明.

$$(w_1)^a = \left(\frac{\partial}{\partial x}\right)^a + F(x,y,u)\left(\frac{\partial}{\partial u}\right)^a, \qquad (w_2)^a = \left(\frac{\partial}{\partial y}\right)^a + G(x,y,u)\left(\frac{\partial}{\partial u}\right)^a \tag{F-5}$$

给出 $\mathbb{R}^3$ 上的一个 2 维分布 W. 以 ∂_a 代表自然坐标系 $\{x,y,u\}$ 的普通导数算符, 则

$$[w_1, w_2]^a = (w_1)^b \partial_b (w_2)^a - (w_2)^b \partial_b (w_1)^a .$$

把式(F-5)代入上式, 稍加计算便得

$$[w_1, w_2]^a = \left(\frac{\partial}{\partial u}\right)^a \left[\left(\frac{\partial G}{\partial x} + F\frac{\partial G}{\partial u}\right) - \left(\frac{\partial F}{\partial y} + G\frac{\partial F}{\partial u}\right)\right],$$

可见 $[w_1, w_2]^a = 0$ 等价于式(F-4). 另一方面, 设 $[w_1, w_2]^a = 0$ 成立, 则由 Frobenius 定理可知 $\forall q_0 \in \mathbb{R}^3$ 存在 W 的 2 维最大积分子流形 S 使 $q_0 \in S$. 根据定理 2-2-7 后的脚注, $[w_1, w_2]^a = 0$ 还保证 S 上存在坐标系(坐标域含 q_0) $\{\alpha^1, \alpha^2\}$ 使

$$(w_i)^a = \left(\frac{\partial}{\partial \alpha^i}\right)^a, \qquad i = 1, 2. \tag{F-6}$$

坐标域中任一点 q 当然有两个坐标 α^1, α^2; 但作为 $\mathbb{R}^3$ 的一点, q 又有 3 个坐标 x, y, u, 它们由 α^1, α^2 决定, 即 $x = x(\alpha^1, \alpha^2), y = y(\alpha^1, \alpha^2), u = u(\alpha^1, \alpha^2)$. 故

$$\left(\frac{\partial}{\partial \alpha^i}\right)^a = \frac{\partial x}{\partial \alpha^i}\left(\frac{\partial}{\partial x}\right)^a + \frac{\partial y}{\partial \alpha^i}\left(\frac{\partial}{\partial y}\right)^a + \frac{\partial u}{\partial \alpha^i}\left(\frac{\partial}{\partial u}\right)^a, \qquad i = 1, 2,$$

代入式(F-6)后再与(F-5)对比得

$$\frac{\partial x}{\partial \alpha^1} = 1, \quad \frac{\partial y}{\partial \alpha^1} = 0, \quad \frac{\partial u}{\partial \alpha^1} = F; \qquad \frac{\partial x}{\partial \alpha^2} = 0, \quad \frac{\partial y}{\partial \alpha^2} = 1, \quad \frac{\partial u}{\partial \alpha^2} = G. \tag{F-7}$$

由此解得 $x = \alpha^1 + c_1, y = \alpha^2 + c_2$ (c_1, c_2 为常数). 重选 α^1, α^2 可使 $x = \alpha^1, y = \alpha^2$, 故式(F-7)给出 $\partial u/\partial x = F, \partial u/\partial y = G$, 可见由 S 确定的 $u(x,y)$ 满足方程组(F-2). 又因 $q_0 = (x_0, y_0, u_0) \in S$, 故 $u(x_0, y_0) = u_0$. □

以上讨论未涉及度规. 如果 M 上有度规场 g_{ab}, 就可借用 Frobenius 定理讨论 M 上处处非零的 C^∞ 矢量场 v^a 是否超曲面正交这一重要问题(第 14 章多处涉及), 这是因为 v^a 在每一 $p \in M$ 的切空间 V_p 中挑出了一个与 v^a 正交的 $n-1$ 维子空间 W_p, 相应的分布 W 的积分子流形(如果存在)就是与 v^a 正交的超曲面. v^a 的超曲面正交性就等价于相应的 W 的可积性. 下面讨论这一问题.

先就无度规的情况讨论. 设 W 是 n 维流形 M 上的一个 $n-1$ 维分布. 满足如下

条件的余矢(对偶矢量)场 ω_a 称为 W 的**消灭**(annihilated)**余矢场**:

$$\omega_a w^a = 0, \quad \forall w^a \in W . \tag{F-8}$$

$\forall p \in M$, 在 p 的适当邻域上选择 n 维基底场 $\{(e_\mu)^a\}$ 及其对偶基底场 $\{(e^\mu)_a\}$ 使

$$(e_\lambda)^a \in W, \quad \lambda = 2, \cdots, n , \tag{F-9}$$

则 ω_a 在此基底的第 λ 分量 $\omega_\lambda = \omega_a (e_\lambda)^a = 0,\ \lambda = 2,\cdots,n$, 故

$$\omega_a = \omega_1 (e^1)_a . \tag{F-10}$$

可见任一 $p \in M$ 的 $V_p{}^*$ 中的所有消灭余矢构成 $V_p{}^*$ 的一个 1 维子空间.

定理 F-3 n 维流形 M 上的 $n-1$ 维分布 W 可积的充要条件是:对 W 的任一(可微的)消灭余矢场 ω_a 及任意 $p \in M$, 存在 p 的开邻域 U 及 W 在 U 上的消灭余矢场 μ_a 和 U 上的余矢场 ψ_a 使

$$\mathrm{d}\boldsymbol{\omega} = \boldsymbol{\mu} \wedge \boldsymbol{\psi} . \tag{F-11}$$

证明 设 ω_a 是 W 的任一消灭余矢场, 则由 Frobinius 定理(定理 F-1)和式(F-8)得知 W 可积的充要条件为

$$\omega_a [w, w']^a = 0, \quad \forall w^a, w'^a \in W . \tag{F-12}$$

用 M 上任一无挠导数算符 ∇_a 表出 $[w, w']^a$, 则上式可改写为

$$\omega_a (w^b \nabla_b w'^a - w'^b \nabla_b w^a) = 0, \quad \forall w^a, w'^a \in W . \tag{F-12$'$}$$

由 $\omega_a w^a = 0$ 得 $\nabla_b (\omega_a w^a) = 0$, 从而

$$\omega_a \nabla_b w^a = - w^a \nabla_b \omega_a, \quad \forall w^a \in W . \tag{F-13}$$

代入式(F-12′), 注意到 $(\mathrm{d}\omega)_{ab} = 2\nabla_{[a}\omega_{b]}$, 得

$$(\mathrm{d}\omega)_{ab} w'^a w^b = 0, \quad \forall w^a, w'^a \in W . \tag{F-14}$$

$(\mathrm{d}\omega)_{ab}$ 在任一对偶基底场 $\{(e^\mu)_a\}$ 的表示式为[见式(5-1-6′)]

$$(\mathrm{d}\omega)_{ab} = \frac{1}{2} (\mathrm{d}\omega)_{\mu\nu} (e^\mu)_a \wedge (e^\nu)_b , \quad (\text{对}\ \mu, \nu\ \text{从 1 到}\ n\ \text{取和}) \tag{F-15}$$

其中

$$(\mathrm{d}\omega)_{\mu\nu} = (\mathrm{d}\omega)_{ab} (e_\mu)^a (e_\nu)^b . \quad [\text{见式(5-1-7)}] \tag{F-16}$$

$\forall p \in M$, 在 p 的适当邻域 U 上选择基底场 $\{(e_\mu)^a\}$ 使 $(e_\lambda)^a \in W,\ \lambda = 2,\cdots,n$, 则由

$(e^1)_a(e_\lambda)^a=0$ 可知 $(e^1)_a$ 是 W 的消灭余矢场.由式(F-16)和(F-14)又知 $(\mathrm{d}\omega)_{ab}$ 在这个基底的分量 $(\mathrm{d}\omega)_{\mu\nu}$ 满足

$$(\mathrm{d}\omega)_{\lambda\tau}=(\mathrm{d}\omega)_{ab}(e_\lambda)^a(e_\tau)^b=0,\quad \lambda,\tau=2,\cdots,n,$$

于是式(F-15)简化为

$$(\mathrm{d}\omega)_{ab}=(\mathrm{d}\omega)_{1\nu}(e^1)_a\wedge(e^\nu)_b.\quad (\text{对}\,\nu\,\text{从}\,1\,\text{到}\,n\,\text{取和})$$

令 $\mu_a\equiv(e^1)_a$, $\psi_b\equiv(\mathrm{d}\omega)_{1\nu}(e^\nu)_b$, 得 $(\mathrm{d}\omega)_{ab}=\mu_a\wedge\psi_b$. 此即式(F-11). 上述推理可逆, 即由 $(\mathrm{d}\omega)_{ab}=\mu_a\wedge\psi_b$ 可得式(F-12), 故 W 可积. □

当 M 上有度规场 g_{ab} 时, 由定理 F-3 还可证明如下重要定理:

定理 F-4　(M,g_{ab}) 上处处非零的 C^∞ 矢量场 v^a 是超曲面正交的充要条件是以下三条之任一(其中 $\boldsymbol{v}$ 是指 $v_a\equiv g_{ab}v^b$):

(a) M 上有余矢场 ψ_a 使

$$\mathrm{d}\boldsymbol{v}=\boldsymbol{v}\wedge\boldsymbol{\psi},\tag{F-17a}$$

(b)

$$\boldsymbol{v}\wedge\mathrm{d}\boldsymbol{v}=0,\tag{F-17b}$$

(c)设 ∇_b 为任一无挠导数算符, 则

$$v_{[a}\nabla_b v_{c]}=0,\tag{F-17c}$$

证明　$\forall p\in M$, $v^a|_p$ 按下式定义了 V_p 的一个 $n-1$ 维子空间 W_p:

$$W_p:=\{w^b\in V_p\,|\,g_{ab}v^a w^b=0\},$$

所以 v^a 定义了 M 上的一个 $n-1$ 维分布 W. $v_a\equiv g_{ab}v^b$ 由于满足 $v_a w^a=0$ 而显然是 W 的消灭余矢场, 而且任一消灭余矢场 μ_a 都可表为 v_a 乘以函数, 故由定理 F-3 可知 v^a 超曲面正交的充要条件是条件(a). 另一方面, 由 $\boldsymbol{v}\wedge\mathrm{d}\boldsymbol{v}=3v_{[c}(\mathrm{d}v)_{ab]}=3v_{[c}2\nabla_{[a}v_{b]]}=6v_{[c}\nabla_a v_{b]}$ 可知条件(b)与(c)等价, 于是只须证明它们还等价于(a). 由(a)可知 $\boldsymbol{v}\wedge\mathrm{d}\boldsymbol{v}=\boldsymbol{v}\wedge\boldsymbol{v}\wedge\mathrm{d}\boldsymbol{\psi}=0$, 故 (a) $\Rightarrow$ (b). 为证 (b) $\Rightarrow$ (a), 可选局域对偶基底场 $\{(e^\mu)_a\}$ 使 $(e^1)_a=v_a$, 并把 $(\mathrm{d}v)_{ab}$ 在此基底按式(5-1-6′)展开:

$$\mathrm{d}\boldsymbol{v}=\frac{1}{2}\sum_{\mu,\nu=1}^{n}(\mathrm{d}v)_{\mu\nu}\,\boldsymbol{e}^\mu\wedge\boldsymbol{e}^\nu=\sum_{\nu=1}^{n}(\mathrm{d}v)_{1\nu}\,\boldsymbol{e}^1\wedge\boldsymbol{e}^\nu+\frac{1}{2}\sum_{\lambda,\tau=2}^{n}(\mathrm{d}v)_{\lambda\tau}\,\boldsymbol{e}^\lambda\wedge\boldsymbol{e}^\tau.\tag{F-18}$$

于是由(b)得

$$0 = \boldsymbol{v} \wedge \mathrm{d}\boldsymbol{v} = \boldsymbol{e}^1 \wedge \mathrm{d}\boldsymbol{v} = \frac{1}{2}\sum_{\lambda,\tau=2}^{n} (\mathrm{d}v)_{\lambda\tau}\, \boldsymbol{e}^1 \wedge \boldsymbol{e}^\lambda \wedge \boldsymbol{e}^\tau ,$$

所以 $(\mathrm{d}v)_{\lambda\tau} = 0,\ \lambda,\tau = 2,\cdots,n$.代入式(F-18), 令 $\boldsymbol{\psi} \equiv \sum_{\nu=1}^{n} (\mathrm{d}v)_{1\nu} \boldsymbol{e}^\nu$, 便得 $\mathrm{d}\boldsymbol{v} = \boldsymbol{v} \wedge \boldsymbol{\psi}$, 此即条件(a). □

注 2　由式(F-17c)可知 2 维流形上处处非零的矢量场(如果存在)必超曲面正交.

定理 F-3 可称为 Frobenius 定理在 $\dim W = n-1$ 的特例下的对偶表述. 不难将这一表述推广至 $\dim W = m\ (m < n)$ 的一般情况, 只须注意这时 $p \in M$ 的全体消灭余矢构成 $V_p{}^*$ 的一个 $n-m$ 维子空间. 推广后的对偶表述为:

定理 F-5 (Frobenius 定理, 对偶表述)　n 维流形 M 上的 m 维分布 W 可积的充要条件是: 对 W 的任一(可微的)消灭余矢场 ω_a 及任意 $p \in M$, 存在 p 的开邻域 U 及 U 上的 $n-m$ 个处处独立的消灭余矢场 $(\mu^\alpha)_b$ 和 $n-m$ 个余矢场 $(\psi^\alpha)_b\ (\alpha = 1,\cdots,n-m)$ 使

$$\mathrm{d}\boldsymbol{\omega} = \boldsymbol{\mu}^\alpha \wedge \boldsymbol{\psi}^\alpha . \quad (\text{对}\ \alpha\ \text{从}\ 1\ \text{到}\ n-m\ \text{取和}) \tag{F-19}$$

证明　练习. □

附录 G　李群和李代数

§ G.1　群 论 初 步

定义 1　集合 G 配以满足以下条件的映射 $G\times G\to G$ (叫**群乘法**)称为**群**(group):

(a) $(g_1g_2)g_3=g_1(g_2g_3)$, $\forall g_1,g_2,g_3\in G$;

(b) $\exists$**恒等元**(identity element) $e\in G$ 使 $eg=ge=g$, $\forall g\in G$;

(c) $\forall g\in G,\exists$ **逆元**(inverse element) $g^{-1}\in G$ 使 $g^{-1}g=gg^{-1}=e$.

注 1　恒等元是唯一的, 任一群元的逆元也是唯一的.

定义 2　乘法满足交换律的群(即 $gh=hg\ \ \forall g,h\in G$)称为**阿贝尔群**(Abelian group). 只含有限个元素的群叫**有限群**(finite group), 否则叫**无限群**(infinite group). 群 G 的子集 H 称为 G 的**子群**(subgroup), 若 H 用 G 的乘法为乘法也构成群.

定义 3　设 G 和 G' 是群. 映射 $\mu: G\to G'$ 叫**同态**(homomorphism), 若

$$\mu(g_1g_2)=\mu(g_1)\,\mu(g_2),\qquad \forall g_1,g_2\in G.$$

定理 G-1-1　同态映射 $\mu: G\to G'$ 有以下性质:

(a)若 e,e' 各为 G,G' 的恒等元, 则 $\mu(e)=e'$.

(b) $\mu(g^{-1})=\mu(g)^{-1}$, $\qquad \forall g\in G$.

(c) $\mu[G]$ 是 G' 的子群, 当 G 是阿贝尔群时 $\mu[G]$ 是 G' 的阿贝尔子群.

证明　练习.

定义 4　一一到上的同态映射称为**同构**(isomorphism). 当有可能与矢量空间之间的同构混淆时又明确地把群之间的同构称为群同构. 同构 $\mu: G\to G$ 称为群 G 上的**自同构**(automorphism).

例 1　$\forall g\in G$, 可构造一个称为**伴随同构**(adjoint isomorphism)的自同构映射, 又称**内自同构**(inner automorphism), 记作 $I_g: G\to G$, 定义为

$$I_g(h):=ghg^{-1},\quad \forall h\in G. \tag{G-1-1}$$

注 2　今后常把两个同构的群视作一样, 并用等号表示.

定义 5　群 G 和 G' (看作两个集合)的卡氏积 $G\times G'$ (见 § 1.1 定义 3)按下列乘法

$$(g_1,g_1')(g_2,g_2'):=(g_1g_2\,,\,g_1'g_2'),\quad \forall g_1,g_2\in G,\ g_1',g_2'\in G' \tag{G-1-2}$$

构成的群称为 G 和 G' 的**直积群**(direct product group).

例 2 以加法为群乘法, 则 $\mathbb{R}$ 是群. $\mathbb{R}^2 \equiv \mathbb{R}\times\mathbb{R}$ 配以由式(G-1-2)定义的乘法就构成直积群, 而且此乘法正好是 $\mathbb{R}^2$ 上(自然定义)的加法.

定义 6 设 H 是群 G 的子群, $g\in G$,则 $gH \equiv \{gh\,|\,h\in H\}$ 称为 H 的含 g 的**左陪集**(left coset). 类似地可定义**右陪集**.

注 3 若子群 H 的两个左陪集有交, 则两者必相等(证明留作练习).

定义 7 群 G 的子群 H 称为**正规**(normal)**子群或不变**(invariant)**子群**, 若

$$ghg^{-1}\in H, \quad \forall g\in G,\ h\in H.$$

定义 8 设 G 是群, 则 $A(G)\equiv\{\mu : G\to G\,|\,\mu \text{ 为自同构映射}\}$ 以映射的复合为群乘法构成群, 称为群 G 的**自同构群**. "以映射的复合为乘法"是指 $\forall\mu,\nu\in A(G)$, 群乘积 $\mu\nu\in A(G)$ 定义为 $(\mu\nu)(g)\equiv\mu(\nu(g))\ \ \forall g\in G$.

定理 G-1-2 以 $A_I(G)$ 代表 G 上全体内自同构映射的集合, 即

$$A_I(G)\equiv\{I_g : G\to G\,|\,g\in G\}\subset A(G),$$

则 $A_I(G)$ 是群 $A(G)$ 的一个正规子群.

证明 习题. □

定义 9 设 H 和 K 是群, 且存在同态映射 $\mu : K\to A(H)$. $\forall k\in K$, 把 $\mu(k)\in A(H)$ 简记作 μ_k, 则 $G\equiv H\times K$ 配以由下式定义的群乘法

$$(h,k)\,(h',k') := (h\mu_k(h'), kk'), \quad \forall h, h'\in H,\ k, k'\in K$$

所构成的群称为 H 和 K 的**半直积群**, 记作 $G\equiv H\otimes_S K$.

§ G.2 李 群

定义 1 若 G 既是 n 维(实)流形又是群, 其群乘映射 $G\times G\to G$ (请注意 $G\times G$ 也是流形)和求逆元映射 $G\to G$ 都是 C^∞ 的, 则 G 叫 ***n* 维(实)李群**(Lie group). ①

例 1 以加法为群乘法, 则 $\mathbb{R}$ 是 1 维李群.

例 2 $\mathbb{R}$ 和 $\mathbb{R}$ 的直积群 $\mathbb{R}^2$ 是 2 维李群. 推而广之, $\mathbb{R}^n$ 是 n 维李群.

例 3 设 $\phi : \mathbb{R}\times M\to M$ 是流形 M 上的任一单参微分同胚群(见§2.2 定义 13), 则 $\{\phi_t\,|\,t\in\mathbb{R}\}$ 是 1 维李群, ② 同构于 $\mathbb{R}$.

---

① 约定把有离散拓扑的可数群称为**零维李群**. 因为有限群的默认拓扑是离散拓扑, 所以有限群都可看作零维李群.

② $\phi(t,p)=p\ \ \forall p\in M, t\in\mathbb{R}$ 的情况可视为例外. 这是与 M 上的 0 矢量场对应的那个特殊的单参微分同胚群, 是只含恒等元的独点群, 可看作零维李群.

例 4　由第 4 章习题 5(c)易证广义黎曼空间(M,g_{ab})上的两个等度规映射的复合也是等度规映射, 因此(M,g_{ab})上全体等度规映射的集合以复合映射为乘法构成群, 称为(M,g_{ab})的**等度规群**. 还可验证等度规群是李群. 闵氏时空的等度规群是 10 维李群, 施瓦西时空的等度规群是 4 维李群. 一般地, n维广义黎曼空间(M,g_{ab})的等度规群的维数$m\leqslant n(n+1)/2$(见定理 4-3-4). 但(M,g_{ab})上全体微分同胚的集合则“大”到不能构成有限维群. 事实上, 它是一个无限维群.

注 1　本附录只限于讨论有限维李群, 虽然许多结论对无限维李群也适用.

以下如无特别声明, G 一律代表李群. 李群的双重身份(既是群又是流形)使得用几何语言研究李群成为可能. 群乘映射和求逆元映射的光滑性则使李群具有一系列好性质.

定义 2　李群G和G'之间的C^∞同态映射$\mu: G\to G'$称为**李群同态**(Lie-group homomorphism). 李群同态μ称为**李群同构**(Lie-group isomorphism), 若μ为微分同胚.

定义 3　李群G的子集H称为G的**李子群**(Lie subgroup), 若H既是G的子流形又是G的子群.

定义 4　$\forall g\in G$, 映射$L_g: h\mapsto gh\ \forall h\in G$叫做由$g$生成的**左平移**(left translation).

注 2　由定义可知: ①L_e是恒等映射; ②$L_{gh}=L_g\circ L_h$; ③$(L_g)^{-1}=L_{g^{-1}}$. 再利用群乘映射的C^∞性, 便知左平移$L_g: G\to G$是微分同胚映射.

以下的讨论经常涉及G的一点的矢量和G的一个子集上的矢量场, 并要对两者作明确区分. 我们将用$A, B,\cdots$代表一点的矢量, 用$\overline{A},\overline{B},\cdots$代表矢量场, 用$\overline{A}_g$代表矢量场$\overline{A}$在点$g\in G$的值. 为简化表达式, 本附录中所有矢量(除少数情况外)都不加抽象指标.

定义 5　G上矢量场$\overline{A}$叫**左不变的**(left invariant), 若

$$L_{g*}\overline{A}=\overline{A},\quad \forall g\in G, \tag{G-2-1}$$

其中L_{g*}是由左平移映射$L_g: G\to G$诱导的推前映射(见§4.1).

注 3　①左不变矢量场必为C^∞矢量场[证明见 Spivak(1970)vol.**I**]; ②不难看出左不变矢量场的定义式(G-2-1)等价于

$$(L_{g*}\overline{A})_{gh}=\overline{A}_{gh},\quad \forall g,h\in G. \tag{G-2-1$'$}$$

根据§4.1, 当$\phi: M\to N$是微分同胚时, ϕ_*把M上矢量场v映为N上矢量场$\phi_* v$, 满足$(\phi_* v)|_{\phi(p)}=\phi_*(v|_p)\ \forall p\in M$. 用于现在的情况, 令$M=N=G$, $\phi=L_g$, $p=h$, $v=\overline{A}$, 便得$(L_{g*}\overline{A})_{gh}=L_{g*}(\overline{A}_h)$. 于是式(G-2-1′)又等价于

$$\overline{A}_{gh} = L_{g*}\overline{A}_h, \quad \forall g, h \in G. \tag{G-2-1''}$$

上式可作为左不变矢量场 $\overline{A}$ 的等价定义.

不难看出左不变矢量场之和以及左不变矢量场乘以常数仍为左不变矢量场, 故 $\mathscr{L} \equiv \{\overline{A} \mid \overline{A}$为 G 上的左不变矢量场$\}$ 是矢量空间.

定理 G-2-1 G 上全体左不变矢量场的集合 $\mathscr{L}$ 与 G 的恒等元 e 的切空间 V_e (作为两个矢量空间)同构.

证明 $\forall A \in V_e$, 用下式定义 G 上的矢量场 $\overline{A}$:

$$\overline{A}_g := L_{g*}A, \ \forall g \in G. \ (\text{注: 由此得 } \overline{A}_e = A) \tag{G-2-2}$$

把上式的 g 改为 gh 得

$$\overline{A}_{gh} = L_{gh*}A = (L_g \circ L_h)_* A = (L_{g*} \circ L_{h*})A = L_{g*}(L_{h*}A) = L_{g*}\overline{A}_h,$$

说明 $\overline{A}$ 满足式(G-2-1″), 因而是左不变矢量场. 可见式(G-2-2)定义了一个映射 $\eta: V_e \to \mathscr{L}$ (把 A 映为 $\overline{A}$). L_{g*} 的线性性保证 η 的线性性, 由 $\overline{A}_e = A$ 易见 η 是一一映射. 于是欲证 η 为同构只须证 η 为到上映射. $\forall \overline{A} \in \mathscr{L}$, 有 $\overline{A}_e \in V_e$. 把 $\overline{A}_e$ 按式(G-2-2)决定的左不变矢量场记作 $\overline{B} \in \mathscr{L}$. 欲证 η 的到上性只须证 $\overline{B} = \overline{A}$ (亦即证明 $\overline{A} \in \mathscr{L}$ 由它在 e 点的值 $\overline{A}_e$ 唯一决定), 而这可由下式看出: $\overline{B}_g = L_{g*}\overline{A}_e = \overline{A}_{ge} = \overline{A}_g \ \ \forall g \in G$, 其中第一步是 $\overline{B}$ 的定义, 第二步用到式(G-2-1″). □

§ G.3 李 代 数

在矢量空间 $\mathscr{V}$ 上定义某种称为“乘法”的映射就得到一个**代数**. 一种重要乘法叫**李括号**(Lie bracket), 记作 $[\,,\,]: \mathscr{V} \times \mathscr{V} \to \mathscr{V}$, 它是满足以下两条件的双线性映射:

(a) $[A,B] = -[B,A], \quad \forall A, B \in \mathscr{V}$, (G-3-1)

(b) $[A,[B,C]] + [C,[A,B]] + [B,[C,A]] = 0, \quad \forall A, B, C \in \mathscr{V}$. (G-3-2)

条件(b)称为**雅可比恒等式**.

定义 1 定义了李括号的矢量空间叫**李代数**(Lie algebra), 该矢量空间的维数称为该李代数的维数. 任意两个元素的李括号都为零的李代数称为**阿贝尔李代数**.

本附录只讨论有限维实矢量空间上的李代数(**实李代数**), 虽然许多结论对无限维(实或复)李代数也适用.

例 1 把 $\mathbb{R}^3$ 看作 3 维矢量空间, 用下式定义李括号:

$$[\vec{v}, \vec{u}] := \vec{v} \times \vec{u}, \quad \forall \vec{v}, \vec{u} \in \mathbb{R}^3,$$

则 $\mathbb{R}^3$ 成为李代数. 作为习题, 请读者验证上述定义满足李括号的条件.

例 2　$\mathscr{M} \equiv \{m \times m$ 矩阵$\}$ 显然为矢量空间. 用矩阵对易子定义李括号, 即

$$[A,B] := AB - BA, \quad \forall A,B \in \mathscr{M}, \text{(其中 } AB \text{ 是 } A, B \text{ 的矩阵积)} \tag{G-3-3}$$

则 $\mathscr{M}$ 是李代数. 作为习题, 请读者验证上述定义满足李括号的条件.

定理 G-3-1　G 上全体左不变矢量场的集合 $\mathscr{L}$ 是李代数.

证明　以矢量场对易子为李括号.因为 $\forall \bar{A}, \bar{B} \in \mathscr{L}$ 有

$$L_{g*}[\bar{A}, \bar{B}] = [L_{g*}\bar{A}, L_{g*}\bar{B}] = [\bar{A}, \bar{B}], \quad \forall g \in G,$$

(第一步用到第 4 章习题 6, 第二步用到 $\bar{A}, \bar{B} \in \mathscr{L}$), 所以 $[\bar{A}, \bar{B}] \in \mathscr{L}$ $\forall \bar{A}, \bar{B} \in \mathscr{L}$, 可见对易子的确是从 $\mathscr{L} \times \mathscr{L}$ 到 $\mathscr{L}$ 的映射. 对易子当然是双线性的. 对易子的反称性表明它满足李括号的条件(a). 第 2 章习题 8(b)保证对易子也满足李括号的条件(b). □

定义 2　设 $\mathscr{V}$ 和 $\mathscr{W}$ 是李代数. 线性映射 $\beta: \mathscr{V} \to \mathscr{W}$ 称为**李代数同态**, 若它保李括号, 即 $\beta([A,B]) - [\beta(A), \beta(B)]$ $\forall A, B \in \mathscr{V}$. 李代数同态 $\beta: \mathscr{V} \to \mathscr{W}$ 称为**李代数同构**, 若 β 是一一到上映射.

注 1　今后常把两个同构的李代数视作相同, 并用等号表示.

对李群 G 的恒等元 e 的切空间 V_e 用下式定义李括号:

$$[A,B] := [\bar{A}, \bar{B}]_e, \quad \forall A, B \in V_e, \tag{G-3-4}$$

(其中 $\bar{A}, \bar{B}$ 分别是 A, B 对应的左不变矢量场.) 则 V_e 成为李代数, 称为**李群 G 的李代数**, 记作 $\mathscr{G}$. 由定理 G-2-1 易证 $\mathscr{G}$ 与 $\mathscr{L}$ 有李代数同构关系, η 可充当同构映射. 反之, 给定一个李代数, 是否也可找到一个李群, 它的李代数是所给的李代数? 答案是: 这样的李群一定存在, 并且唯一到只差整体拓扑结构的程度.[例如, 以流形 S^1 上的角坐标之和作为群乘法, 则 S^1 是 1 维李群, 它与 1 维李群 $\mathbb{R}$ 不同(有不同的整体拓扑), 但却有相同的李代数. §G.6 末还将给出有相同李代数的不同李群的另外两个重要例子.] 准确地说,给定一个李代数, 总可找到唯一的单连通李群(其流形为单连通流形①的李群), 它以所给李代数为李代数. 这是李群理论中的一个重要定理(证略). 李群和李代数的这一密切联系使李群的讨论大为简化, 因为李代数比李群简单得多(选读 12-5-1 和 12-5-2 就是两个例子).

定理 G-3-2　设 $\mathscr{G}$ 和 $\hat{\mathscr{G}}$ 分别是李群 G 和 $\hat{G}$ 的李代数, $\rho: G \to \hat{G}$ 是同态映射, 则 ρ 在点 $e \in G$ 诱导的推前映射 $\rho_*: \mathscr{G} \to \hat{\mathscr{G}}$ 是李代数同态.

证明　见 Warner(1983)的 3.14. □

---

① 任一闭曲线可通过连续变形缩为一点的连通流形称为**单连通**(simply connected)**流形**.

定义 3　李代数$\mathscr{G}$的子空间$\mathscr{H}$称为$\mathscr{G}$的**李子代数**(Lie subalgebra), 若

$$[A,B]\in\mathscr{H},\quad \forall A,B\in\mathscr{H},$$

其中$[A,B]$是把A,B看作$\mathscr{G}$的元素时的李括号, 现在也称为子代数$\mathscr{H}$的李括号.

定理 G-3-3　设H是李群G的李子群, 则H的李代数$\mathscr{H}$是$\mathscr{G}$的李子代数.

证明　见, 例如, Bleecker(1981)P.20; Marsden et al.(1994)P.253. □

[选读 G-3-1]

定义 4　李代数$\mathscr{G}$的子代数$\mathscr{H}$称为$\mathscr{G}$的**理想**(ideal), 若

$$[A,\mu]\in\mathscr{H},\quad \forall A\in\mathscr{G},\ \mu\in\mathscr{H}.$$

注 2　理想在李代数理论中的角色相当于正规子群在群论中的角色.

定理 G-3-4　设$\mathscr{H}\subset\mathscr{G}$是理想, $\mathscr{G}/\mathscr{H}$代表以等价类为元素的集合($A,B\in\mathscr{G}$叫等价的, 若$A-B\in\mathscr{H}$), 则$\mathscr{G}/\mathscr{H}$是李代数, 称为**商李代数**(quotient Lie algebra).

证明　以$\pi:\mathscr{G}\to\mathscr{G}/\mathscr{H}$代表投影映射, 即把$A\in\mathscr{G}$映为$A$所在等价类(看作$\mathscr{G}/\mathscr{H}$的元素)的映射. $\mathscr{G}/\mathscr{H}$在如下加法和数乘定义下构成矢量空间:

加法: $\forall\hat{A},\hat{B}\in\mathscr{G}/\mathscr{H}$定义$\hat{A}+\hat{B}:=\pi(A+B)$, 其中$A,B\in\mathscr{G}$满足$\pi(A)=\hat{A}$, $\pi(B)=\hat{B}$.

数乘: $\forall\hat{A}\in\mathscr{G}/\mathscr{H}$, $\alpha\in\mathbb{R}$定义$\alpha\hat{A}:=\pi(\alpha A)$, 其中$A\in\mathscr{G}$满足$\pi(A)=\hat{A}$.

先说明这样定义的合法性. 以加法为例, 虽然满足$\pi(A)=\hat{A}$, $\pi(B)=\hat{B}$的A,B很多, 但取其中任一皆可. 设若改取$A',B'\in\mathscr{G}$, 则$\pi(A')=\hat{A}$, $\pi(B')=\hat{B}$保证$\exists\mu,\nu\in\mathscr{H}$使$A'=A+\mu$, $B'=B+\nu$, 从而$\pi(A'+B')=\pi(A+B+\mu+\nu)=\pi(A+B)$. 可见加法(同理可证数乘)定义合法. 再用下式定义李括号使$\mathscr{G}/\mathscr{H}$成为李代数:

$$[\hat{A},\hat{B}]:=\pi([A,B]),\ \forall\hat{A},\hat{B}\in\mathscr{G}/\mathscr{H}\ [\text{其中} A,B\in\mathscr{G} \text{满足} \pi(A)=\hat{A},\ \pi(B)=\hat{B}]. \tag{G-3-5}$$

若改取$A',B'\in\mathscr{G}$[满足$\pi(A')=\hat{A}$, $\pi(B')=\hat{B}$], 则$\exists\,\mu,\nu\in\mathscr{H}$使

$$[A',B']=[A+\mu,B+\nu]=[A,B]+[A,\nu]+[\mu,B]+[\mu,\nu]=[A,B]+\sigma,$$

其中$\sigma\in\mathscr{H}$, 故$\pi([A',B'])=\pi([A,B])$, 因而式(G-3-5)的定义合法. □

定义 5　李代数$\mathscr{G}$称为**单**(simple)**李代数**, 若它不是阿贝尔代数而且除$\mathscr{G}$及$\{0\}$外不含理想. $\mathscr{G}$称为**半单**(semi-simple)**李代数**, 若它不含非零的阿贝尔理想. 相应地, 李群G称为**单李群**, 若它不是阿贝尔群而且除G外不含正规子群. G称为**半单李群**, 若它不含阿贝尔正规子群. **[选读 G-3-1 完]**

§ G.4　单参子群和指数映射

定义1　C^∞ 曲线 $\gamma: \mathbb{R}\to G$ 叫李群 G 的**单参子群**(one-parameter subgroup), 若

$$\gamma(s+t)=\gamma(s)\,\gamma(t)\,,\quad \forall s,t\in\mathbb{R}\,,\tag{G-4-1}$$

其中 $\gamma(s)\gamma(t)$ 代表群元 $\gamma(s)$ 和 $\gamma(t)$ 的群乘积.

注1　式(G-4-1)表明单参子群 $\gamma: \mathbb{R}\to G$ 是从李群 $\mathbb{R}$ 到 G 的李群同态映射.

注2　按定义1, 单参子群是满足式(G-4-1)的一条 C^∞ 曲线, 但不妨把映射的像集 $\{\gamma(t)\,|\,t\in\mathbb{R}\}\subset G$ 看作单参子群. 式(G-4-1)保证: ①子集的任意两个元素按 G 的乘法的积仍在子集内; ②子集含 G 的恒等元 e; [由式(G-4-1)得 $\gamma(t)=\gamma(0)\gamma(t)$, 以 $\gamma(t)$ (看作 G 的元素)的逆元右乘得 $e=\gamma(0)$.] ③子集的任一元素 $\gamma(t)$ (作为 G 的元素)的逆元[就是 $\gamma(-t)$]在子集内. 所以子集 $\{\gamma(t)\,|\,t\in\mathbb{R}\}$ 构成子群①(而且是阿贝尔子群).

本节的一个重点是证明如下结论: "单参子群是左不变矢量场过 e 的不可延积分曲线, 反之亦然." 单参子群按定义是从 $\mathbb{R}$ 到 G 的映射, 定义域为全 $\mathbb{R}$. 因此, 要接受上述结论, 至少要证明左不变矢量场过 e 的积分曲线的参数可取遍全 $\mathbb{R}$. 下面的定理对此给出保证(而且更强).

定理 G-4-1　任一左不变矢量场 $\overline{A}$ 都是完备矢量场, 就是说, 它的每一不可延积分曲线的参数都可取遍全 $\mathbb{R}$.

证明　本书正文惯用 $\partial/\partial t$ 代表曲线 $\gamma(t)$ 的切矢, 由于本附录涉及多条曲线的切矢, 为避免混淆, 我们改用 $\dfrac{\mathrm{d}}{\mathrm{d}t}\gamma(t)$ 代表 $\gamma(t)$ 的切矢. 设 $\mu(t)$ 是 $\overline{A}$ 的、满足 $\mu(0)=e$ 的积分曲线, 不失一般性, 设其定义域为开区间 $(-\varepsilon,\varepsilon)$, 即 $\mu: (-\varepsilon,\varepsilon)\to G$. 在线上取点 $h\equiv\mu(\varepsilon/2)$, 令 $\nu(t)\equiv h\mu(t-\varepsilon/2)$, 则有曲线映射 $\nu: (-\varepsilon/2, 3\varepsilon/2)\to G$, 且其切矢

$$\left.\frac{\mathrm{d}}{\mathrm{d}t}\right|_t \nu(t)=\left.\frac{\mathrm{d}}{\mathrm{d}t}\right|_t L_h\mu(t-\varepsilon/2)=L_{h*}\left.\frac{\mathrm{d}}{\mathrm{d}t}\right|_t \mu(t-\varepsilon/2)\,,\tag{G-4-2}$$

---

① 在 $\gamma: \mathbb{R}\to G$ 是多一映射的情况下[例如后面注3的独点线及小节 G.5.2 的 SO(2) 群], $\exists t_1, t_2\in\mathbb{R}$ 使 $\gamma(t_1)=\gamma(t_2)\in\{\gamma(t)\,|\,t\in\mathbb{R}\}$. 子群首先是子集, 所以 $\gamma(t_1)$ 和 $\gamma(t_2)$ 理应看作子群 $\{\gamma(t)\,|\,t\in\mathbb{R}\}$ 的同一群元. 但若称 $\{\gamma(t)\,|\,t\in\mathbb{R}\}$ 为单参子群, 则不同参数值 t_1 和 t_2 又应给出不同群元, 就是说, 一旦在"子群"前冠以"单参"就应有 $\gamma(t_1)\neq\gamma(t_2)$. 可见"单参子群"一词有不妥之处, 至少不应把子群 $\{\gamma(t)\,|\,t\in\mathbb{R}\}$ 称为单参子群. 所以笔者私下更偏爱于用"同态线"一词代替"单参子群"[参见 Bleecker(1981)]. Brocker and Dieck(1985)则称之为"单参群"(one-parameter group), 并强调这是"指同态映射而不只是它的像!"可谓用心良苦.

其中第二步用到“曲线像的切矢等于曲线切矢的像”. 令 $t'(t) \equiv t - \varepsilon/2$, 则

$$\left.\frac{\mathrm{d}}{\mathrm{d}t}\right|_t \mu(t-\varepsilon/2) = \left.\frac{\mathrm{d}}{\mathrm{d}t}\right|_t \mu(t'(t)) = \left[\left.\frac{\mathrm{d}}{\mathrm{d}t'}\right|_{t'(t)} \mu(t')\right]\frac{\mathrm{d}t'}{\mathrm{d}t} = \left.\frac{\mathrm{d}}{\mathrm{d}t'}\right|_{t'(t)} \mu(t') = \overline{A}_{\mu(t-\varepsilon/2)}, \quad \text{(G-4-3)}$$

其中第二步用到式(2-2-8), 即 $\partial/\partial t = (\partial/\partial t')\mathrm{d}t'/\mathrm{d}t$, 最末一步是因为 $\mu(t)$ 是 $\overline{A}$ 的积分曲线. 代入式(G-4-2)便得

$$\left.\frac{\mathrm{d}}{\mathrm{d}t}\right|_t \nu(t) = L_{h*}\overline{A}_{\mu(t-\varepsilon/2)} = \overline{A}_{h\mu(t-\varepsilon/2)} = \overline{A}_{\nu(t)}, \quad \text{(G-4-4)}$$

其中第二步用到左不变矢量场的定义式(G-2-1″). 式(G-4-4)表明 ν 也是 $\overline{A}$ 的积分曲线, 而 $\nu(\varepsilon/2) = h\mu(0) = h = \mu(\varepsilon/2)$ 则说明 ν 与 μ 有交, 因此由积分曲线的(局域)唯一性可知在两积分曲线 ν 和 μ 的定义域的交集 $(-\varepsilon/2, \varepsilon)$ 上有 $\nu = \mu$. 可见 μ 的定义域已被延拓至 $(-\varepsilon, 3\varepsilon/2)$. 重复以上操作便得 $\overline{A}$ 的一条定义域为全 $\mathbb{R}$ 的积分曲线 $\gamma: \mathbb{R} \to G$. 作为证明的第二步, $\forall g \in G$, 令

$$\beta(t) \equiv g\gamma(t), \quad \text{(G-4-5)}$$

则仿照式(G-4-2)的推导有

$$\left.\frac{\mathrm{d}}{\mathrm{d}t}\right|_t \beta(t) = \overline{A}_{g\gamma(t)} = \overline{A}_{\beta(t)}, \quad \text{(G-4-6)}$$

表明 $\beta: \mathbb{R} \to G$ 是 $\overline{A}$ 过 g 的积分曲线[满足 $\mathrm{d}\beta/\mathrm{d}t|_{t=0} = \overline{A}_g$]. 可见 $\overline{A}$ 的任一不可延积分曲线的参数都可取遍全 $\mathbb{R}$. □

定理 G-4-2 设 $\gamma: \mathbb{R} \to G$ 是左不变矢量场 $\overline{A}$ 的、满足 $\gamma(0) = e$ 的积分曲线, 则 γ 是 G 的一个单参子群.

证明 欲证 γ 是单参子群只须证明它满足式(G-4-1). 定理 G-4-1 已证明 $\beta(t) \equiv g\gamma(t)$ 是 $\overline{A}$ 的、满足 $\beta(0) = g$ 的积分曲线. 取 γ 线上一点 $\gamma(s)$ 作为 g, 便知

$$\beta(t) \equiv \gamma(s)\gamma(t) \quad \text{(G-4-7)}$$

是满足 $\beta(0) = \gamma(s)$ 的积分曲线. 另一方面, 由 $\gamma_1(t) \equiv \gamma(s+t)$ 定义的曲线 $\gamma_1: \mathbb{R} \to G$ 在 $\gamma_1(t)$ 点的切矢为

$$\left.\frac{\mathrm{d}}{\mathrm{d}t}\right|_t \gamma_1(t) = \left.\frac{\mathrm{d}}{\mathrm{d}t}\right|_t \gamma(s+t) = \left[\left.\frac{\mathrm{d}}{\mathrm{d}(s+t)}\right|_{s+t} \gamma(s+t)\right]\frac{\mathrm{d}(s+t)}{\mathrm{d}t} = \overline{A}_{\gamma(s+t)} = \overline{A}_{\gamma_1(t)}.$$

[倒数第二步是因为 $\gamma(t)$ 是 $\overline{A}$ 的积分曲线.] 上式表明 γ_1 也是 $\overline{A}$ 的积分曲线, 而且也满足 $\gamma_1(0) = \gamma(s)$. 由积分曲线的唯一性可知 $\gamma_1(t) = \beta(t)$, 对比式(G-4-7)便得

$\gamma(s+t)=\gamma(s)\gamma(t)$. □

定理 G-4-3　设单参子群$\gamma:\mathbb{R}\to G$在恒等元e的切矢为A，则$\gamma(t)$是A对应的左不变矢量场$\overline{A}$的积分曲线.

证明　只须证明对γ的任一点$\gamma(s)$有$\overline{A}_{\gamma(s)}=\mathrm{d}/\mathrm{d}t|_{t=s}\,\gamma(t)$，而这由下式显见：

$$\overline{A}_{\gamma(s)}=L_{\gamma(s)*}A=L_{\gamma(s)*}\left.\frac{\mathrm{d}}{\mathrm{d}t}\right|_{t=0}\gamma(t)=\left.\frac{\mathrm{d}}{\mathrm{d}t}\right|_{t=0}L_{\gamma(s)}\gamma(t)$$

$$=\left.\frac{\mathrm{d}}{\mathrm{d}t}\right|_{t=0}\gamma(s)\gamma(t)=\left.\frac{\mathrm{d}}{\mathrm{d}t}\right|_{t=0}\gamma(s+t)=\left.\frac{\mathrm{d}}{\mathrm{d}t'}\right|_{t'=s}\gamma(t')=\left.\frac{\mathrm{d}}{\mathrm{d}t}\right|_{t=s}\gamma(t)\,.$$ □

由定理G-4-2和G-4-3可知左不变矢量场与单参子群之间有一一对应关系. 注意到V_e与左不变矢量场的集合$\mathscr{L}$一一对应，便知李群G的李代数$\mathscr{G}\,(=V_e)$的每一元素A生成G的一个单参子群$\gamma(t)$，所以$\mathscr{G}$的每一元素称为一个(无限小)**生成元**(generator). 物理文献常又只把$\mathscr{G}$的一个基底的元素称为生成元.

注3　与V_e的零元($A=0$)对应的单参子群就是只含e的子群，即满足$\gamma[\mathbb{R}]=e$的独点线$\gamma:\mathbb{R}\to G$.

定义2　李群G上的**指数映射**(exponential map) $\exp: V_e\to G$定义为

$$\exp(A):=\gamma(1),\quad \forall A\in\mathscr{G}\,,\tag{G-4-8}$$

其中$\gamma:\mathbb{R}\to G$是与A对应的那个单参子群.

注4　读过选读3-3-1的读者可把该处的指数映射与现在的指数映射作一比较. 两处都以流形为背景，但附加结构不同. 选读3-3-1的流形M有度规结构，因而有测地线概念，利用"一点及其一个矢量决定唯一测地线"的定理就可定义指数映射；现在的流形G有群结构，因而有单参子群概念，利用"e点的一个矢量A决定唯一单参子群"的定理就可用式(G-4-8)定义指数映射.

定理 G-4-4
$$\exp(sA)=\gamma(s),\quad \forall s\in\mathbb{R},\ A\in V_e\,,\tag{G-4-9}$$
其中γ是由A决定的单参子群.

证明　令$A'\equiv sA\in V_e$. 以$\overline{A},\overline{A}'$分别代表$A$和$A'$对应的左不变矢量场. $\eta:V_e\to\mathscr{L}$是同构映射导致$\overline{A}'=s\overline{A}$. 因为$\gamma$是$\overline{A}$对应的单参子群，所以若用$\gamma'(t)\equiv\gamma(st)$定义曲线$\gamma':\mathbb{R}\to G$，则

$$\left.\frac{\mathrm{d}}{\mathrm{d}t}\right|_{t}\gamma'(t)=\left.\frac{\mathrm{d}}{\mathrm{d}t}\right|_{t}\gamma(st)=\left[\left.\frac{\mathrm{d}}{\mathrm{d}(st)}\right|_{st}\gamma(st)\right]\frac{\mathrm{d}(st)}{\mathrm{d}t}=s\overline{A}_{\gamma(st)}=\overline{A}'_{\gamma'(t)}\,,$$

说明$\gamma'(t)$是$\overline{A}'$的积分曲线. 注意到$\gamma'(0)=\gamma(0)=e$，可知$\gamma'(t)$是$\overline{A}'$对应的单参子群. 于是$\exp(sA)=\exp(A')=\gamma'(1)=\gamma(s)$. □

注 5 设$\gamma(t)$是由$A\in V_e$决定的单参子群, 则定理 G-4-4 表明

$$\gamma(t)=\exp(tA)\,. \qquad \text{(G-4-10)}$$

今后也常用$\exp(tA)$代表由A决定的单参子群.

定理 G-4-5 设$\phi:\mathbb{R}\times G\to G$是由$A\in V_e$对应的左不变矢量场$\overline{A}$产生的单参微分同胚群, 则

$$\phi_t(g)=g\exp(tA),\quad \forall g\in G,\ t\in\mathbb{R}\,. \qquad \text{(G-4-11)}$$

证明 设$\gamma(t)$是由A决定的单参子群, 则定理 G-4-4 表明$\gamma(t)=\exp(tA)$ [见式(G-4-10)]. 由式(G-4-5)和(G-4-6)又知$\beta(t)\equiv g\gamma(t)$是$\overline{A}$过$g$点的积分曲线, 且$\beta(0)\equiv g$. 由单参微分同胚群的构造(见小节 2.2.2 末段)便知

$$\phi_t(g)=\beta(t)=g\gamma(t)=g\exp(tA)\,. \qquad \square$$

[选读 **G-4-1**]

由群乘映射和求逆映射的光滑性出发, 注意到微分方程的解对其初值的光滑依赖性, 可知$\exp:V_e\to G$为C^∞映射. 再用反函数定理就可证明如下命题: V_e中存在含 0 元的开子集$\hat{V}_e$, G中存在含e点的开子集N, 使$\exp:\hat{V}_e\to N$为微分同胚(试与定理3-3-7对比). 利用指数映射的这一性质可给G定义局部坐标系, 其坐标称为群G的**正则坐标**(canonical coordinates). [选读 **G-4-1** 完]

§ G.5 常用李群及其李代数

G.5.1 GL(*m*)群 (一般线性群, general linear group)

设V是$m\ (<\infty)$维实矢量空间, 以$\mathrm{GL}(m)$代表由V到V的全体可逆线性映射的集合, 以映射的复合为乘法, 则不难证明$\mathrm{GL}(m)$是群, 还可证明它是李群,① 称为 ***m* 阶(实)一般线性群**(general linear group). 因为由V到V的线性映射就是V上的(1,1)型张量(见§2.4 定义 2 前一段), 所以$\mathrm{GL}(m)$的任一群元$T\in\mathscr{T}_V(1,1)$ [$\mathscr{T}_V(1,1)$代表V上(1,1)型张量的集合]. 取定V的任一基底(及其对偶基底)后, T就有m^2个分量, 自然对应于一个$m\times m$实矩阵. 映射T的可逆性保证其矩阵(仍记作T)是可逆矩阵, 即$\det T\neq 0$. 不难看出全体$m\times m$可逆矩阵在矩阵乘法下构成群(以单位矩阵I为恒等元), 而且与$\mathrm{GL}(m)$李群同构, 于是

$$\mathrm{GL}(m)=\{m\times m\text{ 实矩阵 }T\mid \det T\neq 0\}\,. \qquad \text{(G-5-1)}$$

---

① 对映射提出可逆要求旨在保证每一群元确有逆元.

因此也常把GL(m)看作实矩阵群(但上式等号代表的同构关系依赖于 V 的基底的选取). 另一方面, 集合 $\mathbb{R}^{m^2}$ 的每点因为由 m^2 个实数构成而可排成一个 $m\times m$ 实矩阵, 故 GL(m) 可看作 $\mathbb{R}^{m^2}$ 的子集. 对矩阵求行列式的操作可看作连续映射 $\det: \mathbb{R}^{m^2}\to\mathbb{R}$, 满足

$$\mathrm{GL}(m)=\det{}^{-1}(-\infty,0)\cup\det{}^{-1}(0,\infty)\subset\mathbb{R}^{m^2}.$$

$(-\infty,0)$ 和 $(0,\infty)$ 显然是 $\mathbb{R}$ 的开子集,故映射 det 的连续性保证 $\det^{-1}(-\infty,0)$ 和 $\det^{-1}(0,\infty)$ 是 $\mathbb{R}^{m^2}$ 的开子集, 这又导致① GL(m) 是 $\mathbb{R}^{m^2}$ 的开子集; ② $\det^{-1}(-\infty,0)$ 和 $\det^{-1}(0,\infty)$ 是 GL(m) 的开子集(用诱导拓扑衡量). 而 $\det^{-1}(-\infty,0)$ 和 $\det^{-1}(0,\infty)$ 又因互为补集而都是 GL(m) 的闭子集, 可见 GL(m) 含有除自身和 $\varnothing$ 外的既开又闭的子集, 因而是非连通流形. 还可证明[见 Marsden and Ratiu(1994)] GL(m) 是有两个连通分支(connected component)的非连通流形.最简单的例子是

$$\mathrm{GL}(1)=(-\infty,0)\cup(0,\infty).$$

当说到GL(m)的群元是从 V 到 V 的可逆线性映射时, 我们是在用纯几何语言. 当说到GL(m)的群元是 $m\times m$ 可逆矩阵时, 我们是在用坐标语言——给 V 选定基底(及其对偶基底)后, 从 V 到 V 的任一可逆线性映射 T 就有了 m^2 个分量, 选作坐标, 便得流形 GL(m) 上的一个坐标系. 以 $\mathscr{GL}(m)$ 代表 GL(m) 的李代数, 设 $A\in\mathscr{GL}(m)$, 则它是恒等元 $I\in\mathrm{GL}(m)$ 的矢量, 在上述坐标系的基底中自然有 m^2 个分量, 因而也对应于一个 $m\times m$ 实矩阵. 反之, 任一 $m\times m$ 实矩阵的 m^2 个矩阵元配以 I 点的坐标基矢便给出 I 点的一个矢量. 可见, 虽然只有可逆实 $m\times m$ 矩阵才是 GL(m) 的元素, 任意 $m\times m$ 实矩阵都是 $\mathscr{GL}(m)$ 的元素. 事实上, 全体 $m\times m$ 实矩阵构成的矢量空间与 I 点的切空间 V_I 有同构关系, 于是有如下定理:

定理 G-5-1 $\mathscr{GL}(m)=\{m\times m$ 实矩阵$\}$ (等号代表两个矢量空间同构, 同构关系依赖于 V 的基底的选取).

[选读 G-5-1]

对定理 G-5-1 的结论也可这样理解: 设 A 是任一 $m\times m$ 实矩阵, 对 $t\in\mathbb{R}$, 考虑矩阵 $\psi(t)\equiv I+tA$. 矩阵 I 有逆保证矩阵 $\psi(t)$ 在 t 足够小时有逆, 因此 $\psi(t)\in\mathrm{GL}(m)$. 当 t 活动(且足够小)时, $\psi(t)$ 是 GL(m) 中过 I 点的曲线, 它在 I 点的切矢为

$$\left.\frac{\mathrm{d}}{\mathrm{d}t}\right|_{t=0}\psi(t)=\left.\frac{\mathrm{d}}{\mathrm{d}t}\right|_{t=0}(I+tA)=A, \tag{G-5-2}$$

所以任一 $m\times m$ 实矩阵 A 都对应于 $\mathscr{GL}(m)$ 的一个元素, 再由

$$\dim\{m\times m\text{ 实矩阵}\}=\dim\mathbb{R}^{m^2}=\dim\mathrm{GL}(m)=\dim\mathscr{GL}(m)$$

便知 $\mathscr{GL}(m)$ 与集合 $\{m\times m$ 实矩阵$\}$ 有一一对应关系.

注 1　式(G-5-2)中的 $\mathrm{d}/\mathrm{d}t$ 本来代表曲线的切矢, 但第二个等号却把它看成普通求导记号. 现在说明这种"偷换概念"的合法性(后面出现类似情况不再一一说明). $\mathrm{GL}(m)$ 是 $\mathbb{R}^{m^2}$ 的开子集, 故有自然坐标系. 以 $\psi^i(t)\ (i=1,\cdots,m^2)$ 代表曲线 $\psi(t)$ 在此系的参数式, 则 $\psi^i(t)=I^i+tA^i$, 其中 A^i 是常数矩阵 A 的第 i 个矩阵元(I^i 的含义类似). 于是

$$\psi(t)\text{ 在 }\psi(0)\text{ 点的切矢的 }i\text{ 分量}=\left.\frac{\mathrm{d}}{\mathrm{d}t}\right|_{t=0}\psi^i(t)=\left.\frac{\mathrm{d}}{\mathrm{d}t}\right|_{t=0}(I^i+tA^i)=A^i,$$

(此处的 $\mathrm{d}/\mathrm{d}t$ 是真求导.) 这就是式(G-5-2)的分量表达式.　　　　**[选读 G-5-1 完]**

对任一 $m\times m$ 矩阵 A 引入符号

$$\mathrm{Exp}(A)\equiv I+A+\frac{1}{2!}A^2+\frac{1}{3!}A^3+\cdots, \tag{G-5-3}$$

其中 $A^2\equiv AA$ (矩阵相乘), $A^3\equiv AAA$. 可以证明[见 Spivak(1979)Vol.**I**]: ①上式右边收敛, 所以左边有意义, 是一个 $m\times m$ 矩阵; ②若矩阵 A, B 对易, 即 $AB=BA$, 则

$$\mathrm{Exp}(A+B)=(\mathrm{Exp}A)\,(\mathrm{Exp}B)\,. \tag{G-5-4}$$

下面的定理表明, 对 $\mathscr{GL}(m)$ 的元素 A (看作矩阵), Exp 就是指数映射的 exp .

定理 G-5-2　　$\mathrm{Exp}(A)=\exp(A),\quad \forall A\in\mathscr{GL}(m)$.

证明　$\forall s,t\in\mathbb{R}$, 由式(G-5-4)得

$$\mathrm{Exp}[(s+t)A]=\mathrm{Exp}(sA)\mathrm{Exp}(tA),\qquad \forall A\in\mathscr{GL}(m)\,. \tag{G-5-5}$$

取 $s=1,\ t=-1$, 则上式给出 $\mathrm{Exp}(A)\ \mathrm{Exp}(-A)=\mathrm{Exp}(0)=I$. 上式表明矩阵 $\mathrm{Exp}(A)$ 有逆[就是 $\mathrm{Exp}(-A)$], 故 $\mathrm{Exp}(A)\in\mathrm{GL}(m)$. 式中的 A 可为 $\mathscr{GL}(m)$ 的任一元素, 所以

$$\mathrm{Exp}(tA)\in\mathrm{GL}(m),\qquad \forall A\in\mathscr{GL}(m), t\in\mathbb{R}\,.$$

令 $\gamma(t)\equiv\mathrm{Exp}(tA)$, 则式(G-5-5)表明 $\gamma(s+t)=\gamma(s)\,\gamma(t)$, 且式(G-5-3)给出

$$\left.\frac{\mathrm{d}}{\mathrm{d}t}\right|_{t=0}\mathrm{Exp}(tA)=A\,, \tag{G-5-6}$$

可见 $\gamma(t)\equiv\mathrm{Exp}(tA)$ 是由 A 唯一决定的单参子群 $\exp(tA)$, 从而 $\mathrm{Exp}(A)=\exp(A)$. □

定理 G-5-1 表明 $\mathscr{GL}(m)$ 和 $\{m\times m$ 实矩阵$\}$ 作为矢量空间是同构的. 自然要问它们作为李代数是否也同构. 答案是肯定的. 以 V_e 作为 $\mathscr{GL}(m)$, 其任意二元素 $A,B\in V_e$ 的李括号定义为 $[A,B]=[\bar{A},\bar{B}]_e$, 见式(G-3-4). 另一方面, $A,B\in V_e$ 所对应的 $m\times m$ 矩阵(仍记作 A,B)的李括号定义为矩阵对易子 $AB-BA$, 见式(G-3-3). 因

此,欲证 $\mathscr{GL}(m)$ 和 $\{m\times m$ 实矩阵$\}$是同构李代数只须证明 $[\bar{A},\bar{B}]_e = AB - BA$. 而这正是如下定理的结论.

定理 G-5-3　设 G 是 $\mathrm{GL}(m)$ 的李子群,则其李代数元 $A,B\in\mathscr{G}\subset\mathscr{GL}(m)$ 的李括号 $[A,B]$ 对应于 A,B 所对应的矩阵(仍记作 A,B)的对易子 $AB-BA$,即

$$[A,B] = AB - BA . \tag{G-5-7}$$

证明[选读]　注意到定理 G-3-3, 只须对 $G=\mathrm{GL}(m)$ 的情况给出证明.

设 e(即 I)为 G 的恒等元, $\bar{A},\bar{B}$ 代表 $A,B\in V_e$ 所对应的左不变矢量场, $\phi:\mathbb{R}\times G\to G$ 是由 $\bar{A}$ 产生的单参微分同胚群,则

$$[A,B]=[\bar{A},\bar{B}]_e=(\mathscr{L}_{\bar{A}}\bar{B})_e=\lim_{t\to 0}\frac{1}{t}\Big[(\phi_{-t*}\bar{B})_e-\bar{B}_e\Big].$$

注意到 $e=\phi_{-t}(\phi_t(e))$, 可知 $(\phi_{-t*}\bar{B})_e=\phi_{-t*}\bar{B}_{\phi_t(e)}$. 而 $\bar{B}_e$ 又可表为 $\bar{B}_e=\phi_{-0*}\bar{B}_{\phi_0(e)}$, 所以

$$[\bar{A},\bar{B}]_e=\lim_{t\to 0}\frac{1}{t}\Big[\phi_{-t*}\bar{B}_{\phi_t(e)}-\phi_{-0*}\bar{B}_{\phi_0(e)}\Big]\equiv\left.\frac{\mathrm{d}}{\mathrm{d}t}\right|_{t=0}(\phi_{-t*}\bar{B}_{\phi_t(e)}). \tag{G-5-8}$$

由式(G-4-5)、(G-4-6)和(G-4-10)可得 $\bar{B}_{\phi_t(e)}=\mathrm{d}/\mathrm{d}s|_{s=0}[\phi_t(e)\exp(sB)]$, 故

$$[A,B]=[\bar{A},\bar{B}]_e=\left.\frac{\mathrm{d}}{\mathrm{d}t}\right|_{t=0}\left\{\phi_{-t*}\left.\frac{\mathrm{d}}{\mathrm{d}s}\right|_{s=0}[\phi_t(e)\exp(sB)]\right\}=\left.\frac{\mathrm{d}}{\mathrm{d}t}\right|_{t=0}\left.\frac{\mathrm{d}}{\mathrm{d}s}\right|_{s=0}\phi_{-t}[\phi_t(e)\exp(sB)]$$

$$=\left.\frac{\mathrm{d}}{\mathrm{d}t}\right|_{t=0}\left.\frac{\mathrm{d}}{\mathrm{d}s}\right|_{s=0}\phi_{-t}[e\exp(tA)\exp(sB)]=\left.\frac{\mathrm{d}}{\mathrm{d}t}\right|_{t=0}\left.\frac{\mathrm{d}}{\mathrm{d}s}\right|_{s=0}[\exp(tA)\exp(sB)\exp(-tA)]$$

$$=\left.\frac{\partial}{\partial t}\right|_{t=0}\left.\frac{\partial}{\partial s}\right|_{s=0}[\mathrm{Exp}(tA)\mathrm{Exp}(sB)\mathrm{Exp}(-tA)]$$

$$=\left.\frac{\mathrm{d}}{\mathrm{d}t}\right|_{t=0}\mathrm{Exp}(tA)\left[\left.\frac{\mathrm{d}}{\mathrm{d}s}\right|_{s=0}\mathrm{Exp}(sB)\right]\mathrm{Exp}(-tA)$$

$$=\left.\frac{\mathrm{d}}{\mathrm{d}t}\right|_{t=0}[\mathrm{Exp}(tA)\,B\,\mathrm{Exp}(-tA)]=\left[\left.\frac{\mathrm{d}}{\mathrm{d}t}\right|_{t=0}\mathrm{Exp}(tA)\right]BI+IB\left[\left.\frac{\mathrm{d}}{\mathrm{d}t}\right|_{t=0}\mathrm{Exp}(-tA)\right]$$

$$=ABI+IB(-A)=AB-BA\ , \tag{G-5-9}$$

其中第三步用到"曲线切矢的像等于曲线像的切矢",第四、五步都用到式(G-4-11). 第二个等号右边的 $\mathrm{d}/\mathrm{d}t\,|_{t=0}$ 就是式(G-5-8)右边的 $\mathrm{d}/\mathrm{d}t\,|_{t=0}$, 代表对 e 点的 t 依赖矢量

$\phi_{-t*}\overline{B}_{\phi_t(e)}$ 求导，直至第六个等号前都是这一含义. 式中的 $\mathrm{d}/\mathrm{d}s\,|_{s=0}$ 在第六个等号前全部代表对曲线求切矢. 从第六个等号右边开始的 $\mathrm{d}/\mathrm{d}t\,|_{t=0}$ 和 $\mathrm{d}/\mathrm{d}s\,|_{s=0}$ 则可理解为对 s,t 依赖的矩阵 $\mathrm{Exp}(tA)\mathrm{Exp}(sB)\mathrm{Exp}(-tA)$ 求偏导数. □

G.5.2 O(*m*)群 (正交群, orthogonal group)

如前所说, $\mathrm{GL}(m)$ 群是 m 维矢量空间 V 上所有可逆 (1,1) 型张量 T 的集合, 除可逆性外没有其他要求, 所以称为一般线性群. 对 T 再提出某些适当要求则可得到 $\mathrm{GL}(m)$ 群的某些子群. $\mathrm{O}(m)$ 群就是重要一例, 其要求是 T 保度规. 以下把 $\mathrm{O}(m)$ 群的元素专记作 Z. 设 (V,g_{ab}) 是带正定度规的 m 维矢量空间. 线性映射 $Z\colon V\to V$ 称为**保度规的**, 若

$$g_{ab}(Z^a{}_c v^c)(Z^b{}_d u^d)=g_{cd}v^c u^d,\quad \forall v^c,u^d\in V. \tag{G-5-10}$$

取 $u=v$, 则上式给出

$$g_{ab}(Z^a{}_c v^c)(Z^b{}_d v^d)=g_{cd}v^c v^d,\quad \forall v^c\in V. \tag{G-5-10$'$}$$

可见保度规的 Z 对矢量的作用必保长度. 反之, 利用 $g_{ab}=g_{(ab)}$ 可证(习题, 有提示)任何满足式(G-5-10′)的 Z 必满足式(G-5-10). 所以保长性等价于保度性. 式(G-5-10)又等价于

$$Z^a{}_c Z^b{}_d g_{ab}=g_{cd}. \tag{G-5-10$''$}$$

令

$$\mathrm{O}(m)\equiv\{Z^a{}_b\in\mathscr{T}_V(1,1)\,|\,Z^a{}_c Z^b{}_d g_{ab}=g_{cd}\}, \tag{G-5-11}$$

把 $Z^a{}_b$ 看作从 V 到 V 的映射, 以复合映射为群乘法, 则 $\mathrm{O}(m)$ 是群, 而且是 $\mathrm{GL}(m)$ 的李子群. 用 V 的任一正交归一基底可把式(G-5-10″)改写为分量形式:

$$\delta_{\sigma\rho}=Z^\mu{}_\sigma Z^\nu{}_\rho\delta_{\mu\nu}=(Z^{\mathrm{T}})_\sigma{}^\mu\delta_{\mu\nu}Z^\nu{}_\rho,$$

其中 Z^{T} 代表矩阵 Z 的转置矩阵. 把上式写成矩阵等式即为

$$I=Z^{\mathrm{T}}IZ=Z^{\mathrm{T}}Z, \tag{G-5-12}$$

表明 $Z^{\mathrm{T}}=Z^{-1}$, 即 Z 是正交矩阵. 可见 $\mathrm{O}(m)$ 同构于 $m\times m$ 正交矩阵群(由全体 $m\times m$ 正交矩阵以矩阵乘法为群乘法构成的群). 因为对任一矩阵 T 有 $\det T^{\mathrm{T}}=\det T$, 由式(G-5-12)得

$$1=(\det Z^{\mathrm{T}})(\det Z)=(\det Z)^2,$$

故

$$\det Z=\pm 1. \tag{G-5-13}$$

上式表明群元的行列式不是 1 就是 −1, 这就注定了 O(m) 群的流形是非连通的.

以上抽象定义的 O(m) 群可用具体对象来体现. 先考虑 O(1) 群. 1 维欧氏空间 $(\mathbb{R},\delta_{ab})$ 可看作带正定度规的 1 维矢量空间, 因而可充当用以定义 O(1) 群的那个 (V,g_{ab}). O(1) 群的每个群元 Z 就是把空间的任一点(即起自原点的任一矢量) $\vec{v}$ 变为长度相等的矢量 $\vec{v}'\equiv Z(\vec{v})$ 的线性映射. 由于长度相等, 只有 $\vec{v}'=\vec{v}$ 和 $\vec{v}'=-\vec{v}$ 两种可能. 可见 O(1) 只有两个群元, 其中一个是恒等元, 另一个称为**反射**(reflection), 记作 r, 于是 $\mathrm{O}(1)=\{e,r\}$. 再讨论 O(2) 群. 2 维欧氏空间 $(\mathbb{R}^2,\delta_{ab})$ 可看作带正定度规的 2 维矢量空间. O(2) 的每个群元 Z 就是把空间中起自原点的任一矢量 $\vec{v}$ 变为长度相等的矢量 $\vec{v}'\equiv Z(\vec{v})$ 的线性映射. 首先想到的自然是令 $\vec{v}$ 转某一角度 α 的转动, 这种映射记作 $Z(\alpha)$, 可用矩阵表为

$$Z(\alpha)=\begin{bmatrix}\cos\alpha & -\sin\alpha\\ \sin\alpha & \cos\alpha\end{bmatrix}. \tag{G-5-14}$$

这是行列式为 +1 的正交矩阵, 上式的特例是 $Z(0)=\mathrm{diag}(1,1)$, 即恒等元 I. 然而, 不难验证下面的 $Z'(\alpha)$ 也保长度:

$$Z'(\alpha)=\begin{bmatrix}\cos\alpha & \sin\alpha\\ \sin\alpha & -\cos\alpha\end{bmatrix}, \tag{G-5-15}$$

这是行列式为 −1 的正交矩阵, 其特例是 $Z'(0)=\mathrm{diag}(1,-1)$, 它作用于 $\vec{v}$ 的结果 $\vec{v}'$ 与 $\vec{v}$ 关于 x 轴对称, 故 $Z'(0)$ 代表以 x 轴为对称轴的反射, 记作 r_y (只改变 y 分量), 即 $\vec{v}'=r_y(\vec{v})$. 不要误以为 r_y 也可看作转动, 因为它作用于另一矢量 $\vec{u}$ 得 $r_y(\vec{u})$(图 G-1), 其与 $\vec{u}$ 的夹角不同于 $r_y(\vec{v})$ 与 $\vec{v}$ 的夹角. 同理, $Z'(\pi)=\mathrm{diag}(-1,1)$ 代表以 y 轴为对称轴的反射 r_x. 此外, $Z(\pi)=\mathrm{diag}(-1,-1)$ 则代表以原点为对称点的**反演**(inversion), 记作 i_{xy}, 易证 $i_{xy}=r_xr_y$.

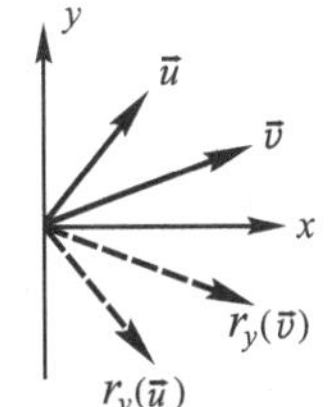

图 G-1 关于 x 轴的反射

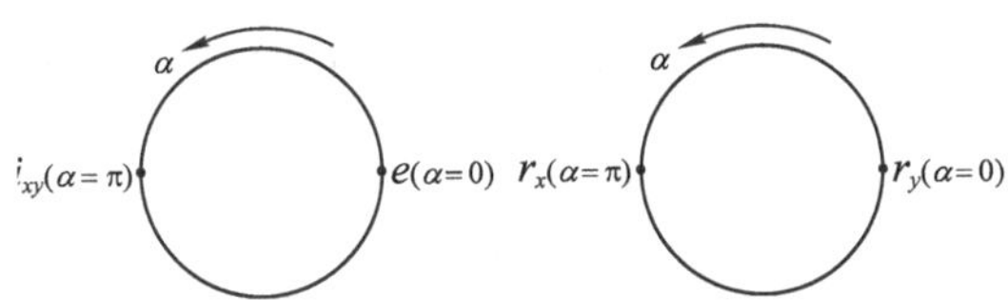

图 G-2 李群 O(2) 的流形, 左边圆周代表李子群 SO(2)

Z 的 4 个矩阵元由于条件 $Z^{\mathrm{T}}Z=I$ 而受到 3 个方程的限制，只有 1 个独立，所以 $\mathrm{O}(2)$ 是 1 维李群. 由 $Z^{\mathrm{T}}Z=I$ 还可证明 $\mathrm{O}(2)$ 的群元被式(G-5-14)和(G-5-15)所穷尽，其中式(G-5-14)代表的子集构成 $\mathrm{O}(2)$ 的李子群，称为 **2 维空间的转动群**，记作 $\mathrm{SO}(2)$，字母 S 代表"特殊"(special)，是指每个群元 $Z\in \mathrm{SO}(2)$ 满足 $\det Z=+1$. 这也适用于其他常见李群，例如 $\mathrm{GL}(m)$ 中满足 $\det T=+1$ 的子集也构成子群，称为 $\mathrm{SL}(m)$ 群(**特殊线性群**). $\mathrm{O}(2)$ 群中由式(G-5-15)表示的子集不含恒等元 e，因此不是子群. 两个子集的 α 都可解释为转角[$Z'(\alpha)$ 中的 α 代表(对 x 轴)反射后再转的角度]，取值范围是 $0\leqslant\alpha<2\pi$. 所以 $\mathrm{O}(2)$ 群的流形可看作两个互不连通的 S^1 (圆周)之并(图 G-2)，是一个非连通流形，每个圆周是一个连通分支.

推而广之，因为 $\mathrm{O}(m)$ 的群元 Z 满足 $\det Z=\pm 1$，其流形总是由两个连通分支组成的非连通流形，其中含 e 的分支记作 $\mathrm{SO}(m)$，即

$$\mathrm{SO}(m)\equiv\{Z\in \mathrm{O}(m)\,|\,\det Z=+1\}. \tag{G-5-16}$$

这是 $\mathrm{O}(m)$ 的李子群，称为**特殊正交群**(special orthogonal group)，最常用的是 **3 维空间的转动群** $\mathrm{SO}(3)$，它的每一群元可看作把 3 维欧氏空间中起自原点的任一矢量 $\vec{v}$ 绕过原点的某轴转某角的映射(而且除恒等元外的每个群元的转轴是唯一的). [这一结论称为**欧拉定理**，证明见 Marsden et al.(1994).] 这使我们可用起自原点的一个箭头代表 $\mathrm{SO}(3)$ 的一个群元：箭头所在直线代表转轴，箭头长度(规定从 0 到 π)代表转角，方向相反的箭头代表沿相反方向的转动. 由于沿某方向转 π 角相当于沿反方向转 π 角，同一直线段的两端代表同一群元，应当认同. 于是，李群 $\mathrm{SO}(3)$ 的流形是 3 维实心球体，球面上位于每一直径两端的一对点要认同(简称**对径认同**). 这一流形记作 $\mathbb{RP}^3$. [$\mathbb{RP}^3$ 本有其他定义方式，但可以证明 $\mathrm{SO}(3)$ 与 $\mathbb{RP}^3$ 微分同胚.]

下面讨论李群 $\mathrm{O}(m)$ 和 $\mathrm{SO}(m)$ 的李代数 $\mathscr{O}(m)$ 和 $\mathscr{SO}(m)$. 这两个李代数必定一样，因为设 $A\in\mathscr{O}(m)$，则 A 决定 $\mathrm{O}(m)$ 中的一个单参子群 $\gamma(t)$，注意到① $\det I=1$；② $\mathrm{O}(m)$ 中任一群元的行列式只能为 ± 1，则由单参子群的连续性可知 $\gamma(t)$ 上任一点 Z 都有 $\det Z=1$，可见对任一 t 有 $\gamma(t)\in \mathrm{SO}(m)$，从而 A，作为 $\gamma(t)$ 在 I 点的切矢，必属于 $\mathscr{SO}(m)$.

定理 G-5-4 $\mathscr{O}(m)=\{\,m\times m$ 实矩阵 $A\,|\,A^{\mathrm{T}}=-A$ (即 A 为反称阵)$\}$. (G-5-17)

证明

(A) $\forall A\in\mathscr{O}(m)$，设 $Z(t)$ 是李群 $\mathrm{O}(m)$ 中的曲线，且 $Z(0)=I$，$\mathrm{d}/\mathrm{d}t\,|_{t=0}\,Z(t)=A$，则 $Z(t)$ (对每一 t 值)是一个满足

$$Z^{\mathrm{T}}(t)Z(t)=I \tag{G-5-18}$$

的矩阵. 对上式求导并在 $t=0$ 取值得

$$0=\left[Z^{\mathrm{T}}(t)\frac{\mathrm{d}}{\mathrm{d}t}Z(t)\right]_{t=0}+\left[\left(\frac{\mathrm{d}}{\mathrm{d}t}Z^{\mathrm{T}}(t)\right)Z(t)\right]_{t=0}=Z^{\mathrm{T}}(0)A+\left[\frac{\mathrm{d}}{\mathrm{d}t}Z^{\mathrm{T}}(t)\right]_{t=0}Z(0).\tag{G-5-19}$$

$Z(0)=I$ 等价于 $Z^{\mathrm{T}}(0)=I$，$A=\mathrm{d}/\mathrm{d}t\,|_{t=0}\,Z(t)$ 等价于 $A^{\mathrm{T}}=\mathrm{d}/\mathrm{d}t\,|_{t=0}\,Z^{\mathrm{T}}(t)$ ，因而式(G-5-19)给出 $0=A+A^{\mathrm{T}}$,可见 A 为反称矩阵.

(B) 设 A 为任一 $m\times m$ 反称实矩阵, 注意到 $(A^2)^{\mathrm{T}}=(A^{\mathrm{T}})^2$, $(A^3)^{\mathrm{T}}=(A^{\mathrm{T}})^3,\cdots$, 由式(G-5-3)得 $(\mathrm{Exp}A)^{\mathrm{T}}=\mathrm{Exp}(A^{\mathrm{T}})$.① 所以

$$(\mathrm{Exp}A)^{\mathrm{T}}(\mathrm{Exp}A)=(\mathrm{Exp}A^{\mathrm{T}})(\mathrm{Exp}A)=\mathrm{Exp}(-A)(\mathrm{Exp}A)=I.$$

[其中最末一步用到式(G-5-4).] 上式表明 $\mathrm{Exp}A$ 是正交矩阵, 因而 $\mathrm{Exp}A\in\mathrm{O}(m)$. 由此又知 $\mathrm{Exp}(tA)\in\mathrm{O}(m)$ (对每一 t 值). 而式(G-5-3)又导致 $\mathrm{d}/\mathrm{d}t\,|_{t=0}\,\mathrm{Exp}(tA)=A$, 可见 A 是李群 $\mathrm{O}(m)$ 中过 I 的曲线 $\mathrm{Exp}(tA)$ 在 I 点的切矢, 所以 $A\in\mathscr{O}(m)$. □

利用定理 G-5-4 可方便地决定李群 $\mathrm{O}(m)$ 及 $\mathrm{SO}(m)$ 的维数. 因为 $m\times m$ 反称矩阵的 m 个对角元全为零, 其余 m^2-m 个元素中只有半数独立, 所以决定一个 $m\times m$ 反称实矩阵需要 $(m^2-m)/2=m(m-1)/2$ 个实数. 于是定理 G-5-4 导致

$$\dim\mathrm{O}(m)=\dim\mathscr{O}(m)=\frac{1}{2}m(m-1)=\dim\mathscr{SO}(m)=\dim\mathrm{SO}(m).\tag{G-5-20}$$

具体说,

$$\dim\mathrm{O}(1)=0(\text{零维李群}),\ \dim\mathrm{O}(2)=1,\ \dim\mathrm{O}(3)=3,\ \dim\mathrm{O}(4)=6,\cdots.\tag{G-5-21}$$

G.5.3　O(1, 3)群 (洛伦兹群)

定义 $\mathrm{O}(m)$ 群时曾约定 (V,g_{ab}) 中的 g_{ab} 为正定度规, 现在放宽为任意度规. 设 g_{ab} 在正交归一基底下的矩阵有 m' 个对角元为 -1 , m'' 个对角元为 $+1$, 则 V 上所有保度规的线性映射的集合在以复合映射为群乘法下构成群, 记作 $\mathrm{O}(m',m'')$, 即

$$\mathrm{O}(m',m''):=\{\Lambda^a{}_b\in\mathscr{T}_V(1,1)\,|\,\Lambda^a{}_c\Lambda^b{}_d g_{ab}=g_{cd}\}.\tag{G-5-22}$$

同 $\mathrm{O}(m)$ 类似, $\mathrm{O}(m',m'')$ 也是 $\mathrm{GL}(m)$(其中 $m=m'+m''$) 的李子群, $\mathrm{O}(m)$ 可看作 $\mathrm{O}(m',m'')$ 在 $m'=0,\ m''=m$ 时的特例.

抽象定义的 $\mathrm{O}(m',m'')$ 群也可与 $\mathrm{O}(m)$ 类似地用具体对象体现. 我们只讨论 $m'=1$ 的情况, 并且最关心 $\mathrm{O}(1,3)$ 群(4 维闵氏时空的洛伦兹群), 但先从最简单的

① 直观想来这很显然, 但因涉及无限级数, 求转置与求极限操作的可交换问题并不简单. 以下遇到类似问题时不再指出.

O(1,1) 群讲起. 2 维闵氏时空 $(\mathbb{R}^2,\eta_{ab})$ 可看作用来定义 O(1,1) 群的那个带洛伦兹度规的 (V,g_{ab}). 用 $(\mathbb{R}^2,\eta_{ab})$ 的任一正交归一基可把保度规条件 $\Lambda^a{}_c\Lambda^b{}_d g_{ab}=g_{cd}$ 改写为分量形式:

$$\eta_{\sigma\rho}=\Lambda^\mu{}_\sigma\Lambda^\nu{}_\rho\eta_{\mu\nu}=(\Lambda^{\mathrm{T}})_\sigma{}^\mu\eta_{\mu\nu}\Lambda^\nu{}_\rho\,, \tag{G-5-23}$$

写成矩阵等式即为

$$\eta=\Lambda^{\mathrm{T}}\eta\Lambda\,,\quad \text{其中}\,\eta\equiv\mathrm{diag}(-1,1)\,. \tag{G-5-24}$$

上式表明 $\det\Lambda=\pm1$, 因此, 与 O(m) 群类似, O(1,1) 群也是非连通的. 注意到洛伦兹变换 $t'=\gamma(t-vx)$, $x'=\gamma(x-vt)$ 保闵氏线元, 自然猜想它是 O(1,1) 的群元. 把变换的参数 v 改写为 $\mathrm{th}\lambda$, 其中 $\lambda\in(-\infty,\infty)$, 则 $\gamma\equiv(1-v^2)^{-1/2}=\mathrm{ch}\lambda$, 故洛伦兹变换可改写为

$$t'=t\,\mathrm{ch}\lambda-x\,\mathrm{sh}\lambda,\qquad x'=-t\,\mathrm{sh}\lambda+x\,\mathrm{ch}\lambda\,.$$

不难验证这一变换的矩阵

$$\Lambda(\lambda)=\begin{bmatrix}\mathrm{ch}\lambda & -\mathrm{sh}\lambda\\ -\mathrm{sh}\lambda & \mathrm{ch}\lambda\end{bmatrix} \tag{G-5-25}$$

满足式(G-5-24), 可见 $\forall\lambda\in(-\infty,\infty)$, $\Lambda(\lambda)$ 是 O(1,1) 的群元. 对上式的 Λ 有 $\det\Lambda=+1$, 然而式(G-5-24)表明 $\det\Lambda=\pm1$, 看来还应有其他连通分支. 其实, O(1,1) 的非连通性除了来自 Λ 所受的限制 $\det\Lambda=\pm1$ 之外还来自 $\Lambda^0{}_0$ 所受到的限制. 设 $\{(e_\mu)^a\}$ 是 V 的正交归一基底, 用 $\Lambda^a{}_c\Lambda^b{}_d g_{ab}=g_{cd}$ 作用于 $(e_0)^c(e_0)^d$ 得 $-(\Lambda^0{}_0)^2+(\Lambda^1{}_0)^2=-1$, 所以 $(\Lambda^0{}_0)^2\geqslant1$. $\det\Lambda$ 与 $\Lambda^0{}_0$ 的允许值的配合使李群 O(1,1) 由如下 4 个互不连通的连通分支组成:

(I)子集 $\mathrm{O}_+^\uparrow(1,1)$, 其元素 $\Lambda(\lambda)=\begin{bmatrix}\mathrm{ch}\lambda & -\mathrm{sh}\lambda\\ -\mathrm{sh}\lambda & \mathrm{ch}\lambda\end{bmatrix}$ 满足 $\det\Lambda=+1,\ \Lambda^0{}_0\geqslant+1$;

(II)子集 $\mathrm{O}_-^\uparrow(1,1)$, 其元素 $\Lambda(\lambda)=\begin{bmatrix}\mathrm{ch}\lambda & -\mathrm{sh}\lambda\\ \mathrm{sh}\lambda & -\mathrm{ch}\lambda\end{bmatrix}$ 满足 $\det\Lambda=-1,\ \Lambda^0{}_0\geqslant+1$;

(III)子集 $\mathrm{O}_-^\downarrow(1,1)$, 其元素 $\Lambda(\lambda)=\begin{bmatrix}-\mathrm{ch}\lambda & \mathrm{sh}\lambda\\ -\mathrm{sh}\lambda & \mathrm{ch}\lambda\end{bmatrix}$ 满足 $\det\Lambda=-1,\ \Lambda^0{}_0\leqslant-1$;

(IV)子集 $\mathrm{O}_+^\downarrow(1,1)$, 其元素 $\Lambda(\lambda)=\begin{bmatrix}-\mathrm{ch}\lambda & \mathrm{sh}\lambda\\ \mathrm{sh}\lambda & -\mathrm{ch}\lambda\end{bmatrix}$ 满足 $\det\Lambda=+1,\ \Lambda^0{}_0\leqslant-1$.

$(\mathbb{R}^2,\eta_{ab})$ 可看作带洛伦兹度规的 2 维矢量空间, $\Lambda^a{}_b\in\mathrm{O}(1,1)$ 就是把空间中起自原点的任一矢量 v^a 变为 $\Lambda^a{}_b v^b$ 的保度规线性映射. 略去抽象指标, 用正交归一基底把 v 表为列矢量 $v=\begin{bmatrix}v^0\\ v^1\end{bmatrix}$, 我们来看 4 个连通分支中 $\lambda=0$ 的元素 $\Lambda(0)$ 对它的

作用. 对 $O_+^{\uparrow}(1,1)$ 而言, $\Lambda(0)$ 就是恒等元, 它把 υ 映为 υ. 对 $O_-^{\uparrow}(1,1)$, 有 $\Lambda(0)=\mathrm{diag}(1,-1)$, 作用于 υ 所得矩阵为 $\upsilon'=\begin{bmatrix}\upsilon^0\\-\upsilon^1\end{bmatrix}$, 如图 G-3(a), 称为**空间反射**, 记作 r_x. 对 $O_-^{\downarrow}(1,1)$, 有 $\Lambda(0)=\mathrm{diag}(-1,1)$, 作用于 υ 所得矩阵为 $\upsilon'=\begin{bmatrix}-\upsilon^0\\\upsilon^1\end{bmatrix}$, 如图 G-3(b), 称为**时间反射**, 记作 r_t. 对 $O_+^{\downarrow}(1,1)$, 有 $\Lambda(0)=\mathrm{diag}(-1,-1)$, 作用于 υ 所得矩阵为 $\upsilon'=\begin{bmatrix}-\upsilon^0\\-\upsilon^1\end{bmatrix}$, 如图 G-3(c), 称为**时空反演**, 记作 i_{tx}.

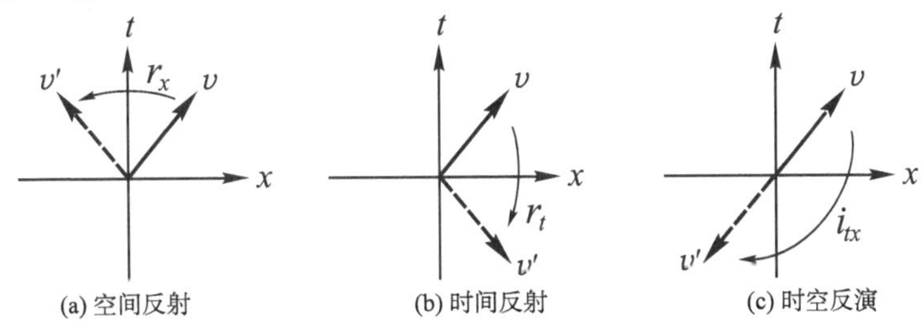

图 G-3　2 维闵氏时空的空间反射、时间反射和时空反演

因为每个连通分支的元素由一个参数 λ 决定, 而且 $\lambda\in(-\infty,\infty)$, 所以每一连通分支都可看作流形 $\mathbb{R}$, 整个李群 O(1,1) 是 1 维非连通流形(图 G-4). 4 个连通分支中只有 $O_+^{\uparrow}(1,1)$ 是 O(1,1) 的子群(只有它包含恒等元), 因而是李子群. (因为有这样的一般结论:李群的含恒等元的连通分支是它的李子群.) 图 G-4 与 G-2 有一重要区别: 图 G-2 的流形紧致而图 G-4 非紧致. 我们称 O(2) 为紧致李群而 O(1,1) 为非紧致李群.

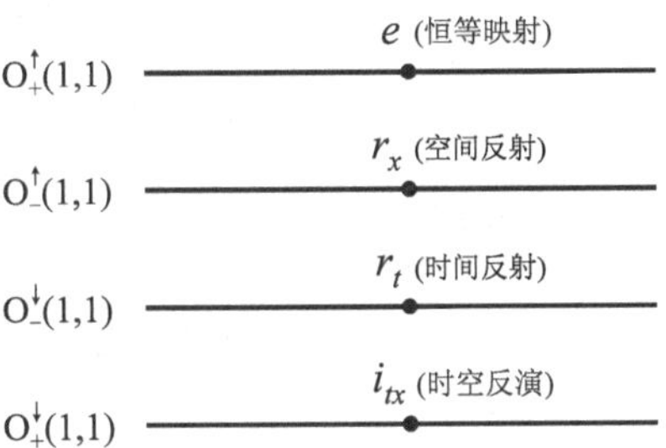

图 G-4　李群 O(1,1) 的流形. 4 个连通分支中只有 $O_+^{\uparrow}(1,1)$ 是李子群

在以上基础上就不难介绍 $O(m',m'')$ 中对物理最有用的特例, 即**洛伦兹群** O(1,3), 简记为 L, 其群元 $\Lambda\in L$ (作为 4×4 矩阵)的充要条件与式(G-5-24)形式一样, 只是改为 4×4 矩阵等式, 即

$$\eta = \Lambda^{\mathrm{T}} \eta \Lambda, \qquad \text{其中} \eta \equiv \mathrm{diag}(-1,1,1,1). \tag{G-5-24'}$$

L 是由 4 个连通分支组成的 6 维非连通流形[证明见 Bleecker(1981)], 这 4 个连通分支是

$$L_+^{\uparrow} = \{\Lambda \in L \mid \det \Lambda = +1,\ \Lambda^0{}_0 \geqslant +1\}, \quad L_-^{\uparrow} = \{\Lambda \in L \mid \det \Lambda = -1,\ \Lambda^0{}_0 \geqslant +1\},$$

$$L_-^{\downarrow} = \{\Lambda \in L \mid \det \Lambda = -1,\ \Lambda^0{}_0 \leqslant -1\}, \quad L_+^{\downarrow} = \{\Lambda \in L \mid \det \Lambda = +1,\ \Lambda^0{}_0 \leqslant -1\}.$$

每个连通分支含一个最简单的元素, 依次记作 I, r_s, r_t, i_{st}, 其中

$I \equiv \mathrm{diag}\,(1,1,1,1) \in L_+^{\uparrow}$ 是 L 的恒等元,

$r_s \equiv \mathrm{diag}\,(1,-1,-1,-1) \in L_-^{\uparrow}$ 是 L 的空间反射元,

$r_t \equiv \mathrm{diag}\,(-1,1,1,1) \in L_-^{\downarrow}$ 是 L 的时间反射元,

$i_{ts} \equiv r_t r_s = -I \in L_+^{\downarrow}$ 是 L 的时空反演元.

上述 4 个连通分支中只有 $L_+^{\uparrow}$ 是子群(只有它包含恒等元), 而且是李子群, 称为**固有洛伦兹群**(proper Lorentz group), ① 是 6 维连通流形, 流形结构为 $\mathbb{R}^3 \times \mathrm{SO}(3)$. 其他 3 个连通分支都是子群 $L_+^{\uparrow}$ 的左陪集[证明见 Bleecker(1981)]:

$$L_-^{\uparrow} = r_s L_+^{\uparrow}, \quad L_-^{\downarrow} = r_t L_+^{\uparrow}, \quad L_+^{\downarrow} = i_{ts} L_+^{\uparrow}.$$

同 O(3) 群类似, 洛伦兹群 O(1,3) 和它的子群 $L_+^{\uparrow}$ 有相同的李代数, 记作 $\mathscr{O}(1,3)$.

定理 G-5-5 $\mathscr{O}(1,3) = \{\, 4\times 4 \text{ 实矩阵} A \mid A^{\mathrm{T}} = -\eta A \eta \,\}$. (G-5-26)

证明

(A) $\forall A \in \mathscr{O}(1,3)$, 考虑 O(1,3) 中满足以下两条件的曲线 $\Lambda(t)$:

$$(1)\ \ \Lambda(0) = I, \qquad (2)\ \ \mathrm{d}/\mathrm{d}t\,|_{t=0}\ \Lambda(t) = A,$$

则 $\Lambda^{\mathrm{T}}(t)\,\eta\,\Lambda(t) = \eta\ \ \forall t \in \mathbb{R}$. 对 t 求导并在 $t = 0$ 取值得

$$0 = \left[\frac{\mathrm{d}}{\mathrm{d}t}\Lambda^{\mathrm{T}}(t)\right]_{t=0} \eta\Lambda(0) + \Lambda^{\mathrm{T}}(0)\eta\left[\frac{\mathrm{d}}{\mathrm{d}t}\Lambda(t)\right]_{t=0} = A^{\mathrm{T}}\eta I + I\eta A = A^{\mathrm{T}}\eta + \eta A,$$

以 η^{-1} 右乘上式, 注意到 $\eta^{-1} = \eta$, 得 $A^{\mathrm{T}} = -\eta A \eta$. [$\eta$ 与 η^{-1} 作为矩阵相等, 但写矩阵

---

① $\Lambda^0{}_0 \geqslant +1$ 的洛伦兹变换不改变被作用矢量 v^a 的时间分量 v^0 的正负性, 故称**保时向的**(orthochronous), 反之, $\Lambda^0{}_0 \leqslant -1$ 的洛伦兹变换称为**反时向的**(antichronous). 另一方面, "固有" (proper)一词则常用以形容 $\det \Lambda = +1$. 因此 $L_+^{\uparrow}$ 的全称应是**固有、保时向洛伦兹群**, 而固有洛伦兹群一词则应留给 L 的非连通子群 $L_+ \equiv \{\Lambda \in L \mid \det \Lambda = +1\}$. 也有文献称 $L_+^{\uparrow}$ 为**限制**(restricted)**洛伦兹群**或**正常洛伦兹群**. 考虑到简单和习惯性, 本书仍仿照多数文献称 $L_+^{\uparrow}$ 为**固有洛伦兹群**.

元时最好分清上下标，即η的矩阵元为$\eta_{\mu\nu}$而η^{-1}的矩阵元为$\eta^{\mu\nu}$.]

(B) 设A是满足$A^{\mathrm{T}}=-\eta A\eta$的$4\times4$实矩阵. 仿照定理 G-5-4 证明的(B)，只须证明$\mathrm{Exp}(A)\in\mathrm{O}(1,3)$. 因为对任意矩阵$M,N$有

$$N^{-1}(\mathrm{Exp}M)N=N^{-1}(I+M+\frac{1}{2!}M^2+\frac{1}{3!}M^3+\cdots)N$$

$$=I+N^{-1}MN+\frac{1}{2!}(N^{-1}MN)(N^{-1}MN)+\frac{1}{3!}(N^{-1}MN)(N^{-1}MN)(N^{-1}MN)+\cdots$$

$$=\mathrm{Exp}(N^{-1}MN),\qquad\text{(G-5-27)}$$

取$N=\eta,\ M=A$便得$\eta(\mathrm{Exp}A)\eta=\mathrm{Exp}(\eta A\eta)$，因而$\eta(\mathrm{Exp}A)=[\mathrm{Exp}(\eta A\eta)]\eta$. 于是

$$(\mathrm{Exp}A)^{\mathrm{T}}\eta(\mathrm{Exp}A)=(\mathrm{Exp}A^{\mathrm{T}})\eta(\mathrm{Exp}A)=(\mathrm{Exp}A^{\mathrm{T}})[\mathrm{Exp}(\eta A\eta)]\eta=[\mathrm{Exp}(A^{\mathrm{T}}+\eta A\eta)]\eta=\eta,$$

[其中第三步用到式(G-5-4)，$A^{\mathrm{T}}=-\eta A\eta$保证该式成立.] 可见$\mathrm{Exp}(A)\in\mathrm{O}(1,3)$. □

要利用定理 G-5-5 计算O(1,3)群的维数，可以借用如下事实：$\forall A\in\mathscr{O}(1,3)$，令$B\equiv\eta A$，则由$A^{\mathrm{T}}=-\eta A\eta$易见$B^{\mathrm{T}}=-B$，即$B\in\mathscr{O}(4)$. 这表明存在从$\mathscr{O}(1,3)$到$\mathscr{O}(4)$的映射，而且是(矢量空间之间的)同构映射，因而$\dim\mathscr{O}(1,3)=\dim\mathscr{O}(4)$. 这一结论只依赖于$\eta$的对称性和非退化性. 对$\mathrm{O}(m',m'')$群，令$\eta$代表这样的对角矩阵，其前$m'$个对角元为$-1$，后$m''$个对角元为$+1$，便知也有类似结论，即

$$\dim\mathrm{O}(m',m'')=\dim\mathrm{O}(m'+m'').$$

$\Lambda\in L$满足式(G-5-24′)，即$\eta=\Lambda^{\mathrm{T}}\eta\Lambda$，其中$\eta\equiv\mathrm{diag}(-1,1,1,1)$. 而

$$\eta=\Lambda^{\mathrm{T}}\eta\Lambda\Leftrightarrow\eta\Lambda^{-1}=\Lambda^{\mathrm{T}}\eta\Leftrightarrow\Lambda^{-1}=\eta^{-1}\Lambda^{\mathrm{T}}\eta,$$

再用$\eta^{-1}=\eta$便得$\Lambda^{-1}=\eta\Lambda^{\mathrm{T}}\eta$. 借此可方便地求得$\Lambda\in L$的逆矩阵$\Lambda^{-1}$：先写出$\Lambda$的转置矩阵$\Lambda^{\mathrm{T}}$，再对$\Lambda^{\mathrm{T}}$的各元素依下列法则改变符号：$\begin{bmatrix}+&-&-&-\\-&+&+&+\\-&+&+&+\\-&+&+&+\end{bmatrix}$，结果即为$\Lambda^{-1}$.

鉴于固有洛伦兹群和洛伦兹代数对物理学的非常重要性，我们将单辟一节(§G.9)对此做更详尽的讨论.

G.5.4　U(*m*)群 (酉群)

GL(*m*) 群是用*m*维实矢量空间V定义的. 把V改为*m*维复矢量空间所得的一般线性群则记作$\mathrm{GL}(m,\mathbb{C})$，是$2m^2$维(实)李群. 与$\mathrm{GL}(m,\mathbb{R})$ [即GL(*m*)]不同，$\mathrm{GL}(m,\mathbb{C})$是连通李群. 我们只介绍这个群的一个重要子群——酉群U(*m*). 正如

GL(m) 群的子群 O(m) 要求保度规那样, 酉群 U(m) 是对 GL(m,$\mathbb{C}$) 要求保内积的结果. 复矢量空间的内积与实矢量空间的内积类似而又不同, 最重要的区别在于, 实矢量空间的内积对两个矢量的作用都为线性, 而复矢量空间的内积只对第二个矢量为线性, 对第一个矢量则为反线性. 定义了内积的复矢量空间称为内积空间, 准确定义见§B.1 定义 1. 设 V 是有限维内积空间, 线性映射 $A: V \to V$ 称为 V 上的**线性算符**, 简称**算符**, 它自然诱导出 V 上的另一线性算符 $A^\dagger$, 称为 A 的**伴随算符**, 满足

$$(A^\dagger f, g) = (f, Ag), \qquad \forall f, g \in V, \tag{G-5-28}$$

其中 Ag 代表 A 作用于 g 所得矢量, 即 $A(g)$ 的简写. 可以证明(见§B.1)每一 A 按上式决定唯一的 $A^\dagger$, 上式可作为 $A^\dagger$ 的定义.

定义 1　内积空间 V 上的算符 U 称为**酉算符**(或**幺正算符**)(unitary operator), 若其作用保内积, 即

$$(Uf, Ug) = (f, g), \quad \forall f, g \in V. \tag{G-5-29}$$

定理 G-5-6　算符 U 为酉算符的充要条件为

$$U^\dagger U = \delta, \tag{G-5-30}$$

其中 δ 代表恒等算符, 即从 V 到 V 的恒等映射.

证明　若 $U^\dagger U = \delta$, 则 $(Uf, Ug) = (U^\dagger U f, g) = (f, g)\ \forall f, g \in V$, 故 U 为酉算符. 反之, 若 U 为酉算符, 则 $\forall f, g \in V$ 有

$$0 = (Uf, Ug) - (f, g) = (U^\dagger U f, g) - (f, g) = ((U^\dagger U - \delta) f, g).$$

取 $g = (U^\dagger U - \delta) f$, 则 $0 = (g, g)$, 故 $g = 0$, 即 $(U^\dagger U - \delta) f = 0\ \ \forall f \in V$, 从而 $U^\dagger U = \delta$.

□

选定 V 的正交归一基底 $\{e_i\}$ 后, V 上任一算符 A 可用矩阵表示, 矩阵元为

$$A_{ij} := (e_i, A e_j). \tag{G-5-31}$$

可证：① 算符 $A = 0 \Leftrightarrow$ 矩阵 $A = 0$； ② 算符乘积的矩阵 = 算符矩阵的乘积.

由上式得

$$A_{ij} = (A^\dagger e_i, e_j) = \overline{(e_j, A^\dagger e_i)} = \overline{A^\dagger{}_{ji}}, \tag{G-5-32}$$

所以, 若以 A 和 $A^\dagger$ 分别代表算符 A 和 $A^\dagger$ 在同一基底的矩阵, 以 $\overline{A^{\mathrm{T}}}$ 代表 A 的转置矩阵的矩阵元都取复数共轭所得的矩阵, 则

$$A^\dagger = \overline{A^{\mathrm{T}}}. \tag{G-5-33}$$

定理 G-5-7 算符U为酉算符的充要条件是其在正交归一基底下的矩阵U满足矩阵等式

$$U^{-1}=U^{\dagger}, \quad 即 U^{-1}=\overline{U^{\mathrm{T}}}. \tag{G-5-34}$$

证明 酉算符满足的算符等式(G-5-30)在正交归一基底下对应于矩阵等式

$$U^{\dagger}U=I, \tag{G-5-30'}$$

故$U^{-1}=U^{\dagger}$. □

定义 2 满足式(G-5-34)的复矩阵U称为**酉矩阵**(或**幺正矩阵**)(unitary matrix).

注 2 如果V为实矢量空间, 则$U^{-1}=U^{\dagger}$成为$U^{-1}=U^{\mathrm{T}}$, 即U为正交矩阵. 所以酉矩阵可看作正交矩阵在复矩阵的推广.

定理 G-5-8 设U为酉矩阵, 则

$$\det U=\mathrm{e}^{\mathrm{i}\phi}\ (其中\ \phi\in\mathbb{R}), \quad 即\ |\det U|=1. \tag{G-5-35}$$

证明 对矩阵等式(G-5-30′)取行列式得$1=(\det\overline{U^{\mathrm{T}}})(\det U)=\overline{(\det U)}(\det U)$, 得证. □

定义 3 令 $\mathrm{U}(m)\equiv\{m$维内积空间V上的酉算符$\}=\{m\times m$酉矩阵$\}$,
以复合映射(或矩阵乘法)为群乘法, 则不难验证$\mathrm{U}(m)$是李群, 称为**酉群**(或**幺正群**)(unitary group).

例 1[酉群U(1)] 选 1 维复矢量空间$\mathbb{C}$作为V并按下式定义内积使成内积空间:

$$(f,g) := \bar{f}g, \quad \forall f,g\in\mathbb{C}\ \ (容易验证满足内积定义各条件).$$

复数$U\in\mathbb{C}$可看作$\mathbb{C}$上的线性算符, 它作用于任一$f\in\mathbb{C}$的结果定义为复数乘积Uf. 易证 U 为酉算符当且仅当$|U|=1$, 所以$\mathbb{C}$上全体酉算符的集合是复平面上的单位圆. 可见李群U(1)的流形是一个圆周, 是个紧致的连通流形. 后一结论还可推广至任意正整数 m 的情况, 即$\mathrm{U}(m)$是紧致的连通流形(连通性的证明见定理G-5-11).

定义 4 复方阵A称为**厄米的**(hermitian), 若$A^{\dagger}=A$; A称为**反厄米的**(anti-hermitian), 若$A^{\dagger}=-A$.

注 3 ①对实方阵, 厄米就是对称; 反厄米就是反称. ②易证: A为厄米$\Leftrightarrow \mathrm{i}A$为反厄米.

与$\mathrm{GL}(m)$群的李代数$\mathscr{GL}(m)$同构于全体$m\times m$实矩阵构成的李代数类似, $\mathrm{GL}(m,\mathbb{C})$群的李代数$\mathscr{GL}(m,\mathbb{C})$同构于全体$m\times m$复矩阵构成的李代数, 即

$$\mathscr{GL}(m,\mathbb{C})=\{m\times m\text{ 复矩阵}\}. \quad \text{(等号代表李代数同构)} \tag{G-5-36}$$

定理 G-5-9　酉群 $\mathrm{U}(m)$ 的李代数

$$\mathscr{U}(m)=\{A\in\mathscr{GL}(m,\mathbb{C})\,|\,A^{\dagger}=-A\}=\{m\times m\text{ 反厄米复矩阵}\}. \tag{G-5-37}$$

证明　与定理 G-5-4 的证明类似，只须把 $Z^{\mathrm{T}}(t)$ 和 A^{T} 分别改为 $U^{\dagger}(t)$ 和 $A^{\dagger}$. □

定理 G-5-10　　$\dim \mathrm{U}(m)=\dim\mathscr{U}(m)=m^2$. 　　(G-5-38)

证明　$A\in\mathscr{U}(m)$ 是有 m^2 个复元素的矩阵，由 $2m^2$ 个实数决定. 但 A 的反厄米性 $A_{ij}=-\overline{A}_{ji}$ 导致 m^2 个实方程，理由是：①反厄米性要求对角元为虚数，故每个对角元的反厄米条件相当于一个实方程(实部 = 0)，因而所有对角元提供 m 个实方程；②反厄米性使每对非对角元提供 2 个实方程，而非对角元共有 $(m^2-m)/2$ 对，故全部非对角元共提供 $2\times(m^2-m)/2=m^2-m$ 个方程. 可见 $2m^2$ 个实数要受 m^2 个实方程的限制，只有 m^2 个独立. □

例 2[李代数 $\mathscr{U}(1)$]　由例 1 得知李群 U(1) 可表为 $U(1)=\{\mathrm{e}^{-\mathrm{i}\theta}\,|\,\theta\in\mathbb{R}\}$，其中 $\mathrm{e}^{-\mathrm{i}\theta}=\mathrm{Exp}(-\mathrm{i}\theta)$ 可看作以 θ 为参数的单参子群[等于 $U(1)$ 自身]，相应的李代数元为

$$A=\left.\frac{\mathrm{d}}{\mathrm{d}\theta}\right|_{\theta=0}\mathrm{e}^{-\mathrm{i}\theta}=-\mathrm{i}\in\mathscr{U}(1)\quad\text{(不难验证 }A\text{ 的确满足 }A^{\dagger}=-A\text{)},$$

以 A 为基矢生成的 1 维(实)矢量空间就是 $\mathscr{U}(1)$，故 $\mathscr{U}(1)=\{-\mathrm{i}\alpha\,|\,\alpha\in\mathbb{R}\}$.

酉矩阵满足的 $\det U=\mathrm{e}^{\mathrm{i}\phi}$ 和正交矩阵满足的 $\det Z=\pm1$ 很不一样. 这同如下事实密切相关：

定理 G-5-11　与 O(m) 群相反，酉群 U(m) 是连通流形.

证明　只须证明 $\forall U\in \mathrm{U}(m), \exists$ 连续曲线 $\gamma(t)\subset \mathrm{U}(m)$ 使 $\gamma(0)=I, \gamma(1)=U$. 由线性代数可知任意酉矩阵可用酉变换化为对角形，且对角元的模皆为 1. [可参阅，例如，斯米尔诺夫(1960).] 就是说，$\forall U\in\mathrm{U}(m), \exists W\in \mathrm{U}(m)$ 使

$$WUW^{-1}=D, \tag{G-5-39}$$

式中 D 为对角矩阵，对角元为 $\mathrm{e}^{\mathrm{i}\varphi_1},\cdots,\mathrm{e}^{\mathrm{i}\varphi_m}$ (其中 $\varphi_1,\cdots,\varphi_m\in\mathbb{R}$). 设 Φ 是以 $\varphi_1,\cdots,\varphi_m$ 为对角元的实对角矩阵，则(习题) $D=\mathrm{Exp}(\mathrm{i}\Phi)$. 由式(G-5-39)得

$$U=W^{-1}DW=W^{-1}(\mathrm{Exp}\,\mathrm{i}\Phi)\,W=\mathrm{Exp}(\,\mathrm{i}W^{-1}\Phi\,W), \tag{G-5-40}$$

其中最末一步用到式(G-5-27). 令 $A\equiv \mathrm{i}W^{-1}\Phi W$，则

$$A^{\dagger}=\overline{A^{\mathrm{T}}}=\overline{\mathrm{i}\,W^{\mathrm{T}}\Phi^{\mathrm{T}}(W^{-1})^{\mathrm{T}}}=-\mathrm{i}\,W^{-1}\Phi W=-A$$

表明 A 为反厄米矩阵, 故 $A\in\mathscr{U}(m)$. 于是式(G-5-40)相当于 $U=\mathrm{Exp}A$, 可见 U(m) 中存在连续曲线 $\gamma(t)\equiv\mathrm{Exp}(tA)$ 使 $\gamma(0)=I$, $\gamma(1)=U$. □

注 4 以上证明中的连续曲线 $\gamma(t)$ 其实是单参子群, 因此我们证明了比定理的结论更强的结论: 酉群的任一群元都属于某一单参子群. 这一结论也适用于 SO(m) 群. 然而并非任一李群的含 e 的连通分支的任一群元都属于某一单参子群. 例如 $\begin{bmatrix}-1 & 1\\ 0 & -1\end{bmatrix}\in\mathrm{GL}(2)$ 就不是(证明提示见习题 14). 存在这样的定理[见 Brocker et al.(1985)第165页]: 紧致的连通李群的指数映射是到上映射, 这等价于任一群元都属于某一单参子群.

U(m) 的子集 $\mathrm{SU}(m)\equiv\{U\in\mathrm{U}(m)\,|\,\det U=1\}$ 是 U(m) 的李子群, 称为**特殊酉群** (special unitary group). 同 U(m) 一样, SU(m) 也是紧致的连通李群.

引理 G-5-12 设 A 为任意 $m\times m$ 矩阵, 则

$$\det(\mathrm{Exp}A)=\mathrm{e}^{\mathrm{tr}A}. \tag{G-5-41}$$

证明 设 $f(t)\equiv\det(\mathrm{Exp}tA)$, 则

$$\frac{\mathrm{d}}{\mathrm{d}t}f(t)=\left.\frac{\partial}{\partial s}\right|_{s=0}f(t+s)=\left.\frac{\partial}{\partial s}\right|_{s=0}[\det(\mathrm{Exp}(t+s)A)]=\left.\frac{\partial}{\partial s}\right|_{s=0}[\det(\mathrm{Exp}tA)\det(\mathrm{Exp}sA)]$$
$$=[\det(\mathrm{Exp}tA)]\left.\frac{\mathrm{d}}{\mathrm{d}s}\right|_{s=0}[\det(\mathrm{Exp}sA)]=[\det(\mathrm{Exp}tA)]\,\mathrm{tr}A=f(t)\mathrm{tr}A\,,$$

其中第五步将在下行之后补证. 由上式得 $\mathrm{d}\ln f(t)/\mathrm{d}t=\mathrm{tr}A$, 加之 $f(0)=\det I=1$, 有 $f(t)=\mathrm{e}^{(\mathrm{tr}A)t}$. 令 $t=1$ 便得式(G-5-41).

最后补证上式的第五步, 即 $\mathrm{d}/\mathrm{d}s|_{s=0}[\det(\mathrm{Exp}sA)]=\mathrm{tr}A$. 设 X 为任意 $m\times m$ 矩阵, $X^i{}_j$ 是其矩阵元, $\varepsilon_{i_1\cdots i_m}$ 代表 m 维 Levi-Civita 记号, 则

$$\det X=\varepsilon_{i_1\cdots i_m}X^{i_1}{}_1\cdots X^{i_m}{}_m\,. \tag{G-5-42}$$

取 $X=\mathrm{Exp}(sA)=I+sA+s^2A^2/2!+\cdots$, 有 $X^i{}_j=\delta^i{}_j+sA^i{}_j+s^2A^i{}_kA^k{}_j/2!+\cdots$, 故

$$X^i{}_j\,|_{s=0}=\delta^i{}_j,\quad \left.\frac{\mathrm{d}}{\mathrm{d}s}\right|_{s=0}X^i{}_j=A^i{}_j\,, \tag{G-5-43}$$

对式(G-5-42)求导并利用式(G-5-43)便可证得 $\mathrm{d}/\mathrm{d}s|_{s=0}[\det(\mathrm{Exp}sA)]=\mathrm{tr}A$:

$$\left.\frac{\mathrm{d}}{\mathrm{d}s}\right|_{s=0}\det X=\varepsilon_{i_1\cdots i_m}\left.\left(\frac{\mathrm{d}X^{i_1}{}_1}{\mathrm{d}s}X^{i_2}{}_2\cdots X^{i_m}{}_m+\cdots+X^{i_1}{}_1X^{i_2}{}_2\cdots\frac{\mathrm{d}X^{i_m}{}_m}{\mathrm{d}s}\right)\right|_{s=0}$$

$$= \varepsilon_{i_1 \cdots i_m} (A^{i_1}{}_1 \delta^{i_2}{}_2 \cdots \delta^{i_m}{}_m + \cdots + \delta^{i_1}{}_1 \delta^{i_2}{}_2 \cdots A^{i_m}{}_m) = (A^1{}_1 + \cdots + A^m{}_m) = \text{tr} A . \qquad \square$$

定理 G-5-13 特殊酉群 $\text{SU}(m)$ 的李代数

$$\mathscr{SU}(m) = \{A \in \mathscr{U}(m) \mid \text{tr}A = 0\} = \{ m \times m \text{ 无迹反厄米复矩阵}\} .$$

证明 (A)设 $A \in \mathscr{SU}(m)$，则 $\forall t \in \mathbb{R}$ 有 $\text{Exp}(tA) \in \text{SU}(m)$，故 $\det(\text{Exp}tA) = 1$，与式(G-5-41)对比得 $\text{e}^{\text{tr}(tA)} = 1$. 因而 $\text{tr}(tA) = \text{i}2k\pi$ (其中 $k = 0$ 或整数). 但 $\text{tr}(tA) = t(\text{tr}A)$，逼出 $k = 0$，$\text{tr}A = 0$，即 A 为无迹矩阵. 另一方面, 由 $A \in \mathscr{SU}(m)$ 易见 $A \in \mathscr{U}(m)$，故 A 为反厄米矩阵. (B)设 A 是无迹反厄米矩阵, 则 $\forall t \in \mathbb{R}$, tA 也是无迹反厄米矩阵. 反厄米性导致 $tA \in \mathscr{U}(m)$，从而 $\text{Exp}(tA) \in \text{U}(m)$. tA 的无迹性配以式(G-5-41)导致 $\det(\text{Exp}\, tA) = 1$，由 $\text{Exp}(tA) \in \text{U}(m)$ 便知 $\text{Exp}(tA) \in \text{SU}(m)$. 按式(G-5-3)把 $\text{Exp}(tA)$ 写成级数式, 求导便得曲线 $\text{Exp}(tA) \subset \text{SU}(m)$ 在 I 点的切矢 $\text{d}/\text{d}t|_{t=0}\, \text{Exp}(tA) = A$. 可见 $A \in \mathscr{SU}(m)$. $\square$

定理 G-5-13 表明酉群 $\text{U}(m)$ 与其子群 $\text{SU}(m)$ 有不同的李代数.

定理 G-5-14 $$\dim \text{SU}(m) = \dim \mathscr{SU}(m) = m^2 - 1 . \tag{G-5-44}$$

证明 $\mathscr{SU}(m)$ 是 $\mathscr{U}(m)$ 的子代数: $\mathscr{U}(m)$ 的元素 A 只当满足 $\text{tr}A = 0$ 才是 $\mathscr{SU}(m)$ 的元素. A 的反厄米性使对角元为虚数, 所以 $\text{tr}A = 0$ 只提供一个实方程, 由定理 G-5-10 便知 $\dim \mathscr{SU}(m) = m^2 - 1$. $\square$

G.5.5 E(m)群 (欧氏群)

m 维欧氏空间的等度规群称为**欧氏群**(Euclidean group), 记作 $\text{E}(m)$. 欧氏空间有最高对称性, 所以 $\dim \text{E}(m) = m(m+1)/2$. 以 $\text{E}(2)$ 为例. 2 维欧氏空间有 3 个独立的 Killing 矢量场, 这使我们想到其上的等度规映射既有平移又有转动. 先看平移. 以 $\vec{v}$, $\vec{a}$ 代表欧氏空间的任二点, 则映射 $\vec{v} \mapsto \vec{v} + \vec{a}$ 称为**平移**(translation), 记作 $T_{\vec{a}}$，即

$$T_{\vec{a}} \vec{v} := \vec{v} + \vec{a} . \tag{G-5-45}$$

取笛卡儿系使 x 轴沿 $\vec{a}$ 向. 因为 Killing 场 $\partial/\partial x$ 对应的单参等度规群过任一点的轨道都是平行于 x 轴的直线, 而 $T_{\vec{a}}$ 对 $\vec{v}$ 的作用是让点 $\vec{v}$ 沿平行于 x 轴的直线移过距离 a，所以 $T_{\vec{a}}$ 是该群的一元, 因而是等度规映射. 因为平移的复合还是平移 ($T_{\vec{a}} \circ T_{\vec{b}} = T_{\vec{a}+\vec{b}} = T_{\vec{b}} \circ T_{\vec{a}}$), 所以 $\text{T}(2) \equiv \{T_{\vec{a}} \mid \vec{a} \in \mathbb{R}^2\}$ 以复合映射为乘法构成群(而且是阿贝尔群). 又因 $\vec{a}$ 相当于 2 个实数, 所以 $\dim \text{T}(2) = 2$. 再看转动. 因为 Killing 场 $\partial/\partial\varphi \equiv -y\, \partial/\partial x + x\, \partial/\partial y$ 对应的单参等度规群过任一点的轨道是以原点为心的圆周, 不难看出绕原点转 α 角的映射 $Z(\alpha)$ 是该群的一元, 所以 $Z(\alpha)$ 也是等度规映射. 集合 $\{Z(\alpha) \mid 0 \leqslant \alpha < 2\pi\}$ 正是李群 $\text{SO}(2)$. 设 E 是 $\text{E}(2)$ 的任一元素, 它把欧氏空间的

原点 $\vec{o}\equiv(0,0)$ 映为点 $\vec{a}$，即 $E\vec{o}=\vec{a}$，则 $T_{-\vec{a}}E\,\vec{o}=\vec{o}$，故 $T_{-\vec{a}}E\in \mathrm{E}(2)$ 是保持原点不动的等度规映射. 可以证明，保原点的等度规映射要么是转动，要么是反演，故 $T_{-\vec{a}}E\in \mathrm{O}(2)$. 记 $Z\equiv T_{-\vec{a}}E$，则 $E=T_{\vec{a}}Z$. 可见 $\forall E\in \mathrm{E}(2)\ \exists$ 唯一的(唯一性由读者验证) $T_{\vec{a}}\in \mathrm{T}(2)$，$Z\in \mathrm{O}(2)$ 使 $E=T_{\vec{a}}Z$，说明 E 可表为有序对 $(T_{\vec{a}},Z)$，因而作为集合或拓扑空间有 $\mathrm{E}(2)=\mathrm{T}(2)\times \mathrm{O}(2)$. 因为 $\mathrm{E}(2)$ 的群乘法定义为映射的复合，所以 $(T_{\vec{a}},Z)$ 对 $\vec{v}$ 的作用表现为

$$(T_{\vec{a}},Z)\,\vec{v}=T_{\vec{a}}Z\vec{v}=Z\vec{v}+\vec{a}\,.$$

设 $T_{\vec{a}_1},T_{\vec{a}_2}\in \mathrm{T}(2)$，$Z_1,Z_2\in \mathrm{O}(2)$，注意到

$$(T_{\vec{a}_1},Z_1)(T_{\vec{a}_2},Z_2)\,\vec{v}=(T_{\vec{a}_1},Z_1)\,(Z_2\vec{v}+\vec{a}_2)=Z_1(Z_2\vec{v}+\vec{a}_2)+\vec{a}_1=(T_{\vec{a}_1+Z_1\vec{a}_2},Z_1Z_2)\,\vec{v}\,,$$

并把有序对 $(T_{\vec{a}},Z)$ 简记作 $(\vec{a},Z)$，则上式表明 $\mathrm{E}(2)$ 的群元 $(\vec{a}_1,Z_1)$ 与 $(\vec{a}_2,Z_2)$ 间的乘法为

$$(\vec{a}_1,Z_1)(\vec{a}_2,Z_2)=(\vec{a}_1+Z_1\vec{a}_2,\,Z_1Z_2)\,. \tag{G-5-46}$$

与§G.1 定义 9 对比可知 $\mathrm{E}(2)$ 是 $\mathrm{T}(2)$ 和 $\mathrm{O}(2)$ 的半直积群，其中 Z_1 同态对应于 $\mathrm{T}(2)$ 的自同构群 $A(\mathrm{T}(2))$ 的元素 ψ_{Z_1}，它对 $\mathrm{T}(2)$ 的作用为 $\psi_{Z_1}\vec{a}_2=Z_1\vec{a}_2\ \forall\vec{a}_2\in \mathrm{T}(2)$ (请注意 $Z_1\vec{a}_2$ 是 $T_{Z_1\vec{a}_2}$ 的简写). 于是

$$\mathrm{E}(2)=\mathrm{T}(2)\otimes_{\mathrm{S}}\mathrm{O}(2)\,. \tag{G-5-47}$$

以上讨论的思路也适用于 $\mathrm{E}(3)$，因而也有

$$\mathrm{E}(3)=\mathrm{T}(3)\otimes_{\mathrm{S}}\mathrm{O}(3)\,. \tag{G-5-48}$$

G.5.6　Poincaré 群(庞加莱群)

4 维闵氏时空的等度规群称为 **Poincaré 群**，记作 P. 闵氏时空的最高对称性导致 Poincaré 群是 10 维李群. 沿着对 $\mathrm{E}(2)$ 群的讨论思路，可知 Poincaré 群是 4 维平移群 $\mathrm{T}(4)$ 与 6 维洛伦兹群 $L\equiv \mathrm{SO}(1,3)$ 的半直积群. 即

$$P=\mathrm{T}(4)\otimes_{\mathrm{S}}L\,. \tag{G-5-49}$$

具体说，以 a 代表闵氏时空起自原点的矢量，则 $T_a\in \mathrm{T}(4)$. 设 $T_{a_1},T_{a_2}\in \mathrm{T}(4)$，$\Lambda_1,\Lambda_2\in L$，则有序对 $(T_{a_1},\Lambda_1),(T_{a_2},\Lambda_2)\in \mathrm{T}(4)\times L$. 把有序对简记作 $(a_1,\Lambda_1),(a_2,\Lambda_2)$，按复合映射得

$$(a_1,\Lambda_1)\,(a_2,\Lambda_2)=(a_1+\Lambda_1 a_2,\,\Lambda_1\Lambda_2)\,,$$

故 P 是 $\mathrm{T}(4)$ 与 L 的半直积群. 把式(G-5-50)的 L 改为 $L_+^{\uparrow}$ 得到的 P 的子群称为**固有 Poincaré 群**，记作 P_{P}.

表 G-1　某些李群的子群关系($H<G$ 代表 H 是 G 的子群)

$$\begin{array}{ccccc} SO(2) & < & SO(3) & < & L_+^\uparrow \\ \wedge & & \wedge & & \wedge \\ E(2) & < & E(3) & < & P_P \end{array}$$

表 G-2　常用矩阵李群一览表

符号	李群名称	连通性	矩阵	维数	其李代数的矩阵
$GL(m)$	一般线性群(实)	不连通	$m\times m$ 可逆实矩阵	m^2	$m\times m$ 任意实矩阵
$GL(m,\mathbb{C})$	一般线性群(复)	连通	$m\times m$ 可逆复矩阵	$2m^2$	$m\times m$ 任意复矩阵
$SL(m)$	特殊线性群(实)	连通	行列式为 1 的 $m\times m$ 可逆实矩阵	m^2-1	$m\times m$ 无迹实矩阵
$SL(m,\mathbb{C})$	特殊线性群(复)	连通	行列式为 1 的 $m\times m$ 可逆复矩阵	$2m^2-2$	$m\times m$ 无迹复矩阵
$O(m)$	正交群	不连通	正交实矩阵	$\frac{m(m-1)}{2}$	$m\times m$ 反称实矩阵
$SO(m)$	转动群(特殊正交群)	连通	行列式为 1 的正交实矩阵	$\frac{m(m-1)}{2}$	$m\times m$ 反称实矩阵
$O(1,3)$	洛伦兹群	不连通	4×4 实矩阵 Λ，满足 $\eta=\Lambda^{\mathrm{T}}\eta\Lambda$.	6	4×4 实矩阵 A，满足 $A^{\mathrm{T}}=-\eta A\eta$.
$L_+^\uparrow$	固有洛伦兹群	连通	4×4 实矩阵 Λ，满足 $\eta=\Lambda^{\mathrm{T}}\eta\Lambda$，$\det\Lambda=1$, $\Lambda^0{}_0\geqslant1$.	6	4×4 实矩阵 A，满足 $A^{\mathrm{T}}=-\eta A\eta$.
$U(m)$	酉群	连通	$m\times m$ 酉矩阵	m^2	$m\times m$ 反厄米复矩阵
$SU(m)$	特殊酉群	连通	行列式为 1 的 $m\times m$ 酉矩阵	m^2-1	$m\times m$ 反厄米无迹复矩阵

§ G.6　李代数的结构常数

设 $\mathscr{V}$ 是李代数，则李括号 $[\,,]:\mathscr{V}\times\mathscr{V}\to\mathscr{V}$ 是双线性映射. 由§2.4 的“张量面面观”可知它可看作 $\mathscr{V}$ 上的一个 (1,2) 型张量. 把这一张量记作 $C^c{}_{ab}$ (a,b,c 代表矢量空间 $\mathscr{V}$ 的抽象指标)，便有

$$[v,u]^c=C^c{}_{ab}v^a u^b,\quad \forall v^a,u^b\in\mathscr{V}. \tag{G-6-1}$$

由上式定义的张量 $C^c{}_{ab}$ 称为李代数 $\mathscr{V}$ 的**结构(常)张量**(structure constant tensor). 阿贝尔李代数的结构张量显然为零. 可以证明[见 Warner(1983)的 3.50 推论(b)]，连通李群为阿贝尔群当且仅当其李代数为阿贝尔代数.

定理 G-6-1　李代数的结构张量 $C^c{}_{ab}$ 有以下性质：

$$\text{(a) } C^c{}_{ab}=-C^c{}_{ba};\qquad \text{(b) } C^c{}_{a[b}C^a{}_{de]}=0.$$

证明　由$[v,u]^a=-[u,v]^a$易见性质(a)成立. 作为习题, 请读者用李括号所满足的雅可比恒等式证明性质(b). □

设$\{(e_\mu)^a\}$是$\mathscr{V}$的任一基底, 则

$$[e_\mu, e_\nu]^c = C^c{}_{ab}(e_\mu)^a(e_\nu)^b = C^\sigma{}_{\mu\nu}(e_\sigma)^c . \tag{G-6-2}$$

上式的$C^\sigma{}_{\mu\nu}$称为李代数$\mathscr{V}$的**结构常数**(structure constants). 与结构张量$C^c{}_{ab}$不同, 结构常数$C^\sigma{}_{\mu\nu}$除依赖于李代数本身外还依赖于对基底的人为选择. 基底变换时结构常数按张量分量变换律变换. 李氏的一个基本定理断言: 给定一组满足以下两条件的常数$C^\sigma{}_{\mu\nu}$: ① $C^\sigma{}_{\mu\nu}=-C^\sigma{}_{\nu\mu}$; ② $C^\sigma{}_{\mu[\nu}C^\mu{}_{\rho\tau]}=0$, 必存在李群, 其李代数以$C^\sigma{}_{\mu\nu}$为结构常数.

例 1　李群$\mathbb{R}^2$的李代数的结构张量.

把$\mathbb{R}^2$的每点看作从$(0,0)$点出发的一个矢量, 以矢量加法为群乘法, 则$\mathbb{R}^2$是以$(0,0)$点为恒等元e的 2 维李群. 易见这是阿贝尔群. 请读者证明: ①过e的每一直线是一个单参子群; ② $\mathbb{R}^2$上任一左不变矢量场$\bar{A}$满足$\partial_a \bar{A}^b=0$(其中∂_a是自然坐标系的普通导数算符). 等价地, $\bar{A}$的积分曲线族是平行直线族. 由②可知任意两个左不变矢量场$\bar{A},\bar{B}$的对易子为零: $[\bar{A},\bar{B}]=0$, 故结构张量$C^c{}_{ab}=0$. 这是当然的, 因为$\mathbb{R}^2$是连通的阿贝尔李群, 其李代数自然是阿贝尔代数. 类似地可定义李群$\mathbb{R}^n$, 它当然也是阿贝尔群, 其李代数也是阿贝尔李代数.

例 2　李代数$\mathscr{SO}(3)$的结构张量.

前已证明$\dim\mathscr{SO}(3)=3$. 为求得$\mathscr{SO}(3)$的 3 个基矢, 可借用SO(3)群的 3 个典型的单参子群, 它们分别由绕x轴、y轴和z轴的转动组成, 以转角α为参数, 则三个单参子群的矩阵依次为

$$Z_x(\alpha)=\begin{bmatrix}1 & 0 & 0\\ 0 & \cos\alpha & -\sin\alpha\\ 0 & \sin\alpha & \cos\alpha\end{bmatrix},\ Z_y(\alpha)=\begin{bmatrix}\cos\alpha & 0 & \sin\alpha\\ 0 & 1 & 0\\ -\sin\alpha & 0 & \cos\alpha\end{bmatrix},\ Z_z(\alpha)=\begin{bmatrix}\cos\alpha & -\sin\alpha & 0\\ \sin\alpha & \cos\alpha & 0\\ 0 & 0 & 1\end{bmatrix}, \tag{G-6-3}$$

[容易验证它们满足单参子群的条件, 如$Z_z(\alpha)Z_z(\beta)=Z_z(\alpha+\beta)$.] 每一子群在恒等元$I$的切矢给出$\mathscr{SO}(3)$的一个元素(该单参子群的生成元), 分别是

$$A_1=\left.\frac{\mathrm{d}}{\mathrm{d}\alpha}\right|_{\alpha=0} Z_x(\alpha)=\begin{bmatrix}0 & 0 & 0\\ 0 & 0 & -1\\ 0 & 1 & 0\end{bmatrix}, \tag{G-6-4a}$$

$$A_2 = \frac{\mathrm{d}}{\mathrm{d}\alpha}\bigg|_{\alpha=0} Z_2(\alpha) = \begin{bmatrix} 0 & 0 & 1 \\ 0 & 0 & 0 \\ -1 & 0 & 0 \end{bmatrix}, \tag{G-6-4b}$$

和

$$A_3 = \frac{\mathrm{d}}{\mathrm{d}\alpha}\bigg|_{\alpha=0} Z_z(\alpha) = \begin{bmatrix} 0 & -1 & 0 \\ 1 & 0 & 0 \\ 0 & 0 & 0 \end{bmatrix}. \tag{G-6-4c}$$

A_1, A_2, A_3 显然线性独立, 因而构成 $\mathscr{SO}(3)$ 的一个基底. 注意到矩阵李群的李代数的李括号等于矩阵对易子[见式(G-5-7)], 就不难验证这 3 个基矢中任意两个的李括号为

$$[A_1, A_2] = A_3, \qquad [A_2, A_3] = A_1, \qquad [A_3, A_1] = A_2, \tag{G-6-5}$$

即　$[A_i, A_j] = \varepsilon^k{}_{ij} A_k,\ i, j, k = 1, 2, 3,$ 其中 $\varepsilon^k{}_{ij}$ 是 Levi-Civita 记号.　(G-6-6)

可见 $\mathscr{SO}(3)$ 在基底 $\{A_1, A_2, A_3\}$ 下的结构常数是 $\varepsilon^k{}_{ij}$.

例 3　洛伦兹李代数 $\mathscr{O}(1,3)$ 的结构张量.

仿照例 2 的做法, 先写出固有洛伦兹群 $L_+^\uparrow$ 的 6 个典型的单参子群的矩阵:

$$\begin{bmatrix} 1 & 0 & 0 & 0 \\ 0 & 1 & 0 & 0 \\ 0 & 0 & \cos\alpha & -\sin\alpha \\ 0 & 0 & \sin\alpha & \cos\alpha \end{bmatrix}, \quad \begin{bmatrix} 1 & 0 & 0 & 0 \\ 0 & \cos\alpha & 0 & \sin\alpha \\ 0 & 0 & 1 & 0 \\ 0 & -\sin\alpha & 0 & \cos\alpha \end{bmatrix}, \quad \begin{bmatrix} 1 & 0 & 0 & 0 \\ 0 & \cos\alpha & -\sin\alpha & 0 \\ 0 & \sin\alpha & \cos\alpha & 0 \\ 0 & 0 & 0 & 1 \end{bmatrix},$$

$$\begin{bmatrix} \mathrm{ch}\lambda & -\mathrm{sh}\lambda & 0 & 0 \\ -\mathrm{sh}\lambda & \mathrm{ch}\lambda & 0 & 0 \\ 0 & 0 & 1 & 0 \\ 0 & 0 & 0 & 1 \end{bmatrix}, \begin{bmatrix} \mathrm{ch}\lambda & 0 & -\mathrm{sh}\lambda & 0 \\ 0 & 1 & 0 & 0 \\ -\mathrm{sh}\lambda & 0 & \mathrm{ch}\lambda & 0 \\ 0 & 0 & 0 & 1 \end{bmatrix}, \begin{bmatrix} \mathrm{ch}\lambda & 0 & 0 & -\mathrm{sh}\lambda \\ 0 & 1 & 0 & 0 \\ 0 & 0 & 1 & 0 \\ -\mathrm{sh}\lambda & 0 & 0 & \mathrm{ch}\lambda \end{bmatrix},$$

其中前 3 个代表 4 维闵氏时空中的空间转动, 后 3 个代表伪转动. 把它们的生成元分别记作 r_1, r_2, r_3 和 b_1, b_2, b_3, 则由求导可得

$$r_1=\begin{bmatrix}0&0&0&0\\0&0&0&0\\0&0&0&-1\\0&0&1&0\end{bmatrix},\quad r_2=\begin{bmatrix}0&0&0&0\\0&0&0&1\\0&0&0&0\\0&-1&0&0\end{bmatrix},\quad r_3=\begin{bmatrix}0&0&0&0\\0&0&-1&0\\0&1&0&0\\0&0&0&0\end{bmatrix},\tag{G-6-7}$$

$$b_1=\begin{bmatrix}0&-1&0&0\\-1&0&0&0\\0&0&0&0\\0&0&0&0\end{bmatrix},\quad b_2=\begin{bmatrix}0&0&-1&0\\0&0&0&0\\-1&0&0&0\\0&0&0&0\end{bmatrix},\quad b_3=\begin{bmatrix}0&0&0&-1\\0&0&0&0\\0&0&0&0\\-1&0&0&0\end{bmatrix}.\tag{G-6-8}$$

易见$\mathscr{O}(1,3)$的这6个元素线性独立,因而构成一个基底.不难验证它们的李括号满足下式(它的某些重要后果将在§G.9讨论):

$$[r_i,r_j]=\varepsilon^k{}_{ij}r_k,\quad [b_i,r_j]=\varepsilon^k{}_{ij}b_k,\quad [b_i,b_j]=-\varepsilon^k{}_{ij}r_k,\quad i,j,k=1,2,3.\tag{G-6-9}$$

李代数$\mathscr{O}(1,3)$在基底$\{r_1,r_2,r_3,b_1,b_2,b_3\}$下的结构常数可从上式读出.引入符号$l_{\mu\nu}(\mu,\nu=0,1,2,3$ 且 $l_{\mu\nu}$ 反称$)$,其含义为

$$l_{01}\equiv b_1,\ l_{02}\equiv b_2,\ l_{03}\equiv b_3,\ l_{12}\equiv r_3,\ l_{23}\equiv r_1,\ l_{31}\equiv r_2,\tag{G-6-10}$$

则不难验证式(G-6-9)可统一表为下式:

$$[l_{\mu\nu},l_{\rho\sigma}]=\eta_{\mu\rho}l_{\nu\sigma}+\eta_{\nu\sigma}l_{\mu\rho}-\eta_{\mu\sigma}l_{\nu\rho}-\eta_{\nu\rho}l_{\mu\sigma}.\tag{G-6-11}$$

每个$l_{\mu\nu}$可看作一个实矩阵,矩阵元可表为

$$(l_{\mu\nu})^\alpha{}_\beta=-\delta^\alpha{}_\mu\eta_{\beta\nu}+\delta^\alpha{}_\nu\eta_{\beta\mu}.\tag{G-6-12}$$

例4 特殊酉群SU(2)的李代数$\mathscr{SU}(2)$的结构张量.

由式(G-5-44)可知$\dim\mathscr{SU}(2)=3$.由定理G-5-13可知$\mathscr{SU}(2)$的元素是2×2无迹反厄米矩阵.大家熟知的3个泡利矩阵$\tau_1=\begin{bmatrix}0&1\\1&0\end{bmatrix}$, $\tau_2=\begin{bmatrix}0&-\mathrm{i}\\\mathrm{i}&0\end{bmatrix}$, $\tau_3=\begin{bmatrix}1&0\\0&-1\end{bmatrix}$是无迹厄米矩阵,乘以i就成为无迹反厄米矩阵,而且互相线性独立,可充当$\mathscr{SU}(2)$的基底.为了得到简单的结构常数,我们不用i而用$-\mathrm{i}/2$乘泡利矩阵,从而得到$\mathscr{SU}(2)$的如下3个基矢:

$$E_i=-\mathrm{i}\tau_i/2,\qquad i=1,2,3.\tag{G-6-13}$$

不难验证

$$[E_1,E_2]=E_3,\quad [E_2,E_3]=E_1,\quad [E_3,E_1]=E_2,\tag{G-6-14}$$

即
$$[E_i, E_j] = \varepsilon^k{}_{ij} E_k, \qquad i,j,k = 1,2,3. \tag{G-6-15}$$
这表明 $\mathscr{SU}(2)$ 在基底 $\{E_1, E_2, E_3\}$ 下的结构常数与 $\mathscr{SO}(3)$ 在基底 $\{A_1, A_2, A_3\}$ 下的结构常数相同. [如果以 i 而不是 $-\mathrm{i}/2$ 乘泡利矩阵, 则结构常数将不满足式(G-6-15).] 令线性映射 $\psi: \mathscr{SU}(2) \to \mathscr{SO}(3)$ 满足 $\psi(E_i) = A_i\ (i = 1,2,3)$, 就可看出 ψ 保李括号, 所以是 $\mathscr{SU}(2)$ 与 $\mathscr{SO}(3)$ 之间的李代数同构. 应该注意, 虽然 $\mathscr{SU}(2)$ 的元素是复矩阵, 但 $\mathscr{SU}(2)$ 仍是实的 3 维矢量空间: 只有以实数为组合系数才能确保所构成的线性组合仍在 $\mathscr{SU}(2)$ 之内.

$\mathscr{SU}(2)$ 与 $\mathscr{SO}(3)$ 同构并不意味着 SU(2) 与 SO(3) 同构. 事实上, 不存在 SU(2) 与 SO(3) 之间的同构映射, 但存在 2 对 1 的李群同态映射 $\pi: \mathrm{SU}(2) \to \mathrm{SO}(3)$, 即 SU(2) 的两个不同群元对应于 SO(3) 的一个群元(见选读 G-6-1). 前面说过, 一个李群决定唯一的李代数, 但一个李代数并不决定唯一的李群(除非待定的是单连通李群). SU(2) 与 SO(3) 的关系是这一重要结论的一个很好的例子:
$$\mathscr{SU}(2) = \mathscr{SO}(3) \nRightarrow \mathrm{SU}(2) = \mathrm{SO}(3).$$
SU(2) 与 SO(3) 都是连通流形, 但可以证明 SU(2) 是单连通流形而 SO(3) 不是(见选读 G-6-1). 正是这一非单连通性使 $\mathrm{SU}(2) \neq \mathrm{SO}(3)$. 与此类似, 群 $\mathrm{SL}(2,\mathbb{C})$ 与固有洛伦兹群 $L_+^\uparrow$ 有相同李代数, 但两群只同态不同构. 存在 2 对 1 的李群同态映射 $\pi: \mathrm{SL}(2,\mathbb{C}) \to L_+^\uparrow$.

[选读 G-6-1]

把 $U \in \mathrm{U}(2)$ 表为 $U = \begin{bmatrix} a & b \\ c & d \end{bmatrix}$, 则 $U^{-1} = \dfrac{1}{\varDelta}\begin{bmatrix} d & -b \\ -c & a \end{bmatrix}$, 其中 $\varDelta \equiv \det U = ad - bc$, 故酉条件 $\overline{U^{\mathrm{T}}} = U^{-1}$ 等价于
$$\bar{a} = \frac{d}{\varDelta}, \quad \bar{c} = -\frac{b}{\varDelta}, \quad \bar{b} = -\frac{c}{\varDelta}, \quad \bar{d} = \frac{a}{\varDelta}. \tag{G-6-16}$$
注意到 $\varDelta = \mathrm{e}^{\mathrm{i}\phi}\ (\phi \in \mathbb{R})$, 可知(G-6-16)中只有前二式独立. 此二式相当于 4 个独立实数方程, 可见与 4 个复数 a, b, c, d 相应的 8 个实数中只有 4 个独立. 这就验证了 $\dim \mathrm{U}(2) = 2^2$. 进一步, 若 $U \in \mathrm{SU}(2)$, 则 $\varDelta = 1$ 又给出一个实数方程, 故 $U \in \mathrm{SU}(2)$ 只由 3 个实数决定. 条件 $\varDelta = 1$ 与式(G-6-16)结合得 $d = \bar{a},\ c = -\bar{b}$, 故 $U = \begin{bmatrix} a & b \\ -\bar{b} & \bar{a} \end{bmatrix}$, 于是有 $a\bar{a} + b\bar{b} = 1$. 设
$$a = a_1 + \mathrm{i}a_2, \quad b = b_1 + \mathrm{i}b_2, \quad (a_1, a_2, b_1\ b_2 \in \mathbb{R})$$
则 $a\bar{a} + b\bar{b} = 1$ 等价于 ${a_1}^2 + {a_2}^2 + {b_1}^2 + {b_2}^2 = 1$. 可见 SU(2) 的流形是 $\mathbb{R}^4$ 中的 3 维球面

(超曲面) S^3，它既是连通的，又是单连通的. 把 $e \in S^3$ 看作“北极点”，则 S^3 可被分为南、北半“球面”(图 G-5). 把“赤道” $\mathscr{S}$ (2 维球面)上每对位于同一直径两端的点(如 U_1 和 U_1')认同，认同后的 $\mathscr{S}$ 与北半球面之并就同胚于李群 SO(3) 的流形 [见式 (G-5-16) 后关于 SO(3) 群流形的讨论]. 正文提到的同态映射 $\pi : \mathrm{SU}(2) \to \mathrm{SO}(3)$ 是这样的 2 对 1 映射，设 $U \in \mathrm{SU}(2)$ 是北半球面的一点，$U' \in \mathrm{SU}(2)$ 是南半球面与 U 对径的点($U' = -U$)，则 $\pi(U) = \pi(U') = U$ [看作 SO(3) 的群元 Z]. (以上只是直观描述，本选读未有严格证明.) $\mathscr{S}$ 上点的认同使 SO(3) 变得非单连通. 为看出这点，仍用原来对 SO(3) 流形的描述(即对径认同后的 3 维球体)来讨论. 先考虑连续闭合曲线 $\mu : [0,1] \to \mathrm{SO}(3)$，其像是 SO(3) 球体的一条半径的一部分，两个关键点是 $e = \mu(0) = \mu(1)$ 和 $g = \mu(1/2)$ (见图 G-6(a))，它显然可通过连续变形缩为一点 e [指独点线 e，即满足 $\mu(t) = e \ \forall t \in [0,1]$ 的映射 $\mu : [0,1] \to \mathrm{SO}(3)$]. 再考虑连续闭曲线 $\nu : [0,1] \to \mathrm{SO}(3)$，其像是球体的一条直径，两个关键点是球心 e 和球面上点 h，满足 $e = \nu(0) = \nu(1)$，$h = \nu(1/2)$ (见图 G-6(b))，这闭合曲线不能通过连续变形缩为一点. 可见 SO(3) 为非单连通流形.

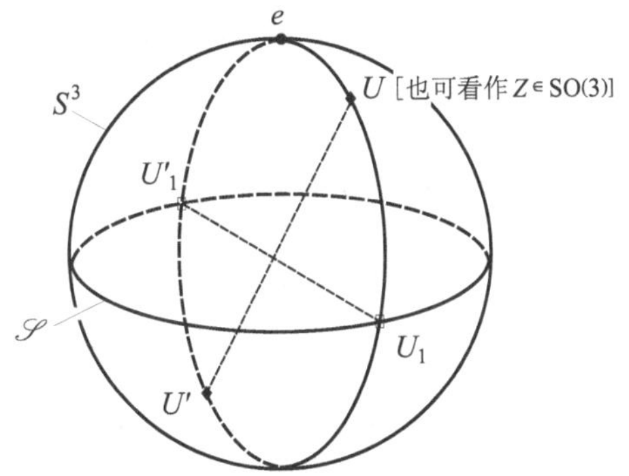

图 G-5　SU(2) 群的流形是 $\mathbb{R}^4$ 中的 S^3 (图中压缩掉一维). 把赤道 $\mathscr{S}$ (2 维球面)上每对位于同一直径两端的点(如 U_1 和 U_1')认同后与北半球面之并就是 SO(3) 群的流形

设 M 为连通流形. M 中两条连续闭合曲线 C_1, C_2 称为彼此**同伦的**(homotopic)，若 C_1 可连续变形为 C_2. M 中所有连续闭曲线可被分为若干同伦类. 任何单连通流形中的连续闭曲线都只有一个同伦类，而流形 SO(3) 中的连续闭曲线却有两个同伦类，分别以独点线 e 和图 G-6(b)的闭曲线为代表. 有趣的是，考虑连续闭曲线 $\xi : [0,1] \to \mathrm{SO}(3)$，其像仍是一条直径，但满足 $e = \xi(0) = \xi(1/2) = \xi(1)$ [$\xi(t)$ 在该直径上沿同一方向扫描两次]，则它竟然与独点线 e 同伦，即它(指曲线映射的像)能连续变形为点 e. 有兴趣的读者请自证.

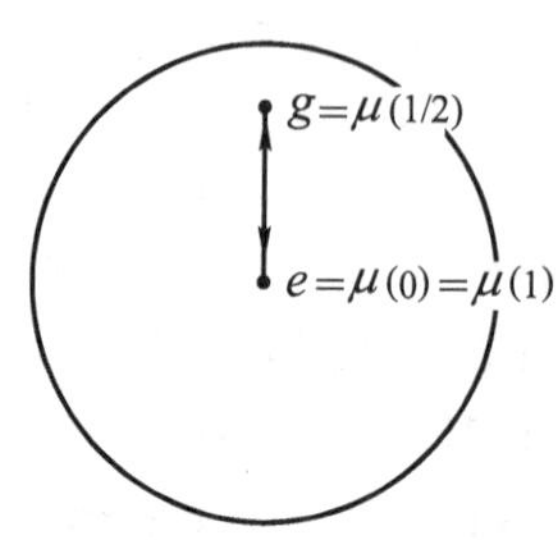

(a) 闭曲线 ege 可连续缩为一点

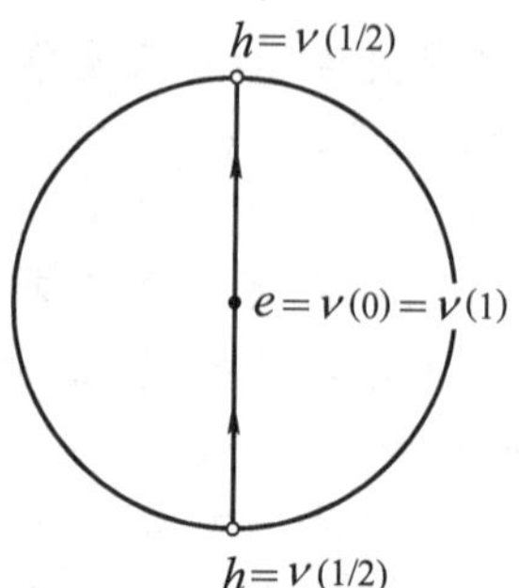

(b) 闭曲线 ehe 不可连续缩为一点

图 G-6 流形(李群) SO(3) 的两条不同类型(不同伦)的闭曲线

最后，我们给出映射 $\pi: \mathrm{SU}(2)\to\mathrm{SO}(3)$ 的定量建立过程并证明其 2 对 1 同态性.利用 $\mathscr{SU}(2)$ 的基底 $\{E_i=-\mathrm{i}\tau_i/2\}$ (见例 4)可对每一 $\vec{v}\equiv(v^1,v^2,v^3)\in\mathbb{R}^3$ 构造一个

$$\vec{v}\cdot\vec{E}\equiv v^i E_i\in\mathscr{SU}(2).$$

给定 $U\in\mathrm{SU}(2)$ 后，令 $A\equiv U(\vec{v}\cdot\vec{E})U^{-1}$ (矩阵连乘)，则由 SU(2) 及 $\mathscr{SU}(2)$ 元素的条件易证 $A^\dagger=-A$，故 $A\in\mathscr{SU}(2)$，可用 $\{E_i\}$ 展开，即存在唯一的 $\vec{v}'\equiv(v'^1,v'^2,v'^3)\in\mathbb{R}^3$ 使

$$U(\vec{v}\cdot\vec{E})U^{-1}=\vec{v}'\cdot\vec{E}. \tag{G-6-17}$$

这表明每一 $U\in\mathrm{SU}(2)$ 诱导出一个映射 $Z:\mathbb{R}^3\to\mathbb{R}^3, Z(\vec{v})\equiv\vec{v}'$. 现在证明 $Z\in\mathrm{SO}(3)$.由 $E_i=-\mathrm{i}\tau_i/2$ (其中 τ_i 见例 4)易得 $\det(\vec{v}\cdot\vec{E})=|\vec{v}|^2/4$,故

$$|Z\vec{v}|^2=4\det[(Z\vec{v})\cdot\vec{E}]=4(\det U)(\det\vec{v}\cdot\vec{E})(\det U^{-1})=|\vec{v}|^2,$$

[第二步用到式(G-6-17).] 说明 $Z:\mathbb{R}^3\to\mathbb{R}^3$ 保长度，因而 $Z\in\mathrm{O}(3)$. 为证 $Z\in\mathrm{SO}(3)$ 只须再证 $\det Z>0$. $\forall\vec{u},\vec{v}\in\mathbb{R}^3$ 有

$$[\vec{u}\cdot\vec{E},\ \vec{v}\cdot\vec{E}]=u^i v^j[E_i,E_j]=u^i v^j\varepsilon^k{}_{ij}E_k=(\vec{u}\times\vec{v})^k E_k=(\vec{u}\times\vec{v})\cdot\vec{E}, \tag{G-6-18}$$

故

$$Z(\vec{u}\times\vec{v})\cdot\vec{E}=U[(\vec{u}\times\vec{v})\cdot\vec{E}]U^{-1}=U[\vec{u}\cdot\vec{E},\ \vec{v}\cdot\vec{E}]U^{-1}=[U(\vec{u}\cdot\vec{E})U^{-1},U(\vec{v}\cdot\vec{E})U^{-1}]$$

$$=[(Z\vec{u})\cdot\vec{E},(Z\vec{v})\cdot\vec{E}]=[(Z\vec{u})\times(Z\vec{v})]\cdot\vec{E},$$

[第一、四步用到式(G-6-17), 第二、五步用到式(G-6-18), 第三步用到矩阵对易子运算.] 于是 $Z(\vec{u}\times\vec{v})=(Z\vec{u})\times(Z\vec{v})$，说明 Z 把右手系变为右手系，故 $\det Z>0$，从而 $Z\in\mathrm{SO}(3)$. 可见存在映射 $\pi:\mathrm{SU}(2)\to\mathrm{SO}(3), \pi(U)\equiv Z$.下面证明 π 是 2 对 1 映射,

事实上，我们要证明比此略强的结论，即 $\forall U, U' \in \mathrm{SU}(2)$ 有

$$\pi(U') = \pi(U) \Leftrightarrow U' = \pm U .$$

令 $Z \equiv \pi(U), Z' \equiv \pi(U')$，则由式(G-6-17)得

$$(Z\vec{v}) \cdot \vec{E} = U(\vec{v} \cdot \vec{E})U^{-1}, \quad (Z'\vec{v}) \cdot \vec{E} = U'(\vec{v} \cdot \vec{E})U'^{-1}, \quad \forall \vec{v} \in \mathbb{R}^3 . \qquad \text{(G-6-19)}$$

若 $U' = \pm U$，则上式导致

$$(Z'\vec{v}) \cdot \vec{E} = (\pm U)(\vec{v} \cdot \vec{E})(\pm U^{-1}) = U(\vec{v} \cdot \vec{E})U^{-1} = (Z\vec{v}) \cdot \vec{E} ,$$

故 $Z'\vec{v} = Z\vec{v}, \forall \vec{v} \in \mathbb{R}^3$，因而 $Z' = Z$，即 $\pi(U') = \pi(U)$．反之，若 $\pi(U') = \pi(U)$，则式(G-6-19)导致 $U'(\vec{v} \cdot \vec{E})U'^{-1} = U(\vec{v} \cdot \vec{E})U^{-1}$，所以

$$U^{-1}U'(\vec{v} \cdot \vec{E}) = (\vec{v} \cdot \vec{E})U^{-1}U', \quad \forall \vec{v} \in \mathbb{R}^3 . \qquad \text{(G-6-20)}$$

作为 2×2 复矩阵，$U^{-1}U'$ 总可表为 I, E_1, E_2, E_3 的(实的)线性组合，即 $\exists \alpha^0, \alpha^i \in \mathbb{R}$ 使 $U^{-1}U' = \alpha^0 I + \alpha^i E_i$．取 $\vec{v}$ 使 $\vec{v} \cdot \vec{E} = E_1$，代入式(G-6-20)后不难得到 $\alpha^2 = \alpha^3 = 0$，同法可证 $\alpha^3 = \alpha^1 = 0$，故 $U^{-1}U' = \alpha^0 I$，因而 $\alpha^0 = \det(U^{-1}U'), |\alpha^0| = 1, \alpha^0 = \pm 1$．于是 $U^{-1}U' = \pm I, U' = \pm U$．最后证明 π 为同态映射．把式(G-6-17)改写为

$$[\pi(U)\vec{v}] \cdot \vec{E} = U(\vec{v} \cdot \vec{E})U^{-1} ,$$

则 $\forall U' \in \mathrm{SU}(2)$ 有

$$[\pi(U')\pi(U)\vec{v}] \cdot \vec{E} = U'[(\pi(U)\vec{v}) \cdot \vec{E}]U'^{-1} = U'[U(\vec{v} \cdot \vec{E})U^{-1}]U'^{-1}$$

$$= (U'U)(\vec{v} \cdot \vec{E})(U'U)^{-1} = [\pi(U'U)\vec{v}] \cdot \vec{E} ,$$

故 $\pi(U')\pi(U) = \pi(U'U) \ \forall U', U \in \mathrm{SU}(2)$，所以 $\pi: \mathrm{SU}(2) \to \mathrm{SO}(3)$ 是同态(而且是李群同态)． **[选读 G-6-1 完]**

§G.7　李变换群和 Killing 矢量场

把流形 M 上的单参微分同胚群 $\phi: \mathbb{R} \times M \to M$ 中的 1 维阿贝尔李群 $\mathbb{R}$ 推广为任意李群 G 便有如下定义．

定义 1　设 G 是李群，M 是流形．C^∞ 映射 $\sigma: G \times M \to M$ 称为 M 上的一个**李变换群**(Lie group of transformations)，若

(a) $\forall g \in G, \ \sigma_g : M \to M$ 是微分同胚；

(b) $\sigma_{gh} = \sigma_g \circ \sigma_h, \ \forall g, h \in G$．

容易验证$\{\sigma_g \mid g\in G\}$以映射的复合为群乘法构成群，恒等元就是从M到M的恒等映射(等于σ_e，其中e为G的恒等元)，且$(\sigma_g)^{-1}=\sigma_{g^{-1}}\ \forall g\in G$. 有些文献把$\{\sigma_g \mid g\in G\}$称为李变换群(我们有时也用这一称谓)，有些则把$G$称为李变换群. $\forall p\in M$，有$\sigma_p: G\to M$. σ_p和σ_g都是由σ诱导出的映射，三者关系为

$$\sigma_p(g)=\sigma(g,p)=\sigma_g(p),\quad \forall g\in G, p\in M. \tag{G-7-1}$$

李群按定义是一个高度抽象的概念，而李变换群却比较具体：它的群元σ_g是流形M上的点变换(微分同胚). 例如，抽象定义的李群SO(3)若借用一个2维球面S^2来想象就变得具体：每一$g\in SO(3)$对应于S^2上这样一个点变换，它让S^2的每点绕过球心的同一轴转同一角. 事实上，定义1条件(b)保证存在从李群$G=\{g\}$到李变换群$\{\sigma_g\}$的同态映射，所以后者的确可看作前者的具体化. 于是有以下定义：

定义2 从李群$G=\{g\}$到李变换群$\{\sigma_g: M\to M \mid g\in G\}$的上述同态映射$G\to\{\sigma_g\}$称为$G$的一个**实现**(realization)，$M$称为**实现空间**. 若此同态为同构，则称为**忠实**(faithful)**实现**.

注1 因为每一$g\in G$对应于一个左平移映射$L_g: G\to G$(看作$\sigma_g: M\to M$，其中$M=G$)，所以映射$G\to\{L_g \mid g\in G\}$是G的一个实现(实现空间就是G本身)，而且是忠实实现.

定义3 李群G在流形M上的一个实现$G\to\{\sigma_g\}$称为G的一个**表示**(representation)，若M是矢量空间且$\sigma_g: M\to M\ (\forall g\in G)$是线性变换. 这时称$M$为**表示空间**. 往往也把映射$G\to\{\sigma_g\}$的像$\{\sigma_g\}$称为$G$的表示(但应注意不同映射有相同像的情况). 若忠实实现是表示，则称为**忠实表示**.

注2 ①可见G的每一表示$\{\sigma_g\}$可看作一个矩阵群. ②因为S^2不是矢量空间，把SO(3)的群元看作S^2上的转动这种对应关系只是实现而非表示. 但若选$M=\mathbb{R}^3$，则SO(3)的每一群元对应于$\mathbb{R}^3$上的这样一个微分同胚，它让每点绕过原点的同一轴转同一角. 这种对应关系就是一个表示，而且是忠实表示.

设$\gamma:\mathbb{R}\to G$是G的、与$A\in V_e$对应的单参子群，则$\{\gamma(t)\mid t\in\mathbb{R}\}$是$G$中的曲线. 把群$\{\sigma_g \mid g\in G\}$中$g$的取值范围限制在曲线$\gamma(t)$上便得子集$\{\sigma_{\gamma(t)}\mid t\in\mathbb{R}\}$，其中每个$\sigma_{\gamma(t)}: M\to M$都是微分同胚，而且$\sigma_{\gamma(t)}\circ\sigma_{\gamma(s)}=\sigma_{\gamma(t)\gamma(s)}=\sigma_{\gamma(t+s)}$，可见$G$的每一单参子群决定$M$上的一个单参微分同胚群$\{\sigma_{\gamma(t)}\mid t\in\mathbb{R}\}$. 我们想找出与之对应的$C^\infty$矢量场(记作$\bar{\xi}$). 因为$\bar{\xi}$的积分曲线与单参微分同胚群$\{\sigma_{\gamma(t)}\mid t\in\mathbb{R}\}$的轨道重合，所以$\forall p\in M$，$\bar{\xi}_p$等于过$p$点的轨道在$p$点的切矢. 群$\{\sigma_{\gamma(t)}\mid t\in\mathbb{R}\}$过

p 的轨道是点集 $\{\sigma_{\gamma(t)}(p) \mid t \in \mathbb{R}\}$，而 $\sigma_{\gamma(t)}(p) = \sigma(\gamma(t), p) = \sigma_p(\gamma(t))$ [式(G-7-1)]，加上 $\sigma_p(\gamma(0)) = \sigma_p(e) = \sigma_e(p) = p$，便有(见图 G-7)

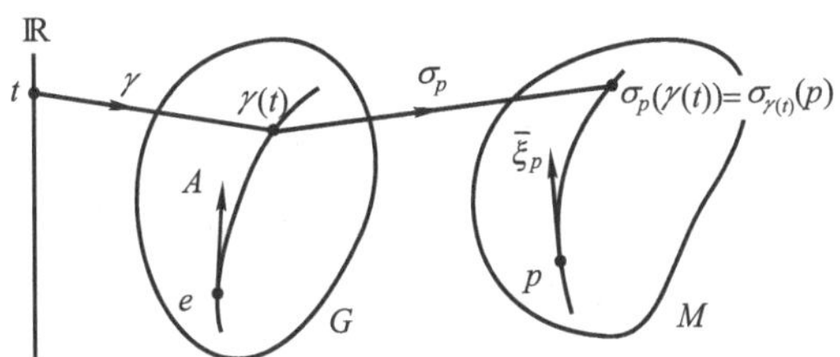

图 G-7　每一 $A \in V_e$ 给出 M 上一个矢量场 $\bar{\xi}$，其在 $p \in M$ 的值 $\bar{\xi}_p$ 由式(G-7-2)决定.

$$\bar{\xi}_p = \left.\frac{\mathrm{d}}{\mathrm{d}t}\right|_{t=0} \sigma_p(\gamma(t)) = \sigma_{p*} \left.\frac{\mathrm{d}}{\mathrm{d}t}\right|_{t=0} \gamma(t) = \sigma_{p*} A\,. \tag{G-7-2}$$

可见，给定李变换群 $\sigma: G \times M \to M$ 后，G 的李代数 V_e 的每一元素 A 对应于 M 上的一个 C^∞ 矢量场 $\bar{\xi}$，故有映射 $\chi: V_e \to \{\bar{\xi}\}$. 为理解 $\{\bar{\xi}\}$ 的意义，先看一类特殊情况：M 是带度规 g_{ab} 的流形，G 是 (M, g_{ab}) 的等度规群，定义李变换群 σ：$G \times M \to M$ 使 $\sigma_g = g \forall g \in G$，则 $\sigma_g: M \to M$ 是等度规映射. 这时 G 的每一单参子群 $\gamma(t)$ 产生的单参微分同胚群 $\{\sigma_{\gamma(t)} \mid t \in \mathbb{R}\}$ 升格为单参等度规群，其轨道的切矢 $\bar{\xi}$ 就是 (M, g_{ab}) 上的 Killing 矢量场，即 $\{\bar{\xi}\} \subset \mathscr{K}$ [$\mathscr{K}$ 代表 (M, g_{ab}) 上全体 Killing 场构成的矢量空间]，故 χ 可看作映射 $V_e \to \mathscr{K}$ (可证其为线性映射). 以矢量场对易子为 $\mathscr{K}$ 的李括号(此处用到第 4 章习题 13 的结论，即 Killing 场的对易子也是 Killing 场)，则 $\mathscr{K}$ 成为李代数，且可证明[见 Marsden et al.(1994) 命题 9.3.6] $\chi: V_e \to \mathscr{K}$ 对李括号保到只差一个负号的程度：

$$\chi([A,B]) = -[\chi(A), \chi(B)], \qquad \forall A, B \in V_e\,. \tag{G-7-3}$$

用下式定义新映射 $\psi: V_e \to \mathscr{K}$：

$$\psi(A) := -\chi(A), \qquad \forall A \in V_e\,, \tag{G-7-4}$$

则易见 ψ 保李括号，即

$$\psi([A,B]) = [\psi(A), \psi(B)], \qquad \forall A, B \in V_e\,, \tag{G-7-5}$$

故 ψ 是李代数同态. 如果每个 Killing 场都是完备矢量场，则每个都产生单参等度规群，故等度规群 G (因而 V_e)与 $\mathscr{K}$ 维数相同，$\psi: V_e \to \mathscr{K}$ 是李代数同构. 反之，不完备 Killing 场的单参等度规局部群 $\{\phi_t: U \to U\}$ 的元素中只有恒等元是微分同胚(等度规)，因为无论参数 t 取何值(只要非零)，总有 $p \in M$ 使 p 在 ϕ_t 下“无像”. 于是 $\dim G$ 减少而 $\dim \mathscr{K}$ 不变，导致 $\dim G = \dim V_e < \dim \mathscr{K}$，意味着 V_e 与 $\mathscr{K}$ 只同态不同构. 下面是简单特例：把 $(\mathbb{R}^2, \delta_{ab})$ 的一半(连边)挖去，则除了平行于切痕的平移 Killing 场之外的 Killing 场(含旋转 Killing 场)都不完备，故 $\dim G = \dim V_e = 1$

(而 $\dim\mathscr{K}$ 仍为 3). 于是有

定理 G-7-1　(M, g_{ab}) 的等度规群的李代数 $\mathscr{V}_e$ 同构于其上全体 Killing 场的集合 $\mathscr{K}$ 的李子代数；当每一 Killing 场都完备时 $\mathscr{V}_e = \mathscr{K}$ (李代数同构).

利用 Killing 场的对易子可方便地求得等度规群的李代数的结构常数, 我们只举例说明 $\mathscr{V}_e$ 同构于 $\mathscr{K}$ 时的计算过程(略去抽象指标).

例 1　3 维欧氏空间 $(\mathbb{R}^3, \delta_{ab})$ 中的 2 维球面 (S^2, h_{ab}) (其中 h_{ab} 是 δ_{ab} 的诱导度规)的等度规群是 SO(3). (S^2, h_{ab}) 上的全体 Killing 矢量场的集合 $\mathscr{K}$ 是 3 维李代数, 不难验证

$$\xi_1 \equiv \sin\varphi\,(\partial/\partial\theta) + \cot\theta\cos\varphi\,(\partial/\partial\varphi),$$

$$\xi_2 \equiv -\cos\varphi\,(\partial/\partial\theta) + \cot\theta\sin\varphi\,(\partial/\partial\varphi),$$

$$\xi_3 \equiv -\partial/\partial\varphi$$

满足 Killing 方程, 可选作 $\mathscr{K}$ 的一组基矢. 对易子的计算表明

$$[\xi_1, \xi_2] = \xi_3,\quad [\xi_2, \xi_3] = \xi_1,\quad [\xi_3, \xi_1] = \xi_2, \tag{G-7-6}$$

这可看作李代数 $\mathscr{SO}(3)$ 的结构常数表达式. 以 A_1, A_2, A_3 代表 $\mathscr{SO}(3)$ 的一组基矢[式(G-6-4)], 则由 $\psi(A_i) \equiv \xi_i\,(i = 1,2,3)$ 定义的映射 $\psi: \mathscr{SO}(3) \to \mathscr{K}$ 正是式(G-7-4)中的那个 ψ, 与式(G-6-5)对比可知它是李代数同构.

例 2　作为 2 维欧氏空间的等度规群, 欧氏群 E(2) 的李代数 $\mathscr{E}(2)$ 同构于 $(\mathbb{R}^2, \delta_{ab})$ 上全体 Killing 矢量场的集合 $\mathscr{K}$. 设 $\{x, y\}$ 是笛卡儿系, 则

$$\xi_{t_1} \equiv -\frac{\partial}{\partial x},\quad \xi_{t_2} \equiv -\frac{\partial}{\partial y},\quad \xi_r \equiv y\frac{\partial}{\partial x} - x\frac{\partial}{\partial y} \tag{G-7-7}$$

是独立的 Killing 矢量场, 可充当 $\mathscr{K}$ 的一组基矢. 简单的对易子计算表明

$$[\xi_{t_1}, \xi_{t_2}] = 0,\quad [\xi_r, \xi_{t_1}] = \xi_{t_2},\quad [\xi_r, \xi_{t_2}] = -\xi_{t_1}, \tag{G-7-8}$$

这可看作李代数 $\mathscr{E}(2)$ 的结构常数表达式.

例 3　作为 4 维闵氏时空的等度规群, Poincaré 群 P 的李代数 $\mathscr{P}$ 同构于 $(\mathbb{R}^4, \eta_{ab})$ 上全体 Killing 场的集合 $\mathscr{K}$. 设 $\{t, x, y, z\}$ 是任一洛伦兹系, 则

$$\xi_{t_0} \equiv -\frac{\partial}{\partial t},\quad \xi_{t_1} \equiv -\frac{\partial}{\partial x},\quad \xi_{t_2} \equiv -\frac{\partial}{\partial y},\quad \xi_{t_3} \equiv -\frac{\partial}{\partial z}, \tag{G-7-9a}$$

$$\xi_{r_1} \equiv z\frac{\partial}{\partial y} - y\frac{\partial}{\partial z},\quad \xi_{r_2} \equiv x\frac{\partial}{\partial z} - z\frac{\partial}{\partial x},\quad \xi_{r_3} \equiv y\frac{\partial}{\partial x} - x\frac{\partial}{\partial y}, \tag{G-7-9b}$$

$$\xi_{b_1} \equiv t\frac{\partial}{\partial x}+x\frac{\partial}{\partial t},\quad \xi_{b_2} \equiv t\frac{\partial}{\partial y}+y\frac{\partial}{\partial t},\quad \xi_{b_3} \equiv t\frac{\partial}{\partial z}+z\frac{\partial}{\partial t} \tag{G-7-9c}$$

是独立的 Killing 场, 可充当 $\mathscr{K}$ 的一组基矢. 简单的计算表明全部非零对易子为

$$[\xi_{r_i},\xi_{r_j}]=\varepsilon^k{}_{ij}\xi_{r_k},\ [\xi_{r_i},\xi_{b_j}]=\varepsilon^k{}_{ij}\xi_{b_k},\ [\xi_{b_i},\xi_{b_j}]=-\varepsilon^k{}_{ij}\xi_{r_k},\ [\xi_{b_i},\xi_{t_0}]=-\xi_{t_i},$$
$$[\xi_{r_i},\xi_{t_j}]=\varepsilon^k{}_{ij}\xi_{t_k},\ [\xi_{b_i},\xi_{t_i}]=-\xi_{t_0}\ (\text{不对 } i \text{ 求和}),\ \ i,j,k=1,2,3. \tag{G-7-10}$$

上式也可浓缩地表为[其中 $l_{\mu\nu}$ 的含义同式(G-6-10)]

$$[\xi_{l_{\mu\nu}},\xi_{l_{\rho\sigma}}]=\eta_{\mu\rho}\xi_{l_{\nu\sigma}}+\eta_{\nu\sigma}\xi_{l_{\mu\rho}}-\eta_{\mu\sigma}\xi_{l_{\nu\rho}}-\eta_{\nu\rho}\xi_{l_{\mu\sigma}},$$
$$[\xi_{l_{\mu\nu}},\xi_{t_\sigma}]=\eta_{\mu\sigma}\xi_{t_\nu}-\eta_{\nu\sigma}\xi_{t_\mu},\quad \mu,\nu,\sigma=0,1,2,3. \tag{G-7-11}$$

[选读 G-7-1]

现在回到 M 上没有度规的一般情况. 正如前述, 只要 G 是李群, 仍然可以定义李变换群 $\sigma: G\times M\to M$. 参照 M 有度规且 G 是其等度规群的情况, 自然把由式(G-7-2)定义的矢量场 $\bar{\xi}$ 称为 ***M* 上关于李群 *G* 的 Killing 矢量场**(Killing vector field on M relative to Lie group G). 这时有如下结论: ① $\mathscr{K}\equiv\{\bar{\xi}\}$ 仍是矢量空间; ②仍可用矢量场对易子定义李括号使 $\mathscr{K}$ 成为李代数($\mathscr{K}$ 的任意两元素的李括号仍在 $\mathscr{K}$ 内); ③映射 $\chi: V_e\to\mathscr{K}$ 仍在差一个负号的意义下“保李括号”[②, ③的证明见 Marsden et al.(1994)命题 9.3.6]. 然而, 如果对 $\sigma: G\times M\to M$ 不作要求, 则 $\dim\mathscr{K}$ 有可能小于 $\dim V_e$, 从而使 $\chi: V_e\to\mathscr{K}$ 不是矢量空间之间的同构映射. 映射 $\sigma: G\times M\to M$ 称为**有效的**(effective), 若

$$\sigma_g(p)=p, \forall p\in M\ \Rightarrow\ g=e.$$

(等价于 $g\mapsto\sigma_g$ 是一一映射, 还等价于 G 在 M 上的实现是忠实的.) 可以证明, 只要 $\sigma: G\times M\to M$ 是有效的, 则 $\chi: V_e\to\mathscr{K}$ 是矢量空间的同构映射, 于是 $\psi: V_e\to\mathscr{K}$ [按式(G-7-4)定义]就是李代数同构.

例 4　设 G 是李群, $R: G\times G\to G$ 是右平移(与左平移类似, 定义见习题 7),用下式定义 G (看作流形 M)上的李变换群 $\sigma: G\times G\to G$ (看作 $\sigma: G\times M\to M$):

$$\sigma_g(h):=R_{g^{-1}}(h)=hg^{-1},\quad \forall g\in G, h\in M(=G),$$

设 $\bar{A}$ 是任一 $A\in\mathscr{G}$ 对应的左不变矢量场, 则可以证明(习题 18) A 在流形 $M(=G)$ 上导致的关于 G 的 Killing 矢量场 $\bar{\xi}=-\bar{A}$, 而且 $\psi: V_e\to\mathscr{K}$ (把 A 变为 $\bar{A}$)是李代数同构.

例 5　选读 12-5-1 和 12-5-2 为“M 上关于李群 G 的 Killing 矢量场”的概念

提供了两个例子.以选读 12-5-1 为例.把 BMS 群 B 看作群 G,即

$$G \equiv \{\phi : \mathscr{I}^+ \to \mathscr{I}^+ \mid \phi_* \Gamma^{ab}{}_{cd} = \Gamma^{ab}{}_{cd}\},$$

定义李变换群 $\sigma : G \times \mathscr{I}^+ \to \mathscr{I}^+$ 使 $\sigma_\phi = \phi \ \forall \phi \in G$, 则 $\mathscr{I}^+$ 上由式(G-7-2)定义的矢量场 $\bar{\xi}$ 就等于 $\mathscr{I}^+$ 上的无限小对称性 $\hat{\xi}$ (满足 $\mathscr{L}_{\hat{\xi}} \Gamma^{ab}{}_{cd} = 0$), 于是 $\hat{\xi}$ 可称为 $\mathscr{I}^+$ 上的关于 BMS 群的 Killing 矢量场, 而 $\mathscr{K} \equiv \{\hat{\xi} \mid \mathscr{L}_{\hat{\xi}} \Gamma^{ab}{}_{cd} = 0\}$ 以 $\mathscr{I}^+$ 上的矢量场对易子为李括号则构成李代数. 以 V_e 代表 BMS 群的李代数, 注意到映射 $\sigma : G \times \mathscr{I}^+ \to \mathscr{I}^+$ 是有效的, 便知前面定义的映射 $\psi : V_e \to \mathscr{K}$ 是李代数同构. 这就证明了选读 12-5-1 中用 $\mathscr{I}^+$ 上矢量场对易子定义李括号所得的李代数(当时称为 BMS 李代数)的确是 BMS 群的李代数. ①

[选读 G-7-1 完]

§ G.8 伴随表示和 Killing 型[选读]

设 V 是 $m\,(<\infty)$ 维实矢量空间, 令

$$\mathscr{L}(V) \equiv \{\text{线性变换}\ \psi : V \to V\} \equiv \{V\ \text{上}\ (1,1)\ \text{型张量}\ \psi^a{}_b\}, \qquad \text{(G-8-1)}$$

则 $\mathscr{L}(V)$ 是 m^2 维矢量空间[就是第 2 章的 $\mathscr{T}_V(1,1)$], 任选 V 的基底后又对应于 $\mathscr{GL}(m,\mathbb{R})$, 见小节 G.5.1. 在 $\mathscr{L}(V)$ 上可自然定义乘法: $\forall \psi, \varphi \in \mathscr{L}(V)$, 其积 $\psi\varphi$ 定义为复合映射 $\psi \circ \varphi \in \mathscr{L}(V)$. 由此又可自然定义李括号映射

$$[\,,\,] : \mathscr{L}(V) \times \mathscr{L}(V) \to \mathscr{L}(V)$$

为

$$[\psi, \varphi] := \psi\varphi - \varphi\psi, \quad \forall \psi, \varphi \in \mathscr{L}(V), \qquad \text{(G-8-2)}$$

从而使 $\mathscr{L}(V)$ 成为 m^2 维李代数.

定义 1 李代数同态映射 $\beta : \mathscr{G} \to \mathscr{L}(V)$ 称为**李代数 $\mathscr{G}$ 的表示**.

同一李群(或李代数)可有无数表示, 本节的重点是介绍李群和李代数的伴随表示. 根据§G.1 例 1, 用群 G 的每一元素 $g \in G$ 可构造一个称为伴随同构的自同构映射 $I_g : G \to G$. 对李群 G, 这还是个微分同胚, 因此是从 G 到 G 的李群同构. 按定义, $I_g(h) \equiv ghg^{-1} \ \forall h \in G$, 所以 $I_g(e) = e$, 它在 e 点所诱导的推前映射(切映射) I_{g*} (是 I_{g*e} 的简写)是从 V_e 到 V_e 的映射, 简记为 $\mathscr{Ad}_g$, 即 $\mathscr{Ad}_g \equiv I_{g*e}$. 因 V_e 就是 G 的李代数 $\mathscr{G}$, 故 $\mathscr{Ad}_g : \mathscr{G} \to \mathscr{G}$ 是 $\mathscr{G}$ 上的线性变换. 虽然 I_g 作用于 e 得 e, 但作用

① BMS 群是无限维李群, 但此处涉及的结论[包括所引的 Marsden et al.(1994)命题 9.3.6]仍适用.

于过e的曲线一般得另一曲线(两者在e点有不同切矢), 故$\mathscr{Ad}_g$作用于$A\in\mathscr{G}$未必得A.

定理G-8-1　设$\mathscr{G}$是李群G的李代数,则$\forall g\in G, A\in\mathscr{G}$有

$$\exp(t\mathscr{Ad}_g A)=g(\exp tA)g^{-1}. \qquad \text{(G-8-3)}$$

证明　令$\gamma(t)\equiv\exp(tA)$, $\gamma'(t)\equiv g(\exp tA)g^{-1}$, 则由单参子群的定义式$\gamma(t+s)=\gamma(t)\gamma(s)$易证$\gamma'(t+s)=\gamma'(t)\gamma'(s)$, 故$\gamma'(t)$也是单参子群. 注意到式(G-8-3)左边是由$\mathscr{Ad}_g A$生成的单参子群, 为证式(G-8-3)只须证明两边在e点的切矢相同, 证明如下:

$$\text{右边的切矢}=\left.\frac{\mathrm{d}}{\mathrm{d}t}\right|_{t=0}[g(\exp tA)g^{-1}]=\left.\frac{\mathrm{d}}{\mathrm{d}t}\right|_{t=0}[I_g(\exp tA)]$$

$$=I_{g*}[\left.\frac{\mathrm{d}}{\mathrm{d}t}\right|_{t=0}\exp(tA)]=\mathscr{Ad}_g A=\text{左边的切矢}. \qquad \square$$

推论G-8-2　设H是李群G的正规子群, $\mathscr{H}$是H的李代数, 则

$$\mathscr{Ad}_g B\in\mathscr{H},\quad \forall B\in\mathscr{H}, g\in G. \qquad \text{(G-8-4)}$$

证明　由$B\in\mathscr{H}$可知$\exp(tB)$是H的单参子群, 由正规子群的定义(§G.1 定义7)又知$g\exp(tB)g^{-1}\subset H$, 于是式(G-8-3)表明$\exp(t\mathscr{Ad}_g B)$是H的单参子群, 因而

$$\mathscr{Ad}_g B\in\mathscr{H}. \qquad \square$$

定理G-8-3　设$\mathscr{G}$是李群G的李代数, 则$\forall A, B\in\mathscr{G}$有

$$[A,B]=\left.\frac{\mathrm{d}}{\mathrm{d}t}\right|_{t=0}(\mathscr{Ad}_{\exp(tA)}B). \qquad \text{(G-8-5)}$$

注1　$\mathscr{Ad}_{\exp(tA)}B$在t固定时是e点的矢量, 在t变动时是t的、矢量取值的函数, 等式右边代表此函数的导函数在$t=0$的值(仍是e点的矢量), 即

$$[A,B]=\left.\frac{\mathrm{d}}{\mathrm{d}t}\right|_{t=0}(\mathscr{Ad}_{\exp(tA)}B)\equiv\lim_{t\to 0}\frac{1}{t}[(\mathscr{Ad}_{\exp(tA)}B-\mathscr{Ad}_{\exp(0)}B)]. \qquad \text{(G-8-5')}$$

证明　以$\bar{A},\bar{B}$分别代表$A,B\in\mathscr{G}$对应的左不变矢量场, $\phi:\mathbb{R}\times G\to G$代表$\bar{A}$产生的单参微分同胚群, 则由式(G-4-11)得$\phi_t(e)=\exp(tA)$, 再由式(G-2-2)得$\bar{B}_{\phi_t(e)}=L_{\exp(tA)*}B$, 与式(G-5-8)结合得

$$[A,B]=[\bar{A},\bar{B}]_e=\left.\frac{\mathrm{d}}{\mathrm{d}t}\right|_{t=0}[\phi_{-t*}L_{\exp(tA)*}B]=\left.\frac{\mathrm{d}}{\mathrm{d}t}\right|_{t=0}[(\phi_{-t}\circ L_{\exp(tA)})_*B]. \qquad \text{(G-8-6)}$$

另一方面, 由 $I_h(g)\equiv hgh^{-1}$ 又知 $\forall g\in G$ 有

$$I_{\exp(tA)}(g)=\exp(tA)g\exp(-tA)=\phi_{-t}[\exp(tA)g]=\phi_{-t}[L_{\exp(tA)}(g)]=(\phi_{-t}\circ L_{\exp(tA)})(g),$$

[第二步用到式(G-4-11).] 所以 $I_{\exp(tA)}=\phi_{-t}\circ L_{\exp(tA)}$, 代入式(G-8-6)便得

$$[A,B]=\frac{\mathrm{d}}{\mathrm{d}t}\bigg|_{t=0}(I_{\exp(tA)*}B)=\frac{\mathrm{d}}{\mathrm{d}t}\bigg|_{t=0}(\mathscr{Ad}_{\exp(tA)}B). \qquad \square$$

定理 G-8-4 设 H 是连通李群 G 的连通李子群, $\mathscr{H}$ 和 $\mathscr{G}$ 分别是 H 和 G 的李代数, 则 H 是 G 的正规子群 $\Leftrightarrow$ $\mathscr{H}$ 是 $\mathscr{G}$ 的理想.

证明 (A)($\Rightarrow$的证明) 由推论 G-8-2 知 $\mathscr{Ad}_{\exp(tA)}B\in\mathscr{H}$ $\forall A\in\mathscr{G}, B\in\mathscr{H}, t\in\mathbb{R}$, 所以式(G-8-5′)右边是 $\mathscr{H}$ 的元素, 因而该式给出 $[A,B]\in\mathscr{H}$, 可见 $\mathscr{H}$ 是 $\mathscr{G}$ 的理想.

(B)($\Leftarrow$的证明)只须由 $\mathscr{H}$ 是理想证明 $ghg^{-1}\in H$ $\forall h\in H, g\in G$. 若 h 可表为 $h=\exp(B), B\in\mathscr{H}$, 则 $ghg^{-1}=g(\exp B)g^{-1}=\exp(\mathscr{Ad}_g B)\in H$ [其中第二步用到式(G-8-3)]. 然而 h 未必能表为 $\exp(B)$, 这使证明变得复杂. 幸好有这样的命题[用选读 G-4-1 的结论配以 Warner(1983)的 3.18 可证]: 只要 H 是连通李群的连通李子群, 则 $\forall h\in H, \exists B_1, B_2, \cdots\in\mathscr{H}$ 使 $h=(\exp B_1)(\exp B_2)\cdots$(有限个指数之积). 所以

$$ghg^{-1}=g(\exp B_1)g^{-1}g(\exp B_2)g^{-1}\cdots=h_1h_2\cdots\in H,$$

其中 $h_n\equiv g(\exp B_n)g^{-1}\in H, n\in\mathbb{N}$. $\square$

注 2 可见理想在李代数理论中的角色相当于正规子群在群论中的角色.

由推前映射的线性性可知 $I_{g*}:\mathscr{G}\to\mathscr{G}$ 是 $\mathscr{G}$ 上的线性映射, 故 $\mathscr{Ad}_g\in\mathscr{L}(\mathscr{G})$ [$\mathscr{L}(\mathscr{G})$ 的含义见式(G-8-1)]. $I_g: G\to G$ 是微分同胚还保证 $I_{g*}:\mathscr{G}\to\mathscr{G}$ 是同构映射(见第 4 章习题 4),① 当然有逆, 所以

$$\mathscr{Ad}_g\in\{\mathscr{G}\text{上可逆线性变换}\}\subset\mathscr{L}(\mathscr{G}). \tag{G-8-7}$$

既然每一 $g\in G$ 对应于一个 $\mathscr{Ad}_g$, 便有从 G 到 $\{\mathscr{G}$ 上可逆线性变换$\}$的映射, 记作 $\mathscr{Ad}$, 即

$$\mathscr{Ad}: G\to\{\mathscr{G}\text{ 上可逆线性变换}\}. \tag{G-8-8}$$

选定基底后 $\mathscr{G}$ 上的每个可逆线性变换对应于一个可逆矩阵, 故 $\{\mathscr{G}$ 上可逆线性变换$\}$对应于一个矩阵群[就是 $\mathrm{GL}(m,\mathbb{R})$, 其中 $m\equiv\dim(G)$]. 下面证明 $\mathscr{Ad}$ 是同态映射, 因而是李群 G 的表示.

定理 G-8-5 $\mathscr{Ad}: G\to\{\mathscr{G}$ 上可逆线性变换$\}$是同态映射.

---

① 其实 I_{g*}: $\mathscr{G}\to\mathscr{G}$ 不止是矢量空间同构而且是李代数同构, 证明见习题 23, 有提示.

证明 不难证明$\forall g,h\in G$有$I_{gh}=I_g\circ I_h$，故

$$\mathscr{Ad}_{gh}=I_{gh*}=(I_g\circ I_h)_*=I_{g*}\circ I_{h*}=\mathscr{Ad}_g\circ\mathscr{Ad}_h, \tag{G-8-9}$$

[其中第三步用到第4章习题5(b).] 同态性于是得证. □

定义2 同态映射$\mathscr{Ad}:G\to\{\mathscr{G}$上可逆线性变换$\}$称为**李群$G$的伴随表示**(adjoint representation).

至今已讲过三个与“伴随”有关的映射，即$I_g:G\to G$；$\mathscr{Ad}_g:\mathscr{G}\to\mathscr{G}$；$\mathscr{Ad}:G\to\{\mathscr{G}$上可逆线性变换$\}$. 现在介绍第四个，即$\mathrm{ad}_A:\mathscr{G}\to\mathscr{G}$(其中$A$不是群元而是代数元：$A\in\mathscr{G}$)，定义为

$$\mathrm{ad}_A(B):=[A,B],\quad\forall B\in\mathscr{G}\ (\text{右边方括号代表}\mathscr{G}\text{的李括号}). \tag{G-8-10}$$

由李括号的线性性可知$\mathrm{ad}_A:\mathscr{G}\to\mathscr{G}$有如下两个性质：

(a) $\forall B_1,B_2\in\mathscr{G}$，$\beta_1,\beta_2\in\mathbb{R}$有$\mathrm{ad}_A(\beta_1B_1+\beta_2B_2)=\beta_1\mathrm{ad}_A(B_1)+\beta_2\mathrm{ad}_A(B_2)$，

(b) $\forall A_1,A_2\in\mathscr{G}$，$\alpha_1,\alpha_2\in\mathbb{R}$有$\mathrm{ad}_{\alpha_1A_1+\alpha_2A_2}=\alpha_1\mathrm{ad}_{A_1}+\alpha_2\mathrm{ad}_{A_2}$.

性质(a)表明ad_A是$\mathscr{G}$上的线性变换，即$\mathrm{ad}_A\in\mathscr{L}(\mathscr{G})$，也可看作$\mathscr{G}$上的(1,1)型张量，所以式(G-8-10)在补上抽象指标后又可用$\mathscr{G}$的结构张量$C^c{}_{ab}$改写为

$$(\mathrm{ad}_A)^c{}_bB^b\equiv[A,B]^c=C^c{}_{ab}A^aB^b,\quad\forall B^b\in\mathscr{G},$$

从而给出张量$(\mathrm{ad}_A)^c{}_b$在甩掉作用对象B^b后的表达式

$$(\mathrm{ad}_A)^c{}_b=A^aC^c{}_{ab}. \tag{G-8-11}$$

映射ad_A(其中$A\in\mathscr{G}$)虽不同于$\mathscr{Ad}_g$(其中$g\in G$)，但两者有如下密切关系[证明见Sagle and Walde(1973)]：

$$\mathscr{Ad}_{\exp(A)}=\mathrm{Exp}(\mathrm{ad}_A), \tag{G-8-12}$$

其中$\mathrm{Exp}(\mathrm{ad}_A)$的含义是

$$\mathrm{Exp}(\mathrm{ad}_A)\equiv\delta+\mathrm{ad}_A+\frac{1}{2!}(\mathrm{ad}_A)^2+\frac{1}{3!}(\mathrm{ad}_A)^3+\cdots, \tag{G-8-13}$$

这可看作$\mathscr{G}$上的(1,1)型张量等式，δ代表恒等映射(即$\delta^a{}_b$)，$(\mathrm{ad}_A)^2$代表$(\mathrm{ad}_A)^a{}_c(\mathrm{ad}_A)^c{}_b$，等等. 因$\mathrm{ad}_A$可看作抽象李代数$\mathscr{L}(\mathscr{G})$的元素，$\mathrm{Exp}(\mathrm{ad}_A)$也可理解为$\exp(\mathrm{ad}_A)$，即李代数$\mathscr{L}(\mathscr{G})$相应的(单连通)李群上的指数映射. 这一理解与用幂级数[式(G-8-13)]的理解等价.

既然每一$A\in\mathscr{G}$对应于一个$\mathrm{ad}_A\in\mathscr{L}(\mathscr{G})$，便有从$\mathscr{G}$到$\mathscr{L}(\mathscr{G})$的映射(与“伴随”有关的第五个映射)，记作$\mathrm{ad}:\mathscr{G}\to\mathscr{L}(\mathscr{G})$，$\mathrm{ad}_A$的性质(b)表明ad为线性映射. 由李括号所满足的雅可比恒等式易证(习题)ad_A满足

$$\mathrm{ad}_{[A,B]} = \mathrm{ad}_A \mathrm{ad}_B - \mathrm{ad}_B \mathrm{ad}_A, \quad \forall A, B \in \mathscr{G}, \tag{G-8-14}$$

即 $\mathrm{ad}: \mathscr{G} \to \mathscr{L}(\mathscr{G})$ 保李括号，因而是同态映射.

定义 3　同态映射 $\mathrm{ad}: \mathscr{G} \to \mathscr{L}(\mathscr{G})$ 称为**李代数** $\mathscr{G}$ **的伴随表示**.

注意到{ $\mathscr{G}$ 上可逆线性变换} $\subset \mathscr{L}(\mathscr{G})$，也可写 $\mathscr{Ad}: G \to \mathscr{L}(\mathscr{G})$. 由 $\mathscr{Ad}_e: \mathscr{G} \to \mathscr{G}$ 是恒等映射可知 $\mathscr{Ad}(e)$ 是 $\mathscr{L}(\mathscr{G})$ 中的单位矩阵 I，故 $\mathscr{Ad}: G \to \mathscr{L}(\mathscr{G})$ 在点 $e \in G$ 诱导出推前映射 $\mathscr{Ad}_*: V_e \to V_I$. 注意到 $V_e = \mathscr{G}$ 以及矢量空间 $\mathscr{L}(\mathscr{G})$ 可与其中任一点的切空间(现在取 V_I)认同，便有 $\mathscr{Ad}_*: \mathscr{G} \to \mathscr{L}(\mathscr{G})$，即映射 $\mathscr{Ad}_*$ 与 ad 有相同的定义域和值域. 下面证明它们是相等的映射.

定理 G-8-6　映射 $\mathscr{Ad}_*: \mathscr{G} \to \mathscr{L}(\mathscr{G})$ 与 $\mathrm{ad}: \mathscr{G} \to \mathscr{L}(\mathscr{G})$ 相等.

证明　只须证 $\mathscr{Ad}_* A = \mathrm{ad}_A \ \forall A \in \mathscr{G}$，为此只须证 $(\mathscr{Ad}_* A)(B) = \mathrm{ad}_A(B) \ \forall A, B \in \mathscr{G}$. 因

$$\mathscr{Ad}_* A = \mathscr{Ad}_*\left[\left.\frac{\mathrm{d}}{\mathrm{d}t}\right|_{t=0} \exp(tA)\right] = \left.\frac{\mathrm{d}}{\mathrm{d}t}\right|_{t=0} \mathscr{Ad}(\exp tA) = \left.\frac{\mathrm{d}}{\mathrm{d}t}\right|_{t=0} \mathscr{Ad}_{\exp(tA)},$$

故

$$(\mathscr{Ad}_* A)(B) = \left[\left.\frac{\mathrm{d}}{\mathrm{d}t}\right|_{t=0} \mathscr{Ad}_{\exp(tA)}\right](B) = \left.\frac{\mathrm{d}}{\mathrm{d}t}\right|_{t=0} (\mathscr{Ad}_{\exp(tA)} B) = [A, B] = \mathrm{ad}_A(B),$$

其中第三步用到定理 G-8-3. □

利用 $\mathscr{G}$ 的伴随表示可定义映射 $K: \mathscr{G} \times \mathscr{G} \to \mathbb{R}$ 如下:

$$K(A, B) := \mathrm{tr}\,(\mathrm{ad}_A \mathrm{ad}_B), \qquad \forall A, B \in \mathscr{G}. \tag{G-8-15}$$

其中 $\mathrm{ad}_A \mathrm{ad}_B$ 代表两个线性变换的相继作用，也可用抽象指标表为

$$(\mathrm{ad}_A)^a{}_c (\mathrm{ad}_B)^c{}_b = (\mathrm{ad}_A \mathrm{ad}_B)^a{}_b,$$

而 $\mathrm{tr}\,(\mathrm{ad}_A \mathrm{ad}_B)$ 则代表 $(\mathrm{ad}_A \mathrm{ad}_B)^a{}_a$，即 $(1,1)$ 型张量 $(\mathrm{ad}_A \mathrm{ad}_B)^a{}_b$ 的迹. 由式(G-8-15)及 ad_A 的性质(b)可知 K 是把 $\mathscr{G}$ 上两个矢量 A, B 变为一个实数的对称双线性映射，因而是 $\mathscr{G}$ 上的 $(0,2)$ 型对称张量，在李代数理论中被称为 $\mathscr{G}$ 上的 **Killing 型**(Killing form). 由式(G-8-14)不难证明(习题)

$$K([A, B], C) = K(A, [B, C]), \quad \forall A, B, C \in \mathscr{G}. \tag{G-8-16}$$

提示:利用 tr 号内方阵顺序 的可轮换性，例如 $\mathrm{tr}(ABC) = \mathrm{tr}(CAB) = \mathrm{tr}(BCA)$.

式(G-8-15)也可借助于式(G-8-11)表为

$$K(A, B) = (\mathrm{ad}_A)^a{}_b (\mathrm{ad}_B)^b{}_a = C^a{}_{cb} C^b{}_{da} A^c B^d, \tag{G-8-17}$$

另一方面，$K(A,B)$ 又可用抽象指标表为 $K_{cd}A^c B^d$，与上式结合便得

$$K_{cd}=C^a{}_{cb}C^b{}_{da}\,. \tag{G-8-18}$$

K_{ab} 的对称性使它有可能充当矢量空间 $\mathscr{G}$ 上的度规，但为此还须 K_{ab} 非退化. 可以证明(参见专讲李代数的教材)，K_{ab} 非退化的充要条件是 $\mathscr{G}$ 为半单李代数(见§G.3 定义 5). 所以半单李代数 $\mathscr{G}$ 的 Killing 型 K_{ab} 可充当 $\mathscr{G}$ 的度规，称为**嘉当度规**. K_{ab} 的号差原则上因 $\mathscr{G}$ 而异，不过物理中遇到的李代数的 K_{ab} 多数是负定的，因而存在正交归一基底 $\{(E_\mu)^a\}$ 使 $K_{\mu\nu}=K_{ab}(E_\mu)^a(E_\nu)^b=-\delta_{\mu\nu}$.

嘉当度规 K_{ab} 的一大用处是给结构常数 $C^\sigma{}_{\mu\nu}$ 降指标，即可定义

$$C_{\rho\mu\nu}\equiv K_{\rho\sigma}C^\sigma{}_{\mu\nu}\,. \tag{G-8-19}$$

定理 G-8-7　$C_{\rho\mu\nu}=C_{[\rho\mu\nu]}$.

证明　下标本来就反称，故只须证 $C_{\rho\mu\nu}=-C_{\mu\rho\nu}$，即 $K_{\rho\sigma}C^\sigma{}_{\mu\nu}=-K_{\mu\sigma}C^\sigma{}_{\rho\nu}$. 注意到 $K_{\rho\sigma}C^\sigma{}_{\mu\nu}=K(E_\rho,E_\sigma)C^\sigma{}_{\mu\nu}=K(E_\rho,C^\sigma{}_{\mu\nu}E_\sigma)=K(E_\rho,[E_\mu,E_\nu])$，只须证

$$K(E_\rho,[E_\mu,E_\nu])=-K(E_\mu,[E_\rho,E_\nu]),$$

利用式(G-8-16)及 $[E_\rho,E_\mu]=-[E_\mu,E_\rho]$ 立即得证. □

李代数 $\mathscr{G}$ 的 Killing 型是用伴随表示 ad 定义的，但可自然推广到任何表示 $\beta:\mathscr{G}\to\mathscr{L}(V)$. 在 $\mathscr{G}$ 上定义对称双线性映射 $\tilde{K}:\mathscr{G}\times\mathscr{G}\to\mathbb{R}$ 如下：

$$\tilde{K}(A,B):=\mathrm{tr}\,[\beta(A)\beta(B)],\qquad \forall A,B\in\mathscr{G}\,. \tag{G-8-20}$$

当 β 为伴随表示 ad 时 $\tilde{K}$ 回到 K. 与 K 类似，$\tilde{K}$ 也可看作 $\mathscr{G}$ 上的 $(0,2)$ 型对称张量，故也可记作 $\tilde{K}_{ab}$. 当李代数 $\mathscr{G}$ 及其表示 β 满足适当条件时 $\tilde{K}_{ab}$ 非退化，这时就可充当 $\mathscr{G}$ 上的度规，不妨称为**广义嘉当度规**. 不难证明式(G-8-16)也适用于 $\tilde{K}$，即

$$\tilde{K}([A,B],C)=\tilde{K}(A,[B,C]),\quad \forall A,B,C\in\mathscr{G}\,. \tag{G-8-21}$$

§G.9　固有洛伦兹群和洛伦兹代数

G.9.1　固有洛伦兹变换和固有洛伦兹群

洛伦兹群是由洛伦兹变换引出的. 洛伦兹变换是 4 维闵氏时空中从一个惯性坐标系(洛伦兹系)到另一惯性坐标系的坐标变换. 读者熟悉的洛伦兹变换

$$\begin{gathered} t'=\gamma(t-vx),\quad x'=\gamma(x-vt),\quad y'=y,\quad z'=z,\\ -1<v<1,\quad \gamma\equiv(1-v^2)^{-1/2} \end{gathered} \tag{G-9-1}$$

所涉及的两个惯性坐标系满足如下条件(见图 G-8): ①空间坐标原点在 $t'=t=0$ 时重合; ② $\{x',y',z'\}$ 系相对于 $\{x,y,z\}$ 系以 3 速率 $|v|$ 沿 x 轴的正或负向匀速平动; ③空间坐标轴对应同向. 以 X 和 X' 分别代表由 t, x, y, z 和 t', x', y', z' 排成的列矩阵, 则式(G-9-1)可用矩阵表为

$$X' = B_x(v)X, \text{ 其中 } B_x(v) = \begin{bmatrix} \gamma & -\gamma v & 0 & 0 \\ -\gamma v & \gamma & 0 & 0 \\ 0 & 0 & 1 & 0 \\ 0 & 0 & 0 & 1 \end{bmatrix}, \qquad \text{(G-9-1}'\text{)}$$

令 $v = \text{th}\lambda$, 则 $-1 < v < 1$ 相当于 $-\infty < \lambda < \infty$, $B_x(v)$ 可改写为

$$B_x(\lambda) = \begin{bmatrix} \text{ch}\lambda & -\text{sh}\lambda & 0 & 0 \\ -\text{sh}\lambda & \text{ch}\lambda & 0 & 0 \\ 0 & 0 & 1 & 0 \\ 0 & 0 & 0 & 1 \end{bmatrix}. \qquad \text{(G-9-1}''\text{)}$$

今后也常把 X 作为 $\{t,x,y,z\}$ 系的简称. 为了把条件②放宽为"X' 系相对于 X 系的速度 $\vec{V}$ 可取任意方向", 可先把式(G-9-1)的第二、三、四式改写为一个 3 维矢量等式. 设事件 $p \in \mathbb{R}^4$ 在 X 和 X' 系的时空坐标分别为 t, x, y, z 和 t', x', y', z', 以 $\vec{e}_1, \vec{e}_2, \vec{e}_3$ 和 $\vec{e}_1', \vec{e}_2', \vec{e}_3'$ 分别代表两系的空间坐标基矢, 则

$$\vec{R} \equiv x\vec{e}_1 + y\vec{e}_2 + z\vec{e}_3, \qquad \vec{R}' \equiv x'\vec{e}_1' + y'\vec{e}_2' + z'\vec{e}_3' \qquad \text{(G-9-2)}$$

分别代表事件 p 在两系中的位矢(图 G-9). 请注意 $\vec{R}$ 和 $\vec{R}'$ 是 p 点的切于不同 3 维子流形(Σ_t 和 $\Sigma_{t'}$)的矢量, 不能直接比较. 为便于描述两者的关系, 可借用一个人为引入的抽象的 3 维矢量空间 $\mathscr{V}$ (实的内积空间). 以 $\vec{\varepsilon}_1, \vec{\varepsilon}_2, \vec{\varepsilon}_3$ 代表 $\mathscr{V}$ 的事先选定的一组正交归一基矢, 则

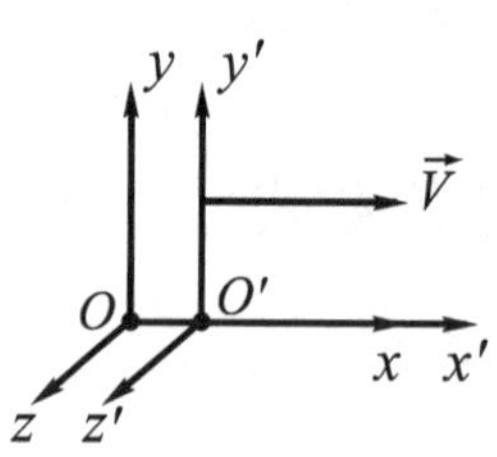

图 G-8　式(G-9-1)涉及的两个惯性坐标系的简单关系

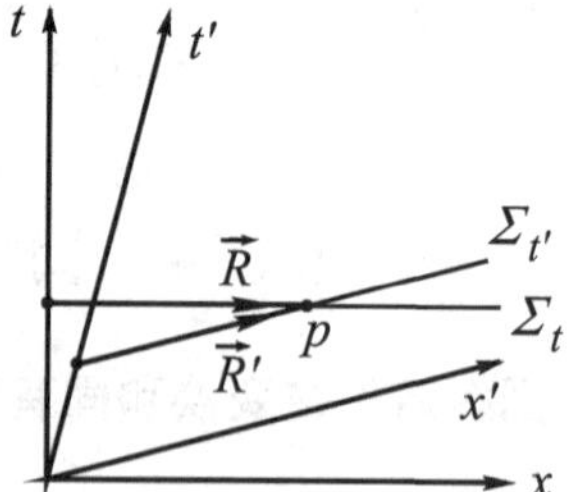

图 G-9　p 在两系的位矢 $\vec{R}$ 和 $\vec{R}'$ 是不同 3 维流形(Σ_t 和 $\Sigma_{t'}$)上的切矢量. 此图只是 4 维图在 $t \sim x$ 面的投影

$$\vec{r} \equiv x\vec{\varepsilon}_1 + y\vec{\varepsilon}_2 + z\vec{\varepsilon}_3\,, \qquad \vec{r}\,' \equiv x'\vec{\varepsilon}_1 + y'\vec{\varepsilon}_2 + z'\vec{\varepsilon}_3 \tag{G-9-3}$$

都是 $\mathscr{V}$ 的元素, 分别称为 $\vec{R}$ 和 $\vec{R}'$ 在 $\mathscr{V}$ 的像矢量. 一般而言, 设 $\vec{W}$ 是任一惯性坐标系的空间矢量, W^i 是 $\vec{w}$ 在该系的分量, 则 $w^i\vec{\varepsilon}_i \in \mathscr{V}$ 定义为 $\vec{W}$ 的像矢量. X 系测得的 X' 系的速度 $\vec{V}$ 是切于 Σ_t 的矢量, 在图 G-8 的情况下有 $\vec{V} \equiv v\vec{e}_1$, 故其像矢量为 $\vec{v} = v\vec{\varepsilon}_1$. 利用 $\vec{r}$, $\vec{r}\,'$ 和 $\vec{v}$ 可把式(G-9-1)的第一至四式改写为

$$t' = \gamma(t - \vec{v}\cdot\vec{r})\,, \qquad \vec{r}\,' = \vec{r} + \vec{v}\left[\frac{(\gamma-1)\,(\vec{v}\cdot\vec{r})}{v^2} - \gamma t\right], \tag{G-9-4}$$

式中所有矢量都是抽象空间 $\mathscr{V}$ 的元素. 上式第二式是 $\mathscr{V}$ 中的矢量等式, 有明确意义. 为把式(G-9-1′)推广到 $\vec{V}$ 取任意方向的情况, 只须对 X 和 X' 系的空间坐标轴施行相同的空间转动(转后所得新系的 x 轴便不再与 $\vec{V}$ 平行). 作为后果, 位矢 $\vec{R} \equiv x\vec{e}_1 + y\vec{e}_2 + z\vec{e}_3$, $\vec{R}' \equiv x'\vec{e}_1' + y'\vec{e}_2' + z'\vec{e}_3'$ 和相对速度 $\vec{V} \equiv v\vec{e}_1$ 的分量 (x,y,z) , (x',y',z') 和 $(v,0,0)$ 都受到一个相同的正交变换, 从而像矢量 $\vec{r}$, $\vec{r}\,'$ 和 $\vec{v}$ 也都受到一个相同的逆转动(因为已约定 $\vec{\varepsilon}_1$, $\vec{\varepsilon}_2$, $\vec{\varepsilon}_3$ 不变). 由于坐标 t 不受空间转动影响, 转动的保内积性又保证 $\vec{v}\cdot\vec{r}$, $v^2 = \vec{v}\cdot\vec{v}$ 及 $\gamma \equiv (1-v^2)^{-1/2}$ 在转动下不变, 所以式(G-9-4)第二式右边的方括号为不变量. 加上转动映射的线性性, 便知式(G-9-4)对逆转动所得的像矢量 $\tilde{\vec{r}}$, $\tilde{\vec{r}}\,'$ 和 $\tilde{\vec{v}}$ 同样成立,

即
$$t' = \gamma(t - \tilde{\vec{v}}\cdot\tilde{\vec{r}}), \qquad \tilde{\vec{r}}\,' = \tilde{\vec{r}} + \tilde{\vec{v}}\left[\frac{(\gamma-1)(\tilde{\vec{r}}\cdot\tilde{\vec{v}})}{v^2} - \gamma t\right]. \tag{G-9-4′}$$

上式反映两个惯性坐标系 $\tilde{X}$ 和 $\tilde{X}'$ (分别由 X 和 X' 系经相同转动而得)之间的坐标变换关系, 但这关系已不再满足图 G-8, 因为两者的相对速度 $\vec{V}$ 与 $\tilde{x}$ 轴并不平行. ($\vec{V}$ 与 $\tilde{x}$ 轴可以谈及平行是因为它们都躺在欧氏空间 Σ_t 上, 这是空间转动不改变惯性参考系的结果.) 不过, 为了得到 $\tilde{X}$ 和 $\tilde{X}'$ 系只须对图 G-8 的 X 和 X' 系施行相同的空间转动, [这“相同”是指刻画两个转动($X \mapsto \tilde{X}$ 和 $X' \mapsto \tilde{X}'$)的三个欧拉角(分别由 X 和 X' 系测得)对应相等]. 在这个意义上可以说 $\tilde{X}$ 和 $\tilde{X}'$ 系的对应空间轴“同向”. 式(G-9-4′)所代表的坐标变换叫做**无转动的洛伦兹变换**(Lorentz transformation without rotation)或**伪转动**(boost). 为简单起见去掉 ~ 号, 并以 v_1, v_2, v_3 代表像矢量的分量(即 $\vec{v} \equiv v_1\vec{\varepsilon}_1 + v_2\vec{\varepsilon}_2 + v_3\vec{\varepsilon}_3$), 则式(G-9-4′)亦可表为矩阵等式 $X' = B(\vec{v})X$, 其中

$$B(\vec{v})=\begin{bmatrix} \gamma & -\gamma v_1 & -\gamma v_2 & -\gamma v_3 \\ -\gamma v_1 & 1+\frac{(\gamma-1)v_1^2}{v^2} & \frac{(\gamma-1)v_1v_2}{v^2} & \frac{(\gamma-1)v_1v_3}{v^2} \\ -\gamma v_2 & \frac{(\gamma-1)v_1v_2}{v^2} & 1+\frac{(\gamma-1)v_2^2}{v^2} & \frac{(\gamma-1)v_2v_3}{v^2} \\ -\gamma v_3 & \frac{(\gamma-1)v_1v_3}{v^2} & \frac{(\gamma-1)v_2v_3}{v^2} & 1+\frac{(\gamma-1)v_3^2}{v^2} \end{bmatrix}. \qquad \text{(G-9-5)}$$

上式的 $B(\vec{v})$ 称为**伪转动矩阵**(由上式可见伪转动矩阵必对称), 它穷尽了惯性坐标系 X 和 X' 之间满足如下条件的坐标变换: ①两系空间坐标原点在 $t'=t=0$ 时重合; ② $\{x',y',z'\}$ 系相对于 $\{x,y,z\}$ 系以任意 3 速度 $\vec{V}\equiv v_1\vec{e}_1+v_2\vec{e}_2+v_3\vec{e}_3$ 作匀速平动; ③两系空间坐标轴对应"同向". 为便于计算, 式(G-9-5)的 $B(\vec{v})$ 也可用下式表出:

$$B^0{}_0(\vec{v})=\gamma,\ B^0{}_i(\vec{v})=B^i{}_0(\vec{v})=-\gamma v^i,\ B^i{}_j(\vec{v})=B^j{}_i(\vec{v})=\delta^i{}_j+\frac{\gamma^2 v^i v_j}{1+\gamma}, \qquad \text{(G-9-5')}$$

其中 $v^i\equiv\delta^{ij}v_j=v_i$. 此外, 由矩阵求逆运算或物理思辨可知 $B^{-1}(\vec{v})=B(-\vec{v})$.

式(G-9-5)只给出洛伦兹变换的第一种类型(伪转动). 第二种类型的简单特例是

$$X'=R_z(\alpha)X,\ \ 其中\ R_z(\alpha)=\begin{bmatrix} 1 & 0 & 0 & 0 \\ 0 & \cos\alpha & -\sin\alpha & 0 \\ 0 & \sin\alpha & \cos\alpha & 0 \\ 0 & 0 & 0 & 1 \end{bmatrix}, \qquad \text{(G-9-6)}$$

它所涉及的两个惯性坐标系之间没有相对运动(因而属于同一惯性参考系), 其作用是把 X 系的空间坐标轴绕 z 轴转角度 α. 这种类型的最一般情形是把 X 系的空间坐标轴绕(过原点的)任意轴转任意角(因而所得新坐标系 X' 与 X 仍属同一惯性参考系), 其矩阵 R 为

$$R=\begin{bmatrix} 1 & 0 & 0 & 0 \\ 0 & R^1{}_1 & R^1{}_2 & R^1{}_3 \\ 0 & R^2{}_1 & R^2{}_2 & R^2{}_3 \\ 0 & R^3{}_1 & R^3{}_2 & R^3{}_3 \end{bmatrix},\ \ 其中\ \begin{bmatrix} R^1{}_1 & R^1{}_2 & R^1{}_3 \\ R^2{}_1 & R^2{}_2 & R^2{}_3 \\ R^3{}_1 & R^3{}_2 & R^3{}_3 \end{bmatrix}\in \mathrm{SO}(3). \qquad \text{(G-9-7)}$$

式(G-9-7)的洛伦兹变换叫做**转动**(rotation),是同一惯性参考系内的坐标变换.[①] 最一般的洛伦兹变换可以定义如下:惯性坐标系 X 与 X' 之间的坐标变换称为**洛伦兹变换**,若两系的空间坐标原点在 $t'=t=0$ 时重合(亦即洛伦兹变换保持 4 维坐标原点不变).不难看出闵氏线元在洛伦兹变换下不变,因此所有洛伦兹变换构成群,而且同构于小节 G.5.3 定义的洛伦兹群 $L\equiv \mathrm{O}(1,3)$. 闵氏时空的平移变换也保线元,但 4 维坐标系原点在平移下要变,称为**非齐次洛伦兹变换**.上面定义的洛伦兹变换也可称为**齐次洛伦兹变换**,齐次与非齐次洛伦兹变换构成 **Poincaré群**.本节只讨论齐次洛伦兹变换,即只讨论洛伦兹群 L,而且只关心 L 的不含反射及反演的子群,即固有洛伦兹群 $L_+^\uparrow$,其群元可以是转动、伪转动以及两者的混合(即转动和伪转动矩阵之积),见定理 G-9-4.不难看出,由全体转动组成的子集 $\mathrm{ZD}\subset L_+^\uparrow$ 是子群,而且同构于 $\mathrm{SO}(3)$. 还可证明 ZD 是李子群.然而,应该特别强调,两个伪转动矩阵 $B(\vec{v})$ 和 $B(\vec{u})$ 之积 $B(\vec{v})B(\vec{u})$ 不是对称矩阵[除非 $\vec{v}$ 和 $\vec{u}$ (作为 $\mathscr{V}$ 的矢量)平行,见定理 G-9-5],因而不是伪转动.可见由全体伪转动组成的子集 $\mathrm{WZ}\subset L_+^\uparrow$ 不是子群[这与式(G-6-9)给出的李括号表达式密切相关].在原子物理的早期研究中提出的托马斯进动正是 WZ 不是子群的结果(见小节 G.9.4).不过,由式(G-9-1″)容易验证

$$B_x(\lambda_1+\lambda_2)=B_x(\lambda_1)B_x(\lambda_2),$$

所以 WZ 的子集

$$\mathrm{WZ}_x\equiv\{\text{形如式(G-9-1″)的矩阵 } B_x(\lambda)\mid \lambda\in\mathbb{R}\}$$

是 $L_+^\uparrow$ 的单参子群.

用转动矩阵 R 可对式(G-9-5)的推导过程给出一个简洁描述.设 X 和 X' 系由简单伪转动 $B_x(v)$ 联系,即 $X'=B_x(v)X$. 对两系施行任意转动 R 便得新系 $\tilde{X}=RX$ 和 $\tilde{X}'=RX'$. 由此三式易得 $\tilde{X}'=RB_x(v)R^{-1}\tilde{X}=B(\vec{v})\tilde{X}$,其中 $B(\vec{v})\equiv RB_x(v)R^{-1}$ 就是式(G-9-5)的 $B(\vec{v})$,而且由式(G-9-4′)的推导过程可知 $B(\vec{v})$ 中的矢量 $\vec{v}$ 与 $B_x(v)$ 中的实数 v 的关系为 $|\vec{v}|=|v|$. 这一推导也可逆过来做,即 $\forall B(\vec{v})\in\mathrm{WZ}$,总可对 X 和 X' 系施行相同转动使 x 轴与 $\vec{V}$ 同向,从而把 $B(\vec{v})$ 变为 $B_x(v)$. 于是如下定理成立:

定理 G-9-1

(a) $B_x(v)\in\mathrm{WZ}_x, R\in\mathrm{ZD}\Rightarrow R^{-1}B_x(v)R\in\mathrm{WZ}$;

(b) $B(\vec{v})\in\mathrm{WZ}\Rightarrow\exists R\in\mathrm{ZD}$ 使 $B(\vec{v})=R^{-1}B_x(v)R$, 其中 $|v|=|\vec{v}|$.

---

① "转动"一词有些误导.转动本是运动的特例,而运动必然涉及随时间的变化.然而此处的"转动"描述的只是两个坐标系之间的关系,根本不涉及时间演化问题.之所以也称之为转动,是因为若令 X 系在某段时间内作某种转动运动便可得到 X' 系."伪转动"也有类似问题.§7.3 的转动和伪转动才是真正的运动,因为它们反映矢量随时间 τ 的变化(真的作转动或伪转动).

定理 G-9-2 若惯性坐标系 X 与 X' 由伪转动联系，$R\in \text{ZD}$，则 $\tilde{X}\equiv RX$ 与 $\tilde{X}'\equiv RX'$ 也由伪转动联系.

证明 设 $X'=B(\vec{v})X, B(\vec{v})\in \text{WZ}$，则定理 G-9-1(b) 保证 $\exists R_0\in \text{ZD}$ 使 $B(\vec{v})=R_0{}^{-1}B_x(v)R_0$，故 $X'=R_0{}^{-1}B_x(v)R_0X$，从而 $R_0X'=B_x(v)R_0X$，与 $\tilde{X}\equiv RX$, $\tilde{X}'\equiv RX'$ 结合给出 $R_0R^{-1}\tilde{X}'=B_x(v)R_0R^{-1}\tilde{X}$. 令 $R_1\equiv R_0R^{-1}$，则 $\tilde{X}'=R_1{}^{-1}B_x(v)R_1\tilde{X}$. 定理 G-9-1(a)保证 $R_1{}^{-1}B_x(v)R_1\in \text{WZ}$，故 $\tilde{X}$ 与 $\tilde{X}'$ 也由伪转动联系. □

注 1 给定两个惯性参考系 $\mathscr{R}$ 和 $\mathscr{R}'$ 就有唯一的($\mathscr{R}'$ 相对于 $\mathscr{R}$ 的)相对速度 $\vec{V}$ (是切于 $\mathscr{R}$ 系的同时面的矢量)，但却可有许多不同的伪转动矩阵 $B(\vec{v})$，这是因为 $B(\vec{v})$ 中的 $\vec{v}$ 是抽象空间 $\mathscr{V}$ 的元素，由 $\vec{V}\equiv v_1\vec{e}_1+v_2\vec{e}_2+v_3\vec{e}_3$ 和 $\vec{v}\equiv v_1\vec{\varepsilon}_1+v_2\vec{\varepsilon}_2+v_3\vec{\varepsilon}_3$ 可知 $\vec{v}$ 除取决于 $\vec{V}$ 外还依赖于坐标基矢 $\vec{e}_1, \vec{e}_2, \vec{e}_3$ 的选取. 设 X 和 $\tilde{X}$ 是参考系 $\mathscr{R}$ 内的两个不同惯性坐标系，则 $\{\vec{e}_1,\vec{e}_2,\vec{e}_3\}$ 不同于 $\{\tilde{\vec{e}}_1,\tilde{\vec{e}}_2,\tilde{\vec{e}}_3\}$，故 $\vec{v}\neq\tilde{\vec{v}}$. 由此不难理解下一定理的证明.

定理 G-9-3 $\forall B(\vec{v})\in \text{WZ}, R\in \text{ZD}$ 有

$$B(R\vec{v})=RB(\vec{v})R^{-1}, \tag{G-9-8}$$

左边的 $R\vec{v}\in\mathscr{V}$，其第 i 分量为 $(R\vec{v})^i=R^i{}_jv^j$.

注 2 $R\in \text{ZD}$ 本是 4×4 矩阵，但 $R\vec{v}$ 中的 R 却是式(G-9-7)右边的 3×3 矩阵，不过这种“符号滥用”不影响实质，因为式(G-9-7)左边的 4×4 阵与右边的 3×3 阵一一对应.

证明 设 X 是惯性坐标系，则 $X'\equiv B(\vec{v})X$ 也是. 以 $\mathscr{R}$ 和 $\mathscr{R}'$ 分别代表 X 和 X' 所属的惯性参考系，以 $\vec{V}$ 代表 $\mathscr{R}'$ 相对于 $\mathscr{R}$ 的速度，则 $B(\vec{v})$ 中的 $\vec{v}$ 是 $\vec{V}$ 在 $\mathscr{V}$ 中的像矢量，即 $\vec{v}=v^i\vec{\varepsilon}_i$，其中 v^i 是 $\vec{V}$ 在 X 系的坐标基底 $\{\vec{e}_i\}$ 的分量，即 $\vec{V}=v^i\vec{e}_i$. 再令 $\tilde{X}\equiv RX$，$\tilde{X}'\equiv RX'$，则 $\tilde{X}$ 和 $\tilde{X}'$ 分别是 $\mathscr{R}$ 和 $\mathscr{R}'$ 系内的惯性坐标系，定理 G-9-2 保证 $\tilde{X}$ 与 $\tilde{X}'$ 由伪转动联系. 对 $\tilde{X}$ 系而言，$\vec{V}$ 的像矢量变为 $\tilde{\vec{v}}=\tilde{v}^i\vec{\varepsilon}_i$，其中 $\tilde{v}^i$ 是 $\vec{V}$ 在 $\tilde{X}$ 系的坐标基底 $\{\tilde{\vec{e}}_i\}$ 的分量，即 $\vec{V}=\tilde{v}^i\tilde{\vec{e}}_i$. 由于坐标变换 $\tilde{X}\equiv RX$ 是线性变换，矢量 $\vec{V}$ 的坐标分量的变换方式与坐标的变换方式一样，故 $\tilde{\vec{v}}=R\vec{v}$，因而 $\tilde{X}'=B(\tilde{\vec{v}})\tilde{X}=B(R\vec{v})\tilde{X}$，再与 $\tilde{X}'=RX'=RB(\vec{v})X=RB(\vec{v})R^{-1}\tilde{X}$ 对比乃得式(G-9-8). □

注 3[选读] ①前面讲过，设 $X'=BX, B\in \text{WZ}$，则 X' 与 X 系的对应空间坐标轴“同向”. 现在说明对“同向”一词加引号的原因. 在 4 维语言中，x' 轴的世界面(记作 Δ)是一个 2 维面. 从 X 系看来，t 时刻的全空间由 Σ_t 代表(见图 G-9)，Σ_t 与 Δ 的交线就是 t 时刻的 x' 轴. 我们来看 x' 轴与 x 轴平行的条件. 为简单起见可只讨论 3 维闵氏时空，并仅关心 $t=0$ 的时刻. 这时 Σ_0 是 2 维面，不难写出 Δ (由 $y'=0$ 定

义)与 Σ_0(由 $t=0$ 定义)的交线在坐标系 $\{x, y\}$ 的方程:

$$\alpha x+\beta y=0\text{，其中 }\alpha\equiv\frac{(\gamma-1)v_2v_1}{v^2}\text{，}\beta\equiv 1+\frac{(\gamma-1){v_2}^2}{v^2}. \tag{G-9-9}$$

此交线与 x 轴平行当且仅当 $\alpha=0$. 可见在这个意义上 x' 轴与 x 轴当 $\alpha\neq 0$ 时不同向. 事实上, 由于不同方向有不同尺缩, X 系在 $\alpha\neq 0$ 时认为 x' 轴与 y' 轴互不正交, 如果 x', y' 轴分别与 x, y 轴同向, 岂非 x 与 y 轴也互不正交?可见“同向”与同向在 $\alpha\neq 0$ 时并不一致, 差别正在于前者略去了后者认为应存在的、由不同方向有不同尺缩所带来的不同向效应. 然而“同向”提法也很有用(例如, 见 G.9.4 小节), 它反映的是两个由伪转动相联系的惯性坐标系 X 和 X' 之间的这样一个重要关系(性质): 为了通过转动把两系关系变得如图 G-8, 刻画这两个转动的欧拉角必须完全相同. ② “同向”关系没有传递性: 设 $X'=B(\vec{v}_1)X$, $X''=B(\vec{v}_2)X'$, 则 $X''=B(\vec{v}_2)B(\vec{v}_1)X$. 只要 $\vec{v}_1$ 与 $\vec{v}_2$ 互不平行, 则 $B(\vec{v}_2)B(\vec{v}_1)$ 不是伪转动(见定理 G-9-5), 从而 X'' 与 X 系的对应空间轴不再“同向”. 这正是小节 G.9.4 要讲的托马斯进动的根源.

定理 G-9-4(分解定理)　$\forall \Lambda\in L_+^{\uparrow}$, $\exists$ 唯一的 $B(\vec{v})\in \mathrm{WZ}$ 和 $R\in \mathrm{ZD}$ 使

$$\Lambda=B(\vec{v})R. \tag{G-9-10}$$

证明　$\Lambda\in L_+^{\uparrow}$ 保证式(G-5-24′)的分量形式 $\eta_{\sigma\rho}=(\Lambda^{\mathrm{T}})_\sigma{}^\mu\eta_{\mu\nu}\Lambda^\nu{}_\rho$ 成立. 依次令 $\sigma=\rho=0$; $\sigma=0, \rho=i$ 及 $\sigma=i, \rho=k$, 便得以下三式(可用作证明本定理的工具):

$$(\Lambda^0{}_0)^2-\sum_i(\Lambda^i{}_0)^2=1, \tag{G-9-11a}$$

$$\Lambda^0{}_0\Lambda^0{}_i-\sum_j\Lambda^j{}_0\Lambda^j{}_i=0, \tag{G-9-11b}$$

$$-\Lambda^0{}_i\Lambda^0{}_k+\sum_j\Lambda^j{}_i\Lambda^j{}_k=\delta_{ik}. \tag{G-9-11c}$$

我们的第一个任务是对所给的 $\Lambda\in L_+^{\uparrow}$ 找出 $B(\vec{v})\in\mathrm{WZ}$ 和 $R\in\mathrm{ZD}$ 使 $\Lambda=B(\vec{v})R$. 若 $\Lambda\in\mathrm{WZ}$, 则只须令 $B(\vec{v})=\Lambda, R=I$. 式(G-9-5′)此时给出 $\Lambda^0{}_0=\gamma, \Lambda^i{}_0=-\gamma v^i$, 即

$$\gamma=\Lambda^0{}_0, \qquad v^i=-\frac{\Lambda^i{}_0}{\Lambda^0{}_0}. \tag{G-9-12}$$

用式(G-9-11a)不难验证上式中的 $\vec{v}$ 即使在 $\Lambda\in L_+^{\uparrow}, \Lambda\notin\mathrm{WZ}$ 的一般情况下仍满足亚光速条件 $|\vec{v}|<1$. 因此, 对给定的任一 $\Lambda\in L_+^{\uparrow}$, 不妨先试探性地用式(G-9-12)按式

(G-9-5)造一个 $B(\vec{v})\in \text{WZ}$，再设法找适当的 $R\in \text{ZD}$ 使 $\Lambda=B(\vec{v})R$. 此式等价于 $R=B^{-1}(\vec{v})\Lambda$，注意到 $B^{-1}(\vec{v})=B(-\vec{v})$，又等价于 $R=B(-\vec{v})\Lambda$. 由式(G-9-5′)和(G-9-12)可求得 $B(-\vec{v})$ 的矩阵元用 $\Lambda^{\mu}{}_{\nu}$ 的表达式：

$$B^{0}{}_{0}(-\vec{v})=\Lambda^{0}{}_{0}\,,\ B^{i}{}_{0}(-\vec{v})=-\Lambda^{i}{}_{0},\ B^{i}{}_{j}(-\vec{v})=\delta^{i}{}_{j}+\frac{\Lambda^{i}{}_{0}\Lambda^{j}{}_{0}}{1+\Lambda^{0}{}_{0}}. \qquad \text{(G-9-13)}$$

从 $R=B(-\vec{v})\Lambda$ 出发借用式(G-9-13)和(G-9-11)做矩阵乘法便得 R 的所有矩阵元(习题)：

$$R^{0}{}_{0}=1,\quad R^{0}{}_{i}=R^{i}{}_{0}=0,\quad R^{i}{}_{j}=\Lambda^{i}{}_{j}-\frac{\Lambda^{i}{}_{0}\Lambda^{0}{}_{j}}{1+\Lambda^{0}{}_{0}}. \qquad \text{(G-9-14)}$$

由 $\Lambda=B(\vec{v})R$ 及 $\Lambda,\ B(\vec{v})\in L_{+}^{\uparrow}$ 知 $R\in L_{+}^{\uparrow}$，取式(G-9-11c)的 Λ 为 R 便可验证 $(R^{i}{}_{j})$ 满足 $\sum_{j}R^{j}{}_{i}R^{j}{}_{k}=\delta_{ik}$，故 $R\in \text{ZD}$. 至此已完成第一个任务，即对 $\Lambda\in L_{+}^{\uparrow}$ 找到 $B(\vec{v})\in \text{WZ}$ 和 $R\in \text{ZD}$ 使 $\Lambda=B(\vec{v})R$，其中 $\vec{v}$ 和 R 分别由式(G-9-12)和(G-9-14)给出. 下面着手第二个任务，即证明分解的唯一性. 设 $\exists\, B(\vec{v}')\in \text{WZ}$，$R'\in \text{ZD}$ 使 $\Lambda=B(\vec{v}')R'$，则由 $B(\vec{v})R=B(\vec{v}')R'$ 得 $B(\vec{v}')=B(\vec{v})\hat{R}$ (其中 $\hat{R}\equiv RR'^{-1}\in \text{ZD}$)，配以式(G-9-5′),(G-9-7)得

$$B^{i}{}_{0}(\vec{v}')=B^{i}{}_{0}(\vec{v})\hat{R}^{0}{}_{0}+B^{i}{}_{j}(\vec{v})\hat{R}^{j}{}_{0}=B^{i}{}_{0}(\vec{v})+0=-\gamma v_{i}\,.$$

另一方面，把式(G-9-5′)直接用于 $B(\vec{v}')$ 又可得 $B^{i}{}_{0}(\vec{v}')=-\gamma' v'_{i}$，与上式对比给出 $\gamma' v'_{i}=\gamma v_{i}\ (i=1,2,3)$，由此可证(练习) $\vec{v}'=\vec{v}$，从而 $B(\vec{v}')=B(\vec{v})$，于是 $\hat{R}=1$，即 $R'=R$. 这就证明了分解的唯一性. 分解唯一性的另一证明见习题 25. □

定理 G-9-4*(分解定理另一形式) $\forall \Lambda\in L_{+}^{\uparrow}$，$\exists$ 唯一的 $\overline{R}\in \text{ZD}$ 和 $B(\vec{w})\in \text{WZ}$ 使

$$\Lambda=\overline{R}B(\vec{w})\,, \qquad \text{(G-9-15)}$$

其中 $\overline{R}$ 与 $\Lambda=B(\vec{v})R$ 中的 R 相等，$\vec{w}$ 与 $\Lambda=B(\vec{v})R$ 中的 $\vec{v}$ 的关系为

$$\vec{v}=R\vec{w},\ \ (\text{含义是 } v^{i}=R^{i}{}_{j}w^{j}) \qquad \text{(G-9-16)}$$

等价于

$$w^{i}=-\frac{\Lambda^{0}{}_{i}}{\Lambda^{0}{}_{0}}\,. \qquad \text{(G-9-17)}$$

证明 与上一定理的证明类似，但要先把式(G-5-23)改写为上标形式. 设 $\Lambda\in L_{+}^{\uparrow}$，则 $\Lambda^{-1}\in L_{+}^{\uparrow}$，把 Λ^{-1} 用作式(G-5-24′)的 Λ 得 $\eta=(\Lambda^{\mathrm{T}})^{-1}\eta\Lambda^{-1}$，故 $\eta^{-1}=\Lambda\eta^{-1}\Lambda^{\mathrm{T}}$. 注意到 $\eta^{-1}=\eta$，便有 $\eta=\Lambda\eta\Lambda^{\mathrm{T}}$，其矩阵元等式为

$$\eta^{\sigma\tau} = \Lambda^\sigma{}_\mu \eta^{\mu\nu} \Lambda^\tau{}_\nu .$$

由此可导出与式(G-9-11a)、(G-9-11b)对应的公式, 即

$$(\Lambda^0{}_0)^2 - \sum_i (\Lambda^0{}_i)^2 = 1 , \tag{G-9-11$'$a}$$

$$\Lambda^0{}_0 \Lambda^i{}_0 - \sum_j \Lambda^i{}_j \Lambda^0{}_j = 0 . \tag{G-9-11$'$b}$$

令 $\hat{\Lambda} \equiv RB(\vec{w})$, 其中 R 和 $\vec{w}$ 分别由式(G-9-14)和(G-9-17)给出, 则由式(G-9-11′)不难证明① $\hat{\Lambda}^\mu{}_\nu = \Lambda^\mu{}_\nu$; ②式(G-9-17)给出的 $\vec{w}$ 为亚光速. 再用式(G-9-12)还可证明 $w^i = -\Lambda^0{}_i / \Lambda^0{}_0$ 等价于 $v^i = R^i{}_j w^j$. 分解唯一性的证明也与上一定理类似. □

定理 G-9-4*的另一证明　$\Lambda \in L_+^\uparrow$ 导致 $\Lambda^{-1} \in L_+^\uparrow$, 定理 G-9-4 保证存在唯一的 $\bar{R} \in \mathrm{ZD}$, $B(-\vec{w}) \in \mathrm{WZ}$ 使 $\Lambda^{-1} = B(-\vec{w})\bar{R}^{-1}$, 故 $\Lambda = [B(-\vec{w})\bar{R}^{-1}]^{-1} = \bar{R}B(\vec{w})$. 现在证明 $\bar{R} = R$ 和 $\vec{v} = R\vec{w}$. 由 $\Lambda = B(\vec{v})R$ 和 $\Lambda = \bar{R}B(\vec{w})$ 得 $B(\vec{v})R = \bar{R}B(\vec{w})$, 所以

$$B(\vec{v}) = \bar{R}B(\vec{w})R^{-1} = \bar{R}B(\vec{w})\bar{R}^{-1}\bar{R}R^{-1} = \bar{R}B(\vec{w})\bar{R}^{-1}\bar{R}' = B(\bar{R}\vec{w})\bar{R}' ,$$

其中 $\bar{R}' \equiv \bar{R}R^{-1} \in \mathrm{ZD}$, 最末一步用到式(G-9-8). 上式首末两端可看作同一 $B(\vec{v}) \in L_+^\uparrow$ 按定理 G-9-4 所做的两种分解, 即 $B(\vec{v})I = B(\bar{R}\vec{w})\bar{R}'$, 故由该定理的分解唯一性可知 $\bar{R}' = I$ (再由 $\bar{R}' = \bar{R}R^{-1}$ 得 $\bar{R} = R$)以及 $\vec{v} = R\vec{w}$. 最后, 设若 $\Lambda \in L_+^\uparrow$ 有两种不同的分解, 即 $\Lambda = RB(\vec{w}) = R'B(\vec{w}')$, 则必导致 $\Lambda^{-1} \in L_+^\uparrow$ 有不同的分解:

$$\Lambda^{-1} = B(-\vec{w})R^{-1} = B(-\vec{w}')R'^{-1} ,$$

与定理 G-9-4 矛盾. 可见把 Λ 表为 $RB(\vec{w})$ 的分解是唯一的. □

定理 G-9-5　设 $B(\vec{v}), B(\vec{u}) \in \mathrm{WZ}$ 且 $\vec{v} \neq 0, \vec{u} \neq 0$, 则

$$B(\vec{v})B(\vec{u}) \in \mathrm{WZ} \Leftrightarrow \vec{v} \parallel \vec{u}, \text{ 即 } \vec{v} \text{ 与 } \vec{u} \text{ 平行} . \tag{G-9-18}$$

证 明　(A)[已知 $\vec{v} \parallel \vec{u}$, 欲证 $B(\vec{v})B(\vec{u}) \in \mathrm{WZ}$] 由 $B(\vec{v}), B(\vec{u}) \in \mathrm{WZ}$ 及定理 G-9-1(b)可知 $\exists R_1, R_2 \in \mathrm{ZD}$ 使 $B(\vec{v}) = R_1{}^{-1}B_x(v)R_1$, $B(\vec{u}) = R_2{}^{-1}B_x(u)R_2$. 把前者与式(G-9-8)对比得 $B(\vec{v}) = B(vR_1{}^{-1}\vec{\varepsilon}_1)$, 从而 $\vec{v} = vR_1{}^{-1}\vec{\varepsilon}_1$. 同理有 $\vec{u} = uR_2{}^{-1}\vec{\varepsilon}_1$. 而 $\vec{v} \parallel \vec{u}$ 保证 $\exists \alpha \in \mathbb{R}$ 使 $\vec{u} = \alpha\vec{v}$ (见§2.2 定义 7), 故 $\vec{u} = \alpha v R_1{}^{-1}\vec{\varepsilon}_1$. 于是 $\alpha v R_1{}^{-1}\vec{\varepsilon}_1 = uR_2{}^{-1}\vec{\varepsilon}_1$. 又因 $\vec{v}, \vec{u}, \alpha$ 皆非零, 这等价于

$$R\vec{\varepsilon}_1 = (\alpha v / u)\vec{\varepsilon}_1, \quad \text{其中 } R \equiv R_1 R_2{}^{-1} \in \mathrm{ZD} . \tag{G-9-19}$$

如注 2 所述，现在的 R 已看成式(G-9-7)右边的 3×3 矩阵，故可看作转动映射 $R:\mathscr{V}\to\mathscr{V}$. 而式(G-9-19)表明 R 作用于 $\vec{\varepsilon}_1\in\mathscr{V}$ 得 $(\alpha v/u)\vec{\varepsilon}_1$，所以只能是

$$R=\begin{bmatrix}1 & 0 & 0\\ 0 & \cos\theta & -\sin\theta\\ 0 & \sin\theta & \cos\theta\end{bmatrix},\ \text{或}\ R=\begin{bmatrix}-1 & 0 & 0\\ 0 & \cos\theta & \sin\theta\\ 0 & \sin\theta & -\cos\theta\end{bmatrix},\quad \theta\in[0,\pi)\,, \tag{G-9-20}$$

分别对应于 $\alpha v/u=\pm 1$，由矩阵乘法便得 $RB_x(u)R^{-1}=B_x(\pm u)$. 于是

$$\begin{aligned}B(\vec{v})B(\vec{u})&=R_1^{-1}B_x(v)R_1R_2^{-1}B_x(u)R_2=R_1^{-1}B_x(v)RB_x(u)R^{-1}R_1\\&=R_1^{-1}B_x(v)B_x(\pm u)R_1=R_1^{-1}B_x(w)R_1\in \mathrm{WZ}\,,\end{aligned}$$

其中 $w\in\mathbb{R}$ 满足 $-1<w<1$ [具体说，$w=(v\pm u)/(1\pm uv)$]，上式的最末一步用到定理 G-9-1(a).

(B)[已知 $B(\vec{v})B(\vec{u})\in\mathrm{WZ}$，欲证 $\vec{v}\parallel\vec{u}$] 为此只须证明逆否命题：$\vec{v}\nparallel\vec{u}\Rightarrow B(\vec{v})B(\vec{u})\notin\mathrm{WZ}$. 用反证法. 设 $B(\vec{v})B(\vec{u})\in\mathrm{WZ}$，则 $[B(\vec{v})B(\vec{u})]^0{}_i=[B(\vec{v})B(\vec{u})]^i{}_0$，用式(G-9-5′)通过矩阵乘法求矩阵元，则上式给出

$$\gamma_v\gamma_u\vec{u}+\gamma_v\vec{v}+\frac{\gamma_u{}^2\gamma_v(\vec{u}\cdot\vec{v})\vec{u}}{1+\gamma_u}=\gamma_v\gamma_u\vec{v}+\gamma_u\vec{u}+\frac{\gamma_v{}^2\gamma_u(\vec{u}\cdot\vec{v})\vec{v}}{1+\gamma_v}\,, \tag{G-9-21}$$

其中 $\gamma_v\equiv(1-|\vec{v}|^2)^{-1/2}$，$\gamma_u\equiv(1-|\vec{u}|^2)^{-1/2}$. 用 $\vec{v}$ 叉乘上式两边得

$$\gamma_u\left[1-\gamma_v-\frac{\gamma_u\gamma_v\vec{u}\cdot\vec{v}}{1+\gamma_u}\right]\vec{u}\times\vec{v}=0\,.$$

因 $\gamma_u\geqslant 1$，又已假设 $\vec{v}\nparallel\vec{u}$ (即 $\vec{u}\times\vec{v}\neq 0$)，故上式中的方括号为零，亦即

$$1-\gamma_v+\gamma_u-\gamma_u\gamma_v(1+\vec{u}\cdot\vec{v})=0\,. \tag{G-9-22}$$

式(G-9-21)左侧刚好是把右侧的 $\vec{u}$ 与 $\vec{v}$ 互换的结果，故用 $\vec{u}$ 叉乘该式两边必定是式(G-9-22)中的 $\vec{u}$ 与 $\vec{v}$ 互换的结果：

$$1-\gamma_u+\gamma_v-\gamma_u\gamma_v(1+\vec{u}\cdot\vec{v})=0\,. \tag{G-9-22′}$$

以上两式联立给出 $\gamma_u=\gamma_v$ 和 $1-\gamma_u\gamma_v(1+\vec{u}\cdot\vec{v})=0$，前者导致 $|\vec{u}|^2=|\vec{v}|^2$，代入后者又得 $|\vec{v}|^2+\vec{u}\cdot\vec{v}=0$ 和 $|\vec{u}|^2+\vec{u}\cdot\vec{v}=0$. 两式相加给出 $|\vec{u}+\vec{v}|^2=0$，从而 $\vec{u}+\vec{v}=0$，与 $\vec{v}\nparallel\vec{u}$ 的假设矛盾. □

G.9.2　洛伦兹代数

下面再从李代数的角度讨论. 洛伦兹代数元 $A\in\mathscr{O}(1,3)$ 的充要条件 $A^{\mathrm{T}}=-\eta A\eta$ 等价于 ηA 是反称矩阵(见 G.5.3 小节末), 因此 A 的最一般形式为

$$A=\begin{bmatrix} 0 & A^0{}_1 & A^0{}_2 & A^0{}_3 \\ A^0{}_1 & 0 & A^1{}_2 & A^1{}_3 \\ A^0{}_2 & -A^1{}_2 & 0 & A^2{}_3 \\ A^0{}_3 & -A^1{}_3 & -A^2{}_3 & 0 \end{bmatrix}\in\mathscr{O}(1,3)\ , \tag{G-9-23}$$

把 $A^0{}_i$ 和 $A^i{}_j$ 分别改记为 $b^0{}_i$ 和 $r^i{}_j$, 则

$$A=\begin{bmatrix} 0 & b^0{}_1 & b^0{}_2 & b^0{}_3 \\ b^0{}_1 & 0 & r^1{}_2 & r^1{}_3 \\ b^0{}_2 & -r^1{}_2 & 0 & r^2{}_3 \\ b^0{}_3 & -r^1{}_3 & -r^2{}_3 & 0 \end{bmatrix}\in\mathscr{O}(1,3)\,, \tag{G-9-24}$$

其中的 $\begin{bmatrix} 0 & r^1{}_2 & r^1{}_3 \\ -r^1{}_2 & 0 & r^2{}_3 \\ -r^1{}_3 & -r^2{}_3 & 0 \end{bmatrix}$, 作为 3×3 反称矩阵, 是 $\mathscr{O}(3)$ 的元素. 以 $\mathscr{R}$ 代表形如 $\begin{bmatrix} 0 & 0 & 0 & 0 \\ 0 & 0 & r^1{}_2 & r^1{}_3 \\ 0 & -r^1{}_2 & 0 & r^2{}_3 \\ 0 & -r^1{}_3 & -r^2{}_3 & 0 \end{bmatrix}$ 的 4×4 矩阵的集合, $\mathscr{B}$ 代表形如 $\begin{bmatrix} 0 & b^0{}_1 & b^0{}_2 & b^0{}_3 \\ b^0{}_1 & 0 & 0 & 0 \\ b^0{}_2 & 0 & 0 & 0 \\ b^0{}_3 & 0 & 0 & 0 \end{bmatrix}$ 的 4×4 矩阵的集合, 则 $\mathscr{R}$ 和 $\mathscr{B}$ 都是 $\mathscr{O}(1,3)$ 的 3 维子空间, $\mathscr{R}$ 的任一元素都是反称矩阵, $\mathscr{B}$ 的任一元素都是对称矩阵. 式(G-6-7)和(G-6-8)的矩阵 r_1,r_2,r_3 和 b_1,b_2,b_3 分别构成 $\mathscr{R}$ 和 $\mathscr{B}$ 的一组基矢. 由(G-6-9)第一式可知 $\mathscr{R}$ 还是 $\mathscr{O}(1,3)$ 的李子代数, 而且与 $\mathscr{O}(3)$ 同构. 反之, (G-6-9)第三式则表明子空间 $\mathscr{B}\subset\mathscr{O}(1,3)$ 不是子代数(这与 WZ 不是子群密切相关).

定理 G-9-6　$\mathscr{R}$ 是李群 ZD 的李代数.

证明　只须证明 $\forall r\in\mathscr{R}$, $\exists$ ZD 中过 e 的曲线, 其在 e 的切矢为 r . $r\in\mathscr{R}$ 保证 r 可写成分块矩阵 $r=\begin{bmatrix} 0 & 0 \\ 0 & \hat{r} \end{bmatrix}$, 其中 3×3 矩阵 $\hat{r}\in\mathscr{O}(3)$ [见式(G-9-24)下一行]. $\forall t\in\mathbb{R}$,

容易验证 $\text{Exp}(tr)=\begin{bmatrix}1 & 0\\ 0 & \text{Exp}(t\hat{r})\end{bmatrix}$，而 $\hat{r}\in\mathscr{O}(3)$ 则保证 $\text{Exp}(t\hat{r})\in\text{SO}(3)$，故 $\text{Exp}(tr)$ 可充当式(G-9-7)中的 R，因而 $\text{Exp}(tr)\in\text{ZD}$. 这 $\text{Exp}(tr)$ 就是要找的曲线. □

定理 G-9-7　$R\in\text{ZD}\Leftrightarrow\exists r\in\mathscr{R}$ 使 $R=\text{Exp}(r)$.

证明　(A)($\Leftarrow$ 的证明)既然 $\mathscr{R}$ 是李群 ZD 的李代数且 $r\in\mathscr{R}$，由指数映射定义自然有 $\text{Exp}(r)\in\text{ZD}$. (B)($\Rightarrow$ 的证明)李群 ZD 同构于 SO(3) 保证 ZD 是紧致的连通李群，其上的指数映射是到上映射(见§G.5 注 4 末)，故每一 $R\in\text{ZD}$ 都属于某一单参子群[此结论也可用式(G-5-16)后的欧拉定理证明]，因而 $\exists r\in\mathscr{R}$ 使 $R=\text{Exp}(r)$. □

另一方面，虽然 $\text{WZ}\subset L_+^\uparrow$ 不是子群，它也满足与上述定理类似的定理：

定理 G-9-7′　$B\in\text{WZ}\Leftrightarrow\exists b\in\mathscr{B}$ 使 $B=\text{Exp}(b)$.

证明　定理 G-9-1 表明 $B\in\text{WZ}$ 等价于 $\exists R\in\text{ZD}$, $B_x\in\text{WZ}_x$ 使 $B=R^{-1}B_xR$. 而 B_x 是由 b_1 产生的单参子群的元素(参见§G.6 例 3)，所以 $\exists\nu\in\mathbb{R}$ 使 $B_x=\text{Exp}(\nu b_1)$，从而 $B\in\text{WZ}$ 又等价于

$$\exists R\in\text{ZD},\ \nu\in\mathbb{R}\text{ 使 }B=R^{-1}(\text{Exp}\,\nu b_1)R=\text{Exp}\,(\nu R^{-1}b_1R),$$

其中第二步用到式(G-5-27). 令 $b\equiv\nu R^{-1}b_1R$，欲证定理的“$\Rightarrow$”只须证明 $b\in\mathscr{B}$. 注意到 $R\in\text{ZD}$ 的一般形式为式(G-9-7)，由矩阵运算容易验证

$$b=\nu R^{-1}b_1R=-\nu\begin{bmatrix}0 & R^1{}_1 & R^1{}_2 & R^1{}_3\\ R^1{}_1 & 0 & 0 & 0\\ R^1{}_2 & 0 & 0 & 0\\ R^1{}_3 & 0 & 0 & 0\end{bmatrix}\in\mathscr{B}.$$

再证“$\Leftarrow$”，这时已知 $\exists b\in\mathscr{B}$ 使 $B=\text{Exp}(b)$. 稍后的定理 G-9-8′表明由 $b\in\mathscr{B}$ 可知 $\exists R\in\text{ZD}$, $\nu\in\mathbb{R}$ 使 $b=\nu R^{-1}b_1R$，故相当于已知 $B=\text{Exp}\,(\nu R^{-1}b_1R)$，而刚刚已证明此式等价于 $B\in\text{WZ}$，于是“$\Leftarrow$”得证. □

注 4　因 $b\in\mathscr{B}$ 为对称矩阵，由定理 G-9-7′可知任一矩阵 $B\in\text{WZ}$ 都对称. 然而 Λ 对称加上 $\Lambda\in L_+^\uparrow$ 不保证 $\Lambda\in\text{WZ}$，例如 $\Lambda=\text{diag}(1,1,-1,-1)\in L_+^\uparrow$ 就不是伪转动.

定理 G-9-8　$r\in\mathscr{R}\Leftrightarrow\exists R\in\text{ZD}$, $\nu\in\mathbb{R}$ 使 $r=\nu R^{-1}r_3R$，其中 r_3 由式(G-6-7)定义.

注 5　① r_3 是李代数元，R 和 R^{-1} 是群元，它们的乘积有意义只是因为它们都是矩阵. ②把 r_3 改为 r_1 或 r_2，定理仍成立.

证明　(A)($\Leftarrow$ 的证明) $R\in\text{ZD}$ 的一般形式为式(G-9-7)，由矩阵运算容易验证

$$r = \nu R^{-1} r_3 R = \nu \begin{bmatrix} 0 & 0 & 0 & 0 \\ 0 & 0 & \alpha & \beta \\ 0 & -\alpha & 0 & \sigma \\ 0 & -\beta & -\sigma & 0 \end{bmatrix} \in \mathscr{R},$$

其中 $\alpha \equiv R^1{}_2 R^2{}_1 - R^1{}_1 R^2{}_2$, $\beta \equiv R^1{}_3 R^2{}_1 - R^1{}_1 R^2{}_3$, $\sigma \equiv R^1{}_3 R^2{}_2 - R^1{}_2 R^2{}_3$.

(B)($\Rightarrow$ 的证明) $r \in \mathscr{R} \Rightarrow \exists \nu_1, \nu_2, \nu_3 \in \mathbb{R}$ 使

$$r = \nu_1 r_1 + \nu_2 r_2 + \nu_3 r_3 = \begin{bmatrix} 0 & 0 & 0 & 0 \\ 0 & 0 & -\nu_3 & \nu_2 \\ 0 & \nu_3 & 0 & -\nu_1 \\ 0 & -\nu_2 & \nu_1 & 0 \end{bmatrix}. \tag{G-9-25}$$

若 $\nu_1 = \nu_2 = 0$, 则 $r = \nu_3 I^{-1} r_3 I$,命题自然成立,故以下设 ν_1, ν_2 不全为零. 令 $\nu \equiv ({\nu_1}^2 + {\nu_2}^2 + {\nu_3}^2)^{1/2}$, 则有确定的 $\theta \in (0, \pi)$ 和 $\varphi \in [0, 2\pi)$ 使

$$\nu_1 = \nu \sin\theta \cos\varphi, \quad \nu_2 = \nu \sin\theta \sin\varphi, \quad \nu_3 = \nu \cos\theta. \tag{G-9-26}$$

令

$$R \equiv \begin{bmatrix} 1 & 0 & 0 & 0 \\ 0 & \cos\theta\cos\varphi & -\sin\varphi & \sin\theta\cos\varphi \\ 0 & \cos\theta\sin\varphi & \cos\varphi & \sin\theta\sin\varphi \\ 0 & -\sin\theta & 0 & \cos\theta \end{bmatrix}^{-1}, \tag{G-9-27}$$

则容易验证 $R \in \text{ZD}$. 再由矩阵乘法(硬算)便可验证 $r = \nu R^{-1} r_3 R$. □

注 6[选读] 用矩阵硬乘以验证 $r = \nu R^{-1} r_3 R$ 的做法不存在理解上的任何困难,但运算颇为烦琐. 下面介绍的验证方法不但形式优雅,而且提供了一个活用§ G.8 的知识的好例子. 由式(G-9-27)得

$$R^{-1} = \begin{bmatrix} 1 & 0 & 0 & 0 \\ 0 & \cos\varphi & -\sin\varphi & 0 \\ 0 & \sin\varphi & \cos\varphi & 0 \\ 0 & 0 & 0 & 1 \end{bmatrix} \begin{bmatrix} 1 & 0 & 0 & 0 \\ 0 & \cos\theta & 0 & \sin\theta \\ 0 & 0 & 1 & 0 \\ 0 & -\sin\theta & 0 & \cos\theta \end{bmatrix},$$

而由§G.6 例 3 可知上式右边的两矩阵依次为 $\text{Exp}(\varphi r_3)$ 和 $\text{Exp}(\theta r_2)$, 故

$$R^{-1} = \text{Exp}(\varphi r_3)\text{Exp}(\theta r_2), \tag{G-9-28}$$

于是

$$\begin{aligned}R^{-1}r_3R &= \mathscr{Ad}_{R^{-1}}r_3 = \mathscr{Ad}_{\text{Exp}(\varphi r_3)\text{Exp}(\theta r_2)}r_3 = \mathscr{Ad}_{\text{Exp}(\varphi r_3)}(\mathscr{Ad}_{\text{Exp}(\theta r_2)}r_3)\\ &= \mathscr{Ad}_{\text{Exp}(\varphi r_3)}[\text{Exp}(\text{ad}_{\theta r_2})\,r_3] = \mathscr{Ad}_{\text{Exp}(\varphi r_3)}(r_3\cos\theta + r_1\sin\theta)\\ &= \text{Exp}(\text{ad}_{\varphi r_3})(r_3\cos\theta + r_1\sin\theta) = (\cos\theta)\text{Exp}(\text{ad}_{\varphi r_3})\,r_3 + (\sin\theta)\text{Exp}(\text{ad}_{\varphi r_3})\,r_1\\ &= r_3\cos\theta + (r_1\cos\varphi + r_2\sin\varphi)\sin\theta = \nu^{-1}(r_1\nu_1 + r_2\nu_2 + r_3\nu_3) = \nu^{-1}r\,,\end{aligned}$$

其中第一步用到习题 19；第三步用到式(G-8-9)；第四、六步用到式(G-8-12)；第五、八步用到式(G-8-10)、(G-8-13)以及$\sin\theta$和$\cos\theta$的级数展开式.

由定理 G-9-8 可知$\mathscr{R}$的任一元素 r 可被化为最简元素r_3. 下面的定理表明对$\mathscr{B}$也有类似结论.

定理 G-9-8′ $b\in\mathscr{B} \Leftrightarrow \exists R\in \text{ZD}, \nu\in\mathbb{R}$ 使 $b=\nu R^{-1}b_1R$, 其中 b_1 由式(G-6-8)定义.

注 7 把b_1改为b_2或b_3, 定理仍成立.

证明 (A)($\Leftarrow$ 的证明) 已含于定理 G-9-7′ 的证明中. (B)($\Rightarrow$ 的证明) $b\in\mathscr{B} \Rightarrow \exists \beta_1, \beta_2, \beta_3\in\mathbb{R}$ 使

$$b=\beta_1b_1+\beta_2b_2+\beta_3b_3=\begin{bmatrix}0 & -\beta_1 & -\beta_2 & -\beta_3\\ -\beta_1 & 0 & 0 & 0\\ -\beta_2 & 0 & 0 & 0\\ -\beta_3 & 0 & 0 & 0\end{bmatrix}. \tag{G-9-29}$$

当$\beta_1=\beta_2=\beta_3=0$时显然, 故以下$\beta_1, \beta_2, \beta_3$不全为零, 不妨设$\beta_1\neq 0$.

令$\mu\equiv(\beta_1{}^2+\beta_2{}^2)^{1/2}$, $\nu\equiv(\beta_1{}^2+\beta_2{}^2+\beta_3{}^2)^{1/2}$, 则$\mu\nu\neq 0$. 容易验证

$$\frac{1}{\mu\nu}\begin{bmatrix}\mu\beta_1 & \mu\beta_2 & \mu\beta_3\\ \nu\beta_2 & -\nu\beta_1 & 0\\ \beta_1\beta_3 & \beta_2\beta_3 & -\mu^2\end{bmatrix}\in \text{SO}(3),$$

故

$$R\equiv\frac{1}{\mu\nu}\begin{bmatrix}\mu\nu & 0 & 0 & 0\\ 0 & \mu\beta_1 & \mu\beta_2 & \mu\beta_3\\ 0 & \nu\beta_2 & -\nu\beta_1 & 0\\ 0 & \beta_1\beta_3 & \beta_2\beta_3 & -\mu^2\end{bmatrix}\in \text{ZD}. \tag{G-9-30}$$

由矩阵运算容易验证$b=\nu R^{-1}b_1R$. □

定理 G-9-9 $\Lambda\in L_+^{\uparrow} \Rightarrow \exists R_1, R_2\in\text{ZD}, \nu\in\mathbb{R}$ 使 $\Lambda=R_1(\text{Exp}\,\nu b_1)R_2$.

证明　由分解定理和定理 G-9-1 可知$\exists R,\hat{R}\in$ ZD 使 $\Lambda=\hat{R}^{-1}B_x\hat{R}R$. 因 B_x 是由 b_1 产生的单参子群的元素, 故$\exists\nu\in\mathbb{R}$ 使 $B_x=\text{Exp}(\nu b_1)$. 令 $R_1\equiv\hat{R}^{-1}, R_2\equiv\hat{R}R$, 便得待证式. □

G.9.3　用 Killing 矢量场讨论洛伦兹代数

§G.7 例 3 已指出 Poincaré 群 P 的李代数 $\mathscr{P}$ 同构于 $(\mathbb{R}^4,\eta_{ab})$ 上全体 Killing 矢量场的集合 $\mathscr{K}$. 借用 Killing 矢量场可以获得对李代数 $\mathscr{O}(1,3)$ 的更为直观的理解. 式(G-7-9)给出 $\mathscr{K}$ 的一组(10 个)基矢. 以 $\mathscr{K}_l$ 代表 $\mathscr{K}$ 的、由 6 个基矢 ξ_{b_i}, ξ_{r_i} $(i=1,2,3)$ 生成的子空间,① 则式(G-7-10)的前 3 式表明 $\mathscr{K}_l$ 在李括号下封闭, 因此 $\mathscr{K}_l$ 还是 $\mathscr{K}$ 的李子代数. 用 $b_i\mapsto\xi_{b_i}$, $r_i\mapsto\xi_{r_i}$ 定义线性映射 $\psi:\mathscr{O}(1,3)\to\mathscr{K}_l$, 则 ψ 是李代数同构. 可见, 正如 $\mathscr{O}(1,3)$ 是 Poincaré 李代数 $\mathscr{P}$ 的李子代数(洛伦兹代数)那样, $\mathscr{K}_l$ 也是 Poincaré 李代数 $\mathscr{K}(=\mathscr{P})$ 的李子代数. 下面的定理给出映射 ψ 的一个非常有用的表达式.

定理 G-9-10　以 X 和 $\partial/\partial X$ 分别代表由惯性坐标系 $\{t,x,y,z\}$ 的 4 个坐标和 4 个坐标基矢分别排成的列矩阵, 则

$$\xi_{r_i}=-X^{\mathrm{T}}r_i^{\mathrm{T}}\frac{\partial}{\partial X},\quad \xi_{b_i}=-X^{\mathrm{T}}b_i^{\mathrm{T}}\frac{\partial}{\partial X},\qquad i=1,2,3,\tag{G-9-31}$$

其中 $X^{\mathrm{T}}, r_i^{\mathrm{T}}, b_i^{\mathrm{T}}$ 依次是 X, r_i, b_i 的转置矩阵.

证明　只给出第一式的证明(其余五式证明仿此):

$$-X^{\mathrm{T}}r_1^{\mathrm{T}}\frac{\partial}{\partial X}=-[t,x,y,z]\begin{bmatrix}0&0&0&0\\0&0&0&0\\0&0&0&1\\0&0&-1&0\end{bmatrix}\begin{bmatrix}\partial/\partial t\\\partial/\partial x\\\partial/\partial y\\\partial/\partial z\end{bmatrix}=-y\frac{\partial}{\partial z}+z\frac{\partial}{\partial y}=\xi_{r_1}.$$ □

选定惯性坐标系 $\{t,x,y,z\}$ 相当于选定 $\mathscr{K}$ 的一组基矢, 如式(G-7-9)所示. 以 $\mathscr{K}_r$ 和 $\mathscr{K}_b$ 分别代表 $\mathscr{K}_l$ 中由 $\{\xi_{r_i}\}$ 和 $\{\xi_{b_i}\}$ 生成的子空间. $\mathscr{K}_r$ (或 $\mathscr{K}_b$)的元素在 $\{t,x,y,z\}$ 系中一般不能表为式(G-7-9b)或(G-7-9c)的简单形式. 但下面的定理表明总可通过对空间坐标轴做适当转动使之变为那种简单形式(乘以某一常数).

定理 G-9-11　设 $\mathscr{K}_r$ 由惯性坐标系 $X\equiv\{t,x,y,z\}$ 定义, 则 $\forall\,\xi\in\mathscr{K}_r$, $\exists\nu\in\mathbb{R}$ 以及与 X 同属一个惯性参考系的惯性坐标系 $\tilde{X}\equiv\{\tilde{t},\tilde{x},\tilde{y},\tilde{z}\}$ 使

① 如果两系 X, X' 原点不同, 则由 X 和 X' 在 $\mathscr{P}$ 中挑出的 $\mathscr{K}_l$ 和 $\mathscr{K}_l'$ 不同(但同构). 以下限定所有坐标系的原点都相同.

$$\xi=\nu\left(\tilde{y}\frac{\partial}{\partial\tilde{x}}-\tilde{x}\frac{\partial}{\partial\tilde{y}}\right). \tag{G-9-32}$$

证明 $\xi\in\mathscr{K}_r\Rightarrow\exists\,\rho^1,\rho^2,\rho^3\in\mathbb{R}$ 使 $\xi=\rho^i\xi_{r_i}$，故

$$\xi=\rho^i X^{\mathrm{T}}r_i\frac{\partial}{\partial X}=X^{\mathrm{T}}(\rho^i r_i)\frac{\partial}{\partial X}=X^{\mathrm{T}}(\nu R^{-1}r_3R)\frac{\partial}{\partial X},\quad R\in\mathrm{ZD},\ \nu\in\mathbb{R},$$

其中第一步用到式(G-9-31), 第三步用到定理 G-9-8. 引入新惯性坐标系 $\widetilde{X}\equiv RX$，则 $\widetilde{X}^{\mathrm{T}}=X^{\mathrm{T}}R^{-1}$. 注意到两系坐标之间的变换矩阵等于坐标基矢之间的变换矩阵的转置之逆, 又有 $\partial/\partial\widetilde{X}=R\partial/\partial X$，于是

$$\xi=\nu(X^{\mathrm{T}}R^{-1})r_3\left(R\frac{\partial}{\partial X}\right)=\nu\tilde{X}^{\mathrm{T}}r_3\frac{\partial}{\partial\tilde{X}}=\nu\tilde{\xi}_{r_3}=\nu\left(\tilde{y}\frac{\partial}{\partial\tilde{x}}-\tilde{x}\frac{\partial}{\partial\tilde{y}}\right),$$

其中第三步用到式(G-9-31), 第四步用到式(G-7-9b). $\widetilde{X}\equiv RX$ 表明惯性坐标系 X 和 $\widetilde{X}$ 同属一个惯性参考系. □

对 $\xi\in\mathscr{K}_b$ 也有类似定理:

定理 G-9-11′ 设 $\mathscr{K}_b$ 由惯性坐标系 $X\equiv\{t,x,y,z\}$ 定义, 则 $\forall\,\xi\in\mathscr{K}_b$，$\exists\,\nu\in\mathbb{R}$ 以及与 X 同属一个惯性参考系的惯性坐标系 $\tilde{X}\equiv\{\tilde{t},\tilde{x},\tilde{y},\tilde{z}\}$ 使

$$\xi=\nu\left(\tilde{t}\frac{\partial}{\partial\tilde{x}}+\tilde{x}\frac{\partial}{\partial\tilde{t}}\right). \tag{G-9-32′}$$

证明 仿照定理 G-9-11 的证明, 留作练习. □

[选读 G-9-1]

本节至此仍感言犹未尽. 以下内容是笔者与部分同仁的讨论结果, 并未找到文献依据, 权作引玉之砖.

既然 $\mathscr{K}_b$ 和 $\mathscr{K}_r$ 都是借用惯性坐标系 X 定义的, 自然要问它们是否依赖于所用的坐标系, 即, 设 X' 是与 X 不同的惯性坐标系, 用 X' 定义的 $\mathscr{K}_b'$ (和 $\mathscr{K}_r'$)是否等于 $\mathscr{K}_b$ (和 $\mathscr{K}_r$)?

定理 G-9-12 设惯性坐标系 X 与 X' 的关系为 $X'=\Lambda X,\ \Lambda\in L_+^{\uparrow}$，则

$$\mathscr{K}_r'=\mathscr{K}_r\iff\Lambda=R\in\mathrm{ZD}.$$

证明 (A)($\Leftarrow$的证明) 已知 $X'=RX$，欲证 $\mathscr{K}_r'=\mathscr{K}_r$. 由于 X' 系与 X 系平权, 只须证明 $\mathscr{K}_r'$ 的 3 个基矢 $\xi'_{r_i}\in\mathscr{K}_r'(i=1,2,3)$ 都属于 $\mathscr{K}_r$. 由 $X'=RX$ 得 $X'^{\mathrm{T}}=X^{\mathrm{T}}R^{-1}$, $\partial/\partial X'=R\,\partial/\partial X$，故由式(G-9-31)得

$$\xi'_{r_i}=X'^{\mathrm{T}}r_i\frac{\partial}{\partial X'}=X^{\mathrm{T}}R^{-1}r_iR\frac{\partial}{\partial X}=X^{\mathrm{T}}(\rho^j{}_i r_j)\frac{\partial}{\partial X}=\rho^j{}_i\xi_{r_j}\in\mathscr{K}_r,$$

其中 $\rho^j{}_i(j=1,2,3)$ 为常数，第三步是因为定理 G-9-8 保证 $R^{-1}r_iR\in\mathscr{R}$.[①]

下面既涉及李代数 $\mathscr{R}$ 又涉及惯性参考系 $\mathscr{R}$，为避免由相同记号可能带来的混淆，我们暂时改用 $\mathscr{R}_{\rm I}$ 代表惯性参考系，下标 I 可看作 Inertial 的缩写.

(B)($\Rightarrow$ 的证明)　设 $\Lambda\notin {\rm ZD}$，则坐标系 X 与 X' 属于两个不同的惯性参考系 $\mathscr{R}_{\rm I}$ 和 $\mathscr{R}'_{\rm I}$. 每一 $\xi\in\mathscr{K}_r$ (作为矢量场)的积分曲线都躺在 $\mathscr{R}_{\rm I}$ 系的同时面上，而 $\mathscr{R}'_{\rm I}$ 系与 $\mathscr{R}_{\rm I}$ 系有不同的同时面，故有 $\xi\in\mathscr{K}_r$ 使 $\xi\notin\mathscr{K}_r'$. □

定理 G-9-12′　设惯性坐标系 X 与 X' 的关系为 $X'=\Lambda X$, $\Lambda\in L_+^{\uparrow}$，则

$$\mathscr{K}_b'=\mathscr{K}_b \;\Leftrightarrow\; \Lambda=R\in{\rm ZD}.$$

证明　(A)($\Leftarrow$ 的证明)与定理 G-9-12 的证明(A)类似. (B)($\Rightarrow$ 的证明)注意到定理 G-9-12，只须证明 $\mathscr{K}_b'=\mathscr{K}_b\Rightarrow\mathscr{K}_r'=\mathscr{K}_r$. $\mathscr{K}_b'=\mathscr{K}_b$ 保证 $\xi'_{b_i}=S^j{}_i\xi_{b_j}$，其中常数 $S^j{}_i$ 排成的矩阵有逆，故其行列式 $S\neq 0$. 利用行列式公式

$$\varepsilon_{ijk}S^i{}_{i'}S^j{}_{j'}S^k{}_{k'}=S\varepsilon_{i'j'k'} \tag{G-9-33}$$

不难导出

$$\varepsilon_{ljk}S^j{}_{j'}S^k{}_{k'}=S\varepsilon_{i'j'k'}(S^{-1})^{i'}{}_l . \tag{G-9-34}$$

另一方面，由式(G-7-10)第三式可得 $\xi_{r_i}=-\varepsilon_i{}^{jk}[\xi_{b_j},\xi_{b_k}]/2$，故

$$\xi'_{r_i}=-\frac{1}{2}\varepsilon_i{}^{jk}[\xi'_{b_j},\xi'_{b_k}]=-\frac{1}{2}\varepsilon_i{}^{jk}S^l{}_jS^m{}_k[\xi_{b_l},\xi_{b_m}]=\frac{1}{2}\varepsilon_i{}^{jk}S^l{}_jS^m{}_k\varepsilon^n{}_{lm}\xi_{r_n}$$

$$=\frac{1}{2}\eta_{ii'}\varepsilon^{i'jk}S^l{}_jS^m{}_k\varepsilon_{n'lm}\eta^{n'n}\xi_{r_n}=\frac{1}{2}\eta_{ii'}\varepsilon^{i'jk}S\varepsilon_{pjk}(S^{-1})^p{}_{n'}\eta^{n'n}\xi_{r_n}=S(S^{-1})_i{}^n\xi_{r_n},$$

[其中第二步用到 $\xi'_{b_i}=S^j{}_i\xi_{b_j}$，第三步用到式(G-7-10)，第五步用到式(G-9-34)，最右端的 $(S^{-1})_i{}^n$ 是 $\eta_{ip}(S^{-1})^p{}_n\eta^{n'n}$ 的简写.] 可见 $\xi'_{r_i}\in\mathscr{K}_r$，因而 $\mathscr{K}_r'=\mathscr{K}_r$. □

以上两个定理表明 $\mathscr{K}_b$ (和 $\mathscr{K}_r$)是惯性参考系依赖的. 虽然对不同惯性参考系 $\mathscr{R}_{\rm I}$ 和 $\mathscr{R}'_{\rm I}$ 有 $\mathscr{K}_b'\neq\mathscr{K}_b$ (及 $\mathscr{K}_r'\neq\mathscr{K}_r$)，但不难证明 $\mathscr{K}_b'\cap\mathscr{K}_b\neq\varnothing$. 设 $\vec V$ 是 $\mathscr{R}'_{\rm I}$ 相对于 $\mathscr{R}_{\rm I}$ 的 3 速度，则 $\mathscr{R}_{\rm I}$ 和 $\mathscr{R}'_{\rm I}$ 系内各有惯性坐标系 X 和 X'，它们的 x 轴都与 $\vec V$ 平行(因而 $X'=B_xX$). 于是

$$\xi'_{b_1}=-X'^{\rm T}b_1\frac{\partial}{\partial X'}=-(X^{\rm T}B_x)b_1\left(B_x{}^{-1}\frac{\partial}{\partial X}\right)=-X^{\rm T}b_1\frac{\partial}{\partial X}=\xi_{b_1},$$

---

① 还可证明 $R^{-1}r_iR=\rho^j{}_ir_j$ 取如下具体形式：$R^{-1}r_iR=(R^{-1})^j{}_ir_j$. 这同如下结论有密切联系：SO(3) 的矩阵在伴随表示下的矩阵正是它自身.

[其中第一、四步用到式(G-9-31), 第二步用到 $X'^{\mathrm{T}}=X^{\mathrm{T}}B_x{}^{\mathrm{T}}=X^{\mathrm{T}}B_x$ 及 $\partial/\partial X'=B_x{}^{-1}\partial/\partial X$, 第三步用到 $B_x b_1 B_x{}^{-1}=b_1$ (用矩阵乘法易证).] 上式表明 $\mathscr{K}_b'\cap\mathscr{K}_b$ 至少含有由 ξ_{b_1} 生成的 1 维子空间. 还可证明 $\mathscr{K}_b'\cap\mathscr{K}_b$ 等于这个子空间(参见本选读末的注 8). 类似地, $\mathscr{K}_r'\cap\mathscr{K}_r$ 等于由 ξ_{r_1} 生成的 1 维子空间. 事实上, 这一结论比关于 $\mathscr{K}_b'\cap\mathscr{K}_b$ 的上述结论更易证明[只须仿照定理 G-9-12 证明(B)的思路].

$\mathscr{K}_b$ (和 $\mathscr{K}_r$)的惯性参考系依赖性使得“伪转动(转动)Killing 矢量场”一词存在含糊性. 原则上至少存在如下两种定义:

定义 1 给定惯性坐标系 X 后, $\xi\in\mathscr{K}$ 叫**伪转动(或转动)Killing 矢量场**, 若 $\xi\in\mathscr{K}_b$ (或 $\xi\in\mathscr{K}_r$).

定义 2 $\xi\in\mathscr{K}$ 叫**伪转动(或转动)Killing 矢量场**, 若存在惯性坐标系 X 和 $\nu\in\mathbb{R}$ 使

$$\xi=\nu\,[t(\partial/\partial x)+x(\partial/\partial t)]\,(\text{或}\ \xi=\nu\,[-y(\partial/\partial x)+x(\partial/\partial y)]).$$

以 $\bigcup\mathscr{K}_b$(或 $\bigcup\mathscr{K}_r$)代表所有惯性参考系的 $\mathscr{K}_b$(或 $\mathscr{K}_r$)之并, 则也可说 $\xi\in\mathscr{K}$ 叫伪转动(或转动)Killing 矢量场当且仅当 $\xi\in\bigcup\mathscr{K}_b$(或 $\xi\in\bigcup\mathscr{K}_r$).

根据定义 1, 伪转动(转动)Killing 矢量场是惯性参考系依赖的, 只能谈及“某惯性参考系的伪转动(转动)Killing 矢量场”, 这可看作一个缺点. 定义 2 的缺点则在于 $\bigcup\mathscr{K}_b$ 和 $\bigcup\mathscr{K}_r$ 不是 $\mathscr{K}_l$ 的子空间(因而有些不伦不类). 当然, 重要的不在于选用哪个定义, 而在于知道存在不同定义的可能性, 从而在使用该词时做到前后统一.

为帮助读者了解 $\bigcup\mathscr{K}_b$ 和 $\bigcup\mathscr{K}_r$ 的关系, 我们证明两个最基本的结论:

定理 G-9-13 $(\bigcup\mathscr{K}_b)\cap(\bigcup\mathscr{K}_r)=\{0\}\subset\mathscr{K}_l$.

证明 设 $\xi_b\in\bigcup\mathscr{K}_b$, 则存在惯性坐标系 X 和 $\nu\in\mathbb{R}$ 使

$$\xi_b=\nu[t(\partial/\partial x)+x(\partial/\partial t)]\,(\text{用到}\bigcup\mathscr{K}_b\text{的定义和定理 G-9-11}'),$$

可见当 $\nu\neq 0$ 时 ξ_b 是这样的矢量场, 它在 $\mathbb{R}^4$ 的某些点类时, 某些点类空, 某些点类光. 设 $\xi_r\in\bigcup\mathscr{K}_r$, 则存在惯性坐标系 X 和 $\nu\in\mathbb{R}$ 使

$$\xi_r=\nu[-y(\partial/\partial x)+x(\partial/\partial y)],$$

可见当 $\nu\neq 0$ 时 ξ_b 在全 $\mathbb{R}^4$ 上类空(在个别点上为零). 这表明任何坐标变换不能把 $\xi_b\in\bigcup\mathscr{K}_b$ 变为 $\xi_r\in\bigcup\mathscr{K}_r$, 除非 $\xi_b=0$. □

定理 G-9-14 $(\bigcup\mathscr{K}_b)\cup(\bigcup\mathscr{K}_r)\neq\mathscr{K}_l$.

证明 只须找到一个 $\xi\in\mathscr{K}_l$ 满足 $\xi\notin\bigcup\mathscr{K}_b$, $\xi\notin\bigcup\mathscr{K}_r$. 设 X 是惯性坐标系, 我们证明

$$\xi \equiv t\frac{\partial}{\partial x}+x\frac{\partial}{\partial t}-y\frac{\partial}{\partial z}+z\frac{\partial}{\partial y} \tag{G-9-35}$$

满足这些要求. 不难看出ξ在$\mathbb{R}^4$的某些点类光, 这些点的坐标t, x, y, z满足方程

$$t^2-x^2-y^2-z^2=0. \tag{G-9-36}$$

这已说明$\xi \notin \bigcup \mathscr{K}_r$. 另一方面, $\forall \xi_b \in \bigcup \mathscr{K}_b$有惯性坐标系$\widetilde{X}$使$\xi_b = \nu[\widetilde{t}(\partial/\partial\widetilde{x})+\widetilde{x}(\partial/\partial\widetilde{t})]$, 所以使$\xi_b$类光的点的坐标$\widetilde{t}, \widetilde{x}, \widetilde{y}, \widetilde{z}$满足方程

$$\widetilde{t}^2-\widetilde{x}^2=0. \tag{G-9-37}$$

以N和$\hat{N}$分别代表$\mathbb{R}^4$中满足式(G-9-36)和(G-9-37)的两个子集, 则从拓扑角度可知任何洛伦兹坐标变换都不能把N变为$\hat{N}$, 所以$\xi \notin \bigcup \mathscr{K}_b$. □

注 8　周彬在一篇尚待发表的论文中还证明了如下更强的结论:

设$\xi \in \mathscr{K}_l$(借任意惯性坐标系X定义)在基底$\{\xi_{r_i}, \xi_{b_i}\}$的展开系数为ρ^i, β^i, 即

$$\xi = \rho^i \xi_{r_i} + \beta^i \xi_{b_i},$$

则

$$\xi \in \bigcup \mathscr{K}_r \Leftrightarrow \text{(a)} \sum_i (\rho^i)^2 > \sum_i (\beta^i)^2 \text{ 或 } \rho^i = \beta^i = 0;\ \text{(b)} \sum_i \rho^i \beta^i = 0, \tag{G-9-38a}$$

$$\xi \in \bigcup \mathscr{K}_b \Leftrightarrow \text{(a)} \sum_i (\rho^i)^2 < \sum_i (\beta^i)^2 \text{ 或 } \rho^i = \beta^i = 0;\ \text{(b)} \sum_i \rho^i \beta^i = 0. \tag{G-9-38b}$$

不难看出定理 G-9-13 和 G-9-12 其实不过是上式的简单应用. 利用该论文的方法还可从“$\mathscr{K}_r' \bigcap \mathscr{K}_r$等于由$\xi_{r_1}$生成的 1 维子空间”出发证明“$\mathscr{K}_b' \bigcap \mathscr{K}_b$等于由$\xi_{b_1}$生成的 1 维子空间”的结论.　**[选读 G-9-1 完]**

G.9.4　洛伦兹群的应用——托马斯进动[选读]

电子自旋的引入曾对原子物理学的早期研究起过重要作用, 也曾遇到过一个困难. 托马斯于 1927 年指出, 困难起因于没有考虑自旋角动量的一个相对论运动学效应, 考虑后困难就可克服(见原子物理学教材). 这一效应后来被称为托马斯进动(Thomas precession), 有若干有趣的物理应用. 本选读从费移和群论两个角度讨论托马斯进动的数学机制.

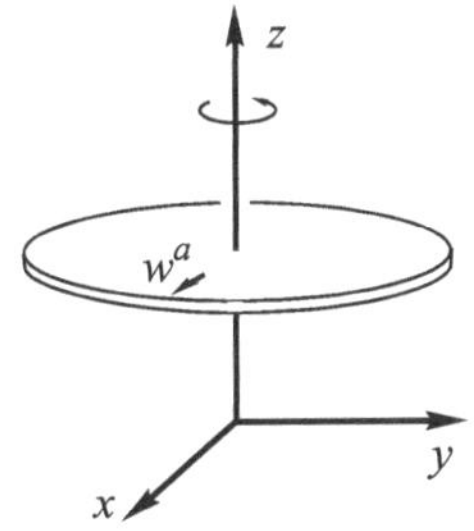

图 G-10 转盘边上的回转仪轴w^a

设$X \equiv \{t,x,y,z\}$是闵氏时空的一个惯性坐标系(实验室系), 在绕z轴匀角速转动的圆盘边上放置一个回转仪, 其轴(看作单位矢量w^a)自然代表无(空间)转动的方向(详见§7.3). 以$G(\tau)$代表回转仪(看作质点)的世界线, 则w^a沿$G(\tau)$费移. 设w^a在$\tau=0$时与x轴

同向, 回转仪在 $\tau=\hat{\tau}$ 时又回到 $\tau=0$ 的空间位置(指实验室系的空间, 见图 G-10), 问: w^a 在 $\tau=\hat{\tau}$ 时还与 x 轴同向吗?因为费移代表无空间转动, 答案似乎是肯定的. 然而托马斯的答案却是不同向, 这就是托马斯进动.

图 G-11 是与图 G-10 相应的时空图, 其中竖直线代表 X 系的 t 坐标线, 螺旋线代表回转仪的世界线 $G(\tau)$. 令 $p_0 \equiv G(0)$, $\hat{p} \equiv G(\hat{\tau})$. 既然 $\{t,x,y,z\}$ 是惯性坐标系, 其坐标基矢自然是平移矢量场(闵氏时空有绝对平移概念), 因而 $(\partial/\partial x)^a|_{\hat{p}}$ 平行于 $(\partial/\partial x)^a|_{p_0}$, 也可认为 $(\partial/\partial x)^a|_{\hat{p}}$ 是 $(\partial/\partial x)^a|_{p_0}$ 沿 $G(\tau)$ 平移至 $\hat{p}$ 点的结果. 又因 $w^a|_{p_0}=(\partial/\partial x)^a|_{p_0}$, 若 w^a 也沿 $G(\tau)$ 平移, 则 $w^a|_{\hat{p}}=(\partial/\partial x)^a|_{\hat{p}}$. 然而事实上 w^a 沿 $G(\tau)$ 费移, 而对非测地线而言 $\mathrm{D_F}/\mathrm{d}\tau \neq \mathrm{D}/\mathrm{d}\tau$, 所以我们猜想 $w^a|_{\hat{p}} \neq (\partial/\partial x)^a|_{\hat{p}}$[两者都是 $G(\tau)$ 在 $\hat{p}$ 点的空间单位矢量, 但空间方向不同]. 不过仔细想来也并非如此简单, 因为能肯定的只是 w^a 和 $(\partial/\partial x)^a$ 是 $G(\tau)$ 上两个不等的矢量场, 由它们在 p_0 点相等尚难断定它们在 $\hat{p}$ 点一定不等. 如果把 $G(\tau)$ 分成许多小段并逐段讨论, 则又因为 w^a 是 $G(\tau)$ 上的空间矢量场而 $(\partial/\partial x)^a$ 不是, 要在一点上判断它们是否同向也有待仔细讨论. 为了获取明确结论并求得托马斯进动的定量结果, 我们借助于计算.

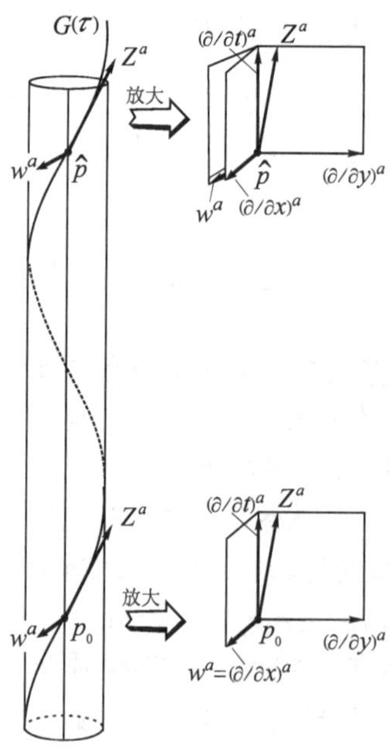

图 G-11　与图 G-10 相应的时空图

回转仪世界线在实验室系 $\{t,x,y,z\}$ 的参数式为

$$t=\gamma\tau,\quad x=R\cos\omega\gamma\tau,\quad y=R\sin\omega\gamma\tau,\quad z=0\,,\tag{G-9-39}$$

其中 R 与 ω 分别为转盘半径和角速率，$\gamma\equiv(1-\omega^2R^2)^{-1/2}$．回转仪 4 速 $Z^a\equiv(\partial/\partial\tau)^a$ 的坐标分量为

$$Z^\mu(\tau)=\frac{\mathrm{d}x^\mu}{\mathrm{d}\tau}=(\gamma,\ -R\omega\gamma\sin\gamma\omega\tau,\ R\omega\gamma\cos\gamma\omega\tau,\ 0)\,,\tag{G-9-40}$$

其 4 加速 $A^a\equiv Z^b\partial_bZ^a$ 的坐标分量为

$$A^\mu(\tau)=\frac{\mathrm{d}Z^\mu}{\mathrm{d}\tau}=(0,\ -R\omega^2\gamma^2\cos\gamma\omega\tau,\ -R\omega^2\gamma^2\sin\gamma\omega\tau,\ 0)\,,\tag{G-9-41}$$

于是由 w^a 沿 $G(\tau)$ 费移得

$$0=\frac{\mathrm{D_F}w^a}{\mathrm{d}\tau}=\frac{\mathrm{D}w^a}{\mathrm{d}\tau}+(A^aZ^b-A^bZ^a)w_b=\frac{\mathrm{D}w^a}{\mathrm{d}\tau}+Z^aR\omega^2\gamma^2(w_1\cos\gamma\omega\tau+w_2\sin\gamma\omega\tau)\,,$$

其中 w_1 和 w_2 是 w_b 的坐标分量. 由此可得微分方程组

$$\frac{\mathrm{d}w^0}{\mathrm{d}\tau}=-R\omega^2\gamma^3(w_1\cos\gamma\omega\tau+w_2\sin\gamma\omega\tau)\,,\tag{G-9-42a}$$

$$\frac{\mathrm{d}w^1}{\mathrm{d}\tau}=R^2\omega^3\gamma^3\sin\gamma\omega\tau(w_1\cos\gamma\omega\tau+w_2\sin\gamma\omega\tau)\,,\tag{G-9-42b}$$

$$\frac{\mathrm{d}w^2}{\mathrm{d}\tau}=-R^2\omega^3\gamma^3\cos\gamma\omega\tau(w_1\cos\gamma\omega\tau+w_2\sin\gamma\omega\tau)\,,\tag{G-9-42c}$$

$$\frac{\mathrm{d}w^3}{\mathrm{d}\tau}=0\,.\tag{G-9-42d}$$

上列常微分方程组在初始条件 $w^1(0)=1,\ w^0(0)=w^2(0)=w^3(0)=0$ 下的定解为(改用实验室系的时间坐标 t 为自变量)①

$$w^0(t)=-R\omega\gamma\sin\gamma\omega t\,,\tag{G-9-43a}$$

$$w^1(t)=\cos\omega t\cos\gamma\omega t+\gamma\sin\omega t\sin\gamma\omega t\,,\tag{G-9-43b}$$

$$w^2(t)=\sin\omega t\cos\gamma\omega t+\gamma\cos\omega t\sin\gamma\omega t\,,\tag{G-9-43c}$$

$$w^2(t)=0\,.\tag{G-9-43d}$$

$w^0(t)$ 的存在是为保证 $w^a(t)$ 是 $G(\tau)$ 上的空间矢量，它使讨论变得复杂. 为消除

① 用于原子物理时，$G(\tau)$ 是绕核转动的电子的世界线，w^a 是与其自旋角动量同向的单位矢量，因库仑力无力矩而沿世界线费移.

$w^0(t)$ 并清晰地看出 $w^a(t)$ 的转动情况, 可改用特定的瞬时静止惯性坐标系 $\overline{X}$ 代替实验室系 X 看问题. 设 p' 是 $G(\tau)$ 上任一点, 回转仪在 p' 时相对于 X 系的 3 速为 $\vec{v}$, 则定义 p' 点的 $\overline{X}$ 系为 $\overline{X} \equiv B(\vec{v})X$. 我们关心的是 X 系观测到的 w^a 的空间方向的变化, 而伪转动"保持"空间坐标轴的方向, 所以 $\overline{X}$ 系可看作 X 系"派驻在 p' 点的代表". $w^a(t)$ 在 $\overline{X}$, X 系的分量 $\overline{w}^\mu(t)$, $w^\mu(t)$ 的关系为

$$\overline{w}^\mu(t) = B^\mu{}_\nu(\vec{v})\, w^\nu(t), \tag{G-9-44}$$

利用矩阵 $B(\vec{v})$ 的式(G-9-5′)便可从 $w^\nu(t)$ 的表达式(G-9-43)求得(习题) $\overline{w}^\mu(t)$ 的如下表达式:

$$\overline{w}^0(t) = \overline{w}^3(t) = 0,\ \ \overline{w}^1(t) = \cos[(\gamma-1)\omega t],\ \ \overline{w}^2(t) = -\sin[(\gamma-1)\omega t], \tag{G-9-45}$$

因此

$$w^a(t) = \left(\frac{\partial}{\partial \overline{x}}\right)^a \cos[(\gamma-1)\omega t] - \left(\frac{\partial}{\partial \overline{y}}\right)^a \sin[(\gamma-1)\omega t]. \tag{G-9-46}$$

上式有非常简明的物理意义: 由实验室系(派驻在 p' 的代表 $\overline{X}$)看来, $w^a(t)$ 是一个转动着的空间矢量, 这种转动就是著名的**托马斯进动**(Thomas precession). 上式还表明实验室系 X 测得的托马斯进动角速度为

$$\vec{\omega}_{\mathrm{T}} = -\omega_{\mathrm{T}}\vec{e},\ \ 其中\ \vec{e} \equiv (\partial/\partial z)^a,\ \ \omega_{\mathrm{T}} \equiv (\gamma-1)\omega. \tag{G-9-47}$$

问题至此已经解决, 但再从群论角度深入探讨将很有裨益. 从群论看来, 托马斯进动实质上是速度方向不同的伪转动之积不是伪转动(WZ 不是子群)的表现. 先说明 w^a 沿 $G(\tau)$ 费移可看作无限多个无限小的、速度方向不同的伪转动之积. 设 $\{(e_\mu)^a\}$ 是 $G(\tau)$ 上的正交归一费移 4 标架场, 满足

$$(e_0)^a|_{p_0} = Z^a|_{p_0},\ \ (e_1)^a|_{p_0} = w^a|_{p_0}.$$

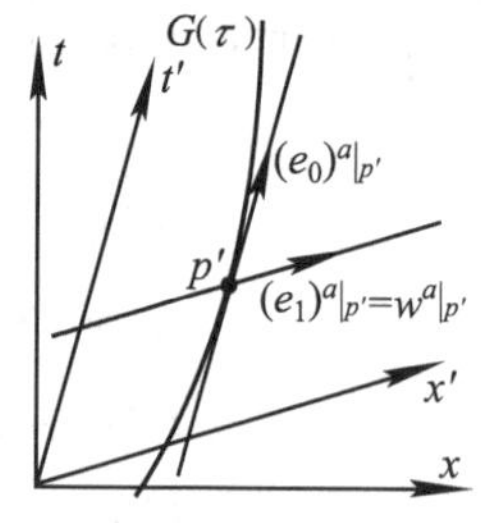

图 G-12　$G(\tau)$ 线上任一点 q 由费移决定的瞬时静止惯性坐标系

这一标架场使 $G(\tau)$ 的每点 p' 都伴有这样一个瞬时静止惯性坐标系 $X' \equiv \{t', x', y', z'\}$, 其原点与实验室系 X 的原点重合, 其在每点 p' 的坐标基矢 $(\partial/\partial x'^\mu)^a|_{p'} = (e^\mu)^a|_{p'}$, 特别地有(见图 G-12)

$$(\partial/\partial x'^1)^a|_{p'} = (e_1)^a|_{p'} = w^a|_{p'}.$$

下面证明 $G(\tau)$ 线上任意两个(无限邻近的)邻点 p' 和

p'' 的上述瞬时静止惯性坐标系 X' 和 X'' 之间的关系是一个伪转动. $(e_\mu)^a$ 沿 $G(\tau)$ 费移等价于

$$0 = \frac{\mathrm{D_F}(e_\mu)^a}{\mathrm{d}\tau} = \frac{\mathrm{D}(e_\mu)^a}{\mathrm{d}\tau} + (A^a Z^b - Z^a A^b)(e_\mu)_b ,$$

即

$$\frac{\mathrm{D}(e_\mu)^a}{\mathrm{d}\tau} = -(A^a Z^b - Z^a A^b)(e_\mu)_b . \tag{G-9-48}$$

设 $p' \equiv G(\tau'),\ p'' \equiv G(\tau'')$，由式(3-2-14)可知在 $\Delta\tau \equiv \tau'' - \tau'$ 很小时有

$$\frac{(\tilde{e}_\mu)^a|_{p'} - (e_\mu)^a|_{p'}}{\Delta\tau} \cong \left.\frac{\mathrm{D}(e_\mu)^a}{\mathrm{d}\tau}\right|_{p'} = -[(A^a Z^b - Z^a A^b)(e_\mu)_b]|_{p'} , \tag{G-9-49}$$

[第二步用到式(G-9-48).] 其中 $(\tilde{e}_\mu)^a|_{p'}$ 是把 $(e_\mu)^a|_{p''}$ 平移至 p' 点的结果. 由上式又得

$$(\tilde{e}_\mu)^a|_{p'} \cong (e_\mu)^a|_{p'} + [(Z^a A^b - A^a Z^b)(e_\mu)_b]|_{p'}\Delta\tau . \tag{G-9-50}$$

因为 $(e_\mu)^a|_{p'}$ 是 p' 点的瞬时静止惯性坐标系 X' 的坐标基矢场 $(\partial/\partial x'^\mu)^a$ 在 p' 点的值, 即 $(e_\mu)^a|_{p'} = (\partial/\partial x'^\mu)^a|_{p'}$，而 $(\tilde{e}_\mu)^a|_{p'}$ 则是 p'' 点的瞬时静止惯性坐标系 X'' 的坐标基矢场 $(\partial/\partial x''^\mu)^a$ 在 p' 点的值, 所以式(G-9-50)可表为

$$\left.\left(\frac{\partial}{\partial x''^\mu}\right)^a\right|_{p'} \cong \left.\left(\frac{\partial}{\partial x'^\mu}\right)^a\right|_{p'} + \left[(Z^a A^b - A^a Z^b)\left.\left(\frac{\partial}{\partial x'^\mu}\right)_b\right|_{p'}\right]\Delta\tau . \tag{G-9-51}$$

于是

$$\left.\left(\frac{\partial}{\partial t''}\right)^a\right|_{p'} \cong \left.\left(\frac{\partial}{\partial t'}\right)^a\right|_{p'} + A'^i \left.\left(\frac{\partial}{\partial x'^i}\right)^a\right|_{p'} \Delta\tau ,$$ [A'^i 是 A^a 在 $(\partial/\partial x'^i)^a$ 的分量]

$$\left.\left(\frac{\partial}{\partial x''^i}\right)^a\right|_{p'} \cong \left.\left(\frac{\partial}{\partial t'}\right)^a\right|_{p'} A'^i \Delta\tau + \left.\left(\frac{\partial}{\partial x'^i}\right)^a\right|_{p'} , \quad i = 1, 2, 3 ,$$

可见 p' 和 p'' 的瞬时静止惯性坐标系 X' 和 X'' 的坐标基矢之间的变换关系为

$$\begin{bmatrix}(\partial/\partial t'')^a\\(\partial/\partial x''^1)^a\\(\partial/\partial x''^2)^a\\(\partial/\partial x''^3)^a\end{bmatrix}\cong\begin{bmatrix}1 & A'^1\Delta\tau & A'^2\Delta\tau & A'^3\Delta\tau\\A'^1\Delta\tau & 1 & 0 & 0\\A'^2\Delta\tau & 0 & 1 & 0\\A'^3\Delta\tau & 0 & 0 & 1\end{bmatrix}\begin{bmatrix}(\partial/\partial t')^a\\(\partial/\partial x'^1)^a\\(\partial/\partial x'^2)^a\\(\partial/\partial x'^3)^a\end{bmatrix}. \tag{G-9-52}$$

上式只对无限小的$\Delta\tau$才准确成立. 以F代表上式右边的4×4矩阵. 因为两系坐标之间的变换矩阵等于坐标基矢之间的变换矩阵的转置之逆, 所以p'和p''的瞬时静止惯性坐标系$X'\equiv\{t',x',y',z'\}$和$X''\equiv\{t'',x'',y'',z''\}$之间的关系为

$$X''=F^{-1}X'. \tag{G-9-53}$$

不难验证, 在略去$\Delta\tau^2$后有

$$F^{-1}\cong\begin{bmatrix}1 & -A'^1\Delta\tau & -A'^2\Delta\tau & -A'^3\Delta\tau\\-A'^1\Delta\tau & 1 & 0 & 0\\-A'^2\Delta\tau & 0 & 1 & 0\\-A'^3\Delta\tau & 0 & 0 & 1\end{bmatrix}. \tag{G-9-54}$$

根据命题 6-3-6, 回转仪在p'时刻的 4 加速A^a等于它相对于X'系的 3 加速, 故$A'^i\Delta\tau$在一阶近似下等于X''系相对于X'系的 3 速(记作$\Delta\vec{v}$)的i分量$(\Delta\vec{v})^i$(当p''无限接近p'时$\Delta\tau\cong\Delta t'$). 由式(G-9-5)可知在只保留$|\Delta\vec{v}|$的一阶项时有

$$B(\Delta\vec{v})\cong\begin{bmatrix}1 & -(\Delta\vec{v})^1 & -(\Delta\vec{v})^2 & -(\Delta\vec{v})^3\\-(\Delta\vec{v})^1 & 1 & 0 & 0\\-(\Delta\vec{v})^2 & 0 & 1 & 0\\-(\Delta\vec{v})^3 & 0 & 0 & 1\end{bmatrix}\cong F^{-1}. \tag{G-9-55}$$

所以

$$X''\cong B(\Delta\vec{v})X'. \tag{G-9-53$'$}$$

可见$G(\tau)$在任意两个(无限邻近的)邻点的瞬时静止惯性坐标系由一个无限小伪转动相联系, 费移可看作无限多个无限小伪转动的相继作用.

为了从群论角度求得实验室系$X\equiv\{t,x,y,z\}$测得的托马斯进动角速度, 有必要在p'和p''的瞬时静止惯性参考系内分别再选定一个特别的惯性坐标系, 记作$\overline{X}$和$\overline{\overline{X}}$, 定义为

$$\bar{X} \equiv B(\vec{v})X, \quad B(\vec{v}) \in \mathrm{WZ}, \tag{G-9-56}$$

$$\bar{\bar{X}} \equiv B(\vec{v}+\delta\vec{v})X, \quad B(\vec{v}+\delta\vec{v}) \in \mathrm{WZ}, \tag{G-9-57}$$

其中$\vec{v}$和$\vec{v}+\delta\vec{v}$分别是回转仪在p'和p''时相对于X系的3速. 因为伪转动"保持"x轴的方向, 所以$\bar{X}$和$\bar{\bar{X}}$系可分别看作"X系在p'和p''点的代表". 如果$G(\tau)$的某空间矢量场在p'点与$\bar{x}$轴平行, 在p''点与$\bar{\bar{x}}$轴平行, 则X系认为它的空间方向在p'时刻不变, 即无空间转动(在本节注 3 带引号的意义下). 然而, 沿线费移的w^a的表现并非如此. 由式(G-9-56)和(G-9-57)得

$$\bar{\bar{X}} \equiv B(\vec{v}+\delta\vec{v})B^{-1}(\vec{v})\bar{X} = B(\vec{v}+\delta\vec{v})B(-\vec{v})\bar{X}. \tag{G-9-58}$$

令

$$\Lambda \equiv B(\vec{v}+\delta\vec{v})B(-\vec{v}), \tag{G-9-59}$$

则

$$\bar{\bar{X}} = \Lambda\bar{X}. \tag{G-9-58'}$$

矩阵计算表明[见 Jackson(1975)], 在只保留$\delta\vec{v}$的一阶项时有(这是"方向不同的伪转动之积不是伪转动"的实例)

$$\Lambda = R(\Delta\vec{\Omega})B(\Delta\vec{v}), \tag{G-9-60}$$

其中

$$\Delta\vec{v} = \bar{\bar{X}}\text{系相对于}\bar{X}\text{系的3速}, \text{①} \tag{G-9-61}$$

$$\Delta\vec{\Omega} = \frac{\gamma^2}{\gamma+1}\vec{v}\times\delta\vec{v}, \tag{G-9-62}$$

而$R(\Delta\vec{\Omega}) \in \mathrm{ZD}$则代表把坐标轴以矢量$\Delta\vec{\Omega}$为轴转角度$|\Delta\vec{\Omega}|$所导致的坐标变换的矩阵. 为求得$p'$时的瞬时转动角速度, 不妨设$w^a$在$p'$点与$\bar{x}$轴同向, (为此只须调整$w^a$的初始方向, 不再要求$w^a|_{p_0}$与$x$轴同向.) 这导致$X'$系与$\bar{X}$系相同, 于是$\bar{\bar{X}} = R(\Delta\Omega)B(\Delta\vec{v})X' = R(\Delta\Omega)X''$ [其中第二步用到式(G-9-53′)], 因而

$$X'' = R(-\Delta\vec{\Omega})\bar{\bar{X}}. \tag{G-9-63}$$

注意到$(\partial/\partial x'')^a|_{p''} = w^a|_{p''}$, 而实验室系$X$认为$(\partial/\partial\bar{\bar{x}})^a|_{p''}$代表"如果$w^a$不转"的

① 请注意$\Delta\vec{v} \neq (\vec{v}+\delta\vec{v})-\vec{v} = \delta\vec{v}$. 读者可用相对论速度合成公式证明$\Delta\vec{v} = \gamma^2\delta\vec{v}_{\|} + \gamma\,\delta\vec{v}_{\perp}$, 其中$\delta\vec{v}_{\|}$和$\delta\vec{v}_{\perp}$分别是$\delta\vec{v}$平行和垂直于$\vec{v}$的分量. 现在讨论的是圆周运动, 有$\delta\vec{v}\perp\vec{v}$, 故$\Delta\vec{v} = \gamma\delta\vec{v}$.

$w^a|_{p''}$，可知 $X''=R(-\Delta\vec{\Omega})\bar{\bar{X}}$ 表明 X 系认为 w^a 在从 p' 到 p'' 的过程中做了(有向)角度为 $-\Delta\vec{\Omega}$ 的空间转动. 再以 δt 代表 X 系测得的此过程的时间, 便得托马斯进动角速度

$$\vec{\omega}_{\rm T}=-\lim_{\delta t\to\infty}\frac{\Delta\vec{\Omega}}{\delta t}=\frac{\gamma^2}{\gamma+1}\vec{a}\times\vec{v}\,, \tag{G-9-64}$$

其中 $\vec{a}\equiv\lim\limits_{\delta t\to\infty}\delta\vec{v}/\delta t$ 是回转仪在 p' 时刻相对于实验室系的 3 加速. 不难验证这一 $\vec{\omega}_{\rm T}$ 与式(G-9-47)的 $\vec{\omega}_{\rm T}$ 一致.

以上是用 4 维语言及费移术语对托马斯进动的讨论. 托马斯当年借助于对相继伪转动的计算, 首次指出电子的静止坐标系(本书的带撇系)在运动过程中(例如从 X' 系到 X'' 系)相对于 X 系出现附加转动(静止系空间坐标轴的空间转动), 使电子自旋角动量(本书的 w^a)有了一个牵连角速度 $\vec{\omega}_{\rm T}$，从而克服了在原子物理发展早期一度出现过的困难.

本小节主要参考文献：Misner et al.(1973)；Goldstein(1980)；Jackson(1975)；Eisberg and Resnick(1985).

最后谈一点笔者的看法. 本小节开头第二段曾问："从实验室系 X 看来, 设 w^a 在 $\tau=0$ 时与 $(\partial/\partial x)^a$ 同向, 在 $\tau=\hat{\tau}$ 时还同向吗?" 作为时空矢量, $w^a|_{\hat{p}}$ 不是 X 系的空间矢量[$w^0(\hat{t})\neq 0$], 它与空间矢量 $(\partial/\partial x)^a$ 同向与否的问题并无意义. 要使 $w^a|_{\hat{p}}$ [更一般地, $w^a(t)$]的"空间方向"有意义, 先要定义一个把 $w^a(t)$ 变为 X 系的空间矢量[记作 $\tilde{w}^a(t)$]的映射. 这一定义当然应当尽量自然, 但"自然"一词本来就有一定的含糊性, 所以映射很可以不止一种. 前面的"代表法"就是其一: 设 $\bar{X}$ 是 X 系派驻在 p' 点的代表, $\bar{w}^i$ 是 $w^a|_{p'}$ 在 $\bar{X}$ 系的分量, 则 $w^a|_{p'}$ 的像就定义为 $\bar{w}^i(\partial/\partial x^i)^a$. 这是实验室参考系 $\mathscr{R}$ 的空间矢量, 而且可以证明它与实验室坐标系 X 的选择无关. 但也存在其他的"自然"定义, 例如可把 $w^a(t)$ 在 X 系的同时面的投影定义为 $\tilde{w}^a(t)$，即认为 $G(\tau)$ 线上存在 X 系的空间矢量场 $\tilde{w}^a(t)=\tilde{w}^i(t)(\partial/\partial x^i)^a$，其分量 $\tilde{w}^i(t)$ 就是式(G-9-43)的 $w^i(t)$，其中非零的两个为

$$\tilde{w}^1(t)=\cos\omega t\cos\gamma\omega t+\gamma\sin\omega t\sin\gamma\omega t=\cos[(\gamma-1)\omega t]+(\gamma-1)\sin\omega t\sin\gamma\omega t,$$

$$\tilde{w}^2(t)=\sin\omega t\cos\gamma\omega t-\gamma\cos\omega t\sin\gamma\omega t=-\sin[(\gamma-1)\omega t]-(\gamma-1)\cos\omega t\sin\gamma\omega t, \tag{G-9-65}$$

于是
$$\tilde{w}^a(t)=\left\{\left(\frac{\partial}{\partial x}\right)^a\cos[(\gamma-1)\omega t]-\left(\frac{\partial}{\partial y}\right)^a\sin[(\gamma-1)\omega t]\right\}$$
$$+\left\{(\gamma-1)\sin\gamma\omega t\left[\left(\frac{\partial}{\partial x}\right)^a\sin\omega t-\left(\frac{\partial}{\partial y}\right)^a\cos\omega t\right]\right\}. \qquad \text{(G-9-66)}$$

上式与代表法的结果的区别在于多了第二大项，该项方括号内代表以 ω 为角速的转动，但方括号前的“振幅”也随 t 做周期性变化，导致时间段 $0<\gamma\omega t<\pi$ 内与 $\pi<\gamma\omega t<2\pi$ 内的转动方向相反，因而在一个周期 $\hat{t}=2\pi/\omega$ 内有很大程度的抵消. 如果所关心的物理问题不是每一时刻或每一周期而是(例如)十倍甚至百倍周期方可显效，则由于振幅中因子 $\sin\gamma\omega t$ 的最大值为 1，第二大项的时间平均就可忽略. 此外，振幅中的因子 $\gamma-1$ 在许多情况下远小于 1[例如处于最低能态的氢原子的电子的 $(\gamma-1)\sim 10^{-5}$]，只此就能被第一大项忽略. 不过，无论如何，至少从理论的角度看，这种做法(简称投影法)与代表法的结果毕竟不同. 于是出现问题：哪种映射才符合物理实在？以下纯粹是笔者的认识，未见文献依据. 要回答这一问题，先要弄清物理学的一个很基本的问题：在用实验检验理论时，如何保证仪器所给出的一堆数(或曲线)真的代表理论中的各该量？反过来说，在用理论解释实验(观测)结果时，如何保证理论上的各量真的代表实验中的各该量？例如，在解释水星近日点进动时，很自然地用施瓦西坐标 r,θ,φ 作为水星的径(角)向位置的标志. 然而坐标是人为定义的，为什么施瓦西坐标的确代表用天文手段观测到的水星的径(角)向位置？只有对天文观测的细节以及对广义相对论都非常熟悉的人才可给出明确的回答(证明). 又如，人们熟悉的钟慢效应是动钟慢于静钟，读数之比为 γ^{-1}，与这一理论结果相应的实验安排涉及一个动钟两个静钟(图 6-15). 但若只用两钟(一静一动)并约定静钟观者在两钟相遇时左眼看静钟右眼看动钟(图 6-19)，则读数之比不再是 γ^{-1}. 甚至还存在这样的实验安排(图 6-20)，静钟观者发现动钟较快！每种理论结果对应于一种实验安排，不可张冠李戴. 再看一个与托马斯进动更为接近的例子——尺缩效应. 从理论上说，设尺子相对于 X 系匀速平动，首先要给“动尺长”下个定义. 最自然的定义是：在 X 系的某一时刻同时记下动尺头尾的位置(X 系的两个空间点)，它们的空间距离就定义为动尺长. 翻译成 4 维语言，就是把 X 系的同时面与尺子世界面的交线作为动尺，其长度就定义为动尺长. 结论是动尺长只有静尺长的 γ^{-1} 倍. 粒子物理学中对大量高速粒子的实验都证实了这一结论，重要的是每个实验所测得的“动尺长”的确是理论所定义的那个动尺长. 与尺长问题相较，托马斯进动问题由于关心动尺的空间方向以及回转仪作非惯性运动而复杂得多，存在不止一种的、都很“自然”的定义. 为了回答“在同实验对比时该用哪个定义”的问题，必

须弄清实验的具体详尽的细节，从而确定仪器的读数所反映的是哪一个定义的空间方向. 定义并无对错之分，但存在哪个定义才是实验所测得的对象这一微妙问题(不可张冠李戴). 除了代表法和投影法外，笔者认为至少还有一种很自然的、未在文献上见过的映射定义，介绍如下.

把回转仪轴看作长为 l 的短尺，尺的每点看作一个观者，以线长参数 s 标志，其世界线记作 $\gamma_s(\tau)$ (τ 为固有时)，尺头尺尾依次为 $\gamma_0(\tau)=G(\tau)$ 和 $\gamma_l(\tau)$. 所有 $\gamma_s(\tau)$ 铺出短尺的世界面 $\mathscr{S}$. 选横向曲线 $\mu(s)$ 使 $\mu(0)=\gamma_0(0)$，且曲线在 $\mu(s)$ 点的切矢等于 $w^a(0)$. 约定每一 $\gamma_s(\tau)$ 与 $\mu(s)$ 的交点为 τ 的零点，则 $\mathscr{S}$ 上有 2 维坐标系 $\{s,\tau\}$. 把基矢场 $Z^a\equiv(\partial/\partial\tau)^a$ 和 $\eta^a\equiv(\partial/\partial s)^a$ 在点 $(s,\tau)\in\mathscr{S}$ 的值记作 $Z^a(s,\tau)$ 和 $\eta^a(s,\tau)$，则 $\eta^a(0,\tau)$ 可作正交分解:

$$\eta^a(0,\tau)=a(\tau)Z^a(0,\tau)+b(\tau)w^a(\tau)\,, \tag{G-9-67}$$

可见 $b(\tau)w^a(\tau)$ 是 $G(\tau)$ 的一个邻居. 上式可用 X 系的坐标基矢展开为

$$\eta^a(0,\tau)=[a(\tau)Z^\mu(0,\tau)+b(\tau)w^\mu(\tau)]\left(\frac{\partial}{\partial x^\mu}\right)^a\bigg|_{G(\tau)}\,, \tag{G-9-68}$$

其中 $Z^\mu(0,\tau)$ 就是式(G-9-40)的 $Z^\mu(\tau)$，而 $w^\mu(\tau)$ 则由式(G-9-43)给出[例如 $w^0(\tau)=-R\omega\gamma\sin\gamma^2\omega\tau$]. 因 $\mathscr{S}$ 的每点可用 s,τ 刻画，故该点在 X 系的坐标 x^μ 是 s,τ 的函数，记作 $x^\mu(s,\tau)$，称为 $\mathscr{S}$ 的参数式，于是可从式(G-9-68)读出

$$\frac{\partial x^\mu(s,\tau)}{\partial s}\bigg|_{s=0}=a(\tau)Z^\mu(0,\tau)+b(\tau)w^\mu(\tau)\,, \tag{G-9-69}$$

借此可将 $x^\mu(s,\tau)$ 在 $s=0$ 附近展开为

$$x^\mu(s,\tau)=x^\mu(0,\tau)+s[a(\tau)Z^\mu(0,\tau)+b(\tau)w^\mu(\tau)]+\mathrm{O}(s^2)\,. \tag{G-9-70}$$

由式(G-9-39)及(G-9-40)可知上式在 $\mu=0$ 时给出

$$t(s,\tau)=\gamma\tau+s[a(\tau)\gamma+b(\tau)w^0(\tau)]+\mathrm{O}(s^2)\,. \tag{G-9-71}$$

Z^a 的类时性保证 $\partial t(s,\tau)/\partial\tau>0$，故可从上式反解出 $\tau=\tau(s,t)$，于是 $\mathscr{S}$ 的参数式又可写成 $x^i(s,\tau)=x^i(s,\tau(s,t))$，这其实就是 2 维面 $\mathscr{S}$ 与等 t 面的截线方程. 以 $x_0^i(t)$ 和 $x_l^i(t)$ 简记短尺头尾的空间坐标，则

$$x_l^i(t)-x_0^i(t)\equiv x^i(l,\tau(l,t))-x^i(0,\tau(0,t))=l\,\frac{\partial x^i(s,\tau(s,t))}{\partial s\;(t\text{固定})}\bigg|_{s=0}+\mathrm{O}(l^2)$$

$$=l\left[\left.\frac{\partial x^i(s,\tau)}{\partial s}\right|_{s=0,\tau=\gamma^{-1}t}+\left.\frac{\partial x^i(0,\tau)}{\partial \tau}\right|_{\tau=\gamma^{-1}t}\left.\frac{\partial \tau(s,t)}{\partial s}\right|_{s=0}\right]+\mathrm{O}(l^2)$$

$$=l\left[a(\tau)Z^i(0,\gamma^{-1}t)+b(\gamma^{-1}t)w^i(\gamma^{-1}t)+Z^i(0,\gamma^{-1}t)\left.\frac{\partial \tau}{\partial s}\right|_{s=0}\right]+\mathrm{O}(l^2)\ . \qquad \text{(G-9-72)}$$

其中最末一步用到式(G-9-70).[①] 把 $\tau=\tau(s,t)$ 代入式(G-9-71), 则左边不是 s 的函数(就是 t),两边对 s 求偏导并在 $s=0$ 取值得

$$\partial\tau(s,t)/\partial s\,|_{s=0}=-a(\gamma^{-1}t)-\gamma^{-1}b(\gamma^{-1}t)w^0(\gamma^{-1}t)\,,$$

代入式(G-9-72)得

$$x_l^i(t)-x_0^i(t)=lb(\gamma^{-1}t)\,[w^i(\gamma^{-1}t)-\gamma^{-1}Z^i(0,\gamma^{-1}t)w^0(\gamma^{-1}t)]+\mathrm{O}(l^2)\,. \qquad \text{(G-9-73)}$$

$\tilde{w}^i(t)$ 本应定义为 $[x_l^i(t)-x_0^i(t)]/l$ 的极限, 但因只关心方向, 可略去因子 $b(\gamma^{-1}t)$, 即定义

$$\tilde{w}^i(t)\equiv b(\gamma^{-1}t)^{-1}\lim_{l\to 0}\frac{x_l^i(t)-x_0^i(t)}{l}\,.$$

以式(G-9-72)、(G-9-40)及(G-9-43)代入便得 $\tilde{w}^3(t)=0$ 和

$$\tilde{w}^1(t)=\cos\omega t\cos\gamma\omega t+\gamma^{-1}\sin\omega t\sin\gamma\omega t=\cos[(\gamma-1)\omega t]+(\gamma^{-1}-1)\sin\omega t\sin\gamma\omega t,$$

$$\tilde{w}^2(t)=\sin\omega t\cos\gamma\omega t-\gamma^{-1}\cos\omega t\sin\gamma\omega t=-\sin[(\gamma-1)\omega t]-(\gamma^{-1}-1)\cos\omega t\sin\gamma\omega t, \qquad \text{(G-9-74)}$$

因而

$$\tilde{w}^a(t)=\left(\frac{\partial}{\partial x}\right)^a\cos[(\gamma-1)\omega t]-\left(\frac{\partial}{\partial y}\right)^a\sin[(\gamma-1)\omega t]$$

$$+(\gamma^{-1}-1)\sin\gamma\omega t\left[\left(\frac{\partial}{\partial x}\right)^a\sin\omega t-\left(\frac{\partial}{\partial y}\right)^a\cos\omega t\right]. \qquad \text{(G-9-75)}$$

上式与投影法的结果[式(G-9-66)]的差别仅在于第二大项的振幅由 $(\gamma-1)\sin\gamma\omega t$ 改为 $(\gamma^{-1}-1)\sin\gamma\omega t$. 由于同样原因, 该项在多数情况下也会被第一大项(托马斯项)

① 作为 $G(\tau)$ 上的场, $w^\mu(\tau)$ 天生是 τ 的函数. 在 $G(\tau)$ 上有 $t=\gamma\tau$, 故 w^μ 又可看作 t 的函数. 但 w^μ 作为 τ 的函数和作为 t 的函数有不同函数关系. 把 $w^\mu(\tau)$ 中的 w^μ 当作函数关系, 则前面写 $w^\mu(t)$ [如式(G-9-43)]是马虎的. 现在为清晰起见写成 $w^\mu(\gamma^{-1}t)$.

所忽略.

习　题

1. 验证由式(G-1-1)定义的 $I_g: G \to G$ 确为自同构映射.

~2. 验证由式(G-1-2)定义的乘法满足群乘法的要求.

3. 验证由§G.1 定义 8 所定义的 $A(G)$ 是群.

~4. 试证定理 G-1-2, 即 $A_I(G)$ 是群 $A(G)$ 的正规子群.

5. 验证由§G.1 定义 9 所定义的 $H \otimes_S K$ 是群.

6. 设 $L_g: G \to G$ 是由 $g \in G$ 生成的左平移, $L_g{}^{-1}$ 是 L_g 的逆映射, 试证

$$L_{g^{-1}} = L_g{}^{-1}, \quad \forall g \in G.$$

~7. $\forall g \in G$ 定义右平移 $R_g: h \mapsto hg$, $\forall h \in G$, 试证 $R_{gh} = R_h \circ R_g$.

~8. 试证 $[\vec{v}, \vec{u}] := \vec{v} \times \vec{u}$, $\forall \vec{v}, \vec{u} \in \mathbb{R}^3$ 满足李括号的条件(见§G.3 例 1).

~9. 试证 $[A, B] := AB - BA$ 满足李括号的条件(见§G.3 例 2).

~10. 设 $\mathscr{G}$ 和 $\hat{\mathscr{G}}$ 依次是李群 G 和 $\hat{G}$ 的李代数, $\rho_*: \mathscr{G} \to \hat{\mathscr{G}}$ 是同态映射 $\rho: G \to \hat{G}$ 在 $e \in G$ 诱导的推前映射, 试证 $\rho(\exp A) = \exp(\rho_* A)$ $\forall A \in \mathscr{G}$. 提示: 先用同态性证明 $\rho(\exp tA)$ 是单参子群.

~11. 试证式(G-5-10)可由式(G-5-10′)推出. 提示: 把式(G-5-10)的 v^a, u^a 之和作为式(G-5-10′)的 v^a.

~12. SO(2) 是阿贝尔群吗? O(2) 是阿贝尔群吗?

~13. 李群 SL(m) [GL(m) 满足 $\det T = +1$ 的子群]的李代数记作 $\mathscr{SL}(m)$. 试证

(a) $\mathscr{SL}(m) = \{m \times m$ 无迹实矩阵$\}$,　　(b) $\dim \mathrm{SL}(m) = m^2 - 1$.

14. (1)试证存在连续曲线 $\mu: [0,1] \to \mathrm{GL}(2)$ 使 $\mu(0) = I$, $\mu(1) = \begin{bmatrix} -1 & 1 \\ 0 & -1 \end{bmatrix}$.

*(2)试证 $T \equiv \begin{bmatrix} -1 & 1 \\ 0 & -1 \end{bmatrix} \in \mathrm{GL}(2)$ 不属于李群 GL(2) 的任一单参子群. 提示: 假定存在矩阵 $A = \begin{bmatrix} a & b \\ c & d \end{bmatrix}$ 使 $T = \mathrm{Exp}(A)$, (a)证明 $c \neq 0$, (b)把 A^n (A 的 n 次方)记作 $A^n \equiv \begin{bmatrix} a_n & b_n \\ c_n & d_n \end{bmatrix}$, 证明 $\exists r_n \in \mathbb{R}$ 使 $b_n = br_n, c_n = cr_n$. (c)由(b)推出矛盾.

15. 补证定理 G-5-11 证明中的等式 $D = \mathrm{Exp}(\mathrm{i}\Phi)$.

16. 试用李括号所满足的雅可比恒等式证明定理 G-6-1 的(b).

17. 试证§G.6 例 1 中的①和②.

18. 试证§G.7 例 4 的结论, 即 $\bar{\xi} = -\bar{A}$.

19. 设 G 是矩阵李群, 试证 $\forall A \in \mathscr{G}, g \in G$ 有 $\mathscr{Ad}_g A = gAg^{-1}$. (右边是 3 个矩阵的连乘积. 当 G 不是矩阵群时 gAg^{-1} 无意义, 因为李群元 g 与李代数元 B 之积没有定义.)

20. 设$\mathscr{G}$和$\hat{\mathscr{G}}$依次是李群G和$\hat{G}$的李代数，$\rho_*:\mathscr{G}\to\hat{\mathscr{G}}$是同态映射$\rho:G\to\hat{G}$在$e\in G$诱导的推前映射, 试证

(a) $\rho_*\mathscr{Ad}_g A=\mathscr{Ad}_{\rho(g)}\rho_* A,\quad \forall g\in G, A\in\mathscr{G}$.

(b) $\rho_*(L_{g^{-1}*}X)=L_{\rho(g)^{-1}*}\rho_* X,\quad \forall g\in G, X\in V_g$($g$点的切空间), L代表左平移.

21. 试证式(G-8-14)和(G-8-16).

*22. 设e是李群G的恒等元, $g\in G$, 则映射$\mathscr{Ad}_g: V_e\to V_e$可延拓为

$$\mathscr{Ad}_g: \mathscr{F}_G(1,0)\to\mathscr{F}_G(1,0)\quad [\mathscr{F}_G(1,0)\text{ 代表 }G\text{ 上光滑矢量场的集合}],$$

定义为$(\mathscr{Ad}_g\overline{A})_h:=I_{g*}(\overline{A}_{h'})\quad\forall\overline{A}\in\mathscr{F}_G(1,0),\ h\in G$, 其中$h'\equiv g^{-1}hg$. 试证: 若$\overline{A}$是相应于$A\in V_e$的左不变矢量场, 则$\mathscr{Ad}_g\overline{A}$是相应于$\mathscr{Ad}_g A\in V_e$的左不变矢量场. 提示: 只须证明$(\mathscr{Ad}_g\overline{A})_h=L_{h*}(\mathscr{Ad}_g A),\ \forall h\in G$, 为此可利用$I_g=L_g\circ R_{g^{-1}}$, 其中$R$代表右平移(见习题 7).

23. 设$\mathscr{G}$是李群G的李代数, $g\in G$, 试证$\mathscr{Ad}_g:\mathscr{G}\to\mathscr{G}$是李代数同构.提示: $I_g: G\to G$是微分同胚保证$\mathscr{Ad}_g:\mathscr{G}\to\mathscr{G}$是矢量空间同构(见第 4 章习题 4), 故只须补证$\mathscr{Ad}_g:\mathscr{G}\to\mathscr{G}$保李括号,即$\mathscr{Ad}_g[A,B]=[\mathscr{Ad}_g A,\mathscr{Ad} B]$.由第 4 章习题 6 可知$\mathscr{Ad}_g[\overline{A},\overline{B}]=[\mathscr{Ad}_g\overline{A},\mathscr{Ad}\overline{B}]$, 再用习题 22 的结论以及$\overline{A},\overline{B}\in\mathscr{L}\Rightarrow[\overline{A},\overline{B}]\in\mathscr{L}$便可.

24. 完成定理 G-9-4 证明中留作习题的一步, 即从$R=B(-\vec{v})\Lambda$出发证明式(G-9-14).

25. 定理 G-9-4 中分解唯一性的另一证明的思路如下: 由$B(\vec{v})R=B(\vec{v}')R'$得

$$I=B(-\vec{v})B(\vec{v}')R'R^{-1}=B(-\vec{v})B(\vec{v}')\tilde{R},\quad(\text{其中 }\tilde{R}\equiv R'R^{-1}\in \text{ZD})$$

故$\tilde{R}^{-1}=B(-\vec{v})B(\vec{v}')$. 此式的 00 分量给出$1=B^0{}_\mu(-\vec{v})B^\mu{}_0(\vec{v}')=\gamma\gamma'(1-\vec{v}\cdot\vec{v}')$. 试证(作为本题)上式当且仅当$\vec{v}=\vec{v}'$时成立, 可见$B(\vec{v})=B(\vec{v}')$, 从而又有$R'=R$.

中册符号一览表

关于惯例的说明以及上册符号的一览表见上册的**惯例与符号**. 下面是出现在中册(而不出现在上册)的符号的一览表.

$\mathrm{I}^+(p)$	p 点的编时未来. 首次出现于§11.1.
$\mathrm{I}^+(p,U)$	p 点相对于邻域 U 的编时未来. 首次出现于§11.1.
$\mathrm{I}^+(S)$	子集 S 的编时未来. 首次出现于§11.1.
$\mathrm{J}^+(p)$	p 点的因果未来. 首次出现于§11.1.
$\mathrm{J}^+(S)$	子集 S 的因果未来. 首次出现于§11.1.
$\mathrm{D}^+(S)$	子集 S 的未来依赖域. 首次出现于§11.4.
$\mathrm{H}^+(S)$	子集 S 的未来柯西视界. 首次出现于§11.5.
i^+	未来类时无限远. 首次出现于§12.2.
i^0	未来类空无限远. 首次出现于§12.2.
$\mathscr{I}^+$	未来类光无限远. 首次出现于§12.2.
	把以上符号中的 + 改为 – 相当于把未来改为过去.
$\tilde{\mathscr{L}_t} T^{a\cdots}{}_{b\cdots}$	$\mathscr{L}_t T^{a\cdots}{}_{b\cdots}$ 的空间投影. 出现于§14.4.
D_a	与空间诱导度规 h_{ab} 适配的导数算符, 首次出现于式(12-7-8), 详见§14.4.
$\mathrm{C}[a,b]$	定义见小节 B.1.1 例1 .
$\mathrm{L}^2[a,b]$	定义见式(B-1-2).
$\mathrm{L}^2(\mathbb{R}^n)$	定义见式(B-1-3).
$(\cdot,\ \cdot)$	内积. 定义见小节 B.1.1 定义1 .
A^*	算符 A 的对偶算符. 定义见式(B-1-16).
$A^\dagger$	算符 A 的伴随算符. 定义见式(B-1-18). 无界算符 A 的 $A^\dagger$ 见§B.2.
$H \otimes_{\mathrm{S}} K$	群 H 和 K 的半直积群. 定义见§G.1 定义 9.
$L_+^\uparrow,\ L_+^\downarrow,\ L_-^\uparrow, L_-^\downarrow$	定义见小节 G.5.3.

参 考 文 献

盖尔芳特, 希洛夫. 广义函数I. 林坚冰译. 1965. 北京:科学出版社

高思杰, 梁灿彬. 1997. 刚性参考系与转盘几何. 北京师范大学学报, **33:** 211-213

朗道, 栗弗席兹. 1959. 场论. 任朗, 袁炳南译. 北京:人民教育出版社

梁灿彬. 1995. 转盘周长的几何剖析. 北京：北京师范大学学报, **31**: 198-203

斯米尔诺夫. 1960. 高等数学教程, 第三卷, 第一分册. 北大数学力学系代数教研室译. 北京: 人民教育出版社

王永久, 唐智明. 1990. 引力理论和引力效应. 长沙: 湖南科学技术出版社

王永久. 2000. 黑洞物理学. 长沙: 湖南师范大学出版社

夏道行, 吴卓人, 严绍宗等. 1985. 实变函数论与泛函分析. 下册, 第二版. 北京: 高等教育出版社

赵峥. 1991. 热平衡的传递性等价于钟速同步的传递性. 中国科学 (A 辑). 285-289

Aharonov Y and Anandan J. 1987. Phase Change during a Cyclic Quantum Evolution. *Phys. Rev. Lett.*, **58:** 1593-1596

Aharonov Y and Bohm D. 1959. Significance of Electromagnetic Potentials in the Quabntum Theory. *Phys. Rev.*, **115**: 485-491

Arnowitt R Deser S, and Misner C W. 1962. The Dynamics of general Relativity, in *Gravitation: An Introduction to Current Research*. ed. L. Witten. New York: Wiley

Ashtekar A, and Hansen R O. 1978. A Unified Treatment of Null and Spatial Infinity in General Relativity. I. Universal Structure, Asymptotic Symmetries, and Conserved Quantities at Spatial Infinity. *J. Math. Phys.*, **19:** 1542-1566

Ashtekar A, and Magnon-Ashtekar A. 1979. Energy-Momentum in General Relativity. *Phys. Rev. Lett.*, **43:** 181-184

Ashtekar A. 1980. Asymptotic Structure of the Gravitational Field at Spatial Infinity, in: *General Relativity and Gravitation*. Vol. **2.** ed. A Held. New York: Plenum Press

Bardeen J, and Press W. 1972. Rotating Black Holes: Locally Nonrotating Frames, Energy Extraction, and Scalar Synchrotron radiation. *Astrophys. J.*, **178**: 347-369

Berry M. 1984. Quantum Phase Factors Accompanying Adiabatic Changes. *Proc. Roy. Soc. Lond.*, A**392:** 45-57

Bleecker D. 1981. Gauge Theory and Variational Principles. London: Addison-Wesley Publishing Company, INC

Bondi H, van der Burg M G J, and Metzner A W K. 1962. Gravitational Waves in General Relativity. VII. Waves from Axi-symmetric Isolated Systems. *Proc. Roy. Soc. Lond.*, A**269:** 21-52

Bray H L, and Chrusciel P T. 2003. The Penrose Inequality. *gr-qc/*0312047

Brocker T, and Dieck T T. 1985. *Representations of Compact Lie Groups*. Beijing: Springer-Verlag, World Publishing Corporation

Brown J D, and York J W. 1992. Quasilocal energy in general relativity. Based on talk given at Joint Summer Research Conf. on Mathematical Aspects of Classical Field Theory, Jul 1991. e-Print: gr-qc/9209012

Brown J D, and York J W. 1993. Quasilocal energy and conserved charges derived from the gravitational action. *Phys. Rev.*, **D47:** 1407-1419

Brown J D, Lau S R, and York J W. 1997. Energy of isolated systems at retarded times as the null limit of quasilocal energy. *Phys. Rev.*, **D55**: 1977-1984. e-Print:gr-qc/ 9609057

Budic R, and Sachs R K. 1974. Causal Boundaries for General Relativistic space-times. *J. Math. Phys.*, **15**: 1302-1309

Carmeli M. 1982. *Classical Fields: General Relativity and Gauge Theory.* New York: John Wiley and Sons

Carter B. 1966. Complete Analytic Extension of the Symmetry Axis of Kerr's Solution of Einstein's Equations. *Phys. Rev.*, **141:** 1242-1247

Carter B. 1968. Global Structure of the Kerr family for Gravitational Fields. *Phys. Rev.*, **174:** 1559-1572

Chakrabarti S K, Geroch R P, and Liang Canbin. 1983. Timelike Curves of Limited Acceleration in General Relativity. *J. Math. Phys.*, **24:** 597-598

Chandrasekhar S. 1983. *The Mathematical Theory of Black Holes*. Oxford: Clarendon

d'Inverno, R. 1992. *Introducing Einstein's Relativity*. Oxford: Clarendon Press

Dirac P. 1948. The Theory of Magnetic Poles. *Phys. Rev.*, **74:** 817-830

Dirac P. 1981. *The Principles of Quantum Mechanics*. Fourth Edition. London: Oxford University Press

Earman J. 1999. The Penrose-Hawking Singularity Theorems: History and Implications In *The Expanding Worlds of General Relativity*. ed. H Goenner, J Renn, J Ritter, and T Sauer. Boston: Braun-Brumfiekd, Inc.

Eisberg R, and Resnick R. 1985. *Quantum Physics of Atoms, Molecules, Solids, Nuclei, and Particles*. New York: John Wiley and Sons

Eisenhart L P. 1997. *Riemannian Geometry*. Princeton: Princeton University Press

Frolov V P, and Novikov I D. 1998. *Black Hole Physics: Basic Concepts and New Developments*. Kluwer Academic Publishers: Dordrecht

Fulton T, Rohrlich F, and Witten L.1962. Conformal Invariance in Physics. *Rev. Mod. Phys.*, **34**: 442-457

Gao Sijie, Kuang Zhiquan, and Liang Canbin. 1998. Clock Rate Synchronizable Reference Frames in Curved Space-times. *J. Math. Phys.*, **39**: 2862-2865

Geroch R P, and Horowitz G T. 1979. Global Structure of Spacetimes. in *Gerenal Relativity, An Einstein Centenary Survey*. ed. Hawking S W, and Israel W . Cambridge: Cambridge University Press

Geroch R P, and Winicour J. 1981. Linkages in General Relativity. *J. Math. Phys.*, **22**: 803-812

Geroch R P, Kronheimer E H, and Penrose R. 1972. Ideal Points in Space-time, *Proc. Roy. Soc. Lond. Ser.*, A**327**: 545-567

Geroch R P, Liang Canbin, and Wald R M. 1982. Singular Boundaries of Space-times, *J. Math. Phys.*, **23**: 432-435

Geroch R P. 1968a. What is a Singularity in General Relativity?. *Annals of Physics.*, **48:** 526-540

Geroch R P. 1968b. Local Characterization of Singularities in General Relativity. *J. Math. Phys.*, **9**: 450-465

Geroch R P. 1970. Domain of Dependence. *J. Math. Phys.*, **11**: 437-449

Geroch R P. 1971. A Method for Generating Solutions of Einstein's Equation. *J. Math. Phys.*, **11**: 437-449

Geroch R P. 1977. Asymptotic Structure of Space-time. in *Asymptotic Structure of Space-time*, ed. Esposito F P , and Witten L . New York: Plenum

Godel K. 1949. An Example of a New Type of Cosmological Solutions of Einstein's Equations of Gravitation. *Rev. Modern Phys.*, **21**: 447-450

Goldstein H. 1980. *Classical Mechanics, Second Edition.* Massachusetts: Addison-Wesley Publishing Company

Haantjes. 1937. *Koninkl. Ned. Akad. Wetenschap. Proc.*, **40**: 700

Hawking S W, and Ellis G F R. 1965. Singularities in Homogeneous World Models. *Phys. Lett.*, **17**: 246-247

Hawking S W, and Ellis G F R. 1973. *The Large Scale Structure of Space-Time.* Cambridge: Cambridge University Press

Hawking S W, and Penrose R. 1970. The Singularities of Gravitational Collapse and Cosmology. *Proc. Roy. Soc. Lond. Ser.* , A**314**: 529-548

Hawking S W, and Penrose R. 1996. *The Nature of Space and Time.* Princeton: Princeton University Press. 中译本：杜欣欣, 吴忠超译. (1996).时空本性. 长沙:湖南科学技术出版社

Hawking S W. 1965. Occurrence of Singularities in Open Universes. *Phys. Rev. Lett.*, **15**: 689-690

Hawking S W. 1967. The Occurrence of Singularities in Cosmology. III. Causality and Singularities. *Proc. Roy. Soc. Lond.*, A**300**: 182-201

Hawking S W. 1988. *A Brief History of Time*. Toronto: Bantam Books

Hawking S W. 1992. Chronology Protection Conjccture. *Phys. Rev. D.*, **46**: 603-611

Hertog T, Horowitz G T, and Maeda K. 2003. Generic Cosmic Censorship Violation in anti de Sitter Space. *arXiv: gr-qc/0307102*

Hertog T, Horowitz G T, and Maeda K. 2004. Update on Cosmic Censorship Violation in AdS. *arXiv: gr-qc/0405050*

Hicks N J. 1965. Notes on Differential Geometry. Princeton: Van Nostrand

Isenberg J, and Nester J. 1980. Canonical Gravity in *General Relativity and Gravitation*, Vol. **1**: ed. A. Held. New York: Plenum Press

Jackson J D. 1962, 1975, 1998. *Classical Electrodynamics*. New York: John Wiley and Sons, Inc.

Johnson R. 1977. The Bundle Boundary in Some Special Cases. *J. Math. Phys.*, **18**: 898-902

Komar A. 1959. Covariant Conservation Laws in General Relativity. *Phys. Rev.*, **113**: 934-936

Kreyszig E. 1978. *Introductory Functional Analysis with Applications.* New York: John Wiley & Sons.中译本:张石生,张业才,张茂孝等译. 1986. 泛函分析引论及应用. 重庆:重庆出版社

Kuang Zhiquan, and Liang Canbin. 1988a. On the GKP and BS Constructions of the C-boundary. *J. Math. Phys.*, **29**: 433-435

Kuang Zhiquan, and Liang Canbin. 1988b. Birkhoff and Taub Theorems Generalized to Metrics with Conformal Symmetries. *J. Math. Phys.*, **29**:2475-2478

Kuang Zhiquan, and Liang Canbin. 1992. On the Racz and Szabados Constructions of the C-boundary. *Phys. Rev.*, D**46**: 4253-4256

Kuang Zhiquan, and Liang Canbin. 1993. All Space-times Admitting Strongly Synchronizable Reference Frames Are Static. *J. Math. Phys.*, **34**: 1016-1021

Kuang Zhiquan, Li Jianzeng, and Liang Canbin. 1986. C-boundary of Taub's Plane-Symmetric static Vacuum Spacetime. *Phys. Rev.*, D**33**: 1533-1537

Kuang Zhiquan, Liang Canbin, and Wu yuejiang. 1996. Conjugate points along null geodesics in a class of spacetimes. *Acta Physica Sinica. Overseas Edition*, **5**: (3), 161-169

Kuchar K. 1988. The Problem of Time in Canonical Quantization of Relativistic Systems. A talk Given at the Meeting on Conceptual Problems of Quantum Gravity. Osgood Hill, Massachusetts, May15-19

Lee J, and Wald R. 1990. Local Symmetries and Constraints. *J. Math. Phys.*, **31**: 725-743

Liu C C M, and Yau S T. 2003. Positivity of quasilocal mass. *Phys. Rev. Lett.*, **90**: 231102

Liu C C M, and Yau S T. Positivity of quasilocal mass II. math.DG/0412292

Marsden J E, and Ratiu T S. 1994. *Introduction to Mechanics and Symmetry*. 北京: 世界图书出版公司

McCarthy P J. 1972. Structure of the Bondi-Metzner-Sachs Group. *J. Math. Phys.*, **13**: 1837-1842

Menou K, Quataert E, and Narayan R. 1999. Astrophysical Evidence for Black Hole Event Horizons. in *Black Holes, Gravitational Radiation and The Universe.* ed. B R Iyer, and B Bhawal. Kluwer Academic Publishers: Dordrecht

Miller W. 1972. *Symmetry Groups and Their Applications*. Academic Press.中译本:栾德怀, 冯承天, 张民生译. 1981. 对称性群及其应用. 北京:科学出版社

Misner C, Thorne K, and Wheeler J. 1973. *Gravitation.* San Francisco: W. H. Freeman and Company

Morris M S, and Thorne K S. 1988. Wormholes in Spacetime and Their Use for Interstellar Travel: A Tool for Teaching General Relativity. *Am. J. Phys.*, **56**: 395-412

Morris M S, Thorne K S, and Yurtsever U. 1988. Wormholes, Time Machines, and the Weak Energy Condition. *Am.. Phys. Soc.*, **61**: 1446-1449

Mϕller. C. 1955. *The Theory of Relativity.* Copenhagen: University of Copenhagen Press

Nester J M. 2004. General pseudotensors and quasilocal quantities. *Class. Quantum Grav.*, **21**: S261-S280

Novikov I D. 1992. Time Machine and Self-consistent Evolution in Problems with Self-interaction. *Phys. Rev.*, D**45**: 1989-1994

Oppenheimer J R, and Snyder H. 1939. On Continued Gravitational Contraction. *Phys. Rev.*, **56**: 455-459

Oppenheimer J R, and Volkoff G M. 1939. On Massive Neutron Cores. *Phys. Rev.*, **55**: 374-381

Penrose R. 1965a. Gravitational Collapse and Space-Time Singularities. *Phys. Rev. Lett.*, **14**: 57-59

Penrose R. 1965b. Zero Rest-Mass Fields Including Gravitation: Asymptotic Behavior. *Proc. Roy. Soc. Lond.*, **A284**: 159-203

Penrose R. 1972. *Techniques of Differential Topology in Relativity*. Philadelphia: Society for Industrial and Applied Mathematics

Penrose R. 1978. Singularities of Space-Times. in *Theoretical Principles in Astrophysics and Relativity*. ed. N R Lebovitz, W H Reid, and P O Vandervoort. Chicago: University of Chicago Press

Penrose R. 1979. Singularities and Time-Asymmetry in *General Relativity: An Einstein Centenary Survey*. ed. Hawking S W, and Israel W. Cambridge: Cambridge University Press

Poisson E, and Israel W. 1990. Internal Structure of Black Holes. *Phys. Rev.*, D**41**: 1796-1809

Racz I. 1987. Causal Boundary of Space-Times. *Phys. Rev.*, D**36**: 1673-1675

Reed M, and Simon B. 1980. *Methods of Modern Mathematical Physics* I. New York: Academic Press

Roman P. 1975. *Some Modern Mathematics for Physicists and Other Outsiders: An Introduction to Algebra, Topology, and Functional Analysis*, Vol. **2**: New York: Pergamon. Press Inc.

Sachs R K, and Wu H. 1977. *General Relativity for Mathematicians.* Beijing:Springer-Verlag, World Publishing Corporation

Sachs R K. 1962. Gravitational Waves in General Relativity, VIII. Waves in Asymptotically Flat Space-Time. *Proc. Roy. Soc. Lond.*, A**270**: 103-126

Sagle A, and Walde R. 1973. *Introduction to Lie Groups and Lie Algebras.*London: Academic Press, INC

Samuel J, and Bhandari R. 1988. General Setting for Berry's Phase. *Phys. Rev. Lett.*, **60**: 2339-2342

Schutz B F. 1980. *Geometrical Methods of Mathematical Physics.* Cambridge: Cambridge University Press. (有中译本)

Shi Y, and Tam L F. 2002. Some lower estimates of ADM mass and Brown-York mass. J. Differ. Geom. **62: 79-125**

Simon B. 1983. Holonomy, the Quantum Adiabatic Theorem, and Berry's Phase. *Phys. Rev. Lett.*, **51**: 2167-2170

Spivak M. 1970, 1979. *A Comprehensive Introduction to Differential Geometry*, vol. **1,2:** Springer-Verlag. Berkeley: Publish or Perish, INC.

Stachel J. 1980. Einstein and the Rigidly Rotating Disk in *General Relativity and Gravitation*, Vol. **1**: ed. A. Held. New York: Plenum Press

Synge J L. 1956. *Relativity: The Special Theory.*

Synge J L. 1960. *Relativity: The General Theory.* Amsterdam: North-Holland Publishing Company

Synge J L. 1964. Introduction to General Relativity in *Relativity, Groups, and Topology.* ed. C Dewitt, and B Dewitt. London: Blackie and Son Limited

Szabados L B. 1988. Causal Boundary for Strongly Causal Spacetimes. *Class. Quantum Grav.*, **5**: 121-134

Szabados L B. 1989. Causal Boundary for Strongly Causal Spacetimes: II. *Class. Quantum Grav.*, **6**: 77-91

Szabados L B. 2004. Quasilocal energy-momentum and angular momentum in GR: A review article. Living Rev. Relativity 7, (2004), **4**: [Online Article]: cited [1 April 2005]

Thorne K S, Price R H, and Macdonald D A. 1986. *Black Holes: The Membrane Paradigm.* New Haven: Yale University Press

Thorne K S. 1994. *Black Holes and Time Warps: Einstein's Outrageous legacy.* New York: W. W. Norton & Company.

中译本:李泳译. 2000.黑洞与时间弯曲:爱因斯坦的幽灵. 长沙:湖南科学技术出版社

Volkov M S, and Gal'tsov D V. 1999. Gravitating non-Abelian solitons and black holes with Yang–Mills fields. Phys. Rep., 319, 1

Wald R M. 1984. *General Relativity.* Chicago: The University of Chicago Press

Wald R M. 1999. Gravitational Collapse and Cosmic Censorship, in *Black Holes, Gravitational Radiation and The Universe.* ed. B. R. Iyer, and B. Bhawal. Kluwer Academic Publishers: Dordrecht

Warner F W. 1983. *Foundations of Differentiable Manifolds and Lie Groups* (New York: Springer-Verlag)

Westenholz C V. 1981. *Differential Forms in Mathematical Physics*. Amsterdan: North-Holland Publishing Company. 中译本: 叶以同译. 1990. 数学物理中的微分形式. 北京:北京大学出版社

Winicour J. 1968. Some Total Invariants of Asymptotically Flat Space-Times. *J. Math. Phys*., **9:** 861-867

索　　引

A

阿贝尔李代数　G.3 定义 1.
阿贝尔群　G.1 定义 2.
爱因斯坦静态宇宙　图 12-3 等.
爱因斯坦转盘　14.2.
ADM 能量及 3 动量　12.7.2.
ADM 4 动量　12.7.2.

B

半单李代数　G.3 定义 5.
半单李群　G.3 定义 5.
半直积(半直积群)　G.1 定义 9.
伴随同构　G.1 例 1.
本征空间(值, 矢)　选读 B-2-1 初.
保度规映射　式(G-5-10).
保时向洛伦兹变换　G.5.3 脚注.
比转动能　13.6.
闭合单参观者族　图 14-11 及附近.
闭合类时曲线　图 11-4, **11.3**, 14.4.3.
闭合类光曲线　11.3 定义 2 前.
闭合因果线　11.3.
编时过去　11.1 注 2 及定义 7.
编时未来　11.1 定义 3 及 7.
编时条件　11.3 定义 1.
边缘　11.5 定义 2.
标准分解　图 14-18 及附近.
(李群的)表示　G.7 定义 3.
表示空间　G.7 定义 3.
不变子群　G.1 定义 7.
不可分过去集　E.3 定义 1.
不可延类时线　11.4, 5, **E.3**.
不可延因果(类光)线　11.2.
不可减质量　13.5.
BMS(李)代数　12.5, **选读 12.5.1**.
BMS 群　12.5.
BMS 平移子代数　12.5.
Bondi 规范　命题 12-4-3 及后.
Bondi 能量　12.7.3.
Bondi 3 动量　12.7.3.
Bondi 4 动量　12.7.3.
Boyer-Lindquist 坐标系　13.2 初.
b 边界　E.4.

C

参考系　14.1 定义 1, 14 章.
　测地～　14.1 初,
　超曲面正交～　14.1 定义 4,
　刚性～　14.1 定义 4,
　静(稳)态～　14.1 定义 5,
　无旋～　14.1 定义 4.
参数空间　**C.1**, C.2.
超平移子群　12.5.
虫洞　11.3.
初值问题　14.5.
虫洞　11.3.
稠定算符　式(B-2-7)后.
稠密子集　式(B-2-7)后.
“吹胀”　选读 12-5-2(定义 5).
磁单极子　选读 12-6-2.
磁荷　选读 12-6-2, 式(12-7-10′).
c 边界　E.4.

D

单参观者族　14.3.2-14.3.4.
单参子群　G.4 定义 1.
单李代数　G.3 定义 5.
单李群　G.3 定义 5.
单连通流形　G.3 脚注.
等度规群　**G.2 例 4**, G.5, G.7.

等度规映射　12.1 定义 3.
(总)电荷　12.6.1, 式(12-7-10), (13-2-13).
电荷守恒　12.6.1.
(时空)对称性 12.5.
　无限小～12.5,
　$\mathscr{I}^+$ (或 i^0)上的～12.5.
对偶空间　B.1.1 定义 3.
对偶变换(转动)　选读 12-6-2.
动力学相(因子)　式(C-1-4)后.
动量算符　式(B-2-2).
δ 函数　选读 B-1-2.

E

E(m) 群　G.5.5.
厄米(反厄米)方阵　G.5.4 定义 4.
厄米算符　B.1 定义 16, **B.2 定义 3**.

F

反线性　B.1 注 1.
反射　式(G-5-13)下段.
反时向洛伦兹变换　G.5.3 脚注.
反演　G.5.2, G.5.3, 图 G-1, G-4.
泛函　465, 467, 469, 493.
方向依赖极限　选读 12-4-1.
非编时边界面　11.1.
非编时集　11.1 定义 9.
(理想点的)非编时集　E.3 末.
非物理时空　12.4 注 1.
费移　G.9.4.
分解定理　定理 G-9-4, G-9-4*.
分布(广义函数)　选读 B-1-2.
分布(子空间场)　附录 F 定义 1.
负能轨道　13.5 初.
Frobenius 定理　附录 F 定理 F-1, F-5.

G

共轭点　选读 11-2-1.
共轭空间　B.1.1 定义 3.
共轭线性　B.1 注 1.
共形变换　12.1 定义 1.
共形不变　12.1, 12 章习题.
共形等度规映射　12.1 定义 3.
共形规范　12.4 注 6.
共形平直　12.1 定义 2.
共形权重　12 章习题.
共形图　12.2 末.
共形无限远　12.2.
共形因子　12.1 定义 1.
共形张量　12.1 注 2.
固有洛伦兹群　G.5.3, G.9.
固有彭加莱群　G.5.6.
光锥　11.1 定义 2.
广义函数　选读 B-1-2.
过去不可延因果线　11.2 定义 2.
过去端点　11.2 定义 1.
过去集　E.3 定义 1.
过去柯西视界　11.5 定义 3.
过去依赖域　11.4 定义 1.
黑洞唯一性定理　13.6 末.
“黑洞无毛”　13.6 末.
g 边界　E.4.
GL(m) 群　G.5.1.

H

环状奇性(奇环)　13.3.
缓变定理　C.1.
Hilbert 空间　B.1 定义 7.
　～的基底　B.1 定义 11.
　～的子空间　选读 B-2-1 初.

I

IF　E.3 注 1 后.
IP　E.3 定义 2.

J

积分子流形　附录 F 定义 2.
极端 Kerr 黑洞　13.6 末.

极限　B.1 定义 4.
几何动力学　14.5 末.
几何相　附录 C.
　AA～　C.1,　Berry～　C.1.
嘉当度规　式(G-8-18)后.
(*m* 重)简并　选读 B-2-1 初.
剪切　图 14-4 及附近.
渐近平直时空　12.4.
结构常数(张量)　G.6 初.
截面　12.4.
浸渐定理　C.1.
静界　13.4.
静态观者　13.4.
静止观者　13.4 注 1.
局部可积　选读 B-1-2 脚注.
局部裸奇性(点)　E.3 定义 4.
局部裸 TI F (TI P)　E.3 定义 4.
局域非转动观者　13.4.4.
绝热定理　C.1.
开球　B.1 定义 2.
柯西面　11.5 定义 1.
柯西视界　11.5 定义 3.
柯西序列　B.1 定义 5.
可同步参考系　14.3.3 定义 1-4.
　固有时～　定义 1,　坐标时～　定义 3,
　局域固有时～　定义 2,
　局域坐标时～　定义 4.

K

空间　14.4.1.
空间导数　14.4.4.
空间度规场　选读 14-4-3 后.
空间反射　图 G-3(a).
空间反演　图 G-4.
空间无限远点　**12.2**, 选读 12-4-1.
空间张量(场)　14.4.3 定义 1.
(算符的)扩张　B.2 定义 2.
Kerr 度规(KN 解)　13.2.
Kerr-Schild 坐标　式(13-3-5).
Kerr-Newman 度规(解)　13.2.
(*M* 上关于李群 *G* 的)Killing 矢量场
　选读 G-7-1 初.
Killing 型　式(G-8-15)后.
Komar 质(能)量　12.7.1.

L

雷达校钟(同步)法　14.3.1.
　大步～　14.3.2, 14.3.3,
　小步～　14.3.2, 14.3.3.
雷达三点组　14.3.1 末.
类空(光, 时)无限远　12.2.
类时(因果)线　11.2.
类光(测地)母线　11.2 定义 2 后, 式(12-4-7)
　后, 命题 12-4-5.
类光无(有)限　E.3 定义 3 脚注.
李变换群　G.7 定义 1.
李代数　G.3 定义 1, G.6.
李代数的表示　G.8 定义 1.
李代数的伴随表示　G.8 定义 3.
李代数同构　G.3 定义 2.
李代数同态　G.3 定义 2.
李括号　G.3 初.
李群　G.2 定义 1.
李群的伴随表示　G.8 定义 2.
李群的李代数　式(G-3-4)后.
李群同构　G.2 定义 2.
李群同态　G.2 定义 2.
李子群　G.2 定义 3.
李子代数　G.3 定义 3.
理想　G.3 定义 4.
理想点　12.3 末, **E.3** 定义 2.
连通分支　G.5.1, G.5.3.
连续线性泛函　B.1.1 定义 3 前.
邻居　14.1 定义 2.
　～的 3 速和 3 加速　14.1 定义 3.
零角动量观者　选读 13-4-1 前.
零维李群　G.2 脚注.
裸奇性(点)　选读 13-3-1 前, E.2.
　局部～　E.2, E.3.
洛伦兹变换 G.9,

最一般的～　式(G-9-7)后,
齐次～　式(G-9-7)后,
非齐次～　式(G-9-7)后.
洛伦兹(李)代数　G.6 例 3, G.9.2, G.9.3.
洛伦兹群　G.5.3, G.9.
旅程　11.1 注 5.

M

m 维分布　附录 F 定义 1.
可积～　附录 F 定义 2.

N

内积空间　B.1 定义 1.
完备～　B.1 定义 6.
内视界　选读 13-1-1 前.
内自同构　G.1 例 1.
能层　**13.4.1**, 13.5.
能量提取及其极限　13.5.
能量条件　附录 D, E.1.
扭转　图 14-4 及附近.

O

欧拉定理　式(G-5-16)后.
欧氏群　G.5.5.
O(m) 群　G.5.2.
O(1, 3) 群　G.5.3.

P

陪集　G.1 定义 6.
膨胀　图 14-4 及附近.
彭罗斯图(Penrose 图)　12.2 末.
平移　G.5.5.
平移(李)子代数　12.5.
普通能量条件　E.1.
谱分解定理　命题 B-2-6.
谱族　式(B-2-20)前.
PIF　E.3 注 1 后.
PIP　E.3 定义 2.
Penrose 猜想(不等式)　12.7.4 末段.
Penrose 过程　13.5.
Poincaré李代数　12.5 注 5, 式(12-6-38)下段, 式(12-7-13)后, 选读 12-7-2 末.
Poincare 群　12.5,　12.5 注 5, **G.5.6**, 式(G-9-7)后.

Q

奇点(奇性)　13.1, 13.3.1, 附录 E.
奇环　13.3.
奇异边界(g, b, c 边界)　E.4.
奇异理想点　12.3 末, **E.3**.
奇异 TIP　E.3 定义 3.
强能量条件　附录 D.
强因果时空(条件)　11.3 定义 3.
强宇宙监督假设　E.3.

R

“软体动物”　选读 14-4-2 脚注.
弱能量条件　12.7.4, 附录 **D**.
(邻居的) 3 速和 3 加速　14.1.1.
Raychaudhuri 方程　14.1.2.
Reissner-Nordstrom 最大延拓　13.1.
～的求得　选读 13-1-2.
RN 黑洞(时空)　13.1.
3+1 分解　14.4.

S

商李代数　命题 12-5-7 前, **定理 G.3.4**.
射线(空间)　B.1.5.
时间　14.4.1, 选读 14-4-1 前段.
时间导数　**14.4.5**, 14.5.
时间反射　图 G-3(b).
时间反演　图 G-4.
时间函数　14.3.3 定义 3.
时间机器　11.3.
时间可定向时空　11.1 初.
时空对称性　12.5 初.
时空反演　图 G-3(c), 图 G-4.
时空总电荷　式(13-2-13).

时空总角动量　式(13-2-17).
时空总质(能)量　式(13-2-16), **12.7**.
时序保护猜想　选读 11-3-1 前.
时移函数　式(14-4-1).
(群的)实现　G.7 定义 2.
实现空间　G.7 定义 2.
事件视界　E.1, E.2.
“弑母悖论”　11.3.
竖直矢量场　选读 12-5-2, 图 12-15 附近.
算符(算子)　B.1 定义 12.
　伴随～　B.1 定义 15, 稠定～式(B-2-7)后,
　动量～　式(B-2-2),
　对偶(共轭)～　B.1 定义 14,
　厄米(对称)～　B.1 定义 16, **B.2 定义 3**,
　哈氏～　选读 B.2.1 前三段,
　算符～　B.1 定义 12,
　投影～　选读 B.2.1 初,
　位置～　式(B-2-1),
　无(有)界～　B.2 定义 1,
　自伴～　B.1 定义 16, **B.2 定义 4**.
SL(m) 群(特殊线性群)　式(G-5-16)前.
SO(m) 群(特殊正交群)　式(G-5-16).
SO(1,3) 群(洛伦兹群)　G.5.3.
s.p.曲率奇性　13.1, 13.3 初.
SU(m) 群(特殊酉群)　式(G-5-41)前.
SPI　选读 12-5-2 定义 5.
SPI 超平移　选读 12-5-2 定义 7.
SPI 李代数　选读 12-5-2 定义 6.
SPI 平移子代数　命题 12-5-14.
SPI 群　选读 12-5-1 前.

T

态矢　B.1.5.
特殊线性群　式(G-5-16)前.
特殊酉群　式(G-5-41)前.
特殊正交群　式(G-5-16).
(群的)同构映射　G.1 定义 4.
同伦　选读 G-6-1(图 G-6 附近).
(群的)同态映射　G.1 定义 3.
同时线　14.3.
投影定理　选读 B-2-1 初.
投影算符　选读 B-2-1 初.
凸(法)邻域　11.1 定义 6.
退化度规　选读 12-4-2 初.
托马斯进动　G.9.4.
椭球坐标　图 13-9 及附近.
TIF　E.3 注 1 后.
TIP　E.3 定义 2.

U

U(m) 群(酉群)　G.5.4.

V

$\mathscr{V}$ 值 l 形式(场)　附录 C 定义 2.

W

外曲率　式(14-4-9).
完备内积空间　B.1 定义 6.
完备性关系　B.1.4 末.
完备正交归一序列　B.1 定义 10.
未来不可延因果线　11.2 定义 2.
未来端点　11.2 定义 1.
未来柯西视界　11.5 定义 3.
未来可区分　11 章习题 5.
未来依赖域　11.4 定义 1.
未来影响域　11.4 初.
位矢　选读 12-5-2 注 8 后.
伪转动矩阵　G.9 式(G-9-5).
位移矢量场　式(14-4-1).
位置算符　式(B-2-1).
稳定因果时空　11.3 定义 4.
稳态观者　13.4 注 1.
乌龟坐标　选读 13-1-2.
无界算符　B.2 定义 1.
(KN 时空的)无限红移面　13.4.2.
无限蓝移　选读 13-1-1.
无限群　G.1 定义 2.
无限小超平移
　BMS～　12.5 定义 2.

SPI～　12.5 定义 7.
无限小对称性　**12.5 初.**
$\mathscr{I}^+$ 上的～　12.5, 选读 12-5-1,
i^0 上的～　选读 12-5-2 定义 6.
无限小渐近对称性　12.5 初.
无限小平移
BMS～　选读 12-5-1,
SPI～　选读 12-5-2.
无限小生成元　12.5 初, **G.4 注 3 前.**
无限远　见共形(空间, 类空)无限远.
无限远理想点　12.3 末, **E.3.**
无限远 TIP　E.3 定义 3.
无旋参考系　14.1 定义 4.
无转动的洛伦兹变换(伪转动)　式(G-9-5).
物理时空　12.4 注 1.

X

希尔伯特空间　B.1 定义 7.
陷俘面　E.1(图 E-1 附近).
线性独立的　B.1.2 定义 8.
线性算符　B.1 定义 12.
像电荷　选读 12-4-1(图 12-11 附近).
相位 2 形式　式(C-1-21).
相因子　式(C-1-4)后, 附录 C.
消灭余矢场　附录 F 式(F-8).
消息函数　式(12-7-19)后.
循环演化　C.2 初.

Y

雅可比恒等式　G.3 初.
(算符的)延拓　B.2 定义 2.
赝张量　12.6.3.
依赖域　11.4.
一般线性群　G.5.1 初.
因果过去(未来)　11.1 定义 5 及 8.
因果结构　第 11 章.
因果时空　11.3 定义 2.
因果条件　11.3 定义 2, E.1.
因果线　11.2.
因果旅程　11.1 注 5.
有界算符　B.2 定义 1.
有限群　G.1 定义 2.
酉(幺正)矩阵　G.5.4 定义 2.
酉(幺正)群　G.5.4 定义 3.
酉(幺正)算符　G.5.4 定义 1.
诱导(空间)度规(场)　选读 14-4-3 后.
右矢　B.1.4.
宇宙监督假设　E.2.
约束(方程)　14.5.

Z

整体时间函数　命题 **11-3-2**, 14.4.2 初.
整体双曲时空　**11.5 定义 4**, E.3.
正规子群　G.1 定义 7.
正交补　选读 B-2-1 初.
(Hilbert 空间的)正交归一基　B.1.2.
正交归一序列　B.1 定义 9.
正交群　G.5.2.
正规线　选读 12-5-2 定义 3.
正能定理　12.7.4.
正则坐标　选读 G-4-1.
支集　选读 B-1-2 脚注.
直积群　G.1 定义 5.
指向未来(过去)类时(光)矢量　11.1 初.
指向未来(过去)类时曲线　11.1 定义 1.
指向未来(过去)因果线　11.1 定义 1.
指数映射　G.4 定义 2.
质量暴涨　选读 13-1-1.
忠实表示　G.7 定义 3.
忠实实现　G.7 定义 2.
钟同步　14.3.
主能量条件　附录 D.
转动群　G.5.2.
2 维空间的～　式(G-5-15)后,
3 维空间的～　式(G-5-16)后.
转盘观者　14.2.
子群　G.1 定义 2.
不变～　G.1 定义 7, 单参～　G.4 定义 1,
正规～　G.1 定义 7.

自伴算符　B.1 定义 16, **B.2 定义 4**.
自洽过程(自洽解)　选读 11-3-1.
自同构群　G.1 定义 8.
自同构映射　G.1 定义 4.
总电荷(星体, 时空)　式(13-2-13).
总 4 动量　**12.6.2 偏后**, 12.7.2 初.
总质量　12.7.1.
最大积分子流形　附录 F 定义 2.
左不变矢量场　G.2 定义 5.
左平移　G.2 定义 4.
左矢　B.1.4.
坐标时(钟)　14.3.3 定义 3 及后.
转动　图 14-4 及附近, **式(G-9-7)**, G.8.1-G.8.3.
准局域能(动)量　选读 12-6-3 前段.
Z 类参考系　14.3.4.

《现代物理基础丛书·典藏版》书目

1. 现代声学理论基础	马大猷　著
2. 物理学家用微分几何（第二版）	侯伯元　侯伯宇　著
3. 计算物理学	马文淦　编著
4. 相互作用的规范理论（第二版）	戴元本　著
5. 理论力学	张建树　等　编著
6. 微分几何入门与广义相对论（上册·第二版）	梁灿彬　周　彬　著
7. 微分几何入门与广义相对论（中册·第二版）	梁灿彬　周　彬　著
8. 微分几何入门与广义相对论（下册·第二版）	梁灿彬　周　彬　著
9. 辐射和光场的量子统计理论	曹昌祺　著
10. 实验物理中的概率和统计（第二版）	朱永生　著
11. 声学理论与工程应用	何　琳　等　编著
12. 高等原子分子物理学（第二版）	徐克尊　著
13. 大气声学（第二版）	杨训仁　陈　宇　著
14. 输运理论（第二版）	黄祖洽　丁鄂江　著
15. 量子统计力学（第二版）	张先蔚　编著
16. 凝聚态物理的格林函数理论	王怀玉　著
17. 激光光散射谱学	张明生　著
18. 量子非阿贝尔规范场论	曹昌祺　著
19. 狭义相对论（第二版）	刘　辽　等　编著
20. 经典黑洞和量子黑洞	王永久　著
21. 路径积分与量子物理导引	侯伯元　等　编著
22. 全息干涉计量——原理和方法	熊秉衡　李俊昌　编著
23. 实验数据多元统计分析	朱永生　编著
24. 工程电磁理论	张善杰　著
25. 经典电动力学	曹昌祺　著
26. 经典宇宙和量子宇宙	王永久　著
27. 高等结构动力学（第二版）	李东旭　编著
28. 粉末衍射法测定晶体结构（第二版·上、下册）	梁敬魁　编著
29. 量子计算与量子信息原理 ——第一卷：基本概念	Giuliano Benenti　等　著 王文阁　李保文　译

30. 近代晶体学（第二版） 张克从 著
31. 引力理论（上、下册） 王永久 著
32. 低温等离子体 B. M. 弗尔曼 И. M. 扎什京 编著
——等离子体的产生、工艺、问题及前景 邱励俭 译
33. 量子物理新进展 梁九卿 韦联福 著
34. 电磁波理论 葛德彪 魏 兵 著
35. 激光光谱学 W. 戴姆特瑞德 著
——第 1 卷：基础理论 姬 扬 译
36. 激光光谱学 W. 戴姆特瑞德 著
——第 2 卷：实验技术 姬 扬 译
37. 量子光学导论（第二版） 谭维翰 著
38. 中子衍射技术及其应用 姜传海 杨传铮 编著
39. 凝聚态、电磁学和引力中的多值场论 H. 克莱纳特 著 姜 颖 译
40. 反常统计动力学导论 包景东 著
41. 实验数据分析（上册） 朱永生 著
42. 实验数据分析（下册） 朱永生 著
43. 有机固体物理 解士杰 等 著
44. 磁性物理 金汉民 著
45. 自旋电子学 翟宏如 等 编著
46. 同步辐射光源及其应用（上册） 麦振洪 等 著
47. 同步辐射光源及其应用（下册） 麦振洪 等 著
48. 高等量子力学 汪克林 著
49. 量子多体理论与运动模式动力学 王顺金 著
50. 薄膜生长（第二版） 吴自勤 等 著
51. 物理学中的数学方法 王怀玉 著
52. 物理学前沿——问题与基础 王顺金 著
53. 弯曲时空量子场论与量子宇宙学 刘 辽 黄超光 编著
54. 经典电动力学 张锡珍 张焕乔 著
55. 内应力衍射分析 姜传海 杨传铮 编著
56. 宇宙学基本原理 龚云贵 编著
57. B介子物理学 肖振军 著